Spring Boot
整合开发实战

莫海◎编著

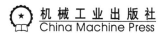

机械工业出版社
China Machine Press

图书在版编目（CIP）数据

Spring Boot整合开发实战 / 莫海编著. —北京：机械工业出版社，2021.9

ISBN 978-7-111-69035-1

Ⅰ. ①S… Ⅱ. ①莫… Ⅲ. ①JAVA语言 – 程序设计 Ⅳ. ①TP312.8

中国版本图书馆CIP数据核字（2021）第173984号

Spring Boot 整合开发实战

出版发行：机械工业出版社（北京市西城区百万庄大街 22 号　邮政编码：100037）

责任编辑：刘立卿　　　　　　　　　　　　　　责任校对：姚志娟

印　　刷：中国电影出版社印刷厂　　　　　　　版　　次：2021 年 9 月第 1 版第 1 次印刷

开　　本：186mm×240mm　1/16　　　　　　印　　张：32.75

书　　号：ISBN 978-7-111-69035-1　　　　　　定　　价：139.80 元

客服电话：（010）88361066　88379833　68326294　　　投稿热线：（010）88379604

华章网站：www.hzbook.com　　　　　　　　　　读者信箱：hzit@hzbook.com

Spring Boot 是由 Pivotal 团队提供的全新框架，其设计目的就是希望简化 Spring 企业级应用开发的过程。可以说，Spring Boot 是 Spring 框架发展历史上的一次大的进化，是社区中快速配置的脚手架，它直接省去了烦琐的 XML 配置，从而避免了由配置错误所带来的尴尬。正是凭借着这些优势，Spring Boot 迅速被广大开发者接受并应用于实际开发中，而且发展势头非常迅猛。由于 Spring Boot 非常契合微服务开发的理念，因此采用它进行微服务应用开发的企业也越来越多。

对于已经学习过 Spring 框架的读者来说，学习 Spring Boot 的门槛不高。学习 Spring Boot，不仅可以让代码编写更加简单，而且还能轻松地集成各种类库和框架。另外，掌握了 Spring Boot，还可以快速开发单个微服务应用，这对学习 Spring Cloud 微服务架构更是事半功倍。微服务是企业级应用开发的一大趋势，而 Spring Boot 融合了微服务架构的理念，这使得它其实已经成为 Java 后端开发的行业标准之一。可以说，掌握 Spring Boot 与各种技术的集成开发是软件开发人员必备的技能。

对于相关从业人员而言，迫切需要一本系统介绍 Spring Boot 开发技术的图书，以帮助他们系统地学习这些技术，从而满足实际开发的需求。本书便是基于这个背景而编写的，其最大价值在于总结了笔者在实际工作中积累的大量实践经验，并提供了各种开发解决方案。本书可以帮助读者从源码、功能和案例等方面全面地理解 Spring Boot 企业级应用开发，从而让他们在开发过程中少走弯路。

本书主要介绍 Spring Boot 如何快速配置并集成 Spring MVC、Spring Data、Spring Batch 和 Spring Security 等优秀框架和组件进行开发。本书语言简练，没有深奥难懂的专业术语，更没有高深的理论，而是完全从开发者的角度讲解实战步骤。读者只要认真阅读本书并进行编码实践，就可以较好地掌握书中的内容，从而胜任 Spring Boot 项目开发工作。本书是笔者工作经验的总结，相关技术人员可以作为开发手册随时翻阅。

本书特色

- **内容全面**：本书全面介绍 Spring Boot 在各种开发场景中的应用，内容丰富，涉及面广，涵盖起步依赖、Web 开发、数据库、缓存、消息队列、定时任务和批处理等相关技术。
- **内容新颖**：本书主要基于 Spring Boot 2.2.6 这个流行版本完成各种框架和组件的集成开发，涉及的技术都是当前开发中经常要使用的热门技术和新技术。
- **注重实战**：本书结合大量示例，从实际编码的角度进行讲解，所讲述的知识点大多是笔者在多年的开发工作中积累的宝贵经验，可以让读者避免"掉坑"，少走弯路。

- **源码剖析**：笔者以典型示例结合源码剖析的方式完美地呈现技术要点，可以帮助读者加深对编码的理解，提升实际编码的能力。

本书内容

第1篇　Spring Boot开发基础

本篇涵盖第1、2章，主要介绍 Spring Boot 开发环境的配置与搭建，让读者从整体上了解 Spring Boot 的开发过程。另外，本篇还重点介绍 Spring Boot 的启动原理与加载逻辑，帮助读者理解 Spring 框架的 IoC 和 AOP 设计模式，从而掌握 Spring Boot 自动配置的实现过程，为后续章节打好理论基础。

第2篇　第三方组件集成

本篇涵盖第 3～11 章，主要对 Spring Boot 的第三方组件的功能模块进行源码分析，介绍组件的集成过程，并通过示例代码进行演示和总结，从而达到让读者能够上手开发的目的。本篇属于全书的重点，需要读者很好地掌握并进行相应的实践。

第3篇　项目案例实战

本篇涵盖第 12 章，主要介绍如何基于 Spring Boot 框架进行项目开发和接口测试，其中重点介绍需求分析、框架设计、项目模块构建及项目落地的相关内容。

本书读者对象

- 有 Java 基础的 Spring Boot 初学者；
- Spring Boot 进阶开发人员；
- Spring Boot 框架爱好者；
- Spring 系列框架爱好者；
- Java Web 开发人员；
- 微服务开发人员；
- 对源码分析感兴趣的技术人员；
- Java 应用开发培训学员。

配书资源获取方式

本书涉及的所有源代码需要读者自行下载。请在华章公司的网站（www.hzbook.com）

上搜索到本书，然后单击"资料下载"按钮，即可在本书页面上找到下载链接。

售后支持

读者阅读本书时若有疑问，可以发电子邮件到 hzbook2017@163.com 获得帮助。另外，书中若有疏漏和不当之处，也请读者及时反馈，以便后期修订。

莫海

|目录|

第 2 篇　第三方组件集成

第 3 篇　项目案例实战

第1篇
Spring Boot 开发基础

第 1 章　初识 Spring Boot

Java 领域目前最热门的框架就是 Spring Boot，它搭建速度快且配置简单，可以让开发者很轻松地创建独立的 Spring 应用程序。我们先通过本章的学习来了解什么是 Spring Boot，以及如何使用 Spring Boot 搭建项目。对 Spring Boot 有个大致了解，可以帮助我们更好地学习后面的章节。

本章主要内容如下：

- Spring Boot 项目的特征与优势；
- 如何搭建 Spring Boot 项目；
- 如何打包部署并运行 Spring Boot 项目。

1.1　Spring Boot 简介

在介绍 Spring Boot 之前，我们先大致了解一下 Spring。Spring 是 Java EE 编程领域的一个轻量级开源框架，它最早是由 Rod Johnson 在 2002 年所著的 *Expert one-on-one J2EE Design and Development* 一书中提出并依其理念研发的，用以简化并解决企业级应用开发的复杂度。

本节所要讲的 Spring Boot 就是基于 Spring 框架而设计的。Spring Boot 以简化配置为目的，给企业级开发带来了革命性的创新。Spring Boot 由 Pivotal 团队在 2013 年开始研发，于 2014 年 4 月发布了第一个版本，可以说，它是一套全新、开源的轻量级框架。它基于 Spring 4.0 设计，不仅继承了 Spring 框架原有的优秀特性，而且还进行了功能提升，这使其更容易使用。Spring Boot 以约定大于配置的核心思想，通过简化配置的方式来简化 Spring 应用的搭建和开发过程。另外，Spring Boot 集成了大量的框架，使依赖包的版本冲突和依赖引用的不稳定性等问题得到了很好的解决。

Spring Boot 框架有两个非常重要的原则：一个是开箱即用（Out of box），另一个是约定大于配置（Convention over configuration）。开箱即用是指在开发过程中，通过在 Maven 项目的 pom.xml 文件中添加相关依赖包，然后利用相应的注解来替代烦琐的 XML 配置文件，以实现管理对象的生命周期。这个特点使开发人员摆脱了复杂的配置工作及依赖的管理工作，而更加专注于业务逻辑。约定大于配置也称按约定编程，是一种软件设计范式，通常由 Spring Boot 本身来配置，同时允许开发者自定义配置。Spring Boot 通过模块化的

Starter 模块定义来引用，这样不但可以减少复杂的依赖，而且还可以提供默认的配置。

1.2　Spring Boot 项目构建

对于初学者来说，本节的学习算是入门教程，读者可以按照操作步骤上机实践，这样有助于理解和学习。有开发经验的读者，可以跳过本节内容。

1.2.1　开发环境准备

Spring Boot 项目需要 JVM 虚拟机的支持才能运行，因此需要在操作系统中安装 Java 开发环境，下载地址为 https://www.oracle.com/java/technologies/javase-downloads.html。目前行业内最常用的 JDK 版本是 Java 8，这是因为 Oracle 公司支持了这个版本将近 5 年时间（Oracle JDK 8 于 2014 年 3 月发布，2019 年 1 月正式停止公共版本的更新）。在这之后的版本不是更新频率较快就是需要购买 Oracle 的订阅服务。

下面笔者以 jdk-8u171-windows-x64 版本在 Windows 10 系统中的安装与配置过程为例进行演示。

（1）单击安装程序文件并运行，弹出"安装程序"对话框，如图 1.1 所示。

（2）单击"下一步"按钮进入"定制安装"对话框，默认选择安装所有的功能，如图 1.2 所示。

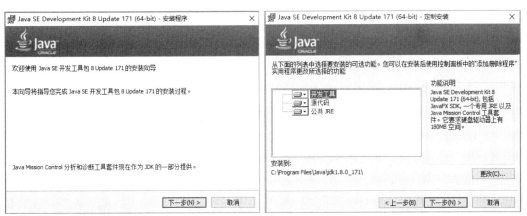

图 1.1　"安装程序"对话框　　　　　　图 1.2　"定制安装"对话框

（3）如果需要修改安装目录，可以单击"更改"按钮自定义安装路径，如图 1.3 所示。

（4）修改目录后单击"确定"按钮，弹出"进度"对话框，如图 1.4 所示。

图 1.3　更改安装路径　　　　　　　　图 1.4　"进度"对话框

（5）等待安装进度条填满后，就会弹出一个安装 JRE 的对话框。由于我们已经安装过 JDK，在 JDK 中已经包含 JRE，因此没必要再安装一个 JRE，直接将其关闭即可，也可以直接单击"下一步"按钮，如图 1.5 所示。

安装完成后，显示界面如图 1.6 所示。

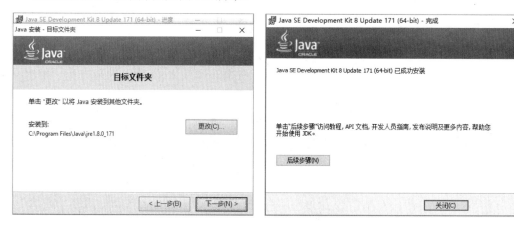

图 1.5　"目标文件夹"对话框　　　　　　图 1.6　安装完成

（6）此时我们还不能在命令行界面中直接使用 Java 命令，还需要进行环境变量配置。右击"此电脑"，在弹出的快捷菜单中选择"属性"命令，进入环境变量配置窗口，选择"高级系统设置"选项，弹出"系统属性"对话框，然后单击"环境变量"按钮，进入"环境变量"对话框，如图 1.7 所示。

（7）单击"新建"按钮，弹出"新建系统变量"对话框，分别输入变量名 JAVA_HOME（一般用大写）和变量值 C:\Program Files\Java\jdk1.8.0_171（通过单击"浏览目录"按钮，找到 Java 安装目录），然后单击"确定"按钮，如图 1.8 所示。

图 1.7　编辑环境变量

图 1.8　新建系统变量

（8）编辑 Path 变量。在"系统变量"对话框中拖动右侧的滑块找到 Path 选项并单击，单击"编辑"按钮，弹出"编辑系统变量"对话框，然后在变量值输入框中输入"%JAVA_HOME%\bin;"（注意，这里的半角分号不能省略），一般添加到变量值的最前面表示优先级更高，如图 1.9 所示。

图 1.9　编辑 Path 变量

（9）检查是否配置成功。打开"运行"对话框（快捷键是 Win+R），输入 cmd 命令后单击"确定"按钮打开命令提示符窗口，输入 where java 命令，检查 Java 安装路径是否为刚才的安装路径，如果是，则说明安装正确。也可以输入 java –version 命令查看当前的 Java 版本信息，如图 1.10 所示。

然后还需要安装 Maven 项目管理工具，对 Java 项目进行创建和管理。

（1）访问 Maven 官网，下载相应的安装包，下载地址为 http://maven.apache.org/download.cgi。此处以下载 apache-maven-3.6.0-bin.zip 安装包为例演示具体的配置过程。

下载完成后，先解压 Maven 安装包到本地磁盘，如图 1.11 所示。

图 1.10 检查 Java 版本和安装路径

图 1.11 解压 Maven 安装包

（2）右击"此电脑"，选择右键菜单中的"属性"命令，进入环境变量配置窗口。选择"高级系统设置"选项，弹出"系统属性"对话框，单击"环境变量"按钮，弹出"环境变量"对话框。单击"新建"按钮，在弹出的"新建系统变量"对话框中填写变量名MAVEN_HOME，变量值为解压路径，本机配置为 D:\apache-maven-3.6.0，如图 1.12 所示。

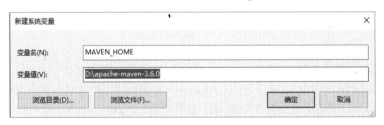

图 1.12 新建系统变量

（3）编辑 Path 变量。在"环境变量"对话框中拖动右侧的滑块找到 Path 选项并单击，再单击"编辑"按钮，弹出"编辑系统变量"对话框，然后在系统变量 Path 的末尾添加变量值 ";%MAVEN_HOME%\bin"。

⚠️**注意**：系统变量值是由分号（;）隔开的。

　　按 Win+R 键，打开"运行"对话框，输入 cmd 命令并单击"确定"按钮打开命令行提示符窗口，输入 mvn -version 命令，若显示如图 1.13 所示的信息，则说明配置成功。

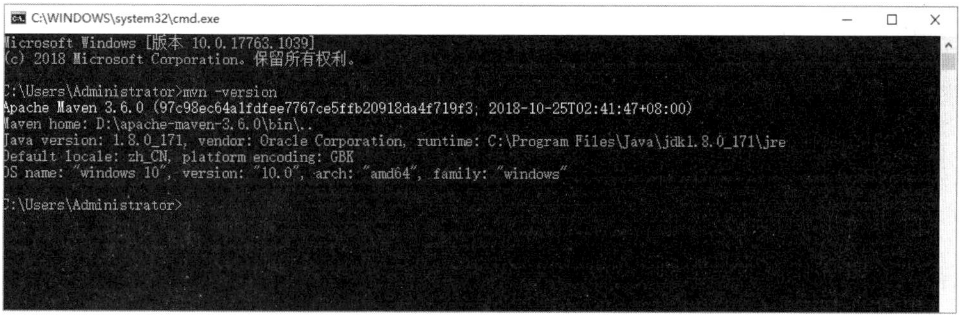

图 1.13　检查 Maven 是否配置成功

　　完成以上配置就算完了吗？其实不然，还需要对 Maven 的全局配置文件 settings.xml 进行修改。该文件是设置 Maven 参数的全局配置文件，其中包含类似于本地仓库、远程仓库和联网使用的代理信息等配置，它一般存储在 Maven 安装目录的 conf 子目录下，或者存储在当前用户目录的.m2 子目录下。

　　配置的原则是局部配置优于全局配置。一个 Maven 项目的配置优先级从高到低为 pom.xml > user settings > global settings，如果这些文件同时存在，在应用配置时会合并它们的内容，如果有重复的配置，优先级高的配置会覆盖优先级低的配置，如图 1.14 所示。

图 1.14　settings.xml 文件

　　我们使用 Maven 的主要目的是管理构件（主要是 jar 包），而 Maven 用来存储依赖和插件的地方称为仓库。Maven 仓库分为本地仓库和远程仓库，远程仓库又分为中央仓库（默认地址为 http://repo1.maven.org/maven2/）和私服。在 Maven 的配置文件 setting.xml 里有 localRepository 和 mirrors，分别用于配置本地仓库和中央仓库镜像列表。其中，mirrors 可以配置多个 mirror，每个 mirror 有 id、name、url 和 mirrorOf 属性。id 是唯一标识，代表一个 mirror；name 是镜像名；url 指向官方的仓库地址；mirrorOf 代表一个镜像的替代位置，如 central 表示代替官方的中央库。虽然 mirrors 可以配置多个子节点，但是它只会使用其中的一个节点，即在配置多个 mirror 的情况下，只有第一个 mirror 生效，并且只有在当前 mirror 无法连接的时候才会去找下一个 mirror。当项目要用到 jar 包时 Maven 会自动去本地仓库中找，找不到就去中央仓库中找，中央仓库中没有就去远程仓库中找，如果还没有就会有异常提示，项目构建就会失败。

🔔**注意**：如果在<mirrorOf>中配置*，表示当前 mirror 为所有仓库镜像，所有远程仓库请求地址为当前 mirror 对应的 URL(having it mirror all repository requests)。

　　由于 Maven 的中央仓库在国外，国内访问 Maven 默认远程中央仓库特别慢，并且会出现连接超时的现象，因此建议采用阿里镜像来替代远程中央镜像。具体修改信息如下：

- localRepository：本地仓库的目录，默认是用户目录下的.m2/repository 目录。修改本地仓库路径为 D:\maven-repo，如图 1.15 所示。

```
 <localRepository>/path/to/local/repo</localRepository>
 -->

<localRepository>D:\maven-repo</localRepository>

 <!-- interactiveMode
 | This will determine whether maven prompts you when it needs input. If set to false,
 | maven will use a sensible default value, perhaps based on some other setting, for
 | the parameter in question.
```

图 1.15　本地仓库修改

- mirrors：定义一系列远程仓库的镜像，用于缓解远程仓库的压力。这里将其更换为阿里云的仓库，具体配置信息如图 1.16 所示，另外提供的代理仓库地址如图 1.17 所示。

```
<mirrors>
 <!-- mirror
 | Specifies a repository mirror site to use instead of a given repository. The repository that
 | this mirror serves has an ID that matches the mirrorOf element of this mirror. IDs are used
 | for inheritance and direct lookup purposes, and must be unique across the set of mirrors.
 |
 <mirror>
 <id>mirrorId</id>
 <mirrorOf>repositoryId</mirrorOf>
 <name>Human Readable Name for this Mirror.</name>
 <url>http://my.repository.com/repo/path</url>
 </mirror>
 -->
 <mirror>
    <!-- 镜像id 该镜像的唯一标识符。id用来区分不同的mirror元素。 -->
    <id>nexus-aliyun</id>
    <!-- 被镜像的服务器的id。当要同时关联多个仓库时，这多个仓库之间可以用逗号隔开；当要关联所有的仓库时，可以使用"*"表示；
    例如，如果我们要设置了一个Maven中央仓库（http://repo.maven.apache.org/maven2/）的镜像，就需要将该元素设置成central。
    这必须和中央仓库的id central完全一致。 -->
    <mirrorOf>central</mirrorOf>
    <!-- 镜像名称 -->
    <name>Nexus aliyun</name>
    <!-- 该镜像的URL地址。构建系统会优先考虑使用该URL，而非使用默认的服务器URL。 -->
    <url>http://maven.aliyun.com/nexus/content/groups/public</url>
 </mirror>
</mirrors>
```

图 1.16　配置镜像

有兴趣的读者可以访问 https://maven.aliyun.com/mvn/view，查看阿里云的仓库服务地址列表和使用指南。如果还想对 Maven 有更多的了解，可以访问 Maven 官网查询（http://maven. apache.org/index.html）。

代理的仓库列表		
仓库名称	代理源地址	使用地址
central	https://repo1.maven.org/maven2/	https://maven.aliyun.com/repository/central 或 https://maven.aliyun.com/nexus/content/repositories/central
jcenter	http://jcenter.bintray.com/	https://maven.aliyun.com/repository/jcenter 或 https://maven.aliyun.com/nexus/content/repositories/jcenter
public	central仓和jcenter仓的聚合仓	https://maven.aliyun.com/repository/public 或 https://maven.aliyun.com/nexus/content/groups/public

图 1.17　代理仓库地址

1.2.2　开发工具准备

相信很多初学者在学习 Java 编程的时候都有用记事本编写程序的经历，通过记事本写一个输出 Hello Word 的程序，先用 javac 命令进行编译，再用 Java 命令执行。不过简单的记事本工具并没有语法提示和自动完成等功能，这就大大影响了编码效率。目前业界使用最多的开发工具就是 Eclipse 和 IDEA，笔者主要讲解 IDEA 工具的安装与使用。

IntelliJ IDEA 简称 IDEA，具有美观和高效等众多特点，是业界公认的最好的 Java 开发工具之一，尤其在代码自动提示、重构、J2EE 支持、各类版本工具（git 和 svn 等）、JUnit、CVS 整合、代码分析和创新的 GUI 设计等方面可以说非常优秀。IDEA 是 JetBrains 公司的产品，该公司的总部位于捷克共和国的首都布拉格，其内部开发人员主要是以严谨著称的东欧程序员。IDEA 的旗舰版本支持 HTML、CSS、PHP、MySQL 和 Python 等，目前免费版只支持 Java 等少数语言。利用 IDEA 的 Smart Code Completion 和 On-the-fly Code Analysis 等功能可以提高开发人员的工作效率，并且 IDEA 还提供了对 Web 和移动开发的高级支持。

首先访问官网地址（https://www.jetbrains.com/）进入主页面，单击 Find your IDE 按钮进入下载页，选择 Java 语言并选择 IntelliJ IDEA 下载，如图 1.18 所示，然后选择 IDEA 的版本，如图 1.19 所示。

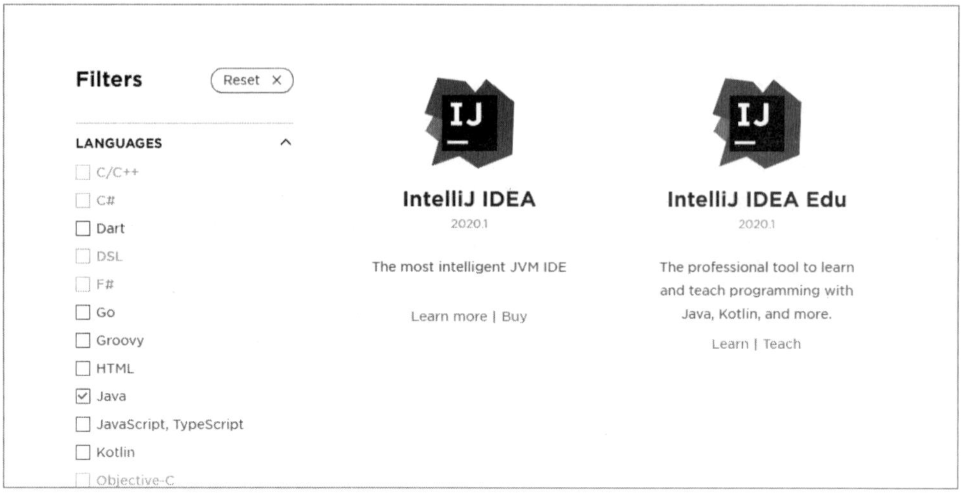

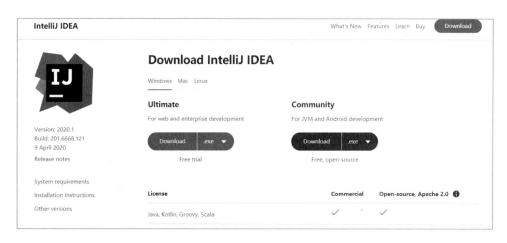

图 1.18　下载 IDEA

图 1.19　选择 IDEA 的版本

官网公开提供的有两个版本，一个是 UItimate（旗舰版，收费，ideaIU），另一个是 Community（社区版，免费，ideaIC）。它们的主要区别如下：

- IntelliJ IDEA UItimate（ideaIU）：官方旗舰版，也就是商用版本，官方只提供 30 天的免费使用时间，如果是商业用途，建议购买。
- IntelliJ IDEA Community（ideaIC）：社区版，免费且开源，可用于学习、讨论等用途。但是其功能有限制，Android Studio 就是基于这个版本定制的。该版本一般可以应对正常的开发，但特殊需求除外。

说了这么多，还是直接下载一个版本体验一下吧。这里选择 Community 版并选择 windows(.zip)解压版。下载完成并解压后的目录结构如图 1.20 所示。下面对目录结构进行说明。

- bin：主要存放可执行文件和配置启动参数等。
- jbr：JetBrains Runtime（JetBrains 运行时）是一个运行时环境，JetBrains Runtime 基于 OpenJDK 项目并且进行了一些修改，2020.1 及以上版本为 jbr 目录，2019.3.x 及以下版本为 jre32/64 目录。
- lib：idea 依赖的类库。
- license：各类插件的许可信息。
- plugins：安装插件目录。
- redist：Apache 许可授权信息。

名称	修改日期	类型	大小
bin	2020/4/7 7:54	文件夹	
jbr	2020/4/7 7:06	文件夹	
lib	2020/4/7 7:54	文件夹	
license	2020/4/7 7:54	文件夹	
plugins	2020/4/7 7:54	文件夹	
redist	2020/4/7 7:54	文件夹	
build.txt	2020/4/7 7:54	文本文档	1 KB
LICENSE.txt	2020/4/7 7:54	文本文档	12 KB
NOTICE.txt	2020/4/7 7:54	文本文档	1 KB
product-info.json	2020/4/7 7:54	JSON 文件	1 KB

图 1.20　目录结构

双击进入 bin 目录，单击 idea64.exe 可执行文件运行 IDEA，如图 1.21 所示。

名称	修改日期	类型	大小
append.bat	2020/4/7 7:54	Windows 批处理...	1 KB
appletviewer.policy	2020/4/7 7:54	POLICY 文件	1 KB
breakgen.dll	2020/4/7 7:54	应用程序扩展	82 KB
breakgen64.dll	2020/4/7 7:54	应用程序扩展	93 KB
elevator.exe	2020/4/7 7:54	应用程序	149 KB
format.bat	2020/4/7 7:54	Windows 批处理...	1 KB
fsnotifier.exe	2020/4/7 7:54	应用程序	97 KB
fsnotifier64.exe	2020/4/7 7:54	应用程序	111 KB
idea.bat	2020/4/7 7:54	Windows 批处理...	5 KB
idea.exe	2020/4/7 7:54	应用程序	1,277 KB
idea.exe.vmoptions	2020/4/7 7:54	VMOPTIONS 文件	1 KB
idea.ico	2020/4/7 7:54	图标	348 KB
idea.properties	2020/4/7 7:54	PROPERTIES 文件	12 KB
idea.svg	2020/4/7 7:54	SVG 文档	3 KB
idea64.exe	2020/4/7 7:54	应用程序	1,302 KB
idea64.exe.vmoptions	2020/4/7 7:54	VMOPTIONS 文件	1 KB
IdeaWin32.dll	2020/4/7 7:54	应用程序扩展	87 KB
IdeaWin64.dll	2020/4/7 7:54	应用程序扩展	98 KB
inspect.bat	2020/4/7 7:54	Windows 批处理...	1 KB
jumplistbridge.dll	2020/4/7 7:54	应用程序扩展	68 KB
jumplistbridge64.dll	2020/4/7 7:54	应用程序扩展	75 KB
launcher.exe	2020/4/7 7:54	应用程序	123 KB
log.xml	2020/4/7 7:54	XML 文档	3 KB

图 1.21　idea64.exe 启动文件

IDEA 启动后需要设置启动配置，一般可以直接单击 Skip Remaining and Set Defaults 按钮跳过。IDEA 默认的是左边的浅黑主题，如果不喜欢，可以修改为右侧的白亮风格。选择白亮主题后可以直接跳过剩余配置并设为默认，如图 1.22 所示。

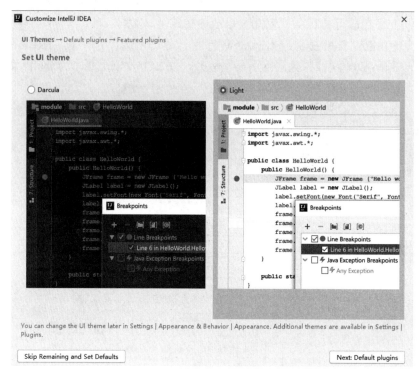

图 1.22　自定义设置

　　自定义设置完成后进入 IDEA 的欢迎界面，可以看到，有三种打开项目的方式。Create New Project 为创建一个新项目，Open or Import 为打开或者导入本地项目，Get from Version Control 为从版本控制获取（从 Git 或 SVN 拉取），如图 1.23 所示。

图 1.23　创建项目

在项目创建之前，针对社区版的 IDEA 需要进行几项配置。单击 Configure，选择 Plugins 进入插件安装界面，搜索 Spring Assistant 插件并安装，安装完后会提示需要重启 IDEA。当 IDEA 打开后，选择 File | Settings 命令，在弹出的设置对话框中搜索 HTTP Proxy，可以定位到系统设置界面，然后选择 Auto-detect proxy settings 选项，再单击 Check connection 按钮，在弹出的窗口中输入 https://start.spring.io 后单击 OK 按钮，等待检查代理配置，直到弹出 Connection successful 信息提示，表示连接成功。这样就可以直接创建 Spring Boot 项目了。

1.2.3　项目创建

在 IDEA 中，一个窗口只能管理一个项目，对用惯了 Eclipse 的读者来说可能会不习惯。为了方便理解，我们可以把 IDEA 项目看成工作空间，把 IDEA 模块看成项目，就可以实现一个窗口中管理多个项目了。下面介绍如何实现项目构建与管理。

（1）创建一个空项目（也就是创建工作空间）。我们可以单击 Create New Project 直接创建。如果已经打开了一个工程，则需要选择 File | New | Project 命令，弹出 New Project 编辑窗口，选择 Empty Project，单击 Next 按钮，如图 1.24 所示。

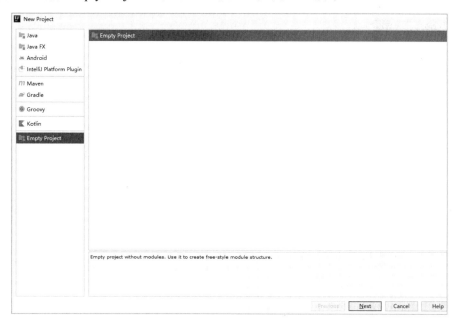

图 1.24　选择 Empty Project

（2）修改 Project Name 为项目名称 demo1，Project location 为项目路径，根据自己存储的工作路径来填写，笔者填写的路径为 E:\ideaproject\demo1，如图 1.25 所示。

（3）单击 Finish 按钮完成项目的创建，同时会打开项目配置，如图 1.26 所示。

图 1.25　新建项目

图 1.26　项目配置

（4）选择 Project，修改工程的 Java JDK 版本，如果没有 SDK，可以单击 Edit 按钮添加 JDK 的安装路径，如图 1.27 所示。

（5）选择 Modules，单击加号可以通过 New Module 或者 Import Module 创建或导入项目，如图 1.28 所示。

（6）选择 New Module 创建一个模块，然后选择 Spring Assistant，其他选项可以默认，然后单击 Next 按钮即可，如图 1.29 所示。

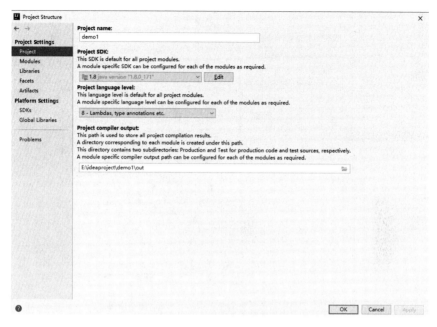

图 1.27　修改 JDK 版本

图 1.28　添加模块

（7）进入项目属性编辑对话框，修改 Group Id 和 Artifact Id，即包名和项目名称，其他参数使用默认值即可，如图 1.30 所示。

（8）单击 Next 按钮，选择项目需要的依赖，后期可根据需要自行添加。在这里笔者只添加了两个依赖，分别是 Spring Boot DevTools 和 Spring Web，如图 1.31 所示。

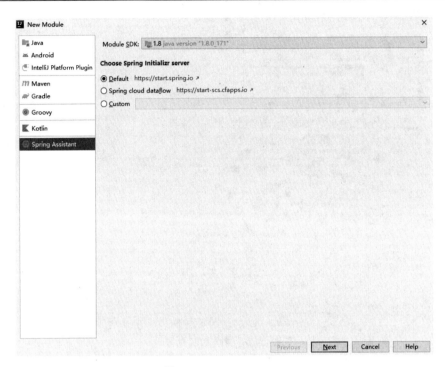

图 1.29　Spring Assistant

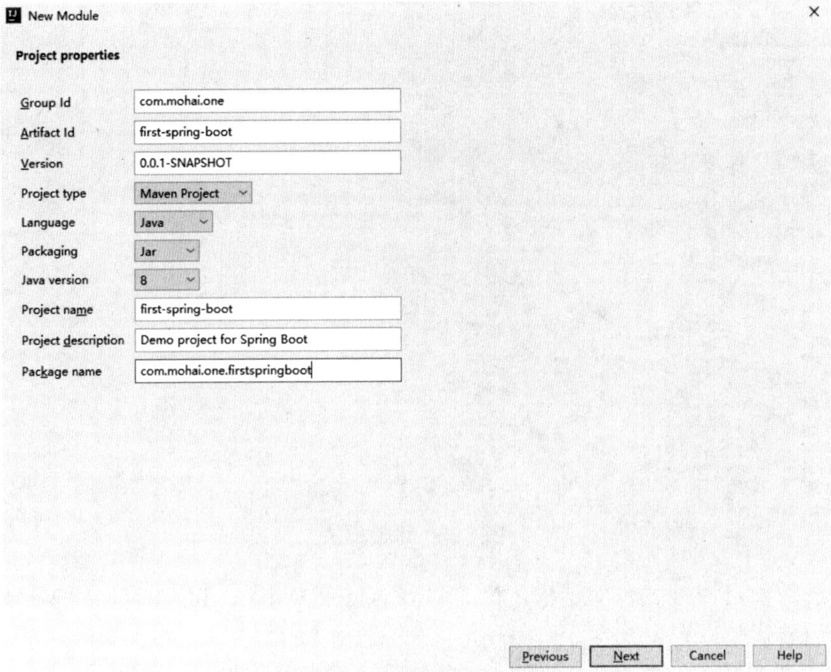

图 1.30　编辑模块属性

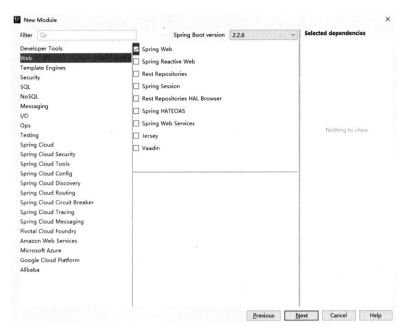

图 1.31　添加依赖

（9）单击 Next 按钮确认创建信息，单击 Finish 按钮完成模块创建。然后修改模块信息，分别对文件目录进行标记，Sources 一般用于标注类似于 src\main\java 这种可编译目录，Tests 一般用于标注 src\test\java 可编译的单元测试目录，Resources 一般用于标注 src\main\resources 资源文件目录。单击 Apply 按钮后再单击 OK 按钮，如图 1.32 所示。

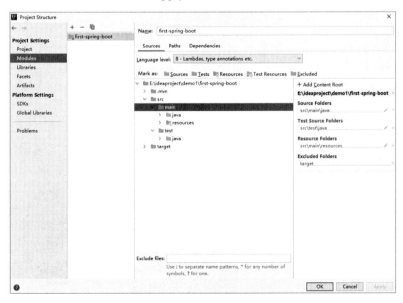

图 1.32　标注目录结构

（10）接下来需要指定 Maven 全局配置文件。选择 File | Settings 命令，弹出编辑对话框，搜索 maven，快速定位到 Build Tools→Maven，修改 User settings file，选择 Override 复选框，修改用户 settings.xml 配置文件，选择 Maven 安装的全局配置文件目录，如图 1.33 所示。

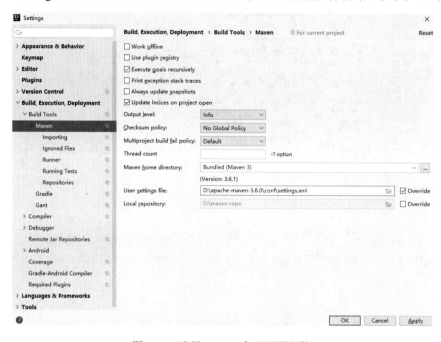

图 1.33　选择 Maven 全局配置文件

（11）单击 Apply 和 OK 按钮后，等待 Maven 下载相关的依赖。待所有模块都构建完成后，在项目的根目录下有一个包含 main()方法的 Application 类，该类上面一般还会有 @SpringBootApplication 注解。我们可以不进行其他配置，直接单击"运行"按钮启动项目，如图 1.34 所示。

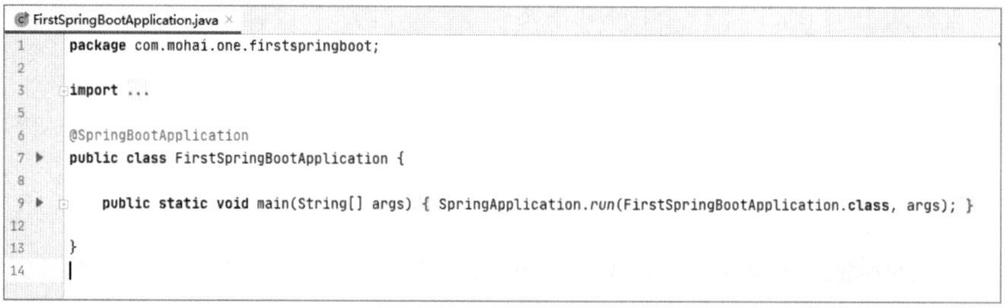

```java
package com.mohai.one.firstspringboot;

import ...

@SpringBootApplication
public class FirstSpringBootApplication {

    public static void main(String[] args) { SpringApplication.run(FirstSpringBootApplication.class, args); }

}
```

图 1.34　启动项目

还可以在该文件内右击 Run FirstSpringBootApplication（快捷键是 Ctrl+Shift+F10），如图 1.35 所示。

图 1.35　快捷键启动项目

成功启动项目后查看控制台的输出日志，如图 1.36 所示。

```
  .   ____          _            __ _ _
 /\\ / ___'_ __ _ _(_)_ __  __ _ \ \ \ \
( ( )\___ | '_ | '_| | '_ \/ _` | \ \ \ \
 \\/  ___)| |_)| | | | | || (_| |  ) ) ) )
  '  |____| .__|_| |_|_| |_\__, | / / / /
 =========|_|==============|___/=/_/_/_/
 :: Spring Boot ::        (v2.2.6.RELEASE)

23:54:02.184 INFO 2548 --- [ restartedMain] c.m.o.f.FirstSpringBootApplication       : Starting FirstSpringBootApplication on DESKTOP-G460IQ6 with PID 2
23:54:02.200 INFO 2548 --- [ restartedMain] c.m.o.f.FirstSpringBootApplication       : No active profile set, falling back to default profiles: default
23:54:02.356 INFO 2548 --- [ restartedMain] .e.DevToolsPropertyDefaultsPostProcessor : Devtools property defaults active! Set 'spring.devtools.add-prope
23:54:02.356 INFO 2548 --- [ restartedMain] .e.DevToolsPropertyDefaultsPostProcessor : For additional web related logging consider setting the 'logging.
23:54:05.013 INFO 2548 --- [ restartedMain] o.s.b.w.embedded.tomcat.TomcatWebServer  : Tomcat initialized with port(s): 8080 (http)
23:54:05.045 INFO 2548 --- [ restartedMain] o.apache.catalina.core.StandardService   : Starting service [Tomcat]
23:54:05.045 INFO 2548 --- [ restartedMain] org.apache.catalina.core.StandardEngine  : Starting Servlet engine: [Apache Tomcat/9.0.33]
23:54:05.201 INFO 2548 --- [ restartedMain] o.a.c.c.C.[Tomcat].[localhost].[/]       : Initializing Spring embedded WebApplicationContext
23:54:05.201 INFO 2548 --- [ restartedMain] o.s.web.context.ContextLoader            : Root WebApplicationContext: initialization completed in 2829 ms
23:54:05.560 INFO 2548 --- [ restartedMain] o.s.s.concurrent.ThreadPoolTaskExecutor  : Initializing ExecutorService 'applicationTaskExecutor'
23:54:05.842 INFO 2548 --- [ restartedMain] o.s.b.d.a.OptionalLiveReloadServer       : LiveReload server is running on port 35729
23:54:05.920 INFO 2548 --- [ restartedMain] o.s.b.w.embedded.tomcat.TomcatWebServer  : Tomcat started on port(s): 8080 (http) with context path ''
23:54:05.920 INFO 2548 --- [ restartedMain] c.m.o.f.FirstSpringBootApplication       : Started FirstSpringBootApplication in 4.702 seconds (JVM running
```

图 1.36　启动日志

1.2.4　项目启动方式

Spring Boot 项目大概有 3 种启动方式。

1．执行带有main()方法的类进行启动

这种方式很简单，主要通过 IDEA 工具进行执行。这种方式在启动的时候会自动加载 classpath 下的配置文件。这里需要强调一下 classpath 的加载机制，其实 Spring Boot 有自己的加载路径和优先级。

在 Spring Boot 的官方文档中，Spring Boot 可以从下述位置按顺序加载配置文件：

- A /config subdirectory of the current directory(file:./config/)
- The current directory(file:./)
- A classpath /config package(classpath:/config/)
- The classpath root(classpath:/)

2．通过命令行java –jar启动

命令 java -jar jar_path --param 主要启动被打包成 jar 的项目。在该命令中：jar_path 指将项目打成 jar 包之后的存储路径；--param 表示需要在启动时指定的参数，例如 java -jar example.jar --server.port=8081 表示在项目启动后绑定的端口号为 8081。通过该命令行指定的参数会覆盖 jar 包中 application.properties 配置文件指定的端口。

3．通过spring-boot-plugin启动

如果我们想要正常使用 Maven 插件，就需要在 Maven 项目中增加以下插件配置：

```
<build>
    <plugins>
        <plugin>
            <groupId>org.springframework.boot</groupId>
            <artifactId>spring-boot-maven-plugin</artifactId>
        </plugin>
    </plugins>
</build>
```

另外，如果项目中指定了父模块 spring-boot-starter-parent，那么就不需要单独指定 spring-boot-maven-plugin 插件的版本，因为父模块会自动匹配，它会找到与当前 Spring Boot 版本相匹配的插件版本。

```
<parent>
    <groupId>org.springframework.boot</groupId>
    <artifactId>spring-boot-starter-parent</artifactId>
    <version>2.2.6.RELEASE</version>
    <relativePath/> <!-- lookup parent from repository -->
</parent>
```

上面的准备工作完成之后进入项目的根目录，在 IDEA 的 Terminal 终端执行 mvn sprint-boot:run 命令就能够正常启动项目。此外，使用 cmd 命令行也可以启动项目。项目启动后，利用 cmd 命令行或者 IDEA 的 Terminal 终端启动的窗口都会"阻塞"在那里。如果要停止项目，也就是终止运行在 Spring Boot 内部的 Tomcat，那么只需要在 cmd 命令行或 IDEA 的 Terminal 终端"阻塞"处按键盘上的 CTRL+C 快捷键即可顺利关闭 Tomcat 应用进程。

如果想要在启动时配置参数，则可以通过 mvn spring-boot:run -Dspring-boot.run.jvm-Arguments="-Dserver.port=8082"命令来修改启动服务的端口。

除了启动参数之外，如果还需要指定 JVM 配置参数，则可以使用 mvn spring-boot:run -Dspring-boot.run.jvmArguments="-Dserver.port=8082 -Xms128m -Xmx128m"命令增加 JVM

的参数限制。

如果想要了解更多内容，可以访问下面的网址查看使用文档：

- https://docs.spring.io/spring-boot/docs/current/reference/htmlsingle/；
- https://docs.spring.io/spring-boot/docs/2.0.1.RELEASE/maven-plugin/run-mojo.html。

1.3　Spring Boot 项目发布

项目开发完成后，需要打包并放到服务器上进行发布。本节介绍如何打包部署项目。

1.3.1　打包部署

Spring Boot 项目的打包方式有很多种，有打成 war 包的，有打成 jar 包的，也有直接提交到 GitHub 通过 Jekins 进行打包部署的。这里主要介绍如何打成 jar 包进行部署。不推荐用 war 包，因为 Spring Boot 适合前后端分离，打成 jar 包进行部署更合适。

先检查项目的 pom 文件中是否添加了 spring-boot-maven-plugin 插件，如图 1.37 所示。

为了能够验证项目打包成功，笔者准备了一个简单的接口控制器类，可以在浏览器中输入 http://localhost:8080/hello 进行访问，如果访问成功，会输出 hello world!字样。

```
@RestController
public class HelloWorldController {
    @RequestMapping("/hello")
    public String test(){
        return "hello world!";
    }
}
```

在 IDEA 右侧的 Maven Projects 栏上双击 package，等待创建成功即可，如图 1.38 所示。

图 1.37　spring-boot-maven-plugin 插件

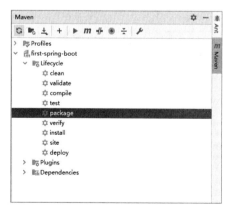

图 1.38　package 命令

在控制台中使用 Maven 命令行进行打包。在 IDEA 工具中选择 Terminal，输入打包命令 mvn clean package（跳过测试类命令 mvn clean package -Dmaven.test.skip=true），如图 1.39 所示。当控制台出现 BUILD SUCCESS 表示打包成功，如图 1.40 所示。

```
Terminal: Local × +

Microsoft Windows [版本 10.0.14393]
(c) 2016 Microsoft Corporation。保留所有权利。

E:\ideaproject\demo1\first-spring-boot>mvn clean package -Dmaven.test.skip=true



≡ 6: TODO    ▶ 4: Run    ≡ 0: Messages    ⊡ Terminal
```

图 1.39　打包测试

```
Terminal: Local × +

[INFO] --- maven-jar-plugin:3.1.2:jar (default-jar) @ first-spring-boot ---
[INFO] Building jar: E:\ideaproject\demo1\first-spring-boot\target\first-spring-boot-0.0.1-SNAPSHOT.jar
[INFO]
[INFO] --- spring-boot-maven-plugin:2.2.6.RELEASE:repackage (repackage) @ first-spring-boot ---
[INFO] Replacing main artifact with repackaged archive
[INFO] ------------------------------------------------------------------------
[INFO] BUILD SUCCESS
[INFO] ------------------------------------------------------------------------
[INFO] Total time:  15.856 s
[INFO] Finished at: 2020-04-28T00:01:29+08:00
[INFO] ------------------------------------------------------------------------
```

图 1.40　打包成功日志

打包完成后 jar 包会生成到 target 目录下，命名一般是"项目名+版本号.jar"，如图 1.41 所示。

下面通过命令来启动项目。

在 Windows 的 target 目录下，通过 Win+R 快捷键打开"运行"对话框，输入 cmd 命令打开命令提示符窗口。也可在 target 目录下按 Shift+右键，选择"在此处打开命令窗口"命令，打开命令提示符窗口，然后执行 java -jar first-spring-boot-0.0.1-SNAPSHOT.jar 命令。

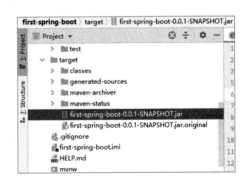

图 1.41　生成 jar 文件

接着演示在 Linux 下的操作。首先把 jar 包通过 xshell 等工具上传到指定的 Linux 文件夹下，路径可以是/home/apps，输入 java -jar first-spring-boot-0.0.1-SNAPSHOT.jar 命令并执行。这种启动方式有一个弊端，就是只要关闭控制台，就不能访问服务了。通过 nohup java -jar first-spring-boot-0.0.1-SNAPSHOT.jar &命令可以确保控制台关闭后也可运行项目，即以后台运行的方式启动项目。我们也可以通过 java-jar first-spring-boot-0.0.1-SNAPSHOT.jar--spring.profiles.active=dev 命令指定读取不同的配置文件。

下面介绍如何将项目打包成 war 格式并放到 Tomcat 服务器上。

首先需要到根目录下的 pom.xml 文件中把 jar 改成 war：<packaging>war</packaging>，然后添加外置的 Tomcat 依赖：

```
<dependency>
    <groupId>org.springframework.boot</groupId>
    <artifactId>spring-boot-starter-tomcat</artifactId>
    <scope>provided</scope>
</dependency>
```

在这里将 scope 属性设置为 provided，这样在最终形成的 war 中不会包含这个 jar 包，因为 Tomcat 和 Jetty 等服务器在运行时会提供相关的 API 类。

在入口类中继承 SpringBootServletInitializer 并重写 configure()方法：

```
@SpringBootApplication
public class FirstSpringBootApplication extends SpringBootServlet
Initializer {
    public static void main(String[] args) {
        SpringApplication.run(FirstSpringBootApplication.class, args);
    }
    @Override
    protected SpringApplicationBuilder configure(SpringApplicationBuilder
builder) {
        return builder.sources(FirstSpringBootApplication.class);
    }
}
```

输入 mvn clean package 命令打包，把 target 目录下生成的 war 放到 Tomcat 的 webapps 目录下即可。注意，打好的 war 包是"项目名+版本号"的格式，需要手动修改 war 包的名称。然后用 cd 命令定位到 Tomcat 的 bin 目录下，执行./startup.sh（Linux 环境）或 startup.bat（Windows 环境）命令。当 Tomcat 运行时会自动将 war 解压。启动成功后，在浏览器中输入访问地址 http://localhost:8080/项目名/hello，如果页面出现 hello world!，表示发布成功。

1.3.2　基于 Docker 的简单部署

为了方便演示笔者直接在虚拟机中进行操作，请各位读者重点关注 Dockerfile 配置文件的使用，以及其中的参数的具体含义。

先简单介绍一下 Docker。它是一个开源的应用容器引擎，基于 Go 语言开发，遵从 Apache 2.0 协议而开源。它可以将开发者的应用及依赖包打包部署到一个轻量级、可移植的容器中，然后发布到任何流行的 Linux 系统上，而且还可以实现虚拟化。Docker 容器完全使用沙箱机制，相互之间不会有任何接口，更重要的是容器性能开销极低。利用 Docker 容器能够将应用程序与基础架构分开，从而可以快速交付软件。

我们还是基于上面打包好的 first-spring-boot-0.0.1-SNAPSHOT.jar 编写 Dockerfile 文件，创建文件名为 Dockerfile 的文本文件，内容如下：

```
# 基础镜像使用 Java
FROM java:8
# 维护者信息
MAINTAINER mohai<mohai@gmail.com>
# 指定临时文件目录为/tmp
VOLUME /tmp
# 将jar包添加到容器中并更名为 app.jar
ADD first-spring-boot-0.0.1-SNAPSHOT.jar app.jar
# 运行jar包
RUN bash -c 'touch /app.jar'
EXPOSE 8080
ENTRYPOINT
["java","-jar","/app.jar","-Djava.security.egd=file:/dev/./urandom",
"--spring.profiles.active=test", "--server.port=8080", "> /log/app.log"]
```

第一条命令必须为 FROM。FROM 命令会指定镜像基于哪个基础镜像创建，接下来的命令都是基于这个基础镜像（CentOS 和 Ubuntu 的有些命令可能不一样）的命令。从 Docker 17.05 版开始，FROM 命令可以多次使用，支持多阶段构建镜像。java:8 表示使用 Docker Hub 上由官方提供的 Java 镜像，版本号是 8 也就是 JDK 1.8，有了这个基础镜像后，Docker 就会在容器运行时安装 Java 环境，然后就可以通过自定义的命令运行 Spring Boot 应用。MAINTAINER 是指维护该镜像的作者。VOLUME 用于指定临时文件目录为/tmp，通过 Volume（卷）命令可以实现容器持久化存储。该命令是可选的，如果涉及文件系统的应用则是必选命令。ADD 命令是将项目的 jar 文件作为 app.jar 添加到容器中。RUN 表示在新创建的镜像中执行一些命令，然后把执行的结果提交给当前镜像。这里使用 touch 命令来改变文件的修改时间，Docker 创建的所有容器文件的默认状态都是"未修改"，这对于简单应用来说并不是必须要做的，不过对于一些静态内容（如 index.html）的文件来说就需要一个"修改时间"。EXPOSE 表示容器暴露的端口。ENTRYPOINT 类似于 CMD 指令，用于设定应用启动命令参数执行项目 app.jar。为了缩短 Tomcat 的启动时间，添加一个系统属性指向/dev/./urandom 作为 Entropy Source。

Dockerfile 一般分为四部分，分别是基础镜像信息、维护者信息、镜像操作命令和容器启动时执行命令。每部分由多条命令组成，每条命令都会在编译镜像时执行相应的功能，每条命令可以跟多个参数，并以逗号分隔，#作为注释起始符。虽然命令不区分大小写，但是一般使用大写，参数一般使用小写，如表 1.1 所示。

表 1.1　命令说明

命　　令	说　　明
FROM	指定所创建镜像的基础镜像
MAINTAINER	指定维护者信息
RUN	编译镜像时运行的脚本

（续）

命　　令	说　　明
CMD	指定启动容器时默认执行的命令
LABEL	指定生成镜像的元数据标签信息
EXPOSE	设置镜像内服务所监听的端口
ENV	设置容器的环境变量
ADD	将本地文件复制到容器中。如果为tar文件会自动解压，如果是网络压缩资源，则不会被解压
COPY	将本地文件复制到容器中。它不会自动解压，也不能访问网络资源，推荐使用COPY而不是ADD
ENTRYPOINT	指定镜像的默认入口
VOLUME	设置容器的挂载卷
USER	指定运行容器时的用户名或UID
WORKDIR	设置RUN CMD ENTRYPOINT COPY ADD命令的工作目录
ARG	指定镜像内使用的参数，如版本号信息等
ONBUILD	配置当前所创建的镜像作为其他镜像的基础镜像时所执行的创建操作的命令
STOPSIGNAL	设置容器的退出信号量
HEALTHCHECK	进行健康检查
SHELL	指定使用SHELL时的默认SHELL类型

特别说明，如果是第一次打包，Docker 容器会自动下载 Java 8 的镜像作为基础镜像，以后制作镜像的时候就不用再下载了。

访问 Linux 服务器,在服务器上新建一个 docker 文件夹,将打包好的 jar 包和 Dockerfile 文件复制到服务器的 docker 文件夹下,因为在构建镜像时,需要将要使用的包及 Dockerfile 文件放在一个目录中。构建命令格式如下:

```
docker build [OPTIONS] PATH | URL | -
```

- docker build：用 Dockerfile 构建镜像的命令。
- [OPTIONS]：命令选项，常用的命令-t（-tag）指定镜像的 tag 名字，-f（-file）显示指定构建镜像的 Dockerfile 文件（Dockerfile 可不在当前路径下）。如果不使用 -f，则默认为 "./Dockerfile"，会将路径下名为 Dockerfile 的文件作为上下文制作镜像。
- PATH | URL：指定构建镜像的上下文路径，该路径可以是本地路径 PATH，也可以是远程 URL。

执行 "docker build -t springboot-docker ." 命令将 jar 打包为镜像，注意，命令的最后有个点 "."，点之前有一个窗格。镜像创建完成后通过 docker images 命令查看创建的镜像。执行 docker run --name=myapp -d -p 8060:8080 springboot-docker 命令启动镜像。其中：--name=myapp 表示自定义容器名为 myapp；参数-d 表示让容器在后台运行；参数-p 表示作为端口映射将主机端口映射到容器端口，此时将应用服务中的 8080 端口映射到 Docker

容器的 8060 端口上，外部通过 8060 端口进行访问。

　　通过指定不同的参数而运行起来的镜像就表示一个容器。通过执行 docker ps –a 命令，可以查询容器的 ID 和容器的运行状态；通过执行 docker exec -it myapp bash 命令，可以进入运行状态的容器中，并可以用 exit 命令退出容器；如果在容器中做了一些操作并希望将其保存下来作为新的镜像，则可以执行 docker commit 命令将容器存储层的数据保存下来生成镜像；通过执行 docker commit myapp springboot-docker:v2 命令，可以指定要提交的修改过的容器名称、目标镜像仓库和镜像标签的名称；通过执行 docker images | grep springboot-docker 命令，可以查看指定的镜像，并可以根据时间判断修改是否成功。

1.4　小　　结

　　通过本章的学习，相信读者应该可以自己动手创建一个 Spring Boot 项目并启动运行，即使没有 Java 开发基础的读者也可以一步步按照本章的讲解来操作。本章主要对 Java、Maven 环境的配置，IDEA 开发工具的安装与使用，Spring Boot 项目的创建与启动，以及项目部署进行了详细的介绍，都是比较基础且容易理解的内容。在下一章中，笔者将带领读者一起探索 Spring Boot 的基本原理，对它进行层层剖析以达到快速解决实际问题的目的。

第 2 章　Spring Boot 基础知识

本章主要介绍有关 Spring Boot 启动原理的基础知识，以帮助读者了解项目在启动过程中是如何初始化的，并了解为什么只需要一个@SpringBootApplication 注解的启动类就可以运行 Spring Boot，以及如何实现自动注册 Bean。

本章主要内容如下：

- Spring Boot 启动原理详解；
- Spring Boot 自动配置功能详解；
- Web 容器配置详解；
- 相关视图技术详解。

2.1　Spring Boot 启动原理

本节主要对 Spring Boot 中常用的注解及启动加载过程进行分析，从而帮助读者对 Spring Boot 有更深层次的了解。作为整个 Java 社区最有影响力的项目之一，对 Spring Boot 源码的解读还是很有必要的。

2.1.1　SpringApplication 启动探索

对于 Spring Boot 项目来讲，在主函数中通过调用 SpringApplication#run()方法来启动应用程序。为了探索 Spring Boot 的启动过程，我们跟进源码来分析 SpringApplication 类中对应方法的执行逻辑。在 spring-boot-2.2.6.RELEASE.jar 包中找到该类，代码清单如下：

```
public SpringApplication(ResourceLoader resourceLoader, Class<?>...
primarySources) {
    this.resourceLoader = resourceLoader;
    Assert.notNull(primarySources, "PrimarySources must not be null");
    //将传入的 class 放到 primarySources 中
    this.primarySources = new LinkedHashSet<>(Arrays.asList(primarySources));
    //根据依赖的 jar 包推断该项目是 Reactive 还是 Servlet，或者是 NONE 非 Web 项目
    this.webApplicationType = WebApplicationType.deduceFromClasspath();
    //从 META-INF/spring.factory 文件中获取 ApplicationContextInitializer 实
        例并保存到 initializers 属性中
    setInitializers((Collection) getSpringFactoriesInstances(Application
```

```
ContextInitializer.class));
    //从 META-INF/spring.factory 文件中获取 ApplicationListener 实例并保存到
      listeners 属性中
    setListeners((Collection) getSpringFactoriesInstances(Application
Listener.class));
    //根据运行时堆栈信息推断当前 main()方法的类名，然后保存到 mainApplicationClass
      属性中
    this.mainApplicationClass = deduceMainApplicationClass();
}
public static ConfigurableApplicationContext run(Class<?> primarySource,
String... args) {
    return run(new Class<?>[] { primarySource }, args);
}
public static ConfigurableApplicationContext run(Class<?>[] primarySources,
String[] args) {
    //创建 SpringApplication 对象，调用 run(args)函数
    return new SpringApplication(primarySources).run(args);
}
public ConfigurableApplicationContext run(String... args) {
        //一个简单的计时器，用于记录运行时间
        StopWatch stopWatch = new StopWatch();
        stopWatch.start();
        //配置应用上下文
        ConfigurableApplicationContext context = null;
        Collection<SpringBootExceptionReporter> exceptionReporters = new
ArrayList<>();
        configureHeadlessProperty();
        //获取 SpringApplicationRunListeners
        SpringApplicationRunListeners listeners = getRunListeners(args);
        listeners.starting();
        try {
        //创建 ApplicationArguments
        ApplicationArguments applicationArguments = new DefaultApplication
Arguments(args);
    //根据 WebApplicationType 获取或创建运行环境并加载属性配置
    ConfigurableEnvironment environment = prepareEnvironment(listeners,
applicationArguments);
        //处理 spring.beaninfo.ignore 配置忽略的 Bean
        configureIgnoreBeanInfo(environment);
        //打印 banner
        Banner printedBanner = printBanner(environment);
        //根据 WebApplicationType 创建 Spring 应用上下文
        context = createApplicationContext();
        //通过 SpringFactoriesLoader 获取自定义的 SpringBootExceptionReporter
        //用于报告启动过程中的错误
        exceptionReporters = getSpringFactoriesInstances(SpringBoot
ExceptionReporter.class,
                new Class[] { ConfigurableApplicationContext.class }, context);
        //上下文准备，加载 BeanDefinition
        prepareContext(context, environment, listeners, application
Arguments, printedBanner);
        //刷新上下文，初始化 Spring IoC 容器
```

```
            refreshContext(context);
            afterRefresh(context, applicationArguments);
        //结束计时
    stopWatch.stop();
    if (this.logStartupInfo) {
  new StartupInfoLogger(this.mainApplicationClass).logStarted
(getApplicationLog(), stopWatch);
        }
        //启动监听器
        listeners.started(context);
        callRunners(context, applicationArguments);
    }catch (Throwable ex) {
        handleRunFailure(context, ex, exceptionReporters, listeners);
        throw new IllegalStateException(ex);
    }
    try {
        listeners.running(context);
    }catch (Throwable ex) {
        handleRunFailure(context, ex, exceptionReporters, null);
        throw new IllegalStateException(ex);
    }
    return context;
}
```

通过分析 SpringApplication 源码可以发现，最终还是调用了 SpringApplication 类的非静态 run()方法。在静态 run()方法中会创建一个 SpringApplication 实例并调用该对象的 run(String... args)方法，在 SpringApplication 构造器中会通过 SpringApplication 类中的私有方法 createSpringFactoriesInstances()实例化 ApplicationContextInitializer 和 ApplicationListener。

在 run()方法内部会先创建一个 StopWatch 对象，调用 stopWatch#start()方法开始记录 run()方法的启动时长。紧接着调用内部的 getRunListeners()方法获取对应 SpringApplication-RunListener 的全路径数组，然后调用 listeners#starting()方法，此时会回调前面获取的所有 SpringApplicationRunListener 对象的 starting()方法启动监听，然后调用内部的 prepare-Environment()方法完成运行环境准备，调用内部的 printBanner()方法打印 Banner，调用内部的 createApplicationContext()方法创建 ConfigurableApplicationContext 上下文，根据类型决定是创建普通的 Web 容器还是创建 Reactive 的 Web 容器，或者采用默认的普通的非 Web 容器。

接着调用内部的 prepareContext()方法遍历所有的 ApplicationContextInitializer，每个 ApplicationContextInitiaLizer 实例都会调用 initializer#initialize()方法进行初始化，之后会回调 SpringApplicationRunListener 对象的 contextPrepared()方法，说明容器已准备就绪。然后调用 refreshContext()方法刷新容器，初始化 IoC 容器，注入配置类和组件并触发自动配置功能，调用 afterRefresh()方法执行容器初始化后置逻辑，默认为空实现，无任何逻辑。在后置刷新方法之后会调用 stopWatch#stop()方法结束计时器计时。

然后调用 listeners#started()方法回调所有的 SpringApplicationRunListener 对象的 started()方法，发布 ApplicationStartedEvent 事件表明应用程序准备执行。

之后调用 callRunners()方法，内部会调用 ApplicationRunner 或者 CommandLineRunner 接口实现类的 run()方法，其中 ApplicationRunner 的优先级比 CommandLineRunner 高。

最后调用 listeners#running()方法回调所有的 SpringApplicationRunListener 对象的 running()方法，发布 ApplicationReadyEvent 事件，表明应用程序已准备好为请求提供服务。

至此，Spring Boot 的启动过程已全部完毕。

2.1.2　注解@SpringBootApplication 详解

在 Spring 4.0 之前，对于大多数使用 Spring 框架的开发者来说，总是会因新增或修改一个功能而穿梭于各个配置文件之间，为了可以简化这些操作，就想着是不是可以通过添加一个 jar 包直接使用其提供的功能。例如，原先想要开发一个 Web 项目时，需要在WEB-INF 目录下修改 web.xml，还要添加 applicationContext.xml 配置等，这一系列工作就算是开发"老手"也需要较长时间。而基于 Spring 4.0 版本诞生的 Spring Boot 就简化了这些配置，一个启动类加注解就能快速搭建一个 Web 项目。有没有觉得很神奇呢？下面我们就来分析它是如何"干掉"web.xml 并了解新增了哪些特性。

首先，为了简化使用，Spring Boot 提供了一个重要的注解@SpringBootApplication，它是一个复合性的注解，等价于同时使用@EnableAutoConfiguration、@ComponentScan 和@SpringBootConfiguration 默认属性的情况。可以说，一个@SpringBootApplication 注解就把这 3 个注解的事情全做了，那么这 3 个注解的功能有哪些呢？具体如表 2.1 所示。

表 2.1　3 个注解的功能说明

注　　解	功　　能
@EnableAutoConfiguration	启用Spring Boot的自动配置机制
@ComponentScan	启用@Component扫描，对应用程序所在的软件包进行扫描。另外默认还提供两个排除过滤器TypeExcludeFilter和AutoConfigurationExcludeFilter
@SpringBootConfiguration	用于标注配置类，允许在上下文中注册额外的Beans或导入其他配置类

🔔说明：Spring Boot 社区推荐使用基于 JavaConfig 的配置形式，因此启动类标注了@Configuration 之后，其本身就是一个 Spring 容器的配置类。

下面就来揭开这个复合注解的庐山真面目。我们先来看@SpringBootApplication 的源码，在 spring-boot-autoconfigure-2.2.6.RELEASE.jar 包中的代码清单如下：

```
@Target(ElementType.TYPE)
@Retention(RetentionPolicy.RUNTIME)
@Documented
@Inherited
@SpringBootConfiguration
@EnableAutoConfiguration
@ComponentScan(excludeFilters = { @Filter(type = FilterType.CUSTOM, classes
= TypeExcludeFilter.class),
```

```
    @Filter(type = FilterType.CUSTOM, classes = AutoConfigurationExclude
Filter.class) })
public @interface SpringBootApplication {
}
```

通过分析源码我们发现，允许将@SpringBootApplication 复合注解标注在类、接口和枚举中，运行时可通过反射取得该注解，再往下看会发现该注解并没有定义新的属性，而是直接复用 3 个注解的属性并对它们进行组合，这样就可以达到便捷使用的目的。其实除去元注解，剩下的 3 个注解是 @ComponentScan、@SpringBootConfiguration 和 @EnableAutoConfiguration。我们再来看@SpringBootApplication 注解中的属性，看看它复用了哪些属性，源码清单如下：

```
    /**
     * 排除特定的类加入 Spring 容器，使它们永远不会被应用。根据 class 来排除，传入参数
       value 的值为 Class 类型数组
     */
    @AliasFor(annotation = EnableAutoConfiguration.class)
    Class<?>[] exclude() default {};
    /**
     * 排除特定的自动配置类全路径，使其永远不会被应用，根据 class name 来排除。排除特
       定的类加入 Spring 容器，传入参数 value 的类型是 class 的全类名字符串数组
     */
    @AliasFor(annotation = EnableAutoConfiguration.class)
    String[] excludeName() default {};
    //指定扫描包，可以指定多个包名进行扫描，传入的参数是包名的字符串数组。
    @AliasFor(annotation = ComponentScan.class, attribute = "basePackages")
    String[] scanBasePackages() default {};
    /**
     * 扫描特定的包，可以指定多个类或接口的 class，对其所属的包进行扫描，传入参数是
       Class 类型数组
     */
    @AliasFor(annotation = ComponentScan.class, attribute = "basePackageClasses")
    Class<?>[] scanBasePackageClasses() default {};
    //默认是开启的，开启后允许其他配置类调用这个类标注@Bean 方法
    @AliasFor(annotation = Configuration.class)
    boolean proxyBeanMethods() default true;
```

可以看出，基本上@SpringBootApplication 注解对组合的 3 个注解都有复用。其中：exclude 和 excludeName 属性同@EnableAutoConfiguration 注解的属性；scanBasePackages 和 scanBasePackageClasses 属性同@ComponentScan 注解的属性；proxyBeanMethods 同 @Configuration 注解的属性。

在默认情况下，当 Spring Boot 项目启动时，一般只会扫描@SpringBootApplication 注解标记的启动类的同级包及其子包中的类（主要是扫描被特定注解标注的类，如 @Controller、@Service、@Repository、@Component、@Configuration 和@Bean 注解等）注册为 Spring beans。如果我们定义的 Bean 不在@SpringBootApplication 注解所标记的类的同级包及其子包下，此时就需要自己配置对应的扫描包路径。我们可以通过修改启动类上的注解@SpringBootApplication(scanBasePackages="com.mohai.xxx")方式来指定扫描路

径，当然也可以使用 scanBasePackageClasses 属性来指定多个类或接口的 class，在 ComponentScanAnnotationParser 解析类中会遍历配置的 class 数组，然后执行 basePackages#add(ClassUtils.getPackageName(clazz)) 方法获取当前配置类的包路径并将其添加到集合中。两种方式最终的执行结果都一样，如果有多个配置类且都不在当前包及其子包下，则需要指定多个配置类。

以上就是将 Bean 注入 Spring IoC 容器中扫描的配置方式，如果需要将特定的 Bean 排除在外将如何操作呢？我们可以使用@SpringBootApplication 的另外两个参数，即 exclude 和 excludeName。

例如，可以使用注解@SpringBootApplication(exclude=DataSourceAutoConfiguration.class) 和 @SpringBootApplication(excludeName={"org.springframework.boot.autoconfigure.jdbc.DataSourceAutoConfiguration"})形式的配置，在实际使用时选择一种配置方式就可以，此处的配置就是用来排除自动注入数据源的配置。此外，还有一个属性 proxyBeanMethods 将在@SpringBootConfiguration 注解分析中详细说明。

接下来对这 3 个注解分别进行详细分析。

1.　@SpringBootConfiguration注解

@SpringBootConfiguration 注解继承自@Configuration 注解，因此它们的作用基本一致，都用来标注配置类，只不过@SpringBootConfiguration 是 Spring Boot 的注解，而@Configuration 是 Spring 提供的注解。既然继承的是@Configuration 注解，那么被@SpringBootConfiguration 注解标注的配置类会把该类声明的一个或多个以@Bean 注解标记的方法交给 Spring 进行管理，将创建的 Bean 对象添加到 Spring IoC 容器中，在默认情况下实例名就是方法名。这与基于 Spring XML 配置的文件中<beans></beans>标签下配置<bean/>一样。@SpringBootConfiguration 注解的源码清单如下：

```
@Target(ElementType.TYPE)
@Retention(RetentionPolicy.RUNTIME)
@Documented
@Configuration
public @interface SpringBootConfiguration {
  @AliasFor(annotation = Configuration.class)
  //默认为true，允许在配置类及对此配置的外部调用
  boolean proxyBeanMethods() default true;
}
```

@SpringBootConfiguration 注解只有一个属性 proxyBeanMethods，继承自@Configuration 的 proxyBeanMethods 属性，默认为 true。该属性用于指定当前配置类是否使用代理方法，以强制维护实例化 Bean 的生命周期。这个功能需要以 CGLIB 代理的方式对指定@Bean 注解标注的方法进行拦截，当调用被@Bean 注解标注的方法获取对象时，会通过被代理类直接从 Spring IoC 容器中获取。但通过运行时生成的 CGLIB 子类的实现是有一定限制的，例如配置类及其方法不允许声明 final。从 Spring 的源码中可以看到，从 Spring 5.2 开始，

Spring 容器在加载并解析配置类时会获取 proxyBeanMethods 的属性值,当判断该值为 true 时会对配置类和方法进行校验,如果该值为 false,就不再进行校验。因此在配置 proxyBean-Methods=false 时可以用 final 修饰配置类和方法。

proxyBeanMethods 属性的使用还有一个前提,即如果被@Bean 标注的方法之间不存在内部调用的话(特指不通过 this 调用当前对象的方法),就可以把 proxyBean- Methods 设置为 false,这样就不用校验,从而提高性能。如果想要在配置类中直接通过 this 调用 @Bean 标注的方法来获取 Bean 而不是通过注入获取,那么只有把 proxyBeanMethods 设置为 true,才能保证获取的 Bean 为单例。

说了那么多,我们通过每个人都想拥有一套房子的例子来感受一下 proxyBeanMethods 属性控制的效果。我们知道,Spring 在创建 Bean 的时候默认是单个对象的实例(作用域为 singleton),假设在一个配置类中有一个 getUser 方法用于获取 User 对象,另外有一个 getHouse()方法用于获取 House 对象,在 User 对象内部有一个 House 类型的属性,在创建 User 对象时可以调用 getHouse 方法进行属性设置。我们通过 proxyBeanMethods 的不同配置会发现,通过 User 对象获取的 House 对象和直接通过 getHouse 方法获取的 House 对象居然不是指向同一个地址。

```
public class User {
    private Integer id;
    private String realName;
    private Integer age;
    private Date birthday;
    private House house;
//省略 get 和 set 方法
}
public class House {
    private int id;
    private String num;
    private String unit;
    private String commName;
//省略 get 和 set 方法
}
```

创建一个配置类,分别通过@Bean 注解注入 User 和 House 实例,在配置类上添加 @Configuration 注解并将其属性 proxyBeanMethods 设为 true。

```
@Configuration(proxyBeanMethods = true)
public class MyConfiguration {
    @Bean
    public User getUser(){
        User user = new User();
        user.setHouse(getHouse());
        return user;
    }
    @Bean
    public House getHouse(){
        return new House();
    }
}
```

以上准备工作完成后编写测试类，在测试类中注入 User 和 House 对象，代码如下：

```
@SpringBootTest
class SpringbootConfigurationApplicationTests {
    @Autowired
    User user;
    @Autowired
    House house;
    @Test
    public void testProxyBeanMethods(){
        System.out.println(user.getHouse() == house);
    }
}
```

执行测试代码会发现，当 proxyBeanMethods=true 时打印的结果为 true，当 proxyBean-Methods=false 时打印的结果为 false。因此经过 CGLIB 代理增强的动作就是先判断容器中是否存在该对象，如果存在，则直接返回该对象，如果不存在，则创建一个对象放到容器中再返回。

下面简单介绍一下被注解@Configuration 标注的类加载和解析的过程。首先，容器启动后会通过 ClassPathBeanDefinitionScanner 类扫描当前包中符合条件的类，并将扫描到的信息创建为 BeanDefinition 类注册到容器中。其次，如果是基于注解的配置，则向容器中注册几个后置处理器。其中，有一个配置类的后置处理器 ConfigurationClassPostProcessor 通过执行 postProcessBeanDefinitionRegistry()方法调用内部的 processConfigBeanDefinitions() 方法，再通过 BeanDefinitionRegistry 的实现类调用 getBeanDefinition()方法从容器中获取 BeanDefinition 对象。通过 ConfigurationClassUtils 工具类调用 checkConfigurationClassCandidate() 方法，判断是否为配置类或嵌套组件类，如果是，就会生成表示配置类的 BeanDefinition-Holder 并将其添加到集合中，按加载优先级的升序排序，再将配置类的 BeanDefinitionHolder 集合作为参数调用解析类 ConfigurationClassParser#parse()方法，并在 parse()方法内判断 BeanDefinition 的类型，统一构造成 ConfigurationClass 对象。执行 processConfiguration-Class()方法，在 processConfigurationClass()方法中调用 doProcessConfigurationClass()方法，在 doProcessConfigurationClass()方法中分别按次序处理@PropertySource、@ComponentScan、@Import、@ImportResource 和@Bean 等注解，在处理这些注解的时候，通过递归处理来保证所有的类都能被解析。spring-core-5.2.5.RELEASE.jar 包中的 ConfigurationClassParser 类的处理代码如下：

```
@Nullable
protected final SourceClass doProcessConfigurationClass(
    ConfigurationClass configClass, SourceClass sourceClass, Predicate
<String> filter)
        throws IOException {
    // 处理@Component 注解并进行扫描
    if (configClass.getMetadata().isAnnotated(Component.class.getName())) {
        processMemberClasses(configClass, sourceClass, filter);
    }
    // 处理@PropertySource 注解并进行扫描
```

```
    for (AnnotationAttributes propertySource : AnnotationConfigUtils.
attributesForRepeatable(
            sourceClass.getMetadata(), PropertySources.class,
            org.springframework.context.annotation.PropertySource.class)) {
        if (this.environment instanceof ConfigurableEnvironment) {
            processPropertySource(propertySource);
        }else {
            logger.info("Ignoring @PropertySource annotation on [" + source
Class.getMetadata().getClassName() +  "]. Reason: Environment must
implement ConfigurableEnvironment");
        }
    }
    // 处理@ComponentScan 注解并进行扫描
    Set<AnnotationAttributes> componentScans = AnnotationConfigUtils.
attributesForRepeatable(sourceClass.getMetadata(), ComponentScans.class,
ComponentScan.class);
    if (!componentScans.isEmpty() &&!this.conditionEvaluator.shouldSkip
(sourceClass.getMetadata(), ConfigurationPhase.REGISTER_BEAN)) {
        for (AnnotationAttributes componentScan : componentScans) {
            //执行解析, 并将扫描结果封装成 BeanDefinitionHolder
            Set<BeanDefinitionHolder> scannedBeanDefinitions =
                this.componentScanParser.parse(componentScan, sourceClass.
getMetadata().getClassName());
            for (BeanDefinitionHolder holder : scannedBeanDefinitions) {
                BeanDefinition bdCand = holder.getBeanDefinition().
getOriginatingBeanDefinition();
                if (bdCand == null) {
                    bdCand = holder.getBeanDefinition();
                }
                if (ConfigurationClassUtils.checkConfigurationClass
Candidate(bdCand, this.metadataReaderFactory)) {
                    parse(bdCand.getBeanClassName(), holder.getBeanName());
                }
            }
        }
    }
    // 处理@Import 注解并进行扫描
    processImports(configClass, sourceClass, getImports(sourceClass),
filter, true);
    AnnotationAttributes importResource =
        AnnotationConfigUtils.attributesFor(sourceClass.getMetadata(),
ImportResource.class);
    if (importResource != null) {
        String[] resources = importResource.getStringArray("locations");
        Class<? extends BeanDefinitionReader> readerClass = importResource.
getClass("reader");
        for (String resource : resources) {
            String resolvedResource = this.environment.resolveRequired
Placeholders(resource);
            configClass.addImportedResource(resolvedResource, readerClass);
        }
    }
    // 处理标识@Bean 注解的方法并进行扫描
    Set<MethodMetadata> beanMethods = retrieveBeanMethodMetadata(sourceClass);
```

```
        for (MethodMetadata methodMetadata : beanMethods) {
            configClass.addBeanMethod(new BeanMethod(methodMetadata, configClass));
        }
        proccssInterfaces(configClass, sourceClass);
        if (sourceClass.getMetadata().hasSuperClass()) {
            String superclass = sourceClass.getMetadata().getSuperClassName();
            if (superclass != null && !superclass.startsWith("java") &&
                    !this.knownSuperclasses.containsKey(superclass)) {
                this.knownSuperclasses.put(superclass, configClass);
                return sourceClass.getSuperClass();
            }
        }
        return null;
    }
```

解析完成后，调用 parser#validate()方法对 ConfigurationClass 集合进行校验，判断该
集合是否符合 CGLIB 的代理规则。该方法的源代码如下：

```
public void validate(ProblemReporter problemReporter) {Map<String, Object>
attributes = this.metadata.getAnnotationAttributes(Configuration.class.
getName());
    if (attributes != null && (Boolean) attributes.get("proxyBeanMethods")) {
        if (this.metadata.isFinal()) {
            problemReporter.error(new FinalConfigurationProblem());
        }
        for (BeanMethod beanMethod : this.beanMethods) {
            beanMethod.validate(problemReporter);
        }
    }
}
```

BeanMethod 类用于描述配置类中被@Bean 注解标注的方法，它继承自 Configuration-
Method 类。在 ConfigurationMethod 类中有 MethodMetadata 和 ConfigurationClass 两个属性，
在 BeanMethod 类中重写了 validate()方法。

```
@Override
public void validate(ProblemReporter problemReporter) {
    if (getMetadata().isStatic()) {
        return;
    }
    if (this.configurationClass.getMetadata().isAnnotated(Configuration.
class.getName())) {
        if (!getMetadata().isOverridable()) {
            // 考虑到 CGLIB 代理，在@Configuration 类中的实例@Bean 方法必须支持重写
            problemReporter.error(new NonOverridableMethodError());
        }
    }
}
```

执行完 parser#validate()方法后，继续执行 configClasses#removeAll(alreadyParsed)方法
排除已经被加载和解析过的 ConfigurationClass 集合，最后通过 ConfigurationClassBean-
DefinitionReader 类调用 loadBeanDefinitions()方法，遍历 ConfigurationClass 集合并调用
loadBeanDefinitionsForConfigurationClass()方法，把 ConfigurationClass 里的 beanMethods

通过 loadBeanDefinitionsForBeanMethod()方法注册成 ConfigurationClassBeanDefinition，最终将解析的 Bean 注册到容器中。

2．@ComponentScan注解

@ComponentScan 注解的作用是扫描组件，同时可以配置过滤规则，将符合扫描条件的类注入 Spring IoC 容器中。在 Spring Boot 中，扫描路径是以当前启动类所在的包为根路径，扫描当前包及其子包中被@Component、@Controller、@Service 和@Repository 注解标注的类，并注册到 Spring IoC 容器中进行管理。@ComponentScan 注解还有一个功能就是对 Spring XML 配置中<context:component-scan>标签的支持。@Controller、@Service 和@Repository 注解都继承了@Component 的功能，它们的基本作用和@Component 完全一样，都是标注某个类为 Spring Beans 并将其注册到 Spring IoC 容器中进行管理，它们的不同之处就是对 Bean 进行了分类，如持久层使用@Repository 标注，业务层使用@Service 标注，控制层使用@Controller 标注。spring-core-5.2.5.RELEASE.jar 包中的@ComponentScan 注解的源码如下：

```
@Retention(RetentionPolicy.RUNTIME)
@Target(ElementType.TYPE)
@Documented
//指定 ComponentScan 可以被 ComponentScans 作为数组使用
@Repeatable(ComponentScans.class)
public @interface ComponentScan {
    @AliasFor("basePackages")
    String[] value() default {};
    @AliasFor("value")
    String[] basePackages() default {};
    //指定具体扫描的类
    Class<?>[] basePackageClasses() default {};
    //对应 Bean 名称的生成器，默认是 BeanNameGenerator
    Class<? extends BeanNameGenerator> nameGenerator() default BeanName
Generator.class;
    //处理检测到的 Bean 的 scope 范围
    Class<? extends ScopeMetadataResolver> scopeResolver() default Annotation
ScopeMetadataResolver.class;
    //是否为检测到的组件生成代理
    ScopedProxyMode scopedProxy() default ScopedProxyMode.DEFAULT;
    //控制符合组件检测条件的类文件，默认扫描当前包下的类文件
    String resourcePattern() default ClassPathScanningCandidateComponent
Provider.DEFAULT_RESOURCE_PATTERN;
    boolean useDefaultFilters() default true;
    Filter[] includeFilters() default {};
    Filter[] excludeFilters() default {};
    boolean lazyInit() default false;
}
```

在上面的代码中：value 和 basePackages 互为别名，用来指定扫描的包，对应的包扫描路径可以是一个路径也可以是多个路径组成的路径数组；includeFilters 指定扫描的时候

需要包含的组件；excludeFilters 指定扫描的时候按照指定规则排除的组件；useDefaultFilters 指定是否需要使用 Spring 默认的扫描规则，即扫描那些被@Component、@Repository、@Service 和@Controller 注解标注或者已经声明过@Component 自定义注解标记的组件；useDefaultFilters 属性值默认是 true，如果需要自定义扫描方式的话，则在配置 includeFilters 的同时就要设置 useDefaultFilters=false，即关闭默认的过滤规则；lazyInit 属性用于指定是否延迟初始化扫描的 Bean。

```
//声明 ComponentScan#includeFilters 或 ComponentScan#excludeFilters 类型的筛
  选器
@Retention(RetentionPolicy.RUNTIME)
@Target({})
@interface Filter {
    FilterType type() default FilterType.ANNOTATION;
    @AliasFor("classes")
    Class<?>[] value() default {};
    @AliasFor("value")
    Class<?>[] classes() default {};
    String[] pattern() default {};
}
```

其中，@Filter 是一个声明过滤规则的注解，属性 value 和 classes 互为别名，指定类型筛选器，type 指定过滤的规则，返回一个 FilterType 枚举类。支持的过滤规则如下：

- FilterType.ANNOTATION：按照给定的注解，过滤被指定注解标注的类；
- FilterType.ASSIGNABLE_TYPE：按照给定的类型，过滤被指定的类及其子类和实现类；
- FilterType.ASPECTJ：按照 ASPECTJ 表达式，通过 pattern 指定 ASPECTJ 表达式；
- FilterType.REGEX：按照正则表达式，通过 pattern 指定正则表达式；
- FilterType.CUSTOM：使用自定义规则，自定义规则需要实现 TypeFilter 接口，重写 match()方法；

@ComponentScan 注解在 Spring 3.1 中就已经有了，其主要功能是自动扫描并加载符合条件的组件或扫描自定义组件，最终将其解析成 BeanDefinition 并注册到容器中。如果当前应用中没有任何 Bean 需要加载到 Spring IoC 容器中，那么删除@ComponentScan 注解，当前应用程序依然可以正常运行。

下面简单介绍@ComponentScan 注解是何时被加载并且是如何加载的。一般来说，该注解会和@Configuration 注解一起标注在配置类上，处理的时机跟@Import 基本一致，而且继承@ComponentScan 的注解也可以被当作@ComponentScan 进行处理，如注解@Spring-bootApplication。

上面提到的@Configuration 注解在进行解析时其实也对@ComponentScan 注解进行了解析。首先遍历读取的注解属性，然后调用@ComponentScan 注解的解析方法 Component-ScanAnnotationParser#parse()，将待扫描路径下的 Bean 解析后添加到 BeanDefinition-Holder 集合并返回。具体示例代码如下：

```java
public Set<BeanDefinitionHolder> parse(AnnotationAttributes componentScan,
final String declaringClass) {
ClassPathBeanDefinitionScanner scanner = new ClassPathBeanDefinitionScanner
(this.registry,
    componentScan.getBoolean("useDefaultFilters"), this.environment, this.
resourceLoader);
    Class<? extends BeanNameGenerator> generatorClass = componentScan.
getClass("nameGenerator");
        boolean useInheritedGenerator = (BeanNameGenerator.class ==
generatorClass);
        scanner.setBeanNameGenerator(useInheritedGenerator ? this.bean
NameGenerator :
                BeanUtils.instantiateClass(generatorClass));
        ScopedProxyMode scopedProxyMode = componentScan.getEnum("scopedProxy");
        if (scopedProxyMode != ScopedProxyMode.DEFAULT) {
            scanner.setScopedProxyMode(scopedProxyMode);
        }else {
        Class<? extends ScopeMetadataResolver> resolverClass = component
Scan.getClass("scopeResolver");
            scanner.setScopeMetadataResolver(BeanUtils.instantiateClass
(resolverClass));
        }
        scanner.setResourcePattern(componentScan.getString("resourcePattern"));
        for (AnnotationAttributes filter : componentScan.getAnnotation
Array("includeFilters")) {
            for (TypeFilter typeFilter : typeFiltersFor(filter)) {
                scanner.addIncludeFilter(typeFilter);
            }
        }
        for (AnnotationAttributes filter : componentScan.getAnnotation
Array("excludeFilters")) {
            for (TypeFilter typeFilter : typeFiltersFor(filter)) {
                scanner.addExcludeFilter(typeFilter);
            }
        }
        boolean lazyInit = componentScan.getBoolean("lazyInit");
        if (lazyInit) {
            scanner.getBeanDefinitionDefaults().setLazyInit(true);
        }
        Set<String> basePackages = new LinkedHashSet<>();
        String[] basePackagesArray = componentScan.getStringArray("base
Packages");
        for (String pkg : basePackagesArray) {
String[] tokenized = StringUtils.tokenizeToStringArray(this.environment.
resolvePlaceholders(pkg),
            ConfigurableApplicationContext.CONFIG_LOCATION_DELIMITERS);
            Collections.addAll(basePackages, tokenized);
        }
        for (Class<?> clazz : componentScan.getClassArray("basePackage
Classes")) {
            basePackages.add(ClassUtils.getPackageName(clazz));
        }
        if (basePackages.isEmpty()) {
            basePackages.add(ClassUtils.getPackageName(declaringClass));
        }
```

```
        scanner.addExcludeFilter(new AbstractTypeHierarchyTraversingFilter
(false, false) {
        @Override
        protected boolean matchClassName(String className) {
            return declaringClass.equals(className);
        }
    });
    return scanner.doScan(StringUtils.toStringArray(basePackages));
}
```

从上面的源代码中可以发现，ComponentScanAnnotationParser#parse()方法会创建一个
ClassPathBeanDefinitionScanner 实例对象 scanner，判断是否采用默认的过滤器，然后从
AnnotationAttributes 对象中读取注解属性信息并为 scanner 扫描器设置参数，最后进入
ClassPathBeanDefinitionScanner#doScan()方法执行扫描操作。

```
protected Set<BeanDefinitionHolder> doScan(String... basePackages) {
    Assert.notEmpty(basePackages, "At least one base package must be
specified");
    Set<BeanDefinitionHolder> beanDefinitions = new LinkedHashSet<>();
    for (String basePackage : basePackages) {
        // 扫描包路径，获取 BeanDefinition
        Set<BeanDefinition> candidates = findCandidateComponents(base
Package);
        for (BeanDefinition candidate : candidates) {
// 解析 scope 属性
ScopeMetadata scopeMetadata = this.scopeMetadataResolver.resolveScope
Metadata(candidate);
        candidate.setScope(scopeMetadata.getScopeName());
    // 生成 Bean 名称
    String beanName = this.beanNameGenerator.generateBeanName(candidate,
this.registry);
        if (candidate instanceof AbstractBeanDefinition) {
            // 组装 BeanDefinition 并设置其默认属性
            postProcessBeanDefinition((AbstractBeanDefinition) candidate,
beanName);
        }
        if (candidate instanceof AnnotatedBeanDefinition) {
        // 解析类中的注解配置
        AnnotationConfigUtils.processCommonDefinitionAnnotations
((AnnotatedBeanDefinition) candidate);
        }
        // 校验是否和已注册的 BeanDefinition 有冲突
        if (checkCandidate(beanName, candidate)) {
BeanDefinitionHolder definitionHolder = new BeanDefinitionHolder(candidate,
beanName);
definitionHolder =AnnotationConfigUtils.applyScopedProxyMode(scopeMetadata,
definitionHolder, this.registry);
        beanDefinitions.add(definitionHolder);
    // 将 BeanDefinition 注册到 BeanFactory 中，后续统一进行实例化
    registerBeanDefinition(definitionHolder, this.registry);
        }
```

```
        }
    }
    return beanDefinitions;
}
```

扫描的基本步骤是首先遍历 basePackages 包路径数组，然后调用 ClassPathScanning-
CandidateComponentProvider#findCandidateComponents()方法，找出符合条件的组件，从而
获取 BeanDefinition 集合，具体代码如下：

```
public Set<BeanDefinition> findCandidateComponents(String basePackage) {
    if (this.componentsIndex != null && indexSupportsIncludeFilters()) {
        return addCandidateComponentsFromIndex(this.componentsIndex, basePackage);
    }else {
        return scanCandidateComponents(basePackage);
    }
}
```

如果声明的实例不支持索引，则会调用 ClassPathScanningCandidateComponentProvider
类的私有方法 scanCandidateComponents()，解析完后返回 BeanDefinition 集合，具体代码
如下：

```
private Set<BeanDefinition> scanCandidateComponents(String basePackage) {
    Set<BeanDefinition> candidates = new LinkedHashSet<>();
    try {
    String packageSearchPath = ResourcePatternResolver.CLASSPATH_ALL_URL
_PREFIX +
        resolveBasePackage(basePackage) + '/' + this.resourcePattern;
    //读取路径下的所有.class 文件信息
    Resource[] resources = getResourcePatternResolver().getResources
(packageSearchPath);
    boolean traceEnabled = logger.isTraceEnabled();
    boolean debugEnabled = logger.isDebugEnabled();
        for (Resource resource : resources) {
            if (traceEnabled) {
                logger.trace("Scanning " + resource);
            }
            if (resource.isReadable()) {
            try {
//获取.class 对应的元信息，如类信息和注解信息等
MetadataReader metadataReader = getMetadataReaderFactory().getMetadata
Reader(resource);
                //根据注解元信息判断是否为符合条件的.class
                if (isCandidateComponent(metadataReader)) {
ScannedGenericBeanDefinition sbd = new ScannedGenericBeanDefinition
(metadataReader);
                sbd.setResource(resource);
                sbd.setSource(resource);
                //判断能否进行实例化，即校验是否为非接口、非抽象
                if (isCandidateComponent(sbd)) {
                    if (debugEnabled) {
                    logger.debug("Identified candidate component class: "
+ resource);
                    }
```

```
                        candidates.add(sbd);
                    }else {
                        if (debugEnabled) {
                        logger.debug("Ignored because not a concrete top-level
class: " + resource);
                        }
                    }
                }else {
                    if (traceEnabled) {
                    logger.trace("Ignored because not matching any filter: "
+ resource);
                    }
                }
            }catch (Throwable ex) {
            throw new BeanDefinitionStoreException("Failed to read candidate
component class: " + resource, ex);
            }
            }else {
                if (traceEnabled) {
                    logger.trace("Ignored because not readable: " + resource);
                }
            }
            }
        }
    }catch (IOException ex) {
        throw new BeanDefinitionStoreException("I/O failure during
classpath scanning", ex);
    }
    return candidates;
}
```

在匹配过滤规则时，先要判断是否满足排除 excludeFilter 的条件，然后再过滤包含 includeFilter 的条件，接着通过 ClassPathScanningCandidateComponentProvider 类调用 isCandidateComponent()方法，根据过滤器规则判断类是否满足加载条件，代码如下：

```
protected boolean isCandidateComponent(MetadataReader metadataReader)
throws IOException {
    for (TypeFilter tf : this.excludeFilters) {
        if (tf.match(metadataReader, getMetadataReaderFactory())) {
            return false;
        }
    }
    for (TypeFilter tf : this.includeFilters) {
        if (tf.match(metadataReader, getMetadataReaderFactory())) {
            return isConditionMatch(metadataReader);
        }
    }
    return false;
}
```

完成包扫描之后只是将符合条件的类解析成了 BeanDefinition，还需要通过调用 BeanDefinitionReaderUtils 类的静态方法 registerBeanDefinition 将其注册到容器中，代码如下：

```
public static void registerBeanDefinition( BeanDefinitionHolder definition
Holder, BeanDefinitionRegistry registry) throws BeanDefinitionStore
Exception {
```

```
    String beanName = definitionHolder.getBeanName();
    registry.registerBeanDefinition(beanName, definitionHolder.getBean
Definition());
    String[] aliases = definitionHolder.getAliases();
    if (aliases != null) {
      for (String alias : aliases) {
        registry.registerAlias(beanName, alias);
      }
    }
  }
}
```

至此，对注解@ComponentScan 的分析就结束了。

3．@EnableAutoConfiguration注解

Spring Boot 的核心注解@EnableAutoConfiguration 的作用是启动自动配置，即根据开发人员添加的 jar 包来判断并加载项目的默认配置。例如，根据 spring-boot-starter-web 包是否被依赖，在 spring-boot-autoconfigure-2.2.6.RELEASE.jar 包中会根据 ServletWebServer-FactoryAutoConfiguration 自动注册 Tomcat 配置，然后自动初始化 Web 项目中需要的默认配置，代码如下：

```
@Configuration(proxyBeanMethods = false)
@AutoConfigureOrder(Ordered.HIGHEST_PRECEDENCE)
@ConditionalOnClass(ServletRequest.class)
@ConditionalOnWebApplication(type = Type.SERVLET)
@EnableConfigurationProperties(ServerProperties.class)
@Import({ ServletWebServerFactoryAutoConfiguration.BeanPostProcessorsRe
gistrar.class,
    ServletWebServerFactoryConfiguration.EmbeddedTomcat.class,
    ServletWebServerFactoryConfiguration.EmbeddedJetty.class,
    ServletWebServerFactoryConfiguration.EmbeddedUndertow.class })
public class ServletWebServerFactoryAutoConfiguration {
}
```

另外值得一提的是，用@EnableAutoConfiguration 注解替换@SpringBootApplication 注解也可以使程序正常运行。但若没有配置@ComponentScan 扫描包的话，则程序无法进行 Bean 注入。

2.1.3 小节将详细分析@EnableAutoConfiguration 注解如何实现自动配置。

2.1.3　注解@EnableAutoConfiguration 详解

在 Spring 框架中经常可以看到名字以@Enable 开头的注解，如@EnableScheduling、@EnableAsync 和@EnableCaching 等。由此可以推断，@EnableAutoConfiguration 注解用于实现自动收集和注册符合条件的 Bean。下面在 spring-boot-autoconfigure-2.2.6.RELEASE.jar 包中查看其源码有哪些元注解和属性。

```
@Target(ElementType.TYPE)
@Retention(RetentionPolicy.RUNTIME)
```

```
@Documented
@Inherited
@AutoConfigurationPackage
@Import(AutoConfigurationImportSelector.class)
public @interface EnableAutoConfiguration {
    String ENABLED_OVERRIDE_PROPERTY = "spring.boot.enableautoconfiguration";
    Class<?>[] exclude() default {};
    String[] excludeName() default {};
}
```

其中有两个相对重要的注解：@AutoConfigurationPackage 注解用于自动配置包，@Import(AutoConfigurationImportSelector.class)注解用于导入自动配置的组件。相对关键的注解要属@Import，它引入 AutoConfigurationImportSelector 类，这样就具有自动筛选配置类导入容器的能力，Spring Boot 项目启动后会将所有符合条件的@Configuration 配置类全部加载到 Spring IoC 容器中。

```
@Target(ElementType.TYPE)
@Retention(RetentionPolicy.RUNTIME)
@Documented
@Inherited
@Import(AutoConfigurationPackages.Registrar.class)
public @interface AutoConfigurationPackage {
}
```

通过@AutoConfigurationPackage 注解会向 Spring IoC 容器中注册一个 Bean，其名称是 org.springframework.boot.autoconfigure.AutoConfigurationPackages，该 Bean 会在 Spring Boot 应用的启动过程中注册，如图 2.1 所示。

```
1   SpringApplication.run()
2    => refreshContext()
3     => AbstractApplicationContext.refresh()
4      => AbstractApplicationContext.invokeBeanFactoryPostProcessors()
5       => PostProcessorRegistrationDelegate.invokeBeanFactoryPostProcessors()
6        =>PostProcessorRegistrationDelegate.invokeBeanDefinitionRegistryPostProcessors()
7         => ConfigurationClassPostProcessor.postProcessBeanDefinitionRegistry()
8          => ConfigurationClassPostProcessor.processConfigBeanDefinitions()
9           => ConfigurationClassParser.parse()
10           => ConfigurationClassBeanDefinitionReader.loadBeanDefinitions()
11            => ConfigurationClassBeanDefinitionReader.loadBeanDefinitionsForConfigurationClass()
12             => ConfigurationClassBeanDefinitionReader.loadBeanDefinitionsFromRegistrars()
13              => AutoConfigurationPackages$Registrar.registerBeanDefinitions()
14               => AutoConfigurationPackages.register()
```

图 2.1　注册过程

其中，AutoConfigurationPackages#register()方法的执行逻辑代码清单如下：

```
public abstract class AutoConfigurationPackages {
    // 定义 Bean 的名称
    private static final String BEAN = AutoConfigurationPackages.class.getName();
    // 以编程方式注册自动配置包名称，参数 packageNames 是一个字符串数组
    public static void register(BeanDefinitionRegistry registry, String... packageNames) {

        // 默认加载被注解@SpringBootApplication 标注的 Spring Boot 应用程序入口
        类所在的包
```

```
        if (registry.containsBeanDefinition(BEAN)) {
            // 如果该 Bean 已经注册，则获取该 Bean 并将要注册的包名称添加进去
            BeanDefinition beanDefinition = registry.getBeanDefinition(BEAN);
            ConstructorArgumentValues constructorArguments = beanDefinition.
getConstructorArgumentValues();
            constructorArguments.addIndexedArgumentValue(0, addBasePackages
(constructorArguments, packageNames));
        }else {
    //如果该 Bean 还没有注册，则注册该 Bean，参数中提供的包名称会的 Bean 的定义中进行
      设置
    GenericBeanDefinition beanDefinition = new GenericBeanDefinition();
    beanDefinition.setBeanClass(BasePackages.class);
beanDefinition.getConstructorArgumentValues().addIndexedArgumentValue(0,
packageNames);
            beanDefinition.setRole(BeanDefinition.ROLE_INFRASTRUCTURE);
            registry.registerBeanDefinition(BEAN, beanDefinition);
        }
    }
}
```

通过分析可知，Spring Boot 会扫描启动类所在的包及其子包下所有的组件，具体实现逻辑是通过@AutoConfigurationPackage 注解的方式。

在@EnableAutoConfiguration 源码中通过@Import 注入了一个 ImportSelector 接口的实现类 AutoConfigurationImportSelector，这个实现类会根据相应的配置动态加载所需的 Bean。在 AutoConfigurationImportSelector 类中完成动态加载的实现方法如下：

```
@Override
public String[] selectImports(AnnotationMetadata annotationMetadata) {
    if (!isEnabled(annotationMetadata)) {
        return NO_IMPORTS;
    }
    //将 spring-autoconfigure-metadata.properties 的键值对配置载入 PropertiesAuto-
      ConfigurationMetadata 对象中并返回
    AutoConfigurationMetadata autoConfigurationMetadata = AutoConfiguration
MetadataLoader
        .loadMetadata(this.beanClassLoader);
    AutoConfigurationEntry autoConfigurationEntry = getAutoConfiguration
Entry(autoConfigurationMetadata, annotationMetadata);
    return StringUtils.toStringArray(autoConfigurationEntry.getConfigurations());
}
```

通过源码分析可知，在 AutoConfigurationImportSelector 类中是通过调用 selectImports() 方法告诉程序需要导入哪些组件。

首先，调用 AutoConfigurationMetadataLoader#loadMetadata()方法获取 AutoConfiguration-Metadata 对象。下面分析 loadMetadata()方法的执行逻辑，源码清单如下：

```
final class AutoConfigurationMetadataLoader {
    //指定配置文件，配置加载的配置类的路径
    protected static final String PATH = "META-INF/spring-autoconfigure-
metadata.properties";
    private AutoConfigurationMetadataLoader() {
    }
```

```
    static AutoConfigurationMetadata loadMetadata(ClassLoader classLoader) {
        return loadMetadata(classLoader, PATH);
    }
    static AutoConfigurationMetadata loadMetadata(ClassLoader classLoader,
String path) {
        try {
        //读取 spring-boot-autoconfigure 包中 spring-autoconfigure-metadata.
          properties 文件的信息
        //生成 urls 枚举对象
        Enumeration<URL> urls = (classLoader != null) ? classLoader.
getResources(path)
                    : ClassLoader.getSystemResources(path);
            Properties properties = new Properties();
            //解析 urls 枚举对象中的信息，将其封装成 properties 对象并加载
            while (urls.hasMoreElements()) {
                properties.putAll(PropertiesLoaderUtils.loadProperties(new
UrlResource(urls.nextElement())));
            }
            //根据封装好的 properties 对象生成 AutoConfigurationMetadata 对象
            return loadMetadata(properties);
        }catch (IOException ex) {
            throw new IllegalArgumentException("Unable to load @Conditional
OnClass location [" + path + "]", ex);
        }
    }
}
```

然后，调用成员方法 AutoConfigurationImportSelector#getAutoConfigurationEntry()来处理配置类信息并解析注解属性，源代码清单如下：

```
protected AutoConfigurationEntry getAutoConfigurationEntry(AutoConfiguration
Metadata autoConfigurationMetadata, AnnotationMetadata annotationMetadata) {
        if (!isEnabled(annotationMetadata)) {
            return EMPTY_ENTRY;
        }
        //将注解元信息封装成注解属性对象
        AnnotationAttributes attributes = getAttributes(annotationMetadata);
        //获取配置类的全路径字符串集合
    List<String> configurations = getCandidateConfigurations(annotation
Metadata, attributes);
        //去除重复的配置类
        configurations = removeDuplicates(configurations);
        //获取需要排除的信息
        Set<String> exclusions = getExclusions(annotationMetadata, attributes);
        checkExcludedClasses(configurations, exclusions);
        configurations.removeAll(exclusions);
        //获取 AutoConfigurationImportFilter 集合，遍历执行过滤规则
        configurations = filter(configurations, autoConfigurationMetadata);
        //触发自动导入事件
        fireAutoConfigurationImportEvents(configurations, exclusions);
        return new AutoConfigurationEntry(configurations, exclusions);
    }
```

在调用 AutoConfigurationImportSelector#getCandidateConfigurations()方法中还会调用一个 SpringFactoriesLoader#loadFactoryNames()方法，这个方法就是让 SpringFactories-Loader 加载一些组件的名字。

```
protected   List<String>   getCandidateConfigurations(AnnotationMetadata
metadata, AnnotationAttributes attributes) {
      List<String> configurations = SpringFactoriesLoader.loadFactory
Names(getSpringFactoriesLoaderFactoryClass(),getBeanClassLoader());
      Assert.notEmpty(configurations, "No auto configuration classes
found in META-INF/spring.factories. If you " + "are using a custom packaging,
make sure that file is correct.");
   return configurations;
}
```

在 spring-core-5.2.5.RELEASE.jar 包中找到 SpringFactoriesLoader 类，它是 Spring 框架提供的原生工具类。SpringFactoriesLoader 类会加载编译后在 classes 目录下的 META-INF/spring.factories 文件，当然也包含 jar 包中的文件。当类加载器读取 spring.factories 文件时，SpringFactoriesLoader 类将获取配置实现类的路径，然后通过反射实例化对象。

```
public static final String FACTORIES_RESOURCE_LOCATION = "META-INF/spring.
factories";
public static List<String> loadFactoryNames(Class<?> factoryType, @Nullable
ClassLoader classLoader) {
String factoryTypeName = factoryType.getName();
return loadSpringFactories(classLoader).getOrDefault(factoryTypeName,
Collections.emptyList());
}
private static Map<String, List<String>> loadSpringFactories(@Nullable
ClassLoader classLoader) {
   //一个 key 可以对应多个值的 map(spring 扩展的)
   MultiValueMap<String, String> result = cache.get(classLoader);
   if (result != null) {
      return result;
   }
   try {
   //如果类加载器不为 null，则加载类路径下的 spring.factories 文件，将其中设置的
   //配置类的全路径信息封装为 Enumeration 类对象
   Enumeration<URL> urls = (classLoader != null ?
         classLoader.getResources(FACTORIES_RESOURCE_LOCATION) :
         ClassLoader.getSystemResources(FACTORIES_RESOURCE_LOCATION));
      result = new LinkedMultiValueMap<>();
      //循环 Enumeration 类对象，根据相应的节点信息生成 Properties 对象
      while (urls.hasMoreElements()) {
         URL url = urls.nextElement();
         UrlResource resource = new UrlResource(url);
         Properties properties = PropertiesLoaderUtils.loadProperties
(resource);
         //通过传入的键获取值，再将值转为以逗号分隔的字符串数组，并放到 result
            集合中
         for (Map.Entry<?, ?> entry : properties.entrySet()) {
```

```
                String factoryTypeName = ((String) entry.getKey()).trim();
      for (String factoryImplementationName : StringUtils.commaDelimited
ListToStringArray((String) entry.getValue())) {
                    result.add(factoryTypeName, factoryImplementation
Name.trim());
                }
            }
        }
        cache.put(classLoader, result);
        return result;
    }catch (IOException ex) {
        throw new IllegalArgumentException("Unable to load factories from
location [" +
            FACTORIES_RESOURCE_LOCATION + "]", ex);
    }
}
```

让我们来看看 spring-boot-autoconfigure-2.2.6.RELEASE.jar 包中包含的一个 spring.factories 文件。打开这个文件可以看到一系列 Spring Boot 自动配置的列表，如图 2.2 所示。

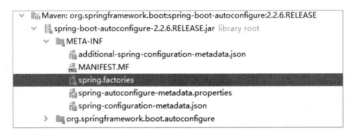

图 2.2　spring.factories 文件

SpringFactoriesLoader 是专属于 Spring 框架的一种扩展方案（它和 Java 的 SPI 方案 java. util.ServiceLoader 类似），其主要功能是从指定的配置文件 META-INF/spring. factories 中加载配置。这个 spring.factories 是一个典型的 Java Properties 文件，配置格式为 key=value 形式，只不过 key 和 value 都是 Java 类型的完整类名（fully qualified name），如 org.springframework. context.ApplicationListener=org.springframework.boot.autoconfigure.BackgroundPreinitializer 。通过 SpringFactoriesLoader#loadSpringFactories() 方法加载文件，读取成功后返回一个 ConcurrentReferenceHashMap 集合，然后就可以通过已知的接口类型作为 key 来获取对应的类型名称列表。

注解 @EnableAutoConfiguration 就是基于 SpringFactoriesLoader 提供的机制，实现可扩展的加载自动配置功能，即以 @EnableAutoConfiguration 的完整类名 org.springframework. boot.autoconfigure.EnableAutoConfiguration 作为 key，获取对应的一组标注 @Configuration 注解的实现类，代码如下：

```
org.springframework.boot.autoconfigure.EnableAutoConfiguration=\
org.springframework.boot.autoconfigure.admin.SpringApplicationAdminJmxA
```

```
utoConfiguration,\
org.springframework.boot.autoconfigure.aop.AopAutoConfiguration,\
org.springframework.boot.autoconfigure.amqp.RabbitAutoConfiguration,\
org.springframework.boot.autoconfigure.batch.BatchAutoConfiguration,\
org.springframework.boot.autoconfigure.cache.CacheAutoConfiguration,\
org.springframework.boot.autoconfigure.cassandra.CassandraAutoConfiguration,\
org.springframework.boot.autoconfigure.cloud.CloudServiceConnectorsAuto
Configuration,\
org.springframework.boot.autoconfigure.context.ConfigurationProperties
AutoConfiguration,\
org.springframework.boot.autoconfigure.context.MessageSourceAutoConfiguration,\
org.springframework.boot.autoconfigure.context.PropertyPlaceholderAuto
Configuration,\
...
```

以上是从 spring-boot-autoconfigure-2.2.6.RELEASE.jar 包中的 META-INF/spring.factories 文件中摘录的一段内容，很好地说明了自动配置的工作原理。因此注解@EnableAuto-Configuration 实现的自动配置功能，其实就变成了从 classpath 路径中查找所有的 META-INF/spring.factories 配置文件，将文件解析后读取其中以 org.spring-framework.boot.autoconfigure. EnableAutoConfiguration 为 key 所对应 value 中的所有 xxxConfiguration 类，再通过反射（Java Reflection）实例化那些被标注了@Configuration 注解的配置类，最后将其注册到 Spring IoC 容器中。而 xxxAutoConfiguration 类一般都有@ConditionalOnxxx 注解，可以通过这些条件注解来判断是否真的需要实例化 xxxAutoConfiguration 类中定义的对象。因此基于 Spring Boot 提供的各种 spring-boot-starter-xxx.jar 正是根据@ConditionalOnxxx 注解来达到自动装配的目的。

从 Spring 4.0 开始，如果需要在某个 Bean 被加载时判断只有满足指定条件才可以将其加载到应用上下文中，就可以通过@Conditional 注解来实现。在 spring-context-5.2.5. RELEASE.jar 包中找到该注解的源码清单如下：

```
@Target({ElementType.TYPE, ElementType.METHOD})
@Retention(RetentionPolicy.RUNTIME)
@Documented
public @interface Conditional {
    Class<? extends Condition>[] value();
}
```

从源码中可以看到，@Conditional 注解的属性 value 返回的是继承了 Condition 接口的泛型类数组。也就是说，要使用@Conditional 注解，就需要实现 Condition 接口并重写其 matches()方法。同样，在 org.springframework.context.annotation 包中找到该接口 Condition，其源码如下：

```
@FunctionalInterface
public interface Condition {
    boolean matches(ConditionContext context, AnnotatedTypeMetadata metadata);
}
```

可以看到，接口中的 matches()方法返回的是 boolean 类型，可通过该方法来判断是否满足类的加载条件。

　　既然 Spring Boot 可以简化配置，它自然也提供了几个常用的条件判断注解，就是在@Conditional 注解的基础上进行了拓展。在开发过程中如果需要相似的功能，可以直接使用这些注解，只需要选择预定义的@ConditionalOnXxxx 注解，并配置好加载条件，这样就能控制加载的 Bean 在验证通过后才会被注册到 Spring IoC 容器中。

　　这些默认的条件注解都定义在 org.spring-framework.boot.autoconfigure.condition 包中，如图 2.3 所示。

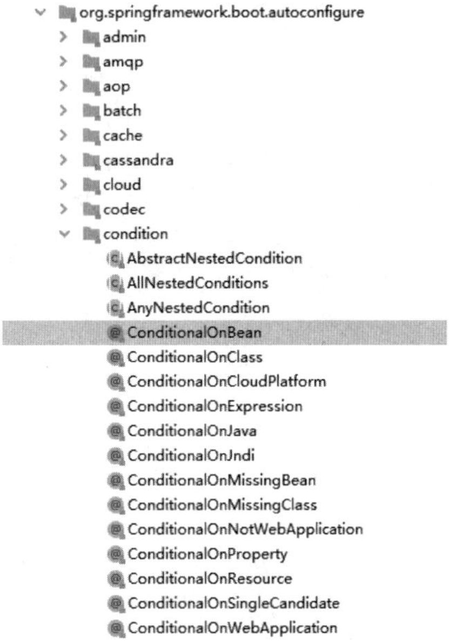

　　Spring Boot 一共提供了 13 个不同功能的条件注解。这些注解如果标注在类上，则表示该类下的所有@Bean 都会根据注解中的条件判断是否启用配置；如果标注在方法上，则只是判断是否启用该方法。下面说明每个注解的判断逻辑，如表 2.2 所示。

図 2.3　@ConditionalOnXxxx 注解

表 2.2　@ConditionalOnXxxx注解的判断逻辑

注　　解	判　断　逻　辑
@ConditionalOnBean	仅在当前BeanFactory容器中存在某个对象时才会实例化一个Bean
@ConditionalOnClass	当给定的类class位于类路径上时才会实例化一个Bean
@ConditionalOnCloudPlatform	当指定的云平台激活时才会实例化一个Bean
@ConditionalOnExpression	当SpEL表达式结果为true的时候才会实例化一个Bean
@ConditionalOnJava	当JVM为指定的版本范围时才触发实例化
@ConditionalOnJndi	在JNDI存在的条件下触发实例化
@ConditionalOnMissingBean	仅在当前上下文中不存在某个对象时才会实例化一个Bean
@ConditionalOnMissingClass	当某个class类路径上不存在的时候才会实例化一个Bean
@ConditionalOnNotWebApplication	当项目不是Web应用时才会实例化一个Bean
@ConditionalOnProperty	当指定的属性有指定的值时才进行实例化
@ConditionalOnResource	当类路径下有指定的资源时才触发实例化
@ConditionalOnSingleCandidate	当指定的Bean在容器中只有一个或多个但指定了首选（@Primary）的Bean时才触发实例化
@ConditionalOnWebApplication	当项目是一个Web项目时进行实例化

　　以上注解可以组合起来使用，默认的条件关系是 and，也可以自己封装一个组合条件类来继承 AllNestedConditions 类，添加自定义的@Conditional 注解。如果组合条件的关系

是 or，则需要继承 AnyNestedCondition 类。另外，还可以通过继承 NoneNestedConditions 类来实现 non（非）的关系。

2.1.4　注解@Configuration 与@Component 对比

先来看在 Spring 框架中常用的注解@Component。从 Spring 2.5 开始就引入了组件自动扫描机制，可以在类路径中寻找标注了@Repository、@Service、@Controller 和@Component 注解的类，并把其实例化对象注册到 Spring IoC 容器中进行管理。@Component 注解泛指各种组件，一般指含义模糊且在持久层（@Repository）、业务层（@Service）和控制层（@Controller）这三层之外的组件。

```
@Target({ElementType.TYPE})
@Retention(RetentionPolicy.RUNTIME)
@Documented
@Indexed
public @interface Component {
    String value() default "";
}
```

从 Spring 3.0 开始新增了@Configuration 注解，主要用于定义配置类，也是对 Spring XML 配置中<beans/>标签的平行支持。被注解@Configuration 标注的类，其内部包含一个或多个被@Bean 注解标注的方法，这些方法将通过 AnnotationConfigApplicationContext 或 AnnotationConfigWebApplicationContext 类进行扫描，并用于构建 Bean 定义和初始化 Spring 容器。

```
@Target({ElementType.TYPE})
@Retention(RetentionPolicy.RUNTIME)
@Documented
@Component
public @interface Configuration {
    @AliasFor(
        annotation = Component.class
    )
    String value() default "";
    boolean proxyBeanMethods() default true;
}
```

注意：@Configuration 注解的配置类有如下要求：
- 配置类不可以是 final 类型；
- 配置类不可以是匿名类；
- 嵌套的配置类必须是静态类；
- 配置类必须是非本地的（方法不能被 native 修饰）。

通过源码可以看到，@Configuration 注解继承自@Component 注解，在本质上还是@Component，因此<context:component-scan/>或者@ComponentScan 都可以处理扫描被

@Configuration 注解修饰的类。使用@Configuration 注解就相当于在 Spring 配置文件的 <beans/>标签中可以配置和定义<bean/>。那么，使用@Component 注解是不是就可以替换 @Configuration 注解呢？注入的 Bean 效果是否一样呢？下面我们就带着这些疑问来具体分析。

1．主要区别

@Configuration 和@Component 之间的区别是：@Component 注解的范围最广，所有的 Java 类都可以使用，而@Configuration 注解一般用在被@Value 注解标注的成员变量和被@Bean 注解标注的方法的类中，声明该类是一个配置类。从代码定义的层面来看，@Configuration 注解本质上还是@Component。总而言之，在默认情况下被@Configuration 标注的类中所有带@Bean 注解的方法都会被 CGLIB 代理，因此调用该方法返回的都是同一个实例。

Spring 容器在启动时会加载 ConfigurationClassPostProcessor 后置处理类，这个后置处理类专门处理带有@Configuration 注解的类，它会在 Bean 定义加载完成后 Bean 初始化前进行处理，主要使用 CGLIB 动态代理增强类进行处理，是对其中带有@Bean 注解的方法进行处理。其实，Spring 对 Bean 初始化的处理方式完全是不一样的，使用@Configuration 注解标注的类通过 CGLIB 代理模式创建 Bean，如果调用方法请求的 Bean 已经在容器中，那么就直接返回容器中的 Bean，因此全局只有一个对象的实例。而使用@Component 注解标注的类，其被@Bean 注解标注的方法将以 lite 模式进行处理，在执行 Java 方法时就不会被 Spring 代理,每调用一次都会创建一个对象实例,因此容器中会有多个该对象的实例。

2．原因分析

造成不同结果的原因在于，在 ConfigurationClassPostProcessor 类中，当执行 postProcess-BeanFactory()方法时会调用 enhanceConfigurationClasses()方法，在该方法中会创建一个 ConfigurationClassEnhancer 增强类对配置类进行强化处理，再通过 CGLIB 进行动态代理。ConfigurationClassEnhancer#enhance()方法的代码清单如下：

```
public Class<?> enhance(Class<?> configClass, @Nullable ClassLoader
classLoader) {
    if (EnhancedConfiguration.class.isAssignableFrom(configClass)) {
        if (logger.isDebugEnabled()) {
            logger.debug(String.format("Ignoring request to enhance %s as
it has " +
                "already been enhanced. This usually indicates that more
than one " +
                "ConfigurationClassPostProcessor has been registered
(e.g. via " +
                "<context:annotation-config>). This is harmless, but
you may " +
                "want check your configuration and remove one CCPP if
possible",
                configClass.getName()));
```

```
    }
        return configClass;
    }
    Class<?> enhancedClass = createClass(newEnhancer(configClass, class
Loader));
    if (logger.isTraceEnabled()) {
        logger.trace(String.format("Successfully enhanced %s; enhanced
class name is: %s",
                configClass.getName(), enhancedClass.getName()));
    }
    return enhancedClass;
}
```

因此，在定义配置类时一定要使用@Configuration 注解。

2.2　Spring Boot 基础配置

本节将讲述配置文件的加载机制，学习如何为 Spring Boot 项目添加基础配置，如数据库连接池配置和 Redis 配置等，以及如何实现不同环境如 Dev、UAT 和 Prod 之间的配置信息切换。

2.2.1　Spring Boot 配置文件加载机制

Spring Boot 默认会加载 ClassPath 下的 application.properties 文件，它是如何实现的呢？下面我们来分析一下其实现原理。

Spring Boot 项目程序启动时会先执行 run()方法，此时会初始化 SpringApplication，通过自动装载机制初始化监听器，还有 InitiaLizers 等其他初始化任务，通过 SPI 机制将所有实现 ApplicationListener 的监听器收集起来并初始化后放入缓存中。下面我们再来看 run()方法的真正执行逻辑，主要执行顺序如图 2.4 所示。

第一步，在回调之前获得所有 SpringApplicationRunListener 对象的 starting()方法，启动监听。第二步，在上下文已刷新、应用程序已启动但还未调用 CommandLineRunner 和 ApplicationRunner 的 run()方法之前回调 SpringApplicationRunListener 对象的 started()方法。第三步，在应用程序上下文被刷新并且所有的 CommandLineunner 和 Application-Runner 都被调用后立即执行 SpringApplicationRunListener 对象的 running()方法。

加载配置文件的监听器入口是 ConfigFileApplicationListener，这个监听器实现了 SmartApplicationListener 和 EnvironmentPostProcessor，而 SmartApplicationListener 接口继承了 ApplicationListener<ApplicationEvent>接口，因此能监听到上面广播出来的 Spring-ApplicationEvent 事件。ConfigFileApplicationListener 类的继承关系如图 2.5 所示。

```
public ConfigurableApplicationContext run(String... args) {
    StopWatch stopWatch = new StopWatch();
    stopWatch.start();
    ConfigurableApplicationContext context = null;
    Collection<SpringBootExceptionReporter> exceptionReporters = new ArrayList<>();
    configureHeadlessProperty();
    SpringApplicationRunListeners listeners = getRunListeners(args);
    listeners.starting();                            ❶
    try {
        ApplicationArguments applicationArguments = new DefaultApplicationArguments(args);
        ConfigurableEnvironment environment = prepareEnvironment(listeners, applicationArguments);
        configureIgnoreBeanInfo(environment);
        Banner printedBanner = printBanner(environment);
        context = createApplicationContext();
        exceptionReporters = getSpringFactoriesInstances(SpringBootExceptionReporter.class,
                new Class[] { ConfigurableApplicationContext.class }, context);
        prepareContext(context, environment, listeners, applicationArguments, printedBanner);
        refreshContext(context);
        afterRefresh(context, applicationArguments);
        stopWatch.stop();
        if (this.logStartupInfo) {
            new StartupInfoLogger(this.mainApplicationClass).logStarted(getApplicationLog(), stopWatch);
        }
        listeners.started(context);                  ❷
        callRunners(context, applicationArguments);
    }
    catch (Throwable ex) {
        handleRunFailure(context, ex, exceptionReporters, listeners);
        throw new IllegalStateException(ex);
    }
    try {
        listeners.running(context);                  ❸
    }
    catch (Throwable ex) {
        handleRunFailure(context, ex, exceptionReporters, null);
        throw new IllegalStateException(ex);
    }
    return context;
```

图 2.4　run()方法的执行逻辑

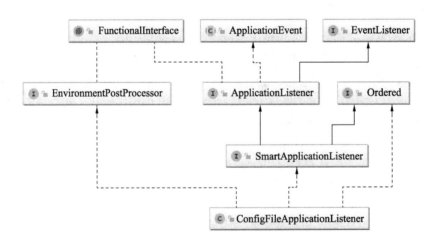

图 2.5　ConfigFileApplicationListener 类的继承关系

我们知道了 SpringApplication 在初始化的时候会加载 spring.factories 配置文件中指定
的 ApplicationListener 接口的实现类，再来了解 PropertySourceLoader 接口的实现类加载过
程就比较容易了。

在 org.springframework.boot.context.config.ConfigFileApplicationListener 类中有个内部
类 Loader，该类的 propertySourceLoaders 属性用于保存 org.springframework.boot.env.

PropertySourceLoader 接口的集合，propertySourceLoaders 属性会在该类的构造器中进行初始化。调用 SpringFactoriesLoader#loadFactories()方法可以从 spring.factories 文件中加载 PropertySourceLoader 类型的实现类。该内部类 Loader 的构造器代码清单如下：

```
public class ConfigFileApplicationListener implements EnvironmentPost
Processor, SmartApplicationListener, Ordered {
    private class Loader {
        private final Log logger = ConfigFileApplicationListener.this.
logger;
        private final ConfigurableEnvironment environment;
        private final PropertySourcesPlaceholdersResolver placeholders
Resolver;
        private final ResourceLoader resourceLoader;
        private final List<PropertySourceLoader> propertySourceLoaders;
        Loader(ConfigurableEnvironment environment, ResourceLoader
resourceLoader) {
            this.environment = environment;
            this.placeholdersResolver = new PropertySourcesPlaceholders
Resolver(this.environment);
            this.resourceLoader = (resourceLoader != null) ? resource
Loader : new DefaultResourceLoader();
            this.propertySourceLoaders = SpringFactoriesLoader.loadFactories
(PropertySourceLoader.class,getClass().getClassLoader());
        }
    }
}
```

在 spring-boot-2.2.6.RELEASE.jar 包中提供了两种类型的配置文件加载类，即 Properties-PropertySourceLoader 和 YamlPropertySourceLoader，分别用来读取 Properties 和 YML 类型的配置文件。通过 SpringFactoriesLoader 类加载 spring.factories 文件可以实现类的初始化。

```
org.springframework.boot.env.PropertySourceLoader=\
org.springframework.boot.env.PropertiesPropertySourceLoader,\
org.springframework.boot.env.YamlPropertySourceLoader
```

在 ConfigFileApplicationListener 的内部类 Loader 构造器中执行 loadFactories()方法，代码如下：

```
this.propertySourceLoaders = SpringFactoriesLoader.loadFactories(Property
SourceLoader.class,
                    getClass().getClassLoader());
```

调用 PropertySourceLoader#getFileExtensions()方法返回的是支持的文件扩展名。例如，PropertiesPropertySourceLoader 支持的扩展名是 XML 和 Properties，YamlPropertySourceLoader 支持的扩展名是 YML 和 YAML。ConfigFileApplicationListener 定义了默认的文件名 DEFAULT_NAMES="application"，因此 Spring Boot 会根据文件名加扩展名来加载文件。调用 Property-SourceLoader#load()方法可以读取配置文件并返回 PropertySource 集合，然后遍历集合将读取配置项添加到 ConfigurableEnvironment 对象中即可。

2.2.2　Properties 配置文件详解

在 Java 语言中比较常见的配置文件是 Properties 文件，JDK 开发工具包中提供的 Properties 类可以很方便地读取这个文件。而且 Properties 类继承自 Hashtable 类，因此也是使用一种键值对的形式来保存属性集。不过 Properties 特殊的地方是它的键和值都是字符串类型。

有 Spring Boot 项目开发经验的人应该都知道，application.properties 是 Spring Boot 默认的配置文件，Spring Boot 默认会在两个路径（src\main\resources 和 src\main\resources\config）下搜索并加载这个文件。Spring Boot 不仅提供了默认的 application.properties 配置文件，而且可以进行自定义配置，以实现修改默认配置的目的。这是为了适应不同的环境，当然还包括一些第三方的配置。几乎所有配置都可以写入 application.peroperties 文件中，该文件会被 Spring Boot 自动加载，免去了手动加载的烦恼。application.properties 配置文件被自动加载时，其内部的相关设置会自动覆盖 Spring Boot 默认的设置项，所有的配置项均会注册到 Spring 容器中。

自定义的 xxx.properties 配置文件是不会被 Spring Boot 自动加载的，需要手动配置才会被加载。这里的手动加载一般指的是通过注解的方式加载。接下来笔者要讲述的是本节的重点之一，即使用@PropertySource("classpath:xxx.properties")注解加载自定义属性文件，这个注解专门用来加载指定的 Properties 文件位置，但是 Spring 4.0 以前的版本中暂未提供加载指定的 YML 文件位置的注解。

其实无论是哪里的 Properties 文件，当我们需要使用其中的配置内容时，可以在当前的类上标注该注解，然后将配置文件加载到内存中，而且这些配置文件加载一次即可多次使用。但更通用的情况是新建一个配置类，使用@Configuration 注解标注，再加上之前的@PropertySource("classpath:xxx.properties")注解，而类的内部并不需要任何内容，这是一个纯粹的配置加载类。由于@Configuration 注解的作用，该配置类会被 Spring 扫描器扫描到并创建该类的 Bean 实例，而创建的时候会执行配置文件中配置项的加载。配置项的使用其实很简单，只要是加载到 Spring 容器中的配置项，就可以直接以@Value("${key}")的方式来引用，一般将其配置在字段顶部，表示将配置项的值赋给该字段。

下面我们再来了解@PropertySource 注解，它可以标记在类、接口和枚举中，在运行时起作用，只支持加载 Properties 结尾的文件。@PropertySource 内部的元注解@Repeatable(value=PropertySources.class)表示@PropertySource 注解可以被重复使用，而@Property-Sources 注解表示可以存放@PropertySource 注解的容器。@PropertySource 注解中的 encoding 属性用于指定读取属性文件所使用的编码，通常使用的是 UTF-8 格式。name 属性用于指定加载的配置文件，形如@PropertySource("classpath:config/ xxx. properties")可在启动时载入自定义的配置文件。如果要同时载入多个文件，可以通过 value 属性进行配置，通过字符串数组来指定多个配置文件，例如下面的配置：

```
@PropertySource(value={"classpath:config/one.properties","classpath:
config/two.properties"});
```

ignoreResourceNotFound 属性表示没有找到文件时是否会报错，默认为 false，如果未加载配置文件就会报错。一般在开发的时候应该使用默认值，如果设置为 true，相当于吞掉异常，这样会增加排查问题的复杂性，因此建议不要修改该值。代码清单如下：

```
@Target({ElementType.TYPE})
@Retention(RetentionPolicy.RUNTIME)
@Documented
@Repeatable(PropertySources.class)
public @interface PropertySource {
    String name() default "";
    String[] value();
    boolean ignoreResourceNotFound() default false;
    String encoding() default "";
    Class<? extends PropertySourceFactory> factory() default Property
    SourceFactory.class;
}
```

@PropertySource 注解在 spring-context-5.2.5.RELEASE.jar 包中，通常与@Configuration-Properties 一起搭配使用。Spring 中提供的@Value 注解用于将配置文件中的属性值读取出来并设置到相应的属性中，也可以通过注入 Environment 然后调用 environment#getProperty()方法获取配置文件中的属性值。使用@Value 注解方式有一个不太友好的地方，即当项目中有大量的属性要配置时，需要一个一个地在类的属性中增加@Value 注解。这样确实很麻烦，不过现在可以通过 Spring Boot 提供的@ConfigurationProperties 注解解决这个问题。

```
@Target({ ElementType.TYPE, ElementType.METHOD })
@Retention(RetentionPolicy.RUNTIME)
@Documented
public @interface ConfigurationProperties {
    //指明属性的前缀
    @AliasFor("prefix")
    String value() default "";
    @AliasFor("value")
    String prefix() default "";
    //是否忽略验证失败的字段，默认关闭（针对类型转换的问题）
    boolean ignoreInvalidFields() default false;
    //是否忽略未知的字段，默认开启
    boolean ignoreUnknownFields() default true;
}
```

首先用@Component 注解进行标注，让其被 Spring 容器所管理，然后用@Configuration-Properties 注解扫描本类中的所有字段并进行属性查找及组装绑定。

另外还有一个方法，在不需要@Component 注解标注的情况下也可以使具有@Configuration-Properties 注解的类生效，那就是@EnableConfigurationProperties 注解。通常，@Enable-ConfigurationProperties 注解应用到被@Configuration 注解标注的配置类中时，任何被@ConfigurationProperties注解标注的 Bean 定义将自动与 Environment 上下文环境中的属性

配置进行匹配。这种风格的配置特别适合与 SpringApplication 的外部 YAML 配置文件一起使用。

下面通过一个例子来演示如何使用@PropertySource 注解加载类路径下的 user.properties 配置文件，然后用@ConfigurationProperties 注解为一个 POJO 对象的属性赋值。新建 UserBean 类，在其中添加属性如下。特别强调一下，如果没有配置对应的属性则为空值。

```
//将本类标识为一个 Spring 组件
@Component
//指明加载类路径下的哪个配置文件来注入值
@PropertySource(value = {"classpath:user.properties"},encoding = "utf-8")
//将配置文件中 key 为 user 的所有属性与本类属性进行一一映射并注入值
@ConfigurationProperties(prefix = "user")
public class UserBean {
    private Integer id;
    private String realName;
    private Integer age;
    private Date birthday;
//省略 get、set 和 toString
}
```

在 resources 目录下新建一个 user.properties 文件，内容如下：

```
user.id=1
user.realName=逍遥子
user.age=23
user.birthday=2020/5/16
```

在测试类中添加测试方法 testUserBean(),通过@Resource 注入 UserBean,打印 userBean 对象信息。

```
@SpringBootTest
class SpringbootPropertiesApplicationTests {
    @Resource
    private UserBean userBean;
    @Test
    public void testUseBean(){
        System.out.println(userBean);
    }
}
```

单击方法右边的运行按钮，方法执行后查看控制台输出结果，如图 2.6 所示。

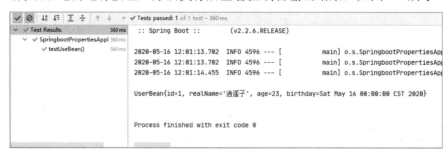

图 2.6　属性值注入

注解@ConfigurationProperties 是由 Spring Boot 提供的，在使用时注意不要在默认的配置文件 application.properties 和自定义的配置文件 xxx.properties 中配置相同的配置项，因为默认配置文件的优先级最高，会覆盖自定义配置文件中的内容。

有时我们在实际操作过程中可能会"出师不利"，运行时可能会出现乱码的问题，不要慌，其实只需要执行几步操作即可解决。修改配置文件的编码格式为 UTF-8，同时去 IDEA 里修改整个工程的编码设置：选择 Settings | Editor | File Encodings 命令，然后选择 UTF-8，还需要选择 Transparent native-to-ascii conversion 复选框，如图 2.7 所示。

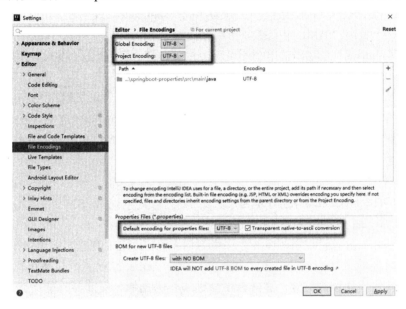

图 2.7　设置 UTF-8 编码格式

2.2.3　YAML 配置文件详解

YAML 是 YAML Ain't a Markup Language（YAML 不是一种标记语言）的缩写，YAML 配置文件的扩展名可以是.yml 或者.yaml。YAML 是一种以数据为中心的编程语言，其语法简单，支持多种数据形态。正因为它是 JSON 的一个超集，所以其定义的数据格式在结构层次上清晰明了，配置内容简单、易读、易用。

YAML 是一种容易阅读且易于交互的脚本语言，其数据格式能被快速解析。另外，根据 YAML 库的不同，它可以支持不同的编程语言，如 C/C++、Python、Java、C#和 PHP 等。

YAML 的基本语法特点如下：

- 对大小写敏感；
- 使用缩进表示层级关系，不同等级用冒号隔开；

- 缩进不允许使用制表符（Tab 键），只允许使用空格；
- 缩进的空格数不重要，只要相同层级的元素左对齐即可；
- #表示注释。

YAML 支持的数据类型如下：

- 对象：一个键值对的集合，又称为映射（mapping）、哈希（hashes）或字典（dictionary），用 key: value 表示。注意冒号后面必须要加一个空格，也可以使用 key: {key1: value1, key2: value2, ...}。
- 数组：按次序排列的一组值，又称为序列（sequence）或列表（list）。以-开头的行表示一个数组。YAML 也支持多维数组，可以使用行内表示 key: [value1, value2, ...]。
- 纯量（scalars）：最基本的单个不可再分的值，包括字符串、布尔值、整数、浮点数、Null、时间和日期。

了解了以上知识后，就可以应对开发项目中的配置工作了。虽然在 Spring Boot 工程中默认提供了一个 application.properties 配置文件，但是 Spring Boot 也支持 application.yml 的加载，并且它的功能和 application.properties 是一样的。YML 文件是树状结构，有更好的层次感，更易于理解，因此很多人都选择了 YML 文件。

2.2.4　Spring Profiles 使用说明

在实际项目开发时经常需要在多个环境中部署测试，这样有些配置信息在开发、测试及生产等不同环境中是不同的，例如数据库连接、Redis 配置等。如果只有一个配置文件的话，就需要手动修改配置，这样会很烦琐且容易出错，最重要的是不够"智能"。如何能够在不同环境中自动实现配置的切换呢？Spring 已经考虑到了这一点，给我们提供了 Profile 机制，只需要在启动时添加一个参数，激活指定环境所要用的 Profile 即可。

下面来看在 Spring Boot 中是如何使用 Profile 功能的。在 Spring Boot 中，多个环境的配置文件名可以使用 application-{profile}.properties/yml 格式，这里的{profile}对应环境标识。例如，application-dev.properties 是指开发环境配置，application-prod.properties 是指生产环境配置，默认使用 application.properties 配置。

那么，如何激活指定的 Profile 呢？

在 resources 目录下新建两个配置文件，分别命名为 application-dev.properties 和 application-prod.properties，为了方便看到二者的区别，我们在三个配置文件中分别指定 Tomcat 启动端口：

- 在 application.properties 文件中添加配置 server.port=8080；
- 在 application-dev.properties 文件中添加配置 server.port=8081；
- 在 application-prod.properties 文件中添加配置 server.port=8082；

这个时候我们没有指定任何 Profile 执行启动类的 main()方法，可以看到，默认启动如图 2.8 所示。

```
SpringbootProfileApplication
INFO 7124 --- [  restartedMain] .e.DevToolsPropertyDefaultsPostProcessor : Devtools property defaults active! Set 'spring.devtools.add-properties' to 'fals
INFO 7124 --- [  restartedMain] .e.DevToolsPropertyDefaultsPostProcessor : For additional web related logging consider setting the 'logging.level.web' prop
INFO 7124 --- [  restartedMain] o.s.b.w.embedded.tomcat.TomcatWebServer  : Tomcat initialized with port(s): 8080 (http)
INFO 7124 --- [  restartedMain] o.apache.catalina.core.StandardService   : Starting service [Tomcat]
INFO 7124 --- [  restartedMain] org.apache.catalina.core.StandardEngine  : Starting Servlet engine: [Apache Tomcat/9.0.33]
INFO 7124 --- [  restartedMain] o.a.c.c.C.[Tomcat].[localhost].[/]       : Initializing Spring embedded WebApplicationContext
INFO 7124 --- [  restartedMain] o.s.web.context.ContextLoader            : Root WebApplicationContext: initialization completed in 3356 ms
INFO 7124 --- [  restartedMain] o.s.s.concurrent.ThreadPoolTaskExecutor  : Initializing ExecutorService 'applicationTaskExecutor'
INFO 7124 --- [  restartedMain] o.s.b.d.a.OptionalLiveReloadServer       : LiveReload server is running on port 35729
INFO 7124 --- [  restartedMain] o.s.b.w.embedded.tomcat.TomcatWebServer  : Tomcat started on port(s): 8080 (http) with context path ''
INFO 7124 --- [  restartedMain] c.m.o.s.SpringbootProfileApplication     : Started SpringbootProfileApplication in 5.431 seconds (JVM running for 6.889)
```

图 2.8　默认启动

程序会默认加载 application.properties 中的配置，如果想要使用对应的环境，只需要在 application.properties 中使用 spring.profiles.active 属性激活相应的环境即可，属性值对应上面提到的{profile}，这里指 Dev 和 Prod。修改 application.properties 文件中的配置如下：

```
server.port=8080
spring.profiles.active=dev
```

重新运行 main()方法，结果如图 2.9 所示。

```
SpringbootProfileApplication
INFO 5636 --- [  restartedMain] .e.DevToolsPropertyDefaultsPostProcessor : Devtools property defaults active! Set 'spring.devtools.add-properties' to 'fa
INFO 5636 --- [  restartedMain] .e.DevToolsPropertyDefaultsPostProcessor : For additional web related logging consider setting the 'logging.level.web' pr
INFO 5636 --- [  restartedMain] o.s.b.w.embedded.tomcat.TomcatWebServer  : Tomcat initialized with port(s): 8081 (http)
INFO 5636 --- [  restartedMain] o.apache.catalina.core.StandardService   : Starting service [Tomcat]
INFO 5636 --- [  restartedMain] org.apache.catalina.core.StandardEngine  : Starting Servlet engine: [Apache Tomcat/9.0.33]
INFO 5636 --- [  restartedMain] o.a.c.c.C.[Tomcat].[localhost].[/]       : Initializing Spring embedded WebApplicationContext
INFO 5636 --- [  restartedMain] o.s.web.context.ContextLoader            : Root WebApplicationContext: initialization completed in 3123 ms
INFO 5636 --- [  restartedMain] o.s.s.concurrent.ThreadPoolTaskExecutor  : Initializing ExecutorService 'applicationTaskExecutor'
INFO 5636 --- [  restartedMain] o.s.b.d.a.OptionalLiveReloadServer       : LiveReload server is running on port 35729
INFO 5636 --- [  restartedMain] o.s.b.w.embedded.tomcat.TomcatWebServer  : Tomcat started on port(s): 8081 (http) with context path ''
INFO 5636 --- [  restartedMain] c.m.o.s.SpringbootProfileApplication     : Started SpringbootProfileApplication in 5.209 seconds (JVM running for 6.443)
```

图 2.9　Dev 环境启动

通过控制台输出日志可以看到，Tomcat 的启动端口为 8081。

```
Tomcat started on port(s): 8081 (http) with context path ''
```

从上面的结果中可以看出，application-dev.properties 中的配置覆盖了 application.propertie 中的配置。我们在配置文件中可以将与环境无关的属性放到 application.propertie 中进行配置，将根据环境变化而变化的配置放到各个 application-{profile}.properties 文件中。

其实，Spring 提供激活 Profile 的方式不止一种，下面我们来看还有哪些，相信总有一种方式适合你。

看了上面展示的激活 Profile 的方式后，也许读者会认为在 application.properties 文件中指定属性 spring.profiles.active 的值的方式很方便，但是这种方式在实际项目中并不适用。因为每次提交代码时需要手动修改 spring.profiles.active 的值，所以往往会出现上线的包已经打好了，但发现忘了修改 spring.profiles.active 值的情况，如果是紧急上线，总不能再重新打包吧，这显得不够灵活，于是就有了另外一种方式，即使用命令行的方式。Spring Boot 的程序一般是打成 jar 包，在使用 java　-jar 命令执行 jar 包的时候，可以在后面加上

```
--spring.profiles.active=dev
```

形如在终端命令窗口中输入如下命令：

```
java -jar target/springboot-profile-0.0.1-SNAPSHOT.jar --spring.profiles.
active=prod
```

执行上述命令，查看是否生效。可以看到，启动端口为 8082，说明 Prod 环境被激活了，如图 2.10 所示。

```
· [           main] o.s.s.concurrent.ThreadPoolTaskExecutor  : Initializing ExecutorService 'applicationTaskExecutor'
· [           main] o.s.b.w.embedded.tomcat.TomcatWebServer  : Tomcat started on port(s): 8082 (http) with context path ''
· [           main] c.m.o.s.SpringbootProfileApplication      : Started SpringbootProfileApplication in 4.398 seconds (JVM ru
```

图 2.10　Prod 环境启动

若使用 IDEA 进行开发的话，还可以修改启动配置，再执行 main() 方法，依然会激活 Dev 配置，如图 2.11 所示。

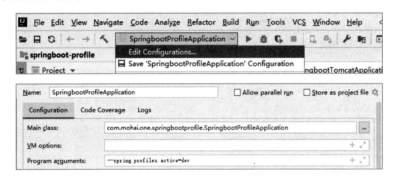

图 2.11　启动参数配置

还有一种方法是修改虚拟机的参数配置，即在虚拟机配置中加上 -Dspring.profiles.active=dev 后执行 main() 方法，同样会激活 Dev 的配置，如果 2.12 所示。

Name:	SpringbootProfileApplication	☐ Allow parallel run	☐ Store as project file

Configuration　Code Coverage　Logs

Main class:	com.mohai.one.springbootprofile.SpringbootProfileApplication	...
VM options:	-Dspring.profiles.active=dev	+ ⤢
Program arguments:		+ ⤢

图 2.12　VM 参数配置

既然有多种方式进行配置，那么就会有优先级的问题。高优先级的配置会覆盖低优先级的配置，如果高优先级中的配置文件属性与低优先级中的配置文件属性不冲突，则会共存，互不影响。在指定 Profile 时，通过配置传入的命令行参数优先级最高，然后是虚拟机参数，最后是配置文件中的 Active profiles 设置。

2.3 自定义 Banner

相信有不少读者都想尝试修改控制台打印的 Spring Boot 启动的 Logo 和版本信息,自己设置一个独有的启动 Logo。其实 Spring Boot 框架的开发者已经想到了这一点,为广大使用 Spring Boot 的开发人员提供了扩展接口,该接口就是 org.springframework.boot.Banner,同时还提供了几个默认的实现类。我们先来熟悉一下 Spring Boot 默认的打印 Logo,如图 2.13 所示。如果要修改 Banner,只需要在 src/main/resource/banner.txt 目录下创建一个 Banner 文件即可。

下面是在 spring-boot-2.2.6.RELEASE.jar 包中提供的几种实现类。

```
  .   ____          _            __ _ _
 /\\ / ___'_ __ _ _(_)_ __  __ _ \ \ \ \
( ( )\___ | '_ | '_| | '_ \/ _` | \ \ \ \
 \\/  ___)| |_)| | | | | || (_| |  ) ) ) )
  '  |____| .__|_| |_|_| |_\__, | / / / /
 =========|_|==============|___/=/_/_/_/
 :: Spring Boot ::        (v2.2.6.RELEASE)
```

图 2.13　启动 Spring Boot 的默认 Logo

(1) org.springframework.boot.SpringBootBanner 实现类:默认加载配置,在什么都不配置的情况下,启动程序会执行该类的 printBanner() 方法。

```java
@Override
public void printBanner(Environment environment, Class<?> sourceClass,
PrintStream printStream) {
    for (String line : BANNER) {
        printStream.println(line);
    }
    String version = SpringBootVersion.getVersion();
    version = (version != null) ? " (v" + version + ")" : "";
    StringBuilder padding = new StringBuilder();
    while (padding.length() < STRAP_LINE_SIZE - (version.length() + SPRING_
BOOT.length())) {
        padding.append(" ");
    }
    printStream.println(AnsiOutput.toString(AnsiColor.GREEN, SPRING_BOOT,
AnsiColor.DEFAULT, padding.toString(), AnsiStyle.FAINT, version));
    printStream.println();
}
```

(2) org.springframework.boot.ImageBanner 实现类:用于支持图片格式,需要添加配置项 spring.banner.image.location,项目启动时会通过配置项得到图片路径,这样 Spring Boot 就会根据配置项的路径加载图片。如果没有配置 spring.banner.image.location,则会从当前运行环境中依次尝试加载 banner.gif、banner.jpg 和 banner.png 这 3 个文件,只要找到文件,就会返回 ImageBanner 实例。请看 ImageBanner 类中的 printBanner() 方法。

```java
@Override
public void printBanner(Environment environment, Class<?> sourceClass,
PrintStream out) {
    String headless = System.getProperty("java.awt.headless");
    try {
```

```
            System.setProperty("java.awt.headless", "true");
            printBanner(environment, out);
        } catch (Throwable ex) {
            logger.warn(LogMessage.format("Image banner not printable: %s (%s:
'%s')", this.image, ex.getClass(), ex.getMessage()));
            logger.debug("Image banner printing failure", ex);
        } finally {
            if (headless == null) {
                System.clearProperty("java.awt.headless");
            } else {
                System.setProperty("java.awt.headless", headless);
            }
        }
    }
}
```

（3）org.springframework.boot.ResourceBanner 实现类：用于支持文本格式，Spring Boot
会读取配置项 spring.banner.location，然后根据配置项中的地址读取文件，并将获取的文件
内容打印到控制台或日志文件中。如果在配置文件中没有添加 spring.banner.location 属性，
那么默认会从当前运行环境中加载 banner.txt 文件，如果存在 banner.txt 文件，则返回 Resource-
Banner 实例。下面来看 ResourceBanner 类中的 printBanner()方法。

```
@Override
public void printBanner(Environment environment, Class<?> sourceClass,
PrintStream out) {
    try {
        String banner = StreamUtils.copyToString(this.resource.getInputStream(),
        environment.getProperty("spring.banner.charset", Charset.class, Stand
ardCharsets.UTF_8));
        for (PropertyResolver resolver : getPropertyResolvers(environment,
sourceClass)) {
            banner = resolver.resolvePlaceholders(banner);
        }
        out.println(banner);
    } catch (Exception ex) {
        logger.warn(LogMessage.format("Banner not printable: %s (%s: '%s')",
this.resource, ex.getClass(), ex.getMessage()), ex);
    }
}
```

SpringApplication 类在执行 run()方法时会调用本类中的 printBanner()方法。

```
private Banner printBanner(ConfigurableEnvironment environment) {
    if (this.bannerMode == Banner.Mode.OFF) {
        return null;
    }
    ResourceLoader resourceLoader = (this.resourceLoader != null) ? this.
resourceLoader
            : new DefaultResourceLoader(getClassLoader());
    SpringApplicationBannerPrinter bannerPrinter = new SpringApplication
BannerPrinter(resourceLoader, this.banner);
    if (this.bannerMode == Mode.LOG) {
        return bannerPrinter.print(environment, this.mainApplicationClass,
logger);
    }
```

```
    return    bannerPrinter.print(environment,    this.mainApplicationClass,
System.out);
}
```

上面这段代码比较简单,主要是在 Spring Boot 启动后将打印 Banner 的操作委托给 Spring-ApplicationBannerPrinter 类,先判断 Banner 打印模式,如果是 LOG 模式,则将 logger 对象作为参数传入并将 Banner 信息输出到日志文件中,否则传入 System.out 参数并将其作为输出的目的地,具体请看 SpringApplication- BannerPrinter 类中的实现逻辑。

```
Banner print(Environment environment, Class<?> sourceClass, Log logger) {
    Banner banner = getBanner(environment);
    try {
        logger.info(createStringFromBanner(banner, environment, sourceClass));
    } catch (UnsupportedEncodingException ex) {
        logger.warn("Failed to create String for banner", ex);
    }
    return new PrintedBanner(banner, sourceClass);
}
Banner print(Environment environment, Class<?> sourceClass, PrintStream
out) {
    Banner banner = getBanner(environment);
    banner.printBanner(environment, sourceClass, out);
    return new PrintedBanner(banner, sourceClass);
}
```

对于上述代码,可以理解为在打印 Banner 前需要通过 SpringApplicationBannerPrinter# getBanner()方法获取 Banner 对象,将打印 Banner 的实际操作交给 Banner 对象来完成。如果要将 Banner 打印到日志文件中,则需要先通过 Banner 对象将内容输出到内存中,在获取打印内容后再委托给 logger 来打印。如果只是将 Banner 对象打印到控制台中,只需要将 System.out 作为参数传入 Banner 对象的 printBanner()方法中即可。

下面接着看在 SpringApplicationBannerPrinter 类中获取 Banner 的代码:

```
private Banner getBanner(Environment environment) {
    Banners banners = new Banners();
    banners.addIfNotNull(getImageBanner(environment));
    banners.addIfNotNull(getTextBanner(environment));
    if (banners.hasAtLeastOneBanner()) {
        return banners;
    }
    if (this.fallbackBanner != null) {
        return this.fallbackBanner;
    }
    return DEFAULT_BANNER;
}
```

上面这段代码的基本逻辑是,先创建一个 Banners 对象,这个对象可以组合多个 Banner 对象,接着尝试获取基于图片的 ImageBanner,如果不为空则将其添加到 Banners 集合中,再尝试获取基于文本的 TextBanner,如果不为空也将其添加到 Banners 集合中。上述操作完成后调用 hasAtLeastOneBanner()方法判断是否至少找到了一个 Banner,如果有就返回这个 Banners 对象，如果一个都没有找到，则接着判断是否存在自定义的 Banner，如果有则返回自定义的 Banner，若自定义的 Banner 也不存在，就返回默认的 SpringBootBanner 对象。

💬 **注意**：Banners 运用组合模式实现了 Banner 接口，实际上可同时打印图片和文本的 Banner。

我们继续来看 SpringApplicationBannerPrinter 类中的源码，了解为何获取基于图片和文本这两种实现类。

```java
private Banner getTextBanner(Environment environment) {
    String location = environment.getProperty(BANNER_LOCATION_PROPERTY,
DEFAULT_BANNER_LOCATION);
    Resource resource = this.resourceLoader.getResource(location);
    if (resource.exists()) {
        return new ResourceBanner(resource);
    }
    return null;
}
private Banner getImageBanner(Environment environment) {
    String                          location                          =
environment.getProperty(BANNER_IMAGE_LOCATION_PROPERTY);
    if (StringUtils.hasLength(location)) {
        Resource resource = this.resourceLoader.getResource(location);
        return resource.exists() ? new ImageBanner(resource) : null;
    }
    for (String ext : IMAGE_EXTENSION) {
        Resource resource = this.resourceLoader.getResource("banner." + ext);
        if (resource.exists()) {
            return new ImageBanner(resource);
        }
    }
    return null;
}
```

通过分析代码可以看出在获取 Banner 时需要配置哪些参数。基于图片的 ImageBanner 可以通过配置 spring.banner.image.location 参数来指定图片路径，可将一张文件名为 banner.jpg 的图片放在 resources 目录下，其格式支持 GIF 和 PNG。基于文件的 ResourceBanner 可通过配置 spring.banner.location 来指定文件路径，可将文件名为 banner.txt 的文件放在 resources 目录下。

2.4　内嵌式 Web 容器

在当今互联网盛行的时代，与各个终端用户交互的应用大多数使用的是 Web 应用，其中企业级 Java Web 应用尤为突出。随着相应的 Java Web 容器的发展，目前已经有了 Servlet Web 容器和 Reactive Web 容器。对于 Servlet Web 容器来说，其使用率很高，几乎一大半的公司都在使用，基于该容器的具体实现有 Tomcat、Undertow 和 Jetty。而 Reactive Web 容器出现的时间较晚，从 Spring 5.0 开始引入的新框架 Spring WebFlux 实现了 Reactive Streams

规范，但很少有公司会冒风险将现有项目使用的 Spring MVC 替换成 Spring WebFlux。Spring WebFlux 与 Spring MVC 最大的不同是，它不再需要 Servlet API，它是一个异步且非阻塞式的 Web 框架，默认采用 Netty 容器实现。

2.4.1　Tomcat 的配置

在使用 Spring Boot 开发 Web 程序时，默认包含预配置的嵌入式 Web 服务器是 Tomcat。Tomcat 服务器作为一个开源的轻量级 Web 应用服务器，在中小型系统和并发量小的场合中被广泛使用。在一般情况下，直接使用默认配置即可。但在某些情况下需要修改默认配置以满足自定义要求。

```
@Configuration(proxyBeanMethods = false)
@ConditionalOnWebApplication
@EnableConfigurationProperties(ServerProperties.class)
public class EmbeddedWebServerFactoryCustomizerAutoConfiguration {
}
```

添加 Web 依赖，不做任何修改，默认情况下会自动配置 Tomcat。

```
<dependency>
    <groupId>org.springframework.boot</groupId>
    <artifactId>spring-boot-starter-web</artifactId>
</dependency>
```

如何通过 application.properties 文件配置 Tomcat 嵌入式服务器呢？另外有哪些参数可进行配置呢？接下来笔者将详细讲解 Tomcat 的配置。

在配置文件中配置以 server.xxx 开头的参数，表示所有的 Servlet 容器通用的配置，以 server.tomcat.xxx 开头的是 Tomcat 特有的参数配置，而且所有的参数都会自动绑定到配置类 org.springframework.boot.autoconfigure.web.ServerProperties 中。

另外，可以自定义配置类实现 EmbeddedServletContainerCustomizer 接口。其实 ServerProperties 就实现了这个接口。在 ServerProperties 类中不仅有 Tomcat 的属性配置，还有 Jetty、Netty 和 Undertow 等 Web 服务器的属性配置。

```
@ConfigurationProperties(prefix = "server", ignoreUnknownFields = true)
public class ServerProperties
        implements EmbeddedServletContainerCustomizer, EnvironmentAware,
Ordered {
}
```

接下来再介绍几个常用的参数说明及属性值配置。

```
#如果不提供 server.port 参数，则默认设置为 8080，可以通过该参数更改默认的端口号
server.port = 80
#设置服务器应绑定的网络地址，默认情况下将该值设置为 0.0.0.0，表示允许通过所有的 IPv4
  地址进行连接
server.address =127.0.0.1
#默认情况下 Spring Boot 提供的错误网页，此页面称为 Whitelabel
```

\#Whitelabel 网页是默认启用的，如果不想显示任何错误信息，将其设置为 `false` 可以禁用该网页

```
server.error.whitelabel.enabled = false
#Whitelabel 的默认路径是"/error"，设置 server.error.path 参数可以自定义路径
server.error.path = /user-error
#设置是否显示有关 exception 异常的信息
server.error.include-exception= true
#设置堆栈跟踪
server.error.include-stacktrace= always
#启用 SSL 支持将 server.ssl.enabled 属性设置为 true
server.ssl.enabled = true
#定义 SSL 协议
server.ssl.protocol = TLS
#配置保存证书密钥库的密码、类型和路径
server.ssl.key-store-password=my_password
server.ssl.key-store-type=keystore_type
server.ssl.key-store=keystore-path
#定义标识密钥库中的密钥别名
server.ssl.key-alias=tomcat
#定义 Tomcat 工作线程的最大数量
server.tomcat.max-threads= 200
#设置 Web 服务器连接超时的时间
#表示服务器在连接关闭之前等待客户端发出请求的最长时间
server.connection-timeout= 5s
#定义请求头的最大值
server.max-http-header-size= 8KB
#请求正文的最大值
server.tomcat.max-swallow-size= 2MB
#整个 POST 请求的最大值
server.tomcat.max-http-post-size= 2MB
#要启用访问日志，只需设置为 true
server.tomcat.accesslog.enabled = true
#配置附加到日志文件的目录名、前缀、后缀和日期格式
server.tomcat.accesslog.directory=logs
server.tomcat.accesslog.file-date-format=yyyy-MM-dd
server.tomcat.accesslog.prefix=access_log
server.tomcat.accesslog.suffix=.log
```

例如，在 applicatopn.properties 配置文件中的配置如下：

```
server.tomcat.uri-encoding=UTF-8
server.tomcat.max-threads=20
server.tomcat.min-spare-threads=5
server.tomcat.max-connections=1000
```

启动程序，查看控制台日志，如果出现如图 2.14 所示的信息，则说明配置成功。

```
- [ restartedMain] .e.DevToolsPropertyDefaultsPostProcessor : Devtools property defaults active! Set 'spring.devtools.add-properties' to 'false' to disal
- [ restartedMain] .e.DevToolsPropertyDefaultsPostProcessor : For additional web related logging consider setting the 'logging.level.web' property to 'DE
- [ restartedMain] o.s.b.w.embedded.tomcat.TomcatWebServer : Tomcat initialized with port(s): 8080 (http)
- [ restartedMain] o.apache.catalina.core.StandardService   : Starting service [Tomcat]
- [ restartedMain] org.apache.catalina.core.StandardEngine  : Starting Servlet engine: [Apache Tomcat/9.0.35]
- [ restartedMain] o.a.c.c.C.[Tomcat].[localhost].[/]        : Initializing Spring embedded WebApplicationContext
- [ restartedMain] o.s.web.context.ContextLoader             : Root WebApplicationContext: initialization completed in 4500 ms
- [ restartedMain] o.s.s.concurrent.ThreadPoolTaskExecutor   : Initializing ExecutorService 'applicationTaskExecutor'
- [ restartedMain] o.s.b.d.a.OptionalLiveReloadServer        : LiveReload server is running on port 35729
- [ restartedMain] o.s.b.w.embedded.tomcat.TomcatWebServer : Tomcat started on port(s): 8080 (http) with context path ''
```

图 2.14　启动 Tomcat

2.4.2　Undertow 的配置

首先，我们来了解一下 Undertow 的发展历程。Undertow 是 Red Hat（红帽）公司的一款开源产品，由 JBoss 赞助，它是 Wildfly Application Server 应用程序默认使用的 Web 服务器。Undertow 采用 Java 语言编写，它提供了基于 NIO 的阻塞和非阻塞 API，是一款高性能、灵活、可嵌入的 Web 服务器。Undertow 具有基于组合式的体系结构，可让开发者通过组合小型单一用途的处理程序来构建 Web 服务器。Undertow 既可以在完整的 Java EE Servlet 4.0 容器中灵活使用，又可以在低级的非阻塞处理程序中使用。Undertow 的设计初衷就是实现可嵌入的、易于使用的、其生命周期完全可以由嵌入的应用程序控制。可以访问官网（http://undertow.io/）查看更多信息。下面是官网中描述的 Undertow 的主要特点。

- Lightweight（轻量级）：Undertow 的核心 jar 包都在 1MB 以下，而且它在运行状态下也是轻量级的，一个简单的嵌入式服务器使用的堆空间少于 4MB。
- HTTP Upgrade Support（可支持 HTTP 升级）：支持 HTTP 升级，支持 HTTP 2.0，允许多个协议通过 HTTP 端口进行多路复用。
- 提供对 Servlet 3.1 的支持，最新版也支持 Servlet 4.0，包括对嵌入式 Servlet 的支持。
- Web Socket Support（可支持 Web Socket）：对 Web Socket 支持，包括 JSR-356 支持。
- Embeddable（可嵌套性）：Undertow 可以嵌入应用程序中或独立运行，只需几行代码即可快速搭建 Web 服务器。
- Flexible（灵活性）：Undertow 框架只提供了两个核心 jar 包，即 undertow-core.jar 和 undertow-servlet.jar，可以灵活依赖。

Spring Boot 内嵌容器默认为 Tomcat，想要换成 Undertow 非常容易，只需要修改 spring-boot-starter-web 依赖，移除 Tomcat 的依赖：

```xml
<dependency>
    <groupId>org.springframework.boot</groupId>
    <artifactId>spring-boot-starter-web</artifactId>
    <exclusions>
        <exclusion>
            <groupId>org.springframework.boot</groupId>
            <artifactId>spring-boot-starter-tomcat</artifactId>
        </exclusion>
```

```
        </exclusions>
    </dependency>
```

然后再添加 Undertow 依赖即可。

```
    <dependency>
        <groupId>org.springframework.boot</groupId>
        <artifactId>spring-boot-starter-undertow</artifactId>
    </dependency>
```

Undertow 提供的默认配置参数如下：

```
# Undertow 日志存放目录
server.undertow.accesslog.dir=/home/logs
# 是否启动日志
server.undertow.accesslog.enabled=false
# 日志格式
server.undertow.accesslog.pattern=common
# 日志文件名前缀
server.undertow.accesslog.prefix=access_log.
#指定是否启用日志转换功能，默认为 true。这个参数决定是否需要切换日志文件，如果被设置为
  false 则不会切换日志文件，即所有文件会被打包到同一个日志文件中，并且 file-date-
  format 参数也会被忽略
server.undertow.accesslog.rotate=true
# 日志文件名后缀
server.undertow.accesslog.suffix=log
# 以下配置会影响 buffer，这些 buffer 用于服务器连接的 I/O 操作，类似于 netty 的池化内
  存管理
# 每块 buffer 的空间容量，越小的空间被利用得越充分
server.undertow.buffer-size=512
# 每个区分配的 buffer 数量，pool 的大小是 buffer-size * buffers-per-region
server.undertow.buffers-per-region=1024
#分配的是否为直接内存(NIO 为直接分配的堆外内存)
server.undertow.direct-buffers= false
# 设置 I/O 线程数。I/O 线程数主要用于执行非阻塞的任务，它们会负责多个连接，默认设置是
  每个 CPU 一个核心线程
# 核心线程不可设置得过大，否则启动项目时会报错，因为打开文件数过多
server.undertow.io-threads=4
# 是否初始化 Servlet 过滤器
server.undertow.eager-filter-init=true
# 设置 HTTP POST 请求数据的最大值
server.undertow.max-http-post-size=10MB
# 阻塞任务线程池，当执行类似于 Servlet 请求阻塞的操作时，Uundertow 会从这个线程池中
  取得线程，它的值取决于系统的负载和系统线程执行任务的阻塞系数，默认值是 io- hreads*8
server.undertow.worker-threads=32
```

可以直接使用默认参数启动 Undertow 服务器，也可以修改相应配置参数启动 Undertow 服务器。在 application.properties 配置文件中添加的具体参数如下：

```
# Undertow 日志存放目录
server.undertow.accesslog.dir=/logs
```

```
# 是否启动日志
server.undertow.accesslog.enabled=false
# 日志格式
server.undertow.accesslog.pattern=common
# 日志文件名前缀
server.undertow.accesslog.prefix=access_log
# 日志文件名后缀
server.undertow.accesslog.suffix=log
# 设置 HTTP POST 请求数据的最大值
server.undertow.max-http-post-size=10MB
# 设置 I/O 线程数，这些线程主要执行非阻塞任务，它们负责多个连接，默认设置是每个 CPU 一
  个核心线程
server.undertow.io-threads=4
# 阻塞任务线程池，当执行类似于 Servlet 请求阻塞的操作时，Undertow 会从这个线程池中取
  得线程，它的值设置取决于系统的负载
server.undertow.worker-threads=20
# 定义每块 buffer 的空间容量，越小的空间被利用得越充分
server.undertow.buffer-size=512
# 每个区分配的 buffer 数量，pool 的大小是 buffer-size * buffers-per-region
server.undertow.buffers-per-region=1024
# 分配的是否为直接内存(NIO 为直接分配的堆外内存)
server.undertow.direct-buffers=true
```

启动程序，查看控制台日志，如果出现如图 2.15 所示的信息，则说明配置成功。

```
--- [ restartedMain] o.s.web.context.ContextLoader        : Root WebApplicationContext: initialization completed in 3329 ms
--- [ restartedMain] o.s.s.concurrent.ThreadPoolTaskExecutor : Initializing ExecutorService 'applicationTaskExecutor'
--- [ restartedMain] o.s.b.d.a.OptionalLiveReloadServer   : LiveReload server is running on port 35729
--- [ restartedMain] io.undertow                          : starting server: Undertow - 2.1.0.Final
--- [ restartedMain] org.xnio                             : XNIO version 3.8.0.Final
--- [ restartedMain] org.xnio.nio                         : XNIO NIO Implementation Version 3.8.0.Final
--- [ restartedMain] org.jboss.threads                    : JBoss Threads version 3.1.0.Final
--- [ restartedMain] o.s.b.w.e.undertow.UndertowWebServer : Undertow started on port(s) 8080 (http)
```

图 2.15　启动 Undertow

2.4.3　Jetty 的配置

Jetty 作为一个开源的 HTTP 服务器和 Servlet 容器，它为 JSP 和 Servlet 提供了运行时环境。Jetty 的基础架构是通过 Handler 实现的，要想对其进行扩展，需要用 Handler 来实现，相对来说还算简单。Jetty 的优点主要有：采用异步的 Servlet，支持更高的并发量；模块化的设计，更灵活，更容易定制；在面对大量长连接的业务场景时，默认采用 NIO 非阻塞模型，可以很好地支持该场景。

首先要移除 spring-boot-starter-web 默认的 Tomcat 依赖。

```
<dependency>
    <groupId>org.springframework.boot</groupId>
```

```
        <artifactId>spring-boot-starter-web</artifactId>
        <exclusions>
            <exclusion>
                <groupId>org.springframework.boot</groupId>
                <artifactId>spring-boot-starter-tomcat</artifactId>
            </exclusion>
        </exclusions>
    </dependency>
```

然后在 pom 文件中添加 Jetty 依赖。

```
<dependency>
    <groupId>org.springframework.boot</groupId>
    <artifactId>spring-boot-starter-jetty</artifactId>
</dependency>
```

Jetty 提供的默认配置参数如下：

```
server.jetty.acceptors=-1
server.jetty.accesslog.append=false
server.jetty.accesslog.date-format=dd/MMM/yyyy:HH:mm:ss Z
server.jetty.accesslog.enabled=false
server.jetty.accesslog.extended-format=false              #是否启用扩展 NCSA 格式
server.jetty.accesslog.file-date-format=YYY/MM/dd         #日志文件名中的日期格式
server.jetty.accesslog.filename= /logs/access.log         #指定日志文件名
server.jetty.accesslog.locale=                            #设置请求日志的区域
server.jetty.accesslog.log-cookies=false
server.jetty.accesslog.log-latency=false
server.jetty.accesslog.log-server=false
server.jetty.accesslog.retention-period=31
server.jetty.accesslog.time-zone=GMT
server.jetty.max-http-post-size=200000B
server.jetty.selectors=-1
```

如果需要修改默认参数，则在 application.properties 配置文件中添加如下参数：

```
server.jetty.acceptors=2                    # acceptor 线程数
server.jetty.max-http-post-size=10MB        # 设置 post 请求方法的最大字节数
server.jetty.selectors=4                    # selector 线程数
```

启动程序，查看控制台日志，如果出现如图 2.16 所示的信息，则说明配置成功。

```
)8 --- [ restartedMain] org.eclipse.jetty.server.Server           : Started @13624ms
)8 --- [ restartedMain] o.s.s.concurrent.ThreadPoolTaskExecutor   : Initializing ExecutorService 'applicationTaskExecutor'
)8 --- [ restartedMain] o.s.b.d.a.OptionalLiveReloadServer        : LiveReload server is running on port 35729
)8 --- [ restartedMain] o.e.j.s.h.ContextHandler.application      : Initializing Spring DispatcherServlet 'dispatcherServlet'
)8 --- [ restartedMain] o.s.web.servlet.DispatcherServlet         : Initializing Servlet 'dispatcherServlet'
)8 --- [ restartedMain] o.s.web.servlet.DispatcherServlet         : Completed initialization in 16 ms
)8 --- [ restartedMain] o.e.jetty.server.AbstractConnector        : Started ServerConnector@cc3b55a{HTTP/1.1, (http/1.1)} {0.0.0.0:8080}
)8 --- [ restartedMain] o.s.b.web.embedded.jetty.JettyWebServer   : Jetty started on port(s) 8080 (http/1.1) with context path '/'
```

图 2.16　启动 Jetty

2.5　视图层技术

本节主要介绍 MVC 架构中的视图层技术，以了解 Spring Boot 项目中视图的配置过程，从而学习使用相应的模板标签功能。

2.5.1　集成 Thymeleaf 模板引擎

Thymeleaf 是面向 Java 的用于渲染 HTML 和 HTML 5 页面的模板引擎，它具有丰富的标签语言和内置函数。Spring Boot 官方默认推荐的就是 Thymeleaf 模板。

Thymeleaf 是跟 Velocity、FreeMarker 类似的模板引擎，它完全可以替代 JSP。相较于其他模板引擎，Thymeleaf 主要有以下特点：

- Thymeleaf 在有网络和无网络的环境下皆可运行，它可以让前端人员在浏览器上查看页面的静态效果，也可以让后端开发者在服务器上查看具有数据的动态页面效果。Thymeleaf 还支持 HTML 原型，可以在 HTML 标签里增加额外的属性以达到在模板中渲染静态数据的效果。浏览器在解析时会忽略未定义的标签属性，只显示静态页面。当页面中有返回数据时，Thymeleaf 标签会动态地替换静态内容，使页面动态显示。
- Thymeleaf 具有开箱即用的特性，它识别 Spring 标准方言，可以直接在模板中使用 JSTL 和 OGNL 表达式，同时开发人员也可以扩展和创建自定义的方言。
- Thymeleaf 提供 Spring 标准方言和一个与 Spring MVC 完美集成的可选模块，可以快速实现表单绑定、属性编辑和国际化等功能。

关于 Thymeleaf 标签的更多知识，可以访问 Thymeleaf 官网 http://www.thymeleaf.org 进行学习。Thymeleaf 的基础语法如表 2.3 所示。

表 2.3　Thymeleaf的基础语法

表达式	${}	变量表达式
	*{}	选择表达式
	#{}	消息文字表达式
	@{}	链接URL表达式
	#maps	工具对象表达式
标签	th:action	定义后台控制器路径
	th:each	循环语句
	th:field	表单字段绑定
	th:href	定义超链接
	th:id	标签中的ID声明

（续）

	th:if	条件判断语句
	th:include	布局标签，替换引入文件中的内容
	th:agment	布局标签，用于定义代码片段
标签	th:object	替换对象
	th:src	图片类地址引入
	th:text	显示文本
	th:value	属性赋值
	#dates	日期函数
	#lists	列表函数
	#arrays	数组函数
	#strings	字符串函数
函数	#numbers	数字函数
	#calendars	日历函数
	#objects	对象函数
	#bools	逻辑函数

Spring Boot 根据下面的配置类实现自动配置，代码清单如下：

```
@Configuration(proxyBeanMethods = false)
@EnableConfigurationProperties(ThymeleafProperties.class)
@ConditionalOnClass({ TemplateMode.class, SpringTemplateEngine.class })
@AutoConfigureAfter({ WebMvcAutoConfiguration.class, WebFluxAutoConfiguration.
class })
public class ThymeleafAutoConfiguration {
}
```

在 Spring Boot 中整合 Thymeleaf 的步骤如下：

（1）引入 Maven 包。

```
<dependency>
    <groupId>org.springframework.boot</groupId>
    <artifactId>spring-boot-starter-thymeleaf</artifactId>
</dependency>
```

（2）在 application.properties 中添加配置信息。

```
#模板的模式，支持 HTML、XML、TEXT 和 JavaScript
spring.thymeleaf.mode=HTML5
#编码，可不用配置
spring.thymeleaf.encoding=UTF-8
#内容类别，可不用配置
spring.thymeleaf.content-type=text/html
#开发配置为 false，避免修改模板时还要重启服务器
spring.thymeleaf.cache=false
#配置模板路径，默认是 templates，可以不用配置
spring.thymeleaf.prefix=classpath:/templates
```

（3）编写 VO 对象用于展示页面数据。

```
public class UserEntity {
    private int id;
    private String realName;
    private int age;
    private Date birthday;
    private String sex;
//省略 get 和 set 方法
}
```

（4）编写 controller 层代码。

```
@Controller
public class UserController {
    @GetMapping(value = "/user")
    public ModelAndView test(HttpServletRequest req) {
        UserEntity user = new UserEntity();
        user.setRealName("逍遥子");
        user.setAge(28);
        user.setId(1);
        user.setBirthday(new Date());
        ModelAndView mv = new ModelAndView();
        mv.addObject("user", user);
        mv.setViewName("/user/info.html");
        return mv;
    }
}
```

（5）在 template 的 user 文件夹下新建 info.html 测试页面，内容如下：

```
<!DOCTYPE html>
<html xmlns:th="http://www.thymeleaf.org">
<!--指明是 Thymeleaf 命名空间,通过引入该命名空间就可以在 HTML 文件中使用 Thymeleaf
    标签语言，用关键字"th"来标注。-->
<head>
    <meta charset="UTF-8">
    <title>User Info</title>
</head>
<body>
<table border="1">
    <tr>
        <td>姓名</td>
        <td>年龄</td>
    </tr>
    <tr>
        <td th:text="${user.realName}"></td>
        <td th:text="${user.age}"></td>
    </tr>
</table>
</body>
</html>
```

执行 main()方法启动工程,在浏览器中访问 http://localhost:8080/
user，如果出现如图 2.17 所示的信息，则说明整合成功。

图 2.17　Thymeleaf 整合

2.5.2　集成 Freemarker 模板引擎

　　FreeMarker 是一款模板引擎，可以让开发者基于模板文件来生成输出文本，如 HTML 网页和电子邮件等。它单独提供 Java 类库，可以作为组件嵌入所开发的程序中。从 2014 年 10 月 12 日发布的 FreeMarker 2.3.21 版本开始，FreeMarker 将许可证变更为 Apache 2.0，并在 2015 年 9 月 2 日被导入 Apache 软件基金会的基础设施中发展。因编写模板的语言简单、专用，FreeMarker 也被称为 FreeMarker Template Language（FTL）。FTL 编程是由文本、插值、注释和 FTL 标签组成。注意，FTL 是区分大小写的。

　　其实，FreeMarker 的设计初衷是在 Web 开发程序中生成 HTML 页面，可以将该页面理解为一个纯静态的页面，不会绑定一些 Servlet 或者和 Web 相关的组件，因此它也可以运行在非 Web 应用环境中。

　　FreeMarker 的基本语法如表 2.4 所示。

表 2.4　FreeMarker的基本语法

内建函数	?string	转为字符串
	?abs	输出数字的绝对值
	?c	将计算机语言的数字转为字符串
	?percent	转为百分比
	?number	转为数字
	?currency	转为货币
	?length	获取长度
	?round	返回最近的整数。如果数字以.5结尾，会向正无穷方向进位
	?floor	返回数字舍掉小数点后的整数，向负无穷舍弃
	?ceiling	返回数字小数点进位后的整数，向正无穷进位
	?date	仅显示日期部分，没有时间部分
	?time	仅显示时间部分，没有日期部分
	?datetime	日期和时间都显示
FTL标签	<#if expression>...</#if>	条件判断
	<#list>	循环遍历list
	<#assign>	在命名空间中创建变量
	<#import path as hash>	引入一个库
	<#include path> 或<#include path options>	引入模板文件，被包含的文件和包含它的模板共享变量

　　Spring Boot 根据下面的配置类实现自动配置，源代码清单如下：

```
@Configuration(proxyBeanMethods = false)
@ConditionalOnClass({freemarker.template.Configuration.class,
```

```
FreeMarkerConfigurationFactory.class })
@EnableConfigurationProperties(FreeMarkerProperties.class)
@Import({FreeMarkerServletWebConfiguration.class,
FreeMarkerReactiveWebConfiguration.class,FreeMarkerNonWebConfiguration.
class })
public class FreeMarkerAutoConfiguration {
}
```

在 Maven 中添加对 Freemarker 的依赖。

```
<dependency>
  <groupId>org.springframework.boot</groupId>
  <artifactId>spring-boot-starter-freemarker</artifactId>
</dependency>
```

在 application.properties 配置文件中添加配置信息。

```
spring.freemarker.template-loader-path=classpath:/templates
spring.freemarker.cache=false
spring.freemarker.charset=UTF-8
spring.freemarker.check-template-location=true
spring.freemarker.content-type=text/html
spring.freemarker.expose-request-attributes=false
spring.freemarker.expose-session-attributes=false
spring.freemarker.request-context-attribute=request
spring.freemarker.suffix=.html
```

Spring Boot 要求模板文件必须放到 src/main/resources 目录下，还必须要有一个名称为 templates 的文件夹。

编写 controller，同上节一样，也要把 userList 放到 model 的 attribute 中。

```
@Controller
public class UserController {
    @GetMapping(value = "/userList")
  public String userList(Model model) {
      UserEntity user = new UserEntity();
      user.setRealName("逍遥子");
      user.setAge(28);
      user.setId(1);
      user.setBirthday(new Date());
      List< UserEntity> userList = new ArrayList<>();
      userList.add(user);
      model.addAttribute("userList",userList);
      return "/user/list";
  }
}
```

编写 Freemarker 模板。

```
<html>
<head>
    <meta chaset="utf-8">
</head>
<body>
```

```
<table border="1" align="center" width="50%">
    <tr>
        <td>id</td>
        <td>name</td>
        <td>age</td>
    </tr>
    <#list userList as user>
        <tr>
            <td>${user.id}</td>
            <td>${user.realName}</td>
            <td>${user.age}</td>
        </tr>
    </#list>
</table>
</body>
</html>
```

执行 main()方法启动项目，在浏览器中访问 http://localhost:8080/userlist，如果出现如图 2.18 所示的信息，则说明整合成功。

图 2.18   Freemarker 整合

2.5.3 集成 Velocity 模板引擎

Velocity 是一个以 Java 为基础的模板引擎,它不仅有强大的模板语言来引用 Java 代码中定义的对象，而且操作方便、简单易学。在使用 Velocity 模板进行 Web 开发时，前端和后端开发者可以同时工作，这就意味着前端设计者可以只专注于页面设计，后端开发者可以只专注于代码设计。Velocity 将 Java 代码从页面中分离出来，从而使网站在整个生命周期中更具可维护性，并且为 Java Server Pages（JSPs）和 PHP 提供一种可行的替代方案。Velocity 的功能远远超出了 Web 领域，如可以通过模板生成 SQL、PostScript 和 XML。它既可以作为一个独立的程序生成源代码和报告，又可以作为组件集成到其他系统中。例如，Velocity 可以为各种 Web 框架提供模板服务，开发者可以采用 Model-View-Controller（MVC）模型并利用模板引擎来促进 Web 应用程序的开发。

Velocity 是 Apache 软件基金会（Apache Software Foundation，ASF）的一个项目，该基金会负责创建和维护与 Apache Velocity 引擎相关的开源软件。所有软件都可以在 Apache 软件开源许可下免费创建 Velocity 项目。

Velocity 的基本语法如表 2.5 所示。

表 2.5　Velocity的基本语法

基本符号	$	用来标识对象，以"$"开头，第一个字符必须为字母
	{}	用来标识velocity变量，可以用{}把变量名和字符串分开
	!	用来强制将不存在的变量显示为空白
	#	用来标识velocity的脚本语句
变量	$!()	判断如果有值则输出，如果为空，则不显示，返回空字符串
	${}	如果有值，则输出，如果为空，则将该代码原样输出，当引用属性的时候不能加{}
	#()	定义变量
脚本语句	#set()	给变量设置值，不推荐，应尽量少使用#set()
	#if(condition) #elseif(condition) #else #end	条件判断
	#foreach() #end	循环，要获取当前迭代的次数时，可用变量$velocityCount
	#inclue()	引入模板文件，引入多个文件，用逗号分隔，不解析模板
	#parse()	引入模板文件，只能引入单个文件，可以解析模板，模板之间变量共享
	#macro(macroName) #end	脚本函数（宏）调用，不推荐在界面模板中大量使用
	#define()	定义脚本
	#stop	停止执行并返回
内置对象	$request	请求对象
	$response	响应对象
	$session	会话对象

由于 Spring Boot 1.4 之后的版本已经不再支持 Velocity，因此需要手动调整 Spring Boot 版本为 1.4.7.RELEASE。在 Maven 中添加对 velocity 的依赖。

```
<dependency>
    <groupId>org.springframework.boot</groupId>
    <artifactId>spring-boot-starter-velocity</artifactId>
</dependency>
```

在 application.properties 配置文件中添加配置信息。

```
spring.velocity.cache= false
spring.velocity.charset=UTF-8
spring.velocity.check-template-location=true
spring.velocity.content-type=text/html
spring.velocity.enabled=true
spring.velocity.resource-loader-path=/templates
spring.velocity.prefix=/templates/
spring.velocity.suffix=.vm
```

编写控制层代码如下：

```
@RequestMapping("/")
public String velocityTest(Map map){
    map.put("message", "这是测试的内容。。。");
    map.put("toUserName", "逍遥子");
    map.put("fromUserName", "行颠");
    return "index";
}
```

编辑 Velocity 模板，在 templates 中创建 vm 文件。

```
<html>
<body>
亲爱的${toUserName}，您好！
${message}
        此致　敬上
        ${fromUserName}
</body>
</html>
```

执行 main()方法启动项目，在浏览器中访问 http://localhost:8080，如果出现如图 2.19 所示的信息，则说明整合成功。

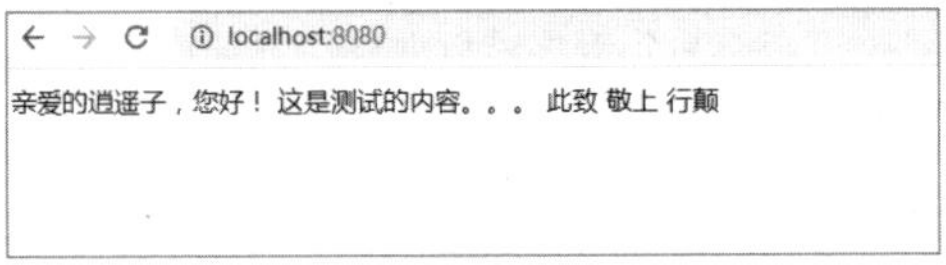

图 2.19　velocity 整合

2.6　小　　结

通过对本章的学习，读者可以了解 Spring Boot 项目的启动原理，清楚 Spring Boot 默认配置文件的加载过程及不同应用环境的切换方法，了解内嵌容器和 Web 应用程序中不同视图模板引擎的使用。

第 2 篇
第三方组件集成

第 3 章　Spring Boot 整合 Web 开发

Java Web 开发技术从 Web 1.0 时代到 Web 3.0 时代一直在不断变化着，从起初的 HTML 到 Servlet、JSP，再到如今基于 Spring 的一系列框架，如 Spring MVC、Spring Boot、Spring Cloud 等，开发效率提高了很多。本章主要介绍如何通过 Spring Boot 开发 Web 项目，并介绍 Spring MVC 框架的配置过程。

本章主要内容如下：

- 如何通过 Spring Boot 开发 Web 项目；
- Spring MVC 框架的配置；
- 如何配置 Web 开发的日志输出。

3.1　Spring Boot 自动配置 Web

我们从 WebMvcAutoConfiguration 自动配置类开始讲起。Spring Boot 项目启动后会自动配置 WebMvc 相关功能。代码清单如下：

```
@Configuration(proxyBeanMethods = false)
//匹配以 Servlet 为基础的 Web 应用
@ConditionalOnWebApplication(type = Type.SERVLET)
//在 classpath 下存在 Servlet、DispatcherServlet 和 WebMvcConfigurer 这 3 个类
@ConditionalOnClass({ Servlet.class, DispatcherServlet.class, WebMvc
Configurer.class })
//在容器中没有 WebMvcConfigurationSupport 类型的 Bean 时生效
@ConditionalOnMissingBean(WebMvcConfigurationSupport.class)
//定义自动配置加载顺序
@AutoConfigureOrder(Ordered.HIGHEST_PRECEDENCE + 10)
//在 DispatcherServletAutoConfiguration、TaskExecutionAutoConfiguration 和
//ValidationAutoConfiguration 这 3 个自动配置类加载之后才会加载
@AutoConfigureAfter({ DispatcherServletAutoConfiguration.class, TaskExecution
AutoConfiguration.class,ValidationAutoConfiguration.class })
public class WebMvcAutoConfiguration {
    public static final String DEFAULT_PREFIX = "";
    public static final String DEFAULT_SUFFIX = "";
    private static final String[] SERVLET_LOCATIONS = { "/" };
    // 定义为嵌套配置，以确保不在类路径下时不读取 WebMVCConfiguer
    @Configuration(proxyBeanMethods = false)
    //将 EnableWebMvcConfiguration 类导入当前的容器中
```

```
@Import(EnableWebMvcConfiguration.class)
//开启 WebMvcProperties 和 ResourceProperties 属性值注入
@EnableConfigurationProperties({ WebMvcProperties.class, Resource
Properties.class })
@Order(0)
public static class WebMvcAutoConfigurationAdapter implements WebMvc
Configurer {
    private static final Log logger = LogFactory.getLog(WebMvcConfigurer.
class);
    private final ResourceProperties resourceProperties;
    private final WebMvcProperties mvcProperties;
    private final ListableBeanFactory beanFactory;
    private final ObjectProvider<HttpMessageConverters> message
ConvertersProvider;
    final ResourceHandlerRegistrationCustomizer resourceHandler
RegistrationCustomizer;
    //当容器中无 InternalResourceViewResolver 的 Bean 时，注入默认的视图解析器
    @Bean
    @ConditionalOnMissingBean
    public InternalResourceViewResolver defaultViewResolver() {
        InternalResourceViewResolver resolver = new InternalResource
ViewResolver();
        resolver.setPrefix(this.mvcProperties.getView().getPrefix());
        resolver.setSuffix(this.mvcProperties.getView().getSuffix());
        return resolver;
    }
    //部分代码省略
}
//开启 WebMvc 配置
@Configuration(proxyBeanMethods = false)
public static class EnableWebMvcConfiguration extends DelegatingWeb
MvcConfiguration implements ResourceLoaderAware {
    private final ResourceProperties resourceProperties;
    private final WebMvcProperties mvcProperties;
    private final ListableBeanFactory beanFactory;
    private final WebMvcRegistrations mvcRegistrations;
    private ResourceLoader resourceLoader;
    //注入一个用于请求的 Handler 处理适配器,将请求适配给对应的@RequestMapping
    类型
    @Bean
    @Override
    public RequestMappingHandlerAdapter requestMappingHandlerAdapter(
    @Qualifier("mvcContentNegotiationManager") ContentNegotiationManager
contentNegotiationManager,
        @Qualifier("mvcConversionService") FormattingConversionService
conversionService,
        @Qualifier("mvcValidator") Validator validator) {
        RequestMappingHandlerAdapter adapter = super.requestMapping
HandlerAdapter(contentNegotiationManager,conversionService, validator);
        adapter.setIgnoreDefaultModelOnRedirect(
        this.mvcProperties == null || this.mvcProperties.isIgnoreDefault
ModelOnRedirect());
        return adapter;
    }
```

```
//初始化时会收集控制类中的映射方法，将请求映射到带有@Controller 注解的控制
    器中
@Bean
@Primary                                  //注意该注解表示首选者，优先选择
@Override
public RequestMappingHandlerMapping requestMappingHandlerMapping(
@Qualifier("mvcContentNegotiationManager") ContentNegotiation
Manager contentNegotiationManager,
@Qualifier("mvcConversionService") FormattingConversionService
conversionService,
@Qualifier("mvcResourceUrlProvider") ResourceUrlProvider resource
UrlProvider) {
  return super.requestMappingHandlerMapping(contentNegotiationManager,
conversionService,
        resourceUrlProvider);
    }
  }
@Configuration(proxyBeanMethods = false)
@ConditionalOnEnabledResourceChain
static class ResourceChainCustomizerConfiguration {
@Bean
ResourceChainResourceHandlerRegistrationCustomizer resourceHandler
RegistrationCustomizer() {
    return new ResourceChainResourceHandlerRegistrationCustomizer();
  }
 }
}
```

看源码可以分析出@ConditionalOnMissingBean(WebMvcConfigurationSupport.class)注解很关键，它会从容器中判断是否有 WebMvcConfigurationSupport 对象，如果有就不再初始化 WebMvcAutoConfiguration 类。换句话说，如果开发者自己向容器中注入了 WebMvc-ConfigurationSupport 对象或使用了@EnableWebMvc 注解，那么默认提供的自动配置 WebMvc 的功能就失效了。

在 WebMvcAutoConfiguration 类中有 3 个内部配置类，分别为 WebMvcAutoConfiguration-Adapter、EnableWebMvcConfiguration 和 ResourceChainCustomizerConfiguration，它们都被@Configuration 注解标注，而且嵌套的配置类必须是静态类。其中，EnableWebMvc-Configuration 类用于向 Spring 容器中加入 Spring MVC 常用配置项。

另外，由于@AutoConfigureAfter 注解的作用，WebMvcAutoConfiguration 自动配置类必须在 DispatcherServletAutoConfiguration、TaskExecutionAutoConfiguration 和 Validation-AutoConfiguration 这 3 个类自动配置完成之后才能加载执行。

3.2　配置 JSON 和 XML 数据转换

Spring Boot 依然遵循 MVC 架构，采用 RESTful API 交互，返回的数据常常转换为 JSON 或 XML 格式直接写入 HTTP 响应 body 中。最常用的就是使用注解@ResponseBody，它会

根据请求头信息来判断消息转换器，将 Java 对象转换为 json 或 xml 格式的数据返回。

3.2.1　默认转换器

在使用 Spring Boot 开发 Web 项目时不需要进行过多的配置，框架已经自动配置好了 Spring MVC 相关组件。下面来看一下 Spring MVC 框架中消息转换器的功能。

首先，需要了解 HTTP 在数据传输过程中都是通过文本传递的，但在编写代码时返回的往往都是 Java 对象，那么如何实现对象的传输呢？这就需要实现序列化与反序列化。我们先从实现该功能的接口讲起，在 spring-web-5.2.5.RELEASE.jar 包中定义了一个 org.springframework. http.converter.HttpMessageConverter 接口，官方给出的该接口说明是 Strategy interface that specifies a converter that can convert from and to HTTP requests and responses，意思就是它是一个策略接口，可用来处理 HTTP 请求和响应的转换。下面来看具体源码中提供了哪些方法。

```
public interface HttpMessageConverter<T> {
  //判断是否可读
  boolean canRead(Class<?> clazz, @Nullable MediaType mediaType);
  //判断是否可写
  boolean canWrite(Class<?> clazz, @Nullable MediaType mediaType);
  List<MediaType> getSupportedMediaTypes();          //获取 MediaType 集合
  //从输入信息中获取给定的类型对象
  T read(Class<? extends T> clazz, HttpInputMessage inputMessage)
        throws IOException, HttpMessageNotReadableException;
  //将对象写入输出消息中
  void write(T t, @Nullable MediaType contentType, HttpOutputMessage
outputMessage)
        throws IOException, HttpMessageNotWritableException;
}
```

分析源码可以看到，canRead 和 read 以及 canWrite 和 write 是成对出现的。大致可以猜测一下，就是只有在满足可读条件时才能读，满足可写条件时才能写，而其中的判断逻辑是先从请求头（Request Headers）中获取 Accept 值（接收的数据格式，如果接收所有格式的数据，可配为"*/*"），再通过 HttpMessageConverter#getSupportedMediaTypes()方法获取 MediaType 集合并遍历，判断当前数据是否可读，请求处理结束后，在响应头中获取 Content-Type 值（返回的数据格式），判断数据是否可写。因此，Spring MVC 框架会通过客户端传递的 Content-Type 来指定资源的 MIME 类型，通常使用的类型就是 application/json 或 application/xml。

🔔注意：Google Chrome 浏览器（版本 83.0.4103.61）默认的 Accept 值为"Accept: text/html, application/xhtml+xml,application/xml;q=0.9,image/webp,image/apng,*/*;q=0.8,application/signed-exchange;v=b3;q=0.9"。

在 Spring MVC 中，所有的请求响应数据都是通过 DispatcherServlet 进行分发的，其对应的调用链路如图 3.1 所示。

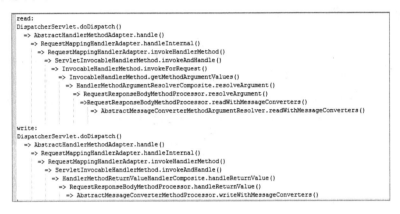

图 3.1 过程解析

同时，基于 HttpMessageConverter 接口，在 spring-web-5.2.5.RELEASE.jar 包中，Spring MVC 框架针对不同消息类型提供了各种类型的转换器。下面列举几个常用的内置消息转换器，如表 3.1 所示。

表 3.1 常用的内置消息转换器

类 名	MediaType	JavaType	功 能
StringHttpMessage Converter	text/plain	String	可以读写字符串类型的数据，默认字符编码为ISO-8859-1
ByteArrayHttpMessage Converter	application/ octet-stream	byte[]	读写二进制数组数据
FormHttpMessage Converter	application/x-www-form-urlencoded	MultiValueMap	读取form提交的数据（能读取的数据格式为application/x-www-form-urlencoded，不能读取 multipart/form-data 和 multipart/ mixed 格式），写入 application/x-www-from-urlencoded、 multipart/form-data 和 multipart/ mixed格式的数据
MappingJackson2Http MessageConverter	application/json、application/*+json	Object	需要引入Jackson 2.x，读取和写入JSON格式的数据
SourceHttpMessage Converter	-	Source	读取和写入XML中javax.xml.transform. Source定义的数据
Jaxb2RootElement HttpMessageConverter	-	Object	读取和写入XML格式的数据
MappingJackson2Xml HttpMessageConverter	application/xml、text/xml、application/*+xml	Object	需要引入Jackson 2.x，读取和写入XML格式的数据

（续）

类　　名	MediaType	JavaType	功　　能
ObjectToStringHttp MessageConverter	text/plain	Object	读取和写入内容，将目标对象类型转换为字符串

　　介绍了这么多和 Spring MVC 框架相关的知识，读者不要觉得啰嗦，只有熟悉了这些基础知识，才能明白在 Spring Boot 中如何自动配置数据转换。

　　话归正题，在 spring-boot-autoconfigure-2.2.6.RELEASE.jar 包中提供了一个基于 Jackson 实现的 JSON 和 XML 格式的数据转换自动配置类 org.springframework.boot.autoconfigure. http.JacksonHttpMessageConvertersConfiguration。代码清单如下：

```
@Configuration(proxyBeanMethods = false)
@ConditionalOnClass(ObjectMapper.class)
@ConditionalOnBean(ObjectMapper.class)
@ConditionalOnProperty(name = HttpMessageConvertersAutoConfiguration.
PREFERRED_MAPPER_PROPERTY,
        havingValue = "jackson", matchIfMissing = true)
static class MappingJackson2HttpMessageConverterConfiguration {
    @Bean
    @ConditionalOnMissingBean(value = MappingJackson2HttpMessageConverter.
class,
    ignoredType = {
    "org.springframework.hateoas.server.mvc.TypeConstrainedMappingJack
son2HttpMessageConverter","org.springframework.data.rest.webmvc.alps.
AlpsJsonHttpMessageConverter" })
    MappingJackson2HttpMessageConverter mappingJackson2HttpMessage
Converter(ObjectMapper objectMapper) {
        return new MappingJackson2HttpMessageConverter(objectMapper);
    }
}
@Configuration(proxyBeanMethods = false)
@ConditionalOnClass(XmlMapper.class)
@ConditionalOnBean(Jackson2ObjectMapperBuilder.class)
protected static class MappingJackson2XmlHttpMessageConverterConfiguration {
    @Bean
    @ConditionalOnMissingBean
    public MappingJackson2XmlHttpMessageConverter mappingJackson2XmlHttp
MessageConverter(Jackson2ObjectMapperBuilder builder) {
return new MappingJackson2XmlHttpMessageConverter(builder.createXmlMapper
(true).build());
    }
}
```

　　通过以上代码可以看到，一共有两个静态内部类。其中，MappingJackson2Http-MessageConverterConfiguration 配置类会根据@Configuration*注解的逻辑判断是否加载，加载条件是在 classpath 路径下存在 ObjectMapper 类且被注册到 Spring IoC 容器中，还有一个非必要条件是配置项 spring.http.converters.preferred-json-mapper 为默认项或其值为

jackson 时才生效。当配置类被加载后，接着判断当前 Spring IoC 容器中如果无 Mapping-Jackson2HttpMessageConverter 对象时，就初始化一个 MappingJackson2HttpMessageConverter 实例放入容器中。

　　MappingJackson2XmlHttpMessageConverterConfiguration 配置类会判断在 Spring IoC 容器中存在 Jackson2ObjectMapperBuilder 实例并且在 classpath 路径下存在 XmlMapper 类时，才加载该配置类并实例化 MappingJackson2XmlHttpMessageConverter 对象。

　　另外，上面的两个配置类需要通过 HttpMessageConvertersAutoConfiguration 配置类进行导入后使用，在该类中还提供了 StringHttpMessageConverter 字符串转换器。代码清单如下：

```
@Configuration(proxyBeanMethods = false)
//仅在当前 classpath 下存在 HttpMessageConverter 类时才生效
@ConditionalOnClass(HttpMessageConverter.class)
//自定义条件加载，不是 REACTIVE 类型的 Web 应用
@Conditional(NotReactiveWebApplicationCondition.class)
//在以下指定自动配置类应用之后才能自动配置
@AutoConfigureAfter({GsonAutoConfiguration.class,JacksonAutoConfigurati
on.class,JsonbAutoConfiguration.class })
//导入配置类，不仅支持 jackson，而且还支持 gson 和 jsonb 配置
@Import({JacksonHttpMessageConvertersConfiguration.class,GsonHttpMessag
eConvertersConfiguration.class,JsonbHttpMessageConvertersConfiguration.
class })
public class HttpMessageConvertersAutoConfiguration {
    static final String PREFERRED_MAPPER_PROPERTY = "spring.http.converters.
preferred-json-mapper";
    //如果容器中没有 HttpMessageConverters bean 时创建
    @Bean
    @ConditionalOnMissingBean
    public HttpMessageConverters messageConverters(ObjectProvider<Http
MessageConverter<?>> converters) {
    return new HttpMessageConverters(converters.orderedStream().collect
(Collectors.toList()));
    }
    //内部配置类
    @Configuration(proxyBeanMethods = false)
    //当 StringHttpMessageConverter 类在 classpath 路径下存在时生效
    @ConditionalOnClass(StringHttpMessageConverter.class)
    //将 spring.http 前缀的配置项加载到 HttpProperties bean 中
    @EnableConfigurationProperties(HttpProperties.class)
    protected static class StringHttpMessageConverterConfiguration {
        @Bean
        //@ConditionalOnMissingBean 注解表示当容器中不存在该 Bean 时初始化该 Bean
        @ConditionalOnMissingBean
        public StringHttpMessageConverter stringHttpMessageConverter
(HttpProperties httpProperties) {
        //指定字符集，默认为 UTF-8
            StringHttpMessageConverter converter = new StringHttpMessage
```

```
Converter(
                    httpProperties.getEncoding().getCharset());
            converter.setWriteAcceptCharset(false);
            return converter;
        }
    }
}
```

从源码中可以看出，Spring Boot 的自动配置通过@Import 注解将各种解析 JSON 框架的配置类导入，除了导入 JacksonHttpMessageConvertersConfiguration 配置类外，还导入了 GsonHttpMessageConvertersConfiguration 和 JsonbHttpMessageConvertersConfiguration 配置类。

如果项目中依赖 spring-boot-starter-web 模块，则默认会依赖 spring-boot-starter-json 模块，因此官方默认采用的 JSON 解析框架是 Jackson。如果想要替换掉 Jackson 框架而使用 Fastjson 框架，只需要依赖相应的实现包，再继承 WebMvcConfigurerAdapter 类添加 Fast-JsonHttpMessageConverter 消息转换器即可。但在 Spring 5.0 之后 WebMvcConfigurerAdapter 类已被废弃了，官方推荐直接实现 WebMvcConfigurer 接口重写 configurerMessageConverters() 方法。另一种方式是继承 WebMvcConfigurationSupport 类重写 configureViewResolvers() 方法。

下面使用默认的消息转换方式新建一个模块，引入 spring-boot-starter-web 依赖。

首先创建一个 VO 对象（View Object 表现层对象），示例代码如下：

```
public class UserVo {
    private int id;
    private String realName;
    private int age;
    private Date birthday;
    private String sex;
    //省略 get 和 set 方法
}
```

然后创建一个 UserController 类，具体代码如下：

```
@RestController
@RequestMapping("/user")
public class UserController {
    //不定义返回类型，使用默认类型
    @GetMapping(value = "/get")
    public UserVo getUserVo(){
        UserVo userVo = new UserVo();
        userVo.setAge(24);
        userVo.setBirthday(new Date());
        userVo.setRealName("风清扬");
        userVo.setSex("男");
        userVo.setId(1);
        return userVo;
    }
```

```
    //定义映射处理 JSON 媒体类型，返回类型为 JSON
    @GetMapping(value = "/getJson",produces = MediaType.APPLICATION_JSON_
VALUE)
    public UserVo getUserVoJson(){
        UserVo userVo = new UserVo();
        userVo.setAge(24);
        userVo.setBirthday(new Date());
        userVo.setRealName("风清扬");
        userVo.setSex("男");
        userVo.setId(1);
        return userVo;
    }
    //定义映射处理 XML 媒体类型，返回类型为 XML
    @GetMapping(value = "/getXml", produces = MediaType.APPLICATION_XML_
VALUE)
    public UserVo getUserVoXml(){
        UserVo userVo = new UserVo();
        userVo.setAge(24);
        userVo.setBirthday(new Date());
        userVo.setRealName("风清扬");
        userVo.setSex("男");
        userVo.setId(1);
        return userVo;
    }
}
```

我们通过 Google Chrome 浏览器访问以下 3 个 URL 地址，再根据不同请求分别展示这 3 种请求方式返回的结果。

（1）访问第一个 URL 地址 http://localhost:8080/user/get，结果如图 3.2 所示。

图 3.2　默认配置

（2）访问第二个 URL 地址 http://localhost:8080/user/getJson，结果如图 3.3 所示。

图 3.3　返回 JSON 类型

（3）访问第三个 URL 地址 http://localhost:8080/user/getXml，结果如图 3.4 所示。

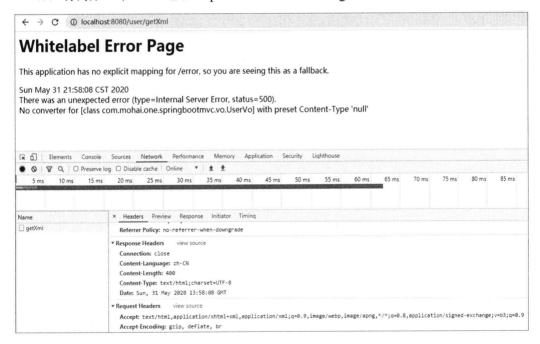

图 3.4　返回 XML 类型

看到这里读者是不是有疑问：为什么返回 XML 类型的数据会报错呢？我们看一下控制台输出的日志，它抛出了一个 HttpMessageNotWritableException 异常，并提示 No converter for [class com.mohai.one.springbootmvc.vo.UserVo] with preset Content-Type 'null']。前面有讲到，XML 类型的消息转换器需要依赖 XmlMapper 类，因此我们在 pom.xml 中添

加 XML 工具依赖，可以不用带版本号，在 spring-boot-dependencies 依赖版本管理中已经定义了版本号。

```
<!--XML 解析工具-->
<dependency>
    <groupId>com.fasterxml.jackson.dataformat</groupId>
    <artifactId>jackson-dataformat-xml</artifactId>
</dependency>
```

当依赖引入成功后重启程序，继续访问第三个 URL 地址，返回结果如图 3.5 所示。

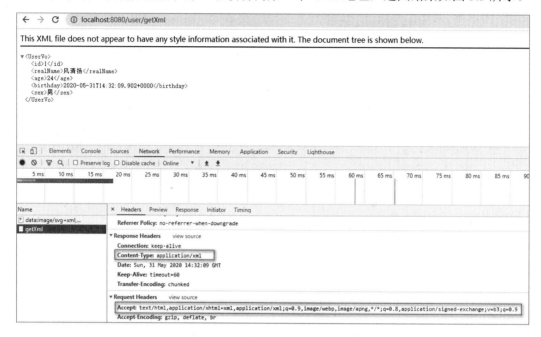

图 3.5　返回正确的 XML 类型

我们再尝试访问第一个和第二个 URL 地址，看看返回的结果是否有变化。果然，只有第一个 URL 返回的类型竟变成了 XML 格式，其响应头中的 Content-Type 值变成了 Content-Type: application/xhtml+xml。因此可以总结出，当程序中没有明确指定返回类型时，会根据请求头中的 Accept 值（多个值以逗号隔开）按先后顺序去找对应的消息转换器去处理，然后再将类型记录到响应头 Content-Type 中，最终将对应类型的数据返回。

对于返回的 XML 报文，默认使用的是类属性作为标签，也就是由返回对象的类名和属性名组成。如果想要返回特定标签的格式，可以通过在 VO 对象中加一些注解来实现。常用的注解如下：

- @JacksonXmlRootElement：标注在类上，用 localName 来自定义根节点标签名称。
- @JacksonXmlProperty：标注在属性上，用 localName 自定义子节点标签名称，isAttribute=true 表示标签的属性，isAttribute=false 表示子标签。
- @JacksonXmlElementWrapper：仅允许标注在集合属性上，生成的包装器元素用于嵌套包装一层，用 localName 定义外层标签名称，可以通过 useWrapping 来禁用此属性的包装。

- @JacksonXmlCData：标注属性，表示序列化时是否使用 CDATA 块，如<![CDATA[text]]>默认为 true。
- @JacksonXmlText：标注属性，表示序列化时是否生成无元素包裹的普通文本，一般用在一个（而且只有一个，存在多个时只有第一个生效）POJO 的属性上。

还需要说明的一点是，如果需要对日期类型的数据进行格式化，则要重新注入 Object-Mapper 对象的实例，示例代码如下：

```
@Configuration
public class WebMvcConfig {
    @Bean
    public ObjectMapper getObjectMapper(){
        ObjectMapper om = new ObjectMapper();
        om.setDateFormat(new SimpleDateFormat("yyyy 年 MM 月 dd 日 HH:mm:ss"));
        return om;
    }
}
```

如果输出的 JSON 报文中有 date 类型的数据，就会被格式化。

3.2.2　自定义转换器

当默认的消息转换器没有符合的要求时，可以自定义消息转换器。一般而言，实现自定义消息转换器只需要新建一个配置类标注@Configuration 注解，在类中添加创建自定义消息转换器的方法并用@Bean 注解标注，这样程序启动时就会将自定义消息转换器自动注册到容器中。

虽然 Spring Boot 提供的 JSON 解析工具已经很成熟了，但其依赖较多、使用不够方便一直被人诟病。因此，很多时候开发人员都使用第三方提供的工具包，也可以自己去实现 HttpMessageConverter 接口或者继承 AbstractHttpMessageConverter 抽象类。

我们尝试实现一个消息转换器，通过继承 AbstractHttpMessageConverter 而实现，示例代码如下：

```
public class MyMessageConverter extends AbstractHttpMessageConverter {
    public MyMessageConverter() {
        super(new MediaType("application", "json", Charset.forName("UTF-8")));
    }
    @Override
    protected boolean supports(Class clazz) {
        return true;
    }
    //读取请求数据
    @Override
    protected Object readInternal(Class clazz, HttpInputMessage inputMessage)
throws IOException, HttpMessageNotReadableException {
```

```
    String temp = StreamUtils.copyToString(inputMessage.getBody(), Charset.
forName("UTF-8"));
    return temp;
    }
    //处理输出数据，直接将对象转换为字符串后输出
    @Override
    protected void writeInternal(Object o, HttpOutputMessage outputMessage)
throws IOException, HttpMessageNotWritableException {
        StreamUtils.copy(o.toString(), Charset.forName("UTF-8"), output
Message.getBody());
    }
}
```

下面介绍如何使消息转换器在 Spring MVC 中生效，大致可以通过 3 种方式来实现。

第一种方式是直接通过 Spring 注入，示例代码如下：

```
@Configuration
public class WebMvcConfig {
    @Bean
    public MyMessageConverter myMessageConverter(){
        MyMessageConverter converter  = new MyMessageConverter();
        return converter;
    }
}
```

第二种方式是实现 WebMvcConfigurer 接口，示例代码如下：

```
/**
 * 使用注解@EnableWebMvc 开启 SpringMVC 功能
 * 最终通过 WebMvcConfigurationSupport 来完成 SpringMVC 的默认配置
 */
@EnableWebMvc
@Configuration
public class MyWebMvcConfig implements WebMvcConfigurer {
    @Override
    public void configureMessageConverters(List<HttpMessageConverter<?>>
converters) {
        MyMessageConverter myMessageConverter = new MyMessageConverter();
        converters.add(myMessageConverter);
    }
}
```

第三种方式是继承 WebMvcConfigurationSupport 类，并重写 configureMessageConverters()
方法，示例代码如下：

```
/**
 * 在程序中只会生效一个，用来代替@EnableWebMvc，如果用户已经实现了 WebMvcConfiguration-
   Support，那么基于 WebMvcConfigurer 的所有实现类将不会生效。
 */
@Configuration
public class MyWebMvcConfigSupport extends WebMvcConfigurationSupport {
    @Override
    public void configureMessageConverters(List<HttpMessageConverter<?>>
converters) {
        MyMessageConverter myMessageConverter = new MyMessageConverter();
```

```
        converters.add(myMessageConverter);
    }
}
```

利用上一节的 UserVo 对象重写 toString()方法，示例代码如下：

```
@Override
public String toString() {
    return "UserVo{" +
            "id=" + id +
            ", realName='" + realName + '\'' +
            ", age=" + age +
            ", birthday=" + birthday +
            ", sex='" + sex + '\'' +
            '}';
}
```

启动程序，在浏览器中访问 http://localhost:8080/user/getJson 查看结果，如图 3.6 所示。

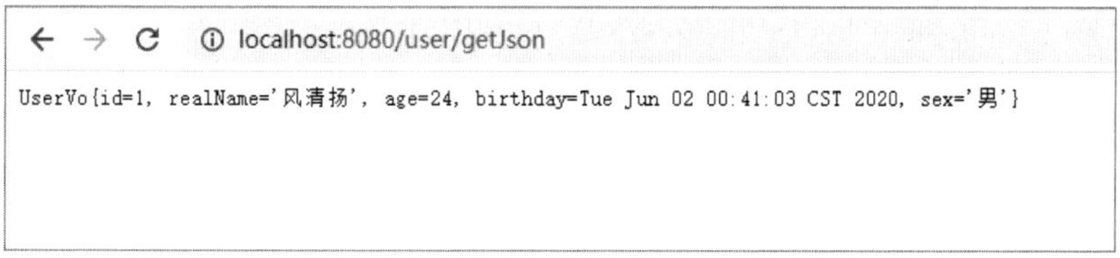

```
←  →  C   ① localhost:8080/user/getJson

UserVo{id=1, realName='风清扬', age=24, birthday=Tue Jun 02 00:41:03 CST 2020, sex='男'}
```

图 3.6　自定义转换器

在国内，大多数情况下会使用 Fastjson 来替换 Jackson。Fastjson 作为阿里巴巴开源的 JSON 解析库，不仅可以将 Java 对象序列化为 JSON 字符串，而且还可以将字符串反序列为 Java 对象。Fastjson 最大的优点是解析数度快、使用简单、功能齐全，从 2011 年发布至今，深受国人喜爱。下面就用代码来展示一下使用 Fastjson 的配置过程。

（1）新建一个模块，在 pom.xml 文件中引入最新的 Fastjson 版本依赖。

```
<!--Fastjson 解析工具-->
<dependency>
    <groupId>com.alibaba</groupId>
    <artifactId>fastjson</artifactId>
    <version>1.2.68</version>
</dependency>
```

（2）直接使用 Spring 注入的方式将 Jackson 替换为 Fastjson。

```
@Configuration
public class WebMvcConfig {
    @Bean
    public HttpMessageConverter fastJsonHttpMessageConverter() {
        FastJsonHttpMessageConverter converter = new FastJsonHttpMessage
Converter();
        FastJsonConfig config = new FastJsonConfig();
        config.setSerializerFeatures(
                // 是否将结果格式化，默认为 false，配置后则格式化
                SerializerFeature.PrettyFormat,
                // 输出值是否为 null 的字段，默认为 false，配置后则输出 map 中的空字段
```

```
                    SerializerFeature.WriteMapNullValue,
                    // 将 String 类型的 null 返回""
                    SerializerFeature.WriteNullStringAsEmpty,
                    // 将 Number 类型的 null 返回 0
                    SerializerFeature.WriteNullNumberAsZero,
                    // 将 List 类型的空集合 null 返回[]
                    SerializerFeature.WriteNullListAsEmpty,
                    // 将 Boolean 类型的 null 返回 false
                    SerializerFeature.WriteNullBooleanAsFalse,
                    // 避免循环引用
                    SerializerFeature.DisableCircularReferenceDetect);
            converter.setFastJsonConfig(config);
            // 解决中文乱码问题
            converter.setDefaultCharset(Charset.forName("UTF-8"));
            List<MediaType> mediaTypeList = new ArrayList<>();
            // 添加支持的媒体类型,相当于在@RequestMapping 中加了属性 produces =
                "application/json"
            mediaTypeList.add(MediaType.APPLICATION_JSON);
            converter.setSupportedMediaTypes(mediaTypeList);
            return converter;
        }
    }
```

这样就完成了 Jackson 的替换工作。我们可以通过输出格式来判断是否替换成功。不过有一点需要知道,其实 Jackson 并没有被覆盖,只不过是添加的 Fastjson 比默认的优先级高而已。

3.3　配置 Servlet、Filter 和 Listener

Java Web 服务开发过程中常用的三大组件是 Servlet、Filter 和 Listener。它们在 Spring Boot 框架中的注册方法基本一样。我们可以通过 ServletRegistrationBean、FilterRegistrationBean 和 ServletListenerRegistrationBean 这个 3 类来注册 Servlet、Filter 和 Listener,也可以通过@ServletComponentScan 注解扫描的方式来注册这 3 个组件。

我们先来熟悉一下 Java Web 中三大组件的使用规范。通常情况下,Servlet、Filter 和 Listener 在 Web 容器中只会创建一个实例。

Servlet 是一个单实例、多线程的模型。当多个客户端请求同一个资源时,Servlet 容器从维护的线程池中取出一个工作线程将请求传递给该线程,通过该线程执行 Servlet 的 service()方法。由于是多线程共享一个 Servlet 实例,因此对实例变量的访问是线程不安全的,应尽量不使用实例变量和静态变量。对于 Servlet 来讲,其生命周期第一次访问时被初始化,之后每次请求时程序只会调用 doGet()或 doPost()方法,直到调用 destory()方法时结束。

Filter 技术是从 Servlet 2.3 开始新增的,由 Sun 公司于 2000 年 10 月发布。Filter 在

Web 容器启动时根据声明的顺序依次实例化，然后执行 init()方法初始化，容器启动完成后将不再进行实例化和初始化操作。当客户端请求目标资源时，会过滤符合匹配的 URL，然后调用 doFilter()方法。在链式调用过程中，可以继续将请求传递给下一个过滤器或目标资源，也可以直接向客户端返回响应结果，或者通过请求转发（forward）或请求重定向（sendRedirect）将请求转向其他资源，其生命周期在程序启动时就会调用 Filter 的 init()方法。需要注意的是，第一次请求 Servlet 时会先执行 Servlet 的 init()方法，然后再调用 doFilter()，但不管请求多少次，都是在执行 Servlet 的 doGet()或 doPost()方法之前调用。

　　Listener 也是从 Servlet 2.3 开始增加的，采用观察者模式，通过方法回调来实现 Web 容器内部各种事件的监听，对内置对象 HttpSession、ServletRequest 和 ServletContext 的创建和销毁及属性变化进行监听，对应的监听器分别为 HttpSessionListener、ServletRequest-Listener 和 ServletContextListener。注意，ServletContext 表示当前的 Web 应用程序。

　　从 Servlet 3.0 开始，支持使用注解的方式配置 Servlet、Filter 和 Listener，而以前的配置方式需要在 web.xml 中配置。在 Spring Boot 中通过配置的形式可以将组件注册到容器中，而且支持@WebServlet、@WebFilter 和@WebListener 注解。我们先来看一下这 3 个注解的基本属性和详细说明，如表 3.2 所示。

表 3.2　@WebServlet、@WebFilter和@WebListener注解说明

注 解 名 称	属　　性	类　　型	是否可选	说　　明
@WebServlet	name	String	是	指定 Servlet 的 name 属性，等价于<servlet- name>。如果没有显式指定，则该属性的取值即为类的全限定名
	value	String[]	是	该属性等价于urlPatterns属性。两个属性不能同时使用，但必须指定一个值
	urlPatterns	String[]	是	指定一组Servlet的URL匹配模式，等价于<url-pattern>标签
	loadOnStartup	int	是	指定Servlet的加载顺序，默认值为-1，等价于<load-on-startup>标签
	initParams	WebInitParam[]	是	指定一组Servlet初始化参数，等价于<init-param>标签
	asyncSupported	boolean	是	声明Servlet是否支持异步操作模式，默认为false，等价于<async-supported>标签
	smallIcon	String	是	指定小图标路径
	largeIcon	String	是	指定大图标路径
	description	String	是	指定 Servlet 的描述信息，等价于<description>标签
	displayName	String	是	指定Servlet的显示名，等价于<display-name>标签

（续）

注 解 名 称	属　　性	类　　型	是否可选	说　　明
@WebFilter	description	String	是	该Filter的描述信息，等价于<description>标签
	displayName	String	是	该Filter的显示名，等价于<display-name>标签
	initParams	WebInitParam[]	是	指定Filter配置参数，等价于<init-param>标签
	filterName	String	是	指定Filter名称，等价于<filter-name>标签
	smallIcon	String	是	指定小图标路径
	largeIcon	String	是	指定大图标路径
	servletNames	String[]	是	指定对哪些Servlet进行过滤，等价于<servlet-name>标签
	value	String[]	是	该属性与urlPatterns作用相同
	urlPatterns	String[]	是	指定拦截的路径，等价于<url-pattern>标签
	asyncSupported	boolean	是	指定Filter是否支持异步模式，等价于<async-supported>标签
	dispatcherTypes	DispatcherType[]	是	指定Filter对哪种方式的请求进行过滤，等价于<dispatcher>标签
@WebListener	value	String	是	指定Listener的名称，如果没有显式指定，则取Listener类的全限定名

注意：urlPatterns 的使用规则有精确匹配、路径匹配和扩展匹配几种，不允许同时使用路径匹配和扩展匹配（形如 "/view/*.do" 这样）。

1. 采用编码方式注册

使用编码方式注册相对复杂一些，需要在配置类中显式地创建对应的 Servlet-RegistrationBean、FilterRegistrationBean 和 ServletListenerRegistrationBean 注册类，它们都继承自 RegistrationBean 类。该类是基于 Servlet 3.0 以上版本注册的 Bean 的基类，它实现的接口是 ServletContextInitializer，允许通过编码的方式来配置 ServletContext 容器。与 WebApplicationInitializer 接口不同，ServletContextInitializer 的实现类是不会被 SpringServlet-ContainerInitializer 发现的，因此不会被 Servlet 容器自动引导。

说到这里，就得再讲一下 org.springframework.web.WebApplicationInitializer 接口，它是取代 web.xml 的关键接口，直接通过编程的方式初始化 ServletContext 容器。在 Spring Web 中会通过 SPI 机制加载 ServletContextInitializer 接口的实现类，当 org.springframework.

web.SpringServletContainerInitializer 类被实例化后，会自动扫描找到 WebApplication-Initializer 实现类，然后调用 onStartup()方法。

　　注意要区分 javax.servlet.ServletContainerInitializer 接口，它是 Servlet 3.0 规范中提供的第三方组件，在 Web 容器启动时完成初始化操作。

　　我们来看 org.springframework.boot.web.servlet.ServletContextInitializer 接口。在 spring-boot-2.2.6.RELEASE.jar 包中，ServletContextInitializer 的继承关系如图 3.7 所示。

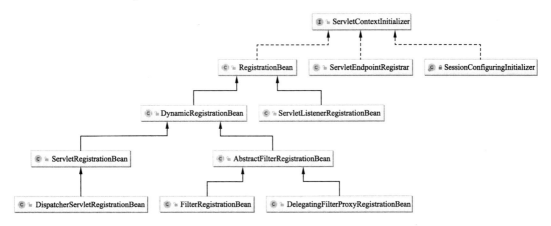

图 3.7　ServletContextInitializer 的继承关系

　　为了展示注册效果，下面分别创建 Servlet、Filter 和 Listener 等。

　　新建一个 servlet 包，自定义 Servlet 类，示例代码如下：

```java
public class FirstServlet extends HttpServlet {
    @Override
    protected void doGet(HttpServletRequest req, HttpServletResponse resp)
throws ServletException, IOException {
        System.out.println("FirstServlet 正在执行 doGet");
        doPost(req, resp);
    }
    @Override
    protected void doPost(HttpServletRequest req, HttpServletResponse
resp) throws ServletException, IOException {
        System.out.println("FirstServlet 正在执行 doPost");
        //获取响应输出流 PrinterWriter 对象
        PrintWriter out = resp.getWriter();
        //使用输出流对象向客户端发送信息，I'm a FirstServlet 会在客户端显示
        out.println("I'm a FirstServlet");
    }
    @Override
    public void init(ServletConfig config) throws ServletException {
        System.out.println("FirstServlet 正在执行 init");
        super.init(config);
    }
}
```

新建一个 filter 包，自定义 Filter 类，示例代码如下：

```
public class FirstFilter implements Filter {
    @Override
    public void doFilter(ServletRequest request, ServletResponse response,
FilterChain chain) throws IOException, ServletException {
        System.out.println("FirstFilter 正在执行 doFilter");
        chain.doFilter(request, response);          //放行
    }
    @Override
    public void init(FilterConfig filterConfig) throws ServletException {
        System.out.println("FirstFilter 正在执行 init");
    }
    @Override
    public void destroy() {
        System.out.println("FirstFilter 正在执行 destroy");
    }
}
```

新建一个 listener 包，自定义 Listener 类，示例代码如下：

```
public class FirstListener implements ServletContextListener {
    @Override
    public void contextInitialized(ServletContextEvent sce) {
        System.out.println("FirstListener 监听器正在初始化");
        System.out.println("servlet container: "+sce.getServletContext().
getServerInfo());
    }
    @Override
    public void contextDestroyed(ServletContextEvent sce) {
        System.out.println("FirstListener 监听器正在销毁");
    }
}
```

新建一个 config 包，定义注册配置类，代码如下：

```
@Configuration
public class WebConfig {
    // servletRegistrationBean:使用代码注册 Servlet（不需要@ServletComponent
       Scan注解）
    @Bean
    public ServletRegistrationBean getFirstServlet(){
        ServletRegistrationBean registrationBean = new ServletRegistration
Bean();
        registrationBean.setServlet(new FirstServlet());
        List<String> urlMappings = new ArrayList<String>();
        urlMappings.add("/first");                 // 访问 URL，可以添加多个
        registrationBean.setUrlMappings(urlMappings);
        registrationBean.setLoadOnStartup(1);      // 设置加载顺序
        return registrationBean;
    }
    //注册拦截器
    @Bean
    public FilterRegistrationBean getFirstFilter(){
        FirstFilter demoFilter = new FirstFilter();
```

```
FilterRegistrationBean registrationBean=new FilterRegistrationBean();
registrationBean.setFilter(demoFilter);
List<String> urlPatterns=new ArrayList<String>();
urlPatterns.add("/*");                      //拦截路径，可以添加多个
registrationBean.setUrlPatterns(urlPatterns);
registrationBean.setOrder(1);               //设置注册顺序
return registrationBean;
}
//注册监听器
@Bean
public ServletListenerRegistrationBean<ServletContextListener> getFirst
Listener(){
    ServletListenerRegistrationBean<ServletContextListener>
registrationBean = new ServletListenerRegistrationBean<>();
    registrationBean.setListener(new FirstListener());
    registrationBean.setOrder(1);           // 设置注册顺序
    return registrationBean;
}
}
```

一切准备就绪，运行 main()方法启动程序，控制台输出日志如图 3.8 所示，表示注册成功了。

图 3.8　以编码方式注册

2．采用注解方式注册

一切都是为了简化而生，通过注解的方式，可以快速地实现注册功能，核心注解是@ServletComponentScan，它可以标注在启动类中，默认会扫描当前包及其子包中的类。我们来看该注解的源码，代码清单如下：

```
@Target(ElementType.TYPE)
@Retention(RetentionPolicy.RUNTIME)
@Documented
@Import(ServletComponentScanRegistrar.class)
public @interface ServletComponentScan {
    //与 basePackages 互为别名
    @AliasFor("basePackages")
    String[] value() default {};
    //用于扫描带注解的 Servlet 组件的基本包
    @AliasFor("value")
```

```
    String[] basePackages() default {};
    //指定 Servlet 组件的类型用于扫描
    Class<?>[] basePackageClasses() default {};
}
```

这里大致介绍一下@ServletComponentScan 注解实现扫描注册的原理。在@Servlet-ComponentScan 中会导入 ServletComponentScanRegistrar，通过 BeanDefinitionRegistry 向容器中注入 servletComponentRegisteringPostProcessor 后置处理器，然后执行 ServletComponent-RegisteringPostProcessor#postProcessBeanFactory()方法，再调用 ServletComponentHandler#doHandle()方法，将扫描到的组件注入 Spring IoC 容器中。三大组件处理类如图 3.9 所示。

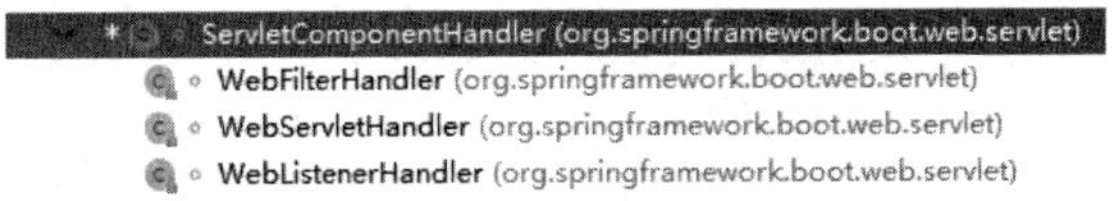

图 3.9　三大组件处理类

为了方便对比，再重新定义 Servlet、Filter 和 Listener 的实现类。

在 servlet 包中再定义一个 Servlet 类，示例代码如下：

```
@WebServlet(urlPatterns = "/second")
public class SecondServlet extends HttpServlet {
    @Override
    protected void doGet(HttpServletRequest req, HttpServletResponse resp)
throws ServletException, IOException {
        System.out.println("SecondServlet 正在执行 doGet");
        doPost(req,resp);
    }
    @Override
    protected void doPost(HttpServletRequest req, HttpServletResponse resp)
throws ServletException, IOException {
        System.out.println("SecondServlet 正在执行 doPost");
        //获取响应输出流 PrinterWriter 对象
        PrintWriter out = resp.getWriter();
        //使用输出流对象向客户端发送信息
        //I'm a SecondServlet 会在客户端显示
        out.println("I'm a SecondServlet");
    }
    @Override
    public void init(ServletConfig config) throws ServletException {
        System.out.println("SecondServlet 正在执行 init");
        super.init(config);
    }
}
```

在 filter 包中再定义一个 Filter 类，示例代码如下：

```
@WebFilter(filterName = "secondFilter", urlPatterns = "/*")
public class SecondFilter implements Filter {
    @Override
    public void doFilter(ServletRequest request, ServletResponse response,
FilterChain chain) throws IOException, ServletException {
```

```
        System.out.println("SecondFilter 正在执行 doFilter");
        chain.doFilter(request, response);              //放行
    }
    @Override
    public void init(FilterConfig filterConfig) throws ServletException {
        System.out.println("SecondFilter 正在执行 init");
    }
    @Override
    public void destroy() {
        System.out.println("SecondFilter 正在执行 destroy");
    }
}
```

在 listener 包中再定义一个 Listener 类，示例代码如下：

```
@WebListener
public class SecondListener implements ServletContextListener {
    @Override
    public void contextInitialized(ServletContextEvent sce) {
        System.out.println("SecondListener 监听器正在初始化");
        System.out.println("servlet container: "+sce.getServletContext().
getServerInfo());
    }
    @Override
    public void contextDestroyed(ServletContextEvent sce) {
        System.out.println("SecondListener 监听器正在销毁");
    }
}
```

还要修改启动类并添加@ServletComponentScan 注解，代码如下：

```
@SpringBootApplication
//在 Spring Boot 启动时会扫描@WebServlet、@WebFilter 和@WebListener 注解，并创
  建该类的实例
@ServletComponentScan
public class SpringbootServletApplication {
    public static void main(String[] args) {
        SpringApplication.run(SpringbootServletApplication.class, args);
    }
}
```

在浏览器中访问 http://localhost:8080/second，可以看到 I'm a SecondServlet 字样的输出
结果，再来看一下控制台打印的日志，如图 3.10 所示。

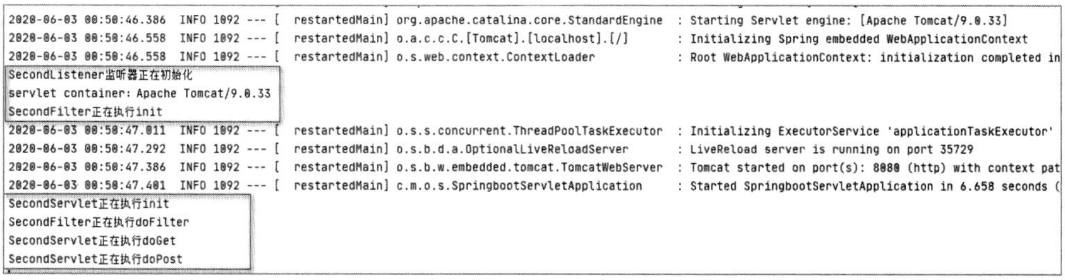

图 3.10　用注解方式注册

值得我们关注的是，通过编码的方式注入的 Servlet 与初始化时不一样，当访问 Servlet 时就不再执行 init()方法了，而是直接调用 service()方法（内部调用 doGet 和 doPost）。通过注解注册的 Servlet，在请求访问时才开始调用 init()方法。

3.4 节将介绍拦截器的使用。现在让我们先思考一下，已经有了过滤器为什么还要使用拦截器呢？它们的实现机制一样吗？

3.4　配置拦截器

拦截器主要用来拦截请求，在请求执行前后进行某些操作（如入参校验和权限验证等）。在应用中可以存在多个不同功能的拦截器，根据声明的顺序调用执行。在 Spring 框架中，可以实现 HandlerInterceptor 接口来注册一个拦截器。在该接口中一共定义了 3 个方法，preHandle()方法会在处理请求之前调用，按照定义的顺序依次执行，默认的实现返回值为 true。如果为 false，后续的拦截器和处理请求方法都会失效，不过在当前返回 false 的拦截器之前的拦截器会继续执行 afterCompletion()方法。执行 postHandle()方法的逻辑是在 Controller 方法执行完之后并在 DispatcherServlet 渲染视图之前调用（即在返回 ModelAndView 之前），该方法是倒序执行，即后声明的先执行，或者说后执行 preHandle() 方法的会先执行 postHandle()方法。afterCompletion()方法是在 DispatcherServlet 渲染视图之后执行（即在返回 ModelAndView 之后）。

在 spring-webmvc-5.2.5.RELEASE.jar 包中找到 HandlerInterceptor 接口的定义，源码如下：

```
public interface HandlerInterceptor {
//在 HandlerMapping 确定处理程序对象之后但在 HandlerAdapter 调用处理程序之前调用
  default boolean preHandle(HttpServletRequest request, HttpServlet
Response response, Object handler) throws Exception {
      return true;
  }
  /**
   * 在 HandleAdapter 实际调用处理程序之后但在 DispatcherServlet 呈现视图之前调用
   * 可以通过给定的 ModelAndView 向视图公开其他模型对象
   */
  default void postHandle(HttpServletRequest request, HttpServletResponse
response, Object handler,  @Nullable ModelAndView modelAndView) throws
Exception {
  }
  /**
   * 请求处理完成后回调，即呈现视图后回调
   * 将在处理程序执行的任何结果上调用，从而允许适当的资源清理
   */
  default void afterCompletion(HttpServletRequest request, HttpServlet
Response response, Object handler,  @Nullable Exception ex) throws Exception {
  }
}
```

对于 Spring MVC 来说，最核心的类就是 DispatcherServlet 了，所有请求过来时都会通过它进行分发处理，调用方法是 doDispatch() 方法。下面是部分源码：

```
try {
    ModelAndView mv = null;
    Exception dispatchException = null;
    try {
        processedRequest = checkMultipart(request);
        multipartRequestParsed = (processedRequest != request);
        mappedHandler = getHandler(processedRequest);
        if (mappedHandler == null) {
            noHandlerFound(processedRequest, response);
            return;
        }
        HandlerAdapter ha = getHandlerAdapter(mappedHandler.getHandler());
        String method = request.getMethod();
        boolean isGet = "GET".equals(method);
        if (isGet || "HEAD".equals(method)) {
            long lastModified = ha.getLastModified(request, mappedHandler.
getHandler());
        if (new ServletWebRequest(request, response).checkNotModified
(lastModified) && isGet) {
                return;
            }
        }
        //执行拦截器 preHandle 方法
        if (!mappedHandler.applyPreHandle(processedRequest, response)) {
            return;
        }
        // 实际调用 handle 方法
        mv = ha.handle(processedRequest, response, mappedHandler.getHandler());
        if (asyncManager.isConcurrentHandlingStarted()) {
            return;
        }
        applyDefaultViewName(processedRequest, mv);
        //执行拦截器 postHandle 方法
        mappedHandler.applyPostHandle(processedRequest, response, mv);
    }catch (Exception ex) {
        dispatchException = ex;
    }catch (Throwable err) {
        dispatchException = new NestedServletException("Handler dispatch
failed", err);
    }
    //在该方法内通过 mappedHandler.triggerAfterCompletion(request, response,
    null);
    //触发 afterCompletion 方法调用
    processDispatchResult(processedRequest, response, mappedHandler, mv,
dispatchException);
}
```

上面只是方法的调用入口，最终都是根据获取的 HandlerExecutionChain 类完成拦截器的链式调用。HandlerExecutionChain 类中的部分方法如下：

```
//应用已注册拦截器的预处理方法
boolean applyPreHandle(HttpServletRequest request, HttpServletResponse
response) throws Exception {
    HandlerInterceptor[] interceptors = getInterceptors();
    if (!ObjectUtils.isEmpty(interceptors)) {
        for (int i = 0; i < interceptors.length; i++) {
            HandlerInterceptor interceptor = interceptors[i];
            if (!interceptor.preHandle(request, response, this.handler)) {
                triggerAfterCompletion(request, response, null);
                return false;
            }
            this.interceptorIndex = i;
        }
    }
    return true;
}
//应用已注册拦截器的 postHandle 方法
void applyPostHandle(HttpServletRequest request, HttpServletResponse
response, @Nullable ModelAndView mv)
    throws Exception {
  HandlerInterceptor[] interceptors = getInterceptors();
  if (!ObjectUtils.isEmpty(interceptors)) {
    for (int i = interceptors.length - 1; i >= 0; i--) {
      HandlerInterceptor interceptor = interceptors[i];
      interceptor.postHandle(request, response, this.handler, mv);
    }
  }
}
/**
 * 触发 HandlerInterceptor 类的 afterCompletion 方法
 * 将调用 preHandle 方法成功且返回为 true 的所有拦截器的 afterCompletion 方法
 */
void triggerAfterCompletion(HttpServletRequest request, HttpServletResponse
response, @Nullable Exception ex) throws Exception {
  HandlerInterceptor[] interceptors = getInterceptors();
  if (!ObjectUtils.isEmpty(interceptors)) {
    for (int i = this.interceptorIndex; i >= 0; i--) {
      HandlerInterceptor interceptor = interceptors[i];
      try {
        interceptor.afterCompletion(request, response, this.handler, ex);
      }catch (Throwable ex2) {
        logger.error("HandlerInterceptor.afterCompletion threw exception",
ex2);
      }
    }
  }
}
```

在 Spring Boot 中可以通过创建配置实现 WebMvcConfigurer 接口，重写 add-Interceptors()方法完成拦截器的注册。

首先创建一个 Controller 类，编写一个简单的接口，返回字符串。

```
@RestController
public class IndexController {
```

```
@RequestMapping("/index")
public String index(){
    System.out.println("执行 index");
    return "welcome to my site";
}
}
```

然后创建两个实现 HandlerInterceptor 接口的拦截器。重写方法的逻辑是打印出方法被调用的信息。另一种是通过继承 HandlerInterceptorAdapter 类实现需要重写的方法。

第一个拦截器的实现代码如下：

```
public class FirstHandlerInterceptor implements HandlerInterceptor {
    @Override
    public boolean preHandle(HttpServletRequest request, HttpServletResponse
response, Object handler) throws Exception {
        System.out.println("FirstHandlerInterceptor 正在执行 preHandle");
        return true;
    }
    @Override
    public void postHandle(HttpServletRequest request, HttpServletResponse
response, Object handler, ModelAndView modelAndView) throws Exception {
        System.out.println("FirstHandlerInterceptor 正在执行 postHandle");
    }
    @Override
    public void afterCompletion(HttpServletRequest request, HttpServlet
Response response, Object handler, Exception ex) throws Exception {
        System.out.println("FirstHandlerInterceptor 正在执行 afterCompletion");
    }
}
```

第二个拦截器的实现代码如下：

```
public class SecondHandlerInterceptor implements HandlerInterceptor {
    @Override
    public boolean preHandle(HttpServletRequest request, HttpServlet
Response response, Object handler) throws Exception {
        System.out.println("SecondHandlerInterceptor 正在执行 preHandle");
        return true;
    }
    @Override
    public void postHandle(HttpServletRequest request, HttpServletResponse
response, Object handler, ModelAndView modelAndView) throws Exception {
        System.out.println("SecondHandlerInterceptor 正在执行 postHandle");
    }
    @Override
    public void afterCompletion(HttpServletRequest request, HttpServlet
Response response, Object handler, Exception ex) throws Exception {
        System.out.println("SecondHandlerInterceptor 正在执行 afterCompletion");
    }
}
```

最后还需要创建一个配置类，将两个拦截器都注入容器中，同时可以通过 addPath-Patterns()方法和 excludePathPatterns()方法来设置需要拦截或排除的 URL。

```
@Configuration
public class InterceptorConfig implements WebMvcConfigurer {
    @Override
    public void addInterceptors(InterceptorRegistry registry) {
        FirstHandlerInterceptor firstHandlerInterceptor = new FirstHandler
Interceptor();
        registry.addInterceptor(firstHandlerInterceptor).addPathPatterns
("/**");
        SecondHandlerInterceptor secondHandlerInterceptor = new Second
HandlerInterceptor();
        registry.addInterceptor(secondHandlerInterceptor).addPathPatterns
("/**");
    }
}
```

启动程序，在浏览器中访问 http://localhost:8080/index，查看控制台输出信息，如图 3.11 所示。可以看到，正如分析的那样按照先后顺序依次执行了拦截器方法。

```
FirstHandlerInterceptor正在执行preHandle
SecondHandlerInterceptor正在执行preHandle
执行index
SecondHandlerInterceptor正在执行postHandle
FirstHandlerInterceptor正在执行postHandle
SecondHandlerInterceptor正在执行afterCompletion
FirstHandlerInterceptor正在执行afterCompletion
|
```

图 3.11　执行拦截器

看到这里，或许读者会有疑问，拦截器和过滤器实现的功能不是很相似吗？而且都采用了 AOP 编程思想。其实二者还是有许多区别的。对于过滤器来说，它必须依靠 Servlet 容器，通过函数回调的方式实现对所有请求的过滤处理，而且在 Servlet 容器启动后就会进行初始化。当请求过来后会以 Filter→Servlet→Interceptor→Controller 的顺序执行，在请求返回客户端后会以 postHandle→afterCompletion→Filter 的顺序返回。对于拦截器来说，它是由 Spring 管理的，而且属于 Spring 的一个组件，可以通过 IoC 注入 Spring 容器中。拦截器不仅适用于 Web 程序，而且还可以用于 Application 和 Swing 程序中。相较于过滤器，拦截器可以在方法前后或抛出异常前后进行拦截处理。

3.5　配置 AOP

Spring 框架提供的两大核心特性，一个是 IoC，另一个是 AOP（Aspect-Oriented Programming，面向切面编程）。本节的重点内容就是 AOP，下面简单介绍一下。

AOP 可以算是对 OOP（Object-Oriented Programming，面向对象编程）的补充，其基于动态代理功能，实现在不改变原方法逻辑的基础上新增一些功能。面向切面的思想是，从横向结构看，将业务系统中行为相似的（如权限校验、日志记录）操作封装到一个可重用的模块中，通过定义一个切面来处理。采用这种方式大大减少了重复代码，降低了代码的耦合度。基于 AOP 的思想，我们实现的方案是从一开始使用硬编码，到使用静态代理，到最后通过 JDK 动态代理或 CGLIB 动态代理来实现。而 Spring AOP 就是通过这两种代理机制实现的。

- JDK 动态代理实现的原理是基于 InvocationHanlder 接口，利用反射生成一个代理接口的匿名类，然后调用 invoke 方法。
- CGLIB（Code Generation Library）动态代理的实现原理是基于 ASM 开源包，加载被代理类的字节码文件，通过修改字节码生成一个子类，覆盖并增强其中的方法。

另外还有一个与 Spring AOP 同样出名的框架 AspectJ，可以简化静态代理的复杂操作，实现静态织入。通过 AspectJ 编译器也可以在编译期间（weaving）、编译后（post-compile）或运行时（run-time）进行织入。

在 Spring 框架中，默认是利用 JDK 动态代理实现的。如果想要弄懂 AOP，还需要了解一些基本概念，知道相关的专业术语及常用的增强类型。

下面通过思维导图来看各个术语代表的含义，如图 3.12 所示。

图 3.12 AOP 思维导图

对于通知类型，最常用的有以下几种：
- Before（前置增强）：在方法开始执行前执行；
- After（后置增强）：在方法执行后执行；
- AfterReturning（返回后增强）：在方法返回后执行；
- AfterThrowing（抛出异常时增强）：在方法抛出异常时执行；
- Around（环绕增强）：在方法执行前和执行后都会执行；

以上类型的执行顺序为 Around→Before→Around→After→AfterReturning。异常情况下的执行顺序为 Around→Before→Around→After→AfterThrowing。如果程序中定义了多个 Aspect，那么它们的执行顺序是不可预知的，如果需要定义顺序，可以通过@Order 注解来实现。

处理切入点时，可以通过@Pointcut 注解来声明切点的表达式。Spring AOP 支持的表达式总结如表 3.3 所示。

表 3.3　切入点表达式用法

切入点表达式	说　　明	格　　式
execution	匹配方法执行的连接点	execution(<修饰符>　<返回类型>　<包名><方法名>(<参数>)　<异常>)，除了返回类型、方法名和参数外，其他项都是可选的
within	匹配指定的类及其子类中的所有方法	within(包名.*)或者 within(包名..*)
this	匹配可以向上转型为this指定类型的代理对象中的所有方法	this(代理对象类型)
target	匹配可以向上转型为target指定类型的目标对象中的所有方法	target(目标对象类型)
args	匹配运行时传入的参数列表的类型为指定的参数列表类型的方法	args(参数类型1,参数类型2,..), args()匹配不带参数的方法
@within	匹配包含指定注解的类里的所有方法	@within(注解全路径)
@target	匹配包含指定注解目标对象的所有方法	@target(注解全路径)
@args	匹配传入的参数有指定注解的方法	@args(注解全路径)
@annotation	匹配包含指定注解的方法	@annotation(注解全路径)

　　另外还要说明的是：在 execution 表达式中，".*"表示包中的所有类，"..*"表示包及其子包中的所有类；而在方法入参中，"*"表示任意参数，".."表示任意参数类型且参数个数不限。

　　Spring 提供了多种使用 AOP 的方式，不仅可以通过编程式（基于 AOP 接口）使用，也可以通过配置声明式（基于 XML Schema 中的<aop:config>配置）使用，还可以通过注解的方式使用。在使用时需要依赖 aspectjrt.jar、aopalliance.jar 和 aspectjweaver.jar 等相关包，不过我们在 Spring Boot 中直接引入 spring-boot-starter-aop 依赖即可。

```
<dependency>
    <groupId>org.springframework.boot</groupId>
    <artifactId>spring-boot-starter-aop</artifactId>
</dependency>
```

　　Spring Boot 的自动配置 AOP 类又做了什么呢？我们来从其源码进行分析。代码清单如下：

```
@Configuration(proxyBeanMethods = false)
//仅在属性 spring.aop.auto 缺失或者明确指定为 true 时生效
@ConditionalOnProperty(prefix = "spring.aop", name = "auto", havingValue
= "true", matchIfMissing = true)
public class AopAutoConfiguration {
    @Configuration(proxyBeanMethods = false)
    @ConditionalOnClass(Advice.class)
    static class AspectJAutoProxyingConfiguration {
```

```
        @Configuration(proxyBeanMethods = false)
        @EnableAspectJAutoProxy(proxyTargetClass = false)
        // 在配置参数 spring.aop.proxy-target-class 的值被明确设置为 false 时生效
        @ConditionalOnProperty(prefix = "spring.aop", name = "proxy-target-
class", havingValue = "false", matchIfMissing = false)
        static class JdkDynamicAutoProxyConfiguration {
        }
        @Configuration(proxyBeanMethods = false)
        @EnableAspectJAutoProxy(proxyTargetClass = true)
        // 在配置参数 spring.aop.proxy-target-class 的值被明确设置为 true 时生效
        @ConditionalOnProperty(prefix = "spring.aop", name = "proxy-target-
class", havingValue = "true", matchIfMissing = true)
        static class CglibAutoProxyConfiguration {
        }
    }
    @Configuration(proxyBeanMethods = false)
    @ConditionalOnMissingClass("org.aspectj.weaver.Advice")
    @ConditionalOnProperty(prefix = "spring.aop", name = "proxy-target-
class", havingValue = "true", matchIfMissing = true)
    static class ClassProxyingConfiguration {
        ClassProxyingConfiguration(BeanFactory beanFactory) {
            if (beanFactory instanceof BeanDefinitionRegistry) {
                BeanDefinitionRegistry    registry    =    (BeanDefinitionRegistry)
beanFactory;
                AopConfigUtils.registerAutoProxyCreatorIfNecessary(registry);
                AopConfigUtils.forceAutoProxyCreatorToUseClassProxying(registry);
            }
        }
    }
}
```

这个自动配置 AOP 类的主要职责是根据配置参数，利用注解@EnableAspectJAutoProxy 来开启是使用 JDK 动态代理还是 CGLIB 动态代理。在 YML 或 Properties 文件中配置项 spring.aop.proxy-target-class 如果未被添加，则将 spring.aop.proxy-target-class 值视为 true，因此注解@EnableAspectJAutoProxy(proxyTargetClass = true)默认使用的是 CGLIB 代理。下面再来看一下@EnableAspectJAutoProxy 注解，代码清单如下：

```
@Target(ElementType.TYPE)
@Retention(RetentionPolicy.RUNTIME)
@Documented
@Import(AspectJAutoProxyRegistrar.class)
public @interface EnableAspectJAutoProxy {
    // 声明是否创建基于子类（CGLIB）的代理而不是基于标准 Java 接口的代理，默认为 false
    boolean proxyTargetClass() default false;
    // 声明代理信息是否通过 AOP 框架作为 ThreadLocal 公开以便 AopContext 获取，默认为
      false
    boolean exposeProxy() default false;
}
```

@EnableAspectJAutoProxy 注解的 proxyTargetClass 属性值默认为 false，表示使用 JDK 代理。exposeProxy 属性值默认为 false，用于控制代理的暴露方式，可以解决内部调用不使用代理的情况。由于 JDK 和 CGLIB 这两种代理的实现逻辑不同，因此需要考虑不同的

使用场景，若 Spring 创建的对象实现了接口，则默认使用 JDK 动态代理，如果没有实现接口，就必须使用 CGLIB 动态代理。这里有些容易混淆的概念需要解释一下。在 spring-boot-starter-aop 依赖中是有依赖 AspectJ 相关 jar 包的，而 Spring AOP 则集成了 AspectJ，直接用到了 AspectJ 里的注解代码。AspectJ 也是一个面向切面的框架，其最大的特点是，AspectJ 是通过操作字节码（Bytecode Manipulation）实现的，在编织阶段（Weaving Phase）对字节码进行修改，将 Advice 逻辑编织进去形成新的字节码。在编织阶段一般有两种操作，分别是加载时编织（Load-Time Weaving）和编译时编织（Compile-Time Weaving）。

@EnableAspectJAutoProxy 注解中除了两个属性外，其头上标注的注解@Import(AspectJ-AutoProxyRegistrar.class)才是最重要的，它实现了向容器中注入自动代理创建器的功能。代码清单如下：

```
class AspectJAutoProxyRegistrar implements ImportBeanDefinitionRegistrar {
    //注册、升级和配置 AspectJ 自动代理创建者
    @Override
    public void registerBeanDefinitions(AnnotationMetadata importingClass
Metadata, BeanDefinitionRegistry registry) {
        //注册一个基于注解的自动代理器
        AopConfigUtils.registerAspectJAnnotationAutoProxyCreatorIf
Necessary(registry);
        AnnotationAttributes enableAspectJAutoProxy =
AnnotationConfigUtils.attributesFor(importingClassMetadata, EnableAspectJ
AutoProxy.class);
        if (enableAspectJAutoProxy != null) {
            if (enableAspectJAutoProxy.getBoolean("proxyTargetClass")) {
                //表示强制使用 CGLIB
                AopConfigUtils.forceAutoProxyCreatorToUseClassProxying
(registry);
            }
            if (enableAspectJAutoProxy.getBoolean("exposeProxy")) {
                //表示强制暴露代理对象到 AopContext
                AopConfigUtils.forceAutoProxyCreatorToExposeProxy(registry);
            }
        }
    }
}
```

下面就以注解的形式来做一个演示，开发一个日志拦截的功能。

首先创建一个 annotation 包，并新建一个 Log 注解类，示例代码如下：

```
@Retention(RetentionPolicy.RUNTIME)
@Target(ElementType.METHOD)
public @interface Log {
    //操作名称
    String name() default "";
}
```

还需要创建一个切面类，示例代码如下：

```
//定义切面
@Aspect                          //@Aspect 使之成为切面类
```

```java
@Component                        //@Component 把切面类加入 IoC 容器中
public class AopAspect {
    //定义切入点，切入点为标有注解@Log 的所有函数，通过@Pointcut 声明使用切点表达式
    @Pointcut("@annotation(com.mohai.one.springbootaop.annotation.Log)")
    public void LogAspect(){
    }
    //在连接点执行之前执行的通知
    @Before("LogAspect()")
    public void doBeforeLog(){
        System.out.println("执行 controller 前置通知");
    }
    //使用环绕通知，注意该方法需要返回值
    @Around("LogAspect()")
    public Object doAroundLog(ProceedingJoinPoint pjp) throws Throwable {
        try{
            System.out.println("开始执行 controller 环绕通知");
            Object obj = pjp.proceed();
            System.out.println("结束执行 controller 环绕通知");
            return obj;
        }catch(Throwable e){
            System.out.println("出现异常");
            throw e;
        }
    }
    //在连接点执行结束之后执行的通知
    @After("LogAspect()")
    public void doAfterLog(){
        System.out.println("执行 controller 后置结束通知");
    }
    //在连接点执行结束并返回之后执行的通知
    @AfterReturning("LogAspect()")
    public void doAfterReturnLog(JoinPoint joinPoint){
        MethodSignature signature = (MethodSignature) joinPoint.getSignature();
        Method method = signature.getMethod();
        Log log = method.getAnnotation(Log.class);
        String name = log.name();
        System.out.println(name);
        System.out.println("执行 controller 后置返回通知");
    }
    //在连接点执行之后执行的通知（异常通知）
    @AfterThrowing(pointcut="LogAspect()", throwing="e")
    public void doAfterThrowingLog(JoinPoint joinPoint, Throwable e){
        System.out.println("=====异常通知开始=====");
        System.out.println("异常代码:" + e.getClass().getName());
        System.out.println("异常信息:" + e.getMessage());
    }
}
```

然后再创建一个 Web 包，新建一个 controller 类，在方法 index 中添加@Log 注解，示例代码如下：

```java
@RestController
public class IndexController {
```

```
@Log(name = "访问 index 接口")
@RequestMapping("/index")
public String index(){
    System.out.println("执行 index");
    return "welcome to my site";
    }
}
```

开始执行controller环绕通知

执行controller前置通知

执行index

结束执行controller环绕通知

执行controller后置结束通知

访问index接口

执行controller后置返回通知

启动程序，在浏览器中访问 http://localhost:8080/index，
页面输出正常，控制台打印信息如图 3.13 所示。

图 3.13　AOP 配置

3.6　全局异常处理

统一的异常处理是必须要有的，可以友好地给用户展示错误提示信息，在 Spring Boot
中已经提供了异常处理功能，但不适合具体的业务需求，需要重新定义自己的异常处理
逻辑。

3.6.1　自定义错误页

我们经常可以看到 Whitelabel Error Page 提示页，此时不要觉得就束手无策了，需要
思考一下这个错误页面是如何生成的。这个页面是 Spring Boot 提供的默认错误信息页。
下面我们详细分析一下错误处理的整过程。

在 Spring Boot 中，默认通过 BasicErrorController 类中定义的/error 映射路径来处理异
常信息，源代码如下：

```
@Controller
@RequestMapping("${server.error.path:${error.path:/error}}")
public class BasicErrorController extends AbstractErrorController {
    private final ErrorProperties errorProperties;
    @Override
    public String getErrorPath() {
        return this.errorProperties.getPath();
    }
    //处理 Accept 的内容是 text/html 类型的请求
    @RequestMapping(produces = MediaType.TEXT_HTML_VALUE)
    public ModelAndView errorHtml(HttpServletRequest request, HttpServlet
Response response) {
        HttpStatus status = getStatus(request);
        Map<String, Object> model = Collections.unmodifiableMap(getError
Attributes(request, isIncludeStackTrace(request, MediaType.TEXT_HTML)));
        response.setStatus(status.value());
        ModelAndView modelAndView = resolveErrorView(request, response,
status, model);
        return (modelAndView != null) ? modelAndView : new ModelAndView
("error", model);
    }
```

```
    //返回 JSON 消息内容
    @RequestMapping
    public ResponseEntity<Map<String, Object>> error(HttpServletRequest
request) {
        HttpStatus status = getStatus(request);
        if (status == HttpStatus.NO_CONTENT) {
            return new ResponseEntity<>(status);
        }
        Map<String, Object> body = getErrorAttributes(request, isInclude
StackTrace(request, MediaType.ALL));
        return new ResponseEntity<>(body, status);
    }
    //处理无法生成客户端可接收的响应时引发的异常
    @ExceptionHandler(HttpMediaTypeNotAcceptableException.class)
    public ResponseEntity<String> mediaTypeNotAcceptable(HttpServletRequest
request) {
        HttpStatus status = getStatus(request);
        return ResponseEntity.status(status).build();
    }
    //处理响应中是否包含异常栈
    protected boolean isIncludeStackTrace(HttpServletRequest request,
MediaType produces) {
        IncludeStacktrace include = getErrorProperties().getIncludeStacktrace();
        if (include == IncludeStacktrace.ALWAYS) {
            return true;
        }
        if (include == IncludeStacktrace.ON_TRACE_PARAM) {
            return getTraceParameter(request);
        }
        return false;
    }
}
```

主要逻辑是判断请求头中 Accept 的内容是否为 text/html 类型，以此来区分请求是来自客户端浏览器还是通过接口调用的，然后返回不同的视图。需要注意的是，error()方法返回的类型是 ResponseEntity，因为 ResponseEntity 的优先级高于@ResponseBody 注解，所以无须再添加@ResponseBody 注解也可以返回 JSON 数据。

可以在 spring-boot-autoconfigure-2.2.6.RELEASE.jar 包中找到一个配置类 ErrorMvcAuto-Configuration，它会自动注入 BasicErrorController，其代码清单如下：

```
@Configuration(proxyBeanMethods = false)
@ConditionalOnWebApplication(type = Type.SERVLET)
@ConditionalOnClass({ Servlet.class, DispatcherServlet.class })
@AutoConfigureBefore(WebMvcAutoConfiguration.class)
@EnableConfigurationProperties({ ServerProperties.class, ResourceProperties.
class, WebMvcProperties.class })
public class ErrorMvcAutoConfiguration {
  @Bean
  @ConditionalOnMissingBean(value = ErrorController.class, search = Search
Strategy.CURRENT)
  public BasicErrorController basicErrorController(ErrorAttributes error
Attributes,
        ObjectProvider<ErrorViewResolver> errorViewResolvers) {
```

```
        return new BasicErrorController(errorAttributes, this.serverProperties.
getError(),
                errorViewResolvers.orderedStream().collect(Collectors.toList()));
    }
}
```

ErrorMvcAutoConfiguration 类会在当前 classpath 路径下存在 Servlet 和 Dispatcher-Servlet 且在 WebMvcAutoConfiguration 自动配置之前加载初始化，向容器中注入 Default-ErrorAttributes、BasicErrorController、ErrorPageCustomizer、DefaultErrorViewResolver 和 PreserveErrorControllerTargetClassPostProcessor 等组件，功能依次为页面中默认错误属性、处理默认的/error 请求、错误页面定制化、默认错误视图解析和后置处理确保在使用 AOP 时保留 ErrorController 的目标类。

ErrorMvcAutoConfiguration 配置类有一个内部静态类 WhitelabelErrorViewConfiguration，代码清单如下：

```
@Configuration(proxyBeanMethods = false)
@ConditionalOnProperty(prefix = "server.error.whitelabel", name = "enabled",
matchIfMissing = true)
@Conditional(ErrorTemplateMissingCondition.class)
protected static class WhitelabelErrorViewConfiguration {
    private final StaticView defaultErrorView = new StaticView();
    @Bean(name = "error")
    @ConditionalOnMissingBean(name = "error")
    public View defaultErrorView() {
        return this.defaultErrorView;
    }
    @Bean
    @ConditionalOnMissingBean
    public BeanNameViewResolver beanNameViewResolver() {
        BeanNameViewResolver resolver = new BeanNameViewResolver();
        resolver.setOrder(Ordered.LOWEST_PRECEDENCE - 10);
        return resolver;
    }
}
```

通过 WhitelabelErrorViewConfiguration 配置类，在符合条件的情况下注入了一个默认视图页和一个视图名称解析器。可以通过 server.error.whitelabel.enabled=false 配置来关闭默认的错误页。继续往下看，我们在浏览器中看到的错误信息页其实是由代码构建出来的，类似于原生的 Servlet 返回的 HTML 页面。ErrorMvcAutoConfiguration 类的私有静态类 StaticView 的代码清单如下：

```
//编写默认的 HTML 错误页的简单实现
private static class StaticView implements View {
    private static final MediaType TEXT_HTML_UTF8 = new MediaType("text",
"html", StandardCharsets.UTF_8);
    private static final Log logger = LogFactory.getLog(StaticView.class);
    @Override
    public void render(Map<String, ?> model, HttpServletRequest request,
HttpServletResponse response) throws Exception {
        if (response.isCommitted()) {
```

```
        String message = getMessage(model);
        logger.error(message);
        return;
    }
    response.setContentType(TEXT_HTML_UTF8.toString());
    StringBuilder builder = new StringBuilder();
    Date timestamp = (Date) model.get("timestamp");
    Object message = model.get("message");
    Object trace = model.get("trace");
    if (response.getContentType() == null) {
        response.setContentType(getContentType());
    }
    builder.append("<html><body><h1>Whitelabel Error Page</h1>").append(
            "<p>This application has no explicit mapping for /error, so you
are seeing this as a fallback.</p>").append("<div id='created'>").append
(timestamp).append("</div>")
            .append("<div>There was an unexpected error (type=").append
(htmlEscape(model.get("error")))
            .append(", status=").append(htmlEscape(model.get("status"))).
append(").</div>");
    if (message != null) {
        builder.append("<div>").append(htmlEscape(message)).append("</div>");
    }
    if (trace != null) {
        builder.append("<div style='white-space:pre-wrap;'>").append
(htmlEscape(trace)).append("</div>");
    }
    builder.append("</body></html>");
    response.getWriter().append(builder.toString());
}
private String htmlEscape(Object input) {
    return (input != null) ? HtmlUtils.htmlEscape(input.toString()) : null;
}
@Override
public String getContentType() {
    return "text/html";
}
}
}
```

在 ErrorMvcAutoConfiguration 类中还提供了一个基于 ErrorPageRegistrar 接口的实现类 ErrorPageCustomizer，通过配置 error.path 来定义服务器请求规则。ErrorMvcAuto-Configuration 类的私有静态类 ErrorPageCustomizer 的代码清单如下：

```
private static class ErrorPageCustomizer implements ErrorPageRegistrar,
Ordered {
    private final ServerProperties properties;
    private final DispatcherServletPath dispatcherServletPath;
    @Override
    public void registerErrorPages(ErrorPageRegistry errorPageRegistry) {
        ErrorPage errorPage = new ErrorPage(
                this.dispatcherServletPath.getRelativePath(this.properties.
getError().getPath()));
        errorPageRegistry.addErrorPages(errorPage);
    }
    @Override
```

```
public int getOrder() {
    return 0;
}
}
```

最后，指定的错误页面通过默认的视图解析器 DefaultErrorViewResolver 处理后返回 ModelAndView 对象。

完成了默认的错误页的实现，接着自定义错误页。可以通过多种方式来实现，下面就举两个例子来说明。因为需要模板引擎支持，所以这里采用 thymeleaf 模板引擎。

第一种方式需要在 resources\templates 目录下创建一个 error.html，这样如果访问的请求不存在，就会直接跳转到这个 error.html 页面，而无须做任何配置，直接运行主函数即可。

```
<!DOCTYPE html>
<html lang="en">
<head>
    <meta charset="UTF-8">
    <title>error</title>
</head>
<body>
 很抱歉，内部出现异常!
</body>
</html>
```

直接在浏览器中输入访问地址 http://127.0.0.1:8080/，程序因无法找到请求接口会返回错误页面，如图 3.14 所示。

其实还可以通过实现 ErrorViewResolver 接口或者 Error-Controller 接口来返回 ModelAndView 视图对象，最终完成错误页面的渲染。

图 3.14　错误页面

第二种方式需要实现 ErrorPageRegistrar 接口,注册两个错误请求页面,示例代码如下:

```
public class MyErrorPageRegistrar implements ErrorPageRegistrar {
    @Override
    public void registerErrorPages(ErrorPageRegistry errorPageRegistry) {
        ErrorPage page400 = new ErrorPage(HttpStatus.BAD_REQUEST, "/400");
        ErrorPage page500 = new ErrorPage(HttpStatus.INTERNAL_SERVER_ERROR,
"/500");
        errorPageRegistry.addErrorPages(page400, page500);
    }
}
```

新建一个配置类，声明将 Bean 注入容器中。

```
@Configuration
public class ErrorCustomConfig {
    @Bean
    public ErrorPageRegistrar errorPageRegistrar(){
        return new MyErrorPageRegistrar();
    }
}
```

编写一个 ErrorController 控制类，分别处理 400 和 500 的请求。

```
@Controller
public class ErrorController {
    //404 error
    @RequestMapping("/400")
    public String error400() {
        return "400";
    }
    //500 error
    @RequestMapping("/500")
    public String error500() {
        return "500";
    }
}
```

编写一个测试接口，判断出现异常的处理结果。

```
@RestController
public class IndexController {
    @RequestMapping("/index")
    public String index(){
        int n = 1/0;
        return "SUCCESS";
    }
}
```

另外，还需要在 resources\templates 目录下新建 400.html 和 500.html 页面，内容和 error.html 大致相同，其中的描述信息可自行定义。当访问接口后服务器抛出异常，页面跳转到 500.html 页面，说明在处理错误时会根据 HttpStatus 去判断该返回哪个页面。

如果想要更细粒度地区分异常信息，从而向页面输出统一格式的异常信息，那么就接着学习 3.6.2 小节的内容——@ControllerAdvice 注解的使用。

3.6.2　自定义异常返回

从 Spring 3.2 开始提供了一个新的注解@ControllerAdvice，用于开启全局异常处理，还可以配合使用@ExceptionHandler 注解来处理不同的异常信息。通过该注解的后缀（Advice）可以猜测，其实现方式就是 AOP。我们先来看一下@ControllerAdvice 注解的代码清单：

```
@Target(ElementType.TYPE)
@Retention(RetentionPolicy.RUNTIME)
@Documented
@Component
public @interface ControllerAdvice {
    @AliasFor("basePackages")            // basePackages 属性的别名
    String[] value() default {};
    @AliasFor("value")                   //基本包的数组，替代基于字符串的包名
```

```
String[] basePackages() default {};
//指定类型安全替代basePackages属性
Class<?>[] basePackageClasses() default {};
Class<?>[] assignableTypes() default {};    //类的数组
//注解类型的数组
Class<? extends Annotation>[] annotations() default {};
}
```

使用@ControllerAdvice注解可以自定义异常处理逻辑,配合@Exception- Handler注解处理不同的异常类,可以返回不同的处理结果。

我们先自定义一个异常类继承RuntimeException,示例代码如下:

```
public class MyException extends RuntimeException {
    private int code;
    private String msg;
    public MyException(String msg){
        super(msg);
        this.code=500;
        this.msg = msg;
    }
    //省略get和set方法
}
```

有了异常类,我们就可以再定义一个异常处理类。使用@ControllerAdvice注解进行标注,再使用@ExceptionHandler注解定义不同的异常类,示例代码如下:

```
@ControllerAdvice
public class GlobalExceptionHandler {
    //返回页面
    @ExceptionHandler(RuntimeException.class)
    public ModelAndView handle(RuntimeException e){
        ModelAndView modelAndView = new ModelAndView();
        modelAndView.setViewName("errorPage");
        modelAndView.addObject("code", 500);
        modelAndView.addObject("msg", e.getMessage());
        return modelAndView;
    }
    //返回JSON
    @ResponseBody
    @ExceptionHandler(MyException.class)
    public Map<String,Object> handleMyException(MyException e){
        Map<String,Object> map = new HashMap<>();
        map.put("code",e.getCode());
        map.put("message",e.getMsg());
        return map;
    }
}
```

可以看到,handle()方法用来处理RuntimeException异常,将该异常封装成ModelAndView后返回,SpringMVC框架会根据定义的视图名称自动将数据渲染到指定页面。handleMy-Exception()方法用来处理自定义的MyException异常,与handle()方法不同的是,它返回的是 JSON 格式的数据。

3.7　静态资源访问

对于一个 Web 开发项目，如果不是采用前后端分离的模式，而是将 Image、JS 和 CSS 等一些静态资源一块打包到 jar 包中，那么该项目就需要配置访问映射关系。

3.7.1　默认静态资源访问

我们来回顾一下如何使用 Spring MVC 配置的静态资源访问，具体配置信息如下：

```
<!-- 视图解析器 -->
<bean class="org.springframework.web.servlet.view.InternalResourceView
Resolver">
  <property name="viewClass" value="org.springframework.web.servlet.view.
JstlView"/>
  <property name="prefix" value="/WEB-INF/views/"/>
  <property name="suffix" value=".jsp"/>
</bean>
<!--对静态资源文件的访问，location 指定静态资源的位置-->
<mvc:resources mapping="/static/**" location="/static/" />
```

其中，/static/**映射关系是通过 ResourceHttpRequestHandler 处理的。也可以通过如下配置实现静态资源的访问。

```
<!--配置 default-servlet-handler-->
<mvc:default-servlet-handler/>
```

在 Spring Boot 中可以访问的默认静态资源路径如下：

- classpath:/static；
- classpath:/public；
- classpath:/resources；
- classpath:/META-INF/resources。

其优先级顺序为 META-INF/resources > resources > static > public，正如 Resource-Properties 类中定义的常量数组那样。

```
@ConfigurationProperties(prefix = "spring.resources", ignoreUnknownFields
= false)
public class ResourceProperties {
    private static final String[] CLASSPATH_RESOURCE_LOCATIONS = { "classpath:/
META-INF/resources/",
            "classpath:/resources/", "classpath:/static/", "classpath:
/public/" };
    private String[] staticLocations = CLASSPATH_RESOURCE_LOCATIONS;
    ...
}
```

从源码中可以看到,默认的资源路径都在 classpath 中。一般情况下,创建的 Spring Boot 项目中会有 src/main/resources/static 目录,而且大部分静态资源会放在该目录下。在 Servlet 3.0 规范中是不允许访问 WEB-INF 下的资源文件的,因为有较高的安全性。例如,/WEB-INF/views/index.jsp 是无法被浏览器直接访问的,但可以通过页面跳转在服务器内部访问。不过在 Servlet 3.0 规范中则允许直接访问 WEB-INF/lib 下的 jar 包中的/META-INF/resources 目录下的静态资源。因此我们看到代码中有判断 "/webjars/**" 的逻辑,它会去 classpath:/META-INF/resources/webjars/路径下找静态资源。对于 WebJars 来说,就是将所有的前端静态文件打包成一个 jar 包,然后作为一个普通的 jar 引入来统一管理前端静态资源。如果需要使用 Bootstrap 前端框架,直接引入下面的依赖即可。

```
<dependency>
    <groupId>org.webjars</groupId>
    <artifactId>bootstrap</artifactId>
    <version>3.3.7</version>
</dependency>
```

既然说到了静态资源的访问,我们先来看 Spring Boot 是如何支持静态的欢迎页面的。简单说一下其访问过程:在配置的静态资源文件路径下查找 index.html 文件,如果没有找到会继续寻找是否有 index 命名的模板文件,当找到其中一个文件时会将其作为应用程序的欢迎页面返回。下面来看 WebMvcAutoConfiguration 类中的 welcomePageHandlerMapping() 方法,代码清单如下:

```
@Bean
public WelcomePageHandlerMapping welcomePageHandlerMapping(Application
Context applicationContext,FormattingConversionService mvcConversion
Service, ResourceUrlProvider mvcResourceUrlProvider) {
    WelcomePageHandlerMapping welcomePageHandlerMapping = new Welcome
PageHandlerMapping( new TemplateAvailabilityProviders(applicationContext),
applicationContext, getWelcomePage(),  this.mvcProperties.getStaticPath
Pattern());
    welcomePageHandlerMapping.setInterceptors(getInterceptors(mvcConversion
Service, mvcResourceUrlProvider));
    return welcomePageHandlerMapping;
}
```

以上代码主要通过类 WelcomePageHandlerMapping 完成静态文件或者模板文件的映射关系。接着看看其构造器中的逻辑。先判断是否符合静态资源的路径模式,如果不是,再去判断是否有模板文件,代码清单如下:

```
WelcomePageHandlerMapping(TemplateAvailabilityProviders templateAvailability
Providers,
        ApplicationContext applicationContext, Optional<Resource> welcome
Page, String staticPathPattern) {
    if (welcomePage.isPresent() && "/**".equals(staticPathPattern)) {
        logger.info("Adding welcome page: " + welcomePage.get());
        setRootViewName("forward:index.html");
    }else if (welcomeTemplateExists(templateAvailabilityProviders, application
Context)) {
        logger.info("Adding welcome page template: index");
```

```
            setRootViewName("index");
        }
    }
```

3.7.2　自定义静态资源访问

大多数情况下不需要修改默认资源的访问路径。如果需要改变静态资源的访问路径，那也是有办法的。首先来看 Spring Boot 中默认情况下静态资源映射到/**的逻辑。在 Spring MVC 属性配置类 WebMvcProperties 中定义如下：

```
@ConfigurationProperties(prefix = "spring.mvc")
public class WebMvcProperties {
    //表示所有的请求都经过静态资源路径
    private String staticPathPattern = "/**";
}
```

因此可以使用 spring.mvc.static-path-pattern 属性对其进行调整。例如，将所有的资源重新定位到/resources/**，可以通过以下方式实现：

```
spring.mvc.static-path-pattern=/ resources /**
```

与之对应的是 ResourceProperties 属性配置类中的 staticLocations 属性，修改内容如下：

```
# 自定义静态资源访问路径，可以指定多个，之间用逗号隔开
spring.resources.static-locations=classpath:/mystatic/,classpath:/mypub
lic
```

需要注意的是，自定义静态资源后，Spring Boot 默认的静态资源路径将不再起作用。

完成以上配置后，可以将所有/resources/**形式的请求指定到 mystatic 或 mypublic 目录下，按照请求路径查找相应的静态资源文件。还可以通过 WebMvcConfigurer 接口调用 addResourceHandlers()方法来修改上述行为，示例代码如下：

```
@Configuration
public class MyWebAppConfigurer implements WebMvcConfigurer {
    @Override
    public void addResourceHandlers(ResourceHandlerRegistry registry) {
      registry.addResourceHandler("/mystatic/**").addResourceLocations
("classpath:/mystatic/");
    }
}
```

我们也可以指定外部资源。需要指定一个绝对路径的文件夹，例如要指定读取 E 盘 mystatic 目录下的文件，可以按照下面的代码进行配置。

```
@Configuration
public class MyWebAppConfigurer implements WebMvcConfigurer {
    @Override
    public void addResourceHandlers(ResourceHandlerRegistry registry) {
        //可以直接使用 addResourceLocations 指定磁盘的绝对路径
        //同样可以添加多个位置，注意路径写法需要加上 file:
```

```
        registry.addResourceHandler("/mystatic/**").addResourceLocations
("file:E:/mystatic/");
    }
}
```

3.8　配置 CORS 实现跨域

首先我们要了解跨域指什么，什么情况下会发生跨域问题。跨域一般是浏览器的同源策略造成的，是为了不执行其他网站的脚本（JavaScript 脚本）而采取的安全限制。那什么是同源呢？只有在协议、域名和端口都相同的情况下才属于同源。只要这三个中有一个不相同就会产生跨域。

在前后端分离开发的过程中，前端访问后端接口几乎都是通过 AJAX 发送请求的，不可避免地会出现跨域问题。此时，可以通过设置浏览器启动参数不开启跨域限制，但这样浏览器就处在高危状态了。那能不能从后端实现呢？答案是可以的。我们可以配置 CORS（Cross-origin resource sharing）过滤配置。CORS 是一个 W3C 规范，全称是"跨域资源共享"。要想实现 CORS 跨域，必须让浏览器和服务器同时支持跨域功能，目前几乎所有的浏览器都支持该功能，因此需要配置后端服务。下面用 3 种实现方式来解决跨域问题。

（1）实现 WebMvcConfigurer 接口，重写处理跨域请求的 addCorsMappings()方法实现全局跨域，代码如下：

```
@Configuration
public class CorsConfig implements WebMvcConfigurer {
    @Override
    public void addCorsMappings(CorsRegistry registry) {
        registry.addMapping("/**")       //指定可以被跨域的路径
        .allowedHeaders("*")              //服务器允许的请求头
        //服务器允许的请求方法
        .allowedMethods("POST", "PUT", "GET", "OPTIONS", "DELETE")
        //允许带 cookie 的跨域请求 Access-Control-Allow-Credentials
        .allowCredentials(true)
        .allowedOrigins("*")              // "*"表示服务端允许所有的访问请求
        .maxAge(3600);                    // 预检请求的缓存时间,单位为 s,默认为 1800s
    }
}
```

如果项目中还是依赖 spring-webmvc-5.2.0.RELEASE.jar 以前的版本（spring-boot-2.2.0.RELEASE 之前的版本），采用这种方式存在一个弊端，即如果自定义拦截器的话，跨域配置就有可能失效。由于执行顺序是先处理拦截器逻辑，再执行请求映射逻辑，如果在拦截器中直接返回，那么返回的头信息中就没有配置的跨域信息，这样会造成浏览器报跨域异常。分析具体的代码逻辑前，我们先看看在 spring-webmvc-5.2.5. RELEASE.jar 包的 WebMvcConfigurationSupport 类中注入 RequestMappingHandlerMapping 类的方法，其中关键的是下面的两句：

```
mapping.setInterceptors(getInterceptors(conversionService,
resourceUrlProvider));
mapping.setCorsConfigurations(getCorsConfigurations());
```

第一句在调用 getInterceptors()方法时内部会调用 addInterceptors()方法注册自定义拦截器，第二句在调用 getCorsConfigurations()方法时内部会调用 addCorsMappings()方法注册自定义跨域请求处理，然后将配置的信息注册到 CorsConfiguration 配置容器中。

然后在 spring-webmvc-5.2.5.RELEASE.jar 包的 AbstractHandlerMapping 类中就可以获取 CorsConfiguration 配置信息。在 AbstractHandlerMapping#getHandler()方法中判断请求是否是跨域请求，如果是，则调用 AbstractHandlerMapping#getCorsHandlerExecutionChain()方法，该方法内部在构造 HandlerExecutionChain 实例的过程中会创建一个 CorsInterceptor 拦截器并将其添加到 HandlerExecutionChain 拦截器调用链中。如果是预检请求（pre-flight requests），就用简单的 HttpRequestHandler 实现类来调用配置。下面来看 AbstractHandlerMapping 类中获取 HandlerExecutionChain 的方法。

```
protected HandlerExecutionChain getCorsHandlerExecutionChain(HttpServlet
Request request,
    HandlerExecutionChain chain, @Nullable CorsConfiguration config) {
  if (CorsUtils.isPreFlightRequest(request)) {
    HandlerInterceptor[] interceptors = chain.getInterceptors();
    chain = new HandlerExecutionChain(new PreFlightHandler(config),
interceptors);
  }else {
    chain.addInterceptor(0, new CorsInterceptor(config));
  }
  return chain;
}
```

可以看出，chain.addInterceptor(new CorsInterceptor(config))方法已被修改成 chain.addInterceptor(0, new CorsInterceptor(config))了，它会把 cors 拦截器添加在集合的第一个位置。

（2）使用 CorsFilter 过滤器完美解决跨域问题，实现全局跨域。

虽然从 Spring 4.2 开始提供 CorsFilter，但是在 Spring Boot 中并没有自动配置，需要手动将 CorsFilter 注入容器中。我们知道，过滤器会先于拦截器执行，这样就完美地解决了与拦截器的冲突问题。

```
@Configuration
public class CorsFilterConfig {
    @Bean
    public FilterRegistrationBean<CorsFilter> corsFilter() {
        FilterRegistrationBean<CorsFilter>
corsFilterFilterRegistrationBean = new FilterRegistrationBean<>();
        UrlBasedCorsConfigurationSource source = new UrlBasedCors
ConfigurationSource();
        CorsConfiguration corsConfiguration = new CorsConfiguration();
        //服务器允许的请求头
        corsConfiguration.addAllowedHeader("*");
```

```
        //服务端允许的域请求来源
        corsConfiguration.addAllowedOrigin("*");
        //服务器允许的请求方法
        corsConfiguration.setAllowedMethods(Arrays.asList("POST", "PUT",
"GET", "OPTIONS", "DELETE"));
        //允许带 cookie 的跨域请求 Access-Control-Allow-Credentials
        corsConfiguration.setAllowCredentials(true);
        //预检请求的客户端缓存时间，单位为 s，默认为 1800s
        corsConfiguration.setMaxAge(3600L);
        //指定可以被跨域的路径
        source.registerCorsConfiguration("/**", corsConfiguration);
        //注册 CorsFilter
        corsFilterFilterRegistrationBean.setFilter(new CorsFilter(source));
        //设置加载顺序为-1，该值越小优先级越高
        corsFilterFilterRegistrationBean.setOrder(-1);
        return corsFilterFilterRegistrationBean;
    }
}
```

（3）使用@CrossOrigin 注解方式实现局部跨域。

@CrossOrigin 注解也是从 Spring 4.2 开始提供的，使用者可以在类和方法中使用该注解。在默认情况下，@CrossOrigin 注解允许所有的访问请求，允许客户端发送所有的请求头信息，预响应最大缓存时间是 1800s。

@CrossOrigin 注解的写法很简单，例如下面的代码就能使 http://localhost:8080/index 请求支持跨域。

```
@RestController
public class IndexController {
    @CrossOrigin
    @RequestMapping("/index")
    public String index(){
        return "hello man";
    }
}
```

如果想要修改属性值，需要先了解注解中的属性含义，具体如表 3.4 所示。

表 3.4　@CrossOrigin注解属性说明

属　　性	类　　型	说　　明
origins	String[]	和value互为别名，是允许的请求来源列表，响应信息会放在HTTP的Header的Access-Control-Allow-Origin中
value	String[]	和origins互为别名，功能同origins一样
allowedHeaders	String[]	允许使用的请求头列表，在Header中的Access-Control-Allow-Headers中设置
exposedHeaders	String[]	允许访问的响应头列表，在Header的Access-Control-Expose-Headers中设置

（续）

属　　　性	类　　　型	说　　　明
methods	RequestMethod[]	配置服务器端支持的HTTP请求方法列表
allowCredentials	String	设置与请求相关的凭证，在Header的Access-Control-Allow-Credentials中设置，如cookie
maxAge	long	预检响应缓存的最大时间（秒），在Header的Access-Control-Max-Age中设置

3.9　配置文件上传

一个 Web 项目基本都会有文件上传的功能，不管是单个文件上传还是多个文件上传，都需要严格控制好上传文件的大小、格式和路径等。但有些情况下会单独使用文件服务器来存储上传的文件，只有部分系统会将导入的文件直接保存在项目的相关路径下。

我们先来看一下 Spring Boot 提供的自动配置类 MultipartAutoConfiguration，代码清单如下：

```
@Configuration(proxyBeanMethods = false)
@ConditionalOnClass({ Servlet.class, StandardServletMultipartResolver.
class, MultipartConfigElement.class })
@ConditionalOnProperty(prefix = "spring.servlet.multipart", name = "enabled",
matchIfMissing = true)
@ConditionalOnWebApplication(type = Type.SERVLET)
@EnableConfigurationProperties(MultipartProperties.class)
public class MultipartAutoConfiguration {
    private final MultipartProperties multipartProperties;
    public MultipartAutoConfiguration(MultipartProperties multipartProperties) {
        this.multipartProperties = multipartProperties;
    }
    @Bean
    @ConditionalOnMissingBean({ MultipartConfigElement.class, CommonsMultipart
Resolver.class })
    public MultipartConfigElement multipartConfigElement() {
        return this.multipartProperties.createMultipartConfig();
    }
    @Bean(name = DispatcherServlet.MULTIPART_RESOLVER_BEAN_NAME)
    @ConditionalOnMissingBean(MultipartResolver.class)
    public StandardServletMultipartResolver multipartResolver() {
    StandardServletMultipartResolver multipartResolver = new StandardServlet
MultipartResolver();
        multipartResolver.setResolveLazily(this.multipartProperties.isResolve
Lazily());
        return multipartResolver;
    }
}
```

同样，只有在 classpath 路径下有 Servlet、StandardServletMultipartResolver 和 Multipart-ConfigElement 类，并且配置 spring.servlet.multipart.enabled=true 或未配置该参数，同时 Web 应用依赖 Servlet 容器时才会被加载。当 Spring 容器中没有 MultipartConfigElement 和 CommonsMultipartResolver 类型的 Bean 时就会自动注入一个 MultipartConfigElement。MultipartConfigElement 类（从 Spring 3.0 开始）用来处理上传文件的字节数、允许请求的文件表单数、上传文件的临时路径，以及将文件写入磁盘的阈值大小，在 Web 应用中可以通过 web.xml 或 @MultipartConfig 注解进行配置。如果容器中没有 MultipartResolver 类型的 Bean 时，就会注入一个 StandardServletMultipartResolver。StandardServletMultipart-Resolver 类是从 Spring 3.1 开始提供的，实现了 MultipartResolver 接口，用于处理 Multipart 请求。需要说明的是，在切换 Spring Boot 版本时要注意使用的容器是否支持 Servlet 3.0 规范。

Spring 还提供了一个需要依赖 Apache Commons FileUpload 包来实现的 Commons-MultipartResolver，如果需要使用，则通过配置注入即可，代码如下：

```
@Bean
public MultipartResolver multipartResolver() throws IOException {
    CommonsMultipartResolver multipartResolver =  new CommonsMultipart
Resolver();
    return multipartResolver;
}
```

如果需要修改默认配置，可以在 application.properties 配置文件中添加如下信息：

```
#开启文件上传
spring.servlet.multipart.enabled=true
#上传文件临时保存位置
spring.servlet.multipart.location=E:\\tmp
#单个文件的总大小
spring.servlet.multipart.max-file-size=10MB
#单次请求的文件总大小
spring.servlet.multipart.max-request-size=10MB
#文件写入磁盘的阈值
spring.servlet.multipart.file-size-threshold=0
#文件是否延迟解析
spring.servlet.multipart.resolve-lazily=false
```

如果程序部署在 Linux 系统中并且没有指定临时文件的保存路径，则 Web 容器默认会将上传的文件保存在 /tmp/tomcat.xxx 目录下，因此会出现系统定期清理 tmp 下的文件夹而造成临时上传的文件夹失效的问题。我们可以通过 spring.http.multipart.location 指定文件上传路径，也可以由 server.tomcat.basedir 指定，而且 server.tomcat.basedir 提供了默认路径，无须手动创建目录，如果指定了 spring.http.multipart.location，则会覆盖默认路径，还需要手动创建目录。

单个文件上传需要用到 org.springframework.web.multipart.MultipartFile 接口，其源代码清单如下：

```java
public interface MultipartFile extends InputStreamSource {
    String getName();                       //获取表单中的参数名称
    @Nullable
    String getOriginalFilename();           //返回客户端文件系统中的原始文件名
    @Nullable
    String getContentType();                //获取文件的内容类型
    boolean isEmpty();                      //判断上传的文件是否为空
    long getSize();                         //返回文件的大小（单位：字节）
    byte[] getBytes() throws IOException;   //以字节数组的形式返回文件内容
    @Override
    InputStream getInputStream() throws IOException;
    //获取该文件的 Resource 形式
    default Resource getResource() {
        return new MultipartFileResource(this);
    }
    //将上传的文件内容传输到目标文件中进行保存，类似于文件复制
    void transferTo(File dest) throws IOException, IllegalStateException;
    //传入 Path，将上传的文件内容传输到目标文件中，类似于文件复制
    default void transferTo(Path dest) throws IOException, IllegalState
Exception {
        FileCopyUtils.copy(getInputStream(), Files.newOutputStream(dest));
    }
}
```

熟悉了 MultipartFile 接口中各个方法的执行逻辑后，下面编写一个单个文件上传的接口，示例代码如下：

```java
@RestController
public class FileUploadController {
    @PostMapping(value = "/upload")
    public String upload(@RequestParam("file") MultipartFile file,
                    @RequestParam("description")  String  description)
throws Exception {
        if (file == null || file.isEmpty()) {
            return "文件为空";
        }
        //获取文件名
        String fileName = file.getOriginalFilename();
        System.out.println("文件名称："+fileName);       //打印文件上传名称
        System.out.println("文件描述："+description);     //打印文件上传名称
        SimpleDateFormat sdf = new SimpleDateFormat("yyyy/MM/dd");
        String subPath = sdf.format(new Date());
        String basePath = subPath + "/" + fileName;
        System.out.println("保存文件路径："+basePath);
        File dest = new File(basePath);
        //检测是否存在目录
        if (!dest.getParentFile().exists()) {
            //新建文件夹
            dest.getParentFile().mkdirs();
```

```
        }
        file.transferTo(dest);                          //文件保存
        return "SUCCESS";
    }
}
```

对于多个文件上传来说，只需要在方法中传入 MultipartFile[]数组即可，或者通过
MultipartHttpServletRequest#getFiles("file")方法来获取上传的多个文件。

我们直接来看代码示例，相信读者会看到熟悉的代码。

```
@PostMapping("/uploads")
public String uploads(MultipartFile[] uploadFiles, HttpServletRequest
request) {
    // List<MultipartFile> files = ((MultipartHttpServletRequest) request).
      getFiles("file");
    String realPath = request.getSession().getServletContext().getRealPath
("/uploadFile/");
    System.out.println(realPath);
    SimpleDateFormat sdf = new SimpleDateFormat("yyyy/MM/dd");
    String subPath = sdf.format(new Date());
    for (MultipartFile uploadFile : uploadFiles) {
        File folder = new File(realPath + subPath);
        if (!folder.isDirectory()) {
            folder.mkdirs();
        }
        String oldName = uploadFile.getOriginalFilename();
        try {
            uploadFile.transferTo(new File(folder, oldName));
        } catch (IOException e) {
            e.printStackTrace();
        }
    }
    return "SUCCESS";
}
```

通常是直接遍历文件集合，循环中的代码执行逻辑和单个文件上传是一样的。

3.10　配置启动加载项

本节我们主要学习 Spring Boot 启动后提供的执行任务的扩展功能，看看它们是如何
在 SpringApplication#run()方法执行结束之前调用的。先思考一个问题：如果在启动任务的
过程中抛出了异常，是否会影响整个应用的正常启动？

这里需要重温 SpringApplication 的 run()方法，如图 3.15 所示。

```
public ConfigurableApplicationContext run(String... args) {
    StopWatch stopWatch = new StopWatch();
    stopWatch.start();
    ConfigurableApplicationContext context = null;
    Collection<SpringBootExceptionReporter> exceptionReporters = new ArrayList<>();
    configureHeadlessProperty();
    SpringApplicationRunListeners listeners = getRunListeners(args);
    listeners.starting();
    try {
        ApplicationArguments applicationArguments = new DefaultApplicationArguments(args);
        ConfigurableEnvironment environment = prepareEnvironment(listeners, applicationArguments);
        configureIgnoreBeanInfo(environment);
        Banner printedBanner = printBanner(environment);
        context = createApplicationContext();
        exceptionReporters = getSpringFactoriesInstances(SpringBootExceptionReporter.class,
                new Class[] { ConfigurableApplicationContext.class }, context);
        prepareContext(context, environment, listeners, applicationArguments, printedBanner);
        refreshContext(context);
        afterRefresh(context, applicationArguments);
        stopWatch.stop();
        if (this.logStartupInfo) {
            new StartupInfoLogger(this.mainApplicationClass).logStarted(getApplicationLog(), stopWatch);
        }
        listeners.started(context);
        callRunners(context, applicationArguments);
    }
```

图 3.15　启动任务

再来看 SpringApplication#callRunners()方法的具体执行逻辑，代码清单如下：

```java
private void callRunners(ApplicationContext context, ApplicationArguments
args) {
    List<Object> runners = new ArrayList<>();
    runners.addAll(context.getBeansOfType(ApplicationRunner.class).values());
    runners.addAll(context.getBeansOfType(CommandLineRunner.class).values());
    AnnotationAwareOrderComparator.sort(runners);    //根据 Order 注解排序
    //遍历 runner 执行 run
    for (Object runner : new LinkedHashSet<>(runners)) {
        if (runner instanceof ApplicationRunner) {
            callRunner((ApplicationRunner) runner, args);
        }
        if (runner instanceof CommandLineRunner) {
            callRunner((CommandLineRunner) runner, args);
        }
    }
}
private void callRunner(ApplicationRunner runner, ApplicationArguments
args) {
    try {
        (runner).run(args);
    }catch (Exception ex) {
        throw new IllegalStateException("Failed to execute Application
Runner", ex);
    }
}
private void callRunner(CommandLineRunner runner, ApplicationArguments
args) {
    try {
        (runner).run(args.getSourceArgs());
```

```
    }catch (Exception ex) {
        throw new IllegalStateException("Failed to execute CommandLine
Runner", ex);
    }
}
```

可以简单分析一下，执行完上段代码后，程序会去 Spring 容器中获取实现 Application-
Runner 和 CommandLineRunner 的 Bean，然后将它们都添加到 runners 集合中并进行排序，
接着遍历 runners 集合，先判断是否为 ApplicationRunner 的实现类，再判断是否为 Command-
LineRunner 的实现类，最后调用各自对应的 callRunner()方法。如果执行出现异常，就会
抛出 IllegalStateException 异常。看到这里读者应该知道，我们在 run()方法中编写的逻辑
如果出现异常，就会中断主程序运行，因此是会影响整个应用启动的。

3.10.1　CommandLineRunner 接口详解

首先来看 CommandLineRunner 接口的源码示例。其官方解释是，基于该接口声明的
Bean 会在执行 run()方法之前运行，当存在多个 Bean 时，可以通过 Ordered 接口或@Order
注解进行排序，然后根据@Order 注解的 value 值按从小到大的顺序执行。

```
@FunctionalInterface
public interface CommandLineRunner {
    void run(String... args) throws Exception;
}
```

可以直接实现 CommandLineRunner 接口，通过注解@Component 将其注入容器中，
示例代码如下：

```
@Component
public class MyCommandLineRunner implements CommandLineRunner {
    @Override
    public void run(String... args) throws Exception {
        System.out.println("MyCommandLineRunner 正在执行 run");
    }
}
```

启动主程序，在 StartupInfoLogger 类打印应用启动时间后会执行 run()方法，执行结果
如图 3.16 所示。

```
:57 INFO 6772 --- [ restartedMain] .e.DevToolsPropertyDefaultsPostProcessor : Devtools property defaults active! Set 'spring.devtools.add-properties' to '
:57 INFO 6772 --- [ restartedMain] .e.DevToolsPropertyDefaultsPostProcessor : For additional web related logging consider setting the 'logging.level.web'
:58 INFO 6772 --- [ restartedMain] o.s.b.w.embedded.tomcat.TomcatWebServer  : Tomcat initialized with port(s): 8080 (http)
:89 INFO 6772 --- [ restartedMain] o.apache.catalina.core.StandardService   : Starting service [Tomcat]
:89 INFO 6772 --- [ restartedMain] org.apache.catalina.core.StandardEngine  : Starting Servlet engine: [Apache Tomcat/9.0.33]
:08 INFO 6772 --- [ restartedMain] o.a.c.c.C.[Tomcat].[localhost].[/]       : Initializing Spring embedded WebApplicationContext
:08 INFO 6772 --- [ restartedMain] o.s.web.context.ContextLoader            : Root WebApplicationContext: initialization completed in 3251 ms
:77 INFO 6772 --- [ restartedMain] o.s.s.concurrent.ThreadPoolTaskExecutor  : Initializing ExecutorService 'applicationTaskExecutor'
:05 INFO 6772 --- [ restartedMain] o.s.b.d.a.OptionalLiveReloadServer       : LiveReload server is running on port 35729
:93 INFO 6772 --- [ restartedMain] o.s.b.w.embedded.tomcat.TomcatWebServer  : Tomcat started on port(s): 8080 (http) with context path ''
:73 INFO 6772 --- [ restartedMain] c.m.o.s.SpringbootRunnerApplication      : Started SpringbootRunnerApplication in 5.219 seconds (JVM running for 6.472)
==MyCommandLineRunner正在执行run
```

图 3.16　启动成功的信息

3.10.2　ApplicationRunner 接口详解

ApplicationRunner 接口同 CommandLineRunner 接口的功能一样，只不过该接口的 run()
方法的参数有所不同，它对原始参数做了封装，接收 ApplicationArguments 对象的参数。
具体的源码清单如下：

```
@FunctionalInterface
public interface ApplicationRunner {
    void run(ApplicationArguments args) throws Exception;
}
```

下面来看被封装的参数对象 ApplicationArguments 中都有哪些属性方法。

```
public interface ApplicationArguments {
    //返回传入应用程序的原始未处理参数
    String[] getSourceArgs();
    //返回所有选项参数的名称，例如"--foo=bar --debug" 将会返回 ["foo", "debug"]
    Set<String> getOptionNames();
    //判断参数名称是否包含选项
    boolean containsOption(String name);
    //通过参数名称获取选项值的集合
    List<String> getOptionValues(String name);
    //返回分析的非选项参数的集合
    List<String> getNonOptionArgs();
}
```

默认实现类是 DefaultApplicationArguments，它会在 SpringApplication 类的 run()方法
中进行初始化。

```
ApplicationArguments applicationArguments = new DefaultApplication
Arguments(args);
```

编写简单的示例代码如下：

```
@Component
public class MyApplicationRunner implements ApplicationRunner {
    @Override
    public void run(ApplicationArguments args) throws Exception {
        System.out.println("MyApplicationRunner 正在执行 run");
    }
}
```

如果在上面的代码中加入一行代码：

```
throw new RuntimeException();
```

启动程序后会抛出异常，程序停止，错误信息如图 3.17 所示。

```
2020-06-07 21:48:04.614  INFO 4224 --- [ restartedMain] ConditionEvaluationReportLoggingListener :

Error starting ApplicationContext. To display the conditions report re-run your application with 'debug' enabled.
2020-06-07 21:48:04.614 ERROR 4224 --- [ restartedMain] o.s.boot.SpringApplication          : Application run failed

java.lang.IllegalStateException: Failed to execute ApplicationRunner
    at org.springframework.boot.SpringApplication.callRunner(SpringApplication.java:778) [spring-boot-2.2.6.RELEASE.jar:2.2.6.RELEASE]
    at org.springframework.boot.SpringApplication.callRunners(SpringApplication.java:765) [spring-boot-2.2.6.RELEASE.jar:2.2.6.RELEASE]
    at org.springframework.boot.SpringApplication.run(SpringApplication.java:322) [spring-boot-2.2.6.RELEASE.jar:2.2.6.RELEASE]
    at org.springframework.boot.SpringApplication.run(SpringApplication.java:1226) [spring-boot-2.2.6.RELEASE.jar:2.2.6.RELEASE]
    at org.springframework.boot.SpringApplication.run(SpringApplication.java:1215) [spring-boot-2.2.6.RELEASE.jar:2.2.6.RELEASE]
    at com.mohai.one.springbootrunner.SpringbootRunnerApplication.main(SpringbootRunnerApplication.java:10) [classes/:na] <4 internal calls>
    at org.springframework.boot.devtools.restart.RestartLauncher.run(RestartLauncher.java:49) [spring-boot-devtools-2.2.6.RELEASE.jar:2.2.6.RELEASE]
Caused by: java.lang.RuntimeException: null
    at com.mohai.one.springbootrunner.MyApplicationRunner.run(MyApplicationRunner.java:12) ~[classes/:na]
    at org.springframework.boot.SpringApplication.callRunner(SpringApplication.java:775) [spring-boot-2.2.6.RELEASE.jar:2.2.6.RELEASE]
    ... 10 common frames omitted
```

图 3.17　启动异常信息

3.11　配　置　日　志

在 Web 开发过程中难免会遇到各种异常问题，为了方便排查问题，需要将运行日志记录到文件中，以备出现问题时能排查并定位问题。目前流行的日志框架还是挺多的，如 Java Util Logging、Log4j、Logback 和 SLF4J 等。既然有这么多的日志框架，为什么要选择 Log4j 2 或 Logback 呢？它们之间的性能差异有哪些呢？下面我们来具体分析。

3.11.1　Log4j 2 配置

先来了解下 Log4j 2 的发展史（官网地址为 http://logging.apache.org/log4j/2.x/index.html）。Apache Log4j 2 是 Log4j 的一个升级版本，但不仅仅是升级，几乎完全进行了重构。对于 Log4j 版本，自 2015 年 5 月起，Apache 软件基金会就宣布停止对它的更新了。

Log4j 2 是高效、低延时的异步处理框架，通过"生产者-消费者"模式实现对异步日志的记录。在多线程应用场景中，Log4j 2 异步日志记录的性能明显优于 Log4j、LogBack 和 Logging 日志且吞吐量是它们的 18 倍。

要想使用日志功能，首先需要配置好日志，对日志级别和输出格式有一定的了解。下面通过示例对日志的配置参数进行详解。

首先需要去掉默认依赖的 logging，引入 log4j 2 依赖，如下：

```xml
<dependency>
  <groupId>org.springframework.boot</groupId>
  <artifactId>spring-boot-starter-web</artifactId>
  <!-- 去掉默认的日志配置 -->
  <exclusions>
    <exclusion>
      <groupId>org.springframework.boot</groupId>
      <artifactId>spring-boot-starter-logging</artifactId>
    </exclusion>
  </exclusions>
</dependency>
```

```
</dependency>
<!-- 引入 log4j 2 依赖 -->
<dependency>
    <groupId>org.springframework.boot</groupId>
    <artifactId>spring-boot-starter-log4j2</artifactId>
</dependency>
```

接着需要在 resources 目录下新建一个 XML 配置文件。log4j 2 支持加载的配置文件有 log4j2.xml 和 log4j2-spring.xml，并且 log4j 2 不再支持以.properties 为后缀的配置文件。如果是自定义的配置文件名和文件路径，则需要在 application.properties 中配置 logging. config 来指定加载配置文件的路径。

官方推荐使用的配置文件名的格式为 log4j2-spring.xml 而不是 log4j2.xml。另外，可以使用<springProfile>标签来切换不同的运行环境，使用<springProperty>标签获取 Spring 上下文中的属性值。

下面以配置 log4j2.xml 为例进行介绍。在 application.properties 中指定日志配置文件，表明加载当前工程运行路径下的 log4j2.xml。

```
logging.config=classpath:log4j2.xml
```

对应的 log4j2.xml 配置内容如下：

```
<?xml version="1.0" encoding="UTF-8"?>
<Configuration status="INFO">
  <Appenders>
    <Console name="CONSOLE" target="SYSTEM_OUT">
    <PatternLayout charset="UTF-8" pattern="%d{yyyy-MM-dd HH:mm:ss,SSS}
%5p %c{1}:%L - %m%n"/>
    </Console>
     <File name="File" fileName="/home/logs/springboot.log">
       <PatternLayout pattern="[%-5p] %d %c - %m%n" />
    </File>
  </Appenders>
  <Loggers>
    <Root level="info">
     <AppenderRef ref="CONSOLE"/>
     <AppenderRef ref="File" />
    </Root>
  </Loggers>
</Configuration>
```

3.11.2　Logback 配置

Logback 日志框架可以说是 Log4j 的继承者，并对其进行了升级和优化。日志级别有 ERROR、WARN、INFO、DEBUG 和 TRACE，并没有 FATAL。对于 FATAL 级别的日志，会直接将其映射到 ERROR 级别。在默认情况下，Spring Boot 只会输出 ERROR、WARN 和 INFO 级别的日志信息。

Logback 框架也是 Spring Boot 默认的日志框架，它输出的日志内容元素有时间、日志

级别、进程 ID、分隔符（---）、线程名、源代码类名和日志内容，支持加载的配置文件有
logback- spring.xml、logback-spring.groovy、logback.xml 和 logback.groovy 等。

　　如果终端支持 ANSI，就可以在控制台输出不同颜色的字，以提高可读性，从而通过
属性 spring.output.ansi.enabled 来配置是否启用这个功能。在输出配置中可以使用 "%clr"
来转换文件颜色编码（如 "%clr(%5p)"）。在默认情况下，TRACE、DEBUG 和 INFO 级别
为绿色，WARN 级别为黄色，ERROR 和 FATAL 级别为红色。目前支持的颜色有 blue（蓝
色）、cyan（青色）、faint（淡色）、green（绿色）、magenta（品红）、red（红色）和 yellow
（黄色）。想要自定义颜色直接指定颜色即可（如 "%clr{:}{faint}"）。

　　自定义日志配置所用到的属性如表 3.5 所示。其中，系统属性对应 spring-boot-
autoconfigure-2.2.6.RELEASE.jar 包的 LoggingSystemProperties 类中定义的常量。

表 3.5　Logback属性的映射关系

配置文件属性	系　统　属　性	说　　　明
logging.exception-conversion-word	LOG_EXCEPTION_CONVERSION_WORD	记录异常时使用的转换字
logging.file.name	LOG_FILE	写入指定的日志文件
logging.file.path	LOG_PATH	指定保存日志文件的目录
logging.file.clean-history-on-start	LOG_FILE_CLEAN_HISTORY_ON_START	在启动时是否清除存档日志文件
logging.file.max-size	LOG_FILE_MAX_SIZE	日志文件的总大小
logging.file.max-history	LOG_FILE_MAX_HISTORY	要保留的最大归档日志文件数
logging.file.total-size-cap	LOG_FILE_TOTAL_SIZE_CAP	要保留的日志备份的总大小
logging.pattern.console	CONSOLE_LOG_PATTERN	控制台上使用的日志模式
logging.pattern.dateformat	LOG_DATEFORMAT_PATTERN	定义解析日期格式
logging.pattern.file	FILE_LOG_PATTERN	文件中使用的日志模式
logging.pattern.level	LOG_LEVEL_PATTERN	显示日志级别的格式，默认为 %5p
logging.pattern.rolling-file-name	ROLLING_FILE_NAME_PATTERN	过渡日志文件名的模式，默认为 ${LOG_FILE}.%d{yyyy-MM-dd}.%i.gz
PID	PID	当前进程ID

　　🔍注意：表 3.5 中除了 logging.exception-conversion-word、logging.file.name、logging.file.path
　　和 PID 属性外，其余的属性仅被 Logback 支持。

　　首先来了解一下 Logback 中的 3 个重要组成部分：Logger、Appender 和 Layout。Logger
类是 logback-classic 模块的一部分，而 Appender 和 Layout 接口来自 logback-core 模块。

　　Spring Boot 默认依赖 Logback，我们可以直接使用，无须再导入或者修改 Logback 的

相关配置信息。Spring Boot 建议使用 logback-spring.xml 文件配置 Logback，使用标准的配置文件 logback.xml 无法保证初始化 Spring 控制日志，因为 logback.xml 文件的加载早于 application.properties，因此会在 ApplicationContext 创建之前进行初始化。

```xml
<dependency>
  <groupId>org.springframework.boot</groupId>
  <artifactId>spring-boot-starter-logging</artifactId>
</dependency>
```

下面来看 logback-spring.xml 配置文件，了解如何配置及使用 Logback。

```xml
<?xml version="1.0" encoding="UTF-8"?>
<configuration debug="false">
    <springProperty scope="context" name="logPathApplication" source=
"logback.path.application"/>
     <springProperty scope="context" name="logbackLogLevel" source="logback.
loglevel"/>
    <!--定义日志文件的存储路径，使用相对路径-->
    <property name="LOG_HOME" value="./logs" />
    <!-- 控制台输出 -->
    <appender name="CONSOLE" class="ch.qos.logback.core.ConsoleAppender">
        <encoder class="ch.qos.logback.classic.encoder.PatternLayoutEncoder">
            <!--格式化输出：%d 表示日期，%thread 表示线程名；%-5level：级别从左显示
5 个字符宽度；%logger{50}：logger 名字最长 50 个字符；%msg：日志消息；%n 是换行符-->
            <pattern>%d{yyyy-MM-dd HH:mm:ss.SSS} [%thread] %-5level %logger
{50} - %msg %n</pattern>
            <charset>UTF-8</charset>
        </encoder>
    </appender>
    <!-- 每天生成日志文件 -->
    <appender name="FILE"  class="ch.qos.logback.core.rolling.RollingFile
Appender">
        <Prudent>true</Prudent> <!--支持多个 JVM 同时操作同一个日志文件-->
        <rollingPolicy class="ch.qos.logback.core.rolling.TimeBasedRolling
Policy">
            <!--日志文件输出的文件名-->
    <FileNamePattern>${LOG_HOME}/runtime.log.%d{yyyy-MM-dd}.log</File
NamePattern>
            <!--日志文件保留天数-->
            <MaxHistory>30</MaxHistory>
        </rollingPolicy>
        <encoder class="ch.qos.logback.classic.encoder.PatternLayoutEncoder">
        <!--格式化输出：%d 表示日期，%thread 表示线程名；%-5level：级别从左显示 5 个
字符宽度；%logger{50}：logger 名字最长 50 个字符；%msg：日志消息；%n 是换行符-->
            <pattern>%d{yyyy-MM-dd HH:mm:ss.SSS} [%thread] %-5level %logger
{50} - %msg%n</pattern>
            <charset>UTF-8</charset>
        </encoder>
        <!--设置日志文件的最大字节数-->
        <triggeringPolicy class="ch.qos.logback.core.rolling.SizeBased
TriggeringPolicy">
            <MaxFileSize>20MB</MaxFileSize>
        </triggeringPolicy>
```

```
        </appender>
        <!-- Spring framework logger -->
        <!--additivity 属性为 false，表示只有当前 logger 的 appender-ref 生效。如果为
true，则表示当前 logger 的 appender-ref 与 rootLogger 的 appender-ref 都有效-->
        <logger name="org.springframework" level="error" additivity="false">
          <appender-ref ref="CONSOLE" />
        </logger>
        <!-- 日志输出级别 -->
        <root level="INFO">
            <appender-ref ref="CONSOLE" />
            <appender-ref ref="FILE" />
        </root>
</configuration>
```

配置文件中定义的参数需要在 Spring 上下文中获取，因此需要在 application.properties
中进行如下设置：

```
logback.path.application=/home/logs/mohai
logback.loglevel=INFO
```

3.12　小　　结

本章结合 Spring MVC 的使用整合了 Spring Boot 开发过程中所用到的技术，对学习
Spring Boot 自动配置 Spring MVC 模块及 Web 开发都很有意义。其实，在开发过程中最常
用的就是接口开发，针对不同的业务系统设计出不同的通信方式的接口，一般有 HTTP、
Socket 和 Webservice 等，还会有 JSON 和 XML 报文格式的转换。

第 4 章　Spring Boot 整合持久层技术

一般说的持久层也可以说是数据访问层，其实就是项目开发中的 DAO（Data Access Object）层接口，用于对数据库进行访问。从原生的 JDBC 中衍生出了众多的持久层框架，其中比较优秀的框架有 MyBatis 和 Hibernate。本章主要介绍在 Spring Boot 中如何快速集成 ORM（Object Relational Mapping，对象关系映射）框架，了解数据库连接池的配置和使用，但不会过多地讲解 SQL 的语法与使用。

特别声明，本章中用到的数据库是 MySQL 8.0，如果存在不同于其他数据库的配置项时会特别强调。下面的示例中会使用 Java 连接 MySQL 的驱动包，因此直接添加依赖，驱动包使用 Spring Boot 中定义的版本。示例代码如下：

```
<dependency>
    <groupId>mysql</groupId>
    <artifactId>mysql-connector-java</artifactId>
</dependency>
```

需要注意 MySQL 的版本与驱动包的版本是否对应，官方推荐 MySQL 5.6 以上使用 MySQL Connector/J 8.0 驱动包。

本章主要内容如下：
- 熟悉几个流行的连接池和 ORM 框架；
- 熟悉持久层框架的配置与使用；
- 熟悉事务的配置与使用；
- 了解多数据源配置及分布式事务。

4.1　默认连接池 HikariCP

我们常说的 Java 数据库连接（Java DataBase Connectivity，JDBC）是 Java 语言中规范客户端访问数据库的应用程序接口，主要用来执行 SQL 语句的 Java API。底层的核心接口是 Connection、Statement、PreparedStatement 和 ResultSet，通过它们来完成对数据库的访问。在大多数情况下，为了提高性能基本是通过数据库连接池来获取 Connection，目前开源的数据库连接池有 c3p0、DBCP 和 Druid 等。

在 Spring Boot 2.0 中，官方推荐使用的数据库连接池是 HikariCP。HikariCP 是一款开源的数据库连接池组件，其代码轻量，稳定性强且运行速度非常快。

既然 Spring Boot 提供了支持，就无须引入 HikariCP 依赖了，只需要引入 JDBC 支持的依赖即可。

```
<dependency>
    <groupId>org.springframework.boot</groupId>
    <artifactId>spring-boot-starter-jdbc</artifactId>
</dependency>
```

查看依赖关系可以看到，默认依赖的数据库连接池是 HikariCP，如图 4.1 所示。

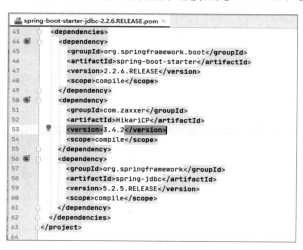

图 4.1　HikariCP 依赖

我们先来看下 HikariCP 是如何完成自动配置的。主要看下 spring-boot-autoconfigure-2.2.6.RELEASE.jar 包中提供的 JDBC 自动配置类，找到 org.springframework.boot.autoconfigure. jdbc.DataSourceAutoConfiguration 类，具体的源码清单如下：

```
@Configuration(proxyBeanMethods = false)
@ConditionalOnClass({ DataSource.class, EmbeddedDatabaseType.class })
//初始化 DataSourceProperties 配置文件
@EnableConfigurationProperties(DataSourceProperties.class)
//导入 DataSourcePoolMetadataProvidersConfiguration 配置类
//注册 DataSourcePoolMetadataProvider 实例
//DataSourceInitializationConfiguration 配置类（自动运行 SQL 文件，初始化配置）
@Import({ DataSourcePoolMetadataProvidersConfiguration.class, DataSource
InitializationConfiguration.class })
public class DataSourceAutoConfiguration {
    @Configuration(proxyBeanMethods = false)
    //判断是否引入内置数据库：HSQL、H2、DERBY
    @Conditional(EmbeddedDatabaseCondition.class)
    //判断容器中有无 DataSource 或 XADataSource 对应的 Bean
    @ConditionalOnMissingBean({ DataSource.class, XADataSource.class })
    //如果上面的条件满足，则通过导入 EmbeddedDataSourceConfiguration 配置类实现
        内置数据库的连接池配置
    @Import(EmbeddedDataSourceConfiguration.class)
    protected static class EmbeddedDatabaseConfiguration {
```

```
    }
    @Configuration(proxyBeanMethods = false)
    //判断是否引入依赖的连接池：com.zaxxer.hikari.HikariDataSource、org.apache.
       tomcat.jdbc.pool.DataSource、org.apache.commons.dbcp2.BasicDataSource
    @Conditional(PooledDataSourceCondition.class)
    //判断容器中有无 DataSource 或 XADataSource 对应的 Bean
    @ConditionalOnMissingBean({ DataSource.class, XADataSource.class })
    //如果上面的条件满足，则解析下面的配置类（注意顺序，Hikari 会优先加载）配置连接
    //池，注意在配置连接池的时候，如果没有指定必须要有的数据库参数，启动就会报错
    @Import({ DataSourceConfiguration.Hikari.class, DataSourceConfiguration.
Tomcat.class,
            DataSourceConfiguration.Dbcp2.class, DataSourceConfiguration.
Generic.class,
            DataSourceJmxConfiguration.class })
    protected static class PooledDataSourceConfiguration {
    }
}
```

我们具体看下匹配内置数据库的条件判断实现类，EmbeddedDatabaseCondition 类的代码清单如下：

```
//通过继承 SpringBootCondition 实现 getMatchOutCome()方法来自定义一个 Condition 类
//使用注解@Conditional 引入后，会调用 getMatchOutcome()方法，判断是否符合条件
static class EmbeddedDatabaseCondition extends SpringBootCondition {
    private static final String DATASOURCE_URL_PROPERTY = "spring.
datasource.url";
    //判断是否引入了相应的数据库连接池
    private final SpringBootCondition pooledCondition = new PooledData
SourceCondition();
    @Override
    public ConditionOutcome getMatchOutcome(ConditionContext context,
AnnotatedTypeMetadata metadata) {
        ConditionMessage.Builder message = ConditionMessage.forCondition
("EmbeddedDataSource");
        boolean hasDatasourceUrl = context.getEnvironment().containsProperty
(DATASOURCE_URL_PROPERTY);
        //判断上下文中是否存在 spring.datasource.url 属性值,如果存在则返回 false
           不匹配
        if (hasDatasourceUrl) {
    return ConditionOutcome.noMatch(message.because(DATASOURCE_URL_
PROPERTY + " is set"));
        }
    //判断任意一个 pooledCondition 中的条件是否匹配，如果为 true 则返回不匹配
    if (anyMatches(context, metadata, this.pooledCondition)) {
    return ConditionOutcome.noMatch(message.foundExactly("supported pooled
data source"));
    }
    //判断项目中是否引入了 HSQL、H2 和 DERBY，如果没有引入，则返回 null，如果引入了
       会返回第一个获取的 type
    EmbeddedDatabaseType type = EmbeddedDatabaseConnection.get(context.
getClassLoader()).getType();
        //如果返回类型为 null，则返回不匹配
        if (type == null) {
```

```
        return ConditionOutcome.noMatch(message.didNotFind("embedded database").
atAll());
        }
        //最终找到内置的数据库配置，返回匹配
        return ConditionOutcome.match(message.found("embedded database").
items(type));
    }
}
```

然后再看下 PooledDataSourceCondition 类是如何判断连接池加载的，代码清单如下：

```
//继承了 AnyNestedCondition 类，其判断逻辑为或的关系，只要其中有一个条件匹配即可
//如果未配置 spring.datasource.type 属性，就查找默认的连接池 hikari、jdbc 或 dbcp2
//如果项目中排除了默认的 3 个连接池，就必须使用 spring.datasource.type 指定数据库连
    接池
static class PooledDataSourceCondition extends AnyNestedCondition {
    //设置的属性会在 sholudSkip() 方法中会用到，枚举类 ConfigurationPhase 中的属性
    //如果属性为 REGISTER_BEAN，则会在注册 Bean 的时候执行，那么生成 configClass 阶段
        就不进行匹配过滤，要等到 loadBeanDefintion 的时候进行过滤
    //如果属性为 PARSE_CONFIGURATION,则在加载解析配置文件的时候执行,会在 configClass
        阶段进行匹配
    //这里由于静态内部类 ExplicitType 被@ConditionalOnProperty 注解修饰了，因此需
        要在 configClass 阶段进行匹配
    PooledDataSourceCondition() {
        super(ConfigurationPhase.PARSE_CONFIGURATION);
    }
    //判断是否配置了 spring.datasource.type 属性
    @ConditionalOnProperty(prefix = "spring.datasource", name = "type")
    static class ExplicitType {
    }
    //判断项目中是否引入了连接池依赖
    @Conditional(PooledDataSourceAvailableCondition.class)
    static class PooledDataSourceAvailable {
    }
}
    //判断支持的连接池是否可用
    static class PooledDataSourceAvailableCondition extends SpringBoot
Condition {
    @Override
    public ConditionOutcome getMatchOutcome(ConditionContext context,
AnnotatedTypeMetadata metadata) {
        //初始化消息传递
        ConditionMessage.Builder message = ConditionMessage.forCondition
("PooledDataSource");
        //遍历默认的 3 个连接池，通过 ClassUtils.forName 获取相关的 class，如果不存在，
            则返回 null
        //因为在 spring-boot-starter-jdbc 中已经引入了 HikariCP，所以肯定能够匹配
        if (DataSourceBuilder.findType(context.getClassLoader()) != null) {
            return ConditionOutcome.match(message.foundExactly("supported Data
Source"));
        }
        return ConditionOutcome.noMatch(message.didNotFind("supported DataSource").
atAll());
```

```
    }
  }
```

这里需要额外讲解一下配置类是如何通过条件判断被加载的，解析过程一共可以分为两个阶段。第一阶段加载配置类然后解析，在这个过程中会调用 org.springframework.context.annotation.ConfigurationClassParser#processConfigurationClass()方法，加载所有配置类解析后放入 Map<ConfigurationClass,ConfigurationClass> configurationClasses 全局缓存中。第二阶段注册 Bean，在这个过程中会调用 org.springframework.context.annotation.Configuration-ClassBeanDefinitionReader#loadBeanDefinitionsForConfigurationClass()方法，将缓存里所有的 ConfigurationClass 转成 BeanDefinition 注册到 Spring 容器中，同时会判断是否存在导入配置，如果存在就会调用 org.springframework.context.annotation.ConfigurationClassBean-DefinitionReader#registerBeanDefinitionForImportedConfigurationClass() 方法处理 @Import 导入的配置类。在这两个阶段中都会执行 org.springframework.context.annotation.Condition-Evaluator#shouldSkip()方法，该方法会根据 ConfigurationPhase.PARSE_CONFIGURATION 和 ConfigurationPhase.REGISTER_BEAN 来判断是否跳过解析阶段和注册阶段。

因此 DataSourceAutoConfiguration 类的主要功能是判断使用内置的还是依赖的数据库连接池，然后进行初始化配置，以及还没有讲到的功能——执行初始化 SQL 文件和注册 DataSourcePoolMetadataProvider 实例。下面再来看下 org.springframework.boot.autoconfigure.jdbc.DataSourceConfiguration.Hikari 创建 com.zaxxer.hikari.HikariDataSource 数据库连接池的过程，代码清单如下：

```java
abstract class DataSourceConfiguration {
  //根据配置的类型创建相应的数据库连接池
  @SuppressWarnings("unchecked")
  protected static <T> T createDataSource(DataSourceProperties properties,
Class<? extends DataSource> type) {
    return (T) properties.initializeDataSourceBuilder().type(type).build();
  }
  // Hikari 数据源配置
  @Configuration(proxyBeanMethods = false)
  //判断是否存在 HikariDataSource 类
  @ConditionalOnClass(HikariDataSource.class)
  //判断容器中是否加载 DataSource 的 Bean
  @ConditionalOnMissingBean(DataSource.class)
  //配置属性 spring.datasource.type=com.zaxxer.hikari.HikariDataSource 时加载
  @ConditionalOnProperty(name = "spring.datasource.type", havingValue =
"com.zaxxer.hikari.HikariDataSource", matchIfMissing = true)
  static class Hikari {
  @Bean
  //将 spring.datasource.hikari.* 相关的连接池配置信息添加到创建的 HikariData
    Source 实例中
  @ConfigurationProperties(prefix = "spring.datasource.hikari")
  HikariDataSource dataSource(DataSourceProperties properties) {
    HikariDataSource dataSource = createDataSource(properties, Hikari
DataSource.class);
      if (StringUtils.hasText(properties.getName())) {
```

```
            dataSource.setPoolName(properties.getName());
        }
        return dataSource;
    }
}
```

另外，我们还需要关注 DataSourceProperties 配置文件中都提供了哪些参数。先看下源码如下：

```
@ConfigurationProperties(prefix = "spring.datasource")
public class DataSourceProperties implements BeanClassLoaderAware,
InitializingBean {
    //类加载器
    private ClassLoader classLoader;
    //数据库名称，如果使用内置数据库，默认为 testdb
    private String name;
    //是否随机生成一个数据源名称
    private boolean generateUniqueName;
    //要使用的连接池的完全限定名。默认情况下是从类路径开始自动检测
    private Class<? extends DataSource> type;
    // JDBC driver 的完全限定名，默认从 URL 中检测出相对应的数据库驱动
    private String driverClassName;
    // JDBC URL of the database.
    private String url;
    //登录数据库所用用户名
    private String username;
    //登录数据库时需要的密码
    private String password;
    // JNDI 数据源的位置,如果指定了则忽略 driverClassName、url、username 和 password
    private String jndiName;
    /**
     *初始化 database 使用的 SQL 文件的模式，默认是 EMBEDDED
     *如果是 NONE，就不会执行 SQL 文件，如果是 ALWAYS，将执行 SQL 文件
     *注意，如果设置的模式和自动检测的模式不匹配，也不会执行 SQL 文件
     */
    private DataSourceInitializationMode initializationMode = DataSource
InitializationMode.EMBEDDED;
    /**
     * 执行相关的 SQL 文件，schema-${platform}.sql,data-${platform}.sql
     * 默认执行所有的 SQL 文件，包括不带 platform 的 SQL 文件和带 platform 的 SQL 文件
     */
    private String platform = "all";
    // 执行 ddl 脚本的资源引用，如果已指定了 schema.sql 文件，则不会查找默认的文件
    private List<String> schema;
    //如果和主数据源不同，则指定执行 ddl 脚本
    private String schemaUsername;
    /**
     *如果和主数据源不同，则需指定执行 ddl 脚本数据库的密码
     *如果 schemaUsername 和 schemaPassword 都不指定，就使用主数据源作为目的数据库
     */
    private String schemaPassword;
```

```
    //执行 DML 脚本的资源引用
    private List<String> data;
    //数据库用户名,执行 DML 脚本
    private String dataUsername;
    //数据库密码,执行 DML 脚本
    private String dataPassword;
    //当初始化 database 报错时,是否停止
    private boolean continueOnError = false;
    // Statement separator in SQL initialization scripts.
    private String separator = ";";
    // SQL scripts encoding.
    private Charset sqlScriptEncoding;
    //内置数据库的默认连接信息
    private EmbeddedDatabaseConnection embeddedDatabaseConnection = Embedded
DatabaseConnection.NONE;
    //特定于 XA 数据源设置
    private Xa xa = new Xa();
    //如果 generateUniqueName==true,则不使用 name 而使用 uniqueName 作为数据库名
    private String uniqueName;
    // 省略部分代码
}
```

目前我们都是理论分析,下面就来配置一个默认的 HikariCP 连接池。新建一个模块,在 application.properties 配置文件中完成如下配置:

```
# datasource config
#驱动器类名,可以不指定,系统自动识别
spring.datasource.driver-class-name=com.mysql.cj.jdbc.Driver
spring.datasource.url=jdbc:mysql://127.0.0.1:3306/mohai_demo?useUnicode
=true&characterEncoding=UTF-8&autoReconnect=true&useSSL=false&serverTim
ezone=Asia/Shanghai&zeroDateTimeBehavior=convertToNull
spring.datasource.username=root
spring.datasource.password=123456
#spring.datasource.initialization-mode=always
#hikari 数据库连接池
spring.datasource.type=com.zaxxer.hikari.HikariDataSource
#连接池名称
spring.datasource.hikari.pool-name=Mohai_HikariCP
#最小空闲连接数,默认是 10
spring.datasource.hikari.minimum-idle=5
#连接池的最大连接数,默认是 10
spring.datasource.hikari.maximum-pool-size=10
#控制从连接池中获取的连接是否自动提交事务,默认值为 true
spring.datasource.hikari.auto-commit=true
#空闲连接存活的最大时间,默认为 600000(10min)
spring.datasource.hikari.idle-timeout=30000
#控制池中连接的最长生命周期,值为 0 表示无限生命周期,默认为 1800000,即 30min
spring.datasource.hikari.max-lifetime=1800000
#数据库连接超时时间,默认为 30s,即 30000
spring.datasource.hikari.connection-timeout=30000
spring.datasource.hikari.connection-test-query=SELECT 1
```

注意,如果 mysql-connector-java 用的版本是 6.0 以上,则需要把 com.mysql.jdbc.Driver

改为 com.mysql.cj.jdbc.Driver，如果还使用 com.mysql.jdbc.Driver，则会有警告信息提示已经过时了。

```
Loading class `com.mysql.jdbc.Driver'. This is deprecated. The new driver
class is 'com.mysql.cj.jdbc.Driver'. The driver is automatically registered
via the SPI and manual loading of the driver class is generally unnecessary.
```

另外，如果使用 com.mysql.cj.jdbc.Driver 驱动的话，就必须要指定时区 serverTimezone。我们可以设置为 serverTimezone=UTC，UTC 代表的是全球标准时间，但我国使用的时间是北京时区也就是东八区，早于 UTC 八个小时，因此可以选择使用 serverTimezone=Asia/Shanghai 或者 serverTimezone= Asia/Hongkong 的配置。

配置文件修改完后，我们再来改造启动类，让它实现 ApplicationRunner 接口，重写 run()方法，注入 DataSource 连接池，打印通过连接池获取的连接信息，示例代码如下：

```
@SpringBootApplication
public class SpringbootHikaricpApplication implements ApplicationRunner {
    @Autowired
    private DataSource dataSource;
    @Override
    public void run(ApplicationArguments args) throws Exception {
        try(Connection conn = dataSource.getConnection()) {
            System.out.println(conn);
        }
    }
    public static void main(String[] args) {
        SpringApplication.run(SpringbootHikaricpApplication.class, args);
    }
}
```

启动主程序，在控制台查看打印结果，可以看到 HikariCP 初始化成功，如图 4.2 所示。

```
2020-06-17 00:47:32.652  INFO 8552 --- [ restartedMain] com.zaxxer.hikari.HikariDataSource       : Mohai_HikariCP - Starting...
2020-06-17 00:47:33.652  INFO 8552 --- [ restartedMain] com.zaxxer.hikari.HikariDataSource       : Mohai_HikariCP - Start completed.
2020-06-17 00:47:34.043  INFO 8552 --- [ restartedMain] o.s.s.concurrent.ThreadPoolTaskExecutor  : Initializing ExecutorService 'applicationTaskExecutor'
2020-06-17 00:47:34.434  INFO 8552 --- [ restartedMain] o.s.b.d.a.OptionalLiveReloadServer       : LiveReload server is running on port 35729
2020-06-17 00:47:34.512  INFO 8552 --- [ restartedMain] o.s.b.w.embedded.tomcat.TomcatWebServer  : Tomcat started on port(s): 8080 (http) with context
 path ''
2020-06-17 00:47:34.512  INFO 8552 --- [ restartedMain] c.m.o.s.SpringbootHikaricpApplication     : Started SpringbootHikaricpApplication in 7.967
 seconds (JVM running for 9.618)
HikariProxyConnection@686728487 wrapping com.mysql.cj.jdbc.ConnectionImpl@253d7744
```

图 4.2　HikariCP 配置日志

需要注意的是，在项目启动后如果连接池没有调用 getConnection()方法获取连接，则连接池是不会初始化的。一般会通过 HikariConfig#validate()方法校验配置信息，然后初始化 HikariPool 获取连接。

4.2　配置 Druid 连接池

Druid 由阿里巴巴计算平台事业部出品，号称是为监控而生的数据库连接池，在国内被广泛使用。其包含的数据库连接池和 SQL 解析组件独具特色，还有对数据库密码加密和 SQL 监控等功能，已经被国内多数企业用于线上生产环境中。既然它这么受欢迎，我们就要好好学习一下，了解该组件库的使用配置。

在 Spring Boot 项目中加入 druid-spring-boot-starter 依赖，然后可以访问 Maven 的公共仓库地址 https://mvnrepository.com/artifact/com.alibaba/druid-spring-boot-starter 获取最新的版本。如果不是 Spring Boot 项目，则需要引入 Druid 依赖，然后访问公共仓库地址 https://mvnrepository.com/artifact/com.alibaba/druid 获取最新的版本。下面我们就在 Spring Boot 项目中配置具体的参数。通过 Druid Spring Boot Starter 配置属性的名称，可以完全遵照 Druid 项目中的属性，也可以自定义配置 Druid 数据库连接池和监控，如果没有配置，则使用默认值。

除了需要引入 spring-boot-starter-web、spring-boot-starter-jdbc 和 mysql-connector-java 之外，还需要引入的依赖如下：

```
<!--https://mvnrepository.com/artifact/com.alibaba/druid-spring-boot-starter-->
<dependency>
   <groupId>com.alibaba</groupId>
   <artifactId>druid-spring-boot-starter</artifactId>
   <version>1.1.22</version>
</dependency>
```

我们来分析下 DruidDataSourceAutoConfigure 自动配置的实现，代码清单如下：

```
@Configuration
//判断 DruidDataSource 类名在类路径中是否存在
@ConditionalOnClass(DruidDataSource.class)
//在 DataSourceAutoConfiguration 自动配置前加载
@AutoConfigureBefore(DataSourceAutoConfiguration.class)
//开启 DruidStatProperties 和 DataSourceProperties 的 Bean 注入容器中
@EnableConfigurationProperties({DruidStatProperties.class, DataSource
Properties.class})
//导入 DruidSpringAopConfiguration、DruidStatViewServletConfiguration、
  DruidWebStatFilterConfiguration、DruidFilterConfiguration 配置类
@Import({DruidSpringAopConfiguration.class,
DruidStatViewServletConfiguration.class,
   DruidWebStatFilterConfiguration.class, DruidFilterConfiguration.class})
public class DruidDataSourceAutoConfigure {
   private static final Logger LOGGER = LoggerFactory.getLogger(Druid
DataSourceAutoConfigure.class);
   //初始化 DruidDataSourceWrapper，并执行 Bean 的 init 方法
   @Bean(initMethod = "init")
   @ConditionalOnMissingBean
   public DataSource dataSource() {
      LOGGER.info("Init DruidDataSource");
      return new DruidDataSourceWrapper();
   }
}
```

由于配置参数过多，我们使用.yml 作为配置文件，文件内容如下：

```
spring:
  datasource:
    # 基本属性 url、user、password，type 可以不写
    # type: com.alibaba.druid.pool.DruidDataSource
    url: jdbc:mysql://127.0.0.1:3306/mohai_demo?useUnicode=true&chara
cterEncoding=UTF-8&autoReconnect=true&useSSL=true&serverTimezone=Asia/
Shanghai&zeroDateTimeBehavior=convertToNull
    username: root
    password: 123456
    # 可自动根据 url 识别驱动类名
    # driver-class-name: com.mysql.cj.jdbc.Driver
    # druid 数据库连接池，以下参数可选，都不是必需的
    druid:
      # 配置连接数初始化的大小
      # 初始化时建立物理连接的个数，默认为 0
      # 初始化发生在显式调用 init 方法，或者第一次 getConnection 时
      initial-size: 1
      min-idle: 1
      max-active: 20
      # 配置获取连接等待超时的时间，单位为 ms
      max-wait: 60000
      # 配置间隔多久才进行一次检测，检测需要关闭的空闲连接，单位是 ms
      time-between-eviction-runsMillis: 2000
      # 配置一个连接在池中的最短空闲时间，单位是 ms
      min-evictable-idle-timeMillis: 600000
      # 配置一个连接在池中的最长空闲时间，单位是 ms
      max-evictable-idle-timeMillis: 900000
      # 检测连接是否有效的 SQL，如果 validationQuery 为 null
      # testOnBorrow、testOnReturn 和 testWhileIdle 都不会起作用
      validation-query: select 1
      # 检测连接是否有效的超时时间，单位为 s
      validation-query-timeout: 10
      # 申请连接时执行 validationQuery 检测连接是否有效，这个配置会降低性能
      test-on-borrow: false
      # 归还连接时执行 validationQuery 检测连接是否有效，这个配置会降低性能
      test-on-return: false
      #申请连接的时候检测连接是否有效，建议设为 true，不影响性能
      # 如果空闲时间大于 timeBetweenEvictionRunsMillis，执行 validation
        Query 检测
      test-while-idle: true
      # 连接池中的 minIdle 数量以内的连接
      # 空闲时间超过 minEvictableIdleTimeMillis，则会执行 keepAlive 操作
      keep-alive: true
      # 是否缓存 preparedStatement，也就是 PSCache
      pool-prepared-statements: true
      max-open-prepared-statements: 20 #和下面一条等价
      # 要启用 PSCache，必须配置大于 0
      # 当大于 0 时，poolPreparedStatements 自动触发修改为 true
      max-pool-prepared-statement-per-connection-size: 20
```

```
# 配置监控统计拦截的 filters，配置多个时以英文逗号分隔
filters: stat ,wall
# 通过 connectProperties 属性打开 mergeSql 功能
connection-properties: druid.stat.mergeSql=true;druid.stat.
slowSqlMillis=5000
# 配置合并多个 DruidDataSource 的监控数据
use-global-data-source-stat: true
```

配置完以上参数后，运行主程序，控制台日志信息如图 4.3 所示。

```
] o.s.b.w.embedded.tomcat.TomcatWebServer     : Tomcat initialized with port(s): 8080 (http)
] o.apache.catalina.core.StandardService      : Starting service [Tomcat]
] org.apache.catalina.core.StandardEngine     : Starting Servlet engine: [Apache Tomcat/9.0.33]
] o.a.c.c.C.[Tomcat].[localhost].[/]          : Initializing Spring embedded WebApplicationContext
] o.s.web.context.ContextLoader               : Root WebApplicationContext: initialization completed in 4036 ms
] o.s.s.concurrent.ThreadPoolTaskExecutor     : Initializing ExecutorService 'applicationTaskExecutor'
] c.a.d.s.b.a.DruidDataSourceAutoConfigure    : Init DruidDataSource
] com.alibaba.druid.pool.DruidDataSource      : {dataSource-1} inited
] o.s.b.d.a.OptionalLiveReloadServer          : LiveReload server is running on port 35729
] o.s.b.w.embedded.tomcat.TomcatWebServer     : Tomcat started on port(s): 8080 (http) with context path ''
] c.m.o.s.SpringbootDruidApplication          : Started SpringbootDruidApplication in 7.463 seconds (JVM running for 8.818)
```

图 4.3　Druid 配置日志

还有很多配置如监控配置等这里就不过多地演示如何使用了。读者可以访问网址 https://github.com/alibaba/druid/tree/master/druid-spring-boot-starter 去学习，详细配置在 README.md 文档中已经详细说明了。

4.3　配置 MyBatis 框架

当我们接触一个框架时不能急于求成，能够熟练掌握的前提是要先了解它的发展过程，熟悉框架都提供了哪些功能。下面我们就来看下官网中对 MyBatis 的介绍。

MyBatis 作为一个流行的持久性框架，支持自定义 SQL、自定义存储过程和高级映射功能，只需要对它进行简单的 XML 配置或注解配置，即可实现对数据库的查询，还可以将查询到的结果集自动映射到 POJOs 对象上。它原本是 Apache 的一个开源项目 iBatis，在 2010 年迁移到 Google Code 上后改名为 MyBatis。由于 MyBatis 属于半自动的 ORM 框架，对于 SQL 的修改和优化都比较灵活，并且其耦合度低，使用简单，学习成本低，和其他 ORM 框架相比优势更明显。

4.3.1　基础配置

MyBatis 可以独立于 Spring 框架使用，如果需要整合到 Spring 框架中，则需要依赖 mybatis-spring 模块。但这里我们要将其整合到 Spring Boot 项目中使用，因此要依赖 mybatis-spring-boot-starter 模块，这样就可以自动配置 MyBatis 框架了。

首先讲一下 mybatis-spring 模块，它是在 MyBatis 社区中的一个 Spring 集成的子项目，可以帮助开发者将 MyBatis 代码无缝地整合到 Spring 中，并将 MyBatis 的事务交给 Spring 来管理。mybatis-spring 模块的 SqlSessionFactoryBean 类就是利用 Spring 的 FactoryBean 接口，通过 SqlSessionFactoryBean#getObject()方法完成对 SqlSessionFactory 的创建。此外，还有一个核心类是 SqlSessionTemplate，它实现了 SqlSession 接口，通过该类可以线程安全地使用 SqlSession，因此常常会用 SqlSessionTemplate 来替换 MyBatis 默认的 DefaultSqlSession。在 mybatis-spring 模块中还提供了一个 SqlSessionDaoSupport 抽象的支持类，可以用来获取 SqlSessionFactory 和 SqlSession 对象。

mybatis-spring-boot-starter 模块中提供的 MybatisAutoConfiguration 自动配置类可以实现对 MyBatis 的自动配置，MybatisAutoConfiguration 配置类被加载后会初始化 SqlSession-Template 和 SqlSessionFactory 对象，同时初始化@Mapper 注解的扫描器 AutoConfigured-MapperScannerRegistrar。

大多数项目中都会使用@MapperScan 注解，通过指定 basePackages 扫描对应的 Mapper 接口类，并配合 mapperLocations 参数配置来使用该注解。此外还有一个@Mapper 注解。该注解属于 MyBatis 框架，标注在 DAO 层接口上可以通过动态代理生成接口的实例化 Bean，而且不需要在启动类或配置类中添加@MapperScan 包扫描注解。

这里以 Spring 提供的 DAO 层注解@Repository 和@Mapper 进行对比说明。如果在 DAO 层接口中使用了@Repository 注解，就必须使用@MapperScan 注解告诉 MyBatis 要扫描哪些接口，然后生成对应的 Bean，而使用@MapperScan 注解后，@Repository 注解就显得可有可无了，因为它们最终都会生成 Bean 并自动注入容器中。

如果使用@Mapper 注解，在默认情况下可以加载同一个包中与映射器接口同名的 XML 映射文件。如果定义的 XML 映射文件不在同一个包中，就必须要指定 mybatis.mapper-Locations 参数。另外还需要注意的是，被@Mapper 注解标注的接口中不支持方法的重载。

在未使用 Spring Boot 之前，大多数项目中都会用到 mybatis-config.xml 配置文件，配置内容大致如下：

```xml
<?xml version="1.0" encoding="UTF-8"?>
<!DOCTYPE configuration PUBLIC "-//mybatis.org//DTD Config 3.0//EN"
"http://mybatis.org/dtd/mybatis-3-config.dtd">
<configuration>
    <!-- 全局参数 -->
    <settings>
        <!-- 使全局的映射器启用或禁用缓存。 -->
        <setting name="cacheEnabled" value="true"/>
        <!-- 全局启用或禁用延迟加载。当禁用时，所有关联对象都会即时加载。 -->
        <setting name="lazyLoadingEnabled" value="true"/>
        <!-- 当启用时，有延迟加载属性的对象在被调用时将会完全加载任意属性。否则，每种
属性将会按需要加载。 -->
        <setting name="aggressiveLazyLoading" value="true"/>
       <!-- 是否允许单条 SQL 返回多个数据集 （取决于驱动的兼容性) default:true -->
        <setting name="multipleResultSetsEnabled" value="true"/>
```

```
        <!-- 是否可以使用列的别名 (取决于驱动的兼容性) 默认值为 true -->
        <setting name="useColumnLabel" value="true"/>
        <!-- 允许 JDBC 生成主键。需要驱动器支持。如果设为 true，这个设置将强制使用被
生成的主键，有一些驱动器不兼容不过仍然可以执行。默认值为 false  -->
        <setting name="useGeneratedKeys" value="false"/>
        <!-- 指定 MyBatis 如何自动映射数据基表的列，NONE 表示不映射，PARTIAL 表示部
分映射，FULL 表示全部映射  -->
        <setting name="autoMappingBehavior" value="PARTIAL"/>
        <!-- 这是默认的执行类型 (SIMPLE：简单；REUSE：执行器可能重复使用 prepared
statements 语句；BATCH：执行器可以重复执行语句和批量更新)  -->
        <setting name="defaultExecutorType" value="SIMPLE"/>
        <!-- 使用驼峰命名法转换字段。  -->
        <setting name="mapUnderscoreToCamelCase" value="true"/>
        <!-- 设置本地缓存范围，如果值为 session 则共享数据，如果值为 statement 则不
共享数据，默认为 session-->
        <setting name="localCacheScope" value="SESSION"/>
        <!-- 设置当 JDBC 类型为空时某些驱动程序要指定的值，default:OTHER，表示插入
空值时不需要指定类型 -->
        <setting name="jdbcTypeForNull" value="NULL"/>
        <!-- 设置一个时限，用来判断驱动器等待数据库回应的时间是否超时，格式为正整数 -->
        <setting name="defaultStatementTimeout" value="5000"/>
    </settings>
 </configuration>
```

如果整合到 Spring 项目中，还需要在 applicationContext.xml 配置文件中添加配置信息，实现将 org.mybatis.spring.SqlSessionFactoryBean 和 org.mybatis.spring.mapper.MapperScanner Configurer 类型的 Bean 注入 Spring 容器中。

在 Spring Boot 中只需要简单的参数配置就可以使用 MyBatis 了。我们来看下 org.mybatis. spring.boot.autoconfigure.MybatisAutoConfiguration 自动配置类源码，分析它是如何工作的，代码清单如下：

```
//定义为配置类
@org.springframework.context.annotation.Configuration
//在 classpath 下有 SqlSessionFactory 和 SqlSessionFactoryBean 类
@ConditionalOnClass({ SqlSessionFactory.class, SqlSessionFactoryBean.class })
//指定的 DataSource 在容器中只有一个或指定了首选 Bean
@ConditionalOnSingleCandidate(DataSource.class)
//使配置生效，将 MybatisProperties 注册到容器中
@EnableConfigurationProperties(MybatisProperties.class)
//在 DataSourceAutoConfiguration 和 MybatisLanguageDriverAutoConfiguration
    配置类自动加载完成之后配置
@AutoConfigureAfter({ DataSourceAutoConfiguration.class, MybatisLanguage
DriverAutoConfiguration.class })
public class MybatisAutoConfiguration implements InitializingBean {
  private static final Logger logger = LoggerFactory.getLogger(Mybatis
AutoConfiguration.class);
  //MyBatis 属性配置类
  private final MybatisProperties properties;
  //MyBatis 拦截器集合
  private final Interceptor[] interceptors;
```

```
//TypeHandler 类型转换器集合
private final TypeHandler[] typeHandlers;
//LanguageDriver 语言驱动集合
private final LanguageDriver[] languageDrivers;
//Spring 的资源加载策略接口
private final ResourceLoader resourceLoader;
//数据库 ID 提供者
private final DatabaseIdProvider databaseIdProvider;
//自定义配置集合
private final List<ConfigurationCustomizer> configurationCustomizers;
@Override
public void afterPropertiesSet() {
   //检查配置文件是否存在
   checkConfigFileExists();
}
private void checkConfigFileExists() {
   //判断是否需要检查 checkConfigLocation, 默认为 false, 并且判断是否配置 config
     Location
   if (this.properties.isCheckConfigLocation() && StringUtils.hasText
(this.properties.getConfigLocation())) {
      Resource resource = this.resourceLoader.getResource(this.properties.
getConfigLocation());
      Assert.state(resource.exists(), "Cannot find config location: " +
resource + " (please add config file or check your Mybatis configuration)");
   }
}
```

在 MybatisAutoConfiguration 配置类中, SqlSessionFactory()方法会判断容器中是否需要注入 SqlSessionFactory 类型的 Bean, 如果没有该类型的 Bean 则注入。SqlSessionFactory 用于获取 SqlSession 实例。可以通过 SqlSessionFactoryBuilder 对象获取 SqlSessionFactory, 建议采用单例模式, 在程序运行期间是线程安全的。获取的 SqlSession 实例是一个单线程对象, 该实例不能被共享, 如果多个线程使用同一个 SqlSession 实例, 就会出现一级缓存与数据库中的数据不一致的情况, 而且一个 Session 只能有一个 connection 来处理事务, 因此是线程不安全的。既然使用 DefaultSqlSession 对象是线程不安全的, 在开发时可以通过 DefaultSqlSessionFactory 获取一个 SqlSession 对象来保证安全。

```
//如果当前容器中不存在, 则初始化 SqlSessionFactory
@Bean
@ConditionalOnMissingBean
public SqlSessionFactory sqlSessionFactory(DataSource dataSource) throws
Exception {
   SqlSessionFactoryBean factory = new SqlSessionFactoryBean();
   factory.setDataSource(dataSource);
   factory.setVfs(SpringBootVFS.class);
   if (StringUtils.hasText(this.properties.getConfigLocation())) {
   factory.setConfigLocation(this.resourceLoader.getResource(this.
properties.getConfigLocation()));
   }
      applyConfiguration(factory);
      if (this.properties.getConfigurationProperties() != null) {
       factory.setConfigurationProperties(this.properties.getConfiguration
```

```
Properties());
        }
        //添加拦截器插件
        if (!ObjectUtils.isEmpty(this.interceptors)) {
          factory.setPlugins(this.interceptors);
        } //下面主要判断该类成员变量的相应设置，代码省略
    return factory.getObject();
  }
  private void applyConfiguration(SqlSessionFactoryBean factory) {
      Configuration configuration = this.properties.getConfiguration();
      //如果没有配置 configLocation，则创建一个 configuration
      if (configuration == null && !StringUtils.hasText(this.properties.
getConfigLocation())) {
        configuration = new Configuration();
      }
      //如果 configuration 不为 null 且 configurationCustomizers 集合不为空，则调
        用 customize
      if (configuration != null && !CollectionUtils.isEmpty(this.configuration
Customizers)) {
        for (ConfigurationCustomizer customizer : this.configurationCustomizers) {
          customizer.customize(configuration);
        }
      }
      //设置 configuration
      factory.setConfiguration(configuration);
  }
```

在 MybatisAutoConfiguration 配置类中，sqlSessionTemplate()方法会判断容器中是否需要注入 SqlSessionTemplate 类型的 Bean，如果没有该类型的 Bean 则注入。SqlSession-Template 是线程安全的，可以更好地加入 Spring 的事务管理中。

```
@Bean
@ConditionalOnMissingBean   //如果当前容器中不存在，则初始化 SqlSessionTemplate
public SqlSessionTemplate sqlSessionTemplate(SqlSessionFactory sql
SessionFactory) {
  //指定执行器类型
  ExecutorType executorType = this.properties.getExecutorType();
  if (executorType != null) {
    return new SqlSessionTemplate(sqlSessionFactory, executorType);
  } else {
    return new SqlSessionTemplate(sqlSessionFactory);
  }
}
```

只有当@MapperScan 注解不存在时才会导入 AutoConfiguredMapperScannerRegistrar 自动配置映射扫描注册器扫描 Mapper 接口类，并生成 BeanDefinition。

```
//只扫描基于 Spring Boot 相同的基本包，或者通过@MapperScan 定义扫描包
public static class AutoConfiguredMapperScannerRegistrar implements Bean
FactoryAware, ImportBeanDefinitionRegistrar {
  private BeanFactory beanFactory;
  @Override
```

```
    public void registerBeanDefinitions(AnnotationMetadata importingClass
Metadata, BeanDefinitionRegistry registry) {
        //必须存在@EnableAutoConfiguration 注解
        if (!AutoConfigurationPackages.has(this.beanFactory)) {
          logger.debug("Could not determine auto-configuration package,
automatic mapper scanning disabled.");
          return;
        }
        logger.debug("Searching for mappers annotated with @Mapper");
        //扫描@Mapper 注解的路径就是@EnableAutoConfiguration 注解指定类的路径
        List<String> packages = AutoConfigurationPackages.get(this.beanFactory);
        if (logger.isDebugEnabled()) {
        packages.forEach(pkg -> logger.debug("Using auto-configuration base
package '{}'", pkg));
        }
        BeanDefinitionBuilder builder = BeanDefinitionBuilder.genericBean
Definition(MapperScannerConfigurer.class);
        builder.addPropertyValue("processPropertyPlaceHolders", true);
        builder.addPropertyValue("annotationClass", Mapper.class);
        builder.addPropertyValue("basePackage", StringUtils.collectionToComma
DelimitedString(packages));
        BeanWrapper beanWrapper = new BeanWrapperImpl(MapperScannerConfigurer.
class);
        Stream.of(beanWrapper.getPropertyDescriptors())
            // 必须是 mybatis-spring 2.0.2 以上版本
            .filter(x -> x.getName().equals("lazyInitialization")).findAny()
    .ifPresent(x -> builder.addPropertyValue("lazyInitialization", "${mybatis.
lazy-initialization:false}"));
        registry.registerBeanDefinition(MapperScannerConfigurer.class.getName(),
builder.getBeanDefinition());
    }
}
```

然后我们再来看下 MyBatis 的属性配置类 MybatisProperties，具体的属性说明如下：

```
@ConfigurationProperties(prefix = MybatisProperties.MYBATIS_PREFIX)
public class MybatisProperties {
  public static final String MYBATIS_PREFIX = "mybatis";
  private static final ResourcePatternResolver resourceResolver = new
PathMatchingResourcePatternResolver();
  //config-location 属性对应 mybatis-config.xml 配置文件，并且不能与 configuration
    属性同时设置
  private String configLocation;
  //mapper-locations 用于指定 mapper.xml 对应的路径
  private String[] mapperLocations;
  //type-aliases-package 用于设置包扫描别名的类型
//解析后放入 Map<String,Class<?>> TYPE_ALIASES 集合中，可以通过@Alias 注解指定
    别名
  private String typeAliasesPackage;
  //type-aliases-super-type 用于筛选类型别名的超级类，默认为 Object 类
  //type-handlers-package 用于配置类型处理器
```

```
    private String typeHandlersPackage;
//check-config-location 用于检查 configLocation 资源是否存在。如果设置为 true,
    则检查到配置文件不存在时会报错
    private boolean checkConfigLocation = false;
    //executor-type,配置执行器类型, SIMPLE, REUSE, BATCH
    private ExecutorType executorType;
//default-scripting-language-driver 默认脚本语言驱动程序类(适用 mybatis spring
2.0.2 及以上版本)
    private Class<? extends LanguageDriver> defaultScriptingLanguageDriver;
    //configuration-properties 是 MyBatis 配置的扩展属性
    private Properties configurationProperties;
    //configuration.*表示自定义设置配置对象,如果指定了 configLocation 配置,则该属
    性不生效
    @NestedConfigurationProperty
    private Configuration configuration;
}
```

MybatisProperties 属性类对应的 application.yml 配置文件内容如下:

```
mybatis:
    mapper-locations: classpath:mappers/*.xml
    type-aliases-package: com.example.domain.model
    type-handlers-package: com.example.typehandler
    configuration:
        map-underscore-to-camel-case: true                 #开启驼峰转换
        log-impl: org.apache.ibatis.logging.stdout.StdOutImpl #控制台打印 SQL
        default-fetch-size: 100
        default-statement-timeout: 30
```

　　读者可以思考一下,这么多属性我们都需要配置吗? 其实,大部分情况下使用默认的参数即可,只需要配置 mapper-locations 属性定义映射 XML 文件加载路径就可以了。

4.3.2　自定义插件

　　讲到 MyBatis 插件,比较有名的就是分页插件 mybatis-pagehelper,使用它可以减少重复的分页逻辑代码,这就是插件机制带来的好处。

　　先来看看 MyBatis 允许在映射语句执行过程中对哪些调用方法进行拦截。默认情况下,允许使用插件拦截以下 4 个对象调用的方法:

- Executor (update, query, flushStatements, commit, rollback, getTransaction, close, isClosed);
- ParameterHandler (getParameterObject, setParameters);
- ResultSetHandler (handleResultSets, handleOutputParameters);
- StatementHandler (prepare, parameterize, batch, update, query)。

这 4 个对象执行阶段的逻辑说明如图 4.4 所示。

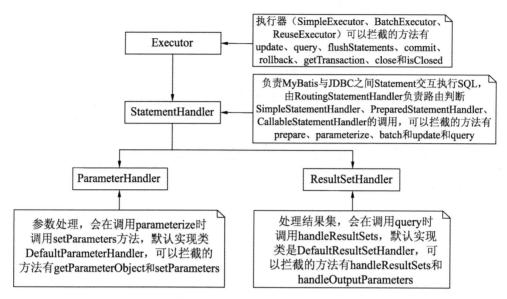

图 4.4 MyBatis 拦截逻辑说明

使用 MyBatis 插件时需要对被拦截的方法特别熟悉，否则有可能会破坏 MyBatis 的核心模块。因为这些都是底层的类和方法，会影响 MyBatis 的执行逻辑，所以需要谨慎使用。

其实，插件的使用很简单，只需要实现 Interceptor 接口，并通过注解@Intercepts 标识拦截器，使用注解@Signature 指定想要拦截的方法签名即可。可以同时定义多个插件拦截器，它们会被放入 InterceptorChain 拦截器链中，通过责任链模式，利用反射机制以动态代理的方式进行拦截。

为了让读者熟练掌握插件的使用，我们来分析插件的实现原理。首先来看 Interceptor 接口，代码清单如下：

```
public interface Interceptor {
  //覆盖被拦截对象的原方法，通过 Invocation 反射调用原对象的方法
  Object intercept(Invocation invocation) throws Throwable;
  //target 是被拦截的对象，主要是包装该对象生成一个代理对象
  default Object plugin(Object target) {
    //默认实现逻辑，返回包装后的代理类
    return Plugin.wrap(target, this);
  }
  //该方法只会在初始化的时候会被调用一次，允许配置参数
  default void setProperties(Properties properties) {
    // NOP
  }
}
```

在 Interceptor 接口中主要是调用 intercept()方法处理拦截逻辑，当调用被代理的方法时会触发 Plugin 代理类中的 Plugin#invoke()方法，如果判断该代理方法是否需要拦截处理，则执行 Interceptor#intercept()方法。下面来看下代理类中的主要实现逻辑，其中实现了 InvocationHandler 接口并重写了 invoke()方法，代码清单如下：

```
//代理类
public class Plugin implements InvocationHandler {
  private final Object target;                            //目标对象
  private final Interceptor interceptor;                  //当前拦截器
  private final Map<Class<?>, Set<Method>> signatureMap;  //签名方法集合
  //将传入的对象生成代理对象，传入的对象可能是真实的 Executor 类，也可能是 Plugin 代
    理类
  public static Object wrap(Object target, Interceptor interceptor) {
    //获取想要代理的目标方法
    Map<Class<?>, Set<Method>> signatureMap = getSignatureMap(interceptor);
    Class<?> type = target.getClass();
    //根据目标类型获取所有的接口类
    Class<?>[] interfaces = getAllInterfaces(type, signatureMap);
  //判断是否为声明的代理类型，如果是则使用 JDK 动态代理生成代理对象，否则返回目标对象
    if (interfaces.length > 0) {
      //动态代理
      return Proxy.newProxyInstance(type.getClassLoader(), interfaces,new
Plugin(target, interceptor, signatureMap));
    }
    return target;
  }
  //判断是否拦截调用 intercept 方法，或者直接调用被代理对象的当前方法
  @Override
  public Object invoke(Object proxy, Method method, Object[] args) throws
Throwable {
    try {
      //从签名 map 中获取方法集合
      Set<Method> methods = signatureMap.get(method.getDeclaringClass());
      //如果当前执行的方法是拦截器想要拦截的方法则执行拦截器 intercept 方法，否则执行
        原方法
      if (methods != null && methods.contains(method)) {
        //如果被拦截则调用 intercept
        return interceptor.intercept(new Invocation(target, method, args));
      }
      //否则直接调用该方法
      return method.invoke(target, args);
    } catch (Exception e) {
      throw ExceptionUtil.unwrapThrowable(e);
    }
  }
  //处理当前的拦截器，根据注解反射获取目标方法并放入 map 中
  private static Map<Class<?>, Set<Method>> getSignatureMap(Interceptor
interceptor) {
    //获取被 Intercepts 注解标注的拦截器
    Intercepts interceptsAnnotation = interceptor.getClass().getAnnotation
(Intercepts.class);
    if (interceptsAnnotation == null) {
      throw new PluginException("No @Intercepts annotation was found in
interceptor " + interceptor.getClass().getName());
    }
    //反射获取签名集合
    Signature[] sigs = interceptsAnnotation.value();
```

```
    Map<Class<?>, Set<Method>> signatureMap = new HashMap<>();
    for (Signature sig : sigs) {
      //获取方法集合, 如果该类不存在则返回空集合
      Set<Method> methods = signatureMap.computeIfAbsent(sig.type(), k ->
new HashSet<>());
      try {
      //根据方法签名（类型、方法名和方法参数）通过反射获取该方法对象
       Method method = sig.type().getMethod(sig.method(), sig.args());
       methods.add(method);
      } catch (NoSuchMethodException e) {
       throw new PluginException("Could not find method on " + sig.type()
+ " named " + sig.method() + ". Cause: " + e, e);
      }
    }
    return signatureMap;
  }
  //根据目标类型获取所有的接口类
  private static Class<?>[] getAllInterfaces(Class<?> type, Map<Class<?>,
Set<Method>> signatureMap) {
    Set<Class<?>> interfaces = new HashSet<>();
    while (type != null) {
      //遍历该类所实现的接口
      for (Class<?> c : type.getInterfaces()) {
        //判断标注的签名中是否包含相应的目标对象
        if (signatureMap.containsKey(c)) {
          interfaces.add(c);
        }
      }
      //获取被代理对象的父类信息
      type = type.getSuperclass();
    }
    return interfaces.toArray(new Class<?>[interfaces.size()]);
  }
}
```

另外，Invocation 类是对代理对象、代理参数和方法进行的封装，可用于执行被代理的方法逻辑，在它内部有 3 个成员变量，对应 target、method、args 这 3 个属性。具体的代码清单如下：

```
public class Invocation {
  // 被代理对象
  private final Object target;
  // 被代理方法
  private final Method method;
  // 被代理方法的参数
  private final Object[] args;
  //省略构造器和 get 方法
  // 调用被代理对象的被代理方法
  public Object proceed() throws InvocationTargetException, Illegal
AccessException {
    return method.invoke(target, args);
  }
}
```

看到这里，读者应该还没有忘记@Intercepts 注解和@Signature 注解吧，它们的解析逻辑是在 org.apache.ibatis.plugin.Plugin#getSignatureMap()方法中，该方法的第一步就是先获取拦截器中的@Intercepts 注解信息，如果该注解信息不存在就直接抛出异常。接下来获取Signature[] sigs 注解集合，遍历集合取出@Signature 注解的 type 属性，再根据该 type 属性获取带有 method 属性和 args 属性的 Method 实例并将其放入 Set<Method>集合中。

```
Method method = sig.type().getMethod(sig.method(), sig.args());
```

我们再来看下拦截器链的实现，在 InterceptorChain 类的内部维护了一个 List<Interceptor>集合，当调用 pluginAll()方法时，会调用 interceptor.plugin(target)生成一个被代理的对象放入集合中。

```
//拦截器链
public class InterceptorChain {
  private final List<Interceptor> interceptors = new ArrayList<>();
  //调用 plugin 方法生成代理对象，实现注入
  public Object pluginAll(Object target) {
    for (Interceptor interceptor : interceptors) {
      target = interceptor.plugin(target);
    }
    return target;
  }
  //注册拦截器
  public void addInterceptor(Interceptor interceptor) {
    interceptors.add(interceptor);
  }
  //获取一个不可修改的拦截器集合
  public List<Interceptor> getInterceptors() {
    return Collections.unmodifiableList(interceptors);
  }
}
```

在 MyBatis 中，首先会构建基础配置类 org.apache.ibatis.session.Configuration，在初始化该配置类时会初始化一个 InterceptorChain 拦截器链，将所有的拦截器添加到拦截器链中。正如在 Configuration 类中实例化 ParameterHandler、ResultSetHandler、StatementHandler 和 Executor 这 4 个接口的方法一样，处理逻辑如下：

```
//初始化参数处理器
public ParameterHandler newParameterHandler(MappedStatement mappedStatement,
Object parameterObject, BoundSql boundSql) {
  //创建 ParameterHandler 处理器
  ParameterHandler parameterHandler = mappedStatement.getLang().create
ParameterHandler(mappedStatement, parameterObject, boundSql);
   //放入拦截器链中
  parameterHandler = (ParameterHandler) interceptorChain.pluginAll
(parameterHandler);
  return parameterHandler;
}
//初始化结果集处理器
public ResultSetHandler newResultSetHandler(Executor executor, Mapped
```

```
Statement mappedStatement, RowBounds rowBounds, ParameterHandler parameter
Handler,
    ResultHandler resultHandler, BoundSql boundSql) {
  //创建 ResultSetHandler 处理器
  ResultSetHandler resultSetHandler = new DefaultResultSetHandler
(executor, mappedStatement, parameterHandler, resultHandler, boundSql,
rowBounds);
  //放入拦截器链中
  resultSetHandler = (ResultSetHandler) interceptorChain.pluginAll
(resultSetHandler);
  return resultSetHandler;
}
//初始化 SQL 语句处理器
public StatementHandler newStatementHandler(Executor executor, Mapped
Statement mappedStatement, Object parameterObject, RowBounds rowBounds,
ResultHandler resultHandler, BoundSql boundSql) {
  //创建 StatementHandler 处理器
  StatementHandler statementHandler = new RoutingStatementHandler
(executor, mappedStatement, parameterObject, rowBounds, resultHandler,
boundSql);
  //放入拦截器链中
  statementHandler = (StatementHandler) interceptorChain.pluginAll
(statementHandler);
  return statementHandler;
}
public Executor newExecutor(Transaction transaction) {
  return newExecutor(transaction, defaultExecutorType);
}
//初始化执行器
public Executor newExecutor(Transaction transaction, ExecutorType executor
Type) {
  executorType = executorType == null ? defaultExecutorType : executor
Type;
  executorType = executorType == null ? ExecutorType.SIMPLE : executor
Type;
  Executor executor;
  //根据 executorType 创建不同的执行器
  if (ExecutorType.BATCH == executorType) {
    executor = new BatchExecutor(this, transaction);
  } else if (ExecutorType.REUSE == executorType) {
    executor = new ReuseExecutor(this, transaction);
  } else {
    executor = new SimpleExecutor(this, transaction);
  }
  //如果开启缓存，则创建缓存执行器
  if (cacheEnabled) {
    executor = new CachingExecutor(executor);
  }
  //放入拦截器链中
  executor = (Executor) interceptorChain.pluginAll(executor);
  return executor;
}
```

自定义的插件拦截器可以在注入 SqlSessionFactoryBean 对象时调用 org.mybatis.spring.

SqlSessionFactoryBean#setPlugins()方法将插件注册到拦截器链中。此外也可以利用 XML 配置文件通过 org.apache.ibatis.builder.xml.XMLConfigBuilder 类将标签<plugins>中配置的 interceptor 属性注册拦截器实例，最终会调用 XMLConfigBuilder#pluginElement()方法将插件注册到拦截器链中。

额外提一点，如果需要修改对象的私有属性，可以使用 MyBatis 提供的一个工具类 MetaObject，使用该工具可以有效地获取或修改一些对象的属性。

4.3.3　应用案例

现在我们以一个用户管理的功能模块来演示 MyBatis 的使用，主要实现的功能有用户信息的查询、新增、修改和删除操作，再加上一个拦截插件，用于输出执行的 SQL 执行时间。在前期的准备工作中，我们需要在 MySQL 中新建一个数据库并命名为 mohai_demo，再在该数据库中创建 user 表。可直接执行下面的 SQL 语句：

```
CREATE DATABASE mohai_demo;
USE mohai_demo;
CREATE TABLE user (
  id int(11) NOT NULL,
  name varchar(255) DEFAULT NULL,
  age int(11) DEFAULT NULL,
  PRIMARY KEY (id)
)
```

（1）创建工程，修改 pom.xml 文件，引入 mybatis-spring-boot-starter 依赖，示例代码如下：

```
<!--mysql-connector-java 驱动包-->
<dependency>
  <groupId>mysql</groupId>
  <artifactId>mysql-connector-java</artifactId>
  <scope>runtime</scope>
</dependency>
<!--mybatis-spring-boot-starter-->
<dependency>
  <groupId>org.mybatis.spring.boot</groupId>
  <artifactId>mybatis-spring-boot-starter</artifactId>
  <version>2.1.3</version>
</dependency>
```

（2）修改 application.yml 配置文件，新增数据库连接配置和 MyBatis 相应配置，示例代码如下：

```
spring:
  datasource:
      driver-class-name: com.mysql.cj.jdbc.Driver
      url: jdbc:mysql://127.0.0.1:3306/mohai_demo?useUnicode=true&character
Encoding=UTF-8&autoReconnect=true&useSSL=true&serverTimezone=Asia/Shang
hai&zeroDateTimeBehavior=convertToNull
      username: root
```

```
        password: 123456
//注意，classpath 后面有时需要加*，表示可以加载所有的 classpath，包括依赖的 jar 包
    中的 classpath
mybatis:
    mapper-locations: classpath:mappers/*.xml
#自定义拦截器控制使用开关
common:
    interceptor:
        enabled: true
```

（3）分别创建 domain、mapper、service 和 controller 包。在 domain 包中创建 User 类表示用户实体，示例代码如下：

```
public class User {
    private int id;
    private String name;
    private int age;
    // 省略 get 和 set
}
```

在 mapper 包中创建数据库操作接口，示例代码如下：

```
//通过在 XML 中配置 namespace 指定的接口地址，生成相应的 Bean 注入 Service 层中
@Mapper
public interface UserMapper {
    int insert(User user);
    int update(User user);
    int delete(Integer id);
    List<User> getAllList();
    //也可以通过@Select 注解实现 SQL 的绑定，一般很少使用
    @Select({"<script>",
            "select",
            "  id as id,",
            "  name as name,",
            "  age as age",
            "from",
            "  user",
            "<where>",
            "  <if test ='id != null'>",
            "  and",
            "      id = #{id}",
            "  </if>",
            "</where>",
            "</script>"})
    User getUserById(@Param("id") Integer id);
}
```

由于定义的映射扫描路径是 mappers 下的所有 XML 文件，在项目路径 src/main/resources/mappers 下创建对应的 UserMapper.xml 文件，代码示例如下，注意标签里的 id 对应接口中的方法名。

```
<?xml version="1.0" encoding="UTF-8" ?>
<!DOCTYPE mapper PUBLIC "-//mybatis.org//DTD Mapper 3.0//EN" "http://
mybatis.org/dtd/mybatis-3-mapper.dtd">
```

```
<!--namespace 必须和接口类的类路径一样（也就是全类名即包名+接口类名）.-->
<mapper namespace="com.mohai.one.springbootmybatis.mapper.UserMapper">
    <insert id="insert" parameterType="com.mohai.one.springbootmybatis.
domain.User" useGeneratedKeys="true" keyProperty="id">
        insert into user(id,name,age) values(#{id},#{name},#{age})
    </insert>
    <update id="update" parameterType="com.mohai.one.springbootmybatis.
domain.User">
        update user set name=#{name}, age=#{age} where id = #{id}
    </update>
    <delete id="delete" parameterType="int">
        delete from user where id = #{id}
    </delete>
    <select id="getAllList" resultType="com.mohai.one.springbootmybatis.
domain.User">
        select * from user
    </select>
</mapper>
```

然后在 service 包中创建相应的服务接口，这里的业务逻辑比较简单，示例代码如下：

```
@Service
public class UserService {
    @Autowired
    private UserMapper userMapper;
    public List<User> getAllList(){
        return userMapper.getAllList();
    }
    public User getUserById(String id){
        return userMapper.getUserById(Integer.valueOf(id));
    }
    @Transactional
    public void saveUser(User user){
        userMapper.insert(user);
    }
    @Transactional
    public void editUser(User user){
        userMapper.update(user);
    }
    @Transactional
    public void deleteUser(String id){
        userMapper.delete(Integer.valueOf(id));
    }
}
```

在 controller 包中创建请求接口控制类，对外提供 URL 用于不同的业务操作，示例代码如下：

```
@RestController
@RequestMapping("/user")
public class UserController {
    @Autowired
    private UserService userService;
    //查询所有的用户信息
```

```
    @RequestMapping("/getAllList")
    public List<User> getUserList(){
        return userService.getAllList();
    }
    //通过主键 ID 查询
    @RequestMapping("/getOne/{id}")
    public User getUserById(@PathVariable String id){
        return userService.getUserById(id);
    }
    //新增用户
    @RequestMapping("/save")
    public String saveUser(@RequestBody User user){
        userService.saveUser(user);
        return "SUCCESS";
    }
    //修改用户
    @RequestMapping("/update")
    public String editUser(@RequestBody User user){
        userService.editUser(user);
        return "SUCCESS";
    }
    //删除用户
    @RequestMapping("/deleteOne/{id}")
    public String deleteUser(@PathVariable String id){
        userService.deleteUser(id);
        return "SUCCESS";
    }
}
```

为了实现插件功能，我们创建一个 interceptor 包，再新建一个 CommonInterceptor 类实现 Interceptor 接口。通过注解标注拦截 Executor 执行器中的 query 和 update 方法，在 intercept()方法中实现打印执行的语句和执行时间，示例代码如下：

```
//拦截 Executor，并打印所有执行的 SQL 语句及执行时间
@Intercepts({
        @Signature(type = Executor.class, method = "update", args = {Mapped
Statement.class, Object.class}),
        @Signature(type = Executor.class, method = "query", args = {Mapped
Statement.class, Object.class, RowBounds.class, ResultHandler.class }),
        @Signature(type = Executor.class, method = "query", args = {Mapped
Statement.class, Object.class, RowBounds.class, ResultHandler.class,
CacheKey.class, BoundSql.class})
})
public class CommonInterceptor implements Interceptor {
    private static Logger logger = LoggerFactory.getLogger(CommonInterceptor.
class);
    //暂时未使用
    private Properties properties = new Properties();
    @Override
    public Object intercept(Invocation invocation) throws Throwable {
        long start = System.currentTimeMillis();
        try{
            return invocation.proceed();
        }finally {
```

```
            long end = System.currentTimeMillis();
            Object[] args = invocation.getArgs();
            //获取 MappedStatement，对应 XML 文件中的一个 SQL 语句
            MappedStatement mappedStatement = (MappedStatement) args[0];
            Object parameter = args[1];          //获取参数
            BoundSql boundSql = mappedStatement.getBoundSql(parameter);
            String sql = boundSql.getSql();
            //打印执行的 SQL 语句和参数
            logger.info("==> execute SQL [{}] , Parameters is [{}]", sql,
parameter);
            //打印 SQL 语句和执行时间
            logger.info("==> execute SQL cost [{}] ms", (end - start));
        }
    }
    //在当前拦截器中生成一个代理并放入拦截器链中
    @Override
    public Object plugin(Object target) {
        //默认的实现逻辑
        return Plugin.wrap(target, this);
    }
    //拦截器初始化的时候调用，只调用一次，定义插件配置的属性
    @Override
    public void setProperties(Properties properties) {
        this.properties = properties;
    }
}
```

我们还需要将自定义的拦截器添加到拦截器链中，创建一个 config 包，新建一个
MyBatisConfig 配置类，示例代码如下：

```
@Configuration
//提供可配置化是否启用
@ConditionalOnProperty(prefix = "common.interceptor", name = "enabled",
matchIfMissing = true)
public class MyBatisConfig {
    @Bean
    public Interceptor getCommonInterceptor(){
        return new CommonInterceptor();
    }
}
```

在 Spring Boot 项目中其实不用配置类，直接使用注解@Component 将实现类注入容器
中即可。我们自定义的拦截器能够被成功添加到拦截器链中，是由 MybatisAutoConfiguration
自动配置类在其构造函数中通过代码 this.interceptors = interceptorsProvider.getIfAvailable();
实现的。使用时注意只能采用一种方式实现，避免重复注入的问题。

（4）查看启动类，运行主函数启动应用程序，示例代码如下：

```
@SpringBootApplication
//如果使用了@Mapper 注解，就不需要再定义扫描包了
//@MapperScan(basePackages = {"com.mohai.one.springbootmybatis.mapper"})
public class SpringbootMybatisApplication {
    public static void main(String[] args) {
```

```
        SpringApplication.run(SpringbootMybatisApplication.class, args);
    }
}
```

后端开发人员可通过 Postman 接口测试工具来验证执行的结果。

4.4　配置使用 Spring Data JDBC

　　Spring Data 项目始于 2010 年，该项目不仅提供了传统数据库访问技术，还为我们提供了非关系型数据库的支持。本节要说的 Spring Data JDBC 就是其中的一员。作为一个基于 JDBC 的数据库持久化框架，其使得 Spring 应用程序在构建使用数据库访问技术时更加简单。Spring Data JDBC 的很多设计都是受到了 DDD（领域驱动设计）的启发，比如对于数据库的持久化操作，不必为每一个实体对应一个 Repository 接口，而是通过一个聚合根（Aggregate Root）来执行持久化操作，而且鼓励开发者按照这种思想进行领域建模来开发业务代码。而我们使用 Spring Data JDBC 的最大意义就是它可以避免 Hibernate 多对一、多对多的复杂映射规则的困扰，使用起来更加便捷。

　　另外，Spring Data 项目都依赖于 spring-data-commons 公共模块。

4.4.1　基础配置

　　首先需要引入依赖，在 pom.xml 中引入 spring-boot-starter-data-jdbc 包，该包依赖 spring-data-jdbc 包，注解@EnableJdbcRepositories 就包含在 spring-data-jdbc 包中。

```
<dependency>
    <groupId>org.springframework.boot</groupId>
    <artifactId>spring-boot-starter-data-jdbc</artifactId>
</dependency>
```

　　Spring Data JDBC 的使用简化了很多，其使用过程非常简单，无须过多的代码配置，只需要引入依赖，定义一个实体类，再写一个接口就能实现 CRUD 的功能。由于 Spring Data JDBC 没有对实体进行复杂的生命周期管理，不会延迟加载或缓存实体，所以它从设计概念上进行了简化，使得通过 Spring 构建数据库访问技术更加容易。

```
@Target(ElementType.TYPE)
@Retention(RetentionPolicy.RUNTIME)
@Documented
@Inherited
//导入 JdbcRepositoriesRegistrar
@Import(JdbcRepositoriesRegistrar.class)
public @interface EnableJdbcRepositories {
    String[] value() default {};  //同 basePackages 属性互为别名，定义扫描的包
    //扫描带注释组件的基本包，同 value 属性互为别名
    String[] basePackages() default {};
    //扫描指定的每个类的包，类型完全替代 basePackages
```

```
    Class<?>[] basePackageClasses() default {};
    Filter[] includeFilters() default {};          //指定可扫描的类型
    Filter[] excludeFilters() default {};          //指定不可扫描的类型
    //配置存储库基础结构是否应发现嵌套的存储库接口
    boolean considerNestedRepositories() default false;
    //返回 JDBC 存储库实例
    Class<?> repositoryFactoryBeanClass() default JdbcRepositoryFactory
Bean.class;
    //配置本地查找属性文件路径，默认为 META-INF/jdbc-named-queries.properties
    String namedQueriesLocation() default "";
    //返回查找自定义存储库实现时要使用的后缀，默认为 Impl
    String repositoryImplementationPostfix() default "Impl";
    //配置用于创建通过此注释发现的存储库的 Bean 定义，默认为 namedParameterJdbc
        Template
    String jdbcOperationsRef() default "";
    //用于创建通过此注释发现的存储库的 Bean 定义,默认为 defaultDataAccessStrategy
    String dataAccessStrategyRef() default "";
}
```

通过使用@EnableJdbcRepositories 注解来激活 Spring Data JDBC 存储库，如果未配置任何基础包路径，则使用当前配置类的包路径。

接着在 spring-boot-autoconfigure-2.2.6.RELEASE.jar 包中我们找到能够实现自动配置的类 org.springframework.boot.autoconfigure.data.jdbc.JdbcRepositoriesAutoConfiguration，代码清单如下：

```
@Configuration(proxyBeanMethods = false)
//当容器中存在 NamedParameterJdbcOperations 和 PlatformTransactionManager 类
    型的 Bean 时实例化当前 Bean
@ConditionalOnBean({ NamedParameterJdbcOperations.class, Platform
TransactionManager.class })
//在 classpath 路径下存在 NamedParameterJdbcOperations 类和 AbstractJdbcConfiguration
    类时实例化当前 Bean
@ConditionalOnClass({ NamedParameterJdbcOperations.class, AbstractJdbc
Configuration.class })
//当配置 spring.data.jdbc.repositories.enabled=true 或不配置时实例化当前 Bean
@ConditionalOnProperty(prefix = "spring.data.jdbc.repositories", name =
"enabled", havingValue = "true",matchIfMissing = true)
//在 JdbcTemplateAutoConfiguration 和 DataSourceTransactionManagerAuto
Configuration 自动配置后实例化当前 Bean
@AutoConfigureAfter({    JdbcTemplateAutoConfiguration.class,    DataSource
TransactionManagerAutoConfiguration.class })
public class JdbcRepositoriesAutoConfiguration {
    @Configuration(proxyBeanMethods = false)
    @ConditionalOnMissingBean(JdbcRepositoryConfigExtension.class)
    @Import(JdbcRepositoriesRegistrar.class)
    static class JdbcRepositoriesConfiguration {
    }
    @Configuration
    @ConditionalOnMissingBean({ AbstractJdbcConfiguration.class, Jdbc
Configuration.class })
```

```
        static class SpringBootJdbcConfiguration extends AbstractJdbcConfiguration {
        }
    }
```

我们可以调用 CrudRepository 接口中提供的 save()方法来保存聚合，执行该方法可以实现插入和修改的操作。如果聚合根实体是新创建的，则向数据库中插入数据时也会插入在实体中直接或间接引用的实体。如果聚合根实体不是新创建的，则会更新数据库中的数据，对于所有引用的实体，会先删除然后再新增。而 save 方法在执行数据更新时会根据实体类生成所有字段的更新语句，极易造成数据被覆盖的问题，因此在使用过程中需要酌情考虑是否使用。

另外，使用 Spring Data JDBC 可以和 MyBatis 框架进行整合，实现对复杂参数的映射。可以通过 org.springframework.data.jdbc.mybatis.MyBatisDataAccessStrategy 数据访问策略类来构造 SQL 映射关系。在调用 SQL 时，根据 org.springframework.data.jdbc.mybatis. NamespaceStrategy 接口提供的默认命名空间策略，读取对应实体的全限定名称加上 Mapper 后缀来构造 SQL 的命名空间。例如，实体 org.examplc.User 要执行 insert 语句时，构造的命名空间为 org.example.UserMapper，并将其映射到 insert 语句上。

4.4.2 应用案例

本节同样以用户管理的模块作为案例，通过 Spring Data JDBC 来实现。

（1）修改工程中已经创建好的 pom.xml 文件，添加 spring-boot-starter-data-jdbc 和 mysql-connector-java 等依赖。

```xml
<!--spring-boot-starter-data-jdbc-->
<dependency>
  <groupId>org.springframework.boot</groupId>
  <artifactId>spring-boot-starter-data-jdbc</artifactId>
</dependency>
<!--MySQL 驱动包-->
<dependency>
  <groupId>mysql</groupId>
  <artifactId>mysql-connector-java</artifactId>
  <scope>runtime</scope>
</dependency>
```

（2）修改 application.yml 配置文件，新增数据库连接配置，示例代码如下：

```yaml
spring:
  datasource:
    driver-class-name: com.mysql.cj.jdbc.Driver
    url:
jdbc:mysql://127.0.0.1:3306/mohai_demo?useUnicode=true&characterEncoding=UTF-8&autoReconnect=true&useSSL=true&serverTimezone=Asia/Shanghai&zeroDateTimeBehavior=convertToNull
    username: root
    password: 123456
```

　　（3）分别创建 domain、repository、service 和 controller 包。在 domain 包中创建 UserEntity
类表示用户实体，示例代码如下：

```
@Table("user")
public class UserEntity {
    @Id
    private Integer id;
    private String name;
    private int age;
    // 省略 get 和 set
}
```

　　在 repository 包中创建访问数据库的操作接口，其继承自 CrudRepository 接口。通过
@Query 注解实现自定义 SQL 的查询操作。示例代码如下：

```
public interface UserRepository extends CrudRepository<UserEntity,Integer> {
    List<UserEntity> findAll();
    @Modifying
    @Query("insert into user(id,name,age) values(:id,:name,:age)")
    int insertNameAndAge(@Param("id") Integer id, @Param("name") String
name, @Param("age") int age);
    @Modifying
    @Query("update user set name = :name,age = :age where id = :id")
    int updateNameAndAge(@Param("id") Integer id, @Param("name") String
name, @Param("age") int age);
    @Query("select * from user u where u.name = :name")
    List<UserEntity> findByName(@Param("name") String name);
}
```

　　再创建 config 包，新建 DataJdbcConfig 配置类，通过注解@EnableJdbcRepositories 定
义需要扫描的接口包名。示例代码如下：

```
@Configuration
//定义扫描的包名
@EnableJdbcRepositories("com.mohai.one.springbootdatajdbc.repository")
//开启事务管理
@EnableTransactionManagement
public class DataJdbcConfig {
}
```

　　在 service 包中创建相应的服务接口，实现简单的业务逻辑，完成增、删、改、查功
能，具体示例代码如下：

```
@Service
public class UserService {
    @Autowired
    private UserRepository userRepository;
    //查
    public List<UserEntity> getAll(){
        List<UserEntity> userEntities = userRepository.findAll();
        return userEntities;
    }
    //查
    public List<UserEntity> getAllByName(String name){
```

```
        return userRepository.findByName(name);
    }
    //增
    @Transactional
    public int insertUser(UserEntity userEntity){
        return userRepository.insertNameAndAge(userEntity.getId(),userEntity.
getName(),userEntity.getAge());
    }
    //改
    @Transactional
    public int updateUser(UserEntity userEntity){
        return userRepository.updateNameAndAge(userEntity.getId(),userEntity.
getName(),userEntity.getAge());
    }
    //删
    @Transactional
    public void deleteUserById(Integer id){
        userRepository.deleteById(id);
    }
}
```

在 controller 包中创建请求接口控制类，再注入 UserService 类，对外提供 URL 进行不同的业务操作，示例代码如下：

```
@RestController
@RequestMapping("/user")
public class UserController {
    @Autowired
    private UserService userService;
    @RequestMapping("/findAll")
    public List<UserEntity> findAll(){
        return userService.getAll();
    }
    @RequestMapping("/findAllByName")
    public List<UserEntity> findAllByName(String name){
        return userService.getAllByName(name);
    }
    @RequestMapping("/save")
    public int save(@RequestBody UserEntity userEntity){
        return userService.insertUser(userEntity);
    }
    @RequestMapping("/edit")
    public int edit(@RequestBody UserEntity userEntity){
        return userService.updateUser(userEntity);
    }
    @RequestMapping("/delete")
    public int delete(@RequestParam int id){
        userService.deleteUserById(id);
        return 1;
    }
}
```

（4）查看启动类，运行主函数启动应用程序，示例代码如下：

```
@SpringBootApplication
public class SpringbootDataJdbcApplication {
```

```
public static void main(String[] args) {
    SpringApplication.run(SpringbootDataJdbcApplication.class, args);
}
}
```

完成以上几步操作，就简单完成了用户管理模块的功能，在实际开发过程中不会有这么简单的业务逻辑。但是再复杂的业务也是由增、删、改、查操作堆砌起来的，再复杂的 SQL 也可以通过与 MyBatis 的集成来实现。

4.5　配置使用 Spring Data JPA

Spring Data JPA 是 Spring Data 项目中的又一个子项目。我们先来了解一下 JPA 是什么。JPA 的全称是 Java Persistence API，可以翻译为 Java 持久层 API。JPA 的出现是为了规范 POJO 持久化标准，它提供了一套面向对象的查询语句，定义了独特的 Java Persistence Query Language（缩写为 JPQL），同时支持 XML 和注解的形式映射元数据，并将运行期的实体对象持久化到数据库中。由于是规范，就需要各大厂商都按照该 API 进行实现，其中较为有名的 Hibernate 框架就从 3.2 版开始兼容 JPA，并得到了 Sun's Technology Compatibility Kit（TCK，技术兼容性工具包）的 JPA 兼容认证。

在 Spring Data 项目中，Spring Data JPA 和 Spring Data JDBC 基本类似，都是其中的一个子模块，都可以不用写 SQL 就能实现增、删、改、查功能。但二者也有不同，对于 Spring Data JDBC 来说，它不支持直接通过方法名获取查询功能，但它扩展性强，易于和 MyBatis 整合。而对于 Spring Data JPA 来说，它基于 Hibernate 实现，对 JPA 规范接口进行了封装，让开发者不用写 SQL 语句就能实现 CRUD 的功能。

4.5.1　基础配置

同样，需要先引入依赖，在 pom.xml 中引入 spring-boot-starter-data-jpa 包，它依赖于 spring-data-jpa 模块，而 spring-data-jpa 模块依赖于 spring-data-commons 公共模块。

```
<dependency>
    <groupId>org.springframework.boot</groupId>
    <artifactId>spring-boot-starter-data-jpa</artifactId>
</dependency>
```

在 spring-boot-autoconfigure-2.2.6.RELEASE.jar 包中我们能够找到实现自动配置的类 org.springframework.boot.autoconfigure.orm.jpa.HibernateJpaAutoConfiguration，代码清单如下：

```
@Configuration(proxyBeanMethods = false)
//在 classpath 路径下存在 LocalContainerEntityManagerFactoryBean 类、EntityManager
  类和 SessionImplementor 类
```

```
@ConditionalOnClass({ LocalContainerEntityManagerFactoryBean.class,
EntityManager.class, SessionImplementor.class })
//使配置生效，将 JpaProperties 注册到容器中
@EnableConfigurationProperties(JpaProperties.class)
//在 DataSourceAutoConfiguration 自动配置完成之后配置
@AutoConfigureAfter({ DataSourceAutoConfiguration.class })
//导入 HibernateJpaConfiguration 配置类
@Import(HibernateJpaConfiguration.class)
public class HibernateJpaAutoConfiguration {
}
```

具体看一下 **JpaProperties** 属性配置类，代码清单如下：

```
@ConfigurationProperties(prefix = "spring.jpa")
public class JpaProperties {
    //添加本地属性设置到 JPA 中
    private Map<String, String> properties = new HashMap<>();
    //映射资源(相当于 persistence.xml).
    private final List<String> mappingResources = new ArrayList<>();
    //要操作的目标数据库的名称，默认情况下自动检测，也可以使用 database 属性进行设置
    private String databasePlatform;
    //要操作的目标数据库，默认情况下自动检测，也可以使用 databasePlatform 属性进行
      设置
    private Database database;
    //是否在启动时初始化 DDL
    private boolean generateDdl = false;
    //是否显示 SQL 语句的日志记录
    private boolean showSql = false;
    /**
     * 注册 OpenEntityManagerInViewInterceptor.
     * 在请求的整个处理过程中，将 JPA EntityManager 绑定到线程中。
     */
    private Boolean openInView;
}
```

在实体中可以通过@Entity 注解进行标识，实体中的唯一标识属性需要@Id 注解和 @GeneratedValue(strategy = GenerationType.IDENTITY)注解，可定义主键值生成策略。

```
public enum GenerationType {
    //通过指定数据库表来获取主键
    TABLE,
    //通过序列生成主键，该类型的主键需要数据库支持
    SEQUENCE,
    //主要是自动增长型
    IDENTITY,
    //主键由程序控制
    AUTO
}
```

基于注解开启 **JPA repositories** 配置，扫描注解配置类。

```
@Target(ElementType.TYPE)
@Retention(RetentionPolicy.RUNTIME)
@Documented
```

```
@Inherited
@Import(JpaRepositoriesRegistrar.class)
public @interface EnableJpaRepositories {
    String[] value() default {};
    String[] basePackages() default {};
    Class<?>[] basePackageClasses() default {};
    Filter[] includeFilters() default {};
    Filter[] excludeFilters() default {};
    String repositoryImplementationPostfix() default "Impl";
    String namedQueriesLocation() default "";
    Key queryLookupStrategy() default Key.CREATE_IF_NOT_FOUND;
    Class<?> repositoryFactoryBeanClass() default JpaRepositoryFactoryBean.
class;
    Class<?> repositoryBaseClass() default DefaultRepositoryBaseClass.
class;
    String entityManagerFactoryRef() default "entityManagerFactory";
    String transactionManagerRef() default "transactionManager";
    boolean considerNestedRepositories() default false;
    boolean enableDefaultTransactions() default true;
    BootstrapMode bootstrapMode() default BootstrapMode.DEFAULT;
    char escapeCharacter() default '\\';
}
```

Spring Data 的公共模块中提供了一个中心接口 Repository，该接口主要扮演着标记接口的角色，通常会捕获基于该接口扩展的类型。CrudRepository 接口提供了复杂的 CRUD 功能来管理实体。

```
@NoRepositoryBean
public interface CrudRepository<T, ID> extends Repository<T, ID> {
    <S extends T> S save(S entity);
    <S extends T> Iterable<S> saveAll(Iterable<S> entities);
    Optional<T> findById(ID id);
    boolean existsById(ID id);
    Iterable<T> findAll();
    Iterable<T> findAllById(Iterable<ID> ids);
    long count();
    void deleteById(ID id);
    void delete(T entity);
    void deleteAll(Iterable<? extends T> entities);
    void deleteAll();
}
```

PagingAndSortingRepository 是 CrudRepository 的子接口，实现了分页和排序的功能。

```
@NoRepositoryBean
public interface PagingAndSortingRepository<T, ID> extends CrudRepository
<T, ID> {
    Iterable<T> findAll(Sort sort);                        //排序
    Page<T> findAll(Pageable pageable);                    //分页
}
```

JpaRepository 是 PagingAndSortingRepository 的子接口，其中增加了一些实用的功能，比如可以批量操作等。

```
@NoRepositoryBean
public interface JpaRepository<T, ID> extends PagingAndSortingRepository
<T, ID>, QueryByExampleExecutor<T> {
    @Override
    List<T> findAll();
    @Override
    List<T> findAll(Sort sort);
    @Override
    List<T> findAllById(Iterable<ID> ids);
    @Override
    <S extends T> List<S> saveAll(Iterable<S> entities);
    void flush();
    <S extends T> S saveAndFlush(S entity);
    void deleteInBatch(Iterable<T> entities);
    void deleteAllInBatch();
    T getOne(ID id);
    @Override
    <S extends T> List<S> findAll(Example<S> example);
    @Override
    <S extends T> List<S> findAll(Example<S> example, Sort sort);
}
```

还有一些复杂的查询接口，可以自定义组合查询条件。

```
public interface JpaSpecificationExecutor<T> {
    Optional<T> findOne(@Nullable Specification<T> spec);
    List<T> findAll(@Nullable Specification<T> spec);
    Page<T> findAll(@Nullable Specification<T> spec, Pageable pageable);
    List<T> findAll(@Nullable Specification<T> spec, Sort sort);
    long count(@Nullable Specification<T> spec);
}
```

其中，Specification 是一个用来规范使用的接口，基于该接口可以构建复杂的查询条件。

```
public interface Specification<T> extends Serializable {
    long serialVersionUID = 1L;
    static <T> Specification<T> not(@Nullable Specification<T> spec) {
        return spec == null ? (root, query, builder) -> null : (root, query,
builder) -> builder.not(spec.toPredicate(root, query, builder));
    }
    @Nullable
    static <T> Specification<T> where(@Nullable Specification<T> spec) {
        return spec == null ? (root, query, builder) -> null : spec;
    }
    @Nullable
    default Specification<T> and(@Nullable Specification<T> other) {
        return composed(this, other, (builder, left, rhs) -> builder.
and(left, rhs));
    }
    @Nullable
    default Specification<T> or(@Nullable Specification<T> other) {
        return composed(this, other, (builder, left, rhs) -> builder.
or(left, rhs));
    }
    @Nullable
```

```
    Predicate toPredicate(Root<T> root, CriteriaQuery<?> query, Criteria
Builder criteriaBuilder);
    }
```

对于 JPA 来说，可以直接定义方法名生成对应的查询语句，我们通过表格来看下都有哪些方法，如表 4.1 所示。

表 4.1　JPA方法名中支持的关键字

关　键　字	方法名例子	JPQL代码段
And	findByLastnameAndFirstname	where x.lastname = ?1 and x.firstname = ?2
Or	findByLastnameOrFirstname	where x.lastname = ?1 or x.firstname = ?2
Is,Equals	findByFirstname,findByFirstnameIs, findByFirstnameEquals	where x.firstname = ?1
Between	findByStartDateBetween	where x.startDate between ?1 and ?2
LessThan	findByAgeLessThan	where x.age < ?1
LessThanEqual	findByAgeLessThanEqual	where x.age <= ?1
GreaterThan	findByAgeGreaterThan	where x.age > ?1
GreaterThanEqual	findByAgeGreaterThanEqual	where x.age >= ?1
After	findByStartDateAfter	where x.startDate > ?1
Before	findByStartDateBefore	where x.startDate < ?1
IsNull	findByAgeIsNull	where x.age is null
IsNotNull,NotNull	findByAge(Is)NotNull	where x.age not null
Like	findByFirstnameLike	where x.firstname like ?1
NotLike	findByFirstnameNotLike	findByFirstnameNotLike
StartingWith	findByFirstnameStartingWith	where x.firstname like ?1 (parameter bound with appended %)
EndingWith	findByFirstnameEndingWith	where x.firstname like ?1 (parameter bound with prepended %)
Containing	findByFirstnameContaining	where x.firstname like ?1 (parameter bound wrapped in %)
OrderBy	findByAgeOrderByLastnameDesc	where x.age = ?1 order by x.lastname desc
Not	findByLastnameNot	where x.lastname <> ?1
In	findByAgeIn(Collection<Age> ages)	where x.age in ?1
NotIn	findByAgeNotIn(Collection<Age> ages)	where x.age not in ?1
TRUE	findByActiveTrue()	where x.active = true
FALSE	findByActiveFalse()	where x.active = false
IgnoreCase	findByFirstnameIgnoreCase	where UPPER(x.firstame) = UPPER(?1)

如果需要自定义 SQL 查询语句，可以通过@Query 注解将 nativeQuery 标志设置为 true，在默认情况下，查询参数是基于位置进行绑定的，其是按照先后顺序绑定到 SQL 语句的

相应位置处。我们也可以通过@Param 注解指定具体的名称，然后在查询语句中绑定相应的名称。

　　如果在配置类或启动类中加上@EnableJpaAuditing 注解，则表示开启 JPA 的审计功能，前提是需要在实体类中添加@EntityListeners(AuditingEntityListener.class)注解，在需要的字段中添加@CreatedDate、@CreatedBy、@LastModifiedDate 和@LastModifiedBy 注解，还需要实现 AuditorAware 接口来获取当前的用户信息。

　　在 Spring Data JPA 中也可以使用@Transactional 注解进行事务管理。与 Spring Data JDBC 不同的是，在 Spring Data JPA 提供了锁模式，如注解@Lock(LockModeType.READ)表示开启乐观读锁，其他的锁模式定义如下：

```
public enum LockModeType{
    //首选的乐观读锁
    READ,
    //首选的乐观写锁
    WRITE,
    //乐观锁
    OPTIMISTIC,
    //乐观锁，有版本更新
    OPTIMISTIC_FORCE_INCREMENT,
    //悲观读取锁
    PESSIMISTIC_READ,
    //悲观写入锁
    PESSIMISTIC_WRITE,
    //悲观写锁，有版本更新
    PESSIMISTIC_FORCE_INCREMENT,
    //无锁
    NONE
}
```

4.5.2　应用案例

　　同 Spring Data JDBC 的使用一样，我们也通过用户管理模块来展示 Spring Data JPA 的具体配置与实现。

　　（1）继续复用数据库和 user 表，还是先要创建一个工程，修改 pom.xml 文件引入依赖，示例代码如下：

```
<dependency>
    <groupId>org.springframework.boot</groupId>
    <artifactId>spring-boot-starter-data-jpa</artifactId>
</dependency>
<dependency>
    <groupId>mysql</groupId>
    <artifactId>mysql-connector-java</artifactId>
    <scope>runtime</scope>
</dependency>
```

（2）修改 application.yml 配置文件，新增数据库连接配置和 JPA 相应配置，示例代码
如下：

```
spring:
 datasource:
   driver-class-name: com.mysql.cj.jdbc.Driver
   url: jdbc:mysql://127.0.0.1:3306/mohai_demo?useUnicode=true&character
Encoding=UTF-8&autoReconnect=true&useSSL=true&serverTimezone=Asia/Shang
hai&zeroDateTimeBehavior=convertToNull
   username: root
   password: 123456
 # JPA 配置
 jpa:
   # 数据库类型
   database: mysql
   # 将默认的存储引擎切换为 InnoDB
   database-platform: org.hibernate.dialect.MySQL5InnoDBDialect
   # 输出日志中执行的 SQL 语句
   show-sql: true
   # 配置程序在启动的时候会自动操作实体类对应的表
   hibernate:
     #create: 程序重启时会重新创建表，会造成数据丢失
     #create-drop: 每次运行程序时会先创建表结构，然后待程序结束时清空表
     #upadte: 每次运行程序时如果实体对应没有表则会创建表
     #如果实体发生改变则会更新表结构，原来的数据不会清空只会更新
     #validate: 每次运行程序时，会校验数据与数据库的字段类型是否相同
     ddl-auto: update
```

（3）分别创建 domain、repository、service 和 controller 包。在 domain 包中创建 UserEntity
类表示用户实体，示例代码如下：

```
@Entity                       //必选注解，声明和数据库中的 user 表关联
@Table(name = "user")         //可选注解，声明实体对应的表信息
public class UserEntity {
    @ID                       // 表名实体的唯一标识
    @GeneratedValue(strategy = GenerationType.IDENTITY) //主键自动生成策略
    private Integer id;
    //@Column 定义列名和属性，默认为字段名
    @Column
    private String name;
    @Column
    private int age;
    // 省略 get 和 set
}
```

在 repository 包中创建访问数据库的操作接口，继承 JpaRepository 接口。通过@Query
注解实现自定义 SQL 的查询操作。示例代码如下：

```
@Repository
public interface UserRepository extends JpaRepository<UserEntity,Integer>
{
    List<UserEntity> findAllByName(String name);
    @Modifying
    @Query(value = "insert into user(id,name,age) values(:id,:name,:age)",
nativeQuery = true)
    int insertNameAndAge(@Param("id") Integer id, @Param("name") String
name, @Param("age") int age);
}
```

再创建 config 包，新建 DataJpaConfig 配置类，通过注解@EnableJpaRepositories 定义
需要扫描的接口包名，示例代码如下：

```
@Configuration
//定义扫描的包名
@EnableJpaRepositories("com.mohai.one.springbootjpa.repository")
@EnableTransactionManagement                        // 启用事务管理器
public class DataJpaConfig {
}
```

在 service 包中创建相应的服务接口，实现简单的业务逻辑，完成增、删、改、查功
能，具体的示例代码如下：

```
@Service
public class UserService {
    @Autowired
    private UserRepository userRepository;
    public List<UserEntity> getAll(){
        return userRepository.findAll();                    //查询所有的用户信息
    }
    public List<UserEntity> findAllByName(String name){
        return userRepository.findAllByName(name);        //通过姓名查询
    }
    public UserEntity getOne(Integer id){
        return userRepository.findById(id).get();        //通过 ID 查询
    }
    @Transactional
    public UserEntity updateUser(UserEntity userEntity){
        return userRepository.saveAndFlush(userEntity);
    }
    @Transactional
    public int insertUser(UserEntity userEntity){
        return userRepository.insertNameAndAge(userEntity.getId(),userEntity.
getName(),userEntity.getAge());
    }
    @Transactional
    public void deleteUserById(Integer id){
        userRepository.deleteById(id);
    }
}
```

在 controller 包中创建请求接口控制类，注入 UserService 类，对外提供 URL 进行不
同的业务操作，示例代码如下：

```java
@RestController
@RequestMapping("/user")
public class UserController {
    @Autowired
    private UserService userService;
    @RequestMapping("/findAll")
    public List<UserEntity> findAll(){
        return userService.getAll();
    }
    @RequestMapping("/findAllByName")
    public List<UserEntity> findAllByName(String name){
        return userService.findAllByName(name);
    }
    //通过主键 ID 查询
    @RequestMapping("/getOne/{id}")
    public UserEntity getUserById(@PathVariable Integer id){
        return userService.getOne(id);
    }
    @RequestMapping("/save")
    public int save(@RequestBody UserEntity userEntity){
        return userService.insertUser(userEntity);
    }
    @RequestMapping("/edit")
    public UserEntity edit(@RequestBody UserEntity userEntity){
        return userService.updateUser(userEntity);
    }
    @RequestMapping("/delete")
    public int delete(@RequestParam("id") Integer id){
        userService.deleteUserById(id);
        return 1;
    }
}
```

（4）查看启动类，运行主函数启动应用程序，示例代码如下：

```java
@SpringBootApplication
public class SpringbootJpaApplication {
    public static void main(String[] args) {
        SpringApplication.run(SpringbootJpaApplication.class, args);
    }
}
```

4.6　事务管理配置

对于事务的理解，可以简单概括为处理一笔交易执行的多个持久化操作，要么全部成功，要么全部失败。举个简单的例子，银行转账交易执行加钱和扣钱的动作必须在一个事务中处理，否则就会出现多加钱或多扣钱的事情。

事务有 4 个基本特性，分别是原子性（Atomicity）、一致性（Consistency）、隔离性（Isolation）和持久性（Durability），简称为 ACID，具体说明如表 4.2 所示。

表 4.2　ACID 的基本特性说明

特　性	说　明
原子性	原子性指事务是一个不可分割的工作单位，这组操作要么都发生，要么都不发生
一致性	在事务开始的前后，被操作的数据的完整性必须保持一致
隔离性	隔离性也被称作独立性，当两个以上的事务发生并发时，事务之间是隔离的，每个事务都有自己的完整数据空间可以独立执行
持久性	事务提交后，该事务对数据所做的修改将持久地保存在数据库中并不会回滚，即使数据库发生故障也不应该对其有任何影响

如果不考虑事务的隔离性，一般会出现 3 类现象，大致可以分为脏读、不可重复读和幻读。

- 脏读：发生于两个事务中，一个事务可以读取另一个事务修改但未提交的数据。
- 不可重复读：发生在同一个事务中，当多次查询同一条记录时返回的数据不同。原因是在查询间隔期间，有另外一个事务修改并提交了该条记录。不可重复读主要针对的是修改（UPDATE）同一条数据的操作。
- 幻读：也叫虚读，发生在同一个事务中，当多次执行同一个查询时返回不同的结果集，主要原因是其他事务执行了插入（INSERT）或删除（DELETE）操作并提交了。幻读主要是指数据整体发生的变化。

考虑到会发生的 3 种现象，在 SQL 标准规范中定义了 4 种隔离级别，由低到高分别为：读未提交（Read uncommitted）、读提交（Read committed）、可重复读（Repeatable read）和串行化（Serializable）。我们来看下不同的隔离级别会起到什么效果。

- 读未提交：在该隔离级别下，查询是不会加锁的，可能会产生脏读、不可重复读和幻读。由于读未提交隔离性最差，所以基本不会使用这种隔离级别。
- 读提交：只能读到事务已提交的数据，是 SQL Server 和 Oracle 的默认隔离级别。读提交提供的是读快照机制，可以在不加锁的情况下保证高并发查询，因此可以有效避免脏读，但不能避免可重复读和幻读。
- 可重复读：是专门针对"不可重复读"这种情况而制定的隔离级别，也是 MySQL 的默认隔离级别。它可以避免脏读与不可重复读，但不能避免幻读。
- 串行化：数据库最高的隔离级别。事务会被串行化顺序执行，也就是按顺序依次执行。由于串行化的性能消耗很大，一般很少使用。

在理解事务的基础特性后，我们再来看下在 Spring 框架中事务是如何实现管理的。

在 Spring 中，事务的实现有两种，分别是编程式事务和声明式事务。对于编程式事务管理，可以使用 TransactionTemplate 事务管理模板类，或者直接使用底层的 Platform-TransactionManager 接口。Spring 推荐使用 TransactionTemplate 类来管理事务。对于声明式事务管理，主要是基于 AOP 实现，既可以在 XML 中配置<tx:advice/>，也可以在类或方法中添加@Transactional 注解。在 Spring Boot 项目中同样可以通过编程式事务和声明式事务两种方式实现事务管理。另外，使用声明式事务时需要在配置类中加入@Enable-

TransactionManagement 注解实现 Spring 自动扫描，相当于在 XML 中配置<tx:annotation-driven/>。如果使用编程式事务，则会入侵业务代码，而声明式事务不会影响具体的业务代码实现，可以有效解耦。

对于编程式事务管理，我们需要看下在 spring-tx-5.2.5.RELEASE.jar 包中定义的事务管理器接口 org.springframework.transaction.PlatformTransactionManager，代码清单如下：

```
public interface PlatformTransactionManager extends TransactionManager {
    //根据指定的传播行为返回当前活动的事务或创建新事务
    TransactionStatus    getTransaction(@Nullable    TransactionDefinition
definition)
            throws TransactionException;
    //事务提交，如果当前事务被标记为 rollback-only 则需要执行 rollback
    void commit(TransactionStatus status) throws TransactionException;
    //事务回滚
    void rollback(TransactionStatus status) throws TransactionException;
}
```

在 org.springframework.transaction.PlatformTransactionManager 接口中定义的方法都抛出了 TransactionException 异常，在应用程序中可以捕获和处理 TransactionException 异常。

对于 PlatformTransactionManager#getTransaction()方法返回的 TransactionStatus 对象，主要根据 TransactionDefinition 参数来判断，可以返回一个新的事务，也可以匹配当前调用堆栈中的事务。我们先来分析定义 Spring 事务属性的接口 TransactionDefinition，代码清单如下：

```
public interface TransactionDefinition {
    //支持当前事务，如果不存在则创建新事务
    int PROPAGATION_REQUIRED = 0;
    //支持当前事务，如果不存在则以非事务方式执行
    int PROPAGATION_SUPPORTS = 1;
    //支持当前事务，如果不存在当前事务则引发异常
    int PROPAGATION_MANDATORY = 2;
    //创建新事务，如果当前事务存在则挂起当前事务
    int PROPAGATION_REQUIRES_NEW = 3;
    //不支持当前事务，始终以非事务方式执行
    int PROPAGATION_NOT_SUPPORTED = 4;
    //不支持当前事务，如果当前事务存在则引发异常
    int PROPAGATION_NEVER = 5;
    //如果当前事务存在，则在嵌套事务中执行，否则行为类似于 PROPAGATION_REQUIRED
    int PROPAGATION_NESTED = 6;
    //使用底层数据存储的默认隔离级别，其他级别都对应 JDBC 隔离级别
    int ISOLATION_DEFAULT = -1;
    //定义隔离级别，可能发生脏读、不可重复读和幻读
    int ISOLATION_READ_UNCOMMITTED = 1;
    //定义隔离级别，可以防止脏读，可能发生不可重复读和幻读
    int ISOLATION_READ_COMMITTED = 2;
    //定义隔离级别，可以防止脏读、不可重复读，可能发生幻读
    int ISOLATION_REPEATABLE_READ = 4;
    //定义隔离级别，可以防止脏读、不可重复读和幻读
    int ISOLATION_SERIALIZABLE = 8;
```

```java
//使用默认的超时时间
int TIMEOUT_DEFAULT = -1;
//传播行为，必须返回一种 PROPAGATION_XXX 类型，默认返回 PROPAGATION_REQUIRED
default int getPropagationBehavior() {
    return PROPAGATION_REQUIRED;
}
default int getIsolationLevel() {
    return ISOLATION_DEFAULT;        //获取事务隔离级别
}
default int getTimeout() {
    return TIMEOUT_DEFAULT;          //事务超时时间，默认为-1，表示永不超时
}
default boolean isReadOnly() {
    return false;                    //是否作为只读事务进行优化
}
@Nullable
default String getName() {
    return null;                     //返回此事务的名称，可以为 null
}
//返回一个默认配置且不可修改的 TransactionDefinition 接口
static TransactionDefinition withDefaults() {
    return StaticTransactionDefinition.INSTANCE;
}
}
```

可以看到，在 TransactionDefinition 接口中分别定义了 Spring 事务的 7 种传播行为、事务的隔离级别，以及事务超时和事务回滚规则。

接下来看 TransactionStatus 接口，它是一个用来控制事务执行和描述事务状态的接口。通过该接口可以查询事务的状态，控制事务的执行或初始化回滚操作。该接口继承了 3 个接口，分别为 TransactionExecution、SavepointManager 和 Flushable。其中，TransactionExecution 是一个通用的事务状态描述接口，SavepointManager 是用于描述事务中回滚操作的接口，Flushable 接口通过调用 flush()方法，可以将任何缓冲输出写入底层流。DefaultTransaction-Status 是 TransactionStatus 的一个实现类，该实现类中有一个事务操作对象 transaction，根据不同平台的实现方式不同，该对象的取值也不同，比如有 JDBC 的 DataSourceTransaction-Object、Hibernate 的 HibernateTransactionObject、JPA 的 JpaTransactionObject。

```java
public interface TransactionStatus extends TransactionExecution, Savepoint
Manager, Flushable {
    //返回此事务是否在内部携带保存点，即是否已创建为基于保存点的嵌套事务
    boolean hasSavepoint();
    //该方法会将底层会话中的数据刷新到数据库中进行存储
    @Override
    void flush();
}
```

分析完了编程式事务管理的主要接口，我们来看下 Spring 提供的事务管理模板类 TransactionTemplate，该类通过模板设计模式对原始的事务管理进行了封装。该类和其他的 Spring 模板类如 JdbcTempalte 和 HibernateTemplate 的逻辑一样，主要采用回调函数

的方式把应用程序从获取和释放资源的处理中解脱出来。我们可以放心地使用
Transaction- Template，因为它是线程安全的。

```
public class TransactionTemplate extends DefaultTransactionDefinition
        implements TransactionOperations, InitializingBean {
    protected final Log logger = LogFactory.getLog(getClass());
    @Nullable
    private PlatformTransactionManager transactionManager;
    //初始化判断 transactionManager 是否为 null
    @Override
    public void afterPropertiesSet() {
        if (this.transactionManager == null) {
            throw new IllegalArgumentException("Property 'transactionManager'
is required");
        }
    }
    //核心方法，主要通过该方法来控制事务管理
    @Override
    @Nullable
    public <T> T execute(TransactionCallback<T> action) throws Transaction
Exception {
        Assert.state(this.transactionManager != null, "No PlatformTransaction
Manager set");
        if (this.transactionManager instanceof CallbackPreferringPlatform
TransactionManager) {
            return ((CallbackPreferringPlatformTransactionManager) this.
transactionManager).execute(this, action);
        }else {
            TransactionStatus status = this.transactionManager.getTransaction
(this);
            T result;
            try {
                result = action.doInTransaction(status);
            }catch (RuntimeException | Error ex) {
                rollbackOnException(status, ex);
                throw ex;
            }catch (Throwable ex) {
                rollbackOnException(status, ex);
                throw new UndeclaredThrowableException(ex, "Transaction
Callback threw undeclared checked exception");
            }
            this.transactionManager.commit(status);
            return result;
        }
    }
}
```

对于声明式事务管理，最常用的就是@Transactional 注解，该注解可以标注在接口、
接口方法、类和类方法中。如果在方法中使用该注解，则会覆盖类中的定义。由于该注解
对父类继承过来的方法无效，无法通过代理类识别，所以 Spring 官方建议在具体的实现类
或被 public 修饰的方法中使用该注解。在使用默认配置的情况下，基于 Spring 框架的事务
管理只会对运行时未检查异常的情况进行标记，如果发生此类异常，其事务就会回滚。

```
@Target({ElementType.TYPE, ElementType.METHOD})
@Retention(RetentionPolicy.RUNTIME)
@Inherited
@Documented
public @interface Transactional {
    @AliasFor("transactionManager")              //和transactionManager互为别名
    String value() default "";
    @AliasFor("value")
    String transactionManager() default "";      //指定事务管理器的限定符值
    //事务传播类型
    Propagation propagation() default Propagation.REQUIRED;
    Isolation isolation() default Isolation.DEFAULT;    //事务隔离级别
    //事务的超时时间，单位为 s
    int timeout() default TransactionDefinition.TIMEOUT_DEFAULT;
    //如果事务是只读的，允许在运行时进行相应优化
    boolean readOnly() default false;
    //定义零个或多个异常，必须是 Throwable 的子类，指示哪些异常类型导致事务回滚
    Class<? extends Throwable>[] rollbackFor() default {};
    //定义零个或多个异常名称，必须是 Throwable 的子类，指示哪些异常类型导致事务回滚
    String[] rollbackForClassName() default {};
    //定义零个或多个异常，必须是 Throwable 的子类，指示哪些异常类型不导致事务回滚
    Class<? extends Throwable>[] noRollbackFor() default {};
    //定义零个或多个异常名称，必须是 Throwable 的子类，指示哪些异常类型不导致事务回滚
    String[] noRollbackForClassName() default {};
}
```

通过上面的代码可以看出，我们可以使用注解@Transactional 定义传播机制、隔离级别和超时时间，甚至还能控制 checked Exception 和 unchecked Exception 异常是否需要回滚。

现在请读者思考一个问题：在一个类中定义了两个方法 A 和 B，其中只有 B 方法标注了@Transactional 注解，那么通过 A 方法调用内部的 B 方法是否可以触发事务管理呢？

答案是不会，因为内部调用是通过 this 来访问当前对象的方法，即使用的是目标内的对象调用，而不是 Spring 动态生成的代理类调用的 B 方法。

4.7　多数据源配置

一般的项目中使用一个数据库就可以满足需求，但随着业务量的增加，往往需要分库、分表来应对需求变化。因此需要在项目中实现多数据源配置，实现动态切换，读写分离的操作，以保证数据库的稳定性，减少数据库操作的压力。

首先要声明一点，在 Spring Boot 2.0 版本之后，如果想要配置多个数据源，需要对每个数据源的所有配置项进行单独配置，否则配置是不会生效的。Spring 是支持多数据源配置的，可以通过继承 AbstractRoutingDataSource 抽象类重写 determineCurrentLookupKey() 方法，然后从当前线程中获取设置的数据库连接池。

我们先来分析 org.springframework.jdbc.datasource.lookup.AbstractRoutingDataSource 源码，它是在 spring-jdbc-5.2.5.RELEASE.jar 包中。AbstractRoutingDataSource 抽象类继承了 AbstractDataSource 提供的获取数据库连接的方法，同时实现了 InitializingBean 接口，因此需要重写 afterPropertiesSet()方法。代码清单如下：

```
//初始化 Bean 的时候执行
@Override
public void afterPropertiesSet() {
    //判断目标数据源映射是否为 null，如果是则抛出异常
    if (this.targetDataSources == null) {
        throw new IllegalArgumentException("Property 'targetDataSources'
is required");
    }
    //根据 targetDataSources 构建 resolvedDataSources
    this.resolvedDataSources = new HashMap<>(this.targetDataSources.size());
    //遍历 targetDataSources，存储到 resolvedDataSources 中
    this.targetDataSources.forEach((key, value) -> {
        Object lookupKey = resolveSpecifiedLookupKey(key);
        DataSource dataSource = resolveSpecifiedDataSource(value);
            this.resolvedDataSources.put(lookupKey, dataSource);
        });
    if (this.defaultTargetDataSource != null) {
    //如果默认的数据源不为空，则指定对应的数据源实例
  this.resolvedDefaultDataSource = resolveSpecifiedDataSource(this.default
TargetDataSource);
    }
}
```

AbstractRoutingDataSource 抽象类包含 6 个类成员变量，代码清单如下：

```
//实现 DataSource 接口，提供获取数据库连接的方法
public abstract class AbstractRoutingDataSource extends AbstractDataSource
implements InitializingBean {
    //目标数据源的映射，用于存储待切换的多数据源 Bean
    @Nullable
    private Map<Object, Object> targetDataSources;

    @Nullable
    private Object defaultTargetDataSource;          //默认的目标数据源
    private boolean lenientFallback = true;
    //查找数据源接口
    private DataSourceLookup dataSourceLookup = new JndiDataSourceLookup();
    @Nullable
    //默认是 targetDataSources 的备份
    private Map<Object, DataSource> resolvedDataSources;
    //默认是 defaultTargetDataSource 的备份，即改变后的数据源
    @Nullable
    private DataSource resolvedDefaultDataSource;
    …
}
```

通过调用 determineTargetDataSource()方法可以获取目标数据源，然后获取 Connection。

下面具体来看在抽象类中获取数据库连接的方法，代码清单如下：

```java
@Override
public Connection getConnection() throws SQLException {
    return determineTargetDataSource().getConnection();
}
@Override
public Connection getConnection(String username, String password) throws
SQLException {
    return determineTargetDataSource().getConnection(username, password);
}
```

从获取的方法中可以看到，通过调用 determineTargetDataSource() 方法明确当前线程中所要使用的数据源，向外暴露一个 determineCurrentLookupKey() 抽象方法，然后从本地线程变量（ThreadLocal）中获取查找的数据源 key。具体的源码清单如下：

```java
//明确当前的数据源，通过 determineCurrentLookupKey 获取 key
protected DataSource determineTargetDataSource() {
    Assert.notNull(this.resolvedDataSources, "DataSource router not
initialized");
    //返回当前线程事务上下文中的查找数据源 key
    Object lookupKey = determineCurrentLookupKey();
    //从 resolvedDataSources 中获取 DataSource
    DataSource dataSource = this.resolvedDataSources.get(lookupKey);
    //如果都没找到，则返回默认的 resolvedDefaultDataSource
    if (dataSource == null && (this.lenientFallback || lookupKey == null)) {
        dataSource = this.resolvedDefaultDataSource;
    }
    if (dataSource == null) {
    throw new IllegalStateException("Cannot determine target DataSource for
lookup key [" + lookupKey + "]");
    }
    return dataSource;
}
/**
 * 需实现该方法，返回一个 key 值，
 * 依据 key 值在 resolvedDataSources 集合中获取对应的 DataSource 值，用来决定当前的
数据源
 */
@Nullable
protected abstract Object determineCurrentLookupKey();
```

需要注意，配置多数据源后，事务问题可能会失效。由于 AbstractRoutingDataSource 只支持单个数据库事务，所以每次要在切换数据源之后开启一个事务。涉及两个及以上的数据源事务时，需要采用分布式事务方案来处理。目前的分布式事务解决方案有很多种，从资源层面考虑有 JTA 事务，其具有刚性事务、强一致性的特点；从服务层面考虑有 TCC，其具有柔性事务、弱一致性的特点。

多数据源配置可根据多个数据库是否具有相关性来区分，如果没有相关性，一般可以作为两个独立的项目，如果有相关性，为了实现读写分离，需要采用 MHA 搭建的 master-slave 主从复制方式来实现。

4.8　小　　结

　　本章主要介绍了数据库连接池的自动配置，以及 ORM 框架的配置和使用。在 Web 项目中，持久层的开发工作相当重要，它是直接和数据库进行交互的，也就是对数据库的增、删、改、查（CRUD）操作。除此之外，还要注意事务的正确使用。

第 5 章　Spring Boot 构建 RESTful 风格

在 Web 项目开发中常常需要处理各种请求，我们会基于 Spring MVC 框架使用 @RequestMapping 注解来指定请求的实际地址，配置的还是传统的网页请求。但在分布式架构设计的时候往往需要按照规范开发来实现 REST 风格的 Web 服务。

本章主要内容如下：

- 认识 RESTful 架构设计；
- RESTful API 的设计原则；
- 接口文档工具的使用。

5.1　RESTful 简介

REST 是 Representational State Transfer 的缩写，中文意思是表述性状态传递，它是一种分布式应用的架构风格，也是架构设计的约束条件和原则。REST 这个词是由 Roy Thomas Fielding 博士在 2000 年发布的博士论文 "Architectural Styles and the Design of Network-based Software Achitectures" 中提出的，并且他是 HTTP（1.0 版和 1.1 版）的主要设计者、Apache 服务器软件的作者之一、Apache 基金会的第一任主席。

REST 是一套架构约束条件和原则，可以降低开发的复杂性，提高系统的可伸缩性，是一种轻量级、跨平台、跨语言的架构设计风格。只有满足 REST 架构风格的应用程序或设计才是 RESTful。

RESTful 表示一种 Web 应用程序的设计风格和开发方式，主要基于 HTTP 通过 JSON 格式或 XML 格式进行数据交互。使用 RESTful 架构的服务可以分成前端和后端，前端服务只负责视图渲染，后端则为前端服务提供接口，可以进一步理解为是对 MVC 架构的一种改进。与 MVC 架构不同的是，在 RESTful 架构中，请求先从浏览器发送给前端服务器，然后通过 AJAX 函数调用将请求发送给后端服务器，最后将获取的数据在浏览器中进行渲染。

RESTful 架构的主要原则如下：

- 网络上的所有事物都可以被抽象为资源（Resource）；
- 每个资源都有一个唯一的资源标识符（Resource identifier）；
- 同一资源具有多种表现形式（XML、JSON 等）；

- 对资源的各种操作不会改变资源标识符；
- 所有的操作都是无状态的（Stateless）。

其中，每个资源都使用 URI（Universal Resource Identifier，统一资源标识符）得到一个唯一的地址，在 URI 中不能包含动词，因为资源表示一种实体，是名词的代表，动词应该放到 HTTP 中。

我们知道 HTTP 是一个无状态协议，所有状态信息都记录在服务器端，在不依赖任何客户端的情况下，仅通过 HTTP 标准方式访问服务端，使服务端 "状态转化"。也就是说，像 HTML 这种超媒体文档只是表现状态转移的一种形式。

Spring MVC 中提供了对 RESTful 架构的支持，通过@RequestMapping 注解可以指定请求的 URI 模板和 HTTP 请求的动作类型。例如：

```
@RequestMapping(value = "/q/{id}", method = RequestMethod.GET)
```

另外，根据 HTTP 与服务交互的 4 种方式，即 GET、POST、PUT 和 DELETE，Spring MVC 也提供了 4 种注解，分别是@GetMapping、@PostMapping、@PutMapping 和@Delete-Mapping。这 4 种交互方式基本上包含对处理资源 "增、删、改、查" 的操作。一般用 GET 表示查询资源，POST 表示创建资源，PUT 表示更新资源，DELETE 表示删除资源。

除了常用的 Spring MVC 实现外，是否还有其他实现方案呢？当然是有的，请看下节的内容。

5.2　Spring Data REST 实现 REST 服务

Spring Data REST 是 Spring Data 项目的一部分，其核心功能是为 Spring Data 存储库导出资源。Spring Data REST 本身就是 Spring MVC 应用程序，其设计方式可以与现有的 Spring MVC 应用程序轻松集成，易于在 Spring Data 存储库的基础上构建出 REST 风格的 Web 服务。

截至本书定稿之前，Spring Data REST 的最新版本是 3.3.1.RELEASE，它支持 Spring Data JPA、Spring Data MongoDB、Spring Data Neo4j、Spring Data GemFire 及 Spring Data Cassandra 等相关数据存储，可以实现自动转换成对应资源的 REST 服务。

首先构建一个 Spring Boot 应用程序并引入 spring-boot-starter-data-rest 依赖，此时在 Spring Boot 项目中就会包含 Spring Data REST 并会进行自动配置。在 Maven 中的 Spring Boot 依赖配置如下：

```
<!--引入 Spring Data REST-->
<dependency>
    <groupId>org.springframework.boot</groupId>
    <artifactId>spring-boot-starter-data-rest</artifactId>
</dependency>
```

本例中还用到了 JPA 和 H2，分别按如下方式引入相应依赖。

```
<!--引入 Spring Data JPA-->
<dependency>
    <groupId>org.springframework.boot</groupId>
    <artifactId>spring-boot-starter-data-jpa</artifactId>
</dependency>
<!--引入嵌入式数据库 H2-->
<dependency>
    <groupId>com.h2database</groupId>
    <artifactId>h2</artifactId>
</dependency>
```

Spring Data REST 配置信息在名为 RepositoryRestMvcConfiguration 的类中定义，而 Spring Boot 会自动启用配置。如果我们需要自定义配置，可以实现 RepositoryRestConfigurer 接口并覆盖相关的配置。

下面我们来看下一些基本配置，可修改的 Spring Data REST 属性设置如表 5.1 所示。

表 5.1　Spring Data REST属性设置

属　　性	描　　述
basePath	Spring Data REST的根URI
defaultPageSize	每个页面中默认显示的项目数
maxPageSize	单个页面中的最大项目数
pageParamName	指定分页查询的参数名，默认是page
limitParamName	指定限制条数的参数名，默认是size
sortParamName	指定排序使用的参数名，默认是sort
defaultMediaType	未指定时使用的默认媒体类型
returnBodyOnCreate	在创建新实体时是否应返回添加记录
returnBodyOnUpdate	在更新实体时是否应返回修改记录

对于 Spring Boot 1.2 之后的版本，可以在 application.properties 配置文件中设置单个属性来修改资源访问 URI 的根路径，也可以通过配置类进行修改。

```
spring.data.rest.basePath=/api
```

通过 RepositoryDetectionStrategy 接口可以配置存储库暴露策略，在枚举类 Repository-DetectionStrategies 中定义了 4 种策略类型，其中，ALL 表示暴露所有的 Spring Data 存储库，DEFAULT 表示暴露公共接口的存储库或注解@RepositoryRestResource 中明确标注 exported 属性为 true 的存储库，VISIBILITY 表示只暴露公共接口的存储库，ANNOTATED 表示仅暴露被@RepositoryRestResource 或@RestResource 注解标注且设置 exported 属性为 true 的存储库。

创建 config 包，新建配置类 CustomRestMvcConfiguration 实现自定义配置，示例代码如下：

```
@Configuration
public class CustomRestMvcConfiguration {
```

```
    @Bean
    public RepositoryRestConfigurer repositoryRestConfigurer() {
        return new RepositoryRestConfigurer() {
            @Override
            public void configureRepositoryRestConfiguration(RepositoryRest
Configuration config) {
                config.setBasePath("/api");            //将基本路径更改为 /api
                //默认为 DEFAULT，现修改为 ALL
config.setRepositoryDetectionStrategy(RepositoryDetectionStrategy.Repos
itoryDetectionStrategies.ALL);
            }
        };
    }
}
```

创建 domain 包，新建 UserDTO 类表示用户信息，再新建一个 AddressDTO 类表示地址信息，示例代码如下：

```
@Entity
@EntityListeners(AuditingEntityListener.class)
public class UserDTO {
    @Id
    @GeneratedValue
    private Long id;
    private String firstName;
    private String lastName;
    private String sex;
    @JsonIgnore                                //可以隐藏属性
    private String password;
    @CreatedDate
    LocalDateTime createdDate;
    @LastModifiedDate
    LocalDateTime modifiedDate;
    @OneToOne(cascade = CascadeType.ALL, orphanRemoval = true)
    AddressDTO addressDTO;
}
```

AddressDTO 类的示例代码如下：

```
@Entity
public class AddressDTO {
    @GeneratedValue
    @Id
    private Long id;
    private final String street, zipCode, city, state;
    public AddressDTO(String street, String zipCode, String city, String
state) {
        this.street = street;
        this.zipCode = zipCode;
        this.city = city;
        this.state = state;
    }
    public String toString() {
        return String.format("%s, %s %s, %s", street, zipCode, city, state);
    }
}
```

　　创建 dao 包，新建 UserRepository 接口，其可以继承 JpaRepository，也可以继承 Crud-Repository。在 UserRepository 接口中添加注解@RepositoryRestResource，表示将该接口中的方法作为资源导出。然后在接口中添加新的方法，我们可以用@RestResource 标注该方法作为资源导出。具体的示例代码如下：

```
@RepositoryRestResource(collectionResourceRel = "user", path = "user",
excerptProjection = UserDtoExcerpt.class)
public interface UserRepository extends JpaRepository<UserDTO,Long> {
    @RestResource(path = "name",rel = "name")
    List<UserDTO> findByFirstName(@Param("name") String name);
}
```

　　通过注解@Projection 实现域对象的进一步封装映射，示例代码如下：

```
//自定义返回字段属性
@Projection(name = "virtual", types = UserDTO.class)
public interface UserDtoExcerpt {
    String getFirstName();
    String getLastName();
    String getSex();
    @Value("#{target.firstName} #{target.lastName}")
    String getFullName();
    @Value("#{target.addressDTO.toString()}")
    String getAddressDTO();
}
```

　　最后对启动类稍加修改，实现在项目启动成功后向 H2 数据库中写入一笔数据，示例代码如下：

```
@SpringBootApplication
public class SpringbootDataRestApplication {
  public static void main(String[] args) {
    SpringApplication.run(SpringbootDataRestApplication.class, args);
  }
  @Autowired
  private UserRepository userRepository;
   //初始化，向数据库中插入一条数据
  @PostConstruct
  public void init(){
    UserDTO userDTO = new UserDTO();
    userDTO.setId(11);
    userDTO.setSex("man");
    userDTO.setFirstName("Jack");
    userDTO.setLastName("Mr");
    userDTO.setPassword("123456");
    userDTO.setCreatedDate(LocalDateTime.now());
    userDTO.setModifiedDate(LocalDateTime.now());
    userDTO.setAddressDTO(new AddressDTO("the five street", "123456",
"New York", "Y"));
    userRepository.save(userDTO);
  }
}
```

　　启动项目，在浏览器中输入 http://localhost:8080/api/user 进行访问，可以查询到所有数据，返回的数据格式为 JSON，如图 5.1 所示。

图 5.1 查询结果

我们可以通过 Postman 发送 POST 请求向数据库插入数据，如图 5.2 所示。

图 5.2 插入数据

然后切换成 GET 请求，查询刚插入的数据，如图 5.3 所示。

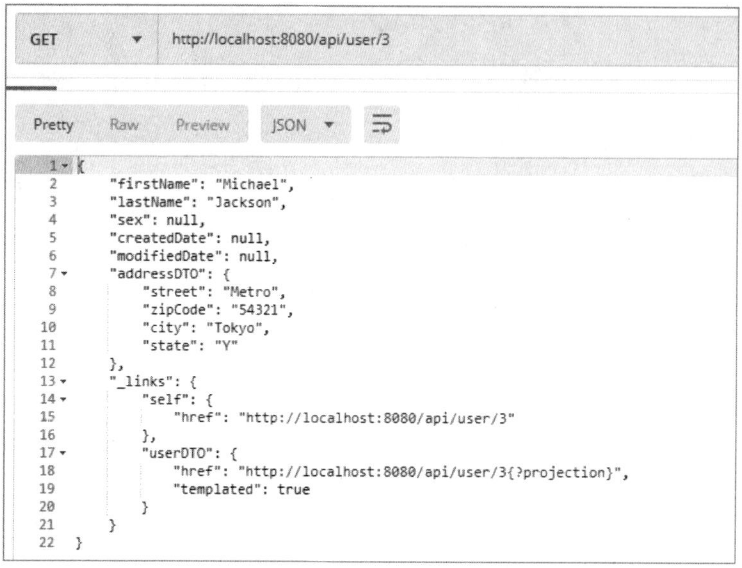

图 5.3　查询单条数据

同样，我们将请求改成 PUT 并修改请求参数，就可以更新数据库中 id=3 的数据，将请求改成 DELETE，就会删除数据库中 id=3 的数据。

思考一下，这样的实现方式是不是很简单？我们无须写 Controller 代码就能自动生成资源路径。但这种方式不适合复杂的业务逻辑，原因是对业务数据的处理不够灵活。

5.3　Swagger 生成 API 文档工具

在前后端分离的大趋势下，无论是前端开发人员还是后端开发人员，或多或少都被接口文档"折磨"过，而且由于开发任务重、时间紧迫，经常陷入版本迭代而接口文档却没有及时更新的窘境。为了解决这一痛点，就有了 Swagger 生成接口文档工具。

Swagger 是一个规范和完整的框架，提供了用于生成、可视化和维护 API 文档的 RESTful 风格的 Web 服务。通过这个开源工具，可以简化用户、团队和企业的 API 开发。

Swagger 的常用注解使用说明如表 5.2 所示。

表 5.2　Swagger的常用注解

注　　解	说　　明
@Api	作用在类中，表示该类是Swagger的资源
@ApiImplicitParam	作用在方法中，表示单独的请求参数

（续）

注　　解	说　　明
@ApiImplicitParams	作用在方法中，包含多个 @ApiImplicitParam
@ApiModel	作用在类中，表示POJO对象
@ApiModelProperty	作用在方法和属性中，表示POJO对象中的属性描述
@ApiOperation	作用在方法中，表示Controller类中的method方法
@ApiParam	作用在方法、参数和属性中，单个参数描述，与@ApiImplicitParam不同
@ApiResponse	作用在方法中，描述单个出参信息
@ApiResponses	作用在类或方法中，描述多个出参信息
@ApiIgnore	作用于类、方法和方法参数中，表示忽略此参数或操作的原因
@Authorization	作用于方法中，定义授权方案
@AuthorizationScope	作用于方法中，描述OAuth2授权作用域

下面我们来学习如何快速集成 Swagger。首先基于 Spring Boot 2.2.6 版本新建项目，在 pom.xml 文件中引入 Swagger 2.9.2 版本依赖，示例代码如下：

```
<!--Swagger 依赖 -->
<dependency>
    <groupId>io.springfox</groupId>
    <artifactId>springfox-swagger2</artifactId>
    <version>2.9.2</version>
</dependency>
<!--Swagger-UI 依赖 -->
<dependency>
    <groupId>io.springfox</groupId>
    <artifactId>springfox-swagger-ui</artifactId>
    <version>2.9.2</version>
</dependency>
```

其中，springfox-swagger-ui 依赖包中主要是 HTML、CSS 和 JS 等资源文件。

创建 config 配置包并新建 SwaggerConfig 配置类，在该类中添加@Configuration 注解，使用@EnableSwagger2 注解开启 Swagger 2 功能。另外，可以通过 spring.swagger.enable 属性控制开启或关闭 Swagger 2 的功能。

```
@Configuration
@EnableSwagger2                          //声明启动 Swagger2
//声明属性是否可用
@ConditionalOnProperty(name = "spring.swagger.enable", havingValue =
"true", matchIfMissing=true)
public class SwaggerConfig {
    //注入 Docket，添加扫描的包路径
    @Bean
    public Docket customDocket() {
        return new Docket(DocumentationType.SWAGGER_2)
                //ApiInfo用于描述 API 文件的基础信息
                .apiInfo(new ApiInfoBuilder()
```

```
                                //标题
                                .title("Swagger2 文档")
                                //描述
                                .description("Rest 风格接口")
                                //版本号
                                .version("1.0.0")
                                .build()).select()
            //定义扫描的 Swagger 接口包路径
            .apis(RequestHandlerSelectors.basePackage("com.mohai.one.springbootswagger.controller"))
                            //所有路径都满足这个条件
                            .paths(PathSelectors.any()).build();
    }
}
```

在 application.properties 配置文件中添加 spring.swagger.enable=true 属性。

创建 domain 包，新建 UscrDTO 数据模型对象，用于展示注解@ApiModel 和@ApiModel-Property 的用法，示例代码如下：

```
@ApiModel(description="用户对象 user")
public class UserDTO {
    @ApiModelProperty(value="用户 id")
    private int id;
    @ApiModelProperty(value="用户名",name="username")
    private String username;
    @ApiModelProperty(value="登录时间")
    @JsonFormat(pattern = "yyyy-MM-dd HH:mm:ss")
    private Date loginTime;
    //省略 get 和 set 方法
}
```

创建 controller 包，新建 IndexController 类，用于展示@Api、@ApiOperation、@ApiParam 和@ApiImplicitParam 等注解的用法，示例代码如下：

```
@RestController
@Api("页面首页")
public class IndexController {
    @ApiOperation("欢迎页面")
    @GetMapping("/index")
    @ApiImplicitParam(name = "name",value = "姓名",dataType = "String")
    public String index(String name){
        return "Welcome " + name + " to my site";
    }
    @ApiOperation("更新用户信息")
    @PostMapping("/updateUserInfo")
    public UserDTO updateUserInfo(@RequestBody  @ApiParam(name="用户对象",
value="传入 json 格式",required=true) UserDTO user){
        UserDTO userDTO = new UserDTO();
        userDTO.setId(user.getId());
        userDTO.setUsername("test");
        userDTO.setLoginTime(new Date());
        return userDTO;
```

```
    }
}
```

集成完成后启动项目，在浏览器中访问 http://localhost:8080/swagger-ui.html，结果如图 5.4 所示。

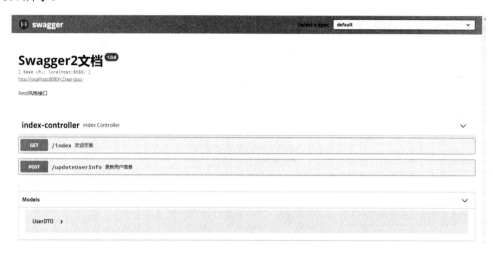

图 5.4　Swagger 访问页面

如果将 spring.swagger.enable 配置成 false，重新启动项目，然后再刷新一下页面，会发现一个错误提示，如图 5.5 所示。

图 5.5　Swagger 错误提示

看完 Swagger 的集成配置后，下面我们来分析@EnableSwagger2 注解主要干了什么事情。先来看注解的源码清单：

```
@Retention(value = java.lang.annotation.RetentionPolicy.RUNTIME)
@Target(value = { java.lang.annotation.ElementType.TYPE })
@Documented
@Import({Swagger2DocumentationConfiguration.class})
public @interface EnableSwagger2 {
}
```

可以很清楚地看到，源码中引入了 Swagger2DocumentationConfiguration 配置类。再来看该类的具体逻辑，代码清单如下：

```
@Configuration
@Import({ SpringfoxWebMvcConfiguration.class, SwaggerCommonConfiguration.
class })
@ComponentScan(basePackages = {"springfox.documentation.swagger2.mappers"})
@ConditionalOnWebApplication
public class Swagger2DocumentationConfiguration {
  @Bean
  public JacksonModuleRegistrar swagger2Module() {
    return new Swagger2JacksonModule();
  }
  @Bean
  public HandlerMapping swagger2ControllerMapping(Environment environment,
      DocumentationCache documentationCache,
      ServiceModelToSwagger2Mapper mapper,JsonSerializer jsonSerializer) {
    return new PropertySourcedRequestMappingHandlerMapping(
        environment,
        new Swagger2Controller(environment, documentationCache, mapper,
jsonSerializer));
  }
}
```

在配置类中又引入了 SpringfoxWebMvcConfiguration 和 SwaggerCommonConfiguration 配置类，通过@ComponentScan 注解自动扫描 springfox.documentation.swagger2.mappers 包中的 Bean 并注入容器中。注解@ConditionalOnWebApplication 表示该配置类只能在当前项目是 Web 应用时才会加载。在配置类中注入了 Swagger2JacksonModule 和 PropertySourced-RequestMappingHandlerMapping 类型的 Bean。

Springfox 集成 MVC 的核心配置类就是 SpringfoxWebMvcConfiguration，在该配置类中通过注解@EnablePluginRegistries 实现了基于 spring-plugin-core 插件机制的整合，配合注解@ComponentScan 自动扫描完成 Swagger 相关插件的注入。所有的插件最终由 DocumentationPluginsManager 类进行管理，DocumentationPluginsBootstrapper 会调用 start() 方法扫描整个项目并生成对应的 API 信息，然后缓存在 DocumentationCache 类的 map 成员变量中。

5.4　小　　结

本章主要介绍了 Web 开发中的 API 接口规范及使用 RESTful 架构的主要原则，并对 REST 的概念进行了解读，帮助读者理解 REST 式 Web 服务。另外还介绍了 API 文档生成工具 Swagger 的使用，该工具可自动生成 API 文档，方便程序员开发和测试。

第 6 章　Spring Boot 整合 NoSQL

在高速发展的信息时代，随着每天产生的数据越来越多，传统的关系型数据库在超大规模的数据存储及高并发场景下已经显得力不从心，无法满足服务需求。顺势产生的 NoSQL 不但可以解决大数据应用的难题，而且还可以提升系统的性能。本章将分别介绍 Redis 和 MongoDB 这两种比较流行的非关系型数据库。

本章主要内容如下：

- Redis 简介与基本使用过程（学习多种数据类型的存储）；
- MongoDB 简介与基本使用过程（了解其主要适合的应用场景）；
- 通过代码示例演示如何配置和使用 Redis 与 MongoDB。

6.1　NoSQL 简介

本节将介绍 NoSQL 的起源及它与传统的关系型数据库的差异。

NoSQL 一词首次出现是在 20 世纪 90 年代末，作为一个开源的关系型数据库的名字。因为该数据库不是以 SQL 为查询语言，所以起名为 NoSQL。

在 NoSQL 没有出现之前，传统的 RDBMS 在高并发和大数据场景下会出现各种问题。首先是在高并发的场景中，当数据库处于高负荷运转时，关系型数据库的性能会遇到瓶颈，这个时候的数据库操作会变得更加费时，再应付上万次 SQL 写数据请求，硬盘 I/O 就无法承受了；其次是无法对海量数据进行高效存储和访问，在一张数据量为亿级别的表中执行一个 SQL 查询，效率是非常低的；最后是无法满足数据库的高可扩展性和高可用性，当站点用户量和访问量剧增时就需要集群来解决问题，但传统的 RDBMS 由于要支持 join 和 union 等操作，不支持分布式集群，不能通过添加更多的硬件和服务节点来扩展性能和负载能力，往往需要停机维护或进行数据迁移。

NoSQL 泛指非关系型数据库，具有 key-value 存储和文档数据库的优点。它与传统的关系型数据库相比，主要区别是无法保证关系型数据库的 ACID 特性。NoSQL 数据库基于 BASE 特性，只需要满足可用性及一致性即可，原则上主要包括：基本可用（Basically Available）、软状态（Soft-state）或柔性事务、最终一致性（Eventual Consistency）。

NoSQL 主要分为列存储、文档存储、key-value 存储、图存储、对象存储和 XML 数据存储。

🔔 说明：RDBMS 是指关系数据库管理系统（Relational Database Management System，RDBMS）

总的来说，NoSQL 具有高扩展性、分布式计算、低成本、灵活的架构、半结构化数据等优势，可以解决传统的 RDBMS 无法解决的一些问题。

6.2　集成 Redis 数据库

本节首先介绍 Redis 的基本概念，让读者了解多种类型的数据结构存储方式，只有了解了这些基础知识，才能掌握 Spring Boot 与 Redis 整合的方法与使用技巧。

6.2.1　Redis 简介

Redis（Remote Dictionary Server）是一个由 Salvatore Sanfilippo 写的 key-value 存储系统。它是一个开源的、支持网络交互、可基于内存亦可持久化的日志型 key-value 数据库，还提供多种语言的 API。Redis 基于一种事件模型，其内核是用标准的 ANSI C 语言写成的。它以主从（Master-Slave）复制为基础，通过 Redis 哨兵（Sentinel）和自动分区（Cluster 集群）提供高可用性（High Availability）。

Redis 的主要特点是支持数据持久化（通过 RDB 和 AOF 方式），可以将内存中的数据保存在磁盘中，重启的时候再次加载到内存中继续使用。它还支持数据的备份，支持多种类型的数据结构，如字符串、散列、列表、集合和有序集合等，同时对这些类型都支持原子操作。

下面主要介绍 Redis 最常用的值类型：

- 字符串（String）：最基本的数据类型，它是二进制安全的，一个键所能存储的最大容量为 512MB。
- 列表（List）：按插入顺序排序的字符串列表。其通过链表（Linked List）实现，列表最多可以包含 $2^{32}-1$ 个元素。常用操作有 LPUSH、RPUSH 和 LRANGE 等。
- 集合（Set）：不重复且无序的字符串元素的集合，通过哈希表实现，最大成员数为 $2^{32}-1$ 个。
- 有序集合（Sorted Set）：有序的且不允许有重复成员的集合，也称作 Zset。有序集合中每个字符串元素都关联一个称为 score（分数）的浮动数值。集合的元素通过 score 进行排序，并且 score 可以重复，最大成员数为 $2^{32}-1$ 个。
- 哈希（Hash）：用于存储键值对的集合。在 Hash 中可以设置多个 field-value（域-值）对，其中 field 表示存储的字段，value 表示字段对应的值，它们都是字符串类型。Hash 特别适合用来存储对象，每个 Hash 可以存储 $2^{32}-1$ 个键值对，约 40 亿个。

另外，在 Redis 2.8.9 版本中添加了 HyperLogLog 结构，用来作为基数统计的算法。

关于 Redis 的下载与安装，本节不再详细介绍，读者可自行到 Redis 官网（https://redis.io/download）下载。

6.2.2　Redis 应用案例

本节将通过几个案例（如通过 RedisTemplate 操作 Redis，以及如何切换客户端使用 Jedis 来操作 Redis）来介绍 Redis 集成与高阶使用。

Spring Boot Data Redis 依赖于 Jedis 或 Lettuce，本质上是对 Redis 客户端的封装，提供一套与客户端无关的 API，以便可以轻松地将一个 Redis 切换到另一个客户端，而不需要修改业务代码。Spring Boot 1.0 版本默认使用的是 Jedis 客户端，Spring Boot 2.0 版本默认使用的是 Lettuce 客户端。虽然它们两个都是连接 Redis 服务的客户端，但它们的连接方式不同，Jedis 是直连服务，Lettuce 是通过 Netty 连接。

注意：Jedis 客户端实例不是线程安全的，因此需要通过连接池来使用 Jedis，不支持异步。而 Lettuce 基于 Netty 框架的事件驱动进行通信连接（StatefulRedisConnection），其方法调用是异步的，而且使用 Lettuce 的 API 是线程安全的。

在讲述案例之前，先介绍 Redis 的使用规范，只有严格按照规范进行开发，才能达到事半功倍的效果。

- key 键名设计：要保证命名的简洁性，同时达到可读性和可管理性。最好使用统一的命名模式，不要使用特殊字符。
- value 值设计：不要使用特别大的键，目的是减少网络流量。String 类型控制在 10KB 以内，Hash、List、Set 和 Zset 的元素个数不要超过 5000 个。注意选择合适的数据类型进行存储，控制好失效时间，避免大量数据同时失效。

1. 案例1：使用RedisTemplate安全操作Redis

我们先来了解 Spring 是如何封装 Redis 操作的。Spring Data Redis 是 Spring Data 大家族的一部分，支持在 Spring 应用中通过简单的配置访问 Redis 服务，其对 Reids 底层开发包进行了高度封装，支持所有的 Redis 原生的 API。在 org.springframework.data.redis.core 包中，RedisTemplate 提供了对 Redis 的各种操作、异常处理及序列化的方法，支持发布订阅功能，并对 Spring 3.1 的 Cache（缓存）进行了实现。相对于 Jedis 来说，RedisTemplate 比 Jedis 多了自动管理连接池的功能，方便与其他 Spring 框架进行搭配使用。

对于 RedisTemplate 类，它提供了大量的通用接口，按操作的数据类型大致分为以下几种，如表 6.1 所示。

表 6.1　Redis操作视图接口

接　　口	描　　述
GeoOperations	Redis的地理空间操作，如GEOADD和GEORADIUS等
HashOperations	Redis的哈希操作
HyperLogLogOperations	Redis的HyperLogLog操作，如PFADD和PFCOUNT等
ListOperations	Redis的列表操作
SetOperations	Redis的无序集合操作
ValueOperations	Redis的字符串（或值）操作
ZSetOperations	Redis的有序集合操作

以上几种操作视图还有对应的绑定操作，如 BoundHashOperations 和 BoundGeo-Operations 等，通过绑定指定 key 的方式可以操作对应类型的数据。有时为了方便使用，可以直接向容器中注入各种类型的操作对象。

下面笔者直接通过在线方式创建一个项目（在线地址为 https://start.spring.io/），使用的 Spring Boot 版本为 2.2.6。单击 ADD DEPENDENCIES 按钮搜索 Redis，选择 Spring Data Redis（Access+Driver）依赖，再搜索 Web，选择 Spring Web 依赖，单击 GENERATE 按钮，就会自动下载文件，如图 6.1 所示。

图 6.1　在线创建项目

将文件解压后导入 IDEA 开发工具中，配置 Maven 仓库，等待 IDEA 构建好项目。其中，自动引入的依赖如下：

```
<!-- 依赖 Spring Boot Data Redis -->
<dependency>
```

```
    <groupId>org.springframework.boot</groupId>
    <artifactId>spring-boot-starter-data-redis</artifactId>
</dependency>
```

其实，此时可以直接在代码中注入 RedisTemplate。为什么 RedisTemplate 可以直接注入呢？我们回顾下 Spring Boot 的自动配置功能。Spring Boot 项目启动后，通过 org.spring-framework.boot.autoconfigure.data.redis.RedisAutoConfiguration 类会自动注入 RedisTemplate。我们直接通过代码来理解 RedisTemplate 的自动注入原理，下面是笔者截取的部分源码：

```
@Configuration(proxyBeanMethods = false)
//在 classpath 下存在 RedisOperations 类
@ConditionalOnClass(RedisOperations.class)
//开启 RedisProperties 属性值注入
@EnableConfigurationProperties(RedisProperties.class)
//导入 LettuceConnectionConfiguration 和 JedisConnectionConfiguration 配置类
@Import({ LettuceConnectionConfiguration.class, JedisConnectionConfiguration.
class })
public class RedisAutoConfiguration {
    @Bean
    //当容器中没有名字为 redisTemplate 类型的 Bean 时注入
    @ConditionalOnMissingBean(name = "redisTemplate")
    public RedisTemplate<Object, Object> redisTemplate(RedisConnection
Factory redisConnectionFactory)    throws UnknownHostException {
        RedisTemplate<Object, Object> template = new RedisTemplate<>();
        template.setConnectionFactory(redisConnectionFactory);
        return template;
    }
    @Bean
    //当容器中没有 StringRedisTemplate 类型的 Bean 时注入
    @ConditionalOnMissingBean
    public StringRedisTemplate stringRedisTemplate(RedisConnectionFactory
redisConnectionFactory) throws UnknownHostException {
        StringRedisTemplate template = new StringRedisTemplate();
        template.setConnectionFactory(redisConnectionFactory);
        return template;
    }
}
```

我们先从注解开始分析。前面讲过@Configuration 注解的使用，在默认情况下 Spring 会通过 CGLIB 的方式对有这个注解的对象进行增强。而现在@Configuration 注解中的 proxyBeanMethods 属性为 false，表示不对其进行增强校验处理，而默认情况下这个属性值就是 true，此处仅仅是标识为一个配置类，并注入 Spring IoC 容器中。注解@Conditional-OnClass(RedisOperations.class)提供了一个条件化的加载机制，它与@Configuration 一起使用，表示当类路径下存在 RedisOperations 的实现类，即应用中存在 Redis 相关操作时激活该配置类。@EnableConfigurationProperties(RedisProperties.class)表示将 RedisProperties 配置类注入容器中。@Import({ LettuceConnectionConfiguration.class, JedisConnectionConfiguration. class })注解的功能是导入这两个配置文件，实现根据导入的 jar 包来判断是用 Lettuce 还是用 Jedis 作为 Redis 的 Java 客户端开发包。一般会优先选择 LettuceConnectionConfiguration

配置类加载。

先来看下 JedisConnectionConfiguration 配置类，代码清单如下：

```
@Configuration(proxyBeanMethods = false)
//当 classpath 路径下存在 GenericObjectPool、JedisConnection 和 Jedis 类时加载
@ConditionalOnClass({ GenericObjectPool.class, JedisConnection.class,
Jedis.class })
class JedisConnectionConfiguration extends RedisConnectionConfiguration {
    @Bean
    //当容器中没有 RedisConnectionFactory 类型的 Bean 时加载
    @ConditionalOnMissingBean(RedisConnectionFactory.class)
    JedisConnectionFactory redisConnectionFactory(
        ObjectProvider<JedisClientConfigurationBuilderCustomizer> builder
Customizers) throws UnknownHostException {
        return createJedisConnectionFactory(builderCustomizers);
    }
    //构建 JedisConnectionFactory 的私有方法
    private JedisConnectionFactory createJedisConnectionFactory(
        ObjectProvider<JedisClientConfigurationBuilderCustomizer>
builderCustomizers) {
        //Jedis 的 Redis 客户端配置类接口
        JedisClientConfiguration clientConfiguration = getJedisClient
Configuration(builderCustomizers);
        //判断是否配置了 Sentinel 哨兵模式
        if (getSentinelConfig() != null) {
            return new JedisConnectionFactory(getSentinelConfig(), client
Configuration);
        }
        //判断是否配置了 Cluster 集群模式
        if (getClusterConfiguration() != null) {
            return new JedisConnectionFactory(getClusterConfiguration(),
clientConfiguration);
        }
        //如果都没有使用标准的配置模式则返回 JedisConnectionFactory
        return new JedisConnectionFactory(getStandaloneConfig(), client
Configuration);
    }
    //获取客户端配置 JedisClientConfiguration
    private JedisClientConfiguration getJedisClientConfiguration(
        ObjectProvider<JedisClientConfigurationBuilderCustomizer>
builderCustomizers) {
    JedisClientConfigurationBuilder builder = applyProperties(JedisClient
Configuration.builder());
        //获取连接池配置
        RedisProperties.Pool pool = getProperties().getJedis().getPool();
        if (pool != null) {
            //设置连接池
            applyPooling(pool, builder);
        }
        //如果 URL 不为空，则从 URL 中获取配置
        if (StringUtils.hasText(getProperties().getUrl())) {
            customizeConfigurationFromUrl(builder);
        }
```

```
    //遍历自定义回调接口
    builderCustomizers.orderedStream().forEach((customizer) -> customizer.
customize(builder));
        return builder.build();
    }
    //为 Jedis 客户端配置类创建者赋值属性
    private JedisClientConfigurationBuilder applyProperties(JedisClient
ConfigurationBuilder builder) {
        //判断是否开启 SSL 配置
        if (getProperties().isSsl()) {
            builder.useSsl();
        }
        //判断是否配置 timeout 参数
        if (getProperties().getTimeout() != null) {
            Duration timeout = getProperties().getTimeout();
            builder.readTimeout(timeout).connectTimeout(timeout);
        }
        //判断是否配置 clientName 参数
        if (StringUtils.hasText(getProperties().getClientName())) {
            builder.clientName(getProperties().getClientName());
        }
        return builder;
    }
    //应用连接池配置
    private void applyPooling(RedisProperties.Pool pool,
            JedisClientConfiguration.JedisClientConfigurationBuilder builder) {
        //设置 usePooling 为 true，并设置 poolConfig
        builder.usePooling().poolConfig(jedisPoolConfig(pool));
    }
    //组装 Jedis 连接池配置返回 JedisPoolConfig 实例
    private JedisPoolConfig jedisPoolConfig(RedisProperties.Pool pool) {
        JedisPoolConfig config = new JedisPoolConfig();
        config.setMaxTotal(pool.getMaxActive());
        config.setMaxIdle(pool.getMaxIdle());
        config.setMinIdle(pool.getMinIdle());
        if (pool.getTimeBetweenEvictionRuns() != null) {
      config.setTimeBetweenEvictionRunsMillis(pool.getTimeBetween
EvictionRuns().toMillis());
        }
        if (pool.getMaxWait() != null) {
            config.setMaxWaitMillis(pool.getMaxWait().toMillis());
        }
        return config;
    }
    //URL 解析判断是否开启 SSL
    private void customizeConfigurationFromUrl(JedisClientConfiguration.
JedisClientConfigurationBuilder builder) {
        //根据 URL 判断是否以 "rediss://" 开始，如果是，则开启 SSL
        ConnectionInfo connectionInfo = parseUrl(getProperties().getUrl());
        if (connectionInfo.isUseSsl()) {
            builder.useSsl();
        }
    }
}
```

再来看下 LettuceConnectionConfiguration 配置类，代码清单如下：

```java
@Configuration(proxyBeanMethods = false)
//当 classpath 路径下存在 RedisClient 类时加载
@ConditionalOnClass(RedisClient.class)
class LettuceConnectionConfiguration extends RedisConnectionConfiguration {
    //通过@Bean 指定销毁方法 shutdown()
    @Bean(destroyMethod = "shutdown")
    //当容器中没有 ClientResources 类型的 Bean 时加载
    @ConditionalOnMissingBean(ClientResources.class)
    DefaultClientResources lettuceClientResources() {
        //返回默认的 DefaultClientResources
        return DefaultClientResources.create();
    }
    @Bean
    //当容器中没有注册 RedisConnectionFactory 类型的 Bean 时加载
    @ConditionalOnMissingBean(RedisConnectionFactory.class)
    LettuceConnectionFactory redisConnectionFactory(
        ObjectProvider<LettuceClientConfigurationBuilderCustomizer>
builderCustomizers,
        ClientResources clientResources) throws UnknownHostException {
        //Lettuce 的 Redis 客户端配置类接口
        LettuceClientConfiguration clientConfig = getLettuceClient
Configuration(builderCustomizers, clientResources,
                getProperties().getLettuce().getPool());
        return createLettuceConnectionFactory(clientConfig);
    }
    //构建 LettuceConnectionFactory 的私有方法
    private LettuceConnectionFactory createLettuceConnectionFactory
(LettuceClientConfiguration clientConfiguration) {
        //判断是否配置了 Sentinel 哨兵模式
        if (getSentinelConfig() != null) {
            return new LettuceConnectionFactory(getSentinelConfig(), client
Configuration);
        }
        //判断是否配置了 Cluster 集群模式
        if (getClusterConfiguration() != null) {
        return new LettuceConnectionFactory(getClusterConfiguration(),
clientConfiguration);
        }
        //如果都没有使用标准的配置模式，则返回 LettuceConnectionFactory
        return new LettuceConnectionFactory(getStandaloneConfig(), client
Configuration);
    }
    //获取客户端配置 LettuceClientConfiguration
    private LettuceClientConfiguration getLettuceClientConfiguration(
            ObjectProvider<LettuceClientConfigurationBuilderCustomizer>
builderCustomizers, ClientResources clientResources, Pool pool) {
        LettuceClientConfigurationBuilder builder = createBuilder(pool);
        applyProperties(builder);
        //如果 URL 不为空，则从 URL 中获取配置
        if (StringUtils.hasText(getProperties().getUrl())) {
            customizeConfigurationFromUrl(builder);
```

```
        }
        //设置客户端资源实例
        builder.clientResources(clientResources);
    //遍历自定义回调接口
    builderCustomizers.orderedStream().forEach((customizer) -> customizer.
customize(builder));
        return builder.build();
    }
    //通过 pool 构建 LettuceClientConfigurationBuilder
    private LettuceClientConfigurationBuilder createBuilder(Pool pool) {
        //如果 pool 为空, 则返回默认的 LettuceClientConfigurationBuilder 实例
        if (pool == null) {
            return LettuceClientConfiguration.builder();
        }
        //通过连接池构建 LettuceClientConfigurationBuilder
        return new PoolBuilderFactory().createBuilder(pool);
    }
    //为 Lettuce 客户端配置类创建者赋值属性
    private LettuceClientConfigurationBuilder applyProperties(
            LettuceClientConfiguration.LettuceClientConfigurationBuilder
builder) {
        //判断是否开启 SSL 配置
        if (getProperties().isSsl()) {
            builder.useSsl();
        }
        //判断是否配置 timeout 参数
        if (getProperties().getTimeout() != null) {
            builder.commandTimeout(getProperties().getTimeout());
        }
        //如果 Lettuce 不为 null, 则设置 shutdownTimeout
        if (getProperties().getLettuce() != null) {
            RedisProperties.Lettuce lettuce = getProperties().getLettuce();
        if (lettuce.getShutdownTimeout() != null && !lettuce.getShutdown
Timeout().isZero()) {
            builder.shutdownTimeout(getProperties().getLettuce().get
ShutdownTimeout());
            }
        }
        //判断是否配置 clientName 参数
        if (StringUtils.hasText(getProperties().getClientName())) {
            builder.clientName(getProperties().getClientName());
        }
        return builder;
    }
    //URL 解析判断是否开启 SSL
    private void customizeConfigurationFromUrl(LettuceClientConfiguration.
LettuceClientConfigurationBuilder builder) {
        //根据 URL 判断是否以 "rediss://" 开始, 如果是, 则开启 SSL
        ConnectionInfo connectionInfo = parseUrl(getProperties().getUrl());
        if (connectionInfo.isUseSsl()) {
            builder.useSsl();
        }
```

```
    }
}
```

通过对比可以看出，两个客户端的配置过程有很多相似的地方，不同的客户端都会注入 RedisConnectionFactory 连接工厂类，两个配置类也都继承自 RedisConnectionConfiguration 抽象类。简单分析一下 RedisConnectionFactory 抽象类的功能，代码清单如下：

```java
abstract class RedisConnectionConfiguration {
    private final RedisProperties properties;              //Redis 配置属性类
    //Sentinel 配置类
    private final RedisSentinelConfiguration sentinelConfiguration;
    //Cluster 配置类
    private final RedisClusterConfiguration clusterConfiguration;
    //获取标准的配置类 RedisStandaloneConfiguration
    protected final RedisStandaloneConfiguration getStandaloneConfig() {
        RedisStandaloneConfiguration config = new RedisStandalone
Configuration();
        if (StringUtils.hasText(this.properties.getUrl())) {
            ConnectionInfo connectionInfo = parseUrl(this.properties.
getUrl());
            config.setHostName(connectionInfo.getHostName());
            config.setPort(connectionInfo.getPort());
            config.setPassword(RedisPassword.of(connectionInfo.getPassword()));
        }else {
            config.setHostName(this.properties.getHost());
            config.setPort(this.properties.getPort());
            config.setPassword(RedisPassword.of(this.properties.getPassword()));
        }
        config.setDatabase(this.properties.getDatabase());
        return config;
    }
    //获取 Sentinel 配置类 RedisSentinelConfiguration
    protected final RedisSentinelConfiguration getSentinelConfig() {
        if (this.sentinelConfiguration != null) {
            return this.sentinelConfiguration;
        }
        RedisProperties.Sentinel sentinelProperties = this.properties.
getSentinel();
        if (sentinelProperties != null) {
            RedisSentinelConfiguration config = new RedisSentinel
Configuration();
            config.master(sentinelProperties.getMaster());
            config.setSentinels(createSentinels(sentinelProperties));
            if (this.properties.getPassword() != null) {
                config.setPassword(RedisPassword.of(this.properties.getPassword()));
            }
            config.setDatabase(this.properties.getDatabase());
            return config;
        }
        return null;
    }
    //如果有必要的话，创建一个 RedisClusterConfiguration；如果没有配置 cluster，
      则返回 null
    protected final RedisClusterConfiguration getClusterConfiguration() {
```

```
        if (this.clusterConfiguration != null) {
            return this.clusterConfiguration;
        }
        if (this.properties.getCluster() == null) {
            return null;
        }
        RedisProperties.Cluster clusterProperties = this.properties.
getCluster();
RedisClusterConfiguration config = new RedisClusterConfiguration(cluster
Properties.getNodes());
        if (clusterProperties.getMaxRedirects() != null) {
            config.setMaxRedirects(clusterProperties.getMaxRedirects());
        }
        if (this.properties.getPassword() != null) {
            config.setPassword(RedisPassword.of(this.properties.getPassword()));
        }
        return config;
    }
    //获取 RedisProperties
    protected final RedisProperties getProperties() {
        return this.properties;
    }
    //创建哨兵节点信息返回 List<RedisNode>，格式必须是 "127.0.0.1:26379"
    private List<RedisNode> createSentinels(RedisProperties.Sentinel sentinel) {
        List<RedisNode> nodes = new ArrayList<>();
        for (String node : sentinel.getNodes()) {
            try {
                String[] parts = StringUtils.split(node, ":");
                Assert.state(parts.length == 2, "Must be defined as
'host:port'");
                nodes.add(new RedisNode(parts[0], Integer.valueOf(parts[1])));
            }catch (RuntimeException ex) {
            throw new IllegalStateException("Invalid redis sentinel
property '" + node + "'", ex);
            }
        }
        return nodes;
    }
    //解析 URL 返回 ConnectionInfo 对象
    protected ConnectionInfo parseUrl(String url) {
        try {
            URI uri = new URI(url);
            boolean useSsl = (url.startsWith("rediss://"));
            String password = null;
            if (uri.getUserInfo() != null) {
                password = uri.getUserInfo();
                int index = password.indexOf(':');
                if (index >= 0) {
                    password = password.substring(index + 1);
                }
            }
            return new ConnectionInfo(uri, useSsl, password);
        }catch (URISyntaxException ex) {
            throw new IllegalArgumentException("Malformed url '" + url + "'", ex);
        }
```

```
    }
    //代码省略
}
```

我们再回到 RedisAutoConfiguration 自动配置类中，可以看到，在该类中通过@Bean 在容器中定义了两个 Bean，它们分别是 RedisTemplate 和 StringRedisTemplate，在代码中可以用这两个模板类来操作 Redis。RedisTemplate 默认的序列化实现类为 Jdk-SerializationRedisSerializer，而 StringRedisTemplate 默认的序列化实现类为 StringRedis-Serializer。但要特别注意的是，使用 StringRedisTemplate 向 Redis 中写入数据后，再用 Redis-Template 是读不到的，因为这两个组件的 key 与 value 的序列化方式不一样。如果我们存取的数据只是字符串类型，使用 StringRedisTemplate 是很方便的，但如果是复杂的对象数据，应该选择使用 RedisTemplate。

虽然 Spring Boot 默认在容器中生成了一个 RedisTemplate 和一个 StringRedisTemplate 模板类，但是 RedisTemplate 的泛型是<Object,Object>，非常不利于代码编写，需要写很多类型转换代码，正常情况下只需要一个泛型为<String,Object>形式的 RedisTemplate 即可。另外，在 RedisAutoConfiguration 类的 redisTemplate()方法中有@ConditionalOnMissing-Bean 注解，说明如果在 Spring 容器中有了 RedisTemplate 对象就不会再去实例化，因此我们可以自己写一个配置类来定义 RedisTemplate。

从框架的角度分析，Redis 存储的数据仅为字节。虽然 Redis 支持多种数据类型，但只是指数据的存储方式而不是数据的表示方式，因此常常需要开发者将其转为字符串或对象形式。在 org.springframework.data.redis.serializer 包中也提供了各种序列化实现类。

重新写一个配置类，修改 RedisTemplate 的序列化方式，采用 Jackson2JsonRedis-Serializer 实现，示例代码如下：

```
@Configuration
public class RedisConfig {
    //配置自定义 RedisTemplate
    @Bean
    public RedisTemplate<String, Object> redisTemplate(RedisConnection
Factory redisConnectionFactory) {
        // 创建一个 RedisTemplate 对象
        RedisTemplate<String, Object> template = new RedisTemplate<>();
        // 设置连接工厂
        template.setConnectionFactory(redisConnectionFactory);
        // 创建 Jackson2JsonRedisSerializer 序列化类
        Jackson2JsonRedisSerializer serializer = new Jackson2JsonRedis
Serializer(Object.class);
        ObjectMapper mapper = new ObjectMapper();   // 自定义 ObjectMapper
    // 指定要序列化的域和可见性
    //ALL 表示可以访问所有的属性，包括被 private 和 public 修饰的属性
    mapper.setVisibility(PropertyAccessor.ALL, JsonAutoDetect.Visibility.ANY);
        // 指定序列化输入类型，整个类除 final 外的属性信息都需要被序列化和反序列化
    mapper.activateDefaultTyping(LaissezFaireSubTypeValidator.instance ,
      ObjectMapper.DefaultTyping.NON_FINAL, JsonTypeInfo.As.WRAPPER_ARRAY);
        serializer.setObjectMapper(mapper);
```

```
        // 使用 StringRedisSerializer 来序列化和反序列化 Redis 的 key 值
        template.setKeySerializer(new StringRedisSerializer());
        // 使用 Jackson2JsonRedisSerializer 来序列化和反序列化 Redis 的 value 值
        // 默认用的是 JDK 序列化
        template.setValueSerializer(serializer);
        //配置 Hash 的 key、value 序列化
        template.setHashKeySerializer(new StringRedisSerializer());
        template.setHashValueSerializer(serializer);
        template.afterPropertiesSet();              // 初始化操作
        return template;
    }
}
```

我们也可以直接在配置类 RedisConfig 中注入不同类型的数据操作对象，示例代码如下：

```
//对 Hash 类型的数据操作
@Bean
public HashOperations<String, String, Object> hashOperations(RedisTemplate
<String, Object> redisTemplate) {
    return redisTemplate.opsForHash();
}
//对列表类型的数据操作
@Bean
public ListOperations<String, Object> listOperations(RedisTemplate<String,
Object> redisTemplate) {
    return redisTemplate.opsForList();
}
//对无序集合类型的数据操作
@Bean
public SetOperations<String, Object> setOperations(RedisTemplate<String,
Object> redisTemplate) {
    return redisTemplate.opsForSet();
}
//对字符串类型的数据操作
@Bean
public ValueOperations<String, Object> valueOperations(RedisTemplate<String,
Object> redisTemplate) {
    return redisTemplate.opsForValue();
}
//对有序集合类型的数据操作
@Bean
public ZSetOperations<String, Object> zSetOperations(RedisTemplate<String,
Object> redisTemplate) {
    return redisTemplate.opsForZSet();
}
```

笔者在代码中使用Jackson2JsonRedisSerializer来实现对value值的序列化和反序列化，key 值使用 StringRedisSerializer 进行序列化和反序列化。在 Spring Data Redis 依赖包中还提供了 GenericJackson2JsonRedisSerializer 类来进行序列化和反序列化。它们的区别主要是GenericJackson2JsonRedisSerializer 支持带泛型的数据，但是执行效率低，内存占用高。

org.springframework.data.redis.hash 包中提供了复杂对象映射到哈希的方法，通过接口 HashMapper 实现。常用的几种实现方式有 BeanUtilsHashMapper、Jackson2HashMapper 和 ObjectHashMapper 等。

org.springframework.data.redis.listener 包中提供了 Redis 消息发布与订阅功能，消息监听器容器 RedisMessageListenerContainer 从 Redis 通道接收消息并将 MessageListener 注入当前通道中，MessageListener 负责消息的接收和分派处理。

其实，在 spring-boot-autoconfigure-2.2.6.RELEASE.jar 包中，已经通过 org.springframework. boot.autoconfigure.data.redis.RedisProperties 属性类为 Redis 的部分属性提供了默认值，从而实现自动配置功能，达到开箱即用的效果。如果要修改相应的参数值，则需要通过外部文件注入相应的属性值。我们来看下框架源码 RedisProperties 类具体做了些什么，代码清单如下：

```
//配置属性，从外部文件进行读取，参数前缀为 spring.redis
@ConfigurationProperties(prefix = "spring.redis")
public class RedisProperties {
    //设置 Redis 数据库索引，默认为 0，表示第一个索引
    private int database = 0;
    //连接 URL，包含主机、端口和密码，用户名被忽略
    private String url;  // 例如 redis://user:password@example.com:6379
    private String host = "localhost"; // Redis 服务器主机
    private String password;            // Redis 服务器的登录密码
    private int port = 6379;            // Redis 服务器的端口，默认为 6379
    private boolean ssl;                //是否启用 SSL 支持
    private Duration timeout;           //连接超时
    private String clientName; //在具有 CLIENT SETNAME 的连接上设置客户端名称
    private Sentinel sentinel; //Redis Sentinel 属性，哨兵模式
    private Cluster cluster;            //Redis Cluster 属性，集群模式
    private final Jedis jedis = new Jedis();        //Jedis 客户端
    private final Lettuce lettuce = new Lettuce();  //Lettuce 客户端
    //省略 get 和 set 方法
    ...
```

下面是连接池的属性配置，主要由 Jedis 和 Lettuce 两个客户端持有。

```
//连接池属性
public static class Pool {
    //池中"空闲"连接的最大数量，如果使用负值，则表示空闲连接的数量不受限制
    private int maxIdle = 8;
    /**
     * 池中要维护的最小空闲连接数，minIdle 的默认值为 0
     * 经过一段时间间隔后，连接就会被回收，再次请求时需要重新建立连接
     */
    private int minIdle = 0;
    //池中在给定时间内可以分配的最大连接数，如果使用负值则表示无限制
    private int maxActive = 8;
    //当池中连接数耗尽时，连接分配在引发异常之前应等待的最长时间，如果使用负值可无限
      期阻塞
```

```
    private Duration maxWait = Duration.ofMillis(-1);
    /**
     * 每隔多长时间运行一次空闲连接回收器，单位为 ms
     */
    private Duration timeBetweenEvictionRuns;
    //省略 get 和 set 方法
}
```

Redis 的集群和哨兵模式的属性配置如下：

```
// Cluster 属性
public static class Cluster {
    //以逗号分隔的"主机:端口"对列表表示集群节点的"初始"列表，并且至少有一个节点
    private List<String> nodes;
    //当跨集群执行命令时，需要遵循的最大重定向数
    private Integer maxRedirects;
    //省略 get 和 set 方法
}
// Redis Sentinel 属性
public static class Sentinel {
    // Redis 服务器的名称
    private String master;
    //以逗号分隔的"主机:端口"对列表
    private List<String> nodes;
    //省略 get 和 set 方法
}
```

Redis 客户端根据 JedisConnectionConfiguration 和 LettuceConnectionConfiguration 的加载条件实现自动配置，它会分别获取 Jedis 和 Lettuce 的属性配置。具体使用哪个客户端就要看实际场景了，一般情况下会用到 Lettuce 客户端。

```
// Jedis 客户端属性
public static class Jedis {
    // Jedis 连接池配置
    private Pool pool;
    //省略 get 和 set 方法
}
// Lettuce 客户端属性
public static class Lettuce {
    //停止服务超时时间
    private Duration shutdownTimeout = Duration.ofMillis(100);
    // Lettuce 连接池配置
    private Pool pool;
    //省略 get 和 set 方法
}
```

通过前面的学习，我们知道注解@ConfigurationProperties 的大致作用就是把 Properties 或者 YML 配置文件直接转成对象。Spring Boot 已经为我们提供了读取配置文件的属性对象，并为部分属性提供了默认值，从源码中也可以看出，RedisProperties 类中包含支持 Jedis 和 Lettuce 这两种客户端的配置。

通过分析源码，我们知道了在配置文件中可以配置哪些参数。接下来看下配置文件

application.properties，注意也可使用 YML 配置文件，代码清单如下：

```
#Redis 数据库索引（默认为 0）
spring.redis.database=0
#Redis 服务器地址（默认为 localhost）
spring.redis.host=127.0.0.1
#Redis 服务器连接端口（默认为 6379）
spring.redis.port=6379
#Redis 服务器连接密码（默认为空）
spring.redis.password=
#连接超时时间（ms）
spring.redis.timeout=3600
#是否使用 SSL，默认为 false
spring.redis.ssl=false
```

其中：

- database 属性：Redis 数据库的索引值。Redis 的数据库个数是可以配置的，默认为 16 个，即 16 个数据库，索引值为 0～15。默认存储的数据库为 0。
- host 属性：Redis 服务器地址。
- port 属性：Redis 服务器连接端口。
- password 属性：Redis 服务器连接密码。
- timeout 属性：连接服务器超时时间，单位为 ms。
- ssl 属性：判断是否开启 SSL 连接方式，如果开启，则在创建连接时使用 SSLConnection。

如果要修改配置连接池信息，则需要判断当前 jar 包中依赖的客户端是哪一个。Lettuce 的客户端配置信息示例如下：

```
#连接池最大阻塞等待时间（使用负值表示没有限制），默认值为-1
spring.redis.lettuce.pool.max-wait=-1
#连接池最大连接数（使用负值表示没有限制），默认值为 8
spring.redis.lettuce.pool.max-active=8
#连接池中的最大空闲连接，默认值为 8
spring.redis.lettuce.pool.max-idle=8
#连接池中的最小空闲连接，默认值为 0
spring.redis.lettuce.pool.min-idle=0
```

Jedis 客户端的配置信息示例如下：

```
#连接池最大阻塞等待时间，单位为 ms（使用负值表示没有限制）
spring.redis.jedis.pool.max-wait=3600
#连接池最大连接数（使用负值表示没有限制），默认值为 8
spring.redis.jedis.pool.max-active=8
#连接池中的最大空闲连接，默认值为 8
spring.redis.jedis.pool.max-idle=8
#连接池中的最小空闲连接，默认值为 0
spring.redis.jedis.pool.min-idle=0
```

通过自定义 RedisConfig 配置类和 application.properties 文件中的配置参数，Redis 的简单集成工作就完成了。下面通过单元测试的方式来展示如何通过 RedisTemplate 操作 Redis 的各种数据类型，示例代码如下：

```
@SpringBootTest
class SpringbootDataRedisApplicationTests {
    @Autowired
    private RedisTemplate redisTemplate;
    @Test
    public void testString(){
        //获取 Redis 字符串操作实例
        ValueOperations vo = redisTemplate.opsForValue();
        vo.set("name","风清扬");
        String name = vo.get("name").toString();
        System.out.println("name:"+name);
        redisTemplate.expire("name",60, TimeUnit.SECONDS);    //设置 60s 过期
    }
    @Test
    public void testList(){
        List<String> list1 = new ArrayList<>();
        list1.add("1");
        list1.add("2");
        list1.add("3");
        List<String> list2 = new ArrayList<>();
        list2.add("a");
        list2.add("b");
        list2.add("c");
        //获取 Redis 列表操作实例
        ListOperations listOperations = redisTemplate.opsForList();
        listOperations.leftPush("lList1",list1);
        listOperations.rightPush("rList2",list2);
        //由于获取的遍历方向不同，所以效率也不同
        //最好是 leftPush 用 leftPop 遍历，rightPush 用 rightPop 遍历
        List<String> redisList1 = (List<String>) listOperations.leftPop("lList1");
        List<String> redisList2 = (List<String>) listOperations.rightPop
("rList2");
        System.out.println("redisList1:"+redisList1);
        System.out.println("redisList2:"+redisList2);
        redisTemplate.expire("lList1",60, TimeUnit.SECONDS);  //设置 60s 过期
        redisTemplate.expire("rList2",60, TimeUnit.SECONDS);
    }
    @Test
    public void testSet(){
        //获取 Redis 集合操作实例
        SetOperations setOperations = redisTemplate.opsForSet();
        setOperations.add("one","1","2","3");       //为集合 key 添加多个值
        setOperations.add("one","4","5","6","3");
        setOperations.remove("one","4");            //移除集合中的多个 value 值
        Set set = setOperations.members("one");    //获取集合中的所有元素
        System.out.println("set:"+set);
        redisTemplate.expire("one",60, TimeUnit.SECONDS);       //设置 60s 过期
    }
    @Test
    public void testSortedSet(){
        //获取 Redis 集合操作实例
        ZSetOperations zSetOperations = redisTemplate.opsForZSet();
        //新增一个有序集合，向集合中添加数据，如果添加成功则返回 true
```

```
        zSetOperations.add("zone","1",1d);
        zSetOperations.add("zone","2",2d);
        zSetOperations.add("zone","3",3d);
        zSetOperations.add("zone","4",4d);
        zSetOperations.add("zone","5",5d);
        zSetOperations.add("zone","6",6d);
        zSetOperations.remove("zone","4");              //从有序集合中移除一个元素
        //给指定元素加分
        Double score = zSetOperations.incrementScore("zone", "3", 2);
        //返回有序集合中指定成员的排名，按成员分数值递增(从小到大)的顺序排列
        Long rank = zSetOperations.rank("zone","3");
        //通过指定索引区间，返回有序集合中指定区间内的成员
        //其中，有序集合的成员按分数值递增(从小到大)的顺序排列，-1 为返回全部
        Set rangeSet = zSetOperations.range("zone",0,-1);
        //通过指定索引区间，返回有序集合中指定区间内的成员
        //其中，有序集合的成员按分数值递减(从大到小)的顺序排列
        Set reverseRangeSet = zSetOperations.reverseRange("zone",0,1);
        System.out.println("score:"+score);
        System.out.println("rank:"+rank);
        System.out.println("rangeSet:"+rangeSet);
        System.out.println("reverseRangeSet:"+reverseRangeSet);
        redisTemplate.expire("zone",60, TimeUnit.SECONDS);    //设置 60s 过期
    }
    @Test
    public void testHash(){
        Map map = new HashMap<>();
        map.put("name","风清扬");
        map.put("sex","男");
        map.put("age",99);
        //获取 Redis 哈希操作实例
        HashOperations hashOperations = redisTemplate.opsForHash();
        hashOperations.putAll("aMap",map);              //将 map 放入 Redis
        hashOperations.put("aMap","tel","6666666");     //put 直接覆盖之前的数据
        //putIfAbsent 只会在 key 对应的 value 不存在时存入并返回 null
        hashOperations.putIfAbsent("aMap","name","逍遥子");
        //通过 key 获取存储的 map 对象
        Map entriesMap = hashOperations.entries("aMap");
        //获取 Redis 中存入 map 的 value 集合
        List valuesList = hashOperations.values("aMap");
        //获取 Redis 中存入 map 的 key 集合
        Set keysSet = hashOperations.keys("aMap");
        //获取 Redis 中存入的 map 中 name 的值
        String nameVal = hashOperations.get("aMap","name").toString();
        Long mapSize = hashOperations.size("aMap");
        System.out.println("entriesMap:"+entriesMap);
        System.out.println("valuesList:"+valuesList);
        System.out.println("keysSet:"+keysSet);
        System.out.println("nameVal:"+nameVal);
        System.out.println("mapSize:"+mapSize);
        redisTemplate.expire("aMap",60, TimeUnit.SECONDS);    //设置 60s 过期
    }
}
```

🔔 注意：在 Redis 中相同的 key 不能存储不同类型的数据，否则会报 WRONGTYPE Operation against a key holding the wrong kind of value 异常。

2. 案例2：切换Jedis客户端访问Redis

看完上面的案例，我们再来看一下使用 Jedis 客户端实现 Redis 的操作。虽然在多线程中共享一个 Jedis 实例是线程不安全的，同时每个线程都独有一个 Jedis 实例，还会导致在连接增多时消耗大量的物理资源，因此我们还是要学习 Jedis 的使用，它是 Redis 官方首选的 Java 客户端。由于 Spring Boot 2.x.x 以上版本默认的连接池是 Lettuce，而这里采用 Jedis，所以需要排除 Lettuce 的 jar，再添加 Jedis 的依赖和 commons-pool2 依赖。pom.xml 文件的内容如下：

```xml
<!-- 依赖 Spring Boot Data Redis -->
<dependency>
    <groupId>org.springframework.boot</groupId>
    <artifactId>spring-boot-starter-data-redis</artifactId>
    <exclusions>
        <exclusion>
        <groupId>io.lettuce</groupId>
        <artifactId>lettuce-core</artifactId>
        </exclusion>
    </exclusions>
</dependency>
<!--对象池化组件，配合 Java 客户端的 JedisPool 使用-->
<dependency>
    <groupId>org.apache.commons</groupId>
    <artifactId>commons-pool2</artifactId>
</dependency>
<!-Jedis 的 jar 包-->
<dependency>
    <groupId>redis.clients</groupId>
    <artifactId>jedis</artifactId>
    <version>3.3.0</version>
</dependency>
```

🔔 注意：spring-data-redis 和 Jedis 之间存在版本对应关系，需要 Redis 2.6 或更高版本。

我们可以通过下面的代码实现与 Redis 的连接，通过 Jedis 对象直接操作 Redis，大部分方法名和 Redis 命令一样。

```java
//连接本地 Redis 服务
Jedis jedis = new Jedis("localhost");
//查看服务是否运行
System.out.println("服务正在运行: "+jedis.ping());
```

使用 Jedis 驱动包连接 Redis 操作时，为了防止资源浪费，减少初始化连接的资源消耗，一般会对获取连接操作进行池化。我们可以使用 JedisPool 连接池来获取 Jedis 对象，这样还能保证线程安全。新建一个配置类，向容器中注入 JedisPool 类型的 Bean，示例代码如下：

```
@Configuration
public class JedisConfig {
    @Autowired
    private JedisConnectionFactory jedisConnectionFactory;
    //创建 JedisPool
    @Bean
    public JedisPool redisPool() {
        JedisPool jedisPool = new JedisPool(jedisConnectionFactory.getPool
Config());
        return jedisPool;
    }
}
```

然后就可以在单元测试类中注入 JedisPool 类了。针对不同的数据类型，使用 jedisPool#getResource() 获取的 Jedis 实例向 Redis 服务器发送相关的指令操作，最后调用 jedis#close() 方法释放连接，示例代码如下：

```
@SpringBootTest
class SpringbootDataRedisApplicationTests1 {
    @Autowired
    private JedisPool jedisPool;
    @Test
    void contextLoads() {
        Jedis jedis = new Jedis("localhost");
        System.out.println(jedis);
        System.out.println("服务正在运行: "+jedis.ping()); //查看服务是否运行
        Set<String> keys = jedis.keys("*");              // 获取数据并输出
        Iterator<String> it=keys.iterator() ;
        while(it.hasNext()){
            String key = it.next();
            System.out.println(key);
        }
jedis.close();
    }
    @Test
    public void testString(){
        Jedis jedis = jedisPool.getResource(); //获取 Redis 字符串操作实例
        jedis.set("name","风清扬");
        jedis.expire("name",60);
        String name = jedis.get("name");
        System.out.println("name:"+name);
        jedis.close();                              //将 Jedis 实例归还给 JedisPool
    }
    @Test
    public void testList(){
        Jedis jedis = jedisPool.getResource(); //获取 Redis 字符串操作实例
        jedis.lpush("list", "IE");
        jedis.lpush("list", "Chrome");
        jedis.lpush("list", "Firefox");
        // 从列表中获取 start 到 stop 之间的元素
        List<String> list = jedis.lrange("list", 0 ,2);
```

```
        //遍历输出
        for(int i=0; i<list.size(); i++) {
            System.out.println("列表项为: "+list.get(i));
        }
        jedis.close();                          //将 Jedis 实例归还给 JedisPool
    }
    @Test
    public void testSet(){
        Jedis jedis = jedisPool.getResource(); //获取 Redis 字符串操作实例
        jedis.sadd("set","R","G","B");
        jedis.sadd("set","H","A","I");
        jedis.sadd("set","H","A","I");
        Set<String> set = jedis.smembers("set");
        //遍历输出
        for(String str : set){
            System.out.println("集合项为: "+str);
        }
        jedis.close();                          //将 Jedis 实例归还给 JedisPool
    }
    @Test
    public void testSortedSet(){
        Jedis jedis = jedisPool.getResource(); //获取 Redis 字符串操作实例
        jedis.zadd("zset",1d,"R");
        jedis.zadd("zset",2d,"G");
        jedis.zadd("zset",3d,"B");
        jedis.zadd("zset",3d,"B");
        jedis.zadd("zset",4d,"H");
        jedis.zadd("zset",5d,"A");
        jedis.zadd("zset",6d,"I");
        Long num = jedis.zcard("zset");     // 获取有序集合的成员数
        System.out.println("成员数: "+num);
        jedis.zincrby("zset",7d,"G");       // 给指定成员的分数加上增量
        // 返回有序集合中指定成员的索引
        Long index = jedis.zrank("zset","G");
        System.out.println("索引: "+index);
        // 通过索引区间返回有序集合指定区间内的成员、元素和分数
        Set<Tuple> zset = jedis.zrangeWithScores("zset",0,10);
        //遍历输出
        for(Tuple tuple : zset){
            System.out.println("有序集合项为:"+tuple.getScore() + ":"+tuple.
getElement());
        }
        jedis.close();                          //将 Jedis 实例归还给 JedisPool
    }
    @Test
    public void testHash(){
        Map map = new HashMap<>();
        map.put("name","风清扬");
        map.put("sex","男");
        map.put("age","99");
        Jedis jedis = jedisPool.getResource(); //获取 Redis 字符串操作实例
        jedis.hmset("hmap",map);                        //将 map 设置到哈希表 key 中
```

```
                   //将哈希表 key 中的字段 field 的值设为 value
                   jedis.hset("hmap","tel","6666666");
                   //字段 field 不存在时，设置哈希表字段的值
                   jedis.hsetnx("hmap","name","逍遥子");
                   jedis.hdel("hmap","age");            //删除一个或多个哈希表字段
                   //获取 hmap 哈希表中所有字段的列表
                   Set<String> keysSet = jedis.hkeys("hmap");
                   //获取 hmap 哈希表中所有值的列表
                   List<String> valuesList = jedis.hvals("hmap");
                   //获取 hmap 哈希表中指定字段 name 的值
                   String nameVal = jedis.hget("hmap","name");
                   Long mapSize = jedis.hlen("hmap"); //获取哈希表中的字段数量
                   System.out.println("valuesList:"+valuesList);
                   System.out.println("keysSet:"+keysSet);
                   System.out.println("nameVal:"+nameVal);
                   System.out.println("mapSize:"+mapSize);
                   jedis.close();                     //将 Jedis 实例归还给 JedisPool
               }
       }
```

3. 案例3：RedisTemplate的高级操作

本案例主要介绍两点：Redis 的事务和批量操作。在 Redis 中默认提供了 multi、exec 和 discard 命令进行事务操作，但我们可以直接使用 RedisTemplate 执行事务操作。默认情况下事务是被禁用的，任何 Redis 操作是不包含事务的，都需要显式地开启事务 setEnable-TransactionSupport(true)。事务开启后，RedisConnection 会被强制绑定到当前线程中并对写操作进行排队，只读（readOnly）操作会使用新的 RedisConnection 连接处理操作。如果需要 Spring 容器来管理事务，则需要定义一个配置类，然后在类中添加@EnableTransaction-Management 注解启用声明式事务管理，注入 PlatformTransactionManager 使用关系数据库的事务，最后配合@Transactional 注解实现声明式事务管理。我们也可以自己手动处理事务提交与回滚，请看下面的代码示例：

```
@Test
public void testTransaction() throws Exception{
    //需要主动设置开始事务，可在配置类中统一设置
    stringRedisTemplate.setEnableTransactionSupport(true);
    try{
        stringRedisTemplate.multi();          // 开启事务
        stringRedisTemplate.opsForValue().set("key", "value");
        stringRedisTemplate.opsForValue().set("key","value_new");
        int n = 1/0 ;                         //模拟异常
        stringRedisTemplate.exec();           // 提交事务
    }catch (Exception e){
        stringRedisTemplate.discard();        // 回滚事务
    }finally {
        stringRedisTemplate.expire("key",5, TimeUnit.SECONDS); //设置失效时间
    }
    System.out.println(stringRedisTemplate.opsForValue().get("key"));
}
```

如果我们不关心多个命令的执行结果，可以批量发送命令，无须等待答复，这样可以提高程序的性能。利用 StringRedisTemplate 可以使用标准的 execute()和 executePipelined()方法回调 RedisCallback 或 SessionCallback 发送命令，并将结果返回。另外需要注意 RedisCallback 类中重写方法的返回值必须是 null，具体的示例代码如下：

```
@Test
public void testExecuteTransaction(){
    //测试事务
    List<Object> txResults = (List<Object>) stringRedisTemplate.execute(new
SessionCallback<List<Object>>() {
        public List<Object> execute(RedisOperations operations) throws
DataAccessException {
            try {
                operations.multi();                // 开启事务
                operations.opsForSet().add("key", "value1");
                operations.opsForSet().add("key", "value2");
                return operations.exec();          // 返回事务中所有操作的结果
            } catch (Exception e) {
                operations.discard();
                e.printStackTrace();
            }
            return null;
        }
    });
    System.out.println("返回的结果数量: " + txResults.get(0));
    stringRedisTemplate.expire("key",5,TimeUnit.SECONDS);
}
@Test
public void testExecute(){
    //测试 execute 方法
    stringRedisTemplate.execute(new RedisCallback() {
        @Override
        public Object doInRedis(RedisConnection connection) throws DataAccess
Exception {
            connection.set("name".getBytes(),"逍遥子".getBytes());
            connection.set("age".getBytes(),"23".getBytes());
            return null;
        }
    });
    System.out.println(stringRedisTemplate.opsForValue().get("name"));
    System.out.println(stringRedisTemplate.opsForValue().get("age"));
    stringRedisTemplate.expire("name",5,TimeUnit.SECONDS);
    stringRedisTemplate.expire("age",5,TimeUnit.SECONDS);
}
@Test
public void testExecutePipelined(){
    //从队列中弹出指定数量的元素
    List<Object> results = stringRedisTemplate.executePipelined(
        new RedisCallback<Object>() {
            public Object doInRedis(RedisConnection connection) throws Data
AccessException {
                StringRedisConnection stringRedisConn = (StringRedisConnection)
```

```
connection;
        stringRedisConn.rPush("queue_","00001");
        stringRedisConn.rPush("queue_","00002");
        stringRedisConn.rPush("queue_","00003");
        stringRedisConn.rPush("queue_","00004");
        for(int i=0; i< 2; i++) {
            stringRedisConn.rPop("queue_");
        }
        return null;
    }
});
System.out.println(stringRedisTemplate.opsForList().range("queue_",0,-1));
stringRedisTemplate.expire("queue_",5,TimeUnit.SECONDS);
}
```

6.2.3　Redis 集群

要想使用 Redis 集群，需要 Redis Server 版本在 3.0 以上。目前，Redis 的 3 种集群模式主要分为 master-slave（主从）模式、sentinel（哨兵）模式和 cluster（集群）模式。这 3 种模式的工作机制不同，因此它们的优势也不同。主从模式是最简单的，其缺点也很明显，就是 master 节点挂掉后，Redis 就无法对外提供写数据的服务了。其机制就是对 master 节点进行读写操作，然后将变化的数据自动同步到多个 slave 节点上。每个 slave 节点只能对应一个 master 节点，slave 节点主动向 master 节点发送同步（SYN）命令，master 节点接收到命令后会保存快照文件和在保存快照文件时间内新增的命令，然后发送给各个 slave 节点进行数据同步。如果 master 节点挂掉了，不会在 slave 节点中重新推选一个 master 节点，也不会影响 slave 节点的读服务。

sentinel 模式是为解决主从模式的弊端而设计的。在主从模式上实现主备切换，当 master 节点挂掉后，sentinel 会从 slave 节点中选择一个节点作为 master 节点，并修改它们的配置文件，将 slaveof 属性指向新的 master。多个 sentinel 之间也会自动监控，每个 sentinel 以每秒一次的频率向 master、slave 和其他 sentinel 发送 PING 命令。如果有 master 实例在一定时间范围内没有回复 PONG，其时间超过了配置属性 down-after-milliseconds 的值，则其会被主观地（单方面地）标记为下线，等待其他 sentinel 都确认 master 为主观下线了，则该 master 就会被标记为客观下线，此时就会触发 failover 主备切换。得到授权的 sentinel 如果成功地进行了故障转移，它就会把最新的配置信息通过广播的形式通知给其他的 sentinel 进行 master 的配置更新。哨兵模式架构如图 6.2 所示。

一般的生产需求直接使用 sentinel 模式就可达到高可用性。但随着业务量的增长，用户数据的暴增，迫切需要一个能够实现自动扩容的功能。通过 cluster-enable 属性配置即可开启 cluster 模式，通过虚拟槽分区，按照分区规则将数据分到若干个子集中，这样每个节点只需要维护一部分数据槽及槽中保存的键值对数据即可。当节点扩容时，只需要对数据槽重新分配迁移即可。在 Redis 集群中，虚拟槽的长度为 16384，该值为固定的，因此每个节点最多可以拥有 16384 个 slot。当客户端访问任意节点时，对键按照 CRC16 规则进行

Hash 校验，再将运算结果和 16384 进行取余计算。如果余数在当前访问的节点管理的数据槽内，则直接返回对应的数据，倘若不在，则通知客户端去正确的节点中获取。

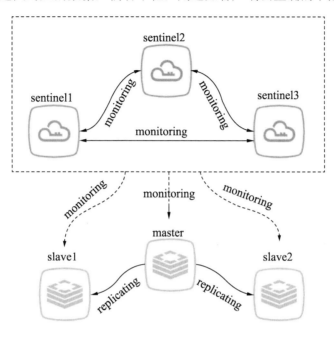

图 6.2　哨兵模式架构

熟悉了三种模式的机制后，下面来看下在项目中如何配置使用。对于 sentinel 模式和 cluster 模式，分别需要进行如下配置：

```
#配置哨兵属性
spring.redis.sentinel.master           #主节点名称
spring.redis.sentinel.nodes            #以逗号分隔的"主机：端口"对列表
#使用 Redis Sentinel 进行身份验证时要应用的密码
spring.redis.sentinel.password
#配置集群属性
spring.redis.cluster.nodes             #以逗号分隔的"主机：端口"对列表
spring.redis.cluster.max-redirects     #允许的集群重定向数
```

来看下这两种模式分别对应的配置类信息。先看 RedisSentinelConfiguration 类，代码清单如下：

```
//Redis 哨兵配置类
public class RedisSentinelConfiguration implements RedisConfiguration,
SentinelConfiguration {
    //对应配置文件中的属性
    private static final String REDIS_SENTINEL_MASTER_CONFIG_PROPERTY =
"spring.redis.sentinel.master";
    private static final String REDIS_SENTINEL_NODES_CONFIG_PROPERTY =
"spring.redis.sentinel.nodes";
    private static final String REDIS_SENTINEL_PASSWORD_CONFIG_PROPERTY =
```

```
"spring.redis.sentinel.password";
    private @Nullable NamedNode master;              //节点名
    private Set<RedisNode> sentinels;                //哨兵节点
    private int database;
    private RedisPassword dataNodePassword = RedisPassword.none();
    private RedisPassword sentinelPassword = RedisPassword.none();
    //无参构造器
    public RedisSentinelConfiguration() {
        this(new         MapPropertySource("RedisSentinelConfiguration",
Collections.emptyMap()));
    }
    /**
     * 指定主机端口组合构造 RedisSentinelConfiguration
     * 例如: sentinelHostAndPorts[0] = 127.0.0.1:23679
     * sentinelHostAndPorts[1] = 127.0.0.1:23680 ...
     */
    public RedisSentinelConfiguration(String master, Set<String> sentinel
HostAndPorts) {
        this(new MapPropertySource("RedisSentinelConfiguration", asMap
(master, sentinelHostAndPorts)));
    }
    //从 PropertySource 中查找值构造 RedisSentinelConfiguration
    public RedisSentinelConfiguration(PropertySource<?> propertySource) {
        Assert.notNull(propertySource, "PropertySource must not be null!");
        this.sentinels = new LinkedHashSet<>();
        //读取 master 主节点名称
    if (propertySource.containsProperty(REDIS_SENTINEL_MASTER_CONFIG
_PROPERTY)) {
        this.setMaster(propertySource.getProperty(REDIS_SENTINEL_MASTER_CONFIG
_PROPERTY).toString());
    }
        //以逗号分隔的"主机: 端口"对列表
        if
(propertySource.containsProperty(REDIS_SENTINEL_NODES_CONFIG_PROPERTY))
{
            appendSentinels(
    commaDelimitedListToSet(propertySource.getProperty(REDIS_SENTINEL_
NODES_CONFIG_PROPERTY).toString()));
        }
        //使用 Redis Sentinel 进行身份验证时要应用的密码
    if (propertySource.containsProperty(REDIS_SENTINEL_PASSWORD_CONFIG_
PROPERTY)) {
        this.setSentinelPassword(propertySource.getProperty(REDIS_SENTINEL_
PASSWORD_CONFIG_PROPERTY).toString());
        }
    }
    //代码省略
}
```

集群模式的配置类 RedisClusterConfiguration 的代码清单如下：

```
//Redis 集群配置类
public class RedisClusterConfiguration implements RedisConfiguration,
ClusterConfiguration {
```

```
    //对应配置文件中的属性
    private static final String REDIS_CLUSTER_NODES_CONFIG_PROPERTY =
"spring.redis.cluster.nodes";
    private static final String REDIS_CLUSTER_MAX_REDIRECTS_CONFIG_PROPERTY
= "spring.redis.cluster.max-redirects";
    private Set<RedisNode> clusterNodes;          //集群节点
    private @Nullable Integer maxRedirects;       //最大的重定向数
    private RedisPassword password = RedisPassword.none();
    //无参构造器
    public RedisClusterConfiguration() {
        this(new MapPropertySource("RedisClusterConfiguration", Collections.
emptyMap()));
    }
    /**
     * 指定主机端口组合构造 RedisClusterConfiguration
     * 例如：clusterHostAndPorts[0] = 127.0.0.1:23679
     * clusterHostAndPorts[1] = 127.0.0.1:23680 ...
     */
    public RedisClusterConfiguration(Collection<String> clusterNodes) {
        this(new MapPropertySource("RedisClusterConfiguration", asMap
(clusterNodes, -1)));
    }
    //从 PropertySource 中查找值构造 RedisClusterConfiguration
    public RedisClusterConfiguration(PropertySource<?> propertySource) {
        notNull(propertySource, "PropertySource must not be null!");
        this.clusterNodes = new LinkedHashSet<>();
    if (propertySource.containsProperty(REDIS_CLUSTER_NODES_CONFIG_
PROPERTY)) {
            appendClusterNodes(
    commaDelimitedListToSet(propertySource.getProperty(REDIS_CLUSTER_
NODES_CONFIG_PROPERTY).toString()));
        }
    if(propertySource.containsProperty(REDIS_CLUSTER_MAX_REDIRECTS_CONFIG_
PROPERTY)) {
        this.maxRedirects = NumberUtils.parseNumber(
    propertySource.getProperty(REDIS_CLUSTER_MAX_REDIRECTS_CONFIG_PROPERTY).
toString(), Integer.class);
        }
    }
}
```

sentinel 和 cluster 这两种模式的配置类统一在 RedisConnectionConfiguration 配置类中引用，可以支持多种客户端的配置使用。关于 Redis 的集群部署过程本节不再展开介绍，读者可通过其他途径进行学习。

6.3　集成 MongoDB 数据库

本节学习文档存储数据库 MongoDB，主要介绍其基本的操作命令和应用集成配置等，并通过简单的案例进行演示。

6.3.1　MongoDB 简介

MongoDB 是基于分布式文件存储的数据库，它是用 C++语言编写的，具有高性能、可扩展、容易部署和使用简单等优点。可以说它是一个文档数据库，为 Web 应用提供了高性能、可扩展的文件存储解决方案。MongoDB 中存储的文档数据结构都是 BSON 格式，有点类似于 JSON 对象的二进制存储格式，该格式支持对复杂的数据类型的存储。MongoDB 中内置了 GridFS 可以实现文件存储功能。此外，MongoDB 还支持丰富的查询表达式，可以动态查询，快速检索文档中内嵌的对象和数组，还支持自动分片和扩展能力。

MongoDB 可谓非关系型数据库中功能最丰富的，它是面向集合的数据库，每个集合相当于关系数据库中的表，但不需要定义任何模式（Schema）。此外，它不仅支持类似于单表查询的大部分功能，还支持对数据建立索引。基于它的强大的功能，很多公司在实际应用中已经开始使用 MongoDB 数据库了。

MongoDB 官方提供了多种语言的驱动程序，Java 开发者可以方便地使用。Spring 也将 MongoDB 集成到了 Spring Data 项目中，Spring Data MongoDB 就是其子项目。Spring Boot 中也提供了自动配置的功能。Spring Data MongoDB 的关键功能就是以 POJO 为中心模型，通过 MongoTemplate 模板类轻松实现文档和 POJO 对象之间的映射。

常用的语法命令如下：

```
#如果数据库不存在，则创建数据库，否则切换到指定数据库
use mohai_demo
#查看当前数据库名
db
#查看所有数据库，新建的数据库不会立即出现在列表中，需要向库中插入一条数据
show dbs
#查看数据库版本
db.version()
#删除当前的数据库，注意删除前可用 db 命令查看数据库名
db.dropDatabase()
#创建集合，指定 USER 为集合名称，区分大小写
db.createCollection("USER")
#获取指定名称的聚集集合
db.getCollection("USER")
#显示当前 DB 中所有聚集索引的状态
db.printCollectionStats()
#对聚集集合重命名
db.USER.renameCollection("user")
#以下两个命令都可用于查询已有集合
show collections
show tables
#删除集合，其中，collection 表示要删除的集合名，如果删除成功则返回 true
db.collection.drop()
#插入文档,在 3.2 版本后新增了 db.collection.insertOne()和 db.collection.insertMany(),
    分别对应插入一条和插入多条，若插入的数据主键已存在，则会抛出 DuplicateKeyException
```

```
异常
db.USER.insert({"name":"test"})
#如果主键已存在则更新数据，如果不存在就插入数据，在新版中已经废弃
db.USER.save({"name":"admin"})
#通过默认条件查询集合文档
db.USER.find()
#如果需要以格式化的方式显示所有文档，则可以使用 pretty() 方法
db.USER.find().pretty()
#更新文档，语法如下
#db.collection.update(
#   <query>,  #update 的查询条件，等同于 SQL 的 update 语句中 where 后面的部分
#   <update>, #update 的对象和一些更新的操作符，等同于 SQL 的 update 语句中 set 后面
    的部分
#   {
#     upsert: <boolean>, #可选，默认是 false，判断是否插入 objNew, true 为插入, false
      为不插入
#可选，默认是 false，表示只更新匹配的第一条记录，如果设置为 true，则
#     multi: <boolean>,
# 则根据条件查出多条记录并全部更新
#     writeConcern: <document> #可选，抛出异常的级别
#   }
#)
db.USER.update({"name":"test"}, {$set:{"name":"test2"}})
#删除文档，语法如下
#db.collection.remove(
#   <query>, #可选，删除文档的条件
#   {
# 可选，默认是 false，表示删除所有匹配条件的文档，如果设为 true，则只删除一个文档
#   justOne: <boolean>,
#     writeConcern: <document>                #可选，抛出异常的级别
#   }
#)
db.USER.remove({"name":"test2"})
```

6.3.2　MongoDB 应用案例

本节我们还是通过案例来分析 MongoDB 的自动配置过程，以及在应用开发中的常见
问题。下面还是简单实现用户管理功能，先创建一个模块，引入 MongoDB 依赖。

```
<dependency>
   <groupId>org.springframework.boot</groupId>
   <artifactId>spring-boot-starter-data-mongodb</artifactId>
</dependency>
```

同样，我们无须进行过多配置就可以使用 MongoDB，在代码中直接注入 Mongo-
Template 即可。我们先了解下 org.springframework.boot.autoconfigure.data.mongo.Mongo-
DataAutoConfiguration 自动配置类都做了什么。请看代码清单如下：

```
@Configuration(proxyBeanMethods = false)
//在 classpath 下有 com.mongodb.MongoClient、com.mongodb.client.MongoClient
```

```
//和 MongoTemplate 类
@ConditionalOnClass({ MongoClient.class, com.mongodb.client.MongoClient.
class, MongoTemplate.class })
//使配置生效，将 MongoProperties 注册到容器中
@EnableConfigurationProperties(MongoProperties.class)
//导入 MongoDataConfiguration、MongoDbFactoryConfiguration
//和 MongoDbFactoryDependentConfiguration 配置类
@Import({ MongoDataConfiguration.class, MongoDbFactoryConfiguration.class,
MongoDbFactoryDependentConfiguration.class })
//在 MongoAutoConfiguration 自动配置完成之后配置
@AutoConfigureAfter(MongoAutoConfiguration.class)
public class MongoDataAutoConfiguration {
}
```

接着来看 MongoDB 的属性配置，对 MongoProperties 类中的属性进行简单说明，代码
清单如下：

```
@ConfigurationProperties(prefix = "spring.data.mongodb")
public class MongoProperties {
    public static final int DEFAULT_PORT = 27017;  //默认的端口配置
    //默认的 URI 配置
    public static final String DEFAULT_URI = "mongodb://localhost/test";
    private String host;                          // MongoDB 服务器主机
    private Integer port = null;                  // MongoDB 服务器端口
    private String uri;                           // MongoDB 数据库
    private String database;                      //数据库名称
    private String authenticationDatabase;        //验证数据库名称
    private String gridFsDatabase;                // GridFS 数据库名称
    private String username;                      // MongoDB 服务器的登录用户
    private char[] password;                      // MongoDB 服务器的登录密码
    //设置类的完全限定名策略 FieldNamingStrategy
    private Class<?> fieldNamingStrategy;
    private Boolean autoIndexCreation;            //是否启用自动索引创建
    //省略 get 和 set 方法
}
```

MongoDataConfiguration、MongoDbFactoryConfiguration 和 MongoDbFactoryDependent-
Configuration 这 3 个配置类在符合加载条件的情况下，会分别将 MongoMappingContext、
MongoDbFactorySupport、MongoTemplate 和 GridFsTemplate 类型的 Bean 注册到容器中。
这里的 GridFsTemplate 类可以实现对文档的操作，我们可以用它来保存二进制文件，简化
集合的概念，直接将所有文档放在一起。上传的文件一般可以调用 gridFsTemplate#store()
方法进行存储。MongoDataAutoConfiguration 配置类会在 MongoAutoConfiguration 配置类
加载完之后才加载。那么在 MongoAutoConfiguration 配置类中又进行了什么操作呢？请看
代码清单如下：

```
@Configuration(proxyBeanMethods = false)
//在 classpath 下有 com.mongodb.MongoClient 类
@ConditionalOnClass(MongoClient.class)
//使配置生效，将 MongoProperties 注册到容器中
```

```
@EnableConfigurationProperties(MongoProperties.class)
//当容器中没有 org.springframework.data.mongodb.MongoDbFactory 类型的 Bean 时
   加载
@ConditionalOnMissingBean(type = "org.springframework.data.mongodb.
MongoDbFactory")
public class MongoAutoConfiguration {
    @Bean
//当容器中没有 com.mongodb.MongoClient 和 com.mongodb.client.MongoClient 类型
   的 Bean 时加载
    @ConditionalOnMissingBean(type = { "com.mongodb.MongoClient", "com.
mongodb.client.MongoClient" })
    public MongoClient mongo(MongoProperties properties, ObjectProvider
<MongoClientOptions> options,  Environment environment) {
        return new MongoClientFactory(properties, environment).create
MongoClient(options.getIfAvailable());
    }
}
```

下面我们继续完成用户管理的功能，将数据通过 MongoDB 进行存储。在配置文件中
添加配置信息如下：

```
# MongoDB 配置
spring.data.mongodb.uri=mongodb://localhost/mohai_demo
spring.data.mongodb.database=mohai_demo
```

创建 domain 包，在当前包中新建 UserDTO 类，代码如下：

```
@Document
public class UserDTO implements Serializable {
    @Id                              //标识集合中的_id 字段
    private int id;
    @Field("name")                        //指定自定义文档的字段名
    private String name;
    @Field("age")
    private int age;
    @Field("sex")
    private String sex;
    @Field("update_time")
    @JsonFormat(pattern = "yyyy-MM-dd hh:mm:ss")   //修改 jackjson 默认的格式
    private Date updateTime;
    @Override
    public String toString() {
        return "UserDTO{" +
                "id=" + id +
                ", name='" + name + '\'' +
                ", age=" + age +
                ", sex='" + sex + '\'' +
                ", updateTime=" + updateTime +
                '}';
    }
    // 省略 get 和 set 方法
}
```

创建 service 包，在当前包中新建 UserService 类，注入 MongoTemplate，实现"增、删、改、查"逻辑。

```java
@Service
public class UserService {
    @Autowired
    private MongoTemplate mongoTemplate;
    //新增
    public UserDTO insert(UserDTO userDTO){
        //insert 方法并不提供级联的保存，因此级联类需要自行保存
        return mongoTemplate.insert(userDTO,"user");
    }
    //修改
    public UpdateResult updateResult(UserDTO userDTO){
        //构造更新条件，根据主键 ID 更新
        Query query = new Query();
        query.addCriteria(Criteria.where("id").is(userDTO.getId()));
        //设置更新内容
        Update update = new Update();
        update.set("name",userDTO.getName());
        update.set("age",userDTO.getAge());
        update.set("sex",userDTO.getSex());
        update.set("update_time",userDTO.getUpdateTime());
        //指定查询 collectionName 集合中的记录，相当于表名区分大小写，然后根据 ID 更
        //  新数据
        return mongoTemplate.updateFirst(query,update,UserDTO.class,"user");
    }
    //删除
    public DeleteResult deleteResult(Integer id){
        Query query = new Query();
        query.addCriteria(Criteria.where("id").is(id));
        //指定查询 collectionName 集合中的记录，相当于表名区分大小写，然后根据 ID 删
        //  除数据
        return mongoTemplate.remove(query,UserDTO.class,"user");
    }
    //查询所有
    public List<UserDTO> findAll() {
        //指定查询 collectionName 集合中的记录，相当于表名区分大小写
        //如果没有记录，collectionName 会先到缓存中根据 classname 获取集合名
        //如果还没有记录，则新建一个集合名（类名首字母小写）
        return mongoTemplate.findAll(UserDTO.class,"user");
    }
    //获取单条
    public UserDTO getOneById(Integer id) {
        return mongoTemplate.findById(id,UserDTO.class,"user");
    }
}
```

最后创建 controller 包，在当前包中新建 UserController 类，定义"增、删、改、查"请求操作的接口。

```
@RestController
public class UserController {
    @Autowired
    private UserService userService;
    @GetMapping("/findAll")
    public List<UserDTO> findAll(){
        return userService.findAll();
    }
    @GetMapping("/get/{id}")
    public UserDTO getOne(@PathVariable Integer id){
        return userService.getOneById(id);
    }
    @PostMapping("/save")
    public UserDTO save(@RequestBody UserDTO userDTO){
        return userService.insert(userDTO);
    }
    @PostMapping("/update")
    public UpdateResult update(@RequestBody UserDTO userDTO){
        return userService.updateResult(userDTO);
    }
    @DeleteMapping("/delete/{id}")
    public DeleteResult update(@PathVariable Integer id){
        return userService.deleteResult(id);
    }
}
```

至此，基于 MongoDB 文档数据库的用户管理"增、删、改、查"功能就演示完毕了，可以看到，它和传统的关系数据库的使用过程是一样的。

再补充一些文档数据与实体对象的关系映射注解说明，如表 6.2 所示。

表 6.2　映射注解说明

注　　解	说　　明
@Id	标记ID字段
@Document	标记要持久化到MongoDB的实体类，可通过collection指定集合名称
@DBRef	表示数据库的引用
@Field	指定实体属性映射到数据库中的字段名称
@MongoId	指定首选的ID类型，默认为Object
@TextScore	标记为全文搜索时需计算的属性
@Language	将属性标记为语言字段
@Indexed	标记为某一字段创建索引
@CompoundIndex	标记创建复合索引
@TextIndexed	标记创建全文索引，每个集合只能有一个全文索引

注意：使用注解@Indexed 创建索引时会有 "Automatic index creation will be disabled by default as of Spring Data MongoDB 3.x." 提示，意思是在 Spring Data MongoDB 3.x 版本之后不再支持自动创建索引功能，如需使用，建议手动创建索引。

6.4　小　　结

基于本章的学习，相信读者对 NoSQL 的了解应该更加深刻了，希望读者可以在今后的业务开发中灵活运用 NoSQL，就如 Redis，可以用于公共字典码的缓存、登录用户信息的共享缓存、基于 Redis 的分布式锁机制实现等。除此之外，还要善于结合使用 SQL 和 NoSQL 这两种数据库，这样才能构建出稳定和高性能的 Web 应用。通过本章的学习，初学者可以迅速掌握 NoSQL 的使用和配置，降低学习成本。

第 7 章 Spring Boot 整合 Cache 缓存

缓存技术的运用可以极大地提高服务的响应速度，从而缓解数据库的访问压力。目前已有多种缓存技术，面对众多的缓存解决方案，Spring 提供了统一的管理规范，便于开发者在项目开发时能够轻松应用。

本章主要内容如下：

- Cache 缓存的使用；
- EhCache 缓存技术简介；
- Redis 缓存技术简介。

7.1 Spring Boot 的缓存支持

Spring 3.1 之后的版本定义了统一的接口用来管理缓存，而且支持使用符合 JCache（JSR-107）规范的注解进行开发。实现缓存的核心逻辑就是将方法的参数和返回值作为键值对保存起来，再次调用时如果发现是相同的参数就不再执行方法中的逻辑，而直接从缓存中获取上次调用的结果即可。

Spring 对缓存的支持相当灵活，它支持使用 SpEL（Spring Expression Language）表达式来定义缓存的 key 以及书写各种条件表达式（condition），其配置灵活，扩展性也强，可支持复杂的语义。下面我们来看如何通过 Spring 开启缓存并分析其原理。

7.1.1 注解@EnableCaching 开启声明式缓存

在 Spring 框架中，既可以通过 XML 配置方式开启缓存，也可以通过注解方式开启缓存。在与 Spring Boot 整合时主要基于注解的形式开启缓存，注解@EnableCaching 就是用来开启声明式缓存的。创建工程，引入 spring-boot-starter-cache 依赖。

```
<!--引入 Cache 缓存依赖-->
<dependency>
    <groupId>org.springframework.boot</groupId>
    <artifactId>spring-boot-starter-cache</artifactId>
</dependency>
```

在 spring-context-5.2.5.RELEASE.jar 包中找到在 org.springframework.cache 包中定义的

两个接口，一个是 Cache，另一个是 CacheManager。它们分别用作缓存操作接口和公共缓存管理器(一个 SPI 接口，实现第三方缓存接入)，它们是实现缓存的核心接口。在 org.spring-framework.cache.support 包中提供了两个无操作缓存的默认实现类 NoOpCache 和 NoOp-CacheManager，也提供了两个抽象实现类 AbstractValueAdaptingCache 和 AbstractCache-Manager，不同的缓存实现逻辑都是基于该包进行扩展的。

想要在项目中使用缓存，只需要在启动类中添加@EnableCaching 注解即可。下面从@EnableCaching 注解开始分析，代码清单如下：

```
@Target(ElementType.TYPE)
@Retention(RetentionPolicy.RUNTIME)
@Documented
@Import(CachingConfigurationSelector.class)
public @interface EnableCaching {
    /**
     * 指示是创建基于子类的CGLIB代理,还是创建基于Java接口的JDK代理,默认为false,
       表示使用JDK代理, 只有在AdviceMode#PROXY时才适用该属性
     */
    boolean proxyTargetClass() default false;
    /**
     * 指示应用缓存的模式,一种是JDK代理,另一种是ASPECTJ编织,默认值是AdviceMode#
       PROXY, 可切换的值为AdviceMode#ASPECTJ
     */
    AdviceMode mode() default AdviceMode.PROXY;
    //指定优先级顺序
    int order() default Ordered.LOWEST_PRECEDENCE;
}
```

除了在@EnableCaching 注解中定义的属性外，该注解主要通过@Import(Caching-ConfigurationSelector.class)导入 CachingConfigurationSelector 类。该类继承 AdviceMode-ImportSelector 类，同时实现 ImportSelector 接口。作为 AdviceModeImportSelector 的子类，可以通过 AdviceMode 属性值来返回不同的配置类。代码清单如下：

```
public class CachingConfigurationSelector extends AdviceModeImportSelector
<EnableCaching> {
    private static final String PROXY_JCACHE_CONFIGURATION_CLASS =

    "org.springframework.cache.jcache.config.ProxyJCacheConfiguration";
    private static final String CACHE_ASPECT_CONFIGURATION_CLASS_NAME =

    "org.springframework.cache.aspectj.AspectJCachingConfiguration";
    private static final String JCACHE_ASPECT_CONFIGURATION_CLASS_NAME =

    "org.springframework.cache.aspectj.AspectJJCacheConfiguration";
    private static final boolean jsr107Present;
    private static final boolean jcacheImplPresent;
    static {
        //获取类加载器
        ClassLoader classLoader = CachingConfigurationSelector.class.get
ClassLoader();
        //判断当前的class loader中是否存在javax.cache.Cache的类型
```

```
        jsr107Present = ClassUtils.isPresent("javax.cache.Cache", classLoader);
        //判断当前 class loader 中是否存在 org.springframework.cache.jcache.
           config.ProxyJCacheConfiguration 的类型
        jcacheImplPresent = ClassUtils.isPresent(PROXY_JCACHE_CONFIGURATION_
CLASS, classLoader);
    }
    /**
     * 根据 PROXY 值返回 ProxyCachingConfiguration
     * 或根据 ASPECTJ 值返回 AspectJCachingConfiguration
     */
    @Override
    public String[] selectImports(AdviceMode adviceMode) {
        switch (adviceMode) {
            case PROXY:
                return getProxyImports();
            case ASPECTJ:
                return getAspectJImports();
            default:
                return null;
        }
    }
    //返回 AdviceMode#PROXY 的导入类集合，注意添加必要的 JSR-107
    private String[] getProxyImports() {
        List<String> result = new ArrayList<>(3);
        result.add(AutoProxyRegistrar.class.getName());
        result.add(ProxyCachingConfiguration.class.getName());
        if (jsr107Present && jcacheImplPresent) {
            result.add(PROXY_JCACHE_CONFIGURATION_CLASS);
        }
        return StringUtils.toStringArray(result);
    }
    //返回 AdviceMode#ASPECTJ 的导入类集合，注意添加必要的 JSR-107
    private String[] getAspectJImports() {
        List<String> result = new ArrayList<>(2);
        result.add(CACHE_ASPECT_CONFIGURATION_CLASS_NAME);
        if (jsr107Present && jcacheImplPresent) {
            result.add(JCACHE_ASPECT_CONFIGURATION_CLASS_NAME);
        }
        return StringUtils.toStringArray(result);
    }
}
```

一般情况下不会使用 ASPECTJ 模式，想要使用的话还需要引入 spring-aspects 依赖，否则启动时会报错，其异常信息是 nested exception is java.io.FileNotFoundException: class path resource [org/springframework/cache/aspectj/AspectJCachingConfiguration.class] cannot be opened because it does not exist 无法找到 AspectJCachingConfiguration 类。

```
<!--aspects 依赖-->
<dependency>
   <groupId>org.springframework</groupId>
   <artifactId>spring-aspects</artifactId>
</dependency>
```

由于在@EnableCaching 注解中默认指定的模式是 PROXY，因此我们直接看下 Caching-ConfigurationSelector#getProxyImports()方法，在该方法中直接导入 AutoProxyRegistrar 和 ProxyCachingConfiguration 两个类。AutoProxyRegistrar 类实现了 ImportBeanDefinition-Registrar 接口，重写 registerBeanDefinitions()方法，完成了代理类的自动注册。ProxyCaching-Configuration 类继承自 AbstractCachingConfiguration 抽象类，而且该类被注解@Configuration 标识为配置类，在 Spring 容器加载 Bean 时会向容器注入 BeanFactoryCacheOperation-SourceAdvisor、CacheOperationSource 和 CacheInterceptor 这 3 个类型的 Bean。代码清单如下：

```
@Configuration
//标识后台角色，与最终用户无关，使用内部 Bean
@Role(BeanDefinition.ROLE_INFRASTRUCTURE)
public class ProxyCachingConfiguration extends AbstractCachingConfiguration {
    //实现 AbstractBeanFactoryPointcutAdvisor，包含 CacheOperationSource
    @Bean(name = CacheManagementConfigUtils.CACHE_ADVISOR_BEAN_NAME)
    @Role(BeanDefinition.ROLE_INFRASTRUCTURE)
    public BeanFactoryCacheOperationSourceAdvisor cacheAdvisor() {
        BeanFactoryCacheOperationSourceAdvisor advisor = new BeanFactory
CacheOperationSourceAdvisor();
        advisor.setCacheOperationSource(cacheOperationSource());
        advisor.setAdvice(cacheInterceptor());
        if (this.enableCaching != null) {

    advisor.setOrder(this.enableCaching.<Integer>getNumber("order"));
        }
        return advisor;
    }
    //基于注解的缓存操作
    @Bean
    @Role(BeanDefinition.ROLE_INFRASTRUCTURE)
    public CacheOperationSource cacheOperationSource() {
        return new AnnotationCacheOperationSource();
    }
    //方法拦截
    @Bean
    @Role(BeanDefinition.ROLE_INFRASTRUCTURE)
    public CacheInterceptor cacheInterceptor() {
        CacheInterceptor interceptor = new CacheInterceptor();
        interceptor.configure(this.errorHandler, this.keyGenerator, this.
cacheResolver, this.cacheManager);
        interceptor.setCacheOperationSource(cacheOperationSource());
        return interceptor;
    }
}
```

在配置类中默认提供的缓存操作实现类是 AnnotationCacheOperationSource，它的主要功能是通过 SpringCacheAnnotationParser 类来完成缓存注解的解析。另外，在 AnnotationCache-OperationSource 类中还有一个重要的属性 publicMethodsOnly，其值默认为 true，表示缓存注解只能在 public 方法中生效。关于 SpringCacheAnnotationParser 类，在后面会详细介绍。

来看 AbstractCachingConfiguration 抽象类中的代码逻辑，代码清单如下：

```java
@Configuration
public abstract class AbstractCachingConfiguration implements ImportAware
{
    @Nullable
    //注解@EnableCaching 属性
    protected AnnotationAttributes enableCaching;
    @Nullable
    protected Supplier<CacheManager> cacheManager;          //缓存管理器
    @Nullable
    protected Supplier<CacheResolver> cacheResolver;        //缓存解析器
    @Nullable
    protected Supplier<KeyGenerator> keyGenerator;          //key 生成器
    @Nullable
    protected Supplier<CacheErrorHandler> errorHandler;     //错误处理器
    //判断是否标注了@EnableCaching 注解
    @Override
    public void setImportMetadata(AnnotationMetadata importMetadata) {
        this.enableCaching = AnnotationAttributes.fromMap(
            importMetadata.getAnnotationAttributes(EnableCaching.class.
getName(), false));
        if (this.enableCaching == null) {
            throw new IllegalArgumentException("@EnableCaching is not
present on importing class " + importMetadata.getClassName());
        }
    }
    //自动注入 CachingConfigurer 并校验赋值
    @Autowired(required = false)
    void setConfigurers(Collection<CachingConfigurer> configurers) {
        if (CollectionUtils.isEmpty(configurers)) {
            return;
        }
        if (configurers.size() > 1) {
            throw new IllegalStateException(configurers.size() + "
implementations of " +
                    "CachingConfigurer were found when only 1 was expected. " +
                    "Refactor the configuration such that CachingConfigurer
 is " +
                    "implemented only once or not at all.");
        }
        CachingConfigurer configurer = configurers.iterator().next();
        useCachingConfigurer(configurer);
    }
    //从 CachingConfigurer 中获取配置
    protected void useCachingConfigurer(CachingConfigurer config) {
        this.cacheManager = config::cacheManager;
        this.cacheResolver = config::cacheResolver;
        this.keyGenerator = config::keyGenerator;
        this.errorHandler = config::errorHandler;
    }
}
```

可以看到，AbstractCachingConfiguration 父类中主要提供了几个公共的结构基类，其中就有 CacheManager、CacheResolver、KeyGenerator 和 CacheErrorHandler 这 4 个核心接口类。在 ProxyCachingConfiguration 类中注入的 CacheInterceptor 缓存拦截器将通过 Cache-Interceptor#configure()方法传入这 4 个接口，CacheInterceptor 继承自 CacheAspectSupport 类，实现 MethodInterceptor 接口，在执行 invoke()方法时会通过 CacheAnnotationSource 来获取缓存操作，然后以线程安全的方式对需要缓存操作的方法进行拦截处理。

下面具体分析 SpringCacheAnnotationParser 类中的代码逻辑。该类实现了 Cache-AnnotationParser 接口，而且在该类中有个静态代码块可以向定义的集合中添加@Cacheable、@CacheEvict、@CachePut 和@Caching 这 4 个注解，由此可见该类用于负责对这 4 个注解进行解析。

第 1 个注解@Cacheable 的功能是根据方法的请求参数对返回的结果进行缓存，代码清单如下：

```
private CacheableOperation parseCacheableAnnotation(
    AnnotatedElement ae, DefaultCacheConfig defaultConfig, Cacheable
cacheable) {
  CacheableOperation.Builder builder = new CacheableOperation.Builder();
  builder.setName(ae.toString());
  builder.setCacheNames(cacheable.cacheNames());
  builder.setCondition(cacheable.condition());
  builder.setUnless(cacheable.unless());
  builder.setKey(cacheable.key());
  builder.setKeyGenerator(cacheable.keyGenerator());
  builder.setCacheManager(cacheable.cacheManager());
  builder.setCacheResolver(cacheable.cacheResolver());
  builder.setSync(cacheable.sync());
  defaultConfig.applyDefault(builder);  //应用默认配置
  CacheableOperation op = builder.build();
  validateCacheOperation(ae, op);
  return op;
}
```

@Cacheable 注解的主要属性及其作用如下：

- cacheNames/value：这两个属性互为别名，用于指定缓存的名字。在缓存管理器 CacheManager 中会管理多个缓存，每个缓存都有自己唯一的名字，需要通过这两个属性指定缓存。使用时注意指定值，否则会报 At least one cache should be provided per cache operation 异常。
- key：指定缓存数据的 key 值，默认使用方法所有入参的值，可以使用 SpEL 表达式指定 key 的值。
- keyGenerator：指定缓存的 key 生成策略，和 key 属性二选一。
- cacheManager：指定缓存管理器（如 ConcurrentHashMap、EhCache 和 Redis 等）。
- cacheResolver：与 cacheManager 的作用一样，可配置也可以不配置。
- condition：指定进行缓存的条件，如果符合条件，则进行缓存，可用 SpEL 表达式。

- unless：与 condition 逻辑相反，符合条件时不用缓存，即如果满足 unless 指定的条件，则不缓存，直接返回值。
- sync：是否使用异步模式进行缓存，默认为 false。

第 2 个注解@CacheEvict 的主要功能是清除缓存，代码清单如下：

```
private CacheEvictOperation parseEvictAnnotation(
    AnnotatedElement ae, DefaultCacheConfig defaultConfig, CacheEvict
cacheEvict) {
  CacheEvictOperation.Builder builder = new CacheEvictOperation.Builder();
  builder.setName(ae.toString());
  builder.setCacheNames(cacheEvict.cacheNames());
  builder.setCondition(cacheEvict.condition());
  builder.setKey(cacheEvict.key());
  builder.setKeyGenerator(cacheEvict.keyGenerator());
  builder.setCacheManager(cacheEvict.cacheManager());
  builder.setCacheResolver(cacheEvict.cacheResolver());
  builder.setCacheWide(cacheEvict.allEntries());
  builder.setBeforeInvocation(cacheEvict.beforeInvocation());
  defaultConfig.applyDefault(builder);                    //应用默认配置
  CacheEvictOperation op = builder.build();
  validateCacheOperation(ae, op);
  return op;
}
```

@CacheEvict 注解的主要属性及其作用如下：

- cacheNames/value：这两个属性互为别名，用于指定缓存的名字。在缓存管理器 CacheManager 中会管理多个缓存，每个缓存都有自己唯一的名字，需要通过这两个属性指定缓存。使用时注意指定值，否则会报 At least one cache should be provided per cache operation 异常。
- key：指定缓存数据的 key 值，默认使用方法所有入参的值，可以使用 SpEL 表达式指定 key 的值。
- keyGenerator：指定缓存的 key 生成策略，和 key 属性二选一。
- cacheManager：指定缓存管理器（如 ConcurrentHashMap、EhCache 和 Redis 等）。
- cacheResolver：与 cacheManager 的作用一样，可配置也可以不配置。
- condition：指定删除缓存的条件，符合条件时会删除缓存，可用 SpEL 表达式。
- allEntries：表示是否需要清除缓存中的所有元素，默认值为 false。当指定为 true 时，将忽略指定的 key，直接清除缓存中的所有内容。
- beforeInvocation：指定删除缓存的触发时机，默认为 false。当指定为 true 时，会在执行该方法之前删除缓存中的指定元素。如果使用默认值，有可能在方法调用抛出异常不能成功返回时不会删除缓存。

第 3 个注解@CachePut 可以保证数据被更新后就调用方法，如果没有调用则从缓存中获取，代码清单如下：

```
private CacheOperation parsePutAnnotation(AnnotatedElement ae, Default
CacheConfig defaultConfig, CachePut cachePut) {
```

```
CachePutOperation.Builder builder = new CachePutOperation.Builder();
builder.setName(ae.toString());
builder.setCacheNames(cachePut.cacheNames());
builder.setCondition(cachePut.condition());
builder.setUnless(cachePut.unless());
builder.setKey(cachePut.key());
builder.setKeyGenerator(cachePut.keyGenerator());
builder.setCacheManager(cachePut.cacheManager());
builder.setCacheResolver(cachePut.cacheResolver());
defaultConfig.applyDefault(builder);              //应用默认配置
CachePutOperation op = builder.build();           //构建 CachePut 操作
validateCacheOperation(ae, op);                   //校验缓存操作
return op;
}
```

相较于@Cacheable 注解，@CachePut 注解的属性中只是少了 sync 属性，其他属性的用法与@Cacheable 注解基本相同，这里不再赘述。但@CachePut 注解可以确保方法被调用执行，并在执行完成后更新缓存。

第 4 个注解@Caching 可以定义复杂的缓存规则，代码清单如下：

```
private void parseCachingAnnotation(
    AnnotatedElement ae, DefaultCacheConfig defaultConfig, Caching
caching, Collection<CacheOperation> ops) {
  Cacheable[] cacheables = caching.cacheable();
  for (Cacheable cacheable : cacheables) {
    ops.add(parseCacheableAnnotation(ae, defaultConfig, cacheable));
  }
  CacheEvict[] cacheEvicts = caching.evict();
  for (CacheEvict cacheEvict : cacheEvicts) {
    ops.add(parseEvictAnnotation(ae, defaultConfig, cacheEvict));
  }
  CachePut[] cachePuts = caching.put();
  for (CachePut cachePut : cachePuts) {
    ops.add(parsePutAnnotation(ae, defaultConfig, cachePut));
  }
}
```

@Caching 注解是一个组合注解，它为方法提供基于@Cacheable、@CacheEvict 或 @CachePut 注解的数组。@Caching 注解的主要属性及其作用如下：

- cacheable：默认为空，取值为基于@Cacheable 注解的数组，用于定义对返回结果进行缓存。
- put：默认为空，取值为基于@CachePut 注解的数组，用于定义对返回结果进行缓存更新。
- evict：默认为空，取值为基于@CacheEvict 注解的数组，用于定义对返回结果进行缓存删除。

Spring 4.1 版本中新增的@CacheConfig 注解是一个类级别的注解，主要作用是减少重复的配置，可以对同一个类中具有相似属性的方法进行统一配置。

需要注意的是，@Cacheable、@CacheEvict、@CachePut 和@Caching 注解只能用在

public 修饰的方法中。当在类中使用@CacheConfig 注解时，表示在类中的每个公共方法的返回值都会被缓存到指定的 key 中。注解@Cacheable、@CacheEvict 和@CachePut 中的 key、condition 和 unless 属性都支持 SpEL 表达式。Spring 提供了与缓存相关的内置参数，如表 7.1 所示。

表 7.1　Spring提供的与缓存相关的内置参数

名　称	表　达　式	说　明
methodName	#root.methodname	当前被调用的方法名的简称
method	#root.method	当前被调用的方法
target	#root.target	当前被调用的目标对象实例
targetClass	#root.targetClass	当前被调用的目标对象类
caches	#root.caches	当前方法调用的缓存列表
args	#root.args	当前被调用的方法的参数列表
result	#result	当前方法执行后的返回结果
Argument Name	#user.id	当前被调用的方法的参数

在默认配置中除了需要指定 cacheManager 和 cacheResolver 之外，还需要指定 keyGenerator，用于自定义键生成器。用法也很简单，直接实现 KeyGenerator 接口即可，代码清单如下：

```
@FunctionalInterface
public interface KeyGenerator {
    //为给定的方法及其参数生成密钥
    Object generate(Object target, Method method, Object... params);
}
```

缓存的本质就是一个键值对的集合，从 Spring 4.0 之后，Spring 默认提供的键生成器为 SimpleKeyGenerator，废弃了 Spring 3.1 中提供的 DefaultKeyGenerator 类，因为该类在处理多个入参时只是简单地把所有的参数组合后使用 hashCode()方法生成一个 key 值，很容易出现 key 值冲突。我们先来看 SimpleKeyGenerator 生成器的实现逻辑，代码清单如下：

```
public class SimpleKeyGenerator implements KeyGenerator {
    @Override
    public Object generate(Object target, Method method, Object... params)
{
        return generateKey(params);
    }
    public static Object generateKey(Object... params) {
        if (params.length == 0) {
            return SimpleKey.EMPTY;
        }
        if (params.length == 1) {
            Object param = params[0];
            if (param != null && !param.getClass().isArray()) {
                return param;
            }
        }
        return new SimpleKey(params);
```

```
    }
  }
```

SimpleKeyGenerator 生成器的实现逻辑是，当没有参数时返回 SimpleKey.EMPTY，当只有一个参数且参数不是数组时直接返回该参数，当有多个参数时返回一个包含所有参数的 SimpleKey。其实在 SimpleKey 中对所有的参数都做了 hashCode 处理，在进行 key 值的比较时，除了比较 hash 值之外还比较了内容值，以确保对象是唯一的。SimpleKey 的代码清单如下：

```java
public class SimpleKey implements Serializable {
    public static final SimpleKey EMPTY = new SimpleKey();
    private final Object[] params;
    private transient int hashCode;
    public SimpleKey(Object... elements) {
        Assert.notNull(elements, "Elements must not be null");
        this.params = elements.clone();
        this.hashCode = Arrays.deepHashCode(this.params);
    }
    @Override
    public boolean equals(@Nullable Object other) {
        return (this == other || (other instanceof SimpleKey && Arrays.
deepEquals(this.params, ((SimpleKey) other).params)));
    }
    @Override
    public final int hashCode() {
        return this.hashCode;
    }
}
```

那么 CacheManager 和 CacheResolver 还需要我们实现吗？其实，Spring 框架已经提供了默认的 SimpleCacheManager 和 SimpleCacheResolver。7.1.2 小节将介绍 Spring 提供的默认缓存管理器 ConcurrentMapCacheManager。

7.1.2　默认的 ConcurrentMapCacheManager 缓存管理器

Spring Boot 项目中默认加载使用的是 SimpleCacheConfiguration 配置类，而且还会注入 ConcurrentMapCacheManager 来实现缓存。

在 spring-boot-autoconfigure-2.2.6.RELEASE.jar 包中，找到 org.springframework.boot. autoconfigure.cache.CacheAutoConfiguration 自动配置类，正是该类为我们提供了缓存自动配置的功能。在 7.1.1 小节中分析了@EnableCaching 注解的功能，主要是向容器中注入代理配置类，为基于注解的缓存方法进行代理，而 CacheAutoConfiguration 配置类提供基于 CacheManager 接口的缓存实现。CacheAutoConfiguration 配置类的代码清单如下：

```java
@Configuration(proxyBeanMethods = false)
//仅在 classpath 路径下存在类 CacheManager 时生效
@ConditionalOnClass(CacheManager.class)
//仅在容器中存在类型为 CacheAspectSupport 的 Bean 时生效
@ConditionalOnBean(CacheAspectSupport.class)
```

```
//在容器中没有 CacheManager 类型和名称为 cacheResolver 的 Bean 时生效
@ConditionalOnMissingBean(value = CacheManager.class, name = "cacheResolver")
//开启 CacheProperties 属性值注入, 加载前缀为 spring.cache 的配置项到 CacheProperties 中
@EnableConfigurationProperties(CacheProperties.class)
//Spring Cache 自动配置必须要在各种缓存实现机制包自动配置应用之后再加载
@AutoConfigureAfter({ CouchbaseAutoConfiguration.class, HazelcastAuto
Configuration.class,
HibernateJpaAutoConfiguration.class, RedisAutoConfiguration.class })
//导入 CacheConfigurationImportSelector 和 CacheManagerEntityManagerFactory
   DependsOnPostProcessor 类到当前容器中
@Import({ CacheConfigurationImportSelector.class, CacheManagerEntityManager
FactoryDependsOnPostProcessor.class })
public class CacheAutoConfiguration {
    // 定义注入 CacheManagerCustomizers 类型的 Bean
    // 是对 CacheManagerCustomizer bean 组件的包装
    // 在默认情况下, 容器中没有 CacheManagerCustomizer bean 组件
    @Bean
    @ConditionalOnMissingBean
    public CacheManagerCustomizers cacheManagerCustomizers(ObjectProvider
<CacheManagerCustomizer<?>> customizers) {
return new CacheManagerCustomizers(customizers.orderedStream().collect
(Collectors.toList()));
    }
    // 定义注入 CacheManagerValidator 类型的 Bean, 该 Bean 存在的意义在于校验容器
    //    中是否存在 cacheManager
    @Bean
    public CacheManagerValidator cacheAutoConfigurationValidator(Cache
Properties cacheProperties,ObjectProvider<CacheManager> cacheManager) {
        return new CacheManagerValidator(cacheProperties, cacheManager);
    }
    // 嵌套配置文件, 是针对 Spring Data JPA 的缓存配置
    // 仅在容器中存在 AbstractEntityManagerFactoryBean 类型的 Bean 时才生效
    // 继承 EntityManagerFactoryDependsOnPostProcessor 类, 调用父类的构造器
    // 动态声明所有类型为 EntityManagerFactory 的 Bean 都必须依赖名称为 cacheManager
    //    的 Bean
    @ConditionalOnClass(LocalContainerEntityManagerFactoryBean.class)
    @ConditionalOnBean(AbstractEntityManagerFactoryBean.class)
    static class CacheManagerEntityManagerFactoryDependsOnPostProcessor
    extends EntityManagerFactoryDependsOnPostProcessor {
        CacheManagerEntityManagerFactoryDependsOnPostProcessor() {
            super("cacheManager");
        }
    }
}
```

由于配置类会导入 CacheConfigurationImportSelector 类, 因此会触发 ImportSelector#
selectImports()方法的调用, 接着遍历 CacheType 枚举类的值, 调用 CacheConfigurations#
getConfigurationClass()方法, 按照定义的顺序加载不同类型的缓存配置, 但这些配置会根
据条件进行加载。在 CacheConfigurations 类中定义的加载配置类的代码清单如下:

```
final class CacheConfigurations {
   private static final Map<CacheType, Class<?>> MAPPINGS;
   static {
      Map<CacheType, Class<?>> mappings = new EnumMap<>(CacheType.class);
      mappings.put(CacheType.GENERIC, GenericCacheConfiguration.class);
      mappings.put(CacheType.EHCACHE, EhCacheCacheConfiguration.class);
      mappings.put(CacheType.HAZELCAST, HazelcastCacheConfiguration.class);
      mappings.put(CacheType.INFINISPAN, InfinispanCacheConfiguration.class);
      mappings.put(CacheType.JCACHE, JCacheCacheConfiguration.class);
      mappings.put(CacheType.COUCHBASE, CouchbaseCacheConfiguration.class);
      mappings.put(CacheType.REDIS, RedisCacheConfiguration.class);
      mappings.put(CacheType.CAFFEINE, CaffeineCacheConfiguration.class);
      mappings.put(CacheType.SIMPLE, SimpleCacheConfiguration.class);
      mappings.put(CacheType.NONE, NoOpCacheConfiguration.class);
      MAPPINGS = Collections.unmodifiableMap(mappings);
   }
   private CacheConfigurations() {
   }
   static String getConfigurationClass(CacheType cacheType) {
      Class<?> configurationClass = MAPPINGS.get(cacheType);
      Assert.state(configurationClass != null, () -> "Unknown cache type "
+ cacheType);
      return configurationClass.getName();
   }
   static CacheType getType(String configurationClassName) {
      for (Map.Entry<CacheType, Class<?>> entry : MAPPINGS.entrySet()) {
         if (entry.getValue().getName().equals(configurationClassName)) {
            return entry.getKey();
         }
      }
      throw new IllegalStateException("Unknown configuration class " +
configurationClassName);
   }
}
```

默认加载的 ConcurrentMapCacheManager 是通过 SimpleCacheConfiguration 配置类初始化注入的。

```
@Configuration(proxyBeanMethods = false)
@ConditionalOnMissingBean(CacheManager.class)
@Conditional(CacheCondition.class)
class SimpleCacheConfiguration {
   //向容器中注入 ConcurrentMapCacheManager 的 Bean 组件
   @Bean
   ConcurrentMapCacheManager cacheManager(CacheProperties cacheProperties,
         CacheManagerCustomizers cacheManagerCustomizers) {
      ConcurrentMapCacheManager cacheManager = new ConcurrentMapCache
Manager();
      List<String> cacheNames = cacheProperties.getCacheNames();
      if (!cacheNames.isEmpty()) {
         cacheManager.setCacheNames(cacheNames);
      }
      return cacheManagerCustomizers.customize(cacheManager);
   }
}
```

对于这个默认的 ConcurrentMapCacheManager 缓存管理来说,它实现了 CacheManager 和 BeanClassLoaderAware 接口,其内部通过维护 ConcurrentMap 来实现数据的缓存,使用者可以获取或创建 ConcurrentMapCache 类型的缓存组件。

7.2　EhCache 缓存技术

EhCache 是在 Java 领域较为优秀的缓存方案之一,它是基于内存和磁盘文件的存储方式,也可以支持分布式缓存。在 Hibernate 中就是使用 EhCache 实现二级缓存的,正是由于其高速、轻量和易于使用等特点而被广泛使用。另外,EhCache 也是一个纯 Java 进程内的缓存技术,提供 LRU、LFU 和 FIFO 策略,它与 Spring Boot 的整合使用也相当容易。

7.2.1　EhCacheCacheManager 缓存配置

首先还是在新建的工程中添加缓存依赖,然后再添加 ehcache、jpa 和 h2 等相关依赖,这里默认依赖的是 Ehcache 2.10.6 版本,示例代码如下:

```
<!--引入 Cache 缓存依赖-->
<dependency>
   <groupId>org.springframework.boot</groupId>
   <artifactId>spring-boot-starter-cache</artifactId>
</dependency>
<!--引入 Ehcache 依赖-->
<dependency>
   <groupId>net.sf.ehcache</groupId>
   <artifactId>ehcache</artifactId>
</dependency>
<dependency>
   <groupId>org.springframework.boot</groupId>
   <artifactId>spring-boot-starter-data-jpa</artifactId>
</dependency>
<!--引入嵌入式数据库 h2-->
<dependency>
   <groupId>com.h2database</groupId>
   <artifactId>h2</artifactId>
</dependency>
```

我们先来看 EhCache 的缓存管理器 EhCacheCacheManager。spring-context-support-5.2.5.RELEASE.jar 包中提供的实现类 EhCacheCache 和 EhCacheCacheManager 分别是基于 Cache 和 AbstractCacheManager 接口实现的,因此 Spring Boot 会根据实现类自动选择合适的 CacheManager。

在 Spring Boot 中开启 EhCache 缓存除了引入依赖外,还需要在工程中新增 ehcache.xml 配置文件,这样就会自动创建 EhCache 缓存管理器。在 Spring Boot 的自动配置包中,正是通过 EhCacheCacheConfiguration 配置类完成最终加载的,代码清单如下:

```
@Configuration(proxyBeanMethods = false)
//在 classpath 中存在 Cache 和 EhCacheCacheManager 这两个类时加载
@ConditionalOnClass({ Cache.class, EhCacheCacheManager.class })
//在容器中没有 CacheManager 类型的 Bean 时加载
@ConditionalOnMissingBean(org.springframework.cache.CacheManager.class)
//配置 spring.cache.type 和 spring.cache.ehcache.config, 判断 EhCache 配置是否
   可用
@Conditional({                                          CacheCondition.class,
EhCacheCacheConfiguration.ConfigAvailableCondition.class })
class EhCacheCacheConfiguration {
    //注入自定义的 EhCacheCacheManager 缓存管理器
    @Bean
    EhCacheCacheManager cacheManager(CacheManagerCustomizers customizers,
CacheManager ehCacheCacheManager) {
        return customizers.customize(new EhCacheCacheManager(ehCache
CacheManager));
    }
    //当容器中没有 CacheManager 的 Bean 时, 注入 CacheManager
    @Bean
    @ConditionalOnMissingBean
    CacheManager ehCacheCacheManager(CacheProperties cacheProperties) {
        Resource location = cacheProperties.resolveConfigLocation(cache
Properties.getEhcache().getConfig());
        if (location != null) {
            return EhCacheManagerUtils.buildCacheManager(location);
        }
        return EhCacheManagerUtils.buildCacheManager();
    }
    static class ConfigAvailableCondition extends ResourceCondition {
        ConfigAvailableCondition() {
            super("EhCache", "spring.cache.ehcache.config", "classpath:/
ehcache.xml");
        }
    }
}
```

在 application.properties 配置文件中添加属性配置，示例代码如下：

```
#缓存类型
spring.cache.type=ehcache
#指定 EhCache 配置文件的路径
spring.cache.ehcache.config=classpath:ehcache.xml
```

接下来是比较重要的配置，该配置文件是 EhCache 缓存的核心文件。我们具体来看 ehcache.xml 配置文件中的标签参数说明。

```
<?xml version="1.0" encoding="UTF-8"?>
<ehcache xmlns:xsi="http://www.w3.org/2001/XMLSchema-instance"

xsi:noNamespaceSchemaLocation="http://www.ehcache.org/ehcache.xsd">
    <!--
        diskStore:表示缓存路径，ehcache 分为内存和磁盘，此属性定义磁盘的缓存位置
        user.home - 用户主目录
        user.dir - 用户当前工作目录
```

```
    java.io.tmpdir - 默认临时文件路径
    在 Windows 系统下目录为 C:\Users\登录用户\AppData\Local\Temp\ehcache
-->
<!-- 指定磁盘缓存位置 -->
<diskStore path="java.io.tmpdir/ehcache" />
<!-- 默认缓存方式
    maxElementsInMemory：缓存最大个数。
    eternal：缓存对象是否永久有效，若设置为 true，timeout 将被忽略，element 将永
不失效。
    timeToIdleSeconds：设置对象在失效前的允许闲置时间（单位：s），也就是在对象消亡
之前，两次访问时间的最大时间间隔。仅当 eternal=false 对象不是永久有效时使用，是可选属
性，默认值是 0，也就是可闲置时间无穷大。
    timeToLiveSeconds：设置对象在失效前允许存活的时间（单位：s），也就是对象从构建
到消亡的最大时间间隔。最大时间介于创建时间和失效时间之间。仅当 eternal=false 对象不是
永久有效时使用，默认是 0，也就是对象存活时间无穷大。
    overflowToDisk：当内存不足时，是否启用磁盘缓存。若为 true，则当内存中的对象数
量达到 maxElementsInMemory 时，Ehcache 将会把对象写到磁盘中。
    ####以下是可选属性####
    maxElementsOnDisk：硬盘缓存中可以存放的最大缓存个数，默认为 0，表示无穷大。
    memoryStoreEvictionPolicy：内存存储与释放策略，当达到 maxElementsInMemory
限制时，Ehcache 将会根据指定的策略去清理内存。默认策略是 LRU（最近最少使用）。可以设置
为 FIFO（先进先出）或 LFU（较少使用）。
    diskSpoolBufferSizeMB：这个参数设置 DiskStore（磁盘缓存）的缓存区大小。默认
是 30MB。每个 Cache 都应该有自己的一个缓冲区。
    clearOnFlush：内存数量最大时是否清除。
    ####不常用属性####
    overflowToOffHeap：是否开启堆外缓存，只能用于企业版本中。
    maxEntriesInCache：指定缓存中允许存放元素的最大数量，只能用在 Terracotta
distributed caches（分布式缓存）。
    maxBytesLocalDisk：指定当前缓存能够使用的硬盘的最大字节数，其值可以是数字加单
位，单位可以是 KB、MB 或者 GB，不区分大小写。
    maxBytesLocalHeap：指定当前缓存能够使用的堆内存的最大字节数，如果设置了这个属
性，maxEntriesLocalHeap 将不能被使用。
    copyOnRead：在读数据时取到的是否是 Cache 中对应元素的一个 copy 副本，而不是引
用，默认值是 false。
    copyOnWrite：在写入数据时用的是否是原对象的一个 copy 副本，而不是引用，默认值
是 false。
    -->
<!--
    ####子标签元素####
    persistence：表示 Cache 的持久化，它只有一个属性 strategy，表示当前 Cache 对
应的持久化策略。可选值有 localTempSwap、localRestartable、none 和 distributed。
    -->
<defaultCache
        maxElementsInMemory="10000"
        eternal="false"
        timeToIdleSeconds="120"
        timeToLiveSeconds="120"
        maxElementsOnDisk="10000000"
```

```
            overflowToDisk="false"
            diskSpoolBufferSizeMB="30"
            memoryStoreEvictionPolicy="LRU">
        <persistence strategy="localTempSwap" />
    </defaultCache>
    <!--
    name:缓存名称,对应@CachePut、@CacheEvict 和@Cacheable 中的 cacheNames/
value 值。
    diskPersistent:在 VM 重启时是否存储硬盘的缓存数据,默认值是 false
    maxEntriesLocalHeap:本地堆内存中缓存的最大对象数,默认为 0,表示不限制。
    maxEntriesLocalDisk:本地磁盘中保存的最大对象数,默认为 0,表示不限制。
    diskExpiryThreadIntervalSeconds:磁盘失效线程运行的时间间隔,默认值为 120s。
    -->
    <!-- 测试用户缓存 -->
    <cache name="testUserCache"
            maxEntriesLocalHeap="10000"
            eternal="false"
            timeToIdleSeconds="3"
            timeToLiveSeconds="3"
            diskPersistent="true"
            maxEntriesLocalDisk="10000000"
            diskExpiryThreadIntervalSeconds="120"
            memoryStoreEvictionPolicy="LRU">
    </cache>
</ehcache>
```

虽然有以上参数说明可以参考,但是在具体使用中还要注意。对于 maxElementsIn-Memory 属性,还有两种情况需要说明:当配置 overflowToDisk 为 true 时,则会将 Cache 中多出的元素保存到磁盘文件中;当配置 overflowToDisk 为 false 时,则会采用 memory-StoreEvictionPolicy 配置策略替换 Cache 中的原有元素。另外,文件中配置的 defaultCache 元素用于指定 Cache 的默认配置,cache 元素是自定义的缓存方式,但需设置 name 值,disk-Persistent 属性和 persistence 元素不能同时使用。我们使用的缓存对象实体类也需要实现序列化接口,以支持磁盘存储功能。

7.2.2　EhCache 的集群模式

对于每种技术而言,必须在其适合的场景中才可以发挥作用。在开发过程中如果需要用到 EhCache 缓存,需要权衡利弊,为系统功能的最终实现把好关。在使用前,需要考虑以下 3 个方面:

- 对于 EhCache 作为本地缓存的情况,在单个应用或对访问要求高的应用中,可以使用 EhCache 作为本地缓存,因为它是直接在 JVM 虚拟机中进行缓存,访问速度快,效率高。如果在高并发访问的情况下,多线程同时进行读写操作很容易造成数据读写的错误,大量对象写入磁盘还会造成阻塞,因此在并发量增大的情况下使用 EhCache 作为本地缓存的优势就不明显了。

- 对于 EhCache 作为 Hibernate 缓存的情况，当对数据表中的数据进行新增、修改和删除操作时，会自动将该表的全部缓存都删除，这对于经常修改的表来说就失去了缓存的意义，这种情况下应尽量选择那些数据更新较少的表。
- 在对数据一致性要求不高的情况下使用 EhCache，主要是由于本地缓存无法很好地解决多台服务器同步的问题，虽然也有缓存共享方案，但仅仅是通过 RMI 组播或 JMS 消息模式实现的，而且实现起来复杂且不易维护。

在使用 EhCache 时，综合考虑以上几点因素才能在使用过程中得心应手。下面我们再来看 EhCache 的集群方案。

EhCache 从 1.7 版本开始支持 5 种集群方案，分别是 Terracotta、RMI、JMS、JGroups 和 EhCache Server。下面主要介绍 RMI 和 JMS 这两种模式。

RMI 是 Java 的一种远程方法调用技术，由于它是 Java 内置的技术，因此无须引入其他的 jar 包。RMI 也是一种基于 Java 对象的点对点通信方式，EhCache 从 1.2 版本开始支持该方式的缓存集群。在集群环境中，所有的缓存对象必须实现 java.io.Serializable 接口。采用 RMI 集群模式时，EhCache 提供了两种节点发现方式：手工配置方式和自动发现方式。手工配置方式较为复杂，要求在每个节点中配置其他节点的连接信息，因此一旦集群中的某一节点发生变化，就需要对每个节点的缓存配置重新进行修改。而对于自动发现方式来讲就简单多了，主要通过多播（Multicast）来维护集群中所有的有效节点，该方式的配置信息在每个节点中都是相同的，只需在 ehcache.xml 配置文件中定义 cacheManager-PeerProviderFactory 节点。配置示例如下：

```
<!--
指定节点发现模式 peerDiscovery 的值为 automatic 自动；指定组播地址 multicastGroup-
Address；指定组播端口 multicastGroupPort；同时组播地址可以指定 D 类 IP 地址空间，范
围是 224.0.0.0~239.255.255.255 中的任何一个地址。
timeToLive 指定搜索范围内网段上的缓存，范围为 0~255，默认为 1，0 表示发到本地主机，1
表示发送到本地局域网，32 表示发送到本站点的网络上，64 表示只发到本地区，128 表示限制在
同一个大洲，256 表示不限制发送到所有的地方；socketTimeoutMillis 表示 Socket 连接超
时时间；hostName 指主机名或 IP。
-->
<cacheManagerPeerProviderFactory

    class="net.sf.ehcache.distribution.RMICacheManagerPeerProviderFactory"
        properties="peerDiscovery=automatic, multicastGroupAddress=230.0.0.1,
        socketTimeoutMillis=2000, multicastGroupPort=4446, timeToLive=32,
hostName=localhost" />
```

JMS 是两个应用程序之间异步通信的 API，为消息协议和消息服务提供标准的通用接口。JMS 也支持基于事件的通信机制，其核心就是一个消息队列，当某一节点有数据更新时会将更新的数据发布到主题中，而每个应用节点会监听预先定义好的主题，获取最新的数据，然后更新自己的缓存。EhCache 缓存默认支持 ActiveMQ，也可以通过自定义组件的方式集成实现 Kafka 和 RabbitMQ 等。

7.3　Redis 缓存技术

Redis 缓存技术是基于 NoSQL 数据库实现的，相较于 EhCache 缓存技术，其增加了网络负载的性能消耗，延时会高一些。在分布式缓存中，常用的解决方案就是使用 Redis 缓存技术。

7.3.1　RedisCacheManager 缓存配置

如果需要通过 Redis 实现缓存机制，需要在 pom.xml 文件中引入 spring-boot-starter-data-redis 依赖，另外还需要在 Spring Boot 工程中引入 JPA、H2 等相关依赖，示例代码如下：

```
<dependency>
    <groupId>org.springframework.boot</groupId>
    <artifactId>spring-boot-starter-web</artifactId>
</dependency>
<!--引入 Cache 缓存依赖-->
<dependency>
    <groupId>org.springframework.boot</groupId>
    <artifactId>spring-boot-starter-cache</artifactId>
</dependency>
<!--引入 Redis 依赖-->
<dependency>
    <groupId>org.springframework.boot</groupId>
    <artifactId>spring-boot-starter-data-redis</artifactId>
</dependency>
<!--引入 JPA 依赖-->
<dependency>
    <groupId>org.springframework.boot</groupId>
    <artifactId>spring-boot-starter-data-jpa</artifactId>
</dependency>
<!--引入嵌入式数据库 H2-->
<dependency>
    <groupId>com.h2database</groupId>
    <artifactId>h2</artifactId>
</dependency>
```

在 application.properties 配置文件中添加属性配置，示例代码如下：

```
# 缓存类型
spring.cache.type=redis
# Redis 数据库索引（默认为 0）
spring.redis.database=0
# Redis 服务器地址
spring.redis.host=localhost
# Redis 服务器连接端口
```

```
spring.redis.port=6379
# Redis 服务器连接密码（默认为空）
spring.redis.password=
# 缓存过期时间，单位为 ms
spring.cache.redis.time-to-live=60000
```

此时的工程已经可以使用 RedisCacheManager 缓存管理器来获取 RedisCache 进行缓存操作。继续来看 Redis 的缓存配置类 RedisCacheConfiguration，根据加载顺序当该配置类符合加载条件后，其他配置类就不再加载了。该配置类的具体代码清单如下：

```
@Configuration(proxyBeanMethods = false)
//当 classpath 中存在 RedisConnectionFactory 类时加载
@ConditionalOnClass(RedisConnectionFactory.class)
//在 RedisAutoConfiguration 自动配置应用之后加载
@AutoConfigureAfter(RedisAutoConfiguration.class)
//仅在容器中存在类型为 RedisConnectionFactory 的 Bean 时生效
@ConditionalOnBean(RedisConnectionFactory.class)
//当容器中没有 CacheManager 类型的 Bean 时生效
@ConditionalOnMissingBean(CacheManager.class)
//判断是否符合加载条件
@Conditional(CacheCondition.class)
class RedisCacheConfiguration {
    //注入 RedisCacheManager，通过 RedisCacheManagerBuilder 来构建
    @Bean
    RedisCacheManager cacheManager(CacheProperties cacheProperties, Cache
ManagerCustomizers cacheManagerCustomizers, ObjectProvider<org.spring
framework.data.redis.cache.RedisCacheConfiguration> redisCacheConfiguration,
ObjectProvider<RedisCacheManagerBuilder
Customizer> redisCacheManagerBuilderCustomizers, RedisConnectionFactory
redisConnectionFactory, ResourceLoader resourceLoader) {
        RedisCacheManagerBuilder  builder  =  RedisCacheManager.builder
(redisConnectionFactory).cacheDefaults(determineConfiguration(cacheProp
erties, redisCacheConfiguration, resourceLoader.getClassLoader()));
        List<String> cacheNames = cacheProperties.getCacheNames();
        if (!cacheNames.isEmpty()) {
            builder.initialCacheNames(new LinkedHashSet<>(cacheNames));
        }

    redisCacheManagerBuilderCustomizers.orderedStream().forEach((customizer)
-> customizer.customize(builder));
        return cacheManagerCustomizers.customize(builder.build());
    }
}
```

通过上面的分析可以看出，RedisCacheManager 的创建是由 RedisCacheManagerBuilder 实现的，而且与 Redis 配置相关的属性也都被应用设置到 org.springframework.data.redis.cache.RedisCacheConfiguration 配置类中。该类的部分代码清单如下：

```
public class RedisCacheConfiguration {
    private final Duration ttl;        //定义默认的 Cache 超时时间 time-to-live.
    private final boolean cacheNullValues;      //定义是否缓存 null 值
    private final CacheKeyPrefix keyPrefix;     //定义缓存 key 值的前缀
```

```
    private final boolean usePrefix;                    //是否使用前缀
    //key 值序列化实现
    private final SerializationPair<String> keySerializationPair;
    //实现缓存 value 值序列化
    private final SerializationPair<Object> valueSerializationPair;
    //用于类型转换的服务接口
    private final ConversionService conversionService;
    @SuppressWarnings("unchecked")
    private RedisCacheConfiguration(Duration ttl, Boolean cacheNullValues,
Boolean usePrefix, CacheKeyPrefix keyPrefix,SerializationPair<String>
keySerializationPair, SerializationPair<?> valueSerializationPair,Conversion
Service conversionService) {
        this.ttl = ttl;
        this.cacheNullValues = cacheNullValues;
        this.usePrefix = usePrefix;
        this.keyPrefix = keyPrefix;
        this.keySerializationPair = keySerializationPair;
        this.valueSerializationPair = (SerializationPair<Object>) value
SerializationPair;
        this.conversionService = conversionService;
    }
}
```

我们经常会在基于 Redis 缓存的 key 值中看到双冒号（::），这是 CacheKeyPrefix 接口提供的创建自定义 key 值的默认实现方法，代码清单如下：

```
@FunctionalInterface
public interface CacheKeyPrefix {
    String compute(String cacheName);      //计算 Redis 中存储的实际 key 的前缀
    static CacheKeyPrefix simple() {       //创建一个默认的 CacheKeyPrefix 方案
        return name -> name + "::";
    }
}
```

这样，默认的配置就完成了，在使用的过程中还可以按照需要自定义配置，只需要添加自定义配置类，该类继承自 CachingConfigurerSupport 类。下面介绍配置类是如何添加缓存超时时间、设置 key 的序列化方式和自定义 KeyGenerator 生成策略的，示例代码如下：

```
@Configuration
@ConfigurationProperties(prefix = "spring.cache.redis")
public class DefaultRedisCacheConfig extends CachingConfigurerSupport {
    private Duration timeToLive = Duration.ZERO;   //从 properties 文件中获取
    private final RedisTemplate redisTemplate;
    @Autowired
    public DefaultRedisCacheConfig(RedisTemplate redisTemplate) {
        this.redisTemplate = redisTemplate;
    }
    @Bean
    public RedisTemplate<String, Object> redisTemplate(RedisConnection
Factory factory) {
        RedisTemplate<String, Object> redisTemplate = new RedisTemplate<>();
        redisTemplate.setConnectionFactory(factory);
        // 使用 Jackson2JsonRedisSerialize 替换默认的序列化
```

```
        Jackson2JsonRedisSerializer jackson2JsonRedisSerializer = new Jackson2
JsonRedisSerializer(Object.class);
        ObjectMapper objectMapper = new ObjectMapper();
        // 指定要序列化的域和可见性，ALL 表示可以访问所有的属性
        // ANY 表示所有的属性（包括 private 和 public 修饰符修饰的属性）可见
        objectMapper.setVisibility(PropertyAccessor.ALL,
JsonAutoDetect.Visibility.ANY);
        objectMapper.enableDefaultTyping(ObjectMapper.DefaultTyping.NON_
FINAL);
        jackson2JsonRedisSerializer.setObjectMapper(objectMapper);
        // 设置 value 的序列化规则和 key 的序列化规则
        redisTemplate.setKeySerializer(new StringRedisSerializer());
        redisTemplate.setValueSerializer(jackson2JsonRedisSerializer);
        redisTemplate.setHashKeySerializer(new StringRedisSerializer());
        redisTemplate.setHashValueSerializer(jackson2JsonRedisSerializer);
        redisTemplate.afterPropertiesSet();
        return redisTemplate;
    }
    @Override
    public CacheManager cacheManager() {
        // 使用 Jackson2JsonRedisSerializer 来序列化和反序列化 Redis 的 value 值
        Jackson2JsonRedisSerializer jackson2JsonRedisSerializer = new Jackson2
JsonRedisSerializer(Object.class);
        ObjectMapper mapper = new ObjectMapper();    // 自定义 ObjectMapper
        mapper.setVisibility(PropertyAccessor.ALL, JsonAutoDetect.Visibility.ANY);
        mapper.enableDefaultTyping(ObjectMapper.DefaultTyping.NON_FINAL);
        jackson2JsonRedisSerializer.setObjectMapper(mapper);
        // 配置序列化
        RedisCacheConfiguration cacheConfiguration = RedisCacheConfiguration.
defaultCacheConfig()
                .entryTtl(timeToLive)            //定义默认的失效时间
                //不允许存 null 值，如果返回 null 则报错
                .disableCachingNullValues()
                .computePrefixWith(cacheName -> "APPName".concat(":").concat
(cacheName).concat(":"))              //定义 key 值的前缀
                .serializeKeysWith(RedisSerializationContext.Serialization
Pair.fromSerializer(new StringRedisSerializer()))
                .serializeValuesWith(RedisSerializationContext.Serializati
onPair.fromSerializer(jackson2JsonRedisSerializer));
        RedisCacheManager cacheManager = RedisCacheManager.builder(redis
Template.getConnectionFactory())
                .cacheDefaults(cacheConfiguration)
                .build();
        return cacheManager;
    }
    // key 值生成策略，如果注解@Cacheable 和@CacheEvict 等中指定的 key，那么会覆盖
        此 key 的生成器
    @Override
    public KeyGenerator keyGenerator() {
        return new KeyGenerator() {
            @Override
            public Object generate(Object target, Method method, Object...
params) {
```

```
                        return new DefaultKey(target,method,params);
                    }
                };
            }
        class DefaultKey implements Serializable{
            /** 调用目标对象全类名 */
            protected String targetClassName;
            /** 调用目标方法名称 */
            protected String methodName;
            /** 调用目标参数 */
            protected Object[] params;
            public DefaultKey(Object target, Method method, Object... elements) {
                this.targetClassName = target.getClass().getName();
                this.params = elements.clone();
                StringBuilder builder = new StringBuilder();
                builder.append(target.getClass().getName()).append("#");
                builder.append(method.getName()).append("(");
                int n = 0;
                for (Object obj : elements) {
                    if(n > 0){
                        builder.append(",").append(obj.toString());
                    }else{
                        builder.append(obj.toString());
                    }
                    n++;
                }
                builder.append(")");
                this.methodName = builder.toString();
            }
        }
    }
}
```

7.3.2　Redis 缓存管理

为了解决数据量和访问量增加后对单节点造成的性能压力，通常会采用水平拆分的方式进行扩展，可以将数据存储及访问都分散到不同的节点上再进行处理。

例如，微服务的每个服务可以进行单节点部署也可以进行多节点部署，最终以分布式架构的方式通过多个微服务组成一个大型且复杂的应用。对于多节点部署的服务，如果想要实现缓存共享，也要支持分布式，而通过 Redis 缓存技术可以很方便地实现。

在分布式环境下存在多个 Redis 实例，每个业务数据 key 都能通过 Hash 映射确定唯一的实例，正是通过 Hash 运算将业务 key 映射到 0~16 383 个有限整数集合上，再根据规则将整数集合的不同子集不相交地划分到不同的 Redis 实例上，然后依据这个规则就可以通过 key 找到缓存数据所在的 Redis 实例。另外，主从复制的方法保证了节点间数据一致性的问题。

Redis 缓存数据有两种持久化的机制，分别是 RDB（Redis DataBase）机制和 AOF（Append Only File）机制。

- RDB 机制是 Redis 默认的持久化机制，在指定的时间间隔内将内存中的数据集以快照的形式写入磁盘中，其默认的文件名为 dump.rdb。可以通过 save、bgsave 和自动化 3 种方式触发持久化。其中，save 方式不消耗内存，是同步操作，bgsave 是异步操作，但消耗内存。
- AOF 机制将每条写入的命令都生成日志，并以 append-only（追加）模式写入一个日志文件中。触发 AOF 的三种方式分别是 always（每次修改就同步一次）、everysec（每秒同步一次，是异步操作，秒级内宕机会丢失数据）和 no（从不同步）。

如果仅仅是将 Redis 作为缓存使用，可以禁止 RDB 和 AOF 的持久化机制。

在使用 Redis 缓存的过程中有几个比较典型的问题，如缓存雪崩、缓存穿透和缓存击穿等，下面做简单介绍。

- 缓存雪崩：指大批量的缓存数据同时到达失效时间，由于并发量高使得数据库的查询数据量巨大，引起数据库压力过大而崩溃。其对应的解决方案是对 key 设置不同的过期时间或设置热点数据永不过期。
- 缓存穿透：指查询数据库中不存在的数据，每次请求都因缓存中无数据而访问数据库。如果利用空值不缓存的漏洞进行攻击，将会对数据库造成压力，最终造成数据库崩溃。其对应的解决方案是采用布隆过滤器或缓存这个空值并设置较短的过期时间。
- 缓存击穿：指某一热点 key 突然过期了，导致请求直接被发送到数据库中，就像中间屏障被击穿一样，使数据库压力增大。其对应的解决方案是设置热点数据永不过期或使用互斥锁（Mutex Key）。

一般情况下，解决以上问题的方法是加锁、引入空值和随机缓存过期时间等。对于缓存组件的选择一定要结合业务特性，不能盲目引入不熟悉、社区不活跃和技术不成熟的缓存组件，否则中途调整缓存方案会严重影响开发进度并导致运维成本的增加。

7.4　小　　结

通过本章的学习，我们了解了不同的缓存技术。在分布式架构中，如果想通过缓存和二级缓存实现高可用的分布式缓存集群，需要通过 EhCache 和 Redis 的组合形式进行缓存架构的实现。

第 8 章　Spring Security 安全管理

在这个互联网时代，网络安全是每个互联网公司都关注的问题。其实，网络安全涵盖的范围很广，就应用程序自身而言，网络安全就是保证用户的数据在网络上传输时不被泄露。对于 Web 应用安全，我们可以使用 Spring Security 安全框架对资源的访问进行认证和授权，同时对关键数据加密来保护用户的操作安全。

本章主要内容如下：
- Spring Security 的基本配置；
- Spring Security 的高级配置；
- OAuth 2.0 协议介绍；
- JWT 介绍。

8.1　Spring Security 基本配置

Spring Security 的前身是 Acegi Security，也是基于 Spring 标准实现的应用程序，它主要是为 Java 应用程序提供一个功能强大且高度可定制的身份验证和授权访问控制的框架。在 Spring Boot 出现之前，Spring Security 框架因其复杂性而使用者不多，在 Spring Boot 出现之后，由于简化了其使用配置，因而慢慢被开发者所接受。本节主要分析自动配置的实现过程，下面先介绍 Spring Security 安全框架。

首先了解一下 Authentication（认证）和 Authorization（授权）这两个模块。认证的过程是用户通过密码登录系统，认证成功后才能进入系统。然后系统会为登录用户授权，授权的过程就是获取用户可操作的权限。之后当用户进行 URL 资源访问时，系统会通过过滤器进行拦截，判断当前的主体用户是否具有访问权限。因为 Spring Security 框架的核心逻辑就是一系列的过滤器链，仅仅只是对资源请求的拦截，所以是一种粗粒度的权限验证，无法做到数据级别的权限控制。下面我们来具体分析认证和授权的执行过程。

8.1.1　用户认证

传统的 Web 应用中一般是通过 Cookie 和 Session 来保持用户会话的，在这些会话信息中记录了用户登录后的信息。用户每次的登录时前端会向后端发送用户名和密码，并通过 org.springframework.security.web.authentication.UsernamePasswordAuthenticationFilter 过滤器进行校验。下面来看用户认证过程，如图 8.1 所示。

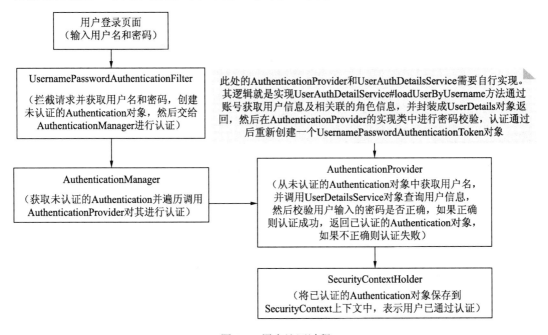

图 8.1　用户认证过程

先解释一下 org.springframework.security.core.userdetails.UserDetailsService 接口，它需要开发者自行实现。该接口用于加载特定的用户数据，可被注入 DaoAuthenticationProvider 类中。我们只需要实现一个只读方法来加载用户信息即可。代码清单如下：

```
public interface UserDetailsService {
    /**
     * 根据用户名找到用户。在实际实现中，搜索可以区分大小写也可以不区分大小写，
     * 具体取决于实现实例的配置方式。
     * 在这种情况下，返回的 UserDetails 对象可能与实际请求的用户名不同。
     */
    UserDetails  loadUserByUsername(String username) throws UsernameNot
FoundException;
}
```

接着从数据库读取用户信息并将其封装成 org.springframework.security.core.userdetails.UserDetails 对象，UserDetails 接口用来暂存用户的核心信息。出于安全考虑，Spring Security 并不会直接使用 UserDetails 接口的实现类。这些实现类只是为了暂存用户信息，之后会将这些用户信息封装到 Authentication 对象中，并且在该对象中也允许存储与安全无关的用户信息（如电子邮件地址、电话号码等）。在实际编程中注意要确保强制执行每个方法的非空约定。可以参考 org.springframework.security.core.userdetails.User 的实现代码。UserDetails 接口的代码清单如下：

```
public interface UserDetails extends Serializable {
    //返回授予用户的权限, 不能返回 null
    Collection<? extends GrantedAuthority> getAuthorities();
    String getPassword();          //返回用于验证用户身份的密码
    String getUsername();          //返回用于验证用户身份的用户名, 不能返回 null
    //指示用户的账号是否已过期, 过期的账号无法通过身份验证
    boolean isAccountNonExpired();
    //指示用户是锁定还是解锁, 锁定的用户无法进行身份验证
    boolean isAccountNonLocked();
    //指示用户的凭据 (密码) 是否已过期, 过期的凭据会阻止身份验证
    boolean isCredentialsNonExpired();
    //指示用户是启用还是禁用, 禁用的用户无法进行身份验证
    boolean isEnabled();
}
```

在整个用户认证的过程中, 起决定作用的是 UsernamePasswordAuthenticationFilter 过滤器, 该过滤器的源码清单如下:

```
public class UsernamePasswordAuthenticationFilter extends
        AbstractAuthenticationProcessingFilter {
    public static final String SPRING_SECURITY_FORM_USERNAME_KEY = "username";
    public static final String SPRING_SECURITY_FORM_PASSWORD_KEY = "password";
    private String usernameParameter = SPRING_SECURITY_FORM_USERNAME_KEY;
    private String passwordParameter = SPRING_SECURITY_FORM_PASSWORD_KEY;
    private boolean postOnly = true;                    // 是否只允许 post
    public UsernamePasswordAuthenticationFilter() {
        //匹配 URL 和请求方式
        super(new AntPathRequestMatcher("/login", "POST"));
    }
    //用户名密码验证处理逻辑, 最后获取一个 Authentication
    public Authentication attemptAuthentication(HttpServletRequest request,
            HttpServletResponse response) throws AuthenticationException {
        if (postOnly && !request.getMethod().equals("POST")) {
            //如果不是 post 方式, 则抛出 AuthenticationServiceException 异常
            throw new AuthenticationServiceException("Authentication method
not supported: " + request.getMethod());
        }
        // 获取用户名和密码
        String username = obtainUsername(request);
        String password = obtainPassword(request);
        // 判断 null, 防止空指针
        if (username == null) {
            username = "";
        }
        if (password == null) {
            password = "";
        }
        username = username.trim();                    // 去掉用户名空格
        // 构造一个未认证的 Token, 设置父类属性 authenticated 为 false
        UsernamePasswordAuthenticationToken authRequest = new Username
PasswordAuthenticationToken(username, password);
        setDetails(request, authRequest);
        // 通过 AuthenticationManager#authenticate 方法进行认证
```

```
            return this.getAuthenticationManager().authenticate(authRequest);
    }
    //设置用于从登录请求获取用户名的参数名, 默认为 username
    public void setUsernameParameter(String usernameParameter) {
        Assert.hasText(usernameParameter, "Username parameter must not be
empty or null");
        this.usernameParameter = usernameParameter;
    }
    //设置用于从登录请求获取密码的参数名, 默认为 password
    public void setPasswordParameter(String passwordParameter) {
        Assert.hasText(passwordParameter, "Password parameter must not be
empty or null");
        this.passwordParameter = passwordParameter;
    }
    //判断是否只允许 post 请求
    public void setPostOnly(boolean postOnly) {
        this.postOnly = postOnly;
    }
}
```

通过源码我们可以看到, 在过滤器中会调用自身提供的 attemptAuthentication()方法,
从 request 中获取用户名和密码, 然后根据用户名和密码构造出一个 org.springframework.
security.authentication.UsernamePasswordAuthenticationToken 对象, 最终再调用 Authentication-
Manager#authenticate()方法获取 org.springframework.security.core. Authentication。我们继续
跟进源码来看 UsernamePasswordAuthenticationToken 中的代码逻辑, 代码清单如下:

```
public class UsernamePasswordAuthenticationToken extends AbstractAuthentication
Token {
    private static final long serialVersionUID = SpringSecurityCoreVersion.
SERIAL_VERSION_UID;
    //用户名和密码
    private final Object principal;
    private Object credentials;
    //构造未认证的 Token
    public UsernamePasswordAuthenticationToken(Object principal, Object
credentials) {
        super(null);
        this.principal = principal;
        this.credentials = credentials;
        //调用自己内部重写的方法
        setAuthenticated(false);
    }
    //构造认证成功并授权的 Token
    public UsernamePasswordAuthenticationToken(Object principal, Object
credentials,
            Collection<? extends GrantedAuthority> authorities) {
        super(authorities);
        this.principal = principal;
        this.credentials = credentials;
        //注意是调用父类的方法
        super.setAuthenticated(true); // must use super, as we override
    }
```

```
    // 重写父类方法，注意该方法被第一个构造器调用
    public void setAuthenticated(boolean isAuthenticated) throws Illegal
ArgumentException {
        if (isAuthenticated) {
            throw new IllegalArgumentException("Cannot set this token to
trusted - use constructor which takes a GrantedAuthority list instead");
        }
        super.setAuthenticated(false);
    }
    @Override
    public void eraseCredentials() {
        super.eraseCredentials();
        credentials = null;
    }
}
```

接着来看 org.springframework.security.authentication.AuthenticationManager 中的认证逻辑。AuthenticationManager 接口表示一个抽象的认证管理模块，用于处理认证请求并获取处理后的认证令牌。Spring Security 框架提供了默认的实现类 org.springframework.security.authentication.ProviderManager。在 ProviderManager 中会维护一个 List<Authentication-Provider>集合，其提供了多种认证方式，认证时会依次判断，直到认证成功或尝试完所有的认证方式为止。AuthenticationManager 接口会在应用启动过程中通过实现 WebSecurity-ConfigurerAdapter 的配置类进行初始化，并将该接口设置到基于用户名和密码认证的过滤器 UsernamePasswordAuthenticationFilter 中。当 UsernamePasswordAuthenticationFilter 初始化结束后会调用父类 AbstractAuthenticationProcessingFilter 的 afterPropertiesSet()方法，此时会对属性 authenticationManager 的值进行非空判断。接下来对 AuthenticationManager 和 AuthenticationProvider 的关系进行分析。我们先来看 ProviderManager 和 Authentication-Provider 的关系图，如图 8.2 所示。

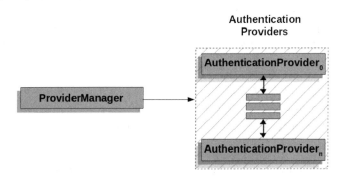

图 8.2　认证管理者

对于 AuthenticationManager 接口，我们可以理解为认证管理者，其源码清单如下：

```
public interface AuthenticationManager {
    /**
     * 尝试对登录用户进行身份验证，如果成功，则返回包含授权信息的 Authentication 对
       象，如果认证失败，则会抛出如下异常：
```

```
 * DisabledException: 账号被禁用时会抛出
 * LockedException: 账号被锁定时会抛出
 * BadCredentialsException: 用户密码错误时会抛出
 */
Authentication authenticate(Authentication authentication)throws
AuthenticationException;
}
```

对于 AuthenticationProvider 接口，我们可以理解为认证提供者，其源码清单如下：

```
public interface AuthenticationProvider {
    //该方法同 AuthenticationManager#authenticate(Authentication)
    Authentication  authenticate(Authentication  authentication)  throws
AuthenticationException;
    //返回是否支持 Authentication 的验证
    boolean supports(Class<?> authentication);
}
```

然后再来看下 AuthenticationManager 接口的实现类 ProviderManager，其主要作用是维护一系列的 Provider，从而对不同渠道登录的用户身份进行认证。对于该实现类的具体逻辑分析如下：

```
public class ProviderManager implements AuthenticationManager, Message
SourceAware,InitializingBean {
    private AuthenticationEventPublisher eventPublisher = new NullEvent
Publisher();
    private List<AuthenticationProvider> providers = Collections.empty
List();
    protected MessageSourceAccessor messages = SpringSecurityMessageSource.
getAccessor();
    private AuthenticationManager parent;
    // 身份验证成功后是否删除凭证的标识
    private boolean eraseCredentialsAfterAuthentication = true;
    /**
     * 尝试对传递的 Authentication 对象进行身份验证
     * 这里如果有多个 AuthenticationProvider 认证提供者,则支持传递 Authentication
       对象
     * 如果第一个验证成功，则返回结果
     * 如果验证失败，则返回最后抛出的 AuthenticationException 异常
     */
    public Authentication authenticate(Authentication authentication)
            throws AuthenticationException {
        Class<? extends Authentication> toTest = authentication.getClass();
        AuthenticationException lastException = null;
        AuthenticationException parentException = null;
        Authentication result = null;
        Authentication parentResult = null;
        boolean debug = logger.isDebugEnabled();
        // 遍历所有的 AuthenticationProvider
        for (AuthenticationProvider provider : getProviders()) {
            // 判断当前身份验证提供者是否支持 Authentication 验证
            if (!provider.supports(toTest)) {
                // 如果不支持则继续执行下一个
```

```
                        continue;
            }
            if (debug) {
                logger.debug("Authentication attempt using "+ provider.get
Class().getName());
            }
            try {
                // 调用身份验证提供者的 authenticate 方法进行认证
                result = provider.authenticate(authentication);
                // 如果返回值不为 null，则复制 authentication 信息到 result 中并
                    结束循环
                if (result != null) {
                    copyDetails(authentication, result);
                    break;
                }
            }catch (AccountStatusException | InternalAuthenticationService
Exception e) {
                prepareException(e, authentication);    // 发布异常事件
                throw e;
            } catch (AuthenticationException e) {
                lastException = e;
            }
    }
    // 如果返回的结果为 null 且 parent 不为 null
    if (result == null && parent != null) {
        try {
            // 允许其 parent 去尝试验证
            result = parentResult = parent.authenticate(authentication);
        }catch (ProviderNotFoundException e) {
            // 忽略父级可能抛出的 ProviderNotFound
        }catch (AuthenticationException e) {
            lastException = parentException = e;
        }
    }
    // 如果验证结果不为 null
    if (result != null) {
    // 如果 eraseCredentialsAfterAuthentication 值为 true 且返回结果类型为
        CredentialsContainer
        if (eraseCredentialsAfterAuthentication && (result instanceof
CredentialsContainer)) {
            // 删除凭证及其他敏感数据
            ((CredentialsContainer) result).eraseCredentials();
        }
        if (parentResult == null) {
            // 发布验证成功的事件
            eventPublisher.publishAuthenticationSuccess(result);
        }
        return result;
    }
    // 如果最后的异常为 null，则返回一个 ProviderNotFoundException 异常
    if (lastException == null) {
        lastException = new ProviderNotFoundException(messages.getMessage(
                "ProviderManager.providerNotFound",
```

```
                new Object[] { toTest.getName() },
                "No AuthenticationProvider found for {0}"));
        }
        if (parentException == null) {
            prepareException(lastException, authentication);
        }
        throw lastException;
    }
    @SuppressWarnings("deprecation")
    private void prepareException(AuthenticationException ex, Authentication
auth) {
        eventPublisher.publishAuthenticationFailure(ex, auth);
    }
}
```

通过分析可知，如果想要通过不同的渠道登录，只需要实现 AuthenticationProvider 接口提供自定义的身份验证方式即可。在 Spring Security 框架中也提供了多种方式的实现类，具体如下：

- NullAuthenticationProvider：不提供任何认证逻辑，默认返回 null 的认证提供者。
- TestingAuthenticationProvider：用于单元测试的认证提供者，默认返回当前的 Authentication 对象。
- RememberMeAuthenticationProvider："记住我"认证提供者，可自动读取存储在 Cookie 中的用户信息并进行身份认证。
- DaoAuthenticationProvider：从数据库中读取用户信息并进行身份认证。
- RemoteAuthenticationProvider：可利用远端服务认证用户身份。
- PreAuthenticatedAuthenticationProvider：预处理身份认证提供者。
- RunAsImplAuthenticationProvider：运行时对用户进行是否被替换的验证。
- AnonymousAuthenticationProvider：匿名身份认证提供者。
- JaasAuthenticationProvider：从 JAAS 登录模块中获取用户信息并进行验证。

8.1.2　基于内存的认证

Spring Security 框架中提供的 In-Memory Authentication（内存身份认证）是一种最简单的身份认证方式，其基于内存保存用户信息。利用这种认证方式可以在简单的应用程序中直接进行安全控制，因此这种认证方式多用于安全认证测试方面。基于内存就是将用户和角色信息直接写在代码里，程序运行后会将这些信息加载到内存中以供使用。

在 Spring Security 中基于内存的用户信息管理类 InMemoryUserDetailsManager 实现了 UserDetailsService 接口，支持在内存中检索基于用户名和密码的身份验证信息。InMemory-UserDetailsManager 通过实现 UserDetailsManager 接口对 UserDetails 进行管理。我们来看 org.springframework.security.provisioning.InMemoryUserDetailsManager 类的实现逻辑，代码清单如下：

```java
public class InMemoryUserDetailsManager implements UserDetailsManager,
        UserDetailsPasswordService {
    protected final Log logger = LogFactory.getLog(getClass());
    // 用于存储用户信息的集合
    private final Map<String, MutableUserDetails> users = new HashMap<>();
    private AuthenticationManager authenticationManager;
    //向有参构造器中传入 UserDetails 集合
    public InMemoryUserDetailsManager(Collection<UserDetails> users) {
    //遍历 UserDetails 集合并调用 createUser 方法创建用户
        for (UserDetails user : users) {
            createUser(user);
        }
    }
    //向有参构造器中传入 UserDetails 数组
    public InMemoryUserDetailsManager(UserDetails... users) {
    //遍历 UserDetails 数组，并调用 createUser 方法创建用户
        for (UserDetails user : users) {
            createUser(user);
        }
    }
    //向有参构造器中传入 Properties 对象
    public InMemoryUserDetailsManager(Properties users) {
    //通过 Properties 配置文件创建用户
        Enumeration<?> names = users.propertyNames();
        UserAttributeEditor editor = new UserAttributeEditor();
        while (names.hasMoreElements()) {
            String name = (String) names.nextElement();
            editor.setAsText(users.getProperty(name));
            UserAttribute attr = (UserAttribute) editor.getValue();
            UserDetails user = new User(name, attr.getPassword(), attr.is
Enabled(), true,
                    true, true, attr.getAuthorities());
            createUser(user);
        }
    }
    public UserDetails loadUserByUsername(String username)
            throws UsernameNotFoundException {
        // 通过用户名从 users 集合中获取 UserDetails
        UserDetails user = users.get(username.toLowerCase());
        if (user == null) {
            throw new UsernameNotFoundException(username);
        }
        // 重新创建一个 User 对象并返回
        return new User(user.getUsername(), user.getPassword(), user.is
Enabled(),
                user.isAccountNonExpired(), user.isCredentialsNonExpired(),
                user.isAccountNonLocked(), user.getAuthorities());
    }
    public void setAuthenticationManager(AuthenticationManager authentication
Manager) {
        this.authenticationManager = authenticationManager;
    }
}
```

接着来分析 InMemoryUserDetailsManagerConfigurer 配置类，代码清单如下：

```
public class InMemoryUserDetailsManagerConfigurer<B extends ProviderManager
Builder<B>>
    extends UserDetailsManagerConfigurer<B, InMemoryUserDetailsManager
Configurer<B>> {
  public InMemoryUserDetailsManagerConfigurer() {
    super(new InMemoryUserDetailsManager(new ArrayList<>()));
  }
}
```

从源码中可以看出，不仅可以通过 InMemoryUserDetailsManagerConfigurer 配置用户名和密码，还可以通过 Properties 配置文件添加用户名和密码。在 Spring Boot 项目中会自动加载 Spring Security 相关配置类，项目只需要依赖 spring-boot-starter-security 即可。打开新建的项目，在 pom.xml 中添加 spring-boot-starter-security 依赖，默认的版本是 2.2.6.RELEASE，代码如下：

```
<dependency>
  <groupId>org.springframework.boot</groupId>
  <artifactId>spring-boot-starter-security</artifactId>
</dependency>
```

我们先在 application.properties 配置文件中添加如下属性，代码如下：

```
# spring security 配置
spring.security.user.name=test
spring.security.user.password=123456
```

打开项目并在 src/main/java 目录下创建 controller 包，新建 IndexController 控制类，代码如下：

```
@RestController
@RequestMapping("/index")
public class IndexController {
    @GetMapping("/")
    public String index(){
        return "hello world!";
    }
}
```

启动项目，在浏览器中输入 http://localhost:8080/index/，发现页面并没有访问成功而是跳转到了登录页面，如图 8.3 所示。

图 8.3　登录页面

　　尝试输入用户名 test 和密码 123456，可以发现登录成功了。一个简单的认证登录功能就完成了。

　　另外，还可以通过配置类实现基于内存的认证登录。在项目中创建一个 config 包，新建 SecurityConfig 类继承自 WebSecurityConfigurerAdapter 配置类，重写 configure() 方法，代码如下：

```
@Configuration              //可写可不写
@EnableWebSecurity          // 启用 Security 安全支持，继承@Configuration
public class SecurityConfig extends WebSecurityConfigurerAdapter {
    /**
     * properties 和 WebSecurityConfigurer 这两种配置用户的方式不能共存
     * WebSecurityConfig 中的配置优先级更高
     * 如果同时存在，会导致 properties 配置文件中的配置不生效
     * 建议把 WebSecurityConfigurer 中的代码注释掉
     */
    @Override
    protected void configure(AuthenticationManagerBuilder auth) throws
Exception {
        // 基于内存进行认证，密码使用 BCryptPasswordEncoder 编码器进行加密
        auth.inMemoryAuthentication()
                // 从 Spring Security 5.0 开始必须要设置加密方式
                .passwordEncoder(passwordEncoder())
                // 在内存中创建一个名为 user 的用户，密码为 123456，拥有 USER 角色
                .withUser("user")
                .password(passwordEncoder().encode("123456")).roles("USER")
                .and()
                // 在内存中创建一个名为 admin 的用户，密码为 123456，拥有 USER 和 ADMIN
                    角色
                .withUser("admin")
                .password(passwordEncoder().encode("123456")).roles("USER",
"ADMIN");
    }
    @Bean
    public PasswordEncoder passwordEncoder() {
        return new BCryptPasswordEncoder();
    }
}
```

　　启动项目后同样需要先访问登录页面，然后尝试输入 user 用户或者 admin 用户进行登录，最终都可以登录成功。

8.1.3　基于数据库的认证

　　介绍完基于内存的身份认证后，本节来看基于数据库的身份认证。Spring Security 提供的 JdbcDaoImpl 实现了 UserDetailsService 接口，支持使用 JDBC 方式检索用户名和密码进行身份验证。JdbcUserDetailsManager 则继承 JdbcDaoImpl 并实现了 UserDetailsManager，提供对用户详细信息（UserDetails）的管理。

既然是基于数据库，就要提供相应的表结构。Spring Security 提供了与默认模式相匹配的查询语句，但采用的是 PostgreSQL 语法，其默认模式下的 ddl 语句所在的类路径如下：

org/springframework/security/core/userdetails/jdbc/users.ddl.

在真正使用时需要调整模式，重写 SQL 语句，以便于使用的查询语句与数据库方言相匹配。我们具体来看 org.springframework.security.core.userdetails.jdbc.JdbcDaoImpl 类中的实现逻辑，代码清单如下：

```
public class JdbcDaoImpl extends JdbcDaoSupport
        implements UserDetailsService, MessageSourceAware {
    // 静态属性，默认的 SQL 查询语句
    public static final String DEF_USERS_BY_USERNAME_QUERY = "select
username,password,enabled "+ "from users " + "where username = ?";
    public static final String DEF_AUTHORITIES_BY_USERNAME_QUERY = "select
username,authority "+ "from authorities " + "where username = ?";
    public static final String DEF_GROUP_AUTHORITIES_BY_USERNAME_QUERY =
"select g.id, g.group_name, ga.authority "+ "from groups g, group_members
gm, group_authorities ga "
    + "where gm.username = ? " + "and g.id = ga.group_id "+ "and g.id =
gm.group_id";
    protected MessageSourceAccessor messages = SpringSecurityMessageSource.
getAccessor();
    private String authoritiesByUsernameQuery;
    private String groupAuthoritiesByUsernameQuery;
    private String usersByUsernameQuery;
    // 角色前缀默认为空字符串
    private String rolePrefix = "";
    private boolean usernameBasedPrimaryKey = true;
    private boolean enableAuthorities = true;
    // 默认情况下不开启用户组权限
    private boolean enableGroups;
    // 构造器，初始化 SQL 查询语句
    public JdbcDaoImpl() {
        this.usersByUsernameQuery = DEF_USERS_BY_USERNAME_QUERY;
        this.authoritiesByUsernameQuery = DEF_AUTHORITIES_BY_USERNAME_QUERY;
        this.groupAuthoritiesByUsernameQuery = DEF_GROUP_AUTHORITIES_BY_
USERNAME_QUERY;
    }
    @Override
    protected void initDao() throws ApplicationContextException {
        Assert.isTrue(this.enableAuthorities || this.enableGroups,
                "Use of either authorities or groups must be enabled");
    }
    @Override
    public UserDetails loadUserByUsername(String username)
            throws UsernameNotFoundException {
        List<UserDetails> users = loadUsersByUsername(username);
        if (users.size() == 0) {
            this.logger.debug("Query returned no results for user '" +
username + "'");
            throw new UsernameNotFoundException(
```

```
                              this.messages.getMessage("JdbcDaoImpl.notFound",
                                  new Object[] { username }, "Username {0} not
found"));
            }
        UserDetails user = users.get(0); // contains no GrantedAuthority[]
        Set<GrantedAuthority> dbAuthsSet = new HashSet<>();
        if (this.enableAuthorities) {
            dbAuthsSet.addAll(loadUserAuthorities(user.getUsername()));
        }
        if (this.enableGroups) {

    dbAuthsSet.addAll(loadGroupAuthorities(user.getUsername()));
            }
        List<GrantedAuthority> dbAuths = new ArrayList<>(dbAuthsSet);
        addCustomAuthorities(user.getUsername(), dbAuths);
        if (dbAuths.size() == 0) {
    this.logger.debug("User '" + username+ "' has no authorities and will
be treated as 'not found'");
            throw new UsernameNotFoundException(this.messages.getMessage(
    "JdbcDaoImpl.noAuthority", new Object[] { username },"User {0} has no
GrantedAuthority"));
        }
        return createUserDetails(username, user, dbAuths);
    }
    //可以重写自定义最终创建的 UserDetailsObject 对象
    protected UserDetails createUserDetails(String username,
            UserDetails    userFromUserQuery,    List<GrantedAuthority>
combinedAuthorities) {
        String returnUsername = userFromUserQuery.getUsername();
        if (!this.usernameBasedPrimaryKey) {
            returnUsername = username;
        }
        return new User(returnUsername, userFromUserQuery.getPassword(),
            userFromUserQuery.isEnabled(), userFromUserQuery.isAccountNon
Expired(),
        userFromUserQuery.isCredentialsNonExpired(), userFromUserQuery.isAccount
NonLocked(), combinedAuthorities);
    }
}
```

继续来看 JdbcDaoImpl 的子类 JdbcUserDetailsManager，该类主要用于用户信息的维护管理，代码清单如下：

```
/**
 * JDBC 用户管理服务，还是基于和父类 JdbcDaoImpl 相同的表结构。
 * 为 users 和 groups 提供 CRUD 操作，但要注意，如果调用方法 setEnableAuthorities
   （boolean）属性设置为 false，则对 createUser、updateUser 和 deleteUser 的调用
   将不会存储 UserDetails 中的权限或删除用户的权限。由于该类无法区分是个人加载的权限，
   还是该用户所属的组加载的权限，因此使用其管理用户时必须考虑这一点。
 */
public class JdbcUserDetailsManager extends JdbcDaoImpl implements User
DetailsManager,
      GroupManager {
  // UserDetailsManager SQL 与 users 表相关的操作语句
```

```java
    public static final String DEF_CREATE_USER_SQL = "insert into users
(username, password, enabled) values (?,?,?)";
    public static final String DEF_DELETE_USER_SQL = "delete from users
where username = ?";
    public static final String DEF_UPDATE_USER_SQL = "update users set
password = ?, enabled = ? where username = ?";
    public static final String DEF_INSERT_AUTHORITY_SQL = "insert into
authorities (username, authority) values (?,?)";
    public static final String DEF_DELETE_USER_AUTHORITIES_SQL = "delete
from authorities where username = ?";
    public static final String DEF_USER_EXISTS_SQL = "select username from
users where username = ?";
    public static final String DEF_CHANGE_PASSWORD_SQL = "update users set
password = ? where username = ?";
    private AuthenticationManager authenticationManager;
    private UserCache userCache = new NullUserCache();
    public JdbcUserDetailsManager() {
    }
    public JdbcUserDetailsManager(DataSource dataSource) {
        setDataSource(dataSource);
    }
    protected void initDao() throws ApplicationContextException {
        if (authenticationManager == null) {
            logger.info("No authentication manager set. Reauthentication
of users when changing passwords will "+ "not be performed.");
        }
        super.initDao();
    }
    /**
     * 执行 SQL 调用 usersByUsernameQuery 并返回 UserDetails 对象的列表。
     * 通常只有一个可匹配的用户。
     */
    protected List<UserDetails> loadUsersByUsername(String username) {
        return   getJdbcTemplate().query(getUsersByUsernameQuery(),   new
String[]{username},
                (rs, rowNum) -> {
                    String userName = rs.getString(1);
                    String password = rs.getString(2);
                    boolean enabled = rs.getBoolean(3);
                    boolean accLocked = false;
                    boolean accExpired = false;
                    boolean credsExpired = false;
                    if (rs.getMetaData().getColumnCount() > 3) {
                        accLocked = rs.getBoolean(4);
                        accExpired = rs.getBoolean(5);
                        credsExpired = rs.getBoolean(6);
                    }
                    return new User(userName, password, enabled, !accExpired,
!credsExpired, !accLocked,AuthorityUtils.NO_AUTHORITIES);
                });
    }
    public void createUser(final UserDetails user) {
        validateUserDetails(user);
        getJdbcTemplate().update(createUserSql, ps -> {
            ps.setString(1, user.getUsername());
```

```
            ps.setString(2, user.getPassword());
            ps.setBoolean(3, user.isEnabled());
            int paramCount = ps.getParameterMetaData().getParameterCount();
            if (paramCount > 3) {
                ps.setBoolean(4, !user.isAccountNonLocked());
                ps.setBoolean(5, !user.isAccountNonExpired());
                ps.setBoolean(6, !user.isCredentialsNonExpired());
            }
    });
    if (getEnableAuthorities()) {
       // 如果开启权限，则插入权限信息
       insertUserAuthorities(user);
    }
}
//判断用户是否存在
public boolean userExists(String username) {
    List<String> users = getJdbcTemplate().queryForList(userExistsSql,
            new String[] { username }, String.class);
    if (users.size() > 1) {
        throw new IncorrectResultSizeDataAccessException(
                "More than one user found with name '" + username + "'", 1);
    }
    return users.size() == 1;
}
}
```

再来看 JdbcUserDetailsManagerConfigurer 配置类，其继承自 UserDetailsServiceConfigurer 类，用于指定使用的数据源，同时实现对默认的数据源进行初始化等，具体的代码清单如下：

```
/**
 * 配置 AuthenticationManagerBuilder，用于进行 JDBC 身份验证，它可以轻松地将用户
   添加到数据库中并方便地设置数据库结构。
 * 唯一的方法就是调用 dataSource()方法设置 javax.sql.DataSource，其他的方法都会用到。
 */
public class JdbcUserDetailsManagerConfigurer<B extends ProviderManager
Builder<B>>
        extends UserDetailsManagerConfigurer<B, JdbcUserDetailsManager
Configurer<B>> {
    // 创建目标 JdbcUserDetailsManager 对象所要使用的数据源
    private DataSource dataSource;
    // 如果要在数据源中初始化所需要的表结构，这里是初始化脚本
    private List<Resource> initScripts = new ArrayList<>();
    // 向有参构造器中传入指定的 JdbcUserDetailsManager 对象
    public JdbcUserDetailsManagerConfigurer(JdbcUserDetailsManager manager) {
        super(manager);
    }
    //向无参构造器中传入要使用的 DatatSource 数据源
    public JdbcUserDetailsManagerConfigurer() {
        this(new JdbcUserDetailsManager());
    }
    //向无参构造器中传入要使用的 DataSource，此属性是必须要有的
```

```java
    public JdbcUserDetailsManagerConfigurer<B> dataSource(DataSource data
Source) {
        this.dataSource = dataSource;
        getUserDetailsService().setDataSource(dataSource);
        return this;
    }
    // 设置根据用户名查找用户的查询。对应的 SQL 语句如下：
    // select username,password,enabled from users where username = ?
    public JdbcUserDetailsManagerConfigurer<B> usersByUsernameQuery(String
query) {
        getUserDetailsService().setUsersByUsernameQuery(query);
        return this;
    }
    // 设置根据用户名查找用户权限的查询。对应的 SQL 语句如下：
    // select username,authority from authorities where username = ?
    public JdbcUserDetailsManagerConfigurer<B> authoritiesByUsernameQuery
(String query) {
        getUserDetailsService().setAuthoritiesByUsernameQuery(query);
        return this;
    }
    /**
     * 查询给定用户名的用户组权限的 SQL 语句。对应的 SQL 语句如下：
     * select
     *         g.id, g.group_name, ga.authority
     *     from
     *         groups g, group_members gm, group_authorities ga
     *     where
     *         gm.username = ? and g.id = ga.group_id and g.id = gm.group_id
     */
    public JdbcUserDetailsManagerConfigurer<B> groupAuthoritiesByUsername
(String query) {
        JdbcUserDetailsManager userDetailsService = getUserDetailsService();
        userDetailsService.setEnableGroups(true);
        userDetailsService.setGroupAuthoritiesByUsernameQuery(query);
        return this;
    }
    //添加角色前缀字符串（默认值为""）
    public JdbcUserDetailsManagerConfigurer<B> rolePrefix(String rolePrefix) {
        getUserDetailsService().setRolePrefix(rolePrefix);
        return this;
    }
    //定义要使用的 UserCache
    public JdbcUserDetailsManagerConfigurer<B> userCache(UserCache userCache) {
        getUserDetailsService().setUserCache(userCache);
        return this;
    }
    @Override
    protected void initUserDetailsService() throws Exception {
        if (!initScripts.isEmpty()) {
            getDataSourceInit().afterPropertiesSet();
        }
        super.initUserDetailsService();
    }
    @Override
```

```java
    public JdbcUserDetailsManager getUserDetailsService() {
        return (JdbcUserDetailsManager) super.getUserDetailsService();
    }
    //填充允许存储用户和权限的默认架构
    public JdbcUserDetailsManagerConfigurer<B> withDefaultSchema() {
        // 初始化数据库脚本
        this.initScripts.add(new ClassPathResource(

"org/springframework/security/core/userdetails/jdbc/users.ddl"));
        return this;
    }
}
```

下面来看如何在项目中配置基于数据库的身份认证。在新建的项目中引入相关依赖，修改 pom.xml 文件，示例代码如下：

```xml
<!-- Spring Security 依赖 -->
<dependency>
    <groupId>org.springframework.boot</groupId>
    <artifactId>spring-boot-starter-security</artifactId>
</dependency>
<!-- JDBC 依赖-->
<dependency>
    <groupId>org.springframework.boot</groupId>
    <artifactId>spring-boot-starter-jdbc</artifactId>
</dependency>
<!--mysql-connector-java 驱动包-->
<dependency>
    <groupId>mysql</groupId>
    <artifactId>mysql-connector-java</artifactId>
    <scope>runtime</scope>
</dependency>
```

在 application.properties 配置文件中添加数据库连接信息，这里用到的数据库名称为 mohai_security，示例代码如下：

```properties
# 配置数据源
spring.datasource.driver-class-name=com.mysql.cj.jdbc.Driver
spring.datasource.url=jdbc:mysql://127.0.0.1:3306/mohai_security?useUnicode=true&characterEncoding=UTF-8&autoReconnect=true&useSSL=true&serverTimezone=Asia/Shanghai&zeroDateTimeBehavior=convertToNull
spring.datasource.username=root
spring.datasource.password=123456
```

复用上节写的 IndexController 类，创建 controller 包然后在其中新建该类，示例代码如下：

```java
@RestController
@RequestMapping("/index")
public class IndexController {
    @GetMapping("/")
    public String index(){
        return "hello world!";
```

```
        }
    }
```

由于我们使用的是 MySQL 数据库，而框架默认提供的脚本是 PostgreSQL 数据库，存在语法冲突，因此不能使用默认的脚本，需要自定义创建用户相关的脚本，示例代码如下：

```
create table users(username varchar(50) not null primary key,password
varchar(500) not null,enabled boolean not null);
create table authorities (username varchar(50) not null,authority
varchar(50) not null,constraint fk_authorities_users foreign key(username)
references users(username));
create unique index ix_auth_username on authorities (username,authority);
```

接着新建配置类，在 config 包中新建 SecurityConfig 配置类，示例代码如下：

```
@Configuration            //可写可不写
@EnableWebSecurity        // 启用 Security 安全支持，继承@Configuration
public class SecurityConfig extends WebSecurityConfigurerAdapter {
    @Autowired
    private DataSource dataSource;
    //通过 JDBC 认证
    @Override
    protected void configure(AuthenticationManagerBuilder auth) throws
Exception {
        // 基于数据库进行认证，使用 JDBC 进行身份验证
        UserDetails user = User.builder()
                .username("user")
                .password(passwordEncoder().encode("user"))
                .roles("USER").build();
        UserDetails admin = User.builder()
                .username("admin")
                .password(passwordEncoder().encode("admin"))
                .roles("USER", "ADMIN").build();
        auth.jdbcAuthentication().passwordEncoder(passwordEncoder())
                .dataSource(dataSource)
                // 查询用户信息，如果要修改表结构，需要自定义 SQL
                .usersByUsernameQuery(" select username,password,enabled
from users where username = ?")
                // 查询权限信息，如果要修改表结构，需要自定义 SQL
                .authoritiesByUsernameQuery("select username,authority from
authorities where username = ?")
                .withUser(user)
                .withUser(admin);
    }
    @Bean
    public PasswordEncoder passwordEncoder() {
        return new BCryptPasswordEncoder();
    }
}
```

运行主函数，在浏览器中访问 http://localhost:8080/index/，会发现还是跳转到登录页面，只有输入正确的用户名 admin 和密码 admin 才能进入系统，同时在数据库中也会插入两条用户信息以及和用户相关的权限信息。但需要注意，如果再次启动项目则会报错，因

为同一个用户名无法再向 users 表中插入数据，会发生主键冲突。

8.1.4　用户授权

用户认证成功后就需要对用户进行授权了，通过用户所拥有的权限判断用户是否可以访问资源。先回忆下认证的过程：通过 AuthenticationManager 将 GrantedAuthority 对象插入 Authentication 对象中，然后在进行授权决策时由 AccessDecisionManager 读取并进行投票。

先来看 org.springframework.security.core.GrantedAuthority 接口，其中只定义了一个方法，这个方法允许 AccessDecisionManager 获取一个能够明确表示权限的字符串。通常情况下，Spring Security 提供的默认实现是 SimpleGrantedAuthority，可通过构造器接收表示权限信息的字符串，然后通过 getAuthority()方法返回该字符串。接口 GrantedAuthority 的代码清单如下：

```
/**
 * 表示授予 Authentication 对象的权限。
 * GrantedAuthority 必须将自身表示为字符串，或者可以明确地被 AccessDecisionManager
   支持。
 */
public interface GrantedAuthority extends Serializable {
    /**
     * 返回 AccessDecisionManager 支持的字符串。
     * 如果一个 GrantedAuthority 不能够明确地用一个 String 来表示，那么该方法应当返
       回一个 null，表示 AccessDecisionManager 必须对该 GrantedAuthority 的实现有
       特定的支持，从而能够获取该 GrantedAuthority 所包含的权限信息
     */
    String getAuthority();
}
```

其实授权的过程也是在 Spring Security 过滤器链中处理的，其中具有权限认证的过滤器就是 org.springframework.security.web.access.intercept.FilterSecurityInterceptor。翻看源码可以知道，FilterSecurityInterceptor 过滤器位于整个过滤链的最后，每个请求资源最终都是由它来决定是否允许访问。下面来看该过滤器，其源代码清单如下：

```
public class FilterSecurityInterceptor extends AbstractSecurityInterceptor
implements
        Filter {
    private static final String FILTER_APPLIED = "__spring_security_
filterSecurityInterceptor_filterApplied";
    // 基于 SecurityMetadataSource 接口的实现
    private FilterInvocationSecurityMetadataSource securityMetadataSource;
    // 是否对每个请求验证一次就不再验证了
    private boolean observeOncePerRequest = true;
    //未使用（被转为依赖 IoC 容器提供的生命周期服务）
    public void init(FilterConfig arg0) {
    }
```

```
//未使用（被转为依赖 IoC 容器提供的生命周期服务）
public void destroy() {
}
//过滤器链实际调用的方法，仅仅是通过 FilterInvocation 进行代理
public void doFilter(ServletRequest request, ServletResponse response,
        FilterChain chain) throws IOException, ServletException {
    // 创建 FilterInvocation 对象
    FilterInvocation fi = new FilterInvocation(request, response, chain);
    invoke(fi);                    // 调用逻辑
}
public void invoke(FilterInvocation fi) throws IOException, Servlet
Exception {
// 根据 3 个条件判断是否放行请求，这 3 个条件是：当前请求不为 null，请求中包含
   FILTER_APPLIED 属性值，并且当前请求是否处理过一次
    if ((fi.getRequest() != null)
            && (fi.getRequest().getAttribute(FILTER_APPLIED) != null)
            && observeOncePerRequest) {
        // 已经处理过的请求直接放行
        fi.getChain().doFilter(fi.getRequest(), fi.getResponse());
    }else {
        // 第一次请求时就需要执行安全检查
        if (fi.getRequest() != null && observeOncePerRequest) {
            fi.getRequest().setAttribute(FILTER_APPLIED, Boolean.TRUE);
        }
        // 调用父类的 beforeInvocation 方法
        InterceptorStatusToken token = super.beforeInvocation(fi);
        try {
            // 对本次请求放行
            fi.getChain().doFilter(fi.getRequest(), fi.getResponse());
        }finally {
            // 调用父类的 finallyInvocation 方法
            super.finallyInvocation(token);
        }
        // 调用父类的 afterInvocation 方法
        super.afterInvocation(token, null);
    }
}
//声明是否对每个请求只处理一次。默认情况下是 true，表示每个请求只执行一次
public boolean isObserveOncePerRequest() {
    return observeOncePerRequest;
}
}
```

接着继续跟踪 AbstractSecurityInterceptor 抽象类，看下调用其父类的 beforeInvocation、finallyInvocation 和 afterInvocation 方法的实现逻辑。首先来看在 AbstractSecurityInterceptor 类中定义的属性及 afterPropertiesSet()方法的实现逻辑，代码清单如下：

```
/**
 * 实现了对受保护对象访问并进行拦截的抽象类
 * AbstractSecurityInterceptor 用于确保安全拦截器的正确启动和配置。
 * 还实现对安全对象的调用，也就是说，从 SecurityContextHolder 中获取 Authentication
   对象。
```

* 根据 SecurityMetadataSource 查找安全对象请求,来确定该请求是否与安全调用或公共调
  用相关。
* 对于安全调用,请看安全对象调用的 ConfigAttribute 列表:
* 1.如果 org.springframework.security.core.Authentication#isAuthenticated()
* 　返回 false 或者 alwaysReauthenticate 为 true,则根据配置的 AuthenticationManager
  对请求进行身份验证。经过身份验证后,将 SecurityContextHolder 上的 Authentication
  对象替换为返回值。
* 2.针对配置的 AccessDecisionManager 授权请求。
* 3.通过配置的 RunAsManager 执行任何运行方式的替换。
* 4.将控制权转移给子类,实际上是让子类调用执行,子类完成执行后返回 InterceptorStatusToken,
  同时在 finally 子句中确保重新调用 AbstractSecurityInterceptor,并使用 finally
  Invocation(InterceptorStatusToken) 方法清理。
* 5.具体的子类将通过 afterInvocation(InterceptorStatusToken, Object) 方法
* 　重新调用 AbstractSecurityInterceptor。
* 6.如果 RunAsManager 替换了 Authentication 对象,则会通过 SecurityContextHolder
  重新设置。
* 7.如果定义了 AfterInvocationManager,则调用管理器并允许它替换将要返回给调用者
  的对象。
* 如上所述,对于公共调用(安全对象调用没有 ConfigAttribute),具体的子类将返回一个
  InterceptorStatusToken,在安全对象被执行之后,它随后被重新呈现给 Abstract-
  SecurityInterceptor。
* 调用 AbstractSecurityInterceptor#afterInvocation(InterceptorStatusToken,
  Object)时,AbstractSecurityInterceptor 不会进行下一步的操作。控制再次返回的
  具体子类,以及返回给调用者的 Object 对象,然后子类将结果或异常返回给原始调用方。
*/

```java
public abstract class AbstractSecurityInterceptor implements Initializing
Bean,
        ApplicationEventPublisherAware, MessageSourceAware {
    protected final Log logger = LogFactory.getLog(getClass());
    // 用于设置国际化信息
    protected MessageSourceAccessor messages = SpringSecurityMessageSource.
getAccessor();
    private ApplicationEventPublisher eventPublisher;
    // 决策管理器
    private AccessDecisionManager accessDecisionManager;
    // 后置检查管理器, 检查返回的 secure object invocation
    private AfterInvocationManager afterInvocationManager;
    // 认证管理器, 默认为实现 NoOpAuthenticationManager
    private AuthenticationManager authenticationManager = new NoOp
AuthenticationManager();
    // 运行管理器, 可用于替换 Authentication, 默认为空实现 NullRunAsManager
    private RunAsManager runAsManager = new NullRunAsManager();
    // 是否总是身份认证, 默认为 false
    private boolean alwaysReauthenticate = false;
    // 是否拦截公共调用
    private boolean rejectPublicInvocations = false;
    // 是否验证属性
    private boolean validateConfigAttributes = true;
    // 发布授权成功标识
    private boolean publishAuthorizationSuccess = false;
```

```
    public void afterPropertiesSet() {
        // 在该类调用 init 方法前判断属性是否为 null
        Assert.notNull(getSecureObjectClass(),
                "Subclass must provide a non-null response to getSecure
ObjectClass()");
        Assert.notNull(this.messages, "A message source must be set");
        Assert.notNull(this.authenticationManager, "An Authentication
Manager is required");
        Assert.notNull(this.accessDecisionManager, "An AccessDecision
Manager is required");
        Assert.notNull(this.runAsManager, "A RunAsManager is required");
        Assert.notNull(this.obtainSecurityMetadataSource(),
                "An SecurityMetadataSource is required");
        Assert.isTrue(this.obtainSecurityMetadataSource()
                .supports(getSecureObjectClass()),
                () -> "SecurityMetadataSource does not support secure object
class: " + getSecureObjectClass());

    Assert.isTrue(this.runAsManager.supports(getSecureObjectClass()),
                () -> "RunAsManager does not support secure object class: "
                    + getSecureObjectClass());
        Assert.isTrue(this.accessDecisionManager.supports(getSecureObject
Class()),() -> "AccessDecisionManager does not support secure object class: "
                    + getSecureObjectClass());
        if (this.afterInvocationManager != null) {
            Assert.isTrue(this.afterInvocationManager.supports(getSecure
ObjectClass()),() -> "AfterInvocationManager does not support secure object
class: "+ getSecureObjectClass());
        }
        // 校验属性
        if (this.validateConfigAttributes) {
            // 获取 ConfigAttribute 集合
            Collection<ConfigAttribute> attributeDefs = this

    .obtainSecurityMetadataSource().getAllConfigAttributes();
            if (attributeDefs == null) {
                logger.warn("Could not validate configuration attributes
as the SecurityMetadataSource did not return "+ "any attributes from get
AllConfigAttributes()");
                return;
            }
            Set<ConfigAttribute> unsupportedAttrs = new HashSet<>();
            // 遍历并判断运行时是否支持配置项
            for (ConfigAttribute attr : attributeDefs) {
        if (!this.runAsManager.supports(attr)  && !this.accessDecision
Manager.supports(attr)
        && ((this.afterInvocationManager == null) || !this.afterInvocation
Manager.supports(attr))) {
                    unsupportedAttrs.add(attr);
                }
            }
            if (unsupportedAttrs.size() != 0) {
throw new IllegalArgumentException("Unsupported configuration attributes: "
+ unsupportedAttrs);
```

```
        }
        logger.debug("Validated configuration attributes");
    }
}
```

然后看下 beforeInvocation()方法中的逻辑，该方法用于当访问受保护对象时进行权限校验，通过 SecurityContextHolder 获取 Authentication，然后通过 SecurityMetadataSource 加载 ConfigAttribute 受保护的请求资源，利用 AccessDecisionManager 检查 Authentication 中的权限角色是否可以匹配。在执行前置处理方法后返回拦截状态令牌，代码清单如下：

```
/**
 * 前置处理，该方法实现对访问受保护对象的权限校验，它会从 SecurityContextHolder 中获
 *   取 Authentication，然后通过 SecurityMetadataSource 中可以得知当前的请求是否受
 *   保护。对于请求那些受保护的资源，如果 Authentication.isAuthenticated()返回 false，
 *   或者 AbstractSecurityInterceptor 的 alwaysReauthenticate 属性为 true，那么将
 *   会使用其内部引用的 AuthenticationManager 再认证一次，然后利用 AccessDecision-
 *   Manager 进行权限检查。
 */
protected InterceptorStatusToken beforeInvocation(Object object) {
    Assert.notNull(object, "Object was null");
    final boolean debug = logger.isDebugEnabled();
    if (!getSecureObjectClass().isAssignableFrom(object.getClass())) {
        throw new IllegalArgumentException(
        "Security invocation attempted for object "+ object.getClass().
getName()+ " but AbstractSecurityInterceptor only configured to support
secure objects of type: "+ getSecureObjectClass());
    }
    // 获取配置的权限信息
    Collection<ConfigAttribute> attributes = this.obtainSecurityMetadata
Source()
            .getAttributes(object);
    if (attributes == null || attributes.isEmpty()) {
        if (rejectPublicInvocations) {
            throw new IllegalArgumentException(
            "Secure object invocation "+ object
+ " was denied as public invocations are not allowed via this interceptor. "
+ "This indicates a configuration error because the "+ "rejectPublic
Invocations property is set to 'true'");
        }
        if (debug) {
            logger.debug("Public object - authentication not attempted");
        }
        publishEvent(new PublicInvocationEvent(object));    // 发布调用事件
        return null;
    }
    if (debug) {
        logger.debug("Secure object: " + object + "; Attributes: " +
attributes);
    }
    if (SecurityContextHolder.getContext().getAuthentication() == null) {
        credentialsNotFound(messages.getMessage(
        "AbstractSecurityInterceptor.authenticationNotFound",
```

```
        "An Authentication object was not found in the SecurityContext"),object,
    attributes);
        }
        // 判断身份认证是否成功
        Authentication authenticated = authenticateIfRequired();
        try {
            // 资源权限授权
            this.accessDecisionManager.decide(authenticated, object, attributes);
        }catch (AccessDeniedException accessDeniedException) {
            // 发布授权失败事件
            publishEvent(new AuthorizationFailureEvent(object, attributes,
    authenticated,
                    accessDeniedException));
            throw accessDeniedException;
        }
        if (debug) {
            logger.debug("Authorization successful");
        }
        // 发布授权成功事件
        if (publishAuthorizationSuccess) {
            publishEvent(new AuthorizedEvent(object, attributes, authenticated));
        }
        // 修改保存在 SecurityContext 中的 Authentication 里
        Authentication runAs = this.runAsManager.buildRunAs(authenticated,
    object, attributes);
        if (runAs == null) {
            if (debug) {
                logger.debug("RunAsManager did not change Authentication object");
            }
    return new    InterceptorStatusToken(SecurityContextHolder.getContext(),
    false,attributes, object);
        }else {
            if (debug) {
                logger.debug("Switching to RunAs Authentication: " + runAs);
            }
            SecurityContext origCtx = SecurityContextHolder.getContext();
            SecurityContextHolder.setContext(SecurityContextHolder.create
    EmptyContext());
            SecurityContextHolder.getContext().setAuthentication(runAs);
            return new InterceptorStatusToken(origCtx, true, attributes, object);
        }
}
```

在子类中执行过 fi.getChain().doFilter(fi.getRequest(), fi.getResponse());方法后，不管是否成功总是要在 finally 中执行 super.finallyInvocation(token);方法清理 SecurityContext 上下文，恢复在 beforeInvocation()方法中改变的 SecurityContext。finallyInvocation()方法的代码清单如下：

```
/**
 * 该方法用于实现受保护对象请求完毕后的一些清理工作。
 * 如果在 beforeInvocation() 中改变了 SecurityContext,则在 finallyInvocation()
   中需要将其恢复为原来的 SecurityContext。
 */
```

```
protected void finallyInvocation(InterceptorStatusToken token) {
    if (token != null && token.isContextHolderRefreshRequired()) {
        if (logger.isDebugEnabled()) {
            logger.debug("Reverting to original Authentication: "
                    + token.getSecurityContext().getAuthentication());
        }
        SecurityContextHolder.setContext(token.getSecurityContext());
    }
}
```

最后再执行后置方法处理返回的结果，内部主要是对 afterInvocationManager.decide() 方法的调用，代码清单如下：

```
/**
 * 该方法实现对返回结果的处理,在注入了 AfterInvocationManager 的情况下默认会调用其
   dccide()方法。
 */
protected Object afterInvocation(InterceptorStatusToken token, Object
returnedObject) {
    if (token == null) {
        return returnedObject;
    }
    finallyInvocation(token);                    // 被动地调用该方法
    // 后置检查管理器
    if (afterInvocationManager != null) {
        try {
        returnedObject = afterInvocationManager.decide(token.getSecurity
Context()
        .getAuthentication(), token.getSecureObject(), token.getAttributes(),
returnedObject);
        }catch (AccessDeniedException accessDeniedException) {
            AuthorizationFailureEvent event = new AuthorizationFailure
Event(
token.getSecureObject(), token.getAttributes(), token.getSecurityContext().
getAuthentication(),
                    accessDeniedException);
            publishEvent(event);
            throw accessDeniedException;
        }
    }
    return returnedObject;
}
```

分析完拦截器中执行的几个方法后，我们再来分析 AbstractSecurityInterceptor 拦截器类内部几个较重要的属性：AccessDecisionManager、AfterInvocationManager 和 RunAsManager。

org.springframework.security.access.AccessDecisionManager 接口用于进行授权管理，代码清单如下：

```
public interface AccessDecisionManager {
    //通过传递的参数来判断用户是否有访问受保护对象的权限
    void decide(Authentication authentication, Object object,
            Collection<ConfigAttribute> configAttributes) throws Access
DeniedException,
            InsufficientAuthenticationException;
```

```
        //表示当前 AccessDecisionManager 是否支持对应的 ConfigAttribute
        boolean supports(ConfigAttribute attribute);
        //表示当前 AccessDecisionManager 是否支持对应的受保护对象类型
        boolean supports(Class<?> clazz);
}
```

　　基于 AccessDecisionManager 接口实现的访问决策管理器默认有 3 个，分别是 Affirmative-
Based、ConsensusBased 和 UnanimousBased。除此之外，用户也可以实现自己的 Access-
DecisionManager 访问决策来控制授权。Spring Security 已经内置了几个基于 AccessDecision-
Manager 的实现，如图 8.4 所示。

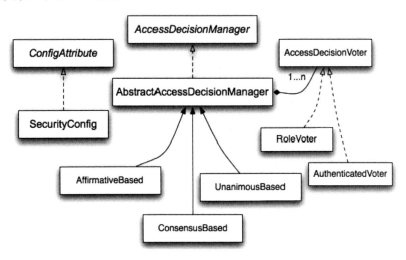

图 8.4　访问决策管理器

　　接着来具体看下 org.springframework.security.access.vote.AbstractAccessDecisionManager
抽象类中的方法逻辑，代码清单如下：

```
/**
 * 抽象实现 AccessDecisionManager。
 * 处理配置类 Bean 中上下文定义的 AccessDecisionVoter 集合。
 * 如果所有投票者都放弃投票（默认为拒绝访问），则处理访问控制行为。
 */
public abstract class AbstractAccessDecisionManager implements Access
DecisionManager,
        InitializingBean, MessageSourceAware {
    protected final Log logger = LogFactory.getLog(getClass());
    // AccessDecisionVoter 集合
    private List<AccessDecisionVoter<?>> decisionVoters;
    protected MessageSourceAccessor messages = SpringSecurityMessageSource.
getAccessor();
    // 比较重要的参数，如果投票者全部弃权了，则以该参数值为准
    // 值为 true 时通过，值为 false 时抛出 AccessDeniedException
    private boolean allowIfAllAbstainDecisions = false;
    public void afterPropertiesSet() {
        Assert.notEmpty(this.decisionVoters, "A list of AccessDecision
```

```
Voters is required");
        Assert.notNull(this.messages, "A message source must be set");
    }
    // 检查是否允许所有投票者弃权
    protected final void checkAllowIfAllAbstainDecisions() {
        if (!this.isAllowIfAllAbstainDecisions()) {
            throw new AccessDeniedException(messages.getMessage(
                "AbstractAccessDecisionManager.accessDenied", "Access
is denied"));
        }
    }
    // 判断是否支持对应的 ConfigAttribute
    public boolean supports(ConfigAttribute attribute) {
        for (AccessDecisionVoter voter : this.decisionVoters) {
            if (voter.supports(attribute)) {
                return true;
            }
        }
        return false;
    }
    /**
     * 通过迭代所有的 AccessDecisionVoter 来判断每一个 voter 是否支持当前类。
     * 如果有一个或多个 voter 不支持当前类, 则返回 false。
     */
    public boolean supports(Class<?> clazz) {
        for (AccessDecisionVoter voter : this.decisionVoters) {
            if (!voter.supports(clazz)) {
                return false;
            }
        }
        return true;
    }
}
```

看到这里，我们先熟悉一下 AbstractAccessDecisionManager#supports(ConfigAttribute attribute)方法中的 ConfigAttribute 参数。它是一个很灵活的对象，在不同的情况下代表不同的语义。例如，在使用角色控制时传入的值可能是以 "ROLE_" 为前缀的字符串，非常方便 RoleVoter 判断和使用，代码清单如下：

```
/**
 * 存储与安全系统相关的配置属性。
 * 当 org.springframework.security.access.intercept.AbstractSecurity
   Interceptor 设置后，将为安全对象模式定义一个配置属性列表, 配置属性 RunAsManager、
   AccessDecisionManager 和 AccessDecisionManager 具有特殊的含义, 为同一个安全对
   象, 在运行时与其他 ConfigAttribute 一起存储。
 */
public interface ConfigAttribute extends Serializable {
    /**
     * 如果 ConfigAttribute 可以表示为字符串,则该字符串能能够准确作为 RunAsManager、
     * AccessDecisionManager 或 AccessDecisionManager 代理类的参数, 此方法将返
       回这样一个字符串。如果 ConfigAttribute 不能以足够的精确度表示字符串,则返回 null。
```

　　　　　若返回 null，则需要提供任意依赖类来明确地支持 ConfigAttribute 的实现，因此除非
　　　　　实际需要，否则避免返回 null。
　　　　 */
　　　　String getAttribute();
　　}

　　下面分别分析 Spring Security 内置的 3 个访问决策管理器，它们分别是 Affirmative-
Based、ConsensusBased 和 UnanimousBased。

AffirmativeBased 的源码清单如下：

```
/**
 * AccessDecisionManager 的简单实现
 * 如果 AccessDecisionVoter 投票者返回同意的响应，则授予访问权限
 */
public class AffirmativeBased extends AbstractAccessDecisionManager {
    // 构造器
    public AffirmativeBased(List<AccessDecisionVoter<?>> decisionVoters)
{
        super(decisionVoters);
    }
    /**
     * 这个具体的实现只是轮询所有配置的 AccessDecisionVoter。
     * 如果有任何 AccessDecisionVoter 投同意票，则授予访问权。
     * 只有在有拒绝投票和无同意票时才拒绝访问。
     * 如果每个 AccessDecisionVoter 都放弃投票，则将由 isallowifallAbvent-
     *   Decisions() 属性决定是否授予访问权（默认为 false）。
     */
    public void decide(Authentication authentication, Object object,
            Collection<ConfigAttribute> configAttributes) throws Access
DeniedException {
        int deny = 0;
        for (AccessDecisionVoter voter : getDecisionVoters()) {
            // 调用 AccessDecisionVoter 进行 vote 投票
            int result = voter.vote(authentication, object, configAttributes);
            if (logger.isDebugEnabled()) {
                logger.debug("Voter: " + voter + ", returned: " + result);
            }
            switch (result) {
            // ACCESS_GRANTED 值为 1
            case AccessDecisionVoter.ACCESS_GRANTED:
            //只要 voter 的投票为 ACCESS_GRANTED，则通过
                return;
            // ACCESS_DENIED 值为-1
            case AccessDecisionVoter.ACCESS_DENIED:
                deny++;
                break;
            default:
                break;
            }
        }
        if (deny > 0) {
            //如果有两个及以上的 AccessDecisionVoter，都投 ACCESS_DENIED 则会直
```

```
                    接抛出 AccessDeniedException
                throw new AccessDeniedException(messages.getMessage(
                    "AbstractAccessDecisionManager.accessDenied", "Access
is denied"));
            }
        checkAllowIfAllAbstainDecisions();
    }
}
```

通过源码可以看出 **AffirmativeBased** 的执行策略分为两种：一种是只要有投同意（ACCESS_GRANTED）票，则直接判为通过；另一种是没有投同意（ACCESS_GRANTED）票并且拒绝（ACCESS_DENIED）票在两票及以上的，则直接判为不通过。

接着来看 ConsensusBased 的源码清单：

```
/**
 * AccessDecisionManager 的简单实现，使用基于共识的方法。
 * Consensus 的意思是共识，是指少数服从多数（忽略弃权），而不是一致意见（忽略弃权）。
 * 如果需要一致的意见，请参见 UnanimousBased。
 */
public class ConsensusBased extends AbstractAccessDecisionManager {
    // 当票数一样时是否视为通过
    private boolean allowIfEqualGrantedDeniedDecisions = true;
    public ConsensusBased(List<AccessDecisionVoter<?>> decisionVoters) {
        super(decisionVoters);
    }
    /**
     * 遍历 AccessDecisionVoter 集合，确定同意和拒绝的票数。
     * 如果 grant 和 deny 票数相等，则通过 isAllowIfEqualGrantedDeniedDecisions()
       属性决定是否允许访问（默认为 true）。
     * 如果每个 AccessDecisionVoter 都放弃投票，则通过 isallowifallAbventDecisions()
       属性决定是否允许访问（默认为 false）。
     */
    public void decide(Authentication authentication, Object object,
            Collection<ConfigAttribute> configAttributes) throws Access
DeniedException {
        int grant = 0;
        int deny = 0;
        for (AccessDecisionVoter voter : getDecisionVoters()) {
            // 调用 AccessDecisionVoter 进行 vote 投票
            int result = voter.vote(authentication, object, configAttributes);
            if (logger.isDebugEnabled()) {
                logger.debug("Voter: " + voter + ", returned: " + result);
            }
            switch (result) {
            // 同意，值为 1
            case AccessDecisionVoter.ACCESS_GRANTED:
                grant++;
                break;
            // 拒绝，值为 -1
            case AccessDecisionVoter.ACCESS_DENIED:
                deny++;
                break;
```

```
                    default:
                        break;
                }
            }
            if (grant > deny) {
                return;               // 如果同意的票数大于拒绝的票数，则返回通过
            }
            // 如果拒绝的票数大于同意的票数，则抛出 AccessDeniedException
            if (deny > grant) {
                throw new AccessDeniedException(messages.getMessage(
                        "AbstractAccessDecisionManager.accessDenied", "Access
    is denied"));
            }
            // 如果同意和拒绝的票数相等且同意票不为 0
            if ((grant == deny) && (grant != 0)) {
                // 再根据 allowIfEqualGrantedDeniedDecisions 属性判断是否通过
                if (this.allowIfEqualGrantedDeniedDecisions) {
                    return;
                }
                else {
                    throw new AccessDeniedException(messages.getMessage(
                        "AbstractAccessDecisionManager.accessDenied", "Access is
    denied"));
                }
            }
            checkAllowIfAllAbstainDecisions();
        }
    }
```

ConsensusBased 的实现逻辑可理解为少数服从多数，执行时有 3 种判断策略：第 1 种是同意的票数大于拒绝的票数则判为通过；第 2 种是同意的票数小于拒绝的票数则判为不通过；第 3 种是通过的票数和反对的票数相等，则根据 allowIfEqualGrantedDeniedDecisions 属性（默认为 true）来判断是否允许通过。

最后来看 UnanimousBased 的源码清单：

```
// AccessDecisionManager 的简单具体实现，需要所有投票者弃权或授予访问权限
public class UnanimousBased extends AbstractAccessDecisionManager {
    /**
     * 遍历 AccessDecisionVoter 集合，如果只收到 grant（或 abstain）投票，则授予
     *   访问权。
     * 其他的实现通常会将包含 ConfigAttribute 的集合传递给 AccessDecisionVoter。
     * 这种实现的不同之处在于，每个投票者一次只知道一个 ConfigAttribute。
     * 如果每个 AccessDecisionVoter 都放弃投票，则通过 isallowifallAbventDecisions()
     *   属性决定是否允许访问（默认为 false）。
     */
    public void decide(Authentication authentication, Object object,
            Collection<ConfigAttribute> attributes) throws AccessDenied
    Exception {
        int grant = 0;
        List<ConfigAttribute> singleAttributeList = new ArrayList<>(1);
        singleAttributeList.add(null);
        for (ConfigAttribute attribute : attributes) {
```

```
            singleAttributeList.set(0, attribute);
            for (AccessDecisionVoter voter : getDecisionVoters()) {
                // 调用 AccessDecisionVoter 进行 vote 投票
                int result = voter.vote(authentication, object, single
AttributeList);
                if (logger.isDebugEnabled()) {
                    logger.debug("Voter: " + voter + ", returned: " + result);
                }
                switch (result) {
                case AccessDecisionVoter.ACCESS_GRANTED:
                    grant++;
                    break;
                case AccessDecisionVoter.ACCESS_DENIED:
                  //只要有投拒绝票的情况就判为无权访问
                    throw new AccessDeniedException(messages.getMessage(
                            "AbstractAccessDecisionManager.accessDenied",
                            "Access is denied"));
                default:
                    break;
                }
            }
        }
        if (grant > 0) {
            return;                   //如果通过票大于 0，那么就判为通过
        }
        checkAllowIfAllAbstainDecisions();
    }
}
```

UnanimousBased 的实现可理解为一票否决，其有两种判断策略：第一种是无论有多少个同意（ACCESS_GRANTED）票，只要有拒绝（ACCESS_DENIED）票，那么就判为不通过；第二种是如果没有拒绝票并且投了通过票，那么就判为通过。

另外，在 Spring Security 框架中默认使用的是 AffirmativeBased 实现类，如果有需要，可修改配置为 ConsensusBased 或 UnanimousBased 实现类，或者自己去实现。

在抽象类 AbstractAccessDecisionManager 中包含由一系列由 AccessDecisionVoter 所组成的集合，AccessDecisionManager 管理类通过该集合对是否有权访问受保护的 Authentication 对象进行投票，然后再根据投票结果决定是否要抛出 AccessDeniedException。AccessDecisionVoter 是一个接口，其中定义了 3 个方法，代码清单如下：

```
public interface AccessDecisionVoter<S> {
    int ACCESS_GRANTED = 1;              // 表示同意
    int ACCESS_ABSTAIN = 0;              // 表示放弃
    int ACCESS_DENIED = -1;             // 表示拒绝
    //判断 AccessDecisionVoter 是否支持 ConfigAttribute
    boolean supports(ConfigAttribute attribute);
    //判断 AccessDecisionVoter 的实现是否能够为指定的安全对象类型提供访问控制投票
    boolean supports(Class<?> clazz);
    //通过投票判断是否授予访问权限
```

```
        int vote(Authentication authentication, S object,Collection<Config
Attribute> attributes);
}
```

在 Spring Security 中也提供了基于 AccessDecisionVoter 的多种实现类，如 Authenticated-Voter 和 RoleVoter 等，同样也可以通过实现 AccessDecisionVoter 接口来完成投票逻辑。

org.springframework.security.access.intercept.AfterInvocationManager 接口用于在受保护对象访问完成后对返回值进行修改或者权限鉴定。AfterInvocationManager 接口定义的源码清单如下：

```
public interface AfterInvocationManager {
    Object decide(Authentication authentication, Object object, Collection
<ConfigAttribute> attributes, Object returnedObject) throws AccessDenied
Exception;
    boolean supports(ConfigAttribute attribute);
    boolean supports(Class<?> clazz);
}
```

看完源码再来看 AfterInvocationManager 接口的构造实现，如图 8.5 所示。

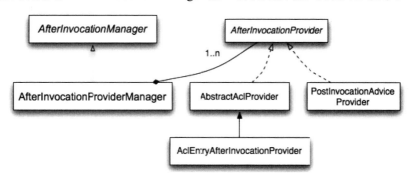

图 8.5　AfterInvocationManager 接口的构造实现示意图

AfterInvocationManager 默认的实现类是 AfterInvocationProviderManager，在其内部包含一个由 AfterInvocationProvider 组成的 list 集合。阅读源码时会发现 AfterInvocationProvider 类与 AfterInvocationManager 类具有相同的方法定义，因此在调用 AfterInvocationProvider-Manager 中的方法时实际上是调用其中包含的 AfterInvocationProvider 对应的方法。

最后一个 org.springframework.security.access.intercept.RunAsManager 接口，用于为当前的安全对象调用创建新的临时对象 Authentication，代码清单如下：

```
public interface RunAsManager {
    //返回当前安全对象调用的替换对象 Authentication，如果不需要替换，则返回 null
    Authentication buildRunAs(Authentication authentication, Object object,
            Collection<ConfigAttribute> attributes);
    boolean supports(ConfigAttribute attribute);
    boolean supports(Class<?> clazz);
}
```

在 AbstractSecurityInterceptor#beforeInvocation()方法中，通过 AccessDecisionManager

授权成功后，将会调用 RunAsManager#buildRunAs()方法在现有的 Authentication 基础上重新构建一个 Authentication 对象。如果新的 Authentication 对象不为空则通过 SecurityContext-Holder.createEmptyContext()方法创建一个新的 SecurityContext，并把新生成的 Authentication 存放到上下文中。这样当用户请求访问受保护的资源时从 SecurityContext 中获取的 Authentication 就是新生成的 Authentication。当请求完成后会在 AbstractSecurityInterceptor#finallyInvocation() 方法中将原来的 SecurityContext 重新设置为 SecurityContextHolder。AbstractSecurity-Interceptor 默认初始化的是 NullRunAsManager。

经过一系列的过滤拦截，用户授权通过后就可以请求访问受保护的资源了。

8.2　Spring Security 高级配置

一个企业级的应用系统最重要的就是用户，但往往用户组织机构繁多且关系复杂，要想灵活控制用户权限，实现行级别或列级别的权限管理、组织（部门）数据权限管理、范围数据权限管理等场景，一般情况下可以基于角色的方式来定义权限，由角色来封装可执行的操作集合。下面就来学习如何设计权限管理系统。

8.2.1　角色继承

很多时候，系统用户的结构体系正如金字塔一样，处在塔尖的角色将拥有所有的权限，而在底层的角色拥有的权限就比较单一。体现在我们的系统中就是需要多个角色可以访问同一个接口，如果给每个角色都配置接口的访问权限则比较烦琐，而通过角色继承就可以解决这样的问题。在 Spring Security 框架中，RoleHierarchy 接口可以用于配置角色继承。

在 spring-security-core-5.2.2.RELEASE.jar 包中，org.springframework. security.access. hierarchicalroles.RoleHierarchy 接口中只定义了一个方法 getReachableGrantedAuthorities()，具体的代码清单如下：

```
public interface RoleHierarchy {
    /**
     * 返回所有可访问权限的数组，通过角色继承传递获取可访问权限。
     * 直接将分配的权限加入所有的权限集合中。
     * 角色继承：ROLE_A > ROLE_B > ROLE_C
     * 直接分配权限：ROLE_A
     * 可访问权限：ROLE_A, ROLE_B, ROLE_C
     */
    Collection<? extends GrantedAuthority> getReachableGrantedAuthorities(
            Collection<? extends GrantedAuthority> authorities);
}
```

在配置角色继承时可以使用 ">" 表示继承关系。为了了解角色继承的实现逻辑，清楚如何通过配置的字符串表达式解析出角色继承关系的集合，继续看该接口的实现类 org.

springframework.security.access.hierarchicalroles.RoleHierarchyImpl 并进行分析，代码清单如下：

```
/**
 * 该类定义各种访问检查组件的角色层次结构。
 * 下面是一个配置角色继承的例子：(提示：可将">"读作"includes")
 *     <property name="hierarchy">
 *         <value>
 *             ROLE_A > ROLE_B
 *             ROLE_B > ROLE_AUTHENTICATED
 *             ROLE_AUTHENTICATED > ROLE_UNAUTHENTICATED
 *         </value>
 *     </property>
 * 对以上例子解释说明：
 * 1.实际上，每一个具有 ROLE_A 角色的用户，也具有 ROLE_B、ROLE_AUTHENTICATED 和
 * ROLE_UNAUTHENTICATED 角色。
 * 2.每个具有 ROLE_B 角色的用户，也具有 ROLE_AUTHENTICATED 和 ROLE_UNAUTHENTICATED
   角色。
 * 3.每个具有 ROLE_AUTHENTICATED 角色的用户，也具有 ROLE_UNAUTHENTICATED 角色。
 * 角色继承将大大缩短访问规则，同时也使访问规则更加优雅。
 * 除了缩短访问规则外，也需要使访问规则更具可读性和清晰的意图。
 * 每个经过身份验证的用户都应该能够注销，如下：
 * /logout.html=ROLE_A,ROLE_B,ROLE_AUTHENTICATED
 */
public class RoleHierarchyImpl implements RoleHierarchy {
    private static final Log logger = LogFactory.getLog(RoleHierarchyImpl.class);
    /**
     * 原始的层次结构表达式，配置中每行可表示一个或多个级别的角色链。
     * 例如，该值为 ROLE_A > ROLE_B
     */
    private String roleHierarchyStringRepresentation = null;
    /**
     * 按照上级角色分组，当前明确的角色名称为 key，只将第一级直接关系存到 map 集合中。
     * 构建的 map 中的数据结构可以为：
     * ROLE_A -> [ROLE_B]
     * ROLE_B -> [ROLE_AUTHENTICATED]
     * ROLE_AUTHENTICATED -> [ROLE_UNAUTHENTICATED]
     */
    private Map<String, Set<GrantedAuthority>> rolesReachableInOneStepMap
= null;
    /**
     * 进一步完全解析，以当前明确的角色名称为 key 将间接的层级关系映射到 map 集合中。
     * 构建的 map 中的数据结构可以为：
     * ROLE_A -> [ROLE_B,ROLE_AUTHENTICATED,ROLE_UNAUTHENTICATED]
     * ROLE_B -> [ROLE_AUTHENTICATED,ROLE_UNAUTHENTICATED]
     * ROLE_AUTHENTICATED -> [ROLE_UNAUTHENTICATED]
     */
    private Map<String, Set<GrantedAuthority>> rolesReachableInOneOrMore
StepsMap = null;
    /**
     * 设置继承关系表达式，并为每个角色预先计算出所有可访问角色的集合，即每个给定角色
       的层次结构中较低的所有角色。
     * 考虑到性能原因，主要是计算角色继承关系的时间复杂度为 O(1)。
```

```
 * 在预计算期间检测到角色层次结构中存在循环会抛出CycleInRoleHierarchyException
   异常。
 */
public void setHierarchy(String roleHierarchyStringRepresentation) {
    //设置角色继承关系字符串
    this.roleHierarchyStringRepresentation = roleHierarchyString
Representation;
    if (logger.isDebugEnabled()) {
        logger.debug("setHierarchy() - The following role hierarchy was set: "
                + roleHierarchyStringRepresentation);
    }
    //构建 rolesReachableInOneStepMap 集合
    buildRolesReachableInOneStepMap();
    //构建 rolesReachableInOneOrMoreStepsMap 集合
    buildRolesReachableInOneOrMoreStepsMap();
}
//解析传入的表达式，构建 rolesReachableInOneStepMap 集合
private void buildRolesReachableInOneStepMap() {
    this.rolesReachableInOneStepMap = new HashMap<>();
    // 通过"\n"换行，遍历每行角色表达式
    for (String line : this.roleHierarchyStringRepresentation.split("\n")) {
        // 通过正则表达式以 ">" 分割字符串，去掉空格
        String[] roles = line.trim().split("\\s+>\\s+");
        // 遍历角色关系
        for (int i = 1; i < roles.length; i++) {
            // 获取最高级角色
            String higherRole = roles[i - 1];
            // 创建 GrantedAuthority
            GrantedAuthority lowerRole = new SimpleGrantedAuthority
(roles[i]);
            // 判断 rolesReachableInOneStepSet 集合中是否存在最高等级的角
            //    色，如果不存在，则向 rolesReachableInOneStepSet 集合中添加最
            //    高等级的角色
            Set<GrantedAuthority> rolesReachableInOneStepSet;
            if (!this.rolesReachableInOneStepMap.containsKey
(higherRole)) {
                rolesReachableInOneStepSet = new HashSet<>();
    this.rolesReachableInOneStepMap.put(higherRole, rolesReachable
InOneStepSet);
            } else {
    rolesReachableInOneStepSet = this.rolesReachableInOneStepMap.get
(higherRole);
            }
            rolesReachableInOneStepSet.add(lowerRole);
            if (logger.isDebugEnabled()) {
        logger.debug("buildRolesReachableInOneStepMap() - From role "
+ higherRole
                + " one can reach role " + lowerRole + " in one step.");
            }
        }
    }
}
//通过 rolesReachableInOneStepMap 构建 rolesReachableInOneOrMoreSteps
```

Map 集合

```
    private void buildRolesReachableInOneOrMoreStepsMap() {
        // 创建所有级联层级关系集合
        this.rolesReachableInOneOrMoreStepsMap = new HashMap<>();
        // 遍历 rolesReachableInOneStepMap 集合的 key 值
        for (String roleName : this.rolesReachableInOneStepMap.keySet()) {
            // 获取授权信息集合
            Set<GrantedAuthority> rolesToVisitSet = new HashSet<>(this.
rolesReachableInOneStepMap.get(roleName));
            // 已访问的角色集合
            Set<GrantedAuthority> visitedRolesSet = new HashSet<>();
            // 判断 visitedRolesSet 集合是否为空
            while (!rolesToVisitSet.isEmpty()) {
                // 从 rolesToVisit 集合中获取一个角色
                GrantedAuthority lowerRole = rolesToVisitSet.iterator().next();
                // 移除当前角色
                rolesToVisitSet.remove(lowerRole);
                // 判断是否在 visitedRolesSet 集合中
                // 或者当前继承的角色是否存在于 rolesReachableInOneStepMap 集合中
                if (!visitedRolesSet.add(lowerRole) ||
            !this.rolesReachableInOneStepMap.containsKey(lowerRole.get
Authority())) {
                    continue; // Already visited role or role with missing
hierarchy
                } else if (roleName.equals(lowerRole.getAuthority())) {
                    // 如果出现循环继承，则抛出 CycleInRoleHierarchyException
                        异常
                    throw new CycleInRoleHierarchyException();
                }
        // 将获取的子级角色添加到 rolesToVisitSet 集合中
        rolesToVisitSet.addAll(this.rolesReachableInOneStepMap.get(lowerRole.
getAuthority()));
            }
            // 向 rolesReachableInOneOrMoreStepsMap 集合中添加信息
            this.rolesReachableInOneOrMoreStepsMap.put(roleName, visited
RolesSet);
            logger.debug("buildRolesReachableInOneOrMoreStepsMap() - From
role " + roleName + " one can reach " + visitedRolesSet + " in one or more
steps.");
        }
    }
}
```

注意在方法 buildRolesReachableInOneStepMap()中对"\n"换行符的应用，其可将多组角色继承关系按行分段。接着来看 org.springframework.security.access.vote.RoleHierarchy-Voter 类，它扩展了 RoleVoter 并通过 RoleHierarchy 在投票前确定分配给用户的角色。其内部需要注入 RoleHierarchy 的实现类 RoleHierarchyImpl，我们可以通过 Spring IoC 容器注入一个 RoleHierarchy 类型的 Bean，Spring Security 框架会去处理这个 Bean，然后生成一个 RoleHierarchyVoter 并注入 AccessDecisionManager 中，默认配置的 AccessDecision-Manager 实现类就是 AffirmativeBased。RoleHierarchyVoter 的代码清单如下：

```
public class RoleHierarchyVoter extends RoleVoter {
    private RoleHierarchy roleHierarchy = null;
    public RoleHierarchyVoter(RoleHierarchy roleHierarchy) {
        Assert.notNull(roleHierarchy, "RoleHierarchy must not be null");
        this.roleHierarchy = roleHierarchy;
    }
    //通过调用 RoleHierarchy#getReachableGrantedAuthorities 方法获取用户权限
      集合
    @Override
    Collection<? extends GrantedAuthority> extractAuthorities(
            Authentication authentication) {
        return roleHierarchy.getReachableGrantedAuthorities(authentication.
getAuthorities());
    }
}
```

RoleHierarchyVoter 类继承自 RoleVoter，表示角色层级投票器，用于判断角色的访问权，示例代码如下：

```
/**
 * 通过 ConfigAttribute#getAttribute() 获取以角色前缀开头的角色并进行投票。
 * 默认的前缀字符串是"ROLE_"，但它可以被重写为任何值。
 * 它也可以被设置为空，这意味着几乎所有的属性都可以用于投票表决。
 * 如果没有以"ROLE_"开头的属性可以完全匹配，则放弃投票。
 * 如果存在与以角色前缀开头的 GrantedAuthority 完全匹配的 ConfigAttribute，则投票
   授予访问权限。
 * 如果没有与以角色前缀开头的 GrantedAuthority 完全匹配的 ConfigAttribute，则投票
   拒绝访问。
 * 一个空的角色前缀表示投票者将为每个 ConfigAttribute 进行投票。
 * 使用不同类别的 ConfigAttributes 并不是最佳选择，因为投票者会为不代表角色的属性投票。
 * 但是，当使用不带前缀的预先存在的角色名称时，此选项可能会有一些用处，它提供了在读入
   这些角色名称时可以使用不存在角色前缀的功能，
 * 例如，在 org.springframework.security.core.userdetails.jdbc.JdbcDaoImpl
   中提供了 rolePrefix。
 * 注意，所有比较和前缀都区分大小写。
*/
public class RoleVoter implements AccessDecisionVoter<Object> {
    private String rolePrefix = "ROLE_";
    public String getRolePrefix() {
        return rolePrefix;
    }
    //允许重写默认角色前缀"ROLE_"。可以设置为空值，但这通常不可取
    public void setRolePrefix(String rolePrefix) {
        this.rolePrefix = rolePrefix;
    }
    public boolean supports(ConfigAttribute attribute) {
        // 判断属性不为 null 且以角色前缀开始
        if ((attribute.getAttribute() != null)
                && attribute.getAttribute().startsWith(getRolePrefix()))
{
            return true;
        }else {
```

```
                    return false;
            }
        }
        //默认返回true，支持所有类型
        public boolean supports(Class<?> clazz) {
            return true;
        }
        //投票
        public int vote(Authentication authentication, Object object,
                Collection<ConfigAttribute> attributes) {
            if (authentication == null) {
                return ACCESS_DENIED;    // 如果认证信息为 null，返回拒绝访问标识
            }
            int result = ACCESS_ABSTAIN;                 // 放弃访问标识
            Collection<? extends GrantedAuthority> authorities = extract
Authorities(authentication);
            // 遍历配置的属性集合
            for (ConfigAttribute attribute : attributes) {
                // 判断是否支持
                if (this.supports(attribute)) {
                    result = ACCESS_DENIED;
                    for (GrantedAuthority authority : authorities) {
                        if (attribute.getAttribute().equals(authority.get
Authority())) {

                            return ACCESS_GRANTED;       // 返回访问授权
                        }
                    }
                }
            }
            return result;
        }
        //提取权限
        Collection<? extends GrantedAuthority> extractAuthorities(
                Authentication authentication) {
            return authentication.getAuthorities();
        }
}
```

通过角色继承能够轻松管理角色和角色权限。为了更直观地表示角色继承功能，我们来看一个定义角色继承的完整示例。在新建的项目中引入 spring-boot-starter-security 依赖后，新建 config 包然后创建 SecurityAuthConfig 类，示例代码如下：

```
//角色继承配置示例
@EnableWebSecurity
public class SecurityAuthConfig extends WebSecurityConfigurerAdapter {
    // 配置角色继承关系
    @Bean
    public RoleHierarchy roleHierarchy() {
        RoleHierarchyImpl roleHierarchy = new RoleHierarchyImpl();
        String hierarchy = "ROLE_DBA > ROLE_ADMIN > ROLE_USER";
        roleHierarchy.setHierarchy(hierarchy);
        return roleHierarchy;
    }
```

```
@Bean
public PasswordEncoder passwordEncoder(){
    // 指定密码的加密方式，对密码进行加密
    return new BCryptPasswordEncoder();
}
// 配置用户及其对应的角色
@Override
protected void configure(AuthenticationManagerBuilder auth) throws
Exception {
    auth.inMemoryAuthentication()
        .withUser("root").password(passwordEncoder().encode("root")).
roles("DBA")
        .and()
        .withUser("admin").password(passwordEncoder().encode("admin")).
roles("ADMIN")
        .and()
        .withUser("test").password(passwordEncoder().encode("test")).
roles("USER");
}
// 配置 URL 访问权限
@Override
protected void configure(HttpSecurity http) throws Exception {
    http.authorizeRequests()                    // 开启 HttpSecurity 配置
    //  "/index/**" 模式 URL 需"DBA"角色
    .antMatchers("/index/**").hasRole("DBA")
    //  "/admin/**" 模式 URL 需"ADMIN"角色
    .antMatchers("/admin/**").hasRole("ADMIN")
    //  "/user/**"模式 URL 需"USER"角色
    .antMatchers("/user/**").hasRole("USER")
    // 用户访问其他 URL 都必须认证后访问（登录后访问）
    .anyRequest().authenticated()
    // 开启表单登录并配置登录接口
    .and().formLogin().loginProcessingUrl("/login").permitAll();
}
}
```

然后再新建 controller 包，分别创建 IndexController、AdminController 和 UserController 控制类，用于定义 "/index/**" "/admin/**" "/user/**" 3 种资源的访问路径。示例代码如下：

创建 IndexController 类，只有 root 用户可以访问。

```
@RestController
@RequestMapping("/index")
public class IndexController {
    @GetMapping("/n")
    public String userRole(){
        return "SUCCESS";
    }
}
```

创建 AdminController 类，用户 root 和 admin 可以访问。

```java
@RestController
@RequestMapping("/admin")
public class AdminController {
    @GetMapping("/n")
    public String queryAdmin(){
        return "SUCCESS";
    }
}
```

创建 UserController 类，用户 root、admin 和 test 可以访问。

```java
@RestController
@RequestMapping("/user")
public class UserController {
    @GetMapping("/n")
    public String queryUser(){
        return "SUCCESS";
    }
}
```

运行主函数启动程序，打开浏览器，访问地址 http://localhost:8080/index/n，在登录界面输入用户名 admin 和密码 admin，登录成功后发现页面提示无权限访问，如图 8.6 所示。

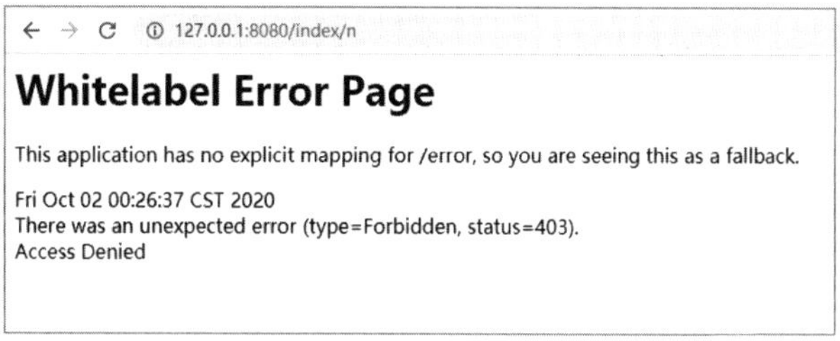

图 8.6　无权限访问

通过以上简单的配置，将用户按角色分级，即可实现对资源访问权限的控制，而且角色继承对权限的分级控制也具有现实意义。

8.2.2　动态权限

在 Spring Security 框架中，默认配置的权限只会在启动工程的时候初始化一次，为角色添加 URL 资源权限配置。但是在实际项目中则需要随时动态地更改权限，不能为了让配置的权限生效而重新启动服务，这样的程序显然是不合理的。

那么如何实现从数据库中读取并动态加载 URL 拦截规则呢？通过自定义 org.springframework.security.web.access.intercept.FilterInvocationSecurityMetadataSource 接口的实现类就可以完成 URL 拦截规则在运行时重新加载。该接口继承自 org.springframework.security.access.SecurityMetadataSource，而且由于其自身并没有需要实现的方法，因此我们直接看下其父类 SecurityMetadataSource 接口中都有哪些方法需要实现，代码清单如下：

```
//实现该接口可以存储并能够明确指定 ConfigAttribute 应用于安全对象的调用
public interface SecurityMetadataSource extends AopInfrastructureBean {
    //从指定的安全对象中获取配置属性 ConfigAttribute
    Collection<ConfigAttribute>   getAttributes(Object   object)   throws
IllegalArgumentException;
    /**
     * 如果可用,则返回实现类定义的所有 ConfigAttribute。
     * 在程序启动时会在 AbstractSecurityInterceptor 中调用该方法,主要针对它配置
       每个 ConfigAttribute 验证冲突。
     */
    Collection<ConfigAttribute> getAllConfigAttributes();
    /**
     * 通过指示 SecurityMetadataSource 的实现,判断是否支持获取 ConfigAttribute
       配置
     */
    boolean supports(Class<?> clazz);
}
```

Spring Security 框架基于 SecurityMetadataSource 接口也提供了一个默认的实现类 DefaultFilterInvocationSecurityMetadataSource,并且基于该类还提供了一个子类 Expression-BasedFilterInvocationSecurityMetadataSource,而它们的创建时机都会在 FilterInvocation-SecurityMetadataSourceParser 解析类中完成。

下面来看 org.springframework.security.web.access.intercept 包中的默认实现类 Default-FilterInvocationSecurityMetadataSource,代码清单如下:

```
/**
 * 默认对 FilterInvocationDefinitionSource 接口的实现。
 * 存储 RequestMatcher 与 ConfigAttribute 集合的有序映射,并根据映射中存储的项提供
   对 FilterInvocation 的匹配。
 * RequestMatcher 在映射中的顺序非常重要,它是按照顺序与请求进行匹配的。
 * 如果已经找到匹配项,就不会再调用映射后面的匹配器。
 * 因此,比较确定的匹配应该首先注册,而一般的匹配则最后注册。
 * 创建实例的常见方法是使用 Spring Security 命名空间。
 * 例如:构建 FilterSecurityInterceptor 的使用实例,通过将 pattern 和 access 等属
   性元素组合起来进行完成。
 */
public class DefaultFilterInvocationSecurityMetadataSource implements
        FilterInvocationSecurityMetadataSource {
    protected final Log logger = LogFactory.getLog(getClass());
    private final Map<RequestMatcher, Collection<ConfigAttribute>> requestMap;
    /**
     * 通过提供的 map 设置内部请求映射,在集合中对应的键元素是 RequestMatcher。
     * 在键中存储的路径将取决于提供的 UrlMatcher 的类型。
     */
    public DefaultFilterInvocationSecurityMetadataSource(
            LinkedHashMap<RequestMatcher,   Collection<ConfigAttribute>>
requestMap) {
        this.requestMap = requestMap;
    }
    public Collection<ConfigAttribute> getAllConfigAttributes() {
```

```
            Set<ConfigAttribute> allAttributes = new HashSet<>();
            // 遍历 requestMap 有序集合，返回所有的 ConfigAttribute
            for (Map.Entry<RequestMatcher, Collection<ConfigAttribute>> entry :
requestMap
                    .entrySet()) {
                allAttributes.addAll(entry.getValue());
            }
            return allAttributes;
        }
    public Collection<ConfigAttribute> getAttributes(Object object) {
        final HttpServletRequest request = ((FilterInvocation) object).
getRequest();
        // 遍历 requestMap 有序集合，判断当前的请求是否与 RequestMatcher 匹配，如
            果是，则返回 ConfigAttribute
        for (Map.Entry<RequestMatcher, Collection<ConfigAttribute>> entry :
requestMap
                    .entrySet()) {
            if (entry.getKey().matches(request)) {
                return entry.getValue();
            }
        }
        return null;
    }
    public boolean supports(Class<?> clazz) {
        return FilterInvocation.class.isAssignableFrom(clazz);
    }
}
```

接着在 org.springframework.security.web.access.expression 包中找到其子类 Expression-
BasedFilterInvocationSecurityMetadataSource，它是一个基于表达式实现的权限拦截，代码
清单如下：

```
//基于表达式的实现 FilterInvocationSecurityMetadataSource
public final class ExpressionBasedFilterInvocationSecurityMetadataSource
    extends DefaultFilterInvocationSecurityMetadataSource {
    private final static Log logger = LogFactory.getLog(ExpressionBased
FilterInvocationSecurityMetadataSource.class);
    //处理请求映射集合
    private static LinkedHashMap<RequestMatcher, Collection<ConfigAttribute>>
processMap(
            LinkedHashMap<RequestMatcher, Collection<ConfigAttribute>>
requestMap,
            ExpressionParser parser) {
        Assert.notNull(parser, "SecurityExpressionHandler returned a null
parser object");
        // 初始化有序集合
        LinkedHashMap<RequestMatcher, Collection<ConfigAttribute>> request
ToExpressionAttributesMap = new LinkedHashMap<>(requestMap);
        for (Map.Entry<RequestMatcher, Collection<ConfigAttribute>> entry :
requestMap
                    .entrySet()) {
            RequestMatcher request = entry.getKey();
            Assert.isTrue(entry.getValue().size() == 1,
```

```
                        () -> "Expected a single expression attribute for " +
request);
            ArrayList<ConfigAttribute> attributes = new ArrayList<>(1);
            // 从配置属性中获取表达式字符串
            String expression = entry.getValue().toArray(new Config
Attribute[1])[0]
                    .getAttribute();
            logger.debug("Adding web access control expression '" +
expression + "', for "
                    + request);
            // 创建后置处理
            AbstractVariableEvaluationContextPostProcessor postProcessor
= createPostProcessor(request);
            try {
            // Web 表达式解析属性
            attributes.add(new WebExpressionConfigAttribute(
                parser.parseExpression(expression), postProcessor));
            }catch (ParseException e) {
        throw new IllegalArgumentException("Failed to parse expression
'" + expression + "'");
            }
            // 放入集合中
            requestToExpressionAttributesMap.put(request, attributes);
        }
        return requestToExpressionAttributesMap;
    }
}
```

实现时可以参照 DefaultFilterInvocationSecurityMetadataSource 这个默认的实现类，然后实现 FilterInvocationSecurityMetadataSource 接口通过自定义读取数据库中的相关数据来初始化一个 requestMap 有序集合。

8.3 Spring Security OAuth 2.0 简介

OAuth 是什么？它是一种开源授权协议或者规范，英文全称是 Open Authorization。2010 年 4 月，OAuth 1.0 协议最终在 IETF（国际互联网工程任务组）发布，编号为 RFC5849。2011 年 5 月初，IETF 发布 OAuth 2.0 草案，2012 年 10 月正式在 IETF 发布，其编号为 RFC6749。目前官方支持的版本是 OAuth 2.0，不建议再使用 Spring Security OAuth 项目了，原因是 OAuth 2.0 是个全新的协议，不再对之前的版本向后兼容。OAuth 2.0 更注重客户端开发者的简易性，通过该协议，第三方系统无须知道用户的用户名和密码就可以申请获得该用户资源的授权。一般情况下，OAuth 2.0 协议可应用于微服务之间的鉴权互信，可接入第三方平台或第三方应用程序等。

8.3.1　OAuth 2.0 角色

OAuth 2.0 协议规范中对用户和应用定义的角色大致有：资源拥有者（Resource Owner）、资源服务器（Resource Server）、客户端应用（Client Application）和授权服务器（Authorization Server），它们之间的拓展关系如图 8.7 所示。

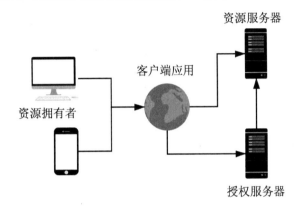

图 8.7　OAuth 2.0 角色定义

资源拥有者可以是一个能够授权访问受保护资源的实体，如 Facebook 或者 Google 的用户就是资源所有者，这里的资源是应用程序的数据。资源拥有者也可以指一个人，如最终用户，也可以是一个应用。

资源服务器是一个托管受保护资源的服务器，能够认证访问令牌及响应受保护的资源请求，如 Facebook 或 Google 就是资源服务（或者是一个资源服务器）。

客户端应用可以请求受保护的资源，访问存储在资源服务器的上应用（一般指第三方应用），其所访问的资源还是属于资源拥有者。例如，用户可以访问 Facebook 账号来登录第三方游戏客户端。

授权服务器可以授权客户端应用访问资源拥有者所拥有的资源，通过认证资源所有者并获取授权后向客户端发放访问令牌。授权服务器和资源服务器可以是同一台服务器，但不是必须如此。虽然可以将这两个服务器分开部署，但是在 OAuth 2.0 中并没有讨论这两个服务器之间应该如何通信，这由资源服务器和授权服务器开发者自己决定。总而言之，它们之间的关系就是资源拥有者在授权服务器上注册客户端应用信息，然后通过客户端应用去访问授权服务器并拿到 Token 凭证，最后通过 Token 凭证去资源拥有者那里获取自己的资源。因此可以看出，使用 OAuht 2.0 认证架构解决问题的关键就是访问令牌的获取。主要就是通过客户端应用，经过资源拥有者授权后，使用授权服务器提供的访问凭据（访问令牌）返回给第三方应用，让第三方应用程序在不知道资源服务器上的账号和密码的情况下，获取资源拥有者在资源服务器上受保护的资源。

8.3.2 OAuth 2.0 授权流程

对于 OAuth 2.0 协议授权流程的理解，我们可以先看一张抽象的协议流程图，如图 8.8 所示。

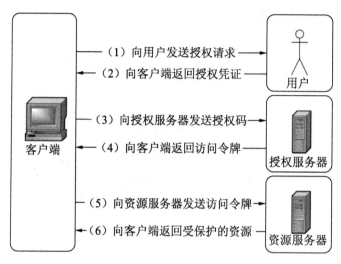

图 8.8 OAuth 2.0 授权协议流程图

我们简单地对图 8.8 分析一下，它抽象描述了 OAuth 2.0 授权协议流程中 4 个角色之间的交互，具体步骤如下：

（1）用户打开客户端，客户端向用户请求授权。授权请求可以直接向用户发出，或者优先通过作为中介的授权服务器间接地发出。

（2）用户同意给客户端授权，客户端收到同意授权凭证。授权凭证类型取决于客户端请求授权所使用的方法及授权服务器支持的类型。

（3）客户端通过上一步获得的授权（一般是 Code）与授权服务器进行身份验证并提供授权凭证来请求访问令牌（Access Token）。

（4）授权服务器对客户端进行认证以后确认无误，准予发放令牌。

（5）客户端使用访问令牌进行身份验证，向资源服务器申请获取受保护的资源（用户信息等）。

（6）资源服务器验证访问令牌，如果有效，则向客户端提供请求资源。

以上是 OAuth 2.0 授权协议的流程，其描述了基于用户提供授权凭据（访问受保护的资源），客户端使用该凭据获取访问令牌的过程。

在 OAuth 2.0 规范中提供了 4 种授权模式，实现对资源的访问控制。开发者可以根据自己的业务情况自由选择，也可以利用扩展机制定义其他类型。这 4 种授权模式如下：

• 授权码模式（Authorization Code Grant）；

- 隐式授权模式（Implicit Grant），简化模式；
- 密码授权模式（Resource Owner Password Credentials Grant）；
- 客户端凭证授权模式（Client Credentials Grant）。

需要重点说明的是，授权码模式是 OAuth 2.0 中最安全且最复杂的授权流程，其特点是用户直接与授权服务器交互，通过客户端进行授权，客户端凭授权码换取访问令牌。在此过程中，第三方应用程序是无法获取用户输入的密码信息的，相对来说最为安全。以上 4 种授权模式的复杂程度由高到低排序分别是授权码模式、隐式授权模式、密码模式和客户端模式，其中授权码模式最复杂。

下面简单介绍这 4 种模式的授权流程。

1．授权码模式

授权码模式指的是由第三方应用程序先去授权服务端申请一个 Code，然后再用该 Code 获取令牌 Token，具体流程如图 8.9 所示。

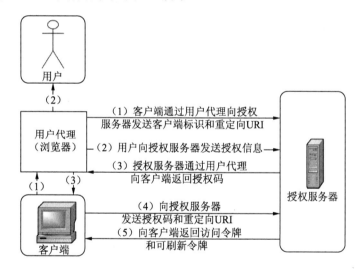

图 8.9　授权码模式授权流程

对图 8.9 进行简单分析，主要包括以下几步：

（1）用户通过 User-Agent（浏览器）访问客户端（第三方应用程序）时，客户端为获取用户资源的权限，需要重定向到授权服务终端进行授权。客户端发送的报文包括客户端标识符、请求的作用域、本地状态和重定向 URI，一旦授予（或拒绝）访问，授权服务器会将结果返回给客户端。

（2）授权服务器（通过用户代理）对资源拥有者进行身份验证，并确定资源拥有者是授予还是拒绝客户端的访问请求。

（3）假设资源拥有者授予访问权，授权服务器使用之前提供的重定向 URI（在请求中或在客户端注册期间）将用户代理重定向回客户端。重定向 URI 包括一个授权代码和客户端之前提供的任意本地状态。

（4）客户端使用第（3）步接收的授权码，向授权服务器请求获取一个访问令牌。当发出请求时，客户端与授权服务器进行身份验证。客户端包括用于获取验证的授权码的重定向 URI。

（5）授权服务器对客户端进行身份验证，验证授权代码，并确保接收到的重定向 URI 与步骤（3）中用于重定向客户端的 URI 相匹配。如果校验通过，授权服务器使用访问令牌和可选的刷新令牌进行响应。

以上授权流程中需要发送和返回的请求参数说明如下：

- Authorization Request：授权请求，用于获取访问令牌。

在步骤（1）中，客户端通过使用 application/x-www-form-urlencoded 格式向授权端的查询组件添加以下参数来构造请求 URI。

- ➢ response_type：必须要有的参数，其值固定为 code。
- ➢ client_id：必须要有的参数，表示客户端标识符。
- ➢ redirect_uri：可选的参数，表示重定向 URI。
- ➢ scope：可选的参数，表示请求访问的范围。
- ➢ state：推荐的参数，表示客户端用来维护请求和回调之间的状态的不透明值。授权服务器在将用户代理重定向回客户端时包含该参数，可用于防止伪造跨站点请求。

客户端通过用户代理使用 TLS 发出以下 HTTP 请求：

```
GET /oauth/authorize?response_type=code&client_id=s6BhdRkqt3&state=xyz
    &redirect_uri=https://client.example.com/cb
HTTP/1.1
Host: server.example.com
```

- Authorization Response：授权响应，用于获取令牌。

在步骤（3）中，使用 application/x-www-form-urlencoded 将以下参数添加到重定向 URI 的查询组件中，将授权服务器颁发的授权码传递给客户端。

- ➢ code：必须要有的参数，授权服务器生成的授权码。授权码的有效期不能设置太长，以减少泄露的风险。建议授权码的有效期为 10min，而且客户端只能使用一次，否则会被授权服务器拒绝，该授权码与客户端 ID 和重定向 URI 进行绑定是一一对应的关系。
- ➢ state：必须要有的参数，如果客户端请求中包含该参数，则授权服务器在响应时也必须原封不动地返回这个参数。

授权服务器通过发送以下 HTTP 响应重定向给用户代理：

```
HTTP/1.1 302 Found
Location: https://client.example.com/cb?code=SplxlOBeZQQYbYS6WxSbIA &state=xyz
```

如果请求因重定向 URI 丢失、无效或不匹配而失败，或者因客户端标识符丢失或无效而失败，则授权服务器应向资源所有者通知错误，并且不得自动将用户代理重定向到无效的重定向 URI，返回的参数如下：

- error：必须要有的参数，对应的 ASCII [USASCII]错误码有 invalid_request、unauthorized_ client、access_denied、unsupported_response_type、invalid_scope、server_error 和 temporarily_unavailable 等。
- error_description：可选的参数，一种可读的 ASCII[USASCII]文本，用于帮助客户端开发人员理解所发生的错误。参数的值不得包含集合%x20-21/%x23-5B/%x5D-7E 之外的字符。
- error_uri：可选的参数，标识具有错误信息的可读网页，用于向客户端开发人员提供有关错误的附加信息。
- state：如果客户端授权请求中存在状态参数，则是必需的参数。

授权服务器通过发送以下 HTTP 响应重定向给用户代理：

```
HTTP/1.1 302 Found
Location: https://client.example.com/cb?error=access_denied&state=xyz
```

- Access Token Request：通过授权码获取访问令牌请求。

在步骤（4）中，客户端向授权服务器申请令牌的 HTTP 请求，包含以下参数：

- grant_type：必须要有的参数，其值固定为 authorization_code。
- code：必须要有的参数，从授权服务器接收的授权代码。
- redirect_uri：重定向 URI，如果在授权请求中包含该参数，那么这里也需要包含该参数，而且参数值必须保持一致。
- client_id：如果客户端需要认证，那么必须包含该参数，还需要包含 client_secret 参数。

客户端使用 TLS 发出以下 HTTP 请求：

```
POST /oauth/token HTTP/1.1
Host: server.example.com
Authorization: Basic czZCaGRSa3F0MzpnWDFmQmF0M2JW
Content-Type: application/x-www-form-urlencoded

grant_type=authorization_code&code=SplxlOBeZQQYbYS6WxSbIA
  &redirect_uri=https://client.example.com/cb
```

注意，请求头中的 Authorization 可通过工具进行配置，如果在请求中不加 Authorization 参数，则需要添加 client_id=xxx&client_secret=xxx，即添加客户端标识和客户端密码。

- Access Token Response：通过授权码获取访问令牌响应。

在步骤（5）中，授权服务器发送的 HTTP 响应包含以下参数：

- access_token：必须要有的参数，访问令牌。
- token_type：必须要有的参数，令牌类型，该值大小写不敏感，可以是 bearer 类型或 mac 类型。
- expires_in：表示过期时间，单位为 s。

➤ refresh_token：可选的参数，表示更新令牌，用来获取下一次的访问令牌。

➤ scope：可选的参数，表示请求访问的范围。

例如下面一个成功的响应报文：

```
HTTP/1.1 200 OK
Content-Type: application/json;charset=UTF-8
Cache-Control: no-store
Pragma: no-cache

{
  "access_token":"2YotnFZFEjr1zCsicMWpAA",
  "token_type":"bearer",
  "expires_in":3600,
  "refresh_token":"tGzv3JOkF0XG5Qx2TlKWIA",
  "example_parameter":"example_value"
}
```

下面来看授权服务器的搭建过程。新建项目后先在 pom.xml 文件中添加相关依赖，示例代码如下：

```
<!--Spring Security-->
<dependency>
    <groupId>org.springframework.boot</groupId>
    <artifactId>spring-boot-starter-security</artifactId>
</dependency>
<!-- Spring Security OAuth2 -->
<dependency>
    <groupId>org.springframework.security.oauth</groupId>
    <artifactId>spring-security-oauth2</artifactId>
    <version>2.3.5.RELEASE</version>
</dependency>
```

在当前项目中新建 config 包，创建 AuthorizationCodeServerConfig 配置类，示例代码如下：

```
//授权服务器配置，授权服务器和资源服务器可以是同一台服务器，也可以是不同的服务器
@Configuration
@EnableAuthorizationServer                    // 开启授权服务
public class AuthorizationCodeServerConfig extends AuthorizationServer
ConfigurerAdapter {
    private static final String DEFAULT_RESOURCE_ID = "rid";
    @Autowired(required = false)
    TokenStore inMemoryTokenStore;            // 用来将令牌信息存储到内存中
    @Autowired
    UserDetailsService userDetailsService;    // 将为刷新 Token 提供支持
    @Autowired
    PasswordEncoder passwordEncoder;               //密码加密工具
    @Override
    public void configure(AuthorizationServerEndpointsConfigurer endpoints) {
```

```
        //配置令牌的存储（这里存放在内存中）
        endpoints.tokenStore(inMemoryTokenStore)
                .userDetailsService(userDetailsService);
    }
    @Override
    public void configure(AuthorizationServerSecurityConfigurer security) {
        // 允许表单提交
        security.allowFormAuthenticationForClients()
                .checkTokenAccess("isAuthenticated()");
    }
    //配置授权服务客户端信息
    @Override
    public void configure(ClientDetailsServiceConfigurer clients) throws
Exception {
        clients.inMemory()
                .withClient("client-all")              // 客户端唯一标识
                // 客户端密码，这里的密码应该是加密后的密码
                .secret(passwordEncoder.encode("client-all-secret"))
                .authorizedGrantTypes("authorization_code")  // 授权模式标识
                .scopes("client_info")                 // 作用域
                // 资源 ID，供资源服务器进行验证
                .resourceIds(DEFAULT_RESOURCE_ID)
                .redirectUris("http://api.open.com/callback"); // 回调地址
    }
}
```

在 config 包中再创建 Spring Security 相关的配置类，示例代码如下：

```
@Configuration
@EnableWebSecurity                              //安全配置
public class WebSecurityConfig extends WebSecurityConfigurerAdapter {
    @Bean
    public PasswordEncoder passwordEncoder(){
        return new BCryptPasswordEncoder();
    }
    @Override
    protected void configure(AuthenticationManagerBuilder auth) throws
Exception {
        auth.inMemoryAuthentication()
                .withUser("admin")
                .password(passwordEncoder().encode("123456"))
                .authorities("ADMIN")
                .and()
                .withUser("user")
                .password(passwordEncoder().encode("123456"))
                .authorities("USER");
    }
    @Override
    protected void configure(HttpSecurity http) throws Exception {
        http.authorizeRequests()
                .anyRequest().authenticated()      // 所有请求都需要通过认证
                .and()
```

```
                    .httpBasic()                            // httpBasic 形式登录
                    .and()
                    .csrf().disable();                      // 禁止跨域保护
            }
        }
```

运行主函数启动项目后，在浏览器中输入如下地址进行访问，浏览器内容如图 8.10 所示。

```
http://localhost:8080/oauth/authorize?client_id=client-all&response_type
=code&redirect_uri=http://api.open.com/callback
```

图 8.10　授权码模式授权请求

获取 Code 后，可以通过 Postman 访问/oauth/token 以获取 Token，如图 8.11 所示。

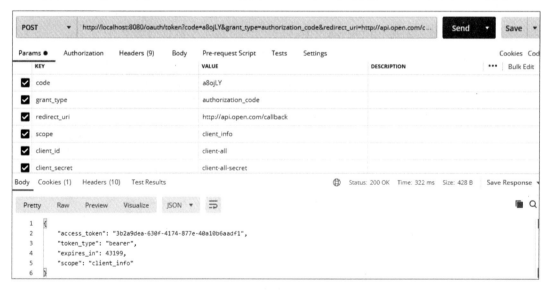

图 8.11　获取 Access Token

2. 隐式授权模式

隐式授权模式也称为简化模式，是指不通过第三方应用程序的服务器，直接在浏览器中向授权服务器申请令牌，跳过“授权码”这个步骤，具体流程如图 8.12 所示。

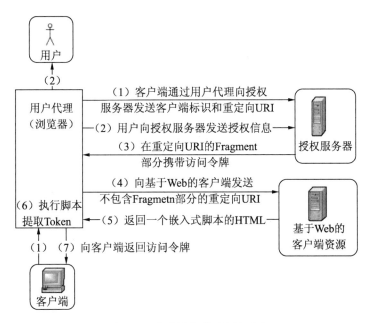

图 8.12　稳式授权模式授权流程

如图 8.12 所示的流程包括以下步骤：

（1）用户通过 User-Agent（浏览器）访问客户端（第三方应用程序）时，客户端为获取用户资源的权限，需要重定向到授权服务终端进行授权。客户端发送的报文包括客户端标识符、请求的作用域、本地状态和重定向 URI，一旦授予（或拒绝）访问，授权服务器会将结果返回给客户端。

（2）授权服务器（通过用户代理）对资源所有者进行身份验证，并确定资源所有者是授予还是拒绝客户端的访问请求。

（3）假设资源所有者授予访问权限，授权服务器使用前面提供的重定向 URI 将用户代理重定向回客户端。重定向的 URI 中包含访问令牌。

（4）用户代理遵循重定向指令，向 Web 托管的客户端资源发出请求。用户代理在本地保留片段信息。

（5）Web 托管的客户端资源返回一个网页（通常是一个带有嵌入脚本的 HTML 文档），该页面能够访问完整的重定向 URI，包括用户代理在本地保留的片段，并提取片段中包含的访问令牌（和其他参数）。

（6）用户代理在本地执行由 Web 托管的客户端资源提供的脚本，该脚本提取访问令牌并将其传递给客户端。

简化流程中需要发送和返回的请求参数说明如下：

• Authorization Request：授权请求，用于获取访问令牌。

在步骤（1）中，客户端通过使用 application/x-www-form-urlencoded 格式向授权端的查询组件添加以下参数来构造请求的 URI。

➢ response_type：必须要有的参数，其值固定为 Token。

➢ client_id：必须要有的参数，表示客户端标识符。

➢ redirect_uri：可选的参数，表示重定向 URI。

➢ scope：可选的参数，表示请求访问的范围。

➢ state：推荐的参数，表示客户端用来维护请求和回调之间的状态的不透明值。授权
服务器将用户代理重定向回客户端时包含该参数，可用于防止伪造跨站点请求。

客户端通过用户代理使用 TLS 发出以下 HTTP 请求：

```
GET /oauth/authorize?response_type=token&client_id=s6BhdRkqt3&state=xyz
    &redirect_uri=https://client.example.com/cb
HTTP/1.1
Host: server.example.com
```

• Access Token Response：获取访问令牌响应。

在步骤（3）中，如果资源所有者授予访问请求，授权服务器将发出一个访问令牌，
并通过使用 application/x-www-form-urlencoded 格式将以下参数添加到重定向 URI 的片段
组件中，从而将其传递给客户端。

➢ access_token：必须要有的参数，访问令牌。

➢ token_type：必须要有的参数，令牌类型，该值大小写不敏感，可以是 bearer 类
型或 mac 类型。

➢ expires_in：表示过期时间，单位为 s。

➢ scope：可选参数，表示请求访问的范围。

➢ state：如果客户端授权请求中存在状态参数，则必须包含该参数。

授权服务器通过发送以下 HTTP 响应重定向给用户代理：

```
HTTP/1.1 302 Found
Location: http://example.com/cb#access_token=2YotnFZFEjr1zCsicMWpAA
          &state=xyz&token_type=example&expires_in=3600
```

由于和第一种模式的配置方法一样，这里就直接看下配置类，示例代码如下：

```
@Configuration
@EnableAuthorizationServer                //授权服务器配置，开启授权服务
public class ImplicitGrantConfig extends AuthorizationServerConfigurer
Adapter {
    private static final String DEFAULT_RESOURCE_ID = "rid";
    @Autowired
    private PasswordEncoder passwordEncoder;
    @Override
    public void configure(AuthorizationServerSecurityConfigurer security)
throws Exception {
        //允许表单提交
        security.allowFormAuthenticationForClients()
            .checkTokenAccess("isAuthenticated()");
    }
    @Override
    public void configure(ClientDetailsServiceConfigurer clients) throws
Exception {
```

```
clients.inMemory().withClient("client-all")        //客户端唯一标识
        //资源服务器校验 Token 时用的客户端信息, 仅需要 client_id 与密码
        .secret(passwordEncoder.encode("client-all-secret"))
        .authorizedGrantTypes("implicit")          //隐式授权模式标识
        //访问令牌的有效期, 这里设置为 120s
        .accessTokenValiditySeconds(120)
        .scopes("client_info")                     //作用域
        .resourceIds(DEFAULT_RESOURCE_ID)          //资源 ID
        .redirectUris("http://api.open.com/callback");  //回调地址
    }
}
```

启动项目后, 在浏览器中输入如下地址, 浏览器内容如图 8.13 所示。

```
http://localhost:8080/oauth/authorize?client_id=client-all&response_typ
e=token&redirect_uri=http://api.open.com/callback
```

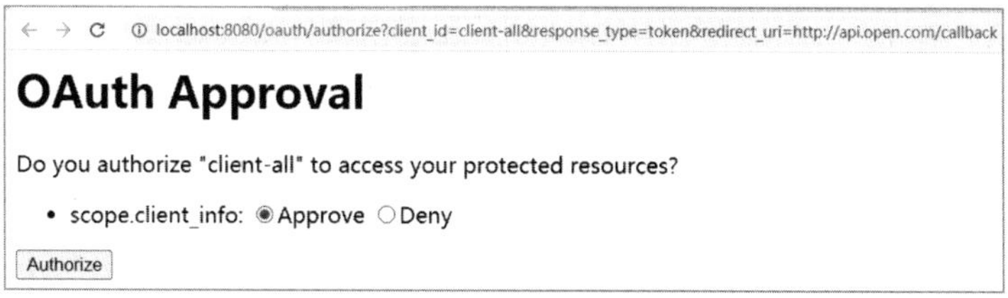

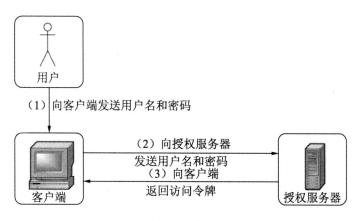

图 8.13　简化模式授权请求

选择 Approve, 单击 Authorize 按钮后, 浏览器地址重定向为回调地址。

```
http://api.open.com/callback#access_token=3d523bdf-828b-48a3-8092-5bde5
2918368&token_type=bearer&expires_in=119&scope=client_info
```

3. 密码授权模式

密码授权模式是指用户直接将用户名和密码通过表单提交给授权服务器。授权服务器先解析并校验客户端信息, 然后校验用户信息, 成功后返回 access_token, 具体流程如图 8.14 所示。

图 8.14　密码授权模式授权流程

如图 8.14 所示的流程包括以下步骤：

（1）资源所有者向客户端提供用户名和密码。

（2）客户端通过包含从资源所有者接收的凭据，从授权服务器的令牌服务终端请求访问令牌。当发出请求时，客户端与授权服务器进行身份验证。

（3）授权服务器对客户端进行身份验证并验证资源所有者凭据，如果有效，则颁发访问令牌。

密码授权模式中发送和返回的请求参数说明如下：

• Authorization Request and Response：授权请求和响应，用于获取访问令牌。

该种模式不再提供客户端获取资源所有者凭据的方法。一旦获得访问令牌，客户端必须丢弃凭据。

• Access Token Request：获取访问令牌请求。

在步骤（2）中，客户端通过使用 application/x-www-form-urlencoded 格式（HTTP 请求实体主体中的字符编码为 UTF-8）添加以下参数，向令牌服务终端发出请求：

➢ grant_type：必须要有的参数，其值固定为 password。

➢ username：必须要有的参数，表示请求资源的用户名。

➢ password：必须要有的参数，表示请求资源的密码。

➢ scope：可选的参数，表示请求访问的范围。

客户端使用传输层安全性发出以下 HTTP 请求：

```
POST /oauth/token HTTP/1.1
Host: server.example.com
Authorization: Basic czZCaGRSa3F0MzpnWDFmQmF0M2JW
Content-Type: application/x-www-form-urlencoded

grant_type=password&username=johndoe&password=A3ddj3w
```

• Access Token Response：获取访问令牌响应。

在步骤（3）中，如果访问令牌请求有效且经过授权，授权服务器将发出访问令牌和可选的刷新令牌，成功的响应报文如下：

```
HTTP/1.1 200 OK
Content-Type: application/json;charset=UTF-8
Cache-Control: no-store
Pragma: no-cache

{
  "access_token":"2YotnFZFEjr1zCsicMWpAA",
  "token_type":"example",
  "expires_in":3600,
  "refresh_token":"tGzv3JOkF0XG5Qx2TlKWIA",
  "example_parameter":"example_value"
}
```

继续看配置类，示例代码如下：

```
@Configuration
@EnableAuthorizationServer                    //密码授权模式配置
```

```java
public class ResourceOwnerPasswordCredentialsGrantConfig extends Authorization
ServerConfigurerAdapter {
    @Autowired
    //密码模式需要注入认证管理器
    public AuthenticationManager authenticationManager;
    @Autowired
    public PasswordEncoder passwordEncoder;
    //配置客户端
    @Override
    public void configure(ClientDetailsServiceConfigurer clients) throws
Exception {
        clients.inMemory().withClient("client-all")
            .secret(passwordEncoder.encode("client-all-secret"))
            .authorizedGrantTypes("password")      //开启密码模式
            //访问令牌的有效期，这里设置为120s
            .accessTokenValiditySeconds(120)
            .scopes("client_info");
    }
    @Override
    public void configure(AuthorizationServerEndpointsConfigurer endpoints)
throws Exception {
        // 密码模式必须添加 authenticationManager
        endpoints.authenticationManager(authenticationManager);
    }
    @Override
    public void configure(AuthorizationServerSecurityConfigurer security)
throws Exception {
        security.allowFormAuthenticationForClients()
            .checkTokenAccess("isAuthenticated()");
    }
}
```

启动项目后，通过 Postman 构造 post 请求，访问结果如图 8.15 所示。

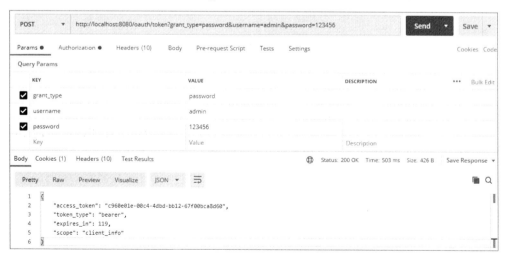

图 8.15　通过密码授权模式获取令牌请求

4．客户端凭证授权模式

客户端凭证授权模式是指无用户与授权服务器交互，完全以机器形式获取授权与使用授权，具体流程如图 8.16 所示。

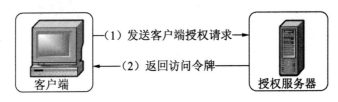

图 8.16　客户端凭证授权模式授权流程

如图 8.16 所示的流程包括以下步骤：

（1）客户端与授权服务器进行身份验证，并从令牌服务终端请求访问令牌。

（2）授权服务器对客户端进行身份验证，如果有效，则颁发访问令牌。

客户端凭证授权模式中发送和返回的请求参数说明如下：

- Authorization Request and Response：授权请求和响应，用于获取访问令牌。

由于是以客户端身份验证方式来授权，因此不需要额外的授权请求。

- Access Token Request：获取访问令牌请求/

在步骤（1）中，客户端通过使用 application/x-www-form-urlencoded 格式（HTTP 请求实体主体中的字符编码为 UTF-8）添加以下参数，向令牌服务终端发出请求。

> grant_type：必须要有的参数，其值固定为 client_credentials。

> scope：可选的参数，请求访问的范围。

客户端使用传输层安全性发出以下 HTTP 请求：

```
POST /oauth/token HTTP/1.1
Host: server.example.com
Authorization: Basic czZCaGRSa3F0MzpnWDFmQmF0M2JW
Content-Type: application/x-www-form-urlencoded

grant_type=client_credentials
```

- Access Token Response：获取访问令牌响应。

在步骤（2）中，如果访问令牌请求有效且经过授权，授权服务器将发出访问令牌和可选的刷新令牌，成功的响应报文如下：

```
HTTP/1.1 200 OK
Content-Type: application/json;charset=UTF-8
Cache-Control: no-store
Pragma: no-cache

{
  "access_token":"2YotnFZFEjr1zCsicMWpAA",
```

```
"token_type":"example",
"expires_in":3600,
"example_parameter":"example_value"
}
```

最后来看下客户端模式配置类，示例代码如下：

```
@Configuration
@EnableAuthorizationServer                      //客户端授权模式
public class ClientCredentialsGrantConfig extends AuthorizationServer
ConfigurerAdapter {
    @Autowired
    public PasswordEncoder passwordEncoder;
    @Override
    public void configure(ClientDetailsServiceConfigurer clients) throws
Exception {
        clients.inMemory()
                .withClient("client-all")
                .secret(passwordEncoder.encode("client-all-secret"))
                .authorizedGrantTypes("client_credentials") //开启客户端模式
                //访问令牌的有效期，这里设置为120s
                .accessTokenValiditySeconds(120)
                .scopes("client_info");
    }
    @Override
    public void configure(AuthorizationServerSecurityConfigurer security)
throws Exception {
        security.allowFormAuthenticationForClients()
                .checkTokenAccess("isAuthenticated()");
    }
}
```

这里通过 Postman 构造 Authorization 头，配置好用户名和密码，以 post 方式请求访问获取的 Token 地址，如图 8.17 所示。

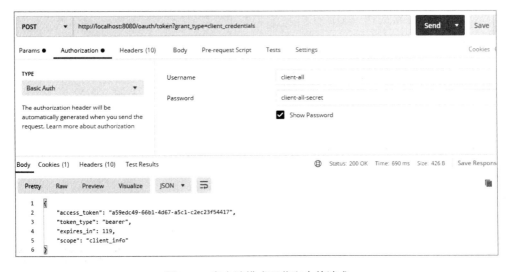

图 8.17　客户端模式下获取令牌请求

8.4　JWT 简介

JWT（JSON Web Token）与 OAuth 2.0 相比，前者是一种认证协议，后者是一种授权协议。JWT 表示一种基于 JSON 的开放标准（RFC 7519），声明一个 Token 令牌在网络应用环境中能够安全地将信息作为 JSON 对象进行传输。由于 JSON 的通用性，JWT 支持跨语言编程，特别适合应用到前后端分离的项目及分布式站点的单点登录场景中。JWT 主要用于在身份提供者和服务提供者之间传递已认证通过的用户信息，最终实现跨域身份验证。

JWT 数据结构由三部分组成，中间用“.”分隔，第一部分称为消息头（Header），第二部分称为有效载荷（Payload），主要是待发送的消息体。第三部分称为签名（Signature）。如果将这三部分通过“.”连接起来组成一个字符串，通常如下：

```
xxxxx.yyyyy.zzzzz
```

在消息头中包含两个属性，用于描述 JWT 元数据的 JSON 对象。其中，typ 属性表示令牌的类型，这里将该属性赋值为 JWT，alg 属性表示签名的加密算法，默认为 HMAC SHA256（可简写为 HS256）。示例如下：

```
{
 "typ": "JWT",
 "alg": "HS256"
}
```

然后将头部通过 Base64URL 进行加密，加密方式可以采用对称解密。

注意：在 Base64 中用到的 3 个字符是“+”“/”“=”，由于它们在 URL 中有特殊的含义，因此在 Base64URL 中对它们做了修改，将“=”去掉，“+”用“-”替换，“/”用“_”替换。

在消息体中，用于描述 JWT 主体内容的 JSON 对象包含需要传递的数据（主要是用户数据），因此一般不建议在其中存放敏感信息。声明的类型有 3 种，分别是 Registered claims、Public claims 和 Private claims。

Registered claims 表示一组预定义的声明，但它们不需要强制声明。大概有 7 种默认的字段可以选择，分别是 iss（issuer）发行人、exp（expiration time）到期时间、sub（subject）主题、aud（audience）用户、nbf（notBefore）JWT 的生效时间、iat（issuedAt）JWT 的签发时间、jti（jwt id）JWT 的 ID（唯一标识）。Public claims 表示公共声明，它们可以随意定义。Private claims 表示私有声明。私有声明是信息提供者和消费者共同创建的共享信息，在服务双方都同意的情况下才可以使用，一般不建议在其中存放敏感信息。简单的数据格式如下：

```
{
  "sub": "1234567890",
  "name": "John Doe",
  "admin": true
}
```

然后对数据进行 Base64URL 加密，得到 JWT 的第二部分。

最后一部分是签证信息，主要由 3 项组成：加密后的 Header、加密后的 Payload 及一个密钥（secret）。该部分都是在服务端进行的，通过密钥对 JWT 进行验证和签发，因此要保护好该密钥不被泄露。具体算法是采用 Header 中指定的签名算法进行哈希计算，公式如下：

```
HMACSHA256(base64UrlEncode(header) + "." + base64UrlEncode(payload),secret)
```

最后将上面的 3 组字符串通过 "." 分割，构成一个完整的 JWT 对象。

知道了 JWT 的数据结构是如何组成之后，下面来了解 JSON Web Tokens 是如何工作的。

当用户登录时客户端会向服务器发送一个登录信息，登录授权成功后认证服务器向客户端返回一个 JWT 令牌，客户端会将其保存到 Cookie 或者 localStorage 缓存中。之后每次请求应用服务器时都会将 JWT 令牌放到 HTTP 请求头 Header 的 Authorization 字段中，服务器获取当前的 JWT 令牌并解析验证通过后返回请求结果。由于使用 Token 的认证方式对于服务器来说是无状态的，即无论谁拿到了 Token 都可以通过该 Token 来获取用户的信息，为了保证安全性，应尽量使用加密的 HTTPS 进行传输，同时将 Token 的失效时间设置得短一些。另外，如果当前 Token 认证的权限信息发生了变化，那么对已经颁发的 Token 是无法取消与更改的，只能等待 Token 过期。

8.5　小　　结

通过本章的学习，读者应该对 Spring Security 框架有了基本的了解，也看到了它在 Spring Boot 项目中的使用是多么简单。但越是简单，越说明框架的封装程度高，也就越难理解其实现原理。本章仅仅是讲述了如何使用 Spring Security 框架，并没有过多地进行源码分析。如果想深入了解 Spring Security 框架逻辑的来龙去脉，需要读者继续学习其官网文档。

第9章　Spring Boot 整合消息服务

随着分布式架构的流行，消息中间件的应用也逐渐发展起来。消息中间件的目的就是基于数据通信对分布式系统进行集成，利用高效可靠的消息传递机制和消息队列模型进行与平台无关的数据传输，可以在分布式环境下扩展进程通信。

消息中间件也称为消息队列，其应用可以提高系统异步通信及扩展解耦的能力。目前市面上也有不同层次、不同类型的中间件产品，如 ActiveMQ、RabbitMQ、RocketMQ 和 Kafka 等，可满足不同层次的应用需求。

本章主要内容如下：
- RabbitMQ 及其使用配置；
- ActiveMQ 及其使用配置；
- Kafka 及其使用配置；
- RocketMQ 及其使用配置。

9.1　消息队列

Message Queue 直译为消息队列，一般简称为 MQ。我们可以将它拆开理解，消息（Message）可理解为待传输的数据，队列（Queue）可看作存放消息的容器。由于队列是一种先进先出的数据结构，在消费消息时也会按照先进先出的顺序执行，但是偶尔也会出现消费顺序不对的情况。其实想要很好地使用消息队列，还需要考虑消息丢失、消息重复消费的问题。另外，引入消息队列会导致分布式系统的可用性降低，复杂度提高，甚至会出现数据不一致的情况。但是作为分布式系统中重要的组件，消息队列的使用却可以提高系统性能，降低系统的耦合性。因此消息队列的应用犹如一把双刃剑，在对消息中间件进行技术选型时要慎重。

消息队列服务不仅有类似于 JDBC 的 JMS API 提供的基于 Java EE（Java Enterprise Edition）平台中关于面向消息中间件（Message Oriented Middleware，简称 MOM）的接口（开源的 Apache ActiveMQ 就是 JMS 的提供者），而且还有 AMQP（Advanced Message Queuing Protocol，高级消息队列协议）——该协议完全跨语言、跨平台，RabbitMQ 就支持使用该协议。

9.2　消息中间件之 RabbitMQ

RabbitMQ 是一个由 Rabbit 科技有限公司开发，采用 Erlang 语言编写的开源消息中间件，支持很多消息传递协议，如 AMQP、XMPP、SMTP 和 STOMP，目前有成千上万的用户，是最受欢迎的开源消息中间件之一。也正因为如此，RabbitMQ 在全球范围内的小型初创企业和大型企业中都得到了广泛使用，非常适合企业级的开发。

9.2.1　RabbitMQ 的基本概念

RabbitMQ 是目前流行的一个开源的消息代理的队列服务器，其所用的开发语言 Erlang 具有优秀的数据交互性能，有着和原生 Socket 一样的延时特性，其并发能力和性能都表现极好，延时可以达到微秒级。如果业务场景对并发量要求不高，只是十万级或百万级的并发，选择使用 RabbitMQ 即可。如果需要在本地安装，则需要准备 Erlang 环境，可以从官网（http://www.erlang.org/downloads）上载，然后安装并配置环境变量。访问 RabbitMQ 官网（http://www.rabbitmq.com/download.html），下载并安装 RabbitMQ，待安装成功后在浏览器中输入地址 http://localhost:15672，使用默认的用户名和密码（guest/guest）登录即可。出于安全因素考虑，guest 用户只能通过 localhost 登录。随着技术的进步，我们可以借助 Docker 容器简化安装步骤。启动并运行服务，查看 RabbitMQ 控制台，如图 9.1 所示。

图 9.1　RabbitMQ 控制台

从官网中了解到，RabbitMQ 的主要功能有：支持异步消息传递，包括多种消息传递协议、消息队列、消息传递确认、灵活路由和多种交换类型；分布式部署，通过集群可以实现高可用性和高吞吐量；支持多种语言开发实现消息传递；支持持续集成，提供灵活的插件方法，用于扩展 RabbitMQ 功能；支持可插拔的身份验证、授权，支持 TLS 和 LDAP；提供管理与监控 RabbitMQ 的 UI，通过 HTTP-API 及命令行工具进行管理和监视。

RabbitMQ 是基于 AMQP 0-9-1 模型实现的，其整体结构如图 9.2 所示。

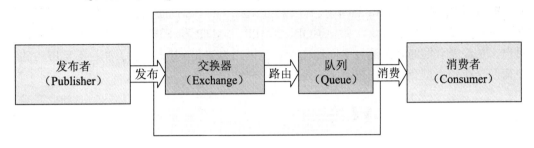

图 9.2　AMQP 0-9-1 模型

RabbitMQ 与 AMQP 非常相似，都是通过消息中间件代理，从发布者那里接收消息，再根据路由规则将消息发送给消费者。交换器（Exchange）是从生产者那里接收消息，然后将其路由到零个或者多个队列中。路由消息的算法取决于交换器的类型和路由规则，因此在定义交换器时需要给出下列参数：

- Name：交换器名称。
- Type：交换器类型。
- Durability：是否持久化。如果选择 Durable，则表示代理（Broker）重启后交换器依然存在，否则交换器会被删除。
- Auto delete：是否自动删除。如果选择 Yes，则表示最后一个队列与交换器解除绑定关系后交换器会被删除。
- Internal：当前的交换器是否在 RabbitMQ 内部使用。如果选择 Yes，则客户端无法直接发布到此交换器上，只能与 exchange-to-exchange 绑定一起使用。
- Arguments：可选参数。一般配合代理的特性使用或表示对插件参数的支持。

在 RabbitMQ 控制台添加交换器，如图 9.3 所示。

需要特别说明的是，在 AMQP 0-9-1 模型中提供了 4 种交换器类型，下面具体介绍。

1. 直接交换器

直接交换器（Direct Exchange）在 RabbitMQ 中预先声明的名称为 amq.direct，该类型的交换器是默认使用的，用于处理单播路由。其工作原理就是根据路由键（Routing Key）将消息发送到对应的队列中。使用时，首先指定队列名称，然后将队列绑定到交换器上，同时设置一个路由键。当一个携带该路由键的新消息发送到直接交换器上时，交换器会判断是否把它路由到与路由键相同的队列中。直接交换器的示意图如图 9.4 所示。

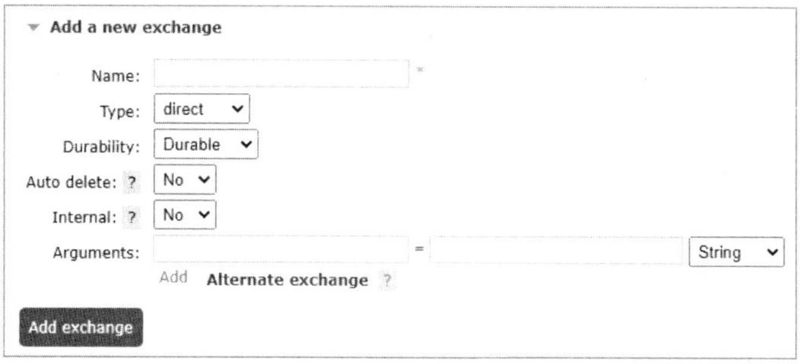

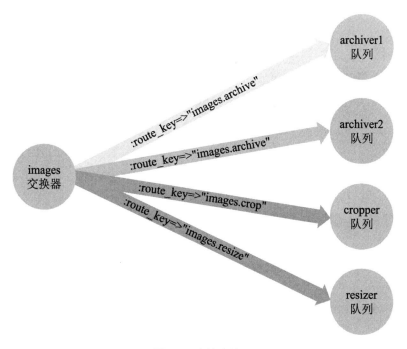

图 9.3　添加 Exchange

图 9.4　直接交换器

2．主题交换器

主题交换器（Topic Exchange）在 RabbitMQ 中预先声明的名称为 amq.topic。主题交换器常用于处理消息的多播路由。它会将所有发送到主题交换器上的消息通过路由键进行匹配，然后转发到一个或者多个队列中。主题交换器是 AMQP 中发布/订阅模式的变体，广泛应用于多个消费者程序中，可以有选择地接收消息。其实该类型的交换器可以使用通配符将路由键和某个主题进行模糊匹配，其中，"*"用于匹配一个词，"#"用于匹配一个或者多个词。对每一条消息，主题交换器会遍历所有的绑定关系，检查消息指定的路由键是否可以匹配绑定关系中的路由键，如果匹配，则将消息推送到相应的队列中。

3. 扇形交换器

扇形交换器（Fanout Exchange）在 RabbitMQ 中预先声明的名称为 amq.fanout。该类型的交换器多用于处理广播路由，不需要定义路由键。当一个新消息发送到该交换器上时，这条消息会被复制产生多个副本，然后路由到所有绑定的队列中。使用扇形交换器的主要原因是其转发消息最快，性能最好。扇形交换器的示意图如图 9.5 所示。

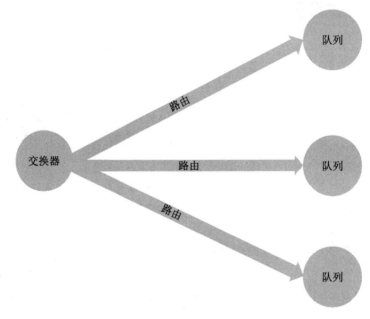

图 9.5 扇形交换器

4. 头交换器

头交换器（Headers Exchange）在 RabbitMQ 中预先声明的名称为 amq.headers。该类型的交换器与其他交换器的路由规则不同，主要使用多个属性而非路由键进行消息路由。当交换器接收到信息时，会根据消息内容中的 headers 属性进行匹配。由于消息内容在 headers 中，故这些属性一般称为消息头。由于该类类型交换器的性能较差，在实际中也常用。消息头（Message Headers）是消息的构成部分，我们使用头交换器在设置队列和交换器的绑定关系时需要指定一组键值对，当消息被发送到头交换器上时，需要在消息中携带一组键值对作为消息头，如果消息头的值等于指定的绑定值，则认为消息是匹配的。但是，当 x-match 参数的值被设为 any 时，只要一个匹配的 headers 属性值就足够了。相反，如果设置 x-match 的值为 all，则需要匹配所有的 headers 属性值。路由键必须是一个字符串，而 headers 属性值则没有这个约束，它们甚至可以是整数或者哈希值（字典）等。

另外，还有一个默认交换器（Default Exchange），它是一种特殊的直接交换器，其名称是一个空字符串，在 RabbitMQ 控制台管理界面中的名称是 AMQP default。每个新创建的队列都会绑定到这个默认交换器上，绑定的路由键就是该队列的队列名，也就是所有的队列都可以通过默认交换器进行消息投递，只需要指定路由键为相应的队列名即可。

看完以上几种类型的交换器，读者应该明白了在消息发布和消息消费中，消息发布实际上只跟交换器有关，而消息消费实际上只跟队列有关。其间的绑定实际上只是交换器和队列建立连接的契约关系，也只是决定消息发布的消息路由。

队列主要用来存储应用程序所使用的消息。在定义队列时需要给出以下参数：

- Name：队列名称。
- Type：队列类型。
- Durability：是否持久化。如果选择 Durable，则表示代理重启后队列依然存在，否则队列会被删除。
- Auto delete：是否自动删除。如果选择 Yes，则表示队列将在连接至少一个使用者后删除自身，然后所有使用者都断开连接。
- Arguments：可选参数。类似于插件和特定代理的功能。

在 RabbitMQ 控制台添加队列，如图 9.6 所示。

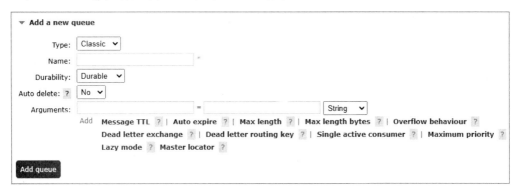

图 9.6　添加队列

如果消息只是保存在队列中则毫无利用价值，只有被消息者消费的消息才有用。消息可以通过 Push 方式由代理主动推送给消费者，还可以通过 Pull 方式由消费者自己拉取消息。不过消费者应用程序（即接收和处理消息的应用程序）有时可能无法处理单个消息，有时会崩溃，这些可能是网络引发的问题。

在 AMQP 0-9-1 模型中为用户提供了两种消息确认模式：自动确认和显式确认。自动确认是指当消息从队列中拉取出来被消费后，就自动从队列中删除了。显式确认是指只有当应用程序主动发送确认消息之后，消息才会从队列中删除。如果一个消费者获取消息后成功消费了，但在向代理发送消息确认的时候宕机了，代理会把消息重新发送给另一个消费者。倘若当时已经没有可用的消费者，那么代理将等待至少有一个注册为同一队列的消费者启动后再尝试重新传递消息。需要注意的是，当队列中只有一个消费者时，应确保不要反复拒绝并重新排列来自同一消费者的消息，这样会导致创建的消息进入无限循环传递的状态。

那么，消息的负载均衡又是如何实现的呢？它是基于预拉取消息（Prefetching Messages）机制，通过限定不确认的消息数量，在多个消费者共享一个队列的情况下，在发送下一个确认之前指定每个消费者一次可以接收多少条消息，即按照其消费能力接收消息。

在 AMQP 0-9-1 模型中，负载均衡的实现是基于客户端消费者而不是基于服务端队列，准确来说是消息传递到队列的方式。实际上，如果出现消息的生产速度大大超过消费者的消费速度的情况，那么队列中就有可能会出现消息积压。但在 AMQP 0-9-1 模型中并没有提供基于队列负载均衡的特性，也就是说不会把消息路由到多个队列中。不过可以通过预拉取消息的特性，确定消费者的消费能力，从而调整消息中间件代理给对应消费者推送消息的数量，这样就能够让消费速度快的消费者可以消费更多的消息，避免出现有的消费者处于"饥饿"状态，有的消费者长期处于忙碌状态的问题。

9.2.2　RabbitMQ 自动配置

我们可以在 spring-boot-autoconfigure-2.2.6.RELEASE.jar 包中找到 org.springframework. boot.autoconfigure.amqp.RabbitAutoConfiguration 自动配置类，而且在该包中还可以找到 spring.factories 文件，并会发现文件中有 RabbitAutoConfiguration 自动加载的定义，表示当 Spring 启动时，会执行 RabbitAutoConfiguration 的初始化并向容器中注入相关的 Bean。通常会注入的 Bean 有 RabbitTemplate、CachingConnectionFactory 和 AmqpAdmin。我们先查看源码以帮助理解 RabbitAutoConfiguration 配置类的注解含义，代码清单如下：

```
@Configuration(proxyBeanMethods = false)
// 当 classpath 类路径下存在 RabbitTemplate 类和 Channel 类时生效
@ConditionalOnClass({ RabbitTemplate.class, Channel.class })
// 开启 RabbitProperties 的配置文件加载
@EnableConfigurationProperties(RabbitProperties.class)
// 将 RabbitAnnotationDrivenConfiguration 配置类导入容器中
@Import(RabbitAnnotationDrivenConfiguration.class)
public class RabbitAutoConfiguration {
}
```

从源码中可以看到，只有引入 spring-rabbit 和 amqp-client 相关依赖才会生效。通过注解开启属性配置，RabbitMQ 的配置参数都会被注入 RabbitProperties 属性类中，代码清单如下：

```
// 读取以 spring.rabbitmq 开头的属性
@ConfigurationProperties(prefix = "spring.rabbitmq")
public class RabbitProperties {
  private String host = "localhost";              // RabbitMQ 主机地址
  private int port = 5672;                        // RabbitMQ 端口
  private String username = "guest";              //登录 Broker 用户名
  private String password = "guest";              //登录 Broker 用户密码
```

```
private final Ssl ssl = new Ssl();                        // SSL 配置
private String virtualHost;                       //连接到 Broker 时要使用的虚拟主机
private String addresses;                         //客户端应连接的地址，以逗号分隔列表
@DurationUnit(ChronoUnit.SECONDS)
private Duration requestedHeartbeat;                   //请求的心跳超时时间
private boolean publisherReturns;                     //是否启用发布服务器返回
private ConfirmType publisherConfirmType;              //确认使用的发布者类型
private Duration connectionTimeout;    //设置连接超时。如果设置为 0 将永远等待
private final Cache cache = new Cache();              // Cache 配置
private final Listener listener = new Listener(); // Listener 监听容器配置
private final Template template = new Template(); // Template 相关配置
private List<Address> parsedAddresses;
}
```

介绍完类的注解功能后，我们继续分析在 RabbitAutoConfiguration 配置类中的 3 个静态内部类，它们会根据各自的条件初始化 RabbitMQ 所需要的类。先分析第一个内部类 RabbitConnectionFactoryCreator。根据配置参数初始化 CachingConnectionFactory 实例，需要配置的参数如下：

```
spring.rabbitmq.port=5672                   #服务端口，默认端口为 5672
spring.rabbitmq.username=guest              #登录的用户名
spring.rabbitmq.password=guest              #登录的用户密码
spring.rabbitmq.host=localhost             #服务主机
spring.rabbitmq.virtualHost=/              #连接到 RabbitMQ 虚拟主机
```

通过注入的 CachingConnectionFactory 缓存连接工厂类实例可以获取官方提供的 com.rabbitmq.client.Channel 和 com.rabbitmq.client.ConnectionFactory 对象。我们需要知道的是每一个 Channel（通道）都是建立在 Connection 之上的虚拟连接，Connection 则是封装了 Socket 协议的 TCP 连接，RabbitMQ 处理的每条 AMQP 指令都是通过 Channel 完成的。同大部分通信连接一样，RabbitMQ 在建立一个 Connection 连接时开销是很大的，如果消息体量也很大的话，频繁建立 Connection 的开销更巨大，而且效率也较低。因此 RabbitMQ 提供了 Channel 作为轻量级的 Connection 来减少操作系统建立 TCP 连接的开销。RabbitMQ 采用类似 NIO（Non-blocking I/O）同步非阻塞的 I/O 模型，利用选择器监听所有的 I/O 操作，实现 TCP 连接多路复用，这样不仅减少了性能开销，同时也方便管理。RabbitConnectionFactoryCreator 的配置代码清单如下：

```
@Configuration(proxyBeanMethods = false)
// 当容器中不存在 ConnectionFactory 类型的 Bean 时生效
@ConditionalOnMissingBean(ConnectionFactory.class)
protected static class RabbitConnectionFactoryCreator {
    @Bean
    public CachingConnectionFactory rabbitConnectionFactory(RabbitProperties properties,
    ObjectProvider<ConnectionNameStrategy> connectionNameStrategy) throws
Exception {
        PropertyMapper map = PropertyMapper.get();
    // 调用 getRabbitConnectionFactoryBean 方法，并通过
```

```
                       CachingConnectionFactory 封装
                CachingConnectionFactory factory = new CachingConnectionFactory(
                        getRabbitConnectionFactoryBean(properties).getObject());
                map.from(properties::determineAddresses).to(factory::setAddresses);
        map.from(properties::isPublisherReturns).to(factory::setPublisher
Returns);
    map.from(properties::getPublisherConfirmType).whenNonNull().to(factory::
setPublisherConfirmType);
                // 设置 Channel 参数
                RabbitProperties.Cache.Channel channel = properties.getCache().
getChannel();
                map.from(channel::getSize).whenNonNull().to(factory::setChannel
CacheSize);

        map.from(channel::getCheckoutTimeout).whenNonNull().as(Duration::to
Millis)
                        .to(factory::setChannelCheckoutTimeout);
                // 设置连接缓存模式和缓存数量大小
                RabbitProperties.Cache.Connection connection = properties.getCache().
getConnection();
            map.from(connection::getMode).whenNonNull().to(factory::setCacheMode);
            map.from(connection::getSize).whenNonNull().to(factory::setConnection
CacheSize);
            map.from(connectionNameStrategy::getIfUnique).whenNonNull().to(factory::
setConnectionNameStrategy);
            return factory;
        }
    }
```

第二个内部配置类 RabbitTemplateConfiguration 也是利用 RabbitProperties 参数文件为 RabbitTemplate 和 AmqpAdmin 的创建设置属性，代码清单如下：

```
@Configuration(proxyBeanMethods = false)
// 将 RabbitConnectionFactoryCreator 导入容器中
@Import(RabbitConnectionFactoryCreator.class)
protected static class RabbitTemplateConfiguration {
    @Bean
    // 在容器中只存在一个 ConnectionFactory 的 Bean
    @ConditionalOnSingleCandidate(ConnectionFactory.class)
    // 当容器中不存在 RabbitOperations 的 Bean 时生效
    @ConditionalOnMissingBean(RabbitOperations.class)
    public RabbitTemplate rabbitTemplate(RabbitProperties properties,
            ObjectProvider<MessageConverter> messageConverter,
            ObjectProvider<RabbitRetryTemplateCustomizer> retryTemplate
Customizers,
            ConnectionFactory connectionFactory) {
        PropertyMapper map = PropertyMapper.get();
        // 通过 connectionFactory 构建 RabbitTemplate
        RabbitTemplate template = new RabbitTemplate(connectionFactory);
        // 配置 MessageConverter
        messageConverter.ifUnique(template::setMessageConverter);
        // 设置处理未被消息队列接收的模式
        template.setMandatory(determineMandatoryFlag(properties));
        RabbitProperties.Template templateProperties = properties.get
```

```
Template();
        if (templateProperties.getRetry().isEnabled()) {
            template.setRetryTemplate(
new RetryTemplateFactory(retryTemplateCustomizers.orderedStream().collect
(Collectors.toList()))
                        .createRetryTemplate(templateProperties.
getRetry(),
                    RabbitRetryTemplateCustomizer.Target.SENDER));
        }
        map.from(templateProperties::getReceiveTimeout).whenNonNull().
as(Duration::toMillis)
                .to(template::setReceiveTimeout);
        map.from(templateProperties::getReplyTimeout).whenNonNull().as
(Duration::toMillis)
                .to(template::setReplyTimeout);
        map.from(templateProperties::getExchange).to(template::setExchange);
        map.from(templateProperties::getRoutingKey).to(template::set
RoutingKey);
    map.from(templateProperties::getDefaultReceiveQueue).whenNonNull().
to(template::setDefaultReceiveQueue);
        return template;
    }
    @Bean
    // 在容器中只存在一个 ConnectionFactory 的 Bean
    @ConditionalOnSingleCandidate(ConnectionFactory.class)
    // 当属性 spring.rabbitmq.dynamic 配置为 true 时生效
    @ConditionalOnProperty(prefix = "spring.rabbitmq", name = "dynamic",
matchIfMissing = true)
    @ConditionalOnMissingBean
    public AmqpAdmin amqpAdmin(ConnectionFactory connectionFactory) {
        return new RabbitAdmin(connectionFactory);  // 创建 RabbitAdmin
    }
}
```

第三个内部配置类 MessagingTemplateConfiguration 在符合条件下完成 RabbitMessaging-Template 的创建，代码清单如下：

```
@Configuration(proxyBeanMethods = false)
// 当 classpath 类路径下存在 RabbitMessagingTemplate 类时生效
@ConditionalOnClass(RabbitMessagingTemplate.class)
// 当容器中不存在 RabbitMessagingTemplate 类型的 Bean 时生效
@ConditionalOnMissingBean(RabbitMessagingTemplate.class)
// 将 RabbitTemplateConfiguration 导入容器中
@Import(RabbitTemplateConfiguration.class)
protected static class MessagingTemplateConfiguration {
    @Bean
    // 在容器中只存在一个 RabbitTemplate 的 Bean
    @ConditionalOnSingleCandidate(RabbitTemplate.class)
    public RabbitMessagingTemplate rabbitMessagingTemplate(RabbitTemplate
rabbitTemplate) {
        // 创建 RabbitMessagingTemplate 实例
        return new RabbitMessagingTemplate(rabbitTemplate);
    }
}
```

需要注意的是，在 MessagingTemplateConfiguration 类中通过注解@Import 导入的配置类正是 RabbitTemplateConfiguration 配置类，其方法 rabbitMessagingTemplate()会在 RabbitTemplate 的实例注入容器之后创建 RabbitMessagingTemplate 实例。而在 RabbitTemplateConfiguration 类中会导入 RabbitConnectionFactoryCreator 创建工厂类，因此这 3 个内部类在容器中的加载顺序是先由 RabbitConnectionFactoryCreator 创建 CachingConnectionFactory，再由 RabbitTemplateConfiguration 创建 RabbitTemplate 和 AmqpAdmin，最后由 MessagingTemplateConfiguration 创建 RabbitMessagingTemplate。

最后我们来分析注解@EnableRabbit 的功能。首先从 RabbitAutoConfiguration 配置类中开始分析，通过注解@Import 会额外导入 RabbitAnnotationDrivenConfiguration 配置类，该配置类的代码清单如下：

```
@Configuration(proxyBeanMethods = false)
// 在 classpath 引用类路径下必须存在 EnableRabbit 注解类
@ConditionalOnClass(EnableRabbit.class)
class RabbitAnnotationDrivenConfiguration {
    @Bean
    // 当容器中不存在 SimpleRabbitListenerContainerFactoryConfigurer 类型的
       Bean 时生效
    @ConditionalOnMissingBean
    SimpleRabbitListenerContainerFactoryConfigurer simpleRabbitListener
ContainerFactoryConfigurer() {
        SimpleRabbitListenerContainerFactoryConfigurer configurer = new
SimpleRabbitListenerContainerFactoryConfigurer();
        configurer.setMessageConverter(this.messageConverter.getIfUnique());
        configurer.setMessageRecoverer(this.messageRecoverer.getIfUnique());
    configurer.setRetryTemplateCustomizers(this.retryTemplateCustomizers.
orderedStream().collect(Collectors.toList()));
        configurer.setRabbitProperties(this.properties);
        return configurer;
    }
    @Bean(name = "rabbitListenerContainerFactory")
    // 当容器中不存在名为 rabbitListenerContainerFactory 的 Bean 时生效
    @ConditionalOnMissingBean(name = "rabbitListenerContainerFactory")
    // 当属性 spring.rabbitmq.listener.type 配置为 simple 时生效，若未配置则默认
       生效
    @ConditionalOnProperty(prefix = "spring.rabbitmq.listener", name =
"type", havingValue = "simple",matchIfMissing = true)
    SimpleRabbitListenerContainerFactory simpleRabbitListenerContainer
Factory(
            SimpleRabbitListenerContainerFactoryConfigurer configurer,
ConnectionFactory connectionFactory) {
        SimpleRabbitListenerContainerFactory factory = new SimpleRabbit
ListenerContainerFactory();
        configurer.configure(factory, connectionFactory);
        return factory;
    }
    @Bean
    // 当容器中不存在 DirectRabbitListenerContainerFactoryConfigurer 类型的
       Bean 时生效
```

```
    @ConditionalOnMissingBean
    DirectRabbitListenerContainerFactoryConfigurer directRabbitListener
ContainerFactoryConfigurer() {
        DirectRabbitListenerContainerFactoryConfigurer configurer = new
DirectRabbitListenerContainerFactoryConfigurer();
        configurer.setMessageConverter(this.messageConverter.getIfUnique());
        configurer.setMessageRecoverer(this.messageRecoverer.getIfUnique());
        configurer.setRetryTemplateCustomizers(
                this.retryTemplateCustomizers.orderedStream().collect
(Collectors.toList()));
        configurer.setRabbitProperties(this.properties);
        return configurer;
    }
    @Bean(name = "rabbitListenerContainerFactory")
    // 当容器中不存在名为 rabbitListenerContainerFactory 的 Bean 时生效
    @ConditionalOnMissingBean(name = "rabbitListenerContainerFactory")
    // 当属性 spring.rabbitmq.listener.type 配置为 direct 时生效，默认不生效
    @ConditionalOnProperty(prefix = "spring.rabbitmq.listener", name =
"type", havingValue = "direct")
    DirectRabbitListenerContainerFactory
directRabbitListenerContainerFactory(
            DirectRabbitListenerContainerFactoryConfigurer  configurer,
ConnectionFactory connectionFactory) {
        DirectRabbitListenerContainerFactory factory = new DirectRabbit
ListenerContainerFactory();
        configurer.configure(factory, connectionFactory);
        return factory;
    }
    @Configuration(proxyBeanMethods = false)
    @EnableRabbit
    @ConditionalOnMissingBean(name = RabbitListenerConfigUtils.RABBIT_
LISTENER_ANNOTATION_PROCESSOR_BEAN_NAME)
    static class EnableRabbitConfiguration {
    }
}
```

如果我们在自定义的配置类中添加@EnableRabbit 注解，当容器启动时就会通过 RabbitListenerConfigurationSelector 完成对 RabbitBootstrapConfiguration 配置类的导入，然后将以 org.springframework.amqp.rabbit.config.internalRabbitListenerAnnotationProcessor 为名字的 Bean 注入容器中。@EnableRabbit 注解的代码清单如下：

```
@Target(ElementType.TYPE)
@Retention(RetentionPolicy.RUNTIME)
@Documented
@Import(RabbitListenerConfigurationSelector.class)
public @interface EnableRabbit {
}
```

至此，与 RabbitMQ 相关的消息操作对象的初始化都已经完成了。我们可以通过 Rabbit-Template#convertAndSend()方法发送消息，消息体默认采用 Java 序列化。接收消息可以调用 RabbitTemplate#receiveAndConvert()方法。如果想用字符串作为消息格式，可使用 RabbitMessagingTemplate。AmqpAdmin 主要用于管理系统功能，可对队列进行创建和删

除，定义交换模式，以及声明队列与交换模式的绑定。

9.2.3　RabbitMQ 应用案例

先来看一个比较简单的使用 RabbitMQ 输出 Hello World 的程序。首先，创建工程并在该工程目录下新建 tutorial 包，分别创建生产者和消费者对应的类。

生产者类代码的具体示例如下：

```java
public class Sender {
    private final static String HOST_NAME = "localhost";
    private final static String QUEUE_NAME = "demo-queue-mohai";
    public static void main(String[] args) throws Exception {
        final ConnectionFactory connectionFactory = new ConnectionFactory();
        connectionFactory.setHost(HOST_NAME);
        try (final Connection connection = connectionFactory.newConnection();
             final Channel channel = connection.createChannel()) {
            channel.queueDeclare(QUEUE_NAME, false, false, false, null);
            for (int i = 0; i < 10; i++) {
                final String message = "Hello world! The Num=" + i;
                System.out.println("Sending the following message to the
queue: " + message);
                channel.basicPublish("", QUEUE_NAME, null, message.getBytes
("UTF-8"));
            }
        }
    }
}
```

消费者类代码的具体示例如下：

```java
public class Receiver {
    private final static String HOST_NAME = "localhost";
    private final static String QUEUE_NAME = "demo-queue-mohai";
    public static void main(String[] args) throws Exception {
        final ConnectionFactory connectionFactory = new ConnectionFactory();
        connectionFactory.setHost(HOST_NAME);
        final Connection connection = connectionFactory.newConnection();
        final Channel channel = connection.createChannel();
        channel.queueDeclare(QUEUE_NAME, false, false, false, null);
        final DeliverCallback deliverCallback = (consumerTag, delivery) -> {
            final String message = new String(delivery.getBody(), "UTF-8");
            System.out.println("Received from message from the queue: " +
message);
        };
        channel.basicConsume(QUEUE_NAME, true, deliverCallback, consumer
Tag -> {});
    }
}
```

先后分别运行 Sender 和 Receiver 这两个类，最终可以看到生产者发布的消息被消费者成功接收到了。通过浏览器访问 http://localhost:15672/#/queues 地址，可以在 RabbitMQ

控制台中看到新增了一个名为 demo-queue-mohai 的队列。

下面再来看 RabbitMQ 在 Spring Boot 项目中是如何使用的。

首先在当前工程的 pom.xml 文件中添加 spring-boot-starter-amqp 依赖。

```
<dependency>
    <groupId>org.springframework.boot</groupId>
    <artifactId>spring-boot-starter-amqp</artifactId>
</dependency>
```

然后在 application.properties 配置文件中添加如下配置，参数值可以根据实际情况修改。

```
# RabbitMQ 配置
spring.rabbitmq.hsot=localhost
spring.rabbitmq.post=5672
spring.rabbitmq.username=guest
spring.rabbitmq.password=guest
spring.rabbitmq.publisher-confirms=true        # 是否启用发布确认
spring.rabbitmq.publisher-returns=true         # 是否启用发布返回
spring.rabbitmq.virtual-host=/                 # 连接 Broker 的虚拟主机名
# 指定 client 连接的 Server 地址，多个地址间以逗号分隔(优先取 addresses，然后再取 host)
spring.rabbitmq.addresses=localhost
# 指定心跳超时时间，单位为 s，0 为不指定，默认为 60s
spring.rabbitmq.requested-heartbeat=60
# 指定连接超时时间，单位为 ms，0 表示无穷大，不超时
spring.rabbitmq.connection-timeout=0
spring.rabbitmq.ssl.enabled=false                      # 是否支持 SSL
spring.rabbitmq.listener.simple.concurrency=10         # 最小的消费者数量
spring.rabbitmq.listener.simple.max-concurrency=20     # 最大的消费者数量
# 指定一个请求能处理多少个消息，如果有事务的话，必须大于等于 BatchSize 的数量
spring.rabbitmq.listener.simple.prefetch=5
# 指定一个事务处理消息的数量，最好是小于等于 prefetch 的数量
spring.rabbitmq.listener.simple.batch-size=3
```

我们还是先新建 config 包，接着在该包中创建 RabbitDirectConfig 配置类，示例代码如下：

```
//配置默认交换器（Direct）实现，Direct 策略（只转发给 routingKey 相匹配的用户）
@Configuration
public class RabbitDirectConfig {
    public final static String DIRECT_NAME = "amqp-direct";
    public final static String QUEUE_NAME = "my-queue";
    public final static String ROUTING_KEY = "my-direct";
    @Bean
    DirectExchange directExchange (){
        // 第一个参数是交换器名称
        // 第二个参数表示是否持久化，重启后是否依然有效
        // 第三个参数表示长期未使用时是否自动删除
        //创建 DirectExchange 对象
        return new DirectExchange (DIRECT_NAME,false,false);
    }
    @Bean
    Queue queue(){
```

```
        // 第一个参数 name 的值为队列名称，routingKey 会与它进行匹配
        // 第二个参数 durable 表示是否持久化
        return new Queue(QUEUE_NAME,false);              //提供一个消息队列 Queue
    }
    //创建一个 Binding 对象将 Exchange 和 Queue 绑定在一起
    @Bean
    Binding binding(){
        // 将队列 Queue 和 DirectExchange 绑定在一起
        return
BindingBuilder.bind(queue()).to(directExchange()).with(ROUTING_KEY);
    }
}
```

然后新建 sender 包并在包中创建 MessageSender 消息发送类，该类可理解为被生产者用于消息发布，示例代码如下：

```
@Component                                //消息生产者，发送消息
public class MessageSender {
    @Autowired
    RabbitTemplate rabbitTemplate;
    //发送消息
    public void send(String info){
        System.out.println("发送消息>>>"+info);
        MessageProperties messageProperties = new MessageProperties();
        // 构建消息属性，设置消息 ID
        messageProperties.setMessageId(UUID.randomUUID().toString());
        // 构建消息，设置消息内容
        Message message = new Message(info.getBytes(),messageProperties);
rabbitTemplate.convertAndSend(RabbitDirectConfig.DIRECT_NAME,RabbitDirect
Config.ROUTING_KEY,message);
    }
}
```

继续新建 receiver 包，在包中创建 DirectReceiver 消息接收类，该类可以理解为消息消费者用于消息接收，示例代码如下：

```
@Component                                //配置消息消费者，接收消息
public class DirectReceiver {
    // 处理接收到的消息，注意参数需要与消息发送者发送的消息类型保持一致
    @RabbitHandler
    //监听 Queues 内的队列名称列表
    @RabbitListener(queues = {"my-queue"})
    public void handler(Message message) {
        System.out.println("接收消息>>>"+new String(message.getBody()));
    }
}
```

为了方便测试，新建 controller 包，在包中创建 IndexController 控制类，示例代码如下：

```
@RestController
public class IndexController {
    @Autowired
    MessageSender messageSender;
```

```
@RequestMapping("/index")
public String index(){
    messageSender.send("hello world!");
    return "SUCCESS";
}
}
```

运行 main()方法启动程序，在浏览器中访问 http://localhost:8080/index，可以看到返回 SUCCESS，此时的控制台会打印如下字样：

```
发送消息>>>hello world!
接收消息>>>hello world!
```

此时，一个使用直连交换器的 RabbitMQ 集成就完成了。需要注意的是，虽然注解 @RabbitListener 允许标注在类中，但是为了避免出现无限循环抛出 org.springframework. amqp.AmqpException: No method found for class [B 异常，需要将它用于方法级，另外，它还需要和@RabbitHandler 注解一起配合使用。

9.3 消息中间件之 ActiveMQ

Apache ActiveMQ 是最流行的开源、多协议、基于 Java 的消息服务器，也是由 Apache 软件基金会采用 Java 语言开发的开源消息中间件。它完全支持行业标准的 JMS 1.1、J2EE 1.4 和 AMQP 1.0 规范，能够以少量代码实现高级的应用场景，可以降低分布式系统间的通信耦合度，让使用消息服务中间件的应用程序更加可靠并且实现异步传输。

9.3.1 ActiveMQ 的基本概念

作为纯 Java 程序的消息中间件，ActiveMQ 可以说是 JMS 规范接口的实现，只要操作系统支持 Java 虚拟机就可以执行 ActiveMQ。我们可以访问官网 https://activemq.apache.org/，下载相关版本的 ActiveMQ，下载完成后解压就可以使用。解压后的 ActiveMQ 的目录同大部分 Apache 出品的开源产品的目录大同小异。例如，在 bin 目录下存放着 ActiveMQ 的启动脚本，在 conf 目录下放着配置文件，在 data 目录下是 ActiveMQ 进行消息持久化存放的地方，默认采用 KahaDB 方式。在 lib 目录下存放的主要是 ActiveMQ 相关功能的 jar 包，在 webapps 目录下存放的是由 Jetty 容器提供的 Web 管理控制台。

在 conf 目录下打开 jetty.xml 文件找到下面这段配置，可以看到访问 ActiveMQ 管理界面的默认端口是 8161，在 jetty-realm.properties 文件中存储着用户名和密码。我们可以使用 admin 在本机登录 http://localhost:8161，登录成功后的界面如图 9.7 所示。

```
<bean id="jettyPort" class="org.apache.activemq.web.WebConsolePort" init-
method="start">
    <!-- the default port number for the web console -->
    <property name="host" value="127.0.0.1"/>
```

```
        <property name="port" value="8161"/>
    </bean>
```

注意：如果本地已经安装了 RabbitMQ，端口 5672 会被 erl.exe 程序占用，此时启动
ActiveMQ 会有问题，只需要修改 conf/activemq.xml 配置文件中用到的 5672 端
口为其他端口即可。

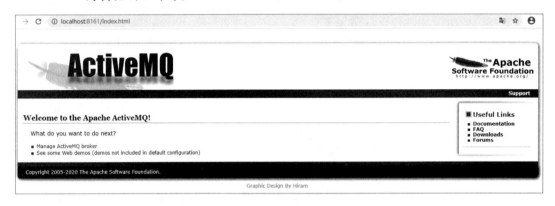

图 9.7　ActiveMQ 控制台

服务启动成功了，客户端要怎么连接呢？对于 ActiveMQ 来说，默认采用 TCP，其默
认的 broker_bind_url 值为 tcp://localhost:61616。打开 conf/activemq.xml 配置文件，可以看
到如图 9.8 所示的配置，说明 ActiveMQ 不仅支持 TCP，还支持其他协议同时开启多个端口。

```
<!--
    The transport connectors expose ActiveMQ over a given protocol to
    clients and other brokers. For more information, see:

    http://activemq.apache.org/configuring-transports.html
-->
<transportConnectors>
    <!-- DOS protection, limit concurrent connections to 1000 and frame size to 100MB -->
    <transportConnector name="openwire" uri="tcp://0.0.0.0:61616?maximumConnections=1000&amp;wireFormat.maxFrameSize=104857600"/>
    <transportConnector name="amqp" uri="amqp://0.0.0.0:5672?maximumConnections=1000&amp;wireFormat.maxFrameSize=104857600"/>
    <transportConnector name="stomp" uri="stomp://0.0.0.0:61613?maximumConnections=1000&amp;wireFormat.maxFrameSize=104857600"/>
    <transportConnector name="mqtt" uri="mqtt://0.0.0.0:1883?maximumConnections=1000&amp;wireFormat.maxFrameSize=104857600"/>
    <transportConnector name="ws" uri="ws://0.0.0.0:61614?maximumConnections=1000&amp;wireFormat.maxFrameSize=104857600"/>
</transportConnectors>
```

图 9.8　ActiveMQ 传输协议配置

对于 ActiveMQ 来说，基本就是对点对点模式和发布/订阅模式的实现，并没有拓展太
多功能，因此学习 ActiveMQ 中间件对理解 JMS 非常有帮助。但是 ActiveMQ 的性能较差，
并且版本迭代很慢，一般不推荐使用。

既然 ActiveMQ 是作为 JMS 接口实现，我们直接来看点对点传输模式的实现代码。先
看生产者的示例代码，具体如下：

```
//1. 创建工厂连接对象，指定 brokerURL
ConnectionFactory connectionFactory = new ActiveMQConnectionFactory("tcp:
//localhost:61616");
//2. 创建一个连接对象
```

```
Connection connection = connectionFactory.createConnection();
//3. 打开连接
connection.start();
//4. 创建会话对象
//第一个参数：不使用本地事务
//第二个参数：自动应答模式
Session session = connection.createSession(false, Session.AUTO_ACKNOWLEDGE);
//5. 创建目标对象，包含 queue 和 topic（一对一和一对多）
//设置队列名称，消费者根据队列名称接收数据
Queue queue = session.createQueue("test-queue");
//6. 创建生产者对象
MessageProducer producer = session.createProducer(queue);
//7. 创建一个文本消息对象
TextMessage textMessage = session.createTextMessage("hello,This is test-
queue!");
//8. 发送消息
producer.send(textMessage);
//9. 关闭消息生产者
producer.close();
//10. 关闭会话
session.close();
//11. 关闭连接
connection.close();
```

再来看消费者的示例代码，具体如下：

```
//1. 创建工厂连接对象，指定 brokerURL
ConnectionFactory connectionFactory = new ActiveMQConnectionFactory("tcp:
//localhost:61616");
//2. 创建一个连接对象
Connection connection = connectionFactory.createConnection();
//3. 打开连接
connection.start();
//4. 创建会话对象
//第一个参数：不使用本地事务
//第二个参数：自动应答模式
Session session = connection.createSession(false, Session.AUTO_ACKNOWLEDGE);
//5. 创建目标对象，包含 queue 和 topic（一对一和一对多）
//设置队列名称，消费者根据队列名称接收数据
Queue queue = session.createQueue("test-queue");
//6. 创建消费者对象
MessageConsumer consumer = session.createConsumer(queue);
//7. 在 consumer 对象中设置一个 messageListener 对象，用来接收消息
consumer.setMessageListener(new MessageListener() {
    @Override
    public void onMessage(Message message) {
        //8. 获取消息并打印
        if (message instanceof TextMessage) {
            TextMessage textMessage = (TextMessage) message;
            try {
                System.out.println(textMessage.getText());
            } catch (JMSException e) {
```

```
            e.printStackTrace();
        }
    }
  }
});
```

如果想要使用发布/订阅模式，只需要用下面的代码替换队列创建代码即可。

```
Topic topic = session.createTopic("test-topic");
```

现在就可以执行上述代码来感受两种传递方式的不同之处了。点对点传输时，消费者可以接收到未连接之前生产者所发送的消息，而在基于发布/订阅模式的传输方式下，消费者只能接收到连接之后生产者发送的消息。另外，如果启动两个消费者，采用发布/订阅模式接收消息的话，这两个消费者都可以收到生产者发送的消息，即每一条消息可以被订阅了同一主题的消费者消费。

既然说到了发布/订阅模式，这里简单地谈一谈 MQTT 协议。MQTT（Message Queuing Telemetry Transport，消息队列遥测传输）协议主要工作在 TCP/IP 族上，由 IBM 在 1999 年发布。它是基于发布/订阅模式的轻量级应用层协议，是为硬件性能低下的远程设备及网络状况糟糕的情况而设计的。它作为一种低开销、低带宽占用的即时通信协议，广泛应用于物联网（IoT）、小型设备、移动应用和智能家居等方面。

言归正题，我们继续来看 ActiveMQ 在 Spring Boot 项目中是如何进行自动配置的。

9.3.2　ActiveMQ 自动配置

在 spring-boot-autoconfigure-2.2.6.RELEASE.jar 包中有对 ActiveMQ 的自动配置。当 ActiveMQ 在类路径上可用时，Spring Boot 就可以自动配置 ConnectionFactory。如果不存在 Broker，一般是未配置 Broker 所需的 URL，则系统会自动启动并配置内嵌的 Broker。在 Spring Boot 项目中引入 spring-boot-starter-activemq 依赖后，会提供连接或嵌入 ActiveMQ 实例所需的依赖关系，以及与 JMS 集成的 Spring 基础配置。我们可以先看下 org.springframework.boot.autoconfigure.jms.activemq.ActiveMQAutoConfiguration 类中的逻辑，代码清单如下：

```
@Configuration(proxyBeanMethods = false)
// 在 JmsAutoConfiguration 配置类加载之前自动配置
@AutoConfigureBefore(JmsAutoConfiguration.class)
// 在 JndiConnectionFactoryAutoConfiguration 配置类加载之后自动配置
@AutoConfigureAfter({ JndiConnectionFactoryAutoConfiguration.class })
// 在 classpath 下存在 ConnectionFactory 和 ActiveMQConnectionFactory 这两个类时
// 实例化当前 Bean
@ConditionalOnClass({ ConnectionFactory.class, ActiveMQConnectionFactory.class })
// 容器中没有 ConnectionFactory 类型的 Bean 时生效
@ConditionalOnMissingBean(ConnectionFactory.class)
// 开启 ActiveMQProperties 和 JmsProperties 的配置文件加载
@EnableConfigurationProperties({ ActiveMQProperties.class, JmsProperties.
```

```
class })
// 将 ActiveMQXAConnectionFactoryConfiguration 和
// ActiveMQConnectionFactoryConfiguration 配置类导入容器中
@Import({ ActiveMQXAConnectionFactoryConfiguration.class, ActiveMQConnection
FactoryConfiguration.class })
public class ActiveMQAutoConfiguration {
}
```

从 ActiveMQ 自动配置类中可以看到，初始化时会先加载 JMS 相关的 Bean 定义，初始化之后会加载 JndiConnectionFactoryAutoConfiguration 配置类去自动初始化连接工厂。我们在使用 JMS API 的时候可以通过工厂类创建连接对象来获取会话，完成消息的生产与消费。

下面来看 ActiveMQProperties 属性类中可配置的参数，代码清单如下：

```
// 以 spring.activemq 前缀配置属性
@ConfigurationProperties(prefix = "spring.activemq")
public class ActiveMQProperties {
  private String brokerUrl;      // ActiveMQ 实例的 URL，默认为自动生成
  //默认的 ActiveMQ 实例 URL 是否在内存中？如果已经明确指定了 ActiveMQ 实例，则忽略
  private boolean inMemory = true;
  private String user;           // ActiveMQ 实例的登录用户
  private String password;       // ActiveMQ 实例的登录密码
  //设置在连接完全关闭之前的等待时间，默认为 15s
  private Duration closeTimeout = Duration.ofSeconds(15);
  //是否在重新传递消息之前停止消息传递？这意味着在启用配置时不会保留消息顺序
  private boolean nonBlockingRedelivery = false;
  //设置等待消息发送响应的时间，设置为 0 表示将永远等待
  private Duration sendTimeout = Duration.ofMillis(0);
  //连接池
  @NestedConfigurationProperty
  private final JmsPoolConnectionFactoryProperties pool = new JmsPool
ConnectionFactoryProperties();
}
```

基于 ActiveMQProperties 配置类可方便地引入外部属性，可以在 application.properties 文件中声明以"spring.activemq.*"为前缀的属性配置 ActiveMQ。例如以下声明的部分属性：

```
spring.activemq.broker-url=tcp://localhost:61616
spring.activemq.user=admin
spring.activemq.password=secret
```

如果需要使用原生的线程池，可以引入 org.messaginghub:pooled-jms 依赖并相应地配置 JmsPoolConnectionFactory 实现，示例如下：

```
spring.activemq.pool.enabled=true
spring.activemq.pool.max-connections=50
```

对于 JmsPoolConnectionFactory 的注入，还需要分析 ActiveMQAutoConfiguration 自动配置类，通过导入 ActiveMQConnectionFactoryConfiguration 配置类，当容器中没有加载 ConnectionFactory 类型的 Bean 时，根据内部静态类 PooledConnectionFactoryConfiguration

判断是否注入 JmsPoolConnectionFactory，代码清单如下：

```
//内部静态类，连接池配置
@Configuration(proxyBeanMethods = false)
// 当 classpath 类路径下存在 JmsPoolConnectionFactory 和 PooledObject 类时生效
@ConditionalOnClass({ JmsPoolConnectionFactory.class, PooledObject.class })
static class PooledConnectionFactoryConfiguration {
    // 在该 Bean 销毁时调用 JmsPoolConnectionFactory#stop()方法
    @Bean(destroyMethod = "stop")
    // 当属性 spring.activemq.pool.enabled 配置为 true 时生效
    @ConditionalOnProperty(prefix = "spring.activemq.pool", name = "enabled",
havingValue = "true")
    JmsPoolConnectionFactory jmsConnectionFactory(ActiveMQProperties properties,
      ObjectProvider<ActiveMQConnectionFactoryCustomizer> factoryCustomizers) {
ActiveMQConnectionFactory connectionFactory = new ActiveMQConnection
FactoryFactory(properties,factoryCustomizers.orderedStream().collect
(Collectors.toList())).createConnectionFactory(ActiveMQConnectionFactory.
class);
    return new JmsPoolConnectionFactoryFactory(properties.getPool())
        .createPooledConnectionFactory(connectionFactory);
    }
}
```

如果属性 spring.activemq.pool.enabled 配置为 false 或未配置，表示不开启连接池，会通过另一个内部静态类 SimpleConnectionFactoryConfiguration 注入简单的 ConnectionFactory，代码清单如下：

```
//内部静态类，简单的连接工厂配置类
@Configuration(proxyBeanMethods = false)
// 当属性 spring.activemq.pool.enabled 配置为 false 时生效，不配置则默认生效
@ConditionalOnProperty(prefix = "spring.activemq.pool", name = "enabled",
havingValue = "false",matchIfMissing = true)
static class SimpleConnectionFactoryConfiguration {
    @Bean
    // 当属性 spring.jms.cache.enabled 配置为 false 时生效
    @ConditionalOnProperty(prefix = "spring.jms.cache", name = "enabled",
havingValue = "false")
    ActiveMQConnectionFactory jmsConnectionFactory(ActiveMQProperties properties,
      ObjectProvider<ActiveMQConnectionFactoryCustomizer> factoryCustomizers) {
      return createJmsConnectionFactory(properties, factoryCustomizers);
    }
//内部静态类，实现缓存的连接工厂配置类
@Configuration(proxyBeanMethods = false)
// 当 classpath 类路径下存在 CachingConnectionFactory 类时生效
@ConditionalOnClass(CachingConnectionFactory.class)
// 当属性 spring.jms.cache.enabled 配置为 true 时生效，默认为 true
@ConditionalOnProperty(prefix = "spring.jms.cache", name = "enabled",
havingValue = "true",matchIfMissing = true)
static class CachingConnectionFactoryConfiguration {
        @Bean
        CachingConnectionFactory jmsConnectionFactory(JmsProperties jmsProperties,
ActiveMQProperties properties, ObjectProvider<ActiveMQConnectionFactory
Customizer> factoryCustomizers) {
```

```
        JmsProperties.Cache cacheProperties = jmsProperties.getCache();
        CachingConnectionFactory connectionFactory = new CachingConnection
Factory(
                createJmsConnectionFactory(properties, factoryCustomizers));
        connectionFactory.setCacheConsumers(cacheProperties.isConsumers());
        connectionFactory.setCacheProducers(cacheProperties.isProducers());
        connectionFactory.setSessionCacheSize(cacheProperties.getSession
CacheSize());
        return connectionFactory;
        }
    }
}
```

可以看到，默认情况下会注入 CachingConnectionFactory，如果不需要包装原生的 ConnectionFactory，可使用外部配置文件设置 "spring.jms.*" 属性进行控制。

```
spring.jms.cache.enabled=true
spring.jms.cache.session-cache-size=5
```

其实，ActiveMQ 也是有事务支持的，只不过默认情况下没有开启事务支持功能。对于消息事务来说，其主要保证的就是消息传递的原子性。在 ActiveMQXAConnectionFactory-Configuration 配置类中注册 ActiveMQXAConnectionFactory 消息事务连接工厂，代码清单如下：

```
@Configuration(proxyBeanMethods = false)
// 在 classpath 类路径下存在 TransactionManager 类
@ConditionalOnClass(TransactionManager.class)
// 当容器中有 XAConnectionFactoryWrapper 类型的 Bean 时生效
@ConditionalOnBean(XAConnectionFactoryWrapper.class)
// 当容器中没有 ConnectionFactory 类型的 Bean 时生效
@ConditionalOnMissingBean(ConnectionFactory.class)
class ActiveMQXAConnectionFactoryConfiguration {
    @Primary                            // 优先注册 Bean
    // 注入的 Bean 名称可为 jmsConnectionFactory 或 xaJmsConnectionFactory
    @Bean(name = { "jmsConnectionFactory", "xaJmsConnectionFactory" })
    ConnectionFactory jmsConnectionFactory(ActiveMQProperties properties,
            ObjectProvider<ActiveMQConnectionFactoryCustomizer> factory
Customizers, XAConnectionFactoryWrapper wrapper) throws Exception {
        // 创建 ActiveMQXAConnectionFactory 的实例
        ActiveMQXAConnectionFactory connectionFactory = new ActiveMQ
ConnectionFactoryFactory(properties,

        factoryCustomizers.orderedStream().collect(Collectors.toList()))
                .createConnectionFactory(ActiveMQXAConnection
Factory.class);
        //通过 XAConnectionFactoryWrapper 进行包装并用 JTA 注册
        return wrapper.wrapConnectionFactory(connectionFactory);
    }
    @Bean
    // 配置 spring.activemq.pool.enabled=false 或未配置该属性时生效
    @ConditionalOnProperty(prefix = "spring.activemq.pool", name = "enabled",
havingValue = "false",matchIfMissing = true)
```

```
        ActiveMQConnectionFactory nonXaJmsConnectionFactory(ActiveMQProperties
properties,
            ObjectProvider<ActiveMQConnectionFactoryCustomizer> factory
Customizers) {
        // 创建 ActiveMQConnectionFactoryFactory 实例
        return new ActiveMQConnectionFactoryFactory(properties,
            factoryCustomizers.orderedStream().collect(Collectors.
toList()))
                .createConnectionFactory(ActiveMQConnectionFactory.
class);
    }
}
```

简单总结一下，ActiveMQ 的自动配置工作主要是向容器中注入 ActiveMQConnection-
Factory 实例，同时加入相应的连接池配置。

9.3.3　ActiveMQ 应用案例

在 Spring Boot 项目中直接引入 spring-boot-starter-activemq 依赖。

```
<dependency>
    <groupId>org.springframework.boot</groupId>
    <artifactId>spring-boot-starter-activemq</artifactId>
</dependency>
```

在使用 ActiveMQ 时需要创建一个 Destination，然后根据其提供的名称来解析目标。
这里同时创建两种类型的 Destination 进行演示。在工程中新建 config 包，创建 ActiveMq-
Config 配置类，在该类中注入 ActiveMQConnectionFactory、JmsMessagingTemplate、Queue
和 Topic 等对象，示例代码如下：

```
@Configuration                          //配置类
@EnableJms                              //启动消息队列
public class ActiveMqConfig {
    @Value("${spring.activemq.broker-url}")
    private String brokerUrl;
    @Value("${spring.activemq.user}")
    private String username;
    @Value("${spring.activemq.password}")
    private String password;
    @Value("${spring.activemq.queue-name}")
    private String queueName;
    @Value("${spring.activemq.topic-name}")
    private String topicName;
    @Bean(name = "queue")
    public Queue queue() {
        return new ActiveMQQueue(queueName);
    }
    @Bean(name = "topic")
    public Topic topic() {
        return new ActiveMQTopic(topicName);
    }
    @Bean
```

```java
public ConnectionFactory connectionFactory(){
    return new ActiveMQConnectionFactory(username, password, brokerUrl);
}
/**
 * 注入 JmsMessagingTemplate，也注入 JmsTemplate。
 * 其实 JmsMessagingTemplate 内部维护了一个 JmsTemplate。
 */
@Bean
public JmsMessagingTemplate jmsMessageTemplate(){
    JmsMessagingTemplate jmsMessagingTemplate = new JmsMessagingTemplate
(connectionFactory());
    return jmsMessagingTemplate;
}
// 在 Queue 模式中，监听消息需要对 containerFactory 进行配置
@Bean("queueListener")
public JmsListenerContainerFactory<?> queueJmsListenerContainerFactory
(ConnectionFactory connectionFactory){
    SimpleJmsListenerContainerFactory factory = new SimpleJmsListener
ContainerFactory();
    factory.setConnectionFactory(connectionFactory);
    factory.setPubSubDomain(false);
    return factory;
}
//在 Topic 模式中，监听消息需要对 containerFactory 进行配置
@Bean("topicListener")
public JmsListenerContainerFactory<?> topicJmsListenerContainerFactory
(ConnectionFactory connectionFactory){
    SimpleJmsListenerContainerFactory factory = new SimpleJmsListener
ContainerFactory();
    factory.setConnectionFactory(connectionFactory);
    factory.setPubSubDomain(true);                // topic 配置
    return factory;
}
}
```

新建 sender 包，创建 ActiveMQSender 类，分别采用队列和主题两种方式发送消息，而且传递的消息类型是字符串。示例代码如下：

```java
@Component                                              //生产者
public class ActiveMQSender {
    @Autowired
    JmsMessagingTemplate jmsMessagingTemplate;
    @Autowired
    private Queue queue;
    @Autowired
    private Topic topic;
    //生产者 queue 模式
    public void sendQueue(String message) {
        jmsMessagingTemplate.convertAndSend(queue,message);     //发消息
    }
    // 生产者 topic 模式
    public void sendTopic(String message){
        jmsMessagingTemplate.convertAndSend(topic,message);     //发消息
```

```
    }
}
```

接着新建 receiver 包，创建 ActiveMQReceiver 类。作为消费者，同样定义了两种方式来处理消息的监听器，示例代码如下：

```
@Component                              //消费者
public class ActiveMQReceiver {
    // queue 模式的消费者，监听 mohai.queue 队列
    @JmsListener(destination="${spring.activemq.queue-name}",
containerFactory="queueListener")
    public void readActiveQueue(TextMessage message) throws JMSException {
        System.out.println("ActiveMq.Queue 接收消息>>>"+message.getText());
    }
    // topic 模式的消费者，监听 mohai.topic 主题
    @JmsListener(destination="${spring.activemq.topic-name}", container
Factory="topicListener")
    public void receiveActiveTopic(TextMessage message) throws JMSException {
        System.out.println("ActiveMq.Topic 接收消息>>>" + message.getText());
    }
}
```

模仿实际应用的场景，在接口层进行调用，新建 controller 包，创建 IndexController 类，定义两个方法，具体示例代码如下：

```
//控制层
@RestController
public class IndexController {
    @Autowired
    private ActiveMQSender activeMQSender;
    @RequestMapping("/queue")
    public String queue() {
        activeMQSender.sendQueue("hello,mohai!");
        return "SUCCESS";
    }
    @RequestMapping("/topic")
    public String topic() {
        activeMQSender.sendTopic("hello,mohai!");
        return "SUCCESS";
    }
}
```

最后，运行 main() 方法启动程序，在浏览器中访问 http://localhost:8080/queue，页面返回成功，在控制台中输出日志如下：

```
ActiveMq.Queue 接收消息>>>hello,mohai!
```

将地址修改为 http://localhost:8080/topic 继续访问，页面返回成功，在控制台中输出日志如下：

```
ActiveMq.Topic 接收消息>>>hello,mohai!
```

由此说明 ActiveMQ 集成成功，可以消费消息了。

9.4　消息中间件之 Kafka

Apache Kafka 最初是由 LinkedIn（领英）公司开发，采用 Scala 语言写成，可运行在 Java 虚拟机中，并兼容现有的 Java 程序。它在 2011 年初开源并于 2012 年 10 月成为 Apache 基金会下的顶级项目。Kafka 专为分布式高吞吐系统而设计，是一个高性能、跨语言的分布式发布/订阅消息队列系统。

9.4.1　Kafka 的基本概念

Apache Kafka 是一个开源的分布式流式数据处理平台，已经被数千家公司用于高性能数据管道、流分析、数据集成和关键任务应用程序中。早在 2010 年，Kafka 就在 LinkedIn 中发展得很完善了，通过集群，每秒可以处理几十万条甚至上百万条消息。

访问 Kafka 官网（http://kafka.apache.org）可以下载最新的安装包，2.6.0 是目前的最新版本，也是当前的稳定版本。Kafka 凭借着自身诸多优秀的特性，发展得越来越好，尤其是在大数据领域，而且相较于其他消息中间件，其具有高吞吐量、低延迟、高并发和持久性等特点。如果是集群部署，其具有分区容错性、可扩展性和高可用等特点。Kafka 采用 Zookeeper 注册中心进行管理和维护。不过，使用 Kafka 会有消息重复消费的问题。

LinkedIn 公司在实现消息队列的时候觉得 AMQP 规范并不适合，因此设计出的 Kafka 并不支持 AMQP。基于 Kafka 自身的多种特性，我们可以将其用作消息系统、存储系统和流式数据处理等。在讲解 Kafka 的核心概念之前先来看一张图，如图 9.9 所示。

从图 9.9 中可以看出，大致分为 4 种 API 对 Kafka 集群进行操作。第 1 种 API 是与生产者（Producer）相关的，它允许一个应用程序发布一串流式的数据到一个或者多个 Kafka Topic 中。发送过程是将消息封装成 ProducerRecord 对象，经过序列化后发送到指定的 Topic 中，通过提供的默认分区策略确定分区后将消息发送到该分区并进行存储。分区策略可以通过实现 org.apache.kafka.clients.producer.Partitioner 接口进行自定义。第 2 种 API 是与消费者（Consumer）相关的，它允许一个应用程序订阅一个或多个 Topic，并且可以对发布给应用程序的流式数据进行相应的处理。第 3 种 API 与流式数据处理（Streams）相关，它允许一个应用程序作为一个流处理器消费一个或者多个 Topic 产生的输入流，然后生产一个输出流到一个或多

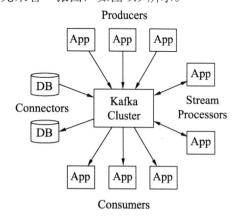

图 9.9　Kafka 的核心 API

个 Topic 中，实现在输入流和输出流中有效地转换。第 4 种 API 与连接（Connector）相关，它允许构建并运行可重用的生产者或消费者，将 Kafka Topics 连接到已存在的应用程序或者数据系统中。Kafka Connect 是一款可扩展并且可靠的在 Apache Kafka 和其他系统之间进行数据传输的工具。

在 Kafka 中有两个比较重要的概念：主题（Topic）和日志（Log）。Topic 可以表示为数据主题，是发布消息的类别名，可以用来区分业务系统。一个 Topic 可以有 0 个、一个或多个消费者订阅该主题的消息。每个 Topic 在 Kafka 集群中都会维护一个分区日志，如图 9.10 所示。

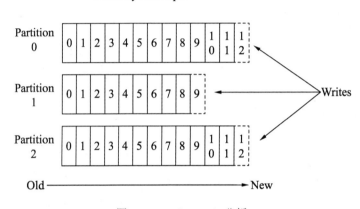

图 9.10　Kafka Topic 分析

从图 9.10 中可以看出，每个分区（Partition）都是按照顺序排列且顺序不可变的记录集。生产者会按顺序向指定的分区追加日志消息，并不断地追加到结构化的 commit log 文件中。记录在分区中的每一条消息都会被分配一个 ID 号来表示顺序，通常用偏移量（offset）来表示，而且这个 offset 是用来标识分区的唯一一条记录。

事实上，每条记录所产生的偏移量都是由消费者自己控制的，通常在读取记录后，消费者会以线性的方式增加偏移量，但是实际上，由于这个位置是由消费者控制，所以消费者可以采用任何顺序来消费记录。所以说在集群中不管是新增消费者还是减少消费者，对其他消费者没有任何影响。请看图 9.11 所示的消费者 A 和消费者 B 对消息的读取说明。

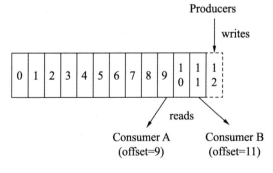

从某种角度来看，Kafka 还是一个用于提交日志存储、复制和追加的分布式文件系统。既然是基于日志存储，也可以说 Kafka 的日志处理功能是其上层系统的基石。在

图 9.11　Kafka Log 示意图

Kafka 中，其日志就像是数据库中的记录，不过都是按照时间顺序写入的，并且为了提高查找效率，同时防止一个分区的消息文件过大，还采用了数据文件分段的方法。尽管对文件进行了分段，但依然需要扫描分段文件才能找到对应 offset 的消息。因此为了进一步提高查找的效率，Kafka 为每个分段后的数据文件建立了索引文件，文件名与数据文件的名字一样，只是文件扩展名为.index。

在 Kafka 集群中会保留所有生产者发布的记录，无论该记录是否已被消费，通过一个可配置的参数可以控制记录的保留期限。Kafka 的性能和数据大小无关，因此可以长时间存储数据。简单说明下，如果设置保留期限为 3 天，一条记录发布后三天内，可以随时被消费，三天过后这条记录就会被删除并释放磁盘空间。

日志的分区 partition 分布在 Kafka 集群的服务器上。每个服务器在处理数据和请求时共享这些分区。每一个分区都会在已配置的服务器上进行备份，以确保容错性。如果对日志分区的话，还可以在日志大小超过单台服务器的限制时允许日志进行扩展，因此可以处理无限量的数据。

对于 Kafka 的使用，我们可以使用一个简单、高性能、支持多语言的 TCP 来构建客户端和服务器，而且此协议版本也做了向下兼容，不仅为 Kafka 提供了 Java 客户端，也支持许多其他语言的客户端。

9.4.2　Kafka 自动配置

Apache Kafka 通过提供的 spring-kafka 项目支持自动配置。我们还是先从 spring-boot-autoconfigure-2.2.6.RELEASE.jar 包中找到自动配置类 org.springframework.boot.autoconfigure.kafka.KafkaAutoConfiguration，该配置类的代码清单如下：

```
@Configuration(proxyBeanMethods = false)
// 当 classpath 类路径下存在 KafkaTemplate 类时生效
@ConditionalOnClass(KafkaTemplate.class)
// 开启 KafkaProperties 的配置文件加载
@EnableConfigurationProperties(KafkaProperties.class)
// 将 KafkaAnnotationDrivenConfiguration 和 KafkaStreamsAnnotationDriven
    Configuration 配置类导入容器中
@Import({ KafkaAnnotationDrivenConfiguration.class, KafkaStreamsAnnotation
DrivenConfiguration.class })
public class KafkaAutoConfiguration {
    private final KafkaProperties properties;
    @Bean
    // 当容器中不存在 KafkaTemplate 类型的 Bean 时生效
    @ConditionalOnMissingBean(KafkaTemplate.class)
    public KafkaTemplate<?, ?> kafkaTemplate(ProducerFactory<Object, Object>
kafkaProducerFactory,ProducerListener<Object, Object> kafkaProducerListener,
            ObjectProvider<RecordMessageConverter> messageConverter) {
        // 创建 KafkaTemplate 实例，传入 kafkaProducerFactory
        KafkaTemplate<Object, Object> kafkaTemplate = new KafkaTemplate<>
```

```
(kafkaProducerFactory);
        messageConverter.ifUnique(kafkaTemplate::setMessageConverter);
        kafkaTemplate.setProducerListener(kafkaProducerListener);
        kafkaTemplate.setDefaultTopic(this.properties.getTemplate().
getDefaultTopic());
        return kafkaTemplate;
    }
    @Bean
    // 当容器中不存在 ProducerListener 类型的 Bean 时生效
    @ConditionalOnMissingBean(ProducerListener.class)
    public ProducerListener<Object, Object> kafkaProducerListener() {
        return new LoggingProducerListener<>();    // 构建默认的生产者监听器
    }
    @Bean
    // 当容器中不存在 ConsumerFactory 类型的 Bean 时生效
    @ConditionalOnMissingBean(ConsumerFactory.class)
    public ConsumerFactory<?, ?> kafkaConsumerFactory() {
        // 构建默认的 Kafka 消费工厂类，用于创建 Kafka 消费者实例
        return  new  DefaultKafkaConsumerFactory<>(this.properties.build
ConsumerProperties());
    }
    @Bean
    // 当容器中不存在 ProducerFactory 类型的 Bean 时生效
    @ConditionalOnMissingBean(ProducerFactory.class)
    public ProducerFactory<?, ?> kafkaProducerFactory() {
        // 构建 DefaultKafkaProducerFactory 生产者工厂类
        DefaultKafkaProducerFactory<?, ?> factory = new DefaultKafka
ProducerFactory<>(
                this.properties.buildProducerProperties());
        // 设置事务 ID 前缀
        String transactionIdPrefix = this.properties.getProducer().get
TransactionIdPrefix();
        if (transactionIdPrefix != null) {
            factory.setTransactionIdPrefix(transactionIdPrefix);
        }
        return factory;
    }
    @Bean
    // 默认不生效，通过 spring.kafka.producer.transaction-id-prefix 属性判断是
      否进行配置
    @ConditionalOnProperty(name = "spring.kafka.producer.transaction-id-
prefix")
    @ConditionalOnMissingBean
    public KafkaTransactionManager<?, ?> kafkaTransactionManager(Producer
Factory<?, ?> producerFactory) {
        // 构建 KafkaTransactionManager 事务管理器
        return new KafkaTransactionManager<>(producerFactory);
    }
    @Bean
    // 默认不生效，通过 spring.kafka.jaas.enabled 属性判断是否开启 Kafka Jaas
    @ConditionalOnProperty(name = "spring.kafka.jaas.enabled")
    @ConditionalOnMissingBean
```

```
    public KafkaJaasLoginModuleInitializer kafkaJaasInitializer() throws
IOException {
        // 设置可用于 Kafka 客户端的 AppConfigurationEntry 的属性
        KafkaJaasLoginModuleInitializer jaas = new KafkaJaasLoginModule
Initializer();
        Jaas jaasProperties = this.properties.getJaas();
        // 设置 LoginModule 控制标识
        if (jaasProperties.getControlFlag() != null) {
            jaas.setControlFlag(jaasProperties.getControlFlag());
        }
        // 设置登录模式
        if (jaasProperties.getLoginModule() != null) {
            jaas.setLoginModule(jaasProperties.getLoginModule());
        }
        jaas.setOptions(jaasProperties.getOptions());
        return jaas;
    }
    @Bean
    // 当容器中不存在 KafkaAdmin 类型的 Bean 时生效
    @ConditionalOnMissingBean
    public KafkaAdmin kafkaAdmin() {
        // 初始化 kafkaAdmin 对象，用于管理 topic 等元数据
        KafkaAdmin kafkaAdmin = new KafkaAdmin(this.properties.buildAdmin
Properties());
        // 如果希望在初始化期间不连接 Kafka Broker 来检查或添加主题，让应用程序上下
           文无法加载，则设置为 true
        kafkaAdmin.setFatalIfBrokerNotAvailable(this.properties.getAdmin().
isFailFast());
        return kafkaAdmin;
    }
}
```

可以看到，在 KafkaAutoConfiguration 类中初始化了 KafkaTemplate、ConsumerFactory、ProducerFactory 和 KafkaTransactionManager 等几个与 Kafka 角色相关的 Bean 并将它们注入容器中。在不做任何配置的情况下程序会自动注入 KafkaTemplate 实例，但是不具备发送事务消息的能力。如果要开启事务，需要在配置文件中添加如下属性，将事务管理类注入容器中激活事务。注意该属性的值可以随意定义。

```
spring.kafka.producer.transaction-id-prefix=kafka_tx
```

当 KafkaTransactionManager 注入成功后，通过 KafkaTemplate 发送的消息就会自动加入事务中。如果要发送多笔消息且所有消息必须要发送成功，那么此时就可以使用事务的特性。我们既可以通过 KafkaTemplate#executeInTransaction()方法来实现事务消息，也可以通过@Transactional 注解来实现。

接着再来看注入的 KafkaAdmin 实例中常用的方法及参数配置项的含义。KafkaAdmin#setFatalIfBrokerNotAvailable()方法用于设置应用程序初始化期间无法连接到代理时是否直接抛出异常终止程序。当检测到 Kafka Broker 不可用时，为了保证程序正常启动，可将 FatalIfBrokerNotAvailable 属性设为 false，若希望在检测到 Kafka Broker 不可用时让程序异

常终止，则需要将该属性值设置为 true。KafkaAdmin#setAutoCreate()方法用于自动设置 NewTopic 对象，默认值为 true。

更多的详细配置信息还需要看 KafkaProperties 配置类，代码清单如下：

```
// 读取以 spring.kafka 开头的属性
@ConfigurationProperties(prefix = "spring.kafka")
public class KafkaProperties {
    //设置 kafka brokers 地址信息，以逗号分隔，默认为 localhost:9092
    private List<String> bootstrapServers = new ArrayList<>(Collections.
singletonList("localhost:9092"));
    //用于服务器端的日志记录，将客户端 ID 发送给服务端
    private String clientId;
    //用于配置客户端的附加属性（生产者和消费者都适用）
    private final Map<String, String> properties = new HashMap<>();
    //读取以 spring.kafka.consumer 开头的属性
    private final Consumer consumer = new Consumer();
    //读取以 spring.kafka.producer 开头的属性
    private final Producer producer = new Producer();
    //读取以 spring.kafka.admin 开头的属性
    private final Admin admin = new Admin();
    //读取以 spring.kafka.admin 开头的属性
    private final Streams streams = new Streams();
    //读取以 spring.kafka.listener 开头的属性
    private final Listener listener = new Listener();
    //读取以 spring.kafka.ssl 开头的属性
    private final Ssl ssl = new Ssl();
    //读取以 spring.kafka.jaas 开头的属性
    private final Jaas jaas = new Jaas();
    //读取以 spring.kafka.template 开头的属性
    private final Template template = new Template();
}
```

我们在集成使用的过程中需要设置 bootstrapServers 和 clientId 公共配置，其他属性可以酌情设置。另外也可以通过参考 Kafka 文档获得这些属性的完整描述。

继续来分析通过自动配置类导入的 KafkaAnnotationDrivenConfiguration 配置类，其用于初始化 Kafka 处理消息的相关组件，支持使用@EnableKafka 注解，代码清单如下：

```
@Configuration(proxyBeanMethods = false)
// 在 classpath 引用类路径下必须存在 EnableKafka 注解类
@ConditionalOnClass(EnableKafka.class)
class KafkaAnnotationDrivenConfiguration {
    // Kafka 属性配置
    private final KafkaProperties properties;
    // 定义 Message 消息转换器
    // toMessage 方法将 ConsumerRecord 转换为 Message
    // 或者 fromMessage 方法将 Message 转换为 ProducerRecord
    private final RecordMessageConverter messageConverter;
    // 定义 Message 消息转换器，批量处理消息
    private final BatchMessageConverter batchMessageConverter;
    // 定义消息发送模板
```

```java
    private final KafkaTemplate<Object, Object> kafkaTemplate;
    // 定义事务管理器
    private final KafkaAwareTransactionManager<Object, Object> transaction
Manager;
    // 定义负载均衡监听器，用于访问 Consumer 对象
    private final ConsumerAwareRebalanceListener rebalanceListener;
    // 定义全局异常处理器
    private final ErrorHandler errorHandler;
    // 定义全局异常处理器，批量处理消息
    private final BatchErrorHandler batchErrorHandler;
    // 对剩余的未处理的记录（包括失败的记录）调用监听容器
    private final AfterRollbackProcessor<Object, Object> afterRollbackProcessor;
    // 在监听器容器调用之前，调用 ConsumerRecord 的拦截器
    private final RecordInterceptor<Object, Object> recordInterceptor;
    @Bean
    // 容器中不存在ConcurrentKafkaListenerContainerFactoryConfigurer 类型的 Bean
    @ConditionalOnMissingBean
    ConcurrentKafkaListenerContainerFactoryConfigurer kafkaListenerContainer
FactoryConfigurer() {
    // 初始化 ConcurrentKafkaListenerContainerFactoryConfigurer 对象
        ConcurrentKafkaListenerContainerFactoryConfigurer configurer = new
ConcurrentKafkaListenerContainerFactoryConfigurer();
        configurer.setKafkaProperties(this.properties);
        MessageConverter messageConverterToUse = (this.properties.getListener().
getType().equals(Type.BATCH))
                ? this.batchMessageConverter : this.messageConverter;
        configurer.setMessageConverter(messageConverterToUse);
        configurer.setReplyTemplate(this.kafkaTemplate);
        configurer.setTransactionManager(this.transactionManager);
        configurer.setRebalanceListener(this.rebalanceListener);
        configurer.setErrorHandler(this.errorHandler);
        configurer.setBatchErrorHandler(this.batchErrorHandler);
        configurer.setAfterRollbackProcessor(this.afterRollbackProcessor);
        configurer.setRecordInterceptor(this.recordInterceptor);
        return configurer;
    }
    @Bean
    // 容器中不存在名称为 kafkaListenerContainerFactory 的 Bean
    @ConditionalOnMissingBean(name = "kafkaListenerContainerFactory")
    ConcurrentKafkaListenerContainerFactory<?, ?> kafkaListenerContainer
Factory(
            ConcurrentKafkaListenerContainerFactoryConfigurer configurer,
            ObjectProvider<ConsumerFactory<Object, Object>> kafkaConsumer
Factory) {
        // 初始化消费者监听容器工厂类来构建 ConcurrentKafkaListenerContainerFactory
        容器
        ConcurrentKafkaListenerContainerFactory<Object, Object> factory = new
ConcurrentKafkaListenerContainerFactory<>();
        configurer.configure(factory, kafkaConsumerFactory
                .getIfAvailable(() -> new DefaultKafkaConsumerFactory<>(this.
properties.buildConsumerProperties())));
        return factory;
    }
```

```
@Configuration(proxyBeanMethods = false)
@EnableKafka
@ConditionalOnMissingBean(name = KafkaListenerConfigUtils.KAFKA_LISTENER_
ANNOTATION_PROCESSOR_BEAN_NAME)
    static class EnableKafkaConfiguration {
    }
}
```

从代码中可以看出，由于引入了 spring-kafka 依赖，所以当前工程中自然会有 @Enable-Kafka 注解类存在，在容器启动的同时会通过 KafkaListenerConfigurationSelector 来完成 KafkaBootstrapConfiguration 配置类的导入，然后将名称为 org.springframework.kafka.config. internalKafkaListenerAnnotationProcessor 的 Bean 注入容器中。容器启动后也会读取 Kafka-AutoConfiguration 自动配置类，在加载时就会导入并激活 KafkaAnnotationDriven-Configuration 类的初始化，最终完成 Kafka 的配置。但是从目前看，其内部静态类 Enable-KafkaConfiguration 存在的意义就不大了。我们来看 @EnableKafka 注解的代码清单：

```
@Target(ElementType.TYPE)
@Retention(RetentionPolicy.RUNTIME)
@Documented
@Import(KafkaListenerConfigurationSelector.class)
public @interface EnableKafka {
}
```

在写自定义配置类时，当向容器中注入 ConcurrentMessageListenerContainer 实例时需要先配置 ConcurrentKafkaListenerContainerFactory，然后使用 @EnableKafka 注解标注该配置类。

KafkaStreamsAnnotationDrivenConfiguration 配置类用于支持 Kafka Streams 基础功能并初始化相关的 Bean，其支持使用 @EnableKafkaStreams 注解，代码清单如下：

```
@Configuration(proxyBeanMethods = false)
// 在 classpath 引用类路径下必须存在 StreamsBuilder 类
@ConditionalOnClass(StreamsBuilder.class)
// 在容器中存在名称为 defaultKafkaStreamsBuilder 的 Bean
@ConditionalOnBean(name = KafkaStreamsDefaultConfiguration.DEFAULT_STREAMS
_BUILDER_BEAN_NAME)
class KafkaStreamsAnnotationDrivenConfiguration {
    private final KafkaProperties properties;
    KafkaStreamsAnnotationDrivenConfiguration(KafkaProperties properties) {
        this.properties = properties;
    }
  // 当容器中不存在该 Bean 时，初始化名称为 defaultKafkaStreamsConfig 的 Bean
    @ConditionalOnMissingBean
    @Bean(KafkaStreamsDefaultConfiguration.DEFAULT_STREAMS_CONFIG_BEAN_
NAME)
    KafkaStreamsConfiguration defaultKafkaStreamsConfig(Environment
environment) {
        Map<String, Object> streamsProperties = this.properties.build
StreamsProperties();
        if (this.properties.getStreams().getApplicationId() == null) {
            String applicationName = environment.getProperty("spring.
application.name");
```

```
        if (applicationName == null) {
            throw new InvalidConfigurationPropertyValueException
("spring.kafka.streams.application-id", null,
        "This property is mandatory and fallback 'spring.application.name'
is not set either.");
        }
        streamsProperties.put(StreamsConfig.APPLICATION_ID_CONFIG,
applicationName);
    }
    return new KafkaStreamsConfiguration(streamsProperties);
    }
}
```

如果想要使用 KafkaStream 流处理功能，就需要在配置类中添加@EnableKafkaStreams
注解，同时还需要引入 kafka-streams 依赖。只有当工程路径下存在 org.apache.kafka.streams.
StreamsBuilder 类时，才会激活 KafkaStreamsAnnotationDrivenConfiguration 配置类的加载。
使用时还需要注意，spring.application.name 和 spring.kafka.streams.application-id 属性必须
存在一个，而且会优先判断 spring.kafka.streams.application-id 属性是否存在，如果不存在
才会判断 spring.application.name 属性是否存在。如果两个属性都不存在就会抛出异常，如
果两个属性都存在，会默认取 spring.kafka.streams.application-id 属性值。@EnableKafka-
Streams 注解的代码清单如下：

```
@Target(ElementType.TYPE)
@Retention(RetentionPolicy.RUNTIME)
@Documented
@Import(KafkaStreamsDefaultConfiguration.class)
public @interface EnableKafkaStreams {
}
```

在自定义的配置类中添加@EnableKafkaStreams 注解后，在容器启动时会导入
KafkaStreamsDefaultConfiguration 配置类，完成 StreamsBuilderFactoryBean 的创建并将其
注入 Spring IoC 容器中。

对于消息监听容器 org.springframework.kafka.listener.MessageListenerContainer，可以
在 spring-kafka 依赖中找到，Spring 为其提供了两种实现，分别是 KafkaMessageListener-
Container 和 ConcurrentMessageListenerContainer，二者的区别是：KafkaMessageListener-
Container 通过单线程接收来自所有主题或分区的所有消息；而 ConcurrentMessageListener-
Container 则委托给一个或多个 KafKamMessageListenerContainer 实例以提供多线程消费。

从 spring-kafka-2.1.7 版开始就支持将 RecordInterceptor 拦截器添加到监听器容器中。
该拦截器将在调用监听器之前调用，以允许检查或修改记录。如果拦截器返回 null，则不
调用监听器。

注解@KafkaListener 可以将被标注的方法指定为监听器，用于监听指定的话题。该
Bean 方法被包装在一个 MessagingMessageListenerAdapter 中，并且在适配器中配置了各种
特性，如有必要的话，可以通过转换数据来匹配方法参数。

9.4.3　Kafka 应用案例

Kafka 有个非常方便的测试组件，那就是使用@EmbeddedKafka 注解运行嵌入式 Kafka。我们可以在项目中引入 spring-kafka-test 依赖，之后就可以在项目中运行嵌入式的 Kafka 进行集成测试了。

```
<dependency>
    <groupId>org.springframework.kafka</groupId>
    <artifactId>spring-kafka-test</artifactId>
    <scope>test</scope>
</dependency>
```

只有 spring-kafka-test 依赖还不行，还需要引入 kafka-streams 和 spring-kafka 这两个依赖。如果只是简单地做 Spring 集成开发，只需要引入 spring-kafka 即可，而且它们都会依赖 kafka-clients，在工程中无须再次引入。这里我们用到了@EnableKafkaStreams 注解，需要引入 kafka-streams 依赖。

```
<dependency>
    <groupId>org.apache.kafka</groupId>
    <artifactId>kafka-streams</artifactId>
</dependency>
<dependency>
    <groupId>org.springframework.kafka</groupId>
    <artifactId>spring-kafka</artifactId>
</dependency>
```

在 spring-kafka 中已经封装好了用于消息发送的 KafkaTemplate 模板，通过配置就可以直接使用了。

新建工程，然后通过单元测试类启动 Kafka 服务，示例代码如下：

```
/**
 * 通过 junit 测试用例，启动一个 Kafka Server 服务，包含如下 4 个 Broker 节点：
 * value：Broker 节点数量。
 * count：同 value 作用一样，互为别名。
 * ports：指定多个端口。
 * controlledShutdown：控制关闭开关，主要用于当 Broker 意外关闭时减少此 Broker 上
 *   Partition 的不可用时间。
 */
@SpringBootTest
@EmbeddedKafka(count = 4,ports = {9092,9093,9094,9095})
class SpringbootKafkaApplicationTests {
    @Autowired
    KafkaTemplate kafkaTemplate;
    @Autowired
    EmbeddedKafkaBroker broker;
    @Test
    void contextLoads() throws IOException {
        System.out.println(broker.getBrokersAsString());
        System.out.println(kafkaTemplate);
```

```
        // 测试方法不支持控制台输入，会导致程序一直阻塞。如果不写，程序就直接退出了
        System.in.read();
    }
}
```

在单元测试类中选中 contextLoads()方法后右击，在弹出的快捷菜单中选择"运行"命令（快捷键是 Ctrl+Shift+F10）运行程序。从注解@EmbeddedKafka 中可以看到配置了 4个端口，启动了 4 个 Broker 组成的 Kafka 服务。

服务准备好后，在 application.properties 配置文件中对生产者和消费者相关属性进行设置，参数配置如下：

```
# 设置服务端口号
server.port=8080
#spring.application.name=kafka-demo
spring.kafka.streams.application-id=kafka-message
# 指定默认的主题
spring.kafka.template.default-topic=defaultTopic
# topic 自定义主题
moh.kafka.app.topic=testTopic
moh.kafka.custom.topic=customTopic
# 消费监听接口监听的主题不存在时默认会报错，将该参数修改为 false 即可
spring.kafka.listener.missing-topics-fatal=false
# 监听消费类型，为 SINGLE 和 BATCH
spring.kafka.listener.type=batch
# 在监听器中运行的线程数，建议与分区数量一致
spring.kafka.consumer.concurrency=4
#=============== producer  =====================
# acks 消息确认机制，默认值是 0，用于控制发送记录在服务端的持久化
# acks 设置为 0 时，表示生产者不会等待 Kafka 的确认响应
# acks 设置为 1 时，此时 Kafka 会把消息写到本地日志文件中，但不会等待集群中其他机器的
#   成功响应
# 在主节点确认记录后立即失效，如果还没有将数据同步到其他服务器上，则记录会丢失
# acks 可设置为 all，此时主节点会等待所有的从节点同步完成
# 确保消息不会丢失，除非 Kafka 集群中的所有机器宕机。这是最强的可用性保证
spring.kafka.producer.acks=all
# 设置压缩器，目前支持 None（不压缩）、Gzip、Snappy 和 LZ4（效果最好）
spring.kafka.producer.compression-type=lz4
# 写入失败时的重试次数。配置为大于 0 的值时，客户端会在消息发送失败时重新发送
spring.kafka.producer.retries=1
# 默认是 0，表示不停留，设置 linger.ms=5，表示 producer 请求可能会延时 5ms 才会发送
# 保证吞吐量和延时性能，为减少网络 I/O，可提升整体的 TPS
spring.kafka.producer.linger=5
# 每次批量发送消息的数量，积累到指定的数据量后一次性发送
spring.kafka.producer.batch-size=16384
# 指定缓存大小，当达到 buffer.memory 时就发送数据，配置的是 32MB 的批处理缓冲区
spring.kafka.producer.buffer-memory=33554432
# 事务 ID 前缀配置，如果配置了就要使用事务注解
#spring.kafka.producer.transaction-id-prefix=kafka_tx
# 指定 Kafka 服务端地址，如果集群可配多个，它们之间使用逗号隔开
spring.kafka.producer.bootstrap-servers=localhost:9092,localhost:9093,l
```

```
ocalhost:9094,localhost:9095
# 指定编解码方式,采用 Kafka 提供的 StringSerializer 和 StringDeserializer 进行序
  列化和反序列化
spring.kafka.producer.key-serializer=org.apache.kafka.common.serializat
ion.StringSerializer
spring.kafka.producer.value-serializer=org.apache.kafka.common.serializ
ation.StringSerializer
#=============== consumer  =======================
spring.kafka.consumer.servers=localhost:9092,localhost:9093,localhost:9
094,localhost:9095
# 指定默认消费者组的 ID,实现在同一组中的 consumer 不会读取同一个消息
spring.kafka.consumer.group-id=testConsumerGroup
# 批量消费时每次最多消费多少条消息
spring.kafka.consumer.max-poll-records=50
# earliest: 表示当各分区下有已提交的 offset 时,从提交的 offset 开始消费,无提交的
  offset 时,从头开始消费
# latest: 表示当各分区下有已提交的 offset 时,从提交的 offset 开始消费,无提交的 offset
  时,消费在该分区中新产生的数据;
# none: 表示当 topic 各分区都存在已提交的 offset 时,从 offset 后开始消费,只要有一个
  分区不存在已提交的 offset,则抛出异常
spring.kafka.consumer.auto-offset-reset=earliest
# 设置自动提交 offset
spring.kafka.consumer.enable-auto-commit=true
# 如果'enable.auto.commit'为 true,则设置自动提交给 Kafka 的频率,默认值为 5000ms
spring.kafka.consumer.auto-commit-interval=1000
# 指定消息 key 和消息体的编解码方式
spring.kafka.consumer.key-deserializer=org.apache.kafka.common.serializ
ation.StringDeserializer
spring.kafka.consumer.value-deserializer=org.apache.kafka.common.serial
ization.StringDeserializer
# 会话超时时间,单位为 ms,默认为 60000ms
spring.kafka.consumer.session-timeout=60000
```

然后在工程目录下新建 config 包,分别创建 KafkaProducerConfig 和 KafkaConsumer-Config 配置类,专门用来初始化生产者和消费者,示例代码如下:

```
//生产者
@Configuration
@EnableKafka
public class KafkaProducerConfig {
    @Value("${spring.kafka.producer.bootstrap-servers}")
    private String servers;
    @Value("${spring.kafka.producer.acks}")
    private String acks;
    @Value("${spring.kafka.producer.retries}")
    private int retries;
    @Value("${spring.kafka.producer.compression-type}")
    private String compressionType;
    @Value("${spring.kafka.producer.linger}")
    private int linger;
    @Value("${spring.kafka.producer.batch-size}")
    private int batchSize;
    @Value("${spring.kafka.producer.buffer-memory}")
```

```java
    private int bufferMemory;
    @Value("${spring.kafka.producer.key-serializer}")
    private String keySerializer;
    @Value("${spring.kafka.producer.value-serializer}")
    private String valueSerializer;
    @Value("${spring.kafka.template.default-topic}")
    private String defaultTopic;
    @Value("${moh.kafka.app.topic}")
    private String appTopic;
    @Value("${moh.kafka.custom.topic}")
    private String customTopic;
    public Map<String, Object> producerConfigs() {
        Map<String, Object> props = new HashMap<>();
        props.put(ProducerConfig.BOOTSTRAP_SERVERS_CONFIG, servers);
        props.put(ProducerConfig.RETRIES_CONFIG, retries);
        props.put(ProducerConfig.BATCH_SIZE_CONFIG, batchSize);
        props.put(ProducerConfig.ACKS_CONFIG, acks);
        props.put(ProducerConfig.COMPRESSION_TYPE_CONFIG,
compressionType);
        props.put(ProducerConfig.LINGER_MS_CONFIG, linger);
        props.put(ProducerConfig.BUFFER_MEMORY_CONFIG, bufferMemory);
        props.put(ProducerConfig.KEY_SERIALIZER_CLASS_CONFIG,
keySerializer);
        props.put(ProducerConfig.VALUE_SERIALIZER_CLASS_CONFIG,
valueSerializer);
        return props;
    }
    public ProducerFactory<String, String> producerFactory() {
        return new DefaultKafkaProducerFactory<>(producerConfigs());
    }
    //发送消息模板 KafkaTemplate
    @Bean
    public KafkaTemplate<String, String> kafkaTemplate() {
        DefaultKafkaProducerFactory producerFactory= (DefaultKafkaProducer
Factory)producerFactory();
        // 如果需要开启事务的话把下面两行注释去掉
        // producerFactory.transactionCapable();
        // producerFactory.setTransactionIdPrefix("tran-");
        KafkaTemplate kafkaTemplate = new KafkaTemplate<String, String>
(producerFactory);
        kafkaTemplate.setDefaultTopic(defaultTopic);
        return kafkaTemplate;
    }
    @Bean
    public NewTopic kRequests() {
        //主题名、分区数量、副本因子
        return new NewTopic(appTopic, 10, (short) 2);
    }
    @Bean
    public NewTopic kReplies() {
        //主题名、分区数量、副本因子
        return new NewTopic(customTopic, 10, (short) 2);
```

```
    }
}
```

注意，如果想要修改分区数，只需要修改创建 Topic 时的参数值即可，这样即使重启项目也不会导致数据丢失，但是分区数只能增大不能减小。

然后是消费者配置类，示例代码如下：

```
//消费者
@Configuration
@EnableKafka
public class KafkaConsumerConfig {
    @Value("${spring.kafka.consumer.group-id}")
    private String groupId;
    @Value("${spring.kafka.consumer.servers}")
    private String servers;
    @Value("${spring.kafka.consumer.enable-auto-commit}")
    private boolean enableAutoCommit;
    @Value("${spring.kafka.consumer.session-timeout}")
    private String sessionTimeout;
    @Value("${spring.kafka.consumer.auto-commit-interval}")
    private String autoCommitInterval;
    @Value("${spring.kafka.consumer.max-poll-records}")
    private String maxPollRecords;
    @Value("${spring.kafka.consumer.auto-offset-reset}")
    private String autoOffsetReset;
    @Value("${spring.kafka.consumer.concurrency}")
    private int concurrency;
    @Value("${spring.kafka.consumer.key-deserializer}")
    private String keySerializer;
    @Value("${spring.kafka.consumer.value-deserializer}")
    private String valueSerializer;
    public Map<String, Object> consumerConfigs() {
        Map<String, Object> propsMap = new HashMap<>();
        propsMap.put(ConsumerConfig.BOOTSTRAP_SERVERS_CONFIG, servers);
        propsMap.put(ConsumerConfig.ENABLE_AUTO_COMMIT_CONFIG, enableAuto
Commit);
        propsMap.put(ConsumerConfig.AUTO_COMMIT_INTERVAL_MS_CONFIG, auto
CommitInterval);
        propsMap.put(ConsumerConfig.SESSION_TIMEOUT_MS_CONFIG, session
Timeout);
        propsMap.put(ConsumerConfig.KEY_DESERIALIZER_CLASS_CONFIG,key
Serializer);
        propsMap.put(ConsumerConfig.VALUE_DESERIALIZER_CLASS_CONFIG, value
Serializer);
        propsMap.put(ConsumerConfig.GROUP_ID_CONFIG, groupId);
        propsMap.put(ConsumerConfig.AUTO_OFFSET_RESET_CONFIG, autoOffset
Reset);
        propsMap.put(ConsumerConfig.MAX_POLL_RECORDS_CONFIG, maxPollRecords);
        return propsMap;
    }
    public ConsumerFactory<String, String> consumerFactory() {
        return new DefaultKafkaConsumerFactory<>(consumerConfigs());
    }
    @Bean
```

```
public KafkaListenerContainerFactory<ConcurrentMessageListenerContainer
<String, String>> kafkaListenerContainerFactory() {
    ConcurrentKafkaListenerContainerFactory<String, String> factory =
new ConcurrentKafkaListenerContainerFactory<>();
    factory.setConsumerFactory(consumerFactory());
    factory.setConcurrency(concurrency);              // 配置线程数
    // 每间隔 max.poll.interval.ms 就调用一次 poll
    factory.getContainerProperties().setPollTimeout(1500);
    return factory;
}
//开启整批消费者记录
@Bean
public KafkaListenerContainerFactory<?> batchFactory() {
    ConcurrentKafkaListenerContainerFactory<String, String> factory =
        new ConcurrentKafkaListenerContainerFactory<>();
    factory.setConsumerFactory(consumerFactory());
    factory.setBatchListener(true);                  // 设置为批量监听器
    return factory;
}
}
```

下面新建 service 包，创建 KafkaMessageSendService 类并注入 KafkaTemplate 类。KafkaMessageSendService 类是生产者发送消息服务的操作实现。在 Spring 中对第三方的支持通常都是 "**Template" 形式的命名，这里的 KafkaTemplate 就是用来发送消息的，其内部重写了多个 send 方法。示例代码如下：

```
//发送消息
@Service
public class KafkaMessageSendService {
    private static final Logger LOG = LoggerFactory.getLogger(Kafka
MessageSendService.class);
    @Autowired
    private KafkaTemplate<String, String> kafkaTemplate;
    @Value("${moh.kafka.app.topic}")
    private String appTopic;
    @Value("${moh.kafka.custom.topic}")
    private String customTopic;
    //指定主题发送消息
    public void sendMessage(String message){
        System.out.println("sendMessage===>message="+message);
        kafkaTemplate.sendDefault(0,"body", message);
    }
    //异步第一种写法，发送消息，异步获取发送结果
    public void sendAsync(String message){
        System.out.println("sendAsync===>topic="+appTopic+",message="+message);
        ListenableFuture<SendResult<String, String>> future = kafkaTemplate.
send(appTopic, message);
        future.addCallback(success -> {
                // 消息发送到的 topic
                String topic = success.getRecordMetadata().topic();
                // 消息发送的分区
                int partition = success.getRecordMetadata().partition();
                // 消息在分区内的 offset
```

```
                        long offset = success.getRecordMetadata().offset();
                        System.out.println("发送消息成功:" + topic + "-" + partition
    + "-" + offset);
                            LOG.info("KafkaMessageSendService===>发送消息成功! ");
                    },
                    fail -> LOG.error("KafkaMessageSendService===>发送消息失败! ")
        );
    }
    //异步第二种写法，发送消息，异步获取发送结果
    public void sendAsync2(String message){
        System.out.println("sendAsync2===>topic="+appTopic+",message="+
    message);
        kafkaTemplate.send(appTopic, message).addCallback(new Listenable
    FutureCallback<SendResult<String, String>>() {
            @Override
            public void onFailure(Throwable ex) {
                System.out.println("发送消息失败: "+ex.getMessage());
            }
            @Override
            public void onSuccess(SendResult<String, String> result) {
                System.out.println("发送消息成功: " + result.getRecordMetadata().
    topic() + "-"
                 + result.getRecordMetadata().partition() + "-" + result.get
    RecordMetadata().offset());
            }
        });
    }
    //发送消息，同步获取发送结果
    public void sendSync(String message){
        System.out.println("sendSync===>topic="+customTopic+",message="+
    message);
        ListenableFuture<SendResult<String, String>> future = kafkaTemplate.
    send(customTopic, message);
        try {
            SendResult<String,String> result = future.get();
            LOG.info(result.toString() + "===>发送消息成功! ");
        }catch (Throwable e){
            LOG.error("发送消息失败! ");
            e.printStackTrace();
        }
    }
    //发送消息，包含事务
    public void sendMessageTx(String mak){
        boolean flag = kafkaTemplate.executeInTransaction(t ->{
            // 发送第一个消息
            t.send(customTopic,"first message");
            if("error".equals(mak)){
                throw new RuntimeException("failed");
            }
            // 发送第二个消息
            t.send(customTopic,"second message");
            return true;
        });
```

```
        if(flag){
          LOG.info("===>发送消息成功！");
        }else{
          LOG.error("===>发送消息失败！");
        }
    }
}
```

新建 listener 包，添加监听级别的异常处理实现。创建 MyKafkaListenerErrorHandler 类，实现 KafkaListenerErrorHandler 接口，重写 handleError 方法并将其注入容器中，示例代码如下：

```
//异常处理
@Component("kafkaErrorHandler")
public class MyKafkaListenerErrorHandler implements KafkaListenerError
Handler {
    private static final Logger LOG = LoggerFactory.getLogger
(MyKafkaListenerErrorHandler.class);
    @Override
    public Object handleError(Message<?> message, ListenerExecutionFailed
Exception exception) {
        System.out.println("处理异常信息："+exception);
        LOG.info("kafkaErrorHandler 处理错误===>{}",message.getPayload().
toString());
        return message;
    }
}
```

然后在 listener 包中继续创建一个消费者监听类 KafkaMessageConsumerListener，该类中的方法通过@KafkaListener 注解进行标识。示例代码如下：

```
// Kafka 消费者监听器
@Component
public class KafkaMessageConsumerListener {
    private static final Logger LOG = LoggerFactory.getLogger(KafkaMessage
ConsumerListener.class);
    //消息的元数据可以从消息头获得
    @KafkaListener(id = "qux", topicPattern = "defaultTopic")
    public void listen(@Payload String foo,
            @Header(KafkaHeaders.OFFSET) int offset,
            @Header(KafkaHeaders.TIMESTAMP_TYPE) TimestampType timestamp
Type,
            @Header(KafkaHeaders.RECEIVED_MESSAGE_KEY) String key,
            @Header(KafkaHeaders.RECEIVED_PARTITION_ID) int partition,
            @Header(KafkaHeaders.RECEIVED_TOPIC) String topic,
            @Header(KafkaHeaders.RECEIVED_TIMESTAMP) long ts
    ) {
        StringBuilder stringBuilder = new StringBuilder();
        stringBuilder.append("@Payload==>").append(foo).append(" ");
        stringBuilder.append("OFFSET==>").append(offset).append(" ");
        stringBuilder.append("TIMESTAMP_TYPE==>").append(timestampType).
append(" ");
        stringBuilder.append("MessageKey==>").append(key).append(" ");
        stringBuilder.append("PartitionId==>").append(partition).append(" ");
```

```
            stringBuilder.append("Topic==>").append(topic).append(" ");
            stringBuilder.append("receivedTimestamp==>").append(ts);
            System.out.println(stringBuilder.toString());
        }
        /**
         * 监听接收消息，指定消费哪些 Topic 和分区的消息。
         * topicPartitions 属性监听不同的 partition 分区，设置每个 Topic 及分区初始化
         *     的偏移量。
         * 设置消费线程并发，设置消息异常处理器。
         */
        @KafkaListener(id = "testGroup", topics = "${moh.kafka.app.topic}",
                topicPartitions = {
                    @TopicPartition(topic = "${moh.kafka.app.topic}", partitions
= { "0", "1" })
                }, concurrency = "4",errorHandler = "kafkaErrorHandler")
        public void listener(List<ConsumerRecord<?, ?>> records) {
            System.out.println(">>>批量消费一次，records.size ="+records.size());
            for (ConsumerRecord<?, ?> record : records) {
                LOG.info("topic-{}, offset-{}, value-{}", record.topic(), record.
offset(), record.value());
                //判断是否为 null
                Optional<?> kafkaMessage = Optional.ofNullable(record.value());
                // 判断是否不为 null
                if(kafkaMessage.isPresent()){
                    //获取 Optional 实例中的值
                    Object message = kafkaMessage.get();
                    String topic = record.topic();
                    LOG.info("listener===>{}--message value: {}",topic, message);
                    System.out.println("The myGroup 接收到消息>>>"+ message);
                }
            }
        }
        //可以在 partitions 或 partitionOffsets 属性中指定每个分区，但不能同时指定这两
        //    个分区
        @KafkaListener(id = "testGroupString", topicPartitions = {
                @TopicPartition(topic = "${moh.kafka.custom.topic}", partitions
= "0",
                        partitionOffsets = @PartitionOffset(partition = "1",
initialOffset = "100"))
        },concurrency = "4",errorHandler = "kafkaErrorHandler")
        public String listenerString(String message) {
            LOG.info("listenerString===>message value: {}" , message);
            return "SUCCESS";
        }
    }
```

为了测试应用场景，新建 controller 包，创建 KafkaMessageSendController 类，在其中定义几个方法，具体代码如下：

```
//控制层资源接口
@RestController
public class KafkaMessageSendController {
    @Autowired
```

```java
    private KafkaMessageSendService kafkaMessageSendService;
    @RequestMapping(value="/send",method= RequestMethod.GET)
    public String send(){
        try {
            kafkaMessageSendService.sendMessage("Hello World!");
        } catch (Exception e) {
            e.printStackTrace();
            return "FAILED";
        }
        return "SUCCESS";
    }
    @RequestMapping(value="/sendAsync",method= RequestMethod.GET)
    public String sendAsync(@RequestParam String message){
        try {
            kafkaMessageSendService.sendAsync(message);
        } catch (Exception e) {
            e.printStackTrace();
            return "FAILED";
        }
        return "SUCCESS";
    }
    @RequestMapping(value="/sendAsync2",method= RequestMethod.GET)
    public String sendAsync2(@RequestParam String message){
        try {
            kafkaMessageSendService.sendAsync2(message);
        } catch (Exception e) {
            e.printStackTrace();
            return "FAILED";
        }
        return "SUCCESS";
    }
    @RequestMapping(value="/sendSync",method= RequestMethod.GET)
    public String sendSync(@RequestParam String message){
        try {
            kafkaMessageSendService.sendSync(message);
        } catch (Exception e) {
            e.printStackTrace();
            return "FAILED";
        }
        return "SUCCESS";
    }
    @RequestMapping(value="/sendMessageTx",method= RequestMethod.GET)
    public String sendMessageTx(@RequestParam String mak){
        try {
            // 如果发送 Error，则表示事务提交失败
            kafkaMessageSendService.sendMessageTx(mak);
        } catch (Exception e) {
            e.printStackTrace();
            return "FAILED";
        }
        return "SUCCESS";
    }
}
```

一切准备好之后，运行 main()方法启动程序，在浏览器或 Postman 中进行接口测试。

9.5　消息中间件之 RocketMQ

RocketMQ 是阿里巴巴在 2012 年开源的第三代分布式消息中间件，于 2016 年捐赠给 Apache 软件基金会成为孵化项目，经过不到一年的时间于 2017 年 9 月 25 日成为 Apache 的顶级项目。Apache RocketMQ 是一个分布式消息传递和流媒体平台，具有可靠性、低延迟、高性能、万亿级别的容量及灵活的伸缩性等特性。

9.5.1　RocketMQ 的基本概念

早期的时候，阿里巴巴曾使用 ActiveMQ 作为消息中间件，随着消息规模的增大，ActiveMQ IO 模块的瓶颈逐渐显露。阿里巴巴曾考虑过使用 Kafka，但其在低延迟和高可靠方面并不能满足现有的要求，最后决定自主研发一款消息中间件 RocketMQ。RocketMQ 在设计上借鉴了 Kafka 的思想，比如它们都有类似 Topic 和 Consumer Group 的概念。

对于这款经历过"淘宝双十一"洗礼的产品，其性能必然是很好的。访问 RocketMQ 官网 http://rocketmq.apache.org，来看下官方对 RocketMQ 特性的描述，如图 9.12 所示。

低延迟

高压下1ms内响应延迟超过99.6%

金融导向

具有高可用性的跟踪和审计功能

行业可持续发展

万亿级消息容量保证

供应商中立

自4.1版本以来的新开放的分布式消息传递和流媒体标准

友好的大数据

批量传输与泛洪吞吐量的多功能集成

大量积累

足够的磁盘空间，在不损失性能的情况下积累消息

图 9.12　RocketMQ 的特性描述

　　总而言之，RocketMQ 特点就是低延迟、高吞吐量、高可用性、支持消息堆积、支持万亿级消息容量。

　　在 RocketMQ 中基本的消息模型主要由 Producer、Broker、Consumer 三部分组成。其中，Producer 负责生产消息，它是由业务系统创建的，通过消息生产者把消息发送到 Broker 服务器上。RocketMQ 提供多种发送方式，如同步发送、异步发送、顺序发送和单向发送等。同步发送和异步发送都需要 Broker 服务器返回确认信息，而单向发送则不需要。Consumer 主要负责消费消息，它是由后台系统创建的，通过消息消费者从 Broker 服务器拉取消息，然后再交给应用程序进行处理。站在用户使用的角度考虑，RocketMQ 提供了两种获取方式：拉取（Pull）式消费和推动（Push）式消费，Broker 则主要负责存储消息，代表消息中转角色。

　　我们可以把 Broker Server 看成是代理服务器，属于 RocketMQ 服务端。Broker Server 在 RocketMQ 系统中的主要功能是接收消息并存储，然后等待消费者拉取消息。另外，在代理服务器中也会存储与消息相关的元数据，包括消费者组、消费进度偏移量及主题和队列消息等。

　　其实，在 RocketMQ 服务端除了 Broker Server 服务外还有 Name Server 服务。Name Server 可理解为名称服务，类似于 ZooKeeper 注册中心，主要作为消息的路由中心。在名称服务中维护着 Broker 信息、Broker 存活信息、主题与队列信息。每个 Broker 服务节点与 Name Server 集群中的所有节点保持长连接，会定时（每隔 30s 发送心跳）将 Topic 信息注册到所有的 Name Server 集群中。客户端的生产者或消费者都能够通过 Topic 来查找对应的 Broker 服务。如果多个 Name Server 服务实例组成集群，那么它们之间是相互独立的，不需要信息交换，而且每个节点几乎都是无状态的，在内部维护的 Broker、Topic 等状态信息不会持久存储，只是短暂地存储在内存中。但对于 Broker Server 服务集群来说，其部署就比较复杂了。为了保证服务的可靠性，可以将 Broker 分为 Master（主）与 Slave（从）部署，而且可以一主多从，但一从只能有一主。在 Broker Server 集群中，Master 与 Slave 的对应关系通过指定相同的 BrokerName 和不同的 BrokerId 来区分，BrokerId 为 0 时，表示 Master，BrokerId 非 0 时，表示 Slave。虽然可以通过主从来消除单点故障问题，但是就目前的版本来讲，倘若 Master 出现宕机，Slave 是不能切换为 Master 的，而且对于 Slave 来说不可写，只可读。

　　官方提供的部署方案中默认给出了 3 种配置方式：2m-noslave（双主无从模式）、2m-2s-async（双主双从，异步复制模式）和 2m-2s-sync（双主双从，同步双写模式）。

　　Broker 在实际部署过程中对应一台服务器，每个 Broker 可以存储多个 Topic 消息，每个 Topic 消息也可以分片存储于不同的 Broker。Message Queue 用于存储消息的物理地址，每个 Topic 中的消息地址存储于多个消息队列中。ConsumerGroup 由多个 Consumer 实例构成，ProducerGroup 则由多个 Producer 实例构成。

　　Producer Group 生产者组表示同一类 Producer 实例的集合，在集合中的生产者会发送同一类消息，并且采用的发送模式一致。如果发送的是事务消息，并且该生产者在消息发送之后崩溃，则 Broker 服务器会将消息转移到在同一个生产者组的其他生产者实例中来提交或回溯消息。

Consumer Group 消费者组表示同一类 Consumer 实例的集合，在集合中的消费者会接收同一类消息，并且采用的接收模式一致。消费者组可以实现负载均衡，提高容错率。但有一点需要注意，处在同一个消费者组里的消费者实例必须订阅完全相同的 Topic。RocketMQ 支持两种消息模式：集群消费（Clustering）和广播消费（Broadcasting）。

RocketMQ 的消息的存储是由 ConsumeQueue 和 CommitLog 配合来完成的，在 ConsumeQueue 中只存储很少的数据，消息主体通过 CommitLog 进行读写。如果某个消息只在 CommitLog 中有数据，而在 ConsumeQueue 中没有数据，则消费者无法消费。

先来说下 CommitLog，它可以表示消息主体及元数据的存储主体，对 CommitLog 建立一个 ConsumeQueue，每个 ConsumeQueue 对应一个概念模型中的 MessageQueue，因此只要有 CommitLog 在，即使 ConsumeQueue 数据丢失，仍然可以恢复。

然后是 ConsumeQueue，它表示一个消息的逻辑队列，存储这个 Queue 在 CommitLog 中的起始偏移量 offset、log 大小和 MessageTag 的 hashCode。每个 Topic 下的每一个 Queue 都有一个对应的 ConsumeQueue 文件，例如 Topic 中有 3 个队列，每个队列中的消息索引都有一个编号，编号从 0 开始，依次往上递增。因此通过一个位点 offset，就可以找到对应的 Consumer 端的消费情况了。

RocketMQ 的高性能表现在顺序写盘（CommitLog）、零拷贝和跳跃读（尽量命中 PageCache），它的高可靠性表现在刷盘和主从（Master/Slave）部署。另外 NameServer 全部宕机也不会影响已经运行的 Broker、Producer 和 Consumer。

这里简单介绍一下 RocketMQ 提供的两种刷盘模式，通过刷盘可以将内存的数据落地并存储在磁盘中。

- 同步刷盘（SYNC_FLUSH）：生产者每发送一条消息，只有被真正地持久化到磁盘后，RocketMQ 的 Broker 服务端才会返回给 Producer 端一个成功的消息确认响应。同步刷盘对消息队列来说可以解决消息丢失的问题，虽然保证了可靠性，但是由于磁盘 I/O 的开销，其性能会有较大的影响。同步刷盘一般适用于金融业务场景。
- 异步刷盘（ASYNC_FLUSH）：生产者发送的每一条消息并不会立即保存到磁盘中，只是暂存到缓存中，然后返回给 Producer 端一个成功的消息确认响应，在这之后会通过异步方式将缓存数据保存到磁盘中。异步刷盘模式能够充分利用操作系统的页面缓存（PageCache）优势，只要消息写入 PageCache 即可将确认消息返回给 Producer 端，通过后台异步线程提交的方式，减少了读写延迟时间，提高了消息队列的性能和吞吐量。不过这种方式有个问题，那就是在还没来得及同步到磁盘的时候会发生宕机，从而引发数据丢失的问题。

在 RocketMQ 中负载均衡的实现都是在 Client 端完成的，具体来讲就是 Producer 端发送消息的时候负载均衡，Consumer 端订阅消息的时候负载均衡。

另外，Apache RocketMQ 在 4.3.0 版中已经支持分布式事务消息，这里的 RocketMQ

采用了 2PC 的思想实现提交事务消息，同时增加了一个补偿逻辑处理二阶段超时或者失败的消息。

9.5.2　RocketMQ 自动配置

目前，从官网中找到的可以与 Spring Boot 整合的自动配置功能需要引入如下依赖：

```
<dependency>
    <groupId>org.apache.rocketmq</groupId>
    <artifactId>rocketmq-spring-boot-starter</artifactId>
    <version>2.1.0</version>
</dependency>
```

为了便于 rocketmq-client 版本控制，我们可以在工程中引入该依赖，这里使用的是 Apache RocketMQ 4.7.1 版本，也是目前发布的最新版本。

```
<dependency>
    <groupId>org.apache.rocketmq</groupId>
    <artifactId>rocketmq-client</artifactId>
    <version>4.7.1</version>
</dependency>
```

我们先来看在自动配置类 org.apache.rocketmq.spring.autoconfigure.RocketMQAuto-Configuration 中的代码逻辑，代码清单如下：

```
@Configuration
// 开启 RocketMQProperties 的配置文件加载
@EnableConfigurationProperties(RocketMQProperties.class)
// 当 classpath 类路径下存在 MQAdmin 类时生效
@ConditionalOnClass({MQAdmin.class})
// 当属性 rocketmq.name-server 配置有值或默认没有配置时生效
@ConditionalOnProperty(prefix = "rocketmq", value = "name-server", match
IfMissing = true)
// 将 MessageConverterConfiguration、ListenerContainerConfiguration、
ExtProducerResetConfiguration 和 RocketMQTransactionConfiguration 配置类导
入容器中
@Import({MessageConverterConfiguration.class,
ListenerContainerConfiguration.class,
ExtProducerResetConfiguration.class,
RocketMQTransactionConfiguration.class})
// 在 MessageConverterConfiguration 配置类加载之后加载
@AutoConfigureAfter({MessageConverterConfiguration.class})
// 在 RocketMQTransactionConfiguration 配置类加载之前加载
@AutoConfigureBefore({RocketMQTransactionConfiguration.class})
public class RocketMQAutoConfiguration {
    private static final Logger log = LoggerFactory.getLogger(RocketMQ
AutoConfiguration.class);
    public static final String ROCKETMQ_TEMPLATE_DEFAULT_GLOBAL_NAME =
        "rocketMQTemplate";
    @Autowired
    private Environment environment;
    @PostConstruct
```

```
    public void checkProperties() {
        // 在构造器执行结束后执行，读取上下文中 rocketmq.name-server 的值
        String nameServer = environment.getProperty("rocketmq.name-server",
String.class);
        log.debug("rocketmq.nameServer = {}", nameServer);
        // 判断 nameServer 是否为 null，如果是，则打印日志警告
        if (nameServer == null) {
            log.warn("The necessary spring property 'rocketmq.name-server'
is not defined, all rockertmq beans creation are skipped!");
        }
    }
    @Bean
    // 当容器中没有 DefaultMQProducer 类型的 Bean 时生效
    @ConditionalOnMissingBean(DefaultMQProducer.class)
    // 当属性 rocketmq.name-server 和 rocketmq.producer.group 都配置时生效
    @ConditionalOnProperty(prefix = "rocketmq", value = {"name-server",
"producer.group"})
    public DefaultMQProducer defaultMQProducer(RocketMQProperties rocketMQ
Properties) {
        RocketMQProperties.Producer producerConfig = rocketMQProperties.
getProducer();
        String nameServer = rocketMQProperties.getNameServer();
        String groupName = producerConfig.getGroup();
        Assert.hasText(nameServer, "[rocketmq.name-server] must not be null");
        Assert.hasText(groupName, "[rocketmq.producer.group] must not be null");
        String accessChannel = rocketMQProperties.getAccessChannel();
        String ak = rocketMQProperties.getProducer().getAccessKey();
        String sk = rocketMQProperties.getProducer().getSecretKey();
        boolean isEnableMsgTrace = rocketMQProperties.getProducer().isEnable
MsgTrace();
      String customizedTraceTopic = rocketMQProperties.getProducer().getCustomized
TraceTopic();
        // 创建默认的生产者
        DefaultMQProducer producer = RocketMQUtil.createDefaultMQProducer
(groupName, ak, sk, isEnableMsgTrace, customizedTraceTopic);
        // 设置相应参数
        producer.setNamesrvAddr(nameServer);
        if (!StringUtils.isEmpty(accessChannel)) {
            producer.setAccessChannel(AccessChannel.valueOf(accessChannel));
        }
        producer.setSendMsgTimeout(producerConfig.getSendMessageTimeout());
producer.setRetryTimesWhenSendFailed(producerConfig.getRetryTimesWhenSend
Failed());
producer.setRetryTimesWhenSendAsyncFailed(producerConfig.getRetryTimes
WhenSendAsyncFailed());
        producer.setMaxMessageSize(producerConfig.getMaxMessageSize());
producer.setCompressMsgBodyOverHowmuch(producerConfig.getCompressMessage
BodyThreshold());
        producer.setRetryAnotherBrokerWhenNotStoreOK(producerConfig.is
RetryNextServer());
        return producer;
    }
    // 当该 Bean 销毁时执行 destroy 方法
    @Bean(destroyMethod = "destroy")
```

```
    // 当容器中有 DefaultMQProducer 类型的 Bean 时生效
    @ConditionalOnBean(DefaultMQProducer.class)
    // 当容器中没有 rocketMQTemplate 名称的 Bean 时生效
    @ConditionalOnMissingBean(name = ROCKETMQ_TEMPLATE_DEFAULT_GLOBAL_NAME)
    public RocketMQTemplate rocketMQTemplate(DefaultMQProducer mqProducer,
        RocketMQMessageConverter rocketMQMessageConverter) {
        RocketMQTemplate rocketMQTemplate = new RocketMQTemplate();
        rocketMQTemplate.setProducer(mqProducer);
     rocketMQTemplate.setMessageConverter(rocketMQMessageConverter.get
    MessageConverter());
        return rocketMQTemplate;
    }
}
```

可以看出，RocketMQAutoConfiguration 配置类要想被初始化，必须在当前工程路径下存在 org.apache.rocketmq.client.MQAdmin 接口。RocketMQAutoConfiguration 配置类被初始化后会调用 checkProperties()方法检查是否配置了 rocketmq.name-server 参数。该参数用来指定名称服务器的地址，例如下面的配置：

```
rocketmq.name-server=localhost:9876
```

只有配置了 rocketmq.producer.group 参数，才会初始化 DefaultMQProducer 并将其注入容器中，而且 RocketMQTemplate 的创建依赖于容器中 DefaultMQProducer 类型的 Bean 是否存在。因此在不做任何配置的情况下只会通过@Import 注解引入 MessageConverter-Configuration、ListenerContainerConfiguration、ExtProducerResetConfiguration 和 RocketMQ-TransactionConfiguration 这 4 个配置类。

下面来看一下通过自动配置导入的这 4 个配置类都做了什么事情。

MessageConverterConfiguration 配置类主要是向容器中注入 RocketMQMessageConverter，用于消息转换。消息转换器的代码清单如下：

```
public class RocketMQMessageConverter {
    private static final boolean JACKSON_PRESENT;
    private static final boolean FASTJSON_PRESENT;
    static {
        // 获取类加载器
        ClassLoader classLoader = RocketMQMessageConverter.class.getClass
    Loader();
        // 判断 com.fasterxml.jackson.databind.ObjectMapper 类是否存在且允许被加载
        JACKSON_PRESENT = ClassUtils.isPresent("com.fasterxml.jackson.databind.
    ObjectMapper", classLoader) && ClassUtils.isPresent("com.fasterxml.jackson.
    core.JsonGenerator", classLoader);
        // 判断 com.alibaba.fastjson.JSON 类是否存在且允许被加载
        FASTJSON_PRESENT = ClassUtils.isPresent("com.alibaba.fastjson.JSON",
    classLoader) &&
        ClassUtils.isPresent("com.alibaba.fastjson.support.config.Fast
    JsonConfig", classLoader);
    }
    private final CompositeMessageConverter messageConverter;
    public RocketMQMessageConverter() {
        // 消息转换器列表
```

```
       List<MessageConverter> messageConverters = new ArrayList<>();
       ByteArrayMessageConverter byteArrayMessageConverter = new ByteArray
MessageConverter();
       byteArrayMessageConverter.setContentTypeResolver(null);
        // 添加 ByteArrayMessageConverter 类型的消息转换器
       messageConverters.add(byteArrayMessageConverter);
        // 添加 StringMessageConverter 类型的消息转换器
       messageConverters.add(new StringMessageConverter());
       if (JACKSON_PRESENT) {
           // 添加 MappingJackson2MessageConverter 类型的消息转换器
          messageConverters.add(new MappingJackson2MessageConverter());
       }
       if (FASTJSON_PRESENT) {
          try {
           // 添加 MappingFastJsonMessageConverter 类型的消息转换器
              messageConverters.add(
(MessageConverter)ClassUtils.forName( "com.alibaba.fastjson.support.
spring.messaging.MappingFastJsonMessageConverter", ClassUtils.getDefault
ClassLoader()).newInstance());
       } catch (ClassNotFoundException | IllegalAccessException | Instantiation
Exception ignored) {
              //ignore this exception
          }
       }
       messageConverter = new CompositeMessageConverter(messageConverters);
    }
    public MessageConverter getMessageConverter() {
       return messageConverter;
    }
}
```

ListenerContainerConfiguration 配置类负责向容器中注册监听器。它通过读取被注解
@RocketMQMessageListener 标注的类，再根据该类实现的接口类型向 DefaultRocketMQ-
ListenerContainer 容器中设置不同类型的监听器，代码清单如下：

```
@Configuration
public class ListenerContainerConfiguration implements ApplicationContext
Aware, SmartInitializingSingleton {
    private final static Logger log = LoggerFactory.getLogger(Listener
ContainerConfiguration.class);
    private ConfigurableApplicationContext applicationContext;
    private AtomicLong counter = new AtomicLong(0);
    private StandardEnvironment environment;
    private RocketMQProperties rocketMQProperties;
    private RocketMQMessageConverter rocketMQMessageConverter;
    @Override
    public void afterSingletonsInstantiated() {
        // 从容器中获取有@RocketMQMessageListener 注解的 Bean
        Map<String, Object> beans = this.applicationContext.getBeansWith
Annotation(RocketMQMessageListener.class)
           .entrySet().stream().filter(entry -> !ScopedProxyUtils.isScoped
Target(entry.getKey()))
           .collect(Collectors.toMap(Map.Entry::getKey, Map.Entry::getValue));
        // 遍历被@RocketMQMessageListener 标注的实现类并将其注册到容器中
```

```
        beans.forEach(this::registerContainer);
    }
    private void registerContainer(String beanName, Object bean) {
        Class<?> clazz = AopProxyUtils.ultimateTargetClass(bean);
        // 判断是否同时是 RocketMQListener 和 RocketMQReplyListener 的子类
        if (RocketMQListener.class.isAssignableFrom(bean.getClass())  &&
RocketMQReplyListener.class.isAssignableFrom(bean.getClass())) {
            throw new IllegalStateException(clazz + " cannot be both instance
of " + RocketMQListener.class.getName() + " and " + RocketMQReplyListener.
class.getName());
        }
        // 判断是否都不是 RocketMQListener 和 RocketMQReplyListener 的子类
        if (!RocketMQListener.class.isAssignableFrom(bean.getClass()) && !
RocketMQReplyListener.class.isAssignableFrom(bean.getClass())) {
            throw new IllegalStateException(clazz + " is not instance of "
+ RocketMQListener.class.getName() + " or " + RocketMQReplyListener.class.
getName());
        }
        RocketMQMessageListener annotation = clazz.getAnnotation(RocketMQ
MessageListener.class);
        // 读取配置信息
        String consumerGroup = this.environment.resolvePlaceholders(annotation.
consumerGroup());
        String topic = this.environment.resolvePlaceholders(annotation.topic());
        boolean listenerEnabled =
        (boolean) rocketMQProperties.getConsumer().getListeners().getOrDefault
(consumerGroup, Collections.EMPTY_MAP).getOrDefault(topic, true);
        if (!listenerEnabled) {
            log.debug( "Consumer Listener (group:{},topic:{}) is not enabled
by configuration, will ignore initialization.", consumerGroup, topic);
            return;
        }
        validate(annotation);
        String containerBeanName = String.format("%s_%s", DefaultRocketMQ
ListenerContainer.class.getName(),
            counter.incrementAndGet());
        GenericApplicationContext genericApplicationContext = (Generic
ApplicationContext) applicationContext;
        // 向容器中注册名称为 containerBeanName 的 DefaultRocketMQListenerContainer
            类型的 bean
        genericApplicationContext.registerBean(containerBeanName, Default
RocketMQListenerContainer.class,
            () -> createRocketMQListenerContainer(containerBeanName, bean,
annotation));
        DefaultRocketMQListenerContainer container = genericApplication
Context.getBean(containerBeanName,
            DefaultRocketMQListenerContainer.class);
        // 判断容器是否在运行
        if (!container.isRunning()) {
            try {
                // 真正执行 consumer.start();
                container.start();
            } catch (Exception e) {
                log.error("Started container failed. {}", container, e);
```

```
            throw new RuntimeException(e);
        }
    }
    log.info("Register the listener to container, listenerBeanName:{},
containerBeanName:{}", beanName, containerBeanName);
    }
}
```

从代码中可以看到，在 ListenerContainerConfiguration# afterSingletonsInstantiated()方法中对标注有@RocketMQMessageListener 注解的类进行了解析处理，该注解的主要功能是配置客户端消息监听器，代码清单如下：

```
@Target(ElementType.TYPE)
@Retention(RetentionPolicy.RUNTIME)
@Documented
public @interface RocketMQMessageListener {
    String NAME_SERVER_PLACEHOLDER = "${rocketmq.name-server:}";
    String ACCESS_KEY_PLACEHOLDER = "${rocketmq.consumer.access-key:}";
    String SECRET_KEY_PLACEHOLDER = "${rocketmq.consumer.secret-key:}";
    String TRACE_TOPIC_PLACEHOLDER = "${rocketmq.consumer.customized-
trace-topic:}";
    String ACCESS_CHANNEL_PLACEHOLDER = "${rocketmq.access-channel:}";
    /**
     * 相同角色的消费者必须具有完全相同的订阅者和消费者组才能正确实现负载平衡
     */
    String consumerGroup();
    String topic();                              //主题名称
    //指定消息选择器类型
    SelectorType selectorType() default SelectorType.TAG;
    //指定可以选择的消息，根据过滤方式定义选择表达式
    String selectorExpression() default "*";
    //指定消费方式，可以选择并发或顺序接收消息，默认为并发接收消息
    ConsumeMode consumeMode() default ConsumeMode.CONCURRENTLY;
    //指定消息模式，如果想让所有的订阅用户都能接收到全部消息，则选择广播，默认为集群
    MessageModel messageModel() default MessageModel.CLUSTERING;
    int consumeThreadMax() default 64;           //最大消费者线程数，默认为 64
    //最大消费者连接超时时间，默认为 30s
    long consumeTimeout() default 30000L;
    //访问密钥，默认为 access-key
    String accessKey() default ACCESS_KEY_PLACEHOLDER;
    //密钥，默认为 secret-key
    String secretKey() default SECRET_KEY_PLACEHOLDER;
    boolean enableMsgTrace() default true;       //消息跟踪的开关标志
    //消息跟踪的名称值主题。如果不进行配置，则可以使用默认的跟踪主题名称
    String customizedTraceTopic() default TRACE_TOPIC_PLACEHOLDER;
    // 默认为 name-server
    String nameServer() default NAME_SERVER_PLACEHOLDER;
    // 默认为 access-channel
    String accessChannel() default ACCESS_CHANNEL_PLACEHOLDER;
}
```

在@RocketMQMessageListener 注解代码中有一点需要说明，那就是 SelectorType 选择器类型。在使用注解时其属性 selectorType 对应的默认值为 SelectorType.TAG，仅支持表达式格式为 "tag1 ‖ tag2 ‖ tag3"，当表达式为 null 或者 "*" 时，表示订阅所有消息。selectorType 属性还有一个枚举值是 SelectorType.SQL92，表示根据 SQL92 表达式选择支持的表达式格式。主要的关键字有 AND、OR、NOT、BETWEEN、IN、TRUE、FALSE、IS 和 NULL。

ExtProducerResetConfiguration 配置类负责创建 DefaultMQProducer 并启动生产者实例，代码清单如下：

```
@Configuration
public class ExtProducerResetConfiguration implements ApplicationContext
Aware, SmartInitializingSingleton {
    private final static Logger log = LoggerFactory.getLogger(ExtProducer
ResetConfiguration.class);
    private ConfigurableApplicationContext applicationContext;
    private StandardEnvironment environment;
    private RocketMQProperties rocketMQProperties;
    private RocketMQMessageConverter rocketMQMessageConverter;
    @Override
    public void afterSingletonsInstantiated() {
        // 从容器中获取有@ExtRocketMQTemplateConfiguration 注解的 Bean
        Map<String, Object> beans = this.applicationContext.getBeansWith
Annotation(ExtRocketMQTemplateConfiguration.class)
            .entrySet().stream().filter(entry -> !ScopedProxyUtils.isScoped
Target(entry.getKey()))
            .collect(Collectors.toMap(Map.Entry::getKey, Map.Entry::getValue));
        // 遍历被@RocketMQMessageListener 标注的实现类并将其注册到容器中
        beans.forEach(this::registerTemplate);
    }
    private void registerTemplate(String beanName, Object bean) {
        Class<?> clazz = AopProxyUtils.ultimateTargetClass(bean);
        // 如果不是 RocketMQTemplate 的子类，则抛出异常
        if (!RocketMQTemplate.class.isAssignableFrom(bean.getClass())) {
            throw new IllegalStateException(clazz + " is not instance of "
+ RocketMQTemplate.class.getName());
        }
        // 获取@ExtRocketMQTemplateConfiguration 注解
        ExtRocketMQTemplateConfiguration annotation = clazz.getAnnotation
(ExtRocketMQTemplateConfiguration.class);
        GenericApplicationContext genericApplicationContext = (Generic
ApplicationContext) applicationContext;
        validate(annotation, genericApplicationContext);
        // 通过注解创建 DefaultMQProducer 实例
        DefaultMQProducer mqProducer = createProducer(annotation);
        mqProducer.setInstanceName(beanName);
        try {
            mqProducer.start();
        } catch (MQClientException e) {
            throw new BeanDefinitionValidationException(String.format("Failed
to startup MQProducer for RocketMQTemplate {}",
                beanName), e);
```

```
    }
    RocketMQTemplate rocketMQTemplate = (RocketMQTemplate) bean;
    rocketMQTemplate.setProducer(mqProducer);
 rocketMQTemplate.setMessageConverter(rocketMQMessageConverter.getMessag
eConverter());
    log.info("Set real producer to :{} {}", beanName, annotation.
value());
    }
}
```

org.apache.rocketmq.spring.autoconfigure.ExtProducerResetConfiguration 配置类需要解析判断的注解 @ExtRocketMQTemplateConfiguration 的代码清单如下:

```
@Target(ElementType.TYPE)
@Retention(RetentionPolicy.RUNTIME)
@Documented
@Component
public @interface ExtRocketMQTemplateConfiguration {
    String value() default "";                      //为生产者配置的组件名称
    // 名称服务器的属性
    String nameServer() default "${rocketmq.name-server:}";
    String group() default "${rocketmq.producer.group:}";  //生产者名称
    //发送消息超时时间，单位为 ms，默认值为-1
    int sendMessageTimeout() default -1;
    //压缩消息体阈值，即大于 4KB 的消息体默认被压缩
    int compressMessageBodyThreshold() default -1;
    //声明同步模式下发送失败之前内部执行的最大重试次数，可能会导致消息重复
    int retryTimesWhenSendFailed() default -1;
    //声明异步模式下发送失败之前内部执行的最大重试次数，可能会导致消息重复
    int retryTimesWhenSendAsyncFailed() default -1;
    //指示是否在内部发送失败时重试另一个代理
    boolean retryNextServer() default false;
    int maxMessageSize() default -1;               //允许的最长消息（字节）
    //访问密钥，默认为 access-key
    String accessKey() default "${rocketmq.producer.accessKey:}";
    //密钥，默认为 secret-key
    String secretKey() default "${rocketmq.producer.secretKey:}";
    boolean enableMsgTrace() default true;      //消息跟踪的开关标志
    //消息跟踪主题名称的值。如果不进行配置，则可以使用默认的跟踪主题名称
    String customizedTraceTopic() default "${rocketmq.producer.customized-
trace-topic:}";
}
```

最后是 org.apache.rocketmq.spring.autoconfigure.RocketMQTransactionConfiguration 配置类，它负责注册 RocketMQLocalTransactionListener 类型的本地事务监听器，代码清单如下:

```
@Configuration
public class RocketMQTransactionConfiguration implements Application
ContextAware, SmartInitializingSingleton {
    private final static Logger log = LoggerFactory.getLogger(RocketMQ
TransactionConfiguration.class);
```

```
    private ConfigurableApplicationContext applicationContext;
    @Override
    public void afterSingletonsInstantiated() {
        // 从容器中获取有@RocketMQTransactionListener 注解的 Bean
        Map<String, Object> beans = this.applicationContext.getBeansWith
Annotation(RocketMQTransactionListener.class)
            .entrySet().stream().filter(entry -> !ScopedProxyUtils.isScoped
Target(entry.getKey()))
            .collect(Collectors.toMap(Map.Entry::getKey, Map.Entry::getValue));
        // 遍历被@RocketMQMes SageListener 标注的实现类并将其注册到容器中
        beans.forEach(this::registerTransactionListener);
    }
    private void registerTransactionListener(String beanName, Object bean) {
        Class<?> clazz = AopProxyUtils.ultimateTargetClass(bean);
        // 如果不是 RocketMQLocalTransactionListener 的子类，则抛出异常
        if  (!RocketMQLocalTransactionListener.class.isAssignableFrom(bean.
getClass())) {
            throw new IllegalStateException(clazz + " is not instance of "
+ RocketMQLocalTransactionListener.class.getName());
        }
        // 获取@RocketMQTransactionListener 注解
        RocketMQTransactionListener annotation = clazz.getAnnotation(RocketMQ
TransactionListener.class);
        // 从容器中获取 RocketMQTemplate
        RocketMQTemplate rocketMQTemplate = (RocketMQTemplate) application
Context.getBean(annotation.rocketMQTemplateBeanName());
        // 判断是否设置了 RocketMQLocalTransactionListener
        if (((TransactionMQProducer) rocketMQTemplate.getProducer()).get
TransactionListener() != null) {
            throw  new  IllegalStateException(annotation.rocketMQTemplate
BeanName() + " already exists RocketMQLocalTransactionListener");
        }
        // 获取 TransactionMQProducer 实例，并设置 ThreadPoolExecutor
        ((TransactionMQProducer) rocketMQTemplate.getProducer()).setExecutor
Service(new  ThreadPoolExecutor(annotation.corePoolSize(),  annotation.
maximumPoolSize(),
            annotation.keepAliveTime(), TimeUnit.MILLISECONDS, new Linked
BlockingDeque<>(annotation.blockingQueueSize())));
        // 设置 TransactionListener
        ((TransactionMQProducer)  rocketMQTemplate.getProducer()).set
TransactionListener(RocketMQUtil.convert((RocketMQLocalTransactionListe
ner) bean));
        log.debug("RocketMQLocalTransactionListener {}  register  to  {}
success", clazz.getName(), annotation.rocketMQTemplateBeanName());
    }
}
```

对于本地事务监听器的处理，需要自定义配置类，实现 RocketMQLocalTransaction-Listener 接口，并使用@RocketMQTransactionListener 注解进行标注。然后可以使用资源操作模板 RocketMQTemplate 调用 RocketMQTemplate#sendMessageInTransaction()方法来发布消息。注意，如果使用事务发送消息的话，需要在@RocketMQTransactionListener 注解里

配置 AK/SK 的值。如果在配置文件中配置了 rocketmq.producer.access-key 和 rocketmq.producer.
secret-key，则需要将这两个配置项的值作为默认值。

@RocketMQTransactionListener 注解的代码清单如下：

```
@Target({ElementType.TYPE, ElementType.ANNOTATION_TYPE})
@Retention(RetentionPolicy.RUNTIME)
@Documented
@Component
public @interface RocketMQTransactionListener {
    //设置 ExecutorService 参数—corePoolSize，表示核心线程池大小，默认为 1
    int corePoolSize() default 1;
    //设置 ExecutorService 参数—maximumPoolSize，表示最大线程池，默认为 1
    int maximumPoolSize() default 1;
    //设置 ExecutorService 参数—keepAliveTime，表示保持存活时间，默认为 60s
    long keepAliveTime() default 1000 * 60;            //60ms
    //设置 ExecutorService 参数—blockingQueueSize，表示阻塞队列大小，默认为 2000
    int blockingQueueSize() default 2000;
    //设置 rocketMQTemplate bean 名称，默认为 rocketMQTemplate
    String rocketMQTemplateBeanName() default "rocketMQTemplate";
}
```

通过对源码的分析可知，RocketMQ 在与 Spring Boot 集成时进行了简化，通过两个注解就能实现生产者和消费者的实例创建，并且支持自定义配置。

9.5.3　RocketMQ 应用案例

先做好本机环境准备，从官网下载最新的 Binary 版本，解压之后在系统变量里配置 ROCKETMQ_HOME，变量值就是 RocketMQ 解压后的文件夹路径，然后在 PATH 变量中添加 "%ROCKETMQ_HOME%\bin"，注意变量值之间的分号。接着进入 bin 目录下，打开 cmd 命令窗口，先后输入以下命令，依次启动 NAMESERVER 和 BROKER。启动成功后打开的 cmd 窗口都不能关闭。

```
start mqnamesrv.cmd
start mqbroker.cmd -n 127.0.0.1:9876
```

如果想要安装官方提供的 RocketMQ 控制台，可访问 https://codeload.github.com/apache/rocketmq-externals/zip/master 进行下载。下载完成后解压文件，进入 rocketmq-externals-master\rocketmq-console 目录下，找到 application.properties 文件修改 server.port 参数，默认的端口是 8080，为了避免端口冲突还是有必要修改一下的。然后重新进入 rocketmqconsole，打开 cmd 命令窗口执行 Maven 命令进行编译打包。

```
mvn clean package -DskipTests
```

打包成功后会在 target 下生成 spring boot 的 jar 程序，输入命令 java –jar rocketmq-console-ng-2.0.0.jar --rocketmq.config.namesrvAddr=127.0.0.1:9876 启动即可。启动成功后可访问浏览器看一下效果，如图 9.13 所示。

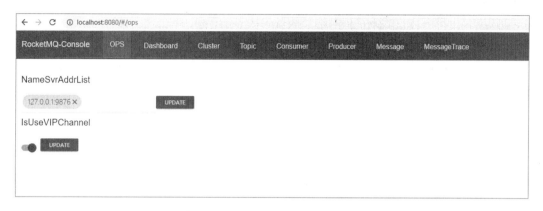

图 9.13　RocketMQ Console 启动效果

接下来看下如何在 Spring Boot 项目中集成使用 RocketMQ。一般情况下我们可以通过
org.apache.rocketmq.spring.core.RocketMQTemplate 对象进行消息的发送和接收，不需要自
己注入 DefaultMQProducer。此时就需要依赖 rocketmq-spring-boot-starter，在新建的项目
中修改 pom.xml 文件，引入相关依赖。

```
<dependency>
    <groupId>org.apache.rocketmq</groupId>
    <artifactId>rocketmq-spring-boot-starter</artifactId>
    <version>2.1.0</version>
</dependency>
<dependency>
    <groupId>org.apache.rocketmq</groupId>
    <artifactId>rocketmq-client</artifactId>
    <version>4.7.1</version>
</dependency>
```

这里在项目中新建了两个模块，分别是生产者模块和消费者模块，每个模块都引入了
RocketMQ 的相关依赖。

首先来看消费者模块 rocketmq-consumer 中的配置。在 application.properties 配置文件
中添加如下属性：

```
server.port=8081
spring.application.name=rocketmq-consume-demo
# 消费者相关配置
rocketmq.name-server=localhost:9876
# 自定义主题名称
mohai.rocketmq.topic=test-topic-1
mohai.rocketmq.msgExtTopic=test-message-ext-topic
```

对于消费端来说，只需要配置监听器即可。根据发送消息的类型实现 RocketMQ-
Listener 接口，并调用 RocketMQListener#onMessage()方法对拉取的消息进行处理，然后再
用@Service 和@RocketMQMessageListener 注解进行声明。注意，注解中的 topic 属性和
consumerGroup 属性为必填项。另外，在 RocketMQListener 接口中定义的泛型可以是 String
和 MessageExt 等，对于 String 来说就是发送过来的消息体，而在 MessageExt 对象中可以

包含收到的消息，如 broker 名称和消息 ID 等。在工程中新建 service 包然后在该包中创建 4 个不同的监听器。

请看第一个监听器，根据指定的 tag 过滤消费者信息并声明消费起点按当前时间点开始计算，采用 Push 方式进行消费，示例代码如下：

```java
//指定 tag 的消费者，在注解中指定主题，选择表达式和消费组，采用 Push 方式获取消息
@Service
@RocketMQMessageListener( topic = "${mohai.rocketmq.msgExtTopic}",
        selectorExpression = "tag0||tag1",
        consumerGroup = "${spring.application.name}-message-ext-consumer"
)
public class MyMessageExtConsumerService implements RocketMQListener
<MessageExt>, RocketMQPushConsumerLifecycleListener {
    // 实现消息的消费处理
    @Override
    public void onMessage(MessageExt message) {
        System.out.printf("MyMessageExtConsumerService获取消息, 消息Id: %s, 消
息体:%s \n", message.getMsgId(), new String(message.getBody()));
    }
    // 设置从当前时间点开始消费消息
    @Override
    public void prepareStart(DefaultMQPushConsumer consumer) {
    consumer.setConsumeFromWhere(ConsumeFromWhere.CONSUME_FROM_TIMESTAMP);
consumer.setConsumeTimestamp(UtilAll.timeMillisToHumanString3(System.
currentTimeMillis())));
    }
}
```

再看第二个监听器，它可以在消息消费后返回响应信息，实现 RocketMQReplyListener 接口，示例代码如下：

```java
@Service                        //注入响应的监听器
@RocketMQMessageListener( topic = "stringRequestTopic",
        consumerGroup = "stringRequestConsumer"
)
public class MyStringConsumerReplyService implements RocketMQReplyListener
<String, String> {
    @Override
    public String onMessage(String message) {
        System.out.printf("MyStringConsumerReplyService 接收到消息: %s \n",
message);
        return "reply string";
    }
}
```

第三个监听器是一个普通且常规的监听器，用来处理 String 类型的消息，示例代码如下：

```java
/**
 * 普通的消费者，对于 topic 相同的情况，如果 selectorExpression 的默认值是*，那么订
   阅同一个 topic 的消费者会获取并消费带 tag 的消息。
 * 如果指定了 tag，则必须由包含该 tag 的监听器处理。
 */
```

```
@Service
@RocketMQMessageListener( topic = "${mohai.rocketmq.topic}",
        consumerGroup = "my-consumer_test-topic"
)
public class MyStringTagConsumerService implements RocketMQListener<String> {
    @Override
    public void onMessage(String message) {
        System.out.println("MyStringTagConsumerService 接收到消息===> "+message);
    }
}
```

第四个监听器用于监听发送事务消息，示例代码如下：

```
@Service                                //监听处理事务消息
@RocketMQMessageListener(topic = "spring-transaction-topic", consumer
Group = "string_trans_consumer")
public class MyTransactionalConsumerService implements RocketMQListener
<String> {
    @Override
    public void onMessage(String message) {
        System.out.printf("MyTransactionalConsumerService 接收到: %s \n",
message);
    }
}
```

接下来就可以执行 main()方法启动程序了。从控制台中可以看到，有 4 个 Default-RocketMQListenerContainer 容器注册成功的日志，说明这 4 个监听器已经开始工作了。

继续看生产者模块 rocketmq-produce 中的配置。在 application.properties 配置文件中添加如下属性：

```
server.port=8082
spring.application.name=rocketmq-produce-demo
# 生产者相关配置
rocketmq.name-server=localhost:9876
# 生产者组名
rocketmq.producer.group=my-group
# 发送消息超时时间，单位为 ms
rocketmq.producer.send-message-timeout=300000
# 压缩消息体阈值，即大于 4KB 的消息体默认被压缩
rocketmq.producer.compress-message-body-threshold=4096
# 允许的最长消息字节数为 4×1024×1024，即 4MB
rocketmq.producer.max-message-size=4194304
# 在声明异步模式下发送失败之前内部执行的最大重试次数，默认为 2
# 注意，这可能会导致消息重复，需要由程序开发人员来解决
rocketmq.producer.retry-times-when-send-async-failed=0
# 指示是否在内部发送失败时重试另一个代理
rocketmq.producer.retry-next-server=true
# 声明同步模式下发送失败之前内部执行的最大重试次数
# 注意，这可能会导致消息重复，需要由程序开发人员来解决
rocketmq.producer.retry-times-when-send-failed=2
# 消息跟踪的开关标志，默认为 true
rocketmq.producer.enable-msg-trace=true
```

```
# 消息跟踪的主题名称。如果不进行配置，则可以使用默认的跟踪主题名称
rocketmq.producer.customized-trace-topic=my-trace-topic
# 自定义主题名称
mohai.rocketmq.topic=test-topic-1
mohai.rocketmq.msgExtTopic=test-message-ext-topic
```

在当前模块中直接通过 RocketmqProduceApplication 实现 CommandLineRunner 接口，重写 run()方法，在该方法中添加发送消息的逻辑，示例代码如下：

```java
@SpringBootApplication
public class RocketmqProduceApplication implements CommandLineRunner {
    @Autowired
    private RocketMQTemplate rocketMQTemplate;
    @Value("${mohai.rocketmq.topic}")
    private String topic;
    @Value("${mohai.rocketmq.msgExtTopic}")
    private String msgExtTopic;
    public static void main(String[] args) {
        SpringApplication.run(RocketmqProduceApplication.class, args);
    }
    @Override
    public void run(String... args) throws Exception {
        // 发送消息
        rocketMQTemplate.send(topic,  MessageBuilder.withPayload("Hello
World! I'm from spring message").build());
        //发送 OneWay 消息，只管发送，不管发送的结果
        rocketMQTemplate.sendOneWay(topic,"Hello, a OneWay message!");
        // 同步发送消息，等收到反馈结果以后才会结束
        SendResult sendResult = rocketMQTemplate.syncSend(topic, "Hello,
The synchronized message!");
        System.out.printf("同步发送到 topic %s 发送结果为：%s %n", topic,
sendResult);
        // 使用标签发送消息
        rocketMQTemplate.convertAndSend(msgExtTopic + ":tag0", "I'm from
tag0");
        System.out.printf("发送带标签的消息到 topic %s tag %s %n", msgExtTopic,
"tag0");
        // 发送带标签的消息
        rocketMQTemplate.convertAndSend(topic + ":tag0", "Hello, World!");
        // 异步发送消息，发送即结束，但会回调处理消息发送的结果
        // 第一个参数是发送的目的地，一般是 topic，也可以是 topic:tag
        // 第二个参数是消息内容
        // 第三个参数是异步消息发送结果的回调
        rocketMQTemplate.asyncSend(topic, "Hello, The asynchronized message!",
new SendCallback() {
            @Override
            public void onSuccess(SendResult sendResult) {
                System.out.println("异步消息发送成功,发送结果:"+sendResult);
            }
            @Override
            public void onException(Throwable throwable) {
                System.out.println("异步消息发送失败,消息回调");
            }
```

```
        });
        // 以异步模式发送请求并接收字符串类型的答复
        rocketMQTemplate.sendAndReceive("stringRequestTopic",   "request
string", new RocketMQLocalRequestCallback<String>() {
            @Override public void onSuccess(String message) {
                System.out.printf("发送：%s and 接收：%s %n", "request
string", message);
            }
            @Override public void onException(Throwable e) {
                e.printStackTrace();
            }
        });
        // 发送事务消息
        Message  msg  =  MessageBuilder.withPayload("rocketMQTemplate
transactional message ").setHeader(RocketMQHeaders.TRANSACTION_ID, "KEY_"
+ 0).build();
        sendResult = rocketMQTemplate.sendMessageInTransaction("spring-
transaction-topic",msg,null);
        System.out.printf("rocketMQTemplate send Transactional msg body =
%s , sendResult=%s %n",msg.getPayload(), sendResult.getSendStatus());
    }
    // 使用注解@RocketMQTransactionListener 定义事务侦听器
    @RocketMQTransactionListener
    class  TransactionListenerImpl  implements  RocketMQLocalTransaction
Listener {
        private AtomicInteger transactionIndex = new AtomicInteger(0);
        private  ConcurrentHashMap<String,  Integer>  localTrans  =  new
ConcurrentHashMap<String, Integer>();
        @Override
        public RocketMQLocalTransactionState executeLocalTransaction(Message
msg, Object arg) {
            // 实现执行本地事务的逻辑，并返回本地事务执行状态
            // 可以返回 COMMIT、ROLLBACK 和 UNKNOWN 三种状态
            // 获取事务 ID
            String transId = (String) msg.getHeaders().get(RocketMQHeaders.
TRANSACTION_ID);
                System.out.printf("本地事务正在执行, 当前事务 Id=%s %n",transId);
                int value = transactionIndex.getAndIncrement();
                int status = value % 3;
                localTrans.put(transId, status);
                if (status == 0) {
                    System.out.printf("# COMMIT # 模拟消息为：%s , 相关本地事务执
行成功! %n", msg.getPayload());
                    return RocketMQLocalTransactionState.COMMIT;
                }
                if (status == 1) {
                    System.out.printf("# ROLLBACK # 模拟 %s , 相关本地事务执行失
败! %n", msg.getPayload());
                    return RocketMQLocalTransactionState.ROLLBACK;
                }
                System.out.printf("# UNKNOW # 模拟 %s 相关本地事务执行未知! \n");
                return RocketMQLocalTransactionState.UNKNOWN;
            }
```

```java
@Override
public RocketMQLocalTransactionState checkLocalTransaction(Message
msg) {
    // 检查本地事务状态，并返回 COMMIT、ROLLBACK 和 UNKNOWN 三种状态
    String transId = (String) msg.getHeaders().get(RocketMQHeaders.
TRANSACTION_ID);
    RocketMQLocalTransactionState retState = RocketMQLocalTransaction
State.COMMIT;
        Integer status = localTrans.get(transId);
        if (null != status) {
            switch (status) {
                case 0:
                    retState = RocketMQLocalTransactionState.COMMIT;
                    break;
                case 1:
                    retState = RocketMQLocalTransactionState.ROLLBACK;
                    break;
                case 2:
                    retState = RocketMQLocalTransactionState.UNKNOWN;
                    break;
            }
        }
    System.out.printf("checkLocalTransaction 执行一次," +
    " msgTransactionId=%s, TransactionState=%s status=%s %n", transId,
retState, status);
        return retState;
    }
}
```

最后运行 main() 方法启动程序，项目启动成功后消息就会自动发送，可以在控制台中看到相应的输出结果。

9.6　小　　结

消息队列主要是为了解决应用解耦、异步处理、流量削锋、消息通信等问题，在分布式系统中起着重要的作用。通过本章介绍的几款消息中间件产品可以看出，Kafka 和 RocketMQ 这两款产品更具有优势且在不同的场景中都表现不俗，尤其是 RocketMQ，经历过"淘宝双十一"这种交易量过亿的活动的考验，已经被国内越来越多的企业所使用。

第 10 章　Spring Boot 整合批处理

随着公司业务的发展，往往需要对大批量数据进行处理，如数据同步、数据迁移、银行对账、日终结息及利率自动调整等。为了解决这些需求的"痛点"，诞生了一款基于 Spring 的 Spring Batch 批处理框架，它能够帮助很多互联网企业建立健壮、高效的批处理应用。

本章主要内容如下：

- Spring Batch 框架的架构设计；
- Spring Batch 框架的使用配置；
- Spring Batch 应用场景简介。

10.1　Spring Batch 简介

Spring Batch 是 Spring 提供的一个批量数据处理框架，是一个轻量级、功能全面的批处理框架，能够开发出强大的企业级批处理应用程序。在 Spring Batch 项目中提供了多种可重用的功能，包括日志记录和跟踪（Logging/Tracing）、事务管理（Transaction Management）、基于块的处理（Chunk Based Processing）、声明式的输入输出（Declarative I/O）、作业启停和重启（Start/Stop/Restart）、任务重试和跳过（Retry/Skip）、任务作业统计（Job Processing Statistics）和资源管理（Resource Management）。另外，Spring Batch 还提供了更高级的服务特性，能够通过优化和分片技术高效执行批处理任务。

业界比较好的批处理框架很少，较为优秀的批处理框架当属 Spring Batch，它是由 SpringSource 公司和 Accenture（埃森哲）公司合作开发的。埃森哲公司贡献了几十年来积累的使用和构建批处理架构的丰富实践经验，SpringSource 公司则依赖自身对技术的深刻认知和对 Spring 框架的深刻理解，在开发过程中借鉴了 JCL（Job Control Language）和 COBOL 语言的特性。埃森哲与 SpringSource 合作的主要目的是希望推出高质量、市场认可度高的企业级 Java 解决方案，共同促进软件开发方法、框架和工具的标准化改进，以便在开发批处理应用程序时通过这些方法、框架和工具快速实现。

受 Spring Batch 的启发，JSR-352 提供了与 Spring Batch 类似的功能，主要用于定义批处理作业规范语言（JSL），并在 2013 年将批处理纳入 Java 规范体系，同时 JSR-352 被纳入 Java EE 7 和 Java SE 6 这两个版本之中。从 Spring Batch 3.0 开始已经完全支持 JSR-352 开发规范，也就是说它完全符合 Java 批处理标准。在 JSR-352 规范中定义了多个用于实现批处理业务逻辑的 API，其中最常用的接口是 ItemReader、ItemProcessor 和 ItemWriter，它们分别用于读取、处理和写入批处理步骤的数据集。

　　Spring Batch 的核心理念是希望开发者专注于业务处理逻辑，构建出具有轻量级且健壮的并行处理能力的应用，同时支持事务、并发、流程、监控、纵向与横向扩展，并提供统一的接口管理和任务管理。如果读者想要了解更详细的内容，可访问官网查看（https://docs.spring.io/spring-batch/docs/3.0.x/reference/htmlsingle/），本章后面的部分图片也来自该网站。

10.2　Spring Batch 的核心架构

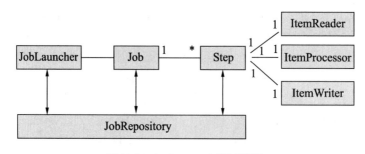

　　Spring Batch 主要由三层架构组成，分别为应用层（Application）、核心层（Batch Core）和基础架构层（Batch Infrastructure）。应用层主要是由用户编写的批处理任务代码构成的，核心层包含执行和控制批处理任务的核心类。应用层和核心层都依赖于公共的基础服务层。基础服务包括通用的读取器和重试模块。三层架构的层次关系如图 10.1 所示。

　　开发者可以在此架构上创建出一个简单的批处理应用程序。一个任务的执行通常需要经历三个阶段，首先从数据库、文件或队列中读取大量数据，然后在每一个步骤中执行处理数据逻辑，最后再将修改的数据写入数据库、文件或队列中。

图 10.1　Spring Batch 的架构层次图

　　在 Spring Batch 中，一个 Job 可以定义很多 Step，在每一个 Step 中可以定义其专属的 ItemReader 用于读取数据，ItemProcesseor 用于处理数据，ItemWriter 用于写数据，而每一个 Job 的定义都会通过 JobRepository 进行持久化，最终通过 JobLauncher 来启动某一个 Job。总而言之，Spring Batch 架构就是由这些操作步骤组成的。请看完整的领域模型，如图 10.2 所示。

图 10.2　Spring Batch 领域模型

在每一个领域模型中，Spring Batch 都提供了相应的接口，而且还提供了灵活的事务管理和并发处理能力。从业务开发到 Job 执行所用到的组件共同组成了 Spring Batch 的概念模型，如表 10.1 所示。

表 10.1　Spring Batch的主要组成部分

名　称	用　途
JobRepository	基础组件，用于持久化Job的元数据，默认使用内存
JobLauncher	基础组件，用于启动Job的接口
Job	作业执行的基本单元，包含一个或多个Step
Step	Job的一个阶段，每个Step由ItemReader、ItemProcessor和ItemWriter组成
Tasklt	Step的一个事务过程，包含重复执行、同步和异步等策略
Item	从数据源读出或写入的数据
Chunk	给定数量的Item集合
ItemReader	读取数据的接口，从数据源中读取Item集合
ItemProcessor	处理数据的接口，在Item写入数据源之前进行处理
ItemWriter	写数据的接口，把Chunk中包含的Item写入数据源

先来看 JobLauncher（作业调度器），它是由 Spring Batch 框架基础设施层提供的用于运行 Job 的接口。可以通过 JobLauncher 执行 Job，通过给定的 Job 名称和 JobParameters 参数组建一个 JobInstance 实例，同一个 Job 每运行一次都会生成一个 JobInstance 实例。

JobRepository 用于持久化 Job 元数据，在运行期间会将 JobExecution、JobInstance、JobParameters、StepExecution 和 ExecutionContext 等元数据保存到相应的表中，具体对应的表名分别是 batch_job_execution、batch_job_instance、batch_job_execution_params、batch_step_execution、batch_job_execution_context 和 batch_step_execution_context。正是因为这些元数据被保存到了库中，所以才可以让我们能够随时监控批处理 Job 的执行状态，并且可以在 Job 执行失败的情况下重新启动 Job。需要注意的是，如果项目中没有配置数据源，可以通过内存进行存储，但会有丢失数据的风险。

请看描述 Spring Batch 元数据及其相互之间关系的 ERD 模型，如图 10.3 所示。

下面具体介绍 Spring Batch 框架的几个核心概念。

1．Job：对任务描述的抽象概念

在 Spring Batch 框架中，Job 只是多个 Step 的容器，主要批处理运行过程的封装，抽象表示批处理作业对象，组合了逻辑上属于流程的多个步骤。框架提供的 Job 实现类型有两种，一种是 SimpleJob（默认实现），另一种是 FlowJob（流式处理作业）。一个 Job 总是处在整个层次结构的顶部，如图 10.4 所示。

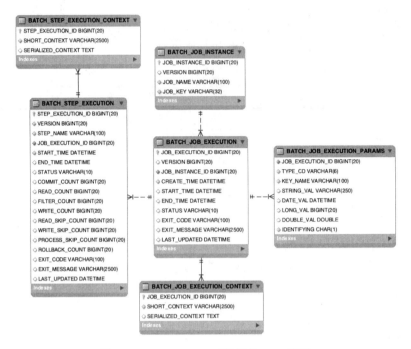

图 10.3　Spring Batch 元数据的 ERD 模型

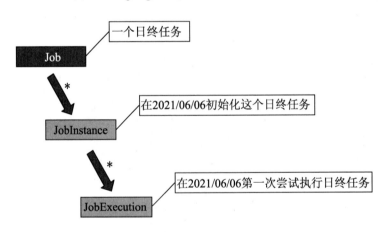

图 10.4　Job 的层次结构

在作业配置中，可以定义 Job 的名称、是否可重新启动，以及步骤（Step）的定义和执行顺序。值得注意的是，虽然 Job 中有多个 Step，但是重新启动策略只针对整个 Job，而不是 Step。Job 的代码清单如下：

```java
public interface Job {
    String getName();
    boolean isRestartable();                  //指示此作业是否可以重新启动的标志
    void execute(JobExecution execution);     //执行处理作业状态
    @Nullable
```

```
//为下一次执行生成新参数
JobParametersIncrementer getJobParametersIncrementer();
//返回作业参数的验证器
JobParametersValidator getJobParametersValidator();
}
```

先来看一个 Job 运行状态的示例，如图 10.5 所示。

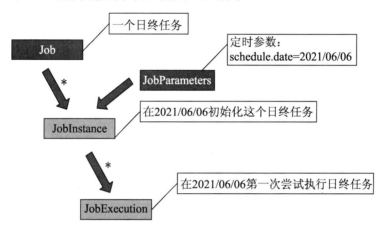

图 10.5　Job 运行示例

当定义好 Job 和 JobParameters 并通过 JobLauncher 调起后，会根据 JobParameters 参数的不同来标识一个 Job 运行实例 JobInstance。其实 JobInstance 接口中的方法很简单，一个用于获取 Job 实例 ID，另一个用于获取 Job 名称，代码清单如下：

```
package javax.batch.runtime;
public interface JobInstance {
    public long getInstanceId();        //获取 JobInstance 的唯一 ID
    public String getJobName();         //获取 Job 名称
}
```

一个 Job 可以对应多个 JobInstance 运行实例，每个 JobInstance 运行实例会对应多个 JobExecution。也就是说，同一个 JobInstance 实例再次运行时会创建一个新的 JobExecution 实例。在 JobExecution 中包含一个 ExecutionContext（执行上下文对象）及当前 Job 的执行状态（BatchStatus），这些数据都会被记录下来。

在 Job 层框架也提供了类似作业编排的功能，包括顺序、条件、并行作业等。我们可以通过实现不同的 Step 来控制执行顺序，也可以根据不同的条件有选择地执行（条件通常以 Step 的返回状态而定），通过 next 元素或者 decision 元素来定义跳转规则。

2．Step：属于Job的一个阶段

对于 Step 来说，它封装了批处理作业的一个完整步骤。事实上，每一个 Job 都由一个或多个 Step 组成，而且在每次执行 Step 时都会重新生成 StepExecution。在 StepExecution 中会包含一个 JobExecution 及相应步骤的名称，以及执行状态和事务的相关数据。另外，

StepExecution 中还包含一个 ExecutionContext，可以保留批处理运行中的任何数据并将这些数据保存到数据库中。Job 和 Step 的关系如图 10.6 所示。

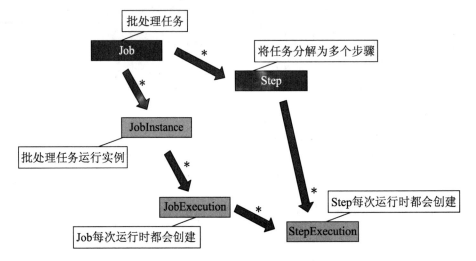

图 10.6　Job 和 Step 的关系

Step 的代码清单如下：

```
public interface Step {
    static final String STEP_TYPE_KEY = "batch.stepType";
    String getName();                    //返回此步骤的名称
    boolean isAllowStartIfComplete();    //已标记为完成的步骤是否可以重新启动
    int getStartLimit();                 //返回启动作业的次数
    //执行处理状态
    void execute(StepExecution stepExecution) throws JobInterrupted Exception;
}
```

Step 接口的实现类大致有 JobStep、FlowStep、DecisionStep、TaskletStep 和 PartitionStep 等几种，可以实现决策、并行和分区等执行逻辑。

3．ItemReader：一个用于读数据的接口

ItemReader 是 Spring Batch 框架提供的读组件，它的主要功能是为每一个 Step 提供数据输入。当 ItemReader 在读完所有数据时，会返回 null 来告知后续操作数据已经读完了。考虑到多种场景的使用，Spring Batch 针对读数据库、读文件和读消息队列等操作提供了具体的实现类。下面给出统计的实现类说明，如表 10.2 所示。

表 10.2　Spring Batch框架提供的ItemReader组件

ItemReader实现类	说　明
ListItemReader	一次性读取List类型的数据
ItemReaderAdapter	ItemReader适配器，可以复用已有的读操作

（续）

ItemReader实现类	说　明
AmqpItemReader	读取AMQP队列组件
FlatFileItemReader	读Flat类型文件
StaxEventItemReader	读XML类型文件
JdbcCursorItemReader	基于JDBC游标方式读数据库
JdbcPagingItemReader	基于JDBC方式分页读取数据库
HibernateCursorItemReader	基于Hibernate游标方式读数据库
HibernatePagingItemReader	基于Hibernate方式分页读数据库
KafkaItemReader	读取Kafka消息队列
StoredProcedureItemReader	基于存储过程读数据库
JpaPagingItemReader	基于JPA方式分页读数据库
IteratorItemReader	迭代方式的读组件
JmsItemReader	读取JMS队列
MultiResourceItemReader	多文件读组件
MongoItemReader	基于分布式文件存储的Mongo数据库读组件
Neo4jItemReader	面向网络的数据库Neo4j读组件
ResourcesItemReader	基于批量资源的读组件
RepositoryItemReader	基于Spring Data的读组件

具体的 ItemReader 代码清单如下：

```
public interface ItemReader<T> {
    //读取一段输入数据
    @Nullable
    T read() throws Exception, UnexpectedInputException, ParseException,
NonTransientResourceException;
}
```

4．ItemWriter：一个用于写数据的接口

ItemWriter 是 Spring Batch 框架提供的写组件，它的主要功能是为每一个 Step 提供数据输出，可以表示一个步骤或一个项目块的输出。Spring Batch 也为 ItemWriter 提供了很多应用场景的实现类，每个实现类的说明如表 10.3 所示。

表 10.3　Spring Batch框架提供的ItemWriter组件

ItemWriter实现类	说　明
FlatFileItemWriter	写Flat类型文件
MultiResourceItemWriter	多文件写组件
StaxEventItemWriter	写XML类型文件
AmqpItemWriter	写AMQP类型消息

（续）

ItemWriter实现类	说　明
ClassifierCompositeItemWriter	通过Classifier实现路由模式，为不同的Item调用特定的ItemWriter处理，可以实现线程安全
HibernateItemWriter	基于Hibernate方式写数据库
JdbcBatchItemWriter	基于JDBC方式写数据库
RepositoryItemWriter	基于Spring Data的写组件
ItemWriterAdapter	ItemWriter适配器，可以复用已有的写组件
JmsItemWriter	向JMS队列中写数据
JpaItemWriter	基于JPA方式写数据库
GemfireItemWriter	基于分布式数据库Gemfire的写组件
SpELMappingGemfireItemWriter	基于Spring表达式语言写分布式数据库Gemfire的组件
MimeMessageItemWriter	以MimeMailMessage方式发送邮件的写组件
MongoItemWriter	基于分布式文件存储数据库MongoDB的写组件
Neo4jItemWriter	面向网络的数据库Neo4j的写组件
PropertyExtractingDelegatingItemWriter	处理属性提取参数值用作委托方法的参数
RepositoryItemWriter	基于Spring Data的写组件
SimpleMailMessageItemWriter	以SimpleMailMessage方式发送邮件的写组件
CompositeItemWriter	组合模式，支持组装多个ItemWriter
JsonFileItemWriter	写JSON类型文件

具体的 ItemWriter 代码清单如下：

```
public interface ItemWriter<T> {
    //处理提供的数据元素
    void write(List<? extends T> items) throws Exception;
}
```

5．ItemProcessor：一个用于处理业务逻辑的接口

ItemProcessor 是 Spring Batch 框架提供的数据处理组件，主要提供处理业务逻辑的功能。当 ItemReader 读取一条数据之后，可以在 ItemWriter 还没有写入该条数据之前借助 ItemProcessor 提供的转换功能或应用其他业务处理功能对数据进行相应操作，如果在处理该条数据时确定是无效的，则返回 null，表示不应该写出该条数据。Spring Batch 也提供了一些简单的 ItemProcessor 组件，如表 10.4 所示。

表 10.4　Spring Batch框架提供的ItemProcessor组件

ItemProcessor实现类	说　明
ClassifierCompositeItemProcessor	通过Classifier实现路由模式，用于选择使用哪种业务处理组件
CompositeItemProcessor	组合处理器，用于封装多个业务处理组件

（续）

ItemProcessor实现类	说　　明
ItemProcessorAdapter	ItemProcessor适配器，可以复用现有的业务处理组件
PassThroughItemProcessor	无任何业务处理，直接返回读到的数据
ValidatingItemProcessor	数据校验处理器，支持数据校验，如果校验不通过，可以进行过滤或者通过跳过的方式处理数据
ScriptItemProcessor	包含脚本的处理器
FunctionItemProcessor	基于Function的函数式处理器

ItemProcessor 的代码清单如下：

```
public interface ItemProcessor<I, O> {
  @Nullable
  O process(I item) throws Exception;                    //处理每个 Item
}
```

💭 注意：Spring Batch 框架提供的大部分 ItemReader 和 ItemWriter 操作都是线程不安全的
操作。

Spring Batch 提供了一种实现方式，可以通过 Chunk 的处理方式每次读取一个数据，
并在事务边界内创建被写出的"块"。从 ItemReader 读入一个条目后，会将其交给
ItemProcessor 处理的同时进行项目数统计，一旦读取的项目数等于提交间隔，则通过
ItemWriter 写出整个块，最后提交事务。通过 Chunk 的方式可以减少数据库的读写操作，
从而提高效率。Chunk 的处理流程如图 10.7 所示。

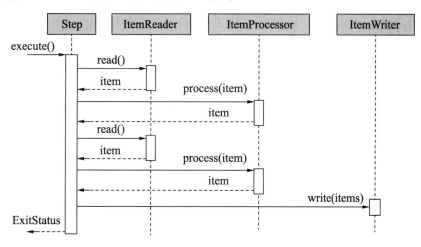

图 10.7　Chunk 的处理流程

可以看出，每个 Step 就是当前 Job 要执行的单个步骤，那 Step 中有什么逻辑呢？其
实，在 Step 中有一个 Tasklet 任务单元，其内部有事务和重启控制，在 Tasklet 中有分割后

的 Chunk 数据块，在 Chunk 里面可以不断地循环执行读数据、处理数据、写数据的流程，直到数据处理结束。在 Chunk 内部提供了异常跳过、重试、分段提交和完成策略等功能，它们的层次关系如图 10.8 所示。

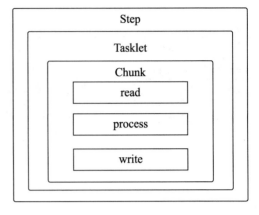

图 10.8　Chunk 内部提供的各功能之间的关系

为了使 Job 具有健壮性，尤其是在无人值守的情况下当 Job 处理批量数据时，需要在执行期间能够应对各种突发的异常和错误，并有日志记录，以方便追踪。这样的 Job 必须具备容错性、可追踪性和可重启性的功能。这些要求 Spring Batch 框架都具备，具体说明如下：

- Skip（异常跳过）：在数据处理期间，如果存在几条数据格式不正确，或无法解析和处理，可以通过 Skip 跳过该行记录，让 Processor 能够顺利地完成其余的记录行，使 Job 执行具备容错的特性。
- Retry（异常重试）：在某些情况下，Job 的运行可能会因为短暂的异常而导致执行失败，如常见的网络连接异常和并发处理异常等。在 Spring Batch 框架中可以通过重试的方式有效地减少失败的次数，多试几次，恰逢再次执行操作的时候网络恢复正常，不再有并发异常，这样就可以成功地运行 Job，有效地避免这类短暂的异常发生。
- Restart（失败重启）：当 Job 执行失败后，需要具有"断点续跑"的能力。当 Job 重启的时候，批处理框架允许在上次执行失败的点重新启动 Job，而不是从头开始执行，以保证业务数据的完整性。

在一般情况下，许多批处理问题可以通过单线程或单进程作业来解决。在业务开发时需要衡量实际业务和程序性能，而选择合适的运行模式可以更高效地完成作业。为了实现良好的扩展性，在 Spring Batch 中提供了以下 4 种模式：

- Multi-threaded Step（single process）：多线程执行单个 Step（单个进程）；
- Parallel Steps（single process）：多线程并行执行多个 Step（单个进程）；
- Remote Chunking of Step（multi process）：在远端节点上执行分布式 Chunk 操作（多进程）；
- Partitioning a Step（single or multi process）：对数据分区，并分区执行（单个或多个进程）。

对 Spring Batch 框架的基本介绍就到这里。在使用 Spring Batch 框架的时候一定要注意系统资源 I/O 的使用情况，应减少系统资源的使用，避免不必要的物理 I/O，尽可能在类生产环境中进行压力测试与数据验证，最终确保批处理执行逻辑的正确性。

10.3　Spring Batch 基础配置

在 Spring Boot 中，对 Spring Batch 的集成使用同样很简单，无须通过 XML 配置 Job 和 Step 等信息。我们来看在包 org.springframework.boot.autoconfigure.batch 中的 BatchAuto-Configuration 自动配置类有哪些 Bean 被注入，代码清单如下：

```
@Configuration(proxyBeanMethods = false)
//在 classpath 下存在 JobLauncher 和 DataSource 这两个类
@ConditionalOnClass({ JobLauncher.class, DataSource.class })
//当 HibernateJpaAutoConfiguration 自动配置类加载后再加载
@AutoConfigureAfter(HibernateJpaAutoConfiguration.class)
//容器中有 JobLauncher 的 Bean 时生效
@ConditionalOnBean(JobLauncher.class)
//开启 BatchProperties 属性值注入
@EnableConfigurationProperties(BatchProperties.class)
//导入 BatchConfigurerConfiguration 配置类
@Import(BatchConfigurerConfiguration.class)
public class BatchAutoConfiguration {
    /**
     * 当容器中无 JobLauncherCommandLineRunner 的 Bean 且 spring.batch.job.enabled
       的配置值为 true 时生效，默认是自动配置的
     */
    @Bean
    @ConditionalOnMissingBean
    @ConditionalOnProperty(prefix = "spring.batch.job", name = "enabled",
havingValue = "true", matchIfMissing = true)
    public JobLauncherCommandLineRunner jobLauncherCommandLineRunner
(JobLauncher jobLauncher, JobExplorer jobExplorer,JobRepository jobRepository,
BatchProperties properties) {
        JobLauncherCommandLineRunner runner = new JobLauncherCommandLine
Runner(jobLauncher, jobExplorer, jobRepository);
        //支持配置多个 Job 的 name，此配置会在程序启动后自动运行作业
        String jobNames = properties.getJob().getNames();
        if (StringUtils.hasText(jobNames)) {
            runner.setJobNames(jobNames);
        }
        return runner;
    }
    //当容器中无 ExitCodeGenerator 类型的 Bean 时实例化 JobExecutionExitCode
      Generator
    @Bean
    @ConditionalOnMissingBean(ExitCodeGenerator.class)
    public JobExecutionExitCodeGenerator jobExecutionExitCodeGenerator() {
        return new JobExecutionExitCodeGenerator();
    }
    //当容器中无 JobOperator 类型的 Bean 时实例化 SimpleJobOperator
    @Bean
    @ConditionalOnMissingBean(JobOperator.class)
```

```
    public SimpleJobOperator  jobOperator(ObjectProvider<JobParameters
Converter> jobParametersConverter,JobExplorer jobExplorer, JobLauncher
jobLauncher, ListableJobLocator jobRegistry,JobRepository jobRepository)
throws Exception {
        //一个简单的 JobOperator 接口实现，通过组合实现 Job 操作
        SimpleJobOperator factory = new SimpleJobOperator();
        factory.setJobExplorer(jobExplorer);
        factory.setJobLauncher(jobLauncher);
        factory.setJobRegistry(jobRegistry);
        factory.setJobRepository(jobRepository);
        jobParametersConverter.ifAvailable(factory::setJobParameters
Converter);
        return factory;
    }
    //当容器中有 DataSource 的 Bean 且在 classpath 下存在 DatabasePopulator 类时生效
    @Configuration(proxyBeanMethods = false)
    @ConditionalOnBean(DataSource.class)
    @ConditionalOnClass(DatabasePopulator.class)
    static class DataSourceInitializerConfiguration {
    //当容器中没有 BatchDataSourceInitializer 的 Bean 时实例化一个 BatchData
        SourceInitializer
    @Bean
    @ConditionalOnMissingBean
    BatchDataSourceInitializer batchDataSourceInitializer(DataSource dataSource,
            @BatchDataSource ObjectProvider<DataSource> batchDataSource,
    ResourceLoader resourceLoader,BatchProperties properties) {
        return new BatchDataSourceInitializer(batchDataSource.getIfAvailable(()
-> dataSource), resourceLoader,properties);
        }
    }
}
```

下面介绍 Spring Batch 框架中的 Job 在项目启动时是如何自动被调动起来的。在 org. springframework.boot.autoconfigure.batch.JobLauncherCommandLineRunner 类中实现了 CommandLineRunner 和 ApplicationEventPublisherAware 接口，分别重写了 run() 和 set- ApplicationEventPublisher() 方法，代码清单如下：

```
public class JobLauncherCommandLineRunner implements CommandLineRunner,
Ordered, ApplicationEventPublisherAware {
    //执行 Job，并将启动参数封装到 Properties 中
    //在 launchJobFromProperties() 方法中通过 JobParametersConverter 进行参数
        转换
    //分别调用 executeLocalJobs 和 executeRegisteredJobs
    @Override
    public void run(String... args) throws JobExecutionException {
        logger.info("Running default command line with: " + Arrays.asList
(args));
        launchJobFromProperties(StringUtils.splitArrayElementsInto
Properties (args, "="));
    }
    protected void launchJobFromProperties(Properties properties) throws
JobExecutionException {
```

```
        JobParameters jobParameters = this.converter.getJobParameters
(properties);
        executeLocalJobs(jobParameters);
        executeRegisteredJobs(jobParameters);
    }
```

//遍历执行本地配置的 Job。默认配置所有的 Job。如果配置了 spring.batch.job.names，
则只运行 name 匹配成功的 Job

```
    private void executeLocalJobs(JobParameters jobParameters) throws
JobExecutionException {
        for (Job job : this.jobs) {
            if (StringUtils.hasText(this.jobNames)) {
                String[] jobsToRun = this.jobNames.split(",");
                if (!PatternMatchUtils.simpleMatch(jobsToRun, job.getName())) {
                    logger.debug(LogMessage.format("Skipped   job:   %s",
job.getName()));
                    continue;
                }
            }
            execute(job, jobParameters);
        }
    }
```

//执行已经被注册的 Job，通过 JobRegistry 的实现类 MapJobRegistry 获取 JobFactory
来创建 Job，如果获取的 JobFactory 为 null，则抛出 NoSuchJobException 异常

```
    private void executeRegisteredJobs(JobParameters jobParameters) throws
JobExecutionException {
        if (this.jobRegistry != null && StringUtils.hasText(this.jobNames)) {
            String[] jobsToRun = this.jobNames.split(",");
            for (String jobName : jobsToRun) {
                try {
                    Job job = this.jobRegistry.getJob(jobName);
                    if (this.jobs.contains(job)) {
                        continue;
                    }
                    execute(job, jobParameters);
                }catch (NoSuchJobException ex) {
    logger.debug(LogMessage.format("No job found in registry for job name:
%s", jobName));
                }
            }
        }
    }
```

//真正调动 Job 执行的逻辑，并发布 Job 执行事件

```
    protected void execute(Job job, JobParameters jobParameters)
            throws JobExecutionAlreadyRunningException, JobRestartException,
JobInstanceAlreadyCompleteException,
            JobParametersInvalidException, JobParametersNotFoundException {
        JobParameters parameters = getNextJobParameters(job, jobParameters);
        JobExecution execution = this.jobLauncher.run(job, parameters);
        if (this.publisher != null) {
            this.publisher.publishEvent(new JobExecutionEvent(execution));
        }
    }
}
```

通过分析源码可以看到，正是利用 CommandLineRunner 来实现任务的启动，通过重写 run()方法并执行 JobExecution execution = this.jobLauncher.run(job, parameters);方法拉起 Job 作业。在拉起任务的同时还发布了任务执行事件。我们来看监听实现类 JobExecution-ExitCodeGenerator 中的逻辑，代码清单如下：

```java
public class JobExecutionExitCodeGenerator implements ApplicationListener
<JobExecutionEvent>, ExitCodeGenerator {
   private final List<JobExecution> executions = new ArrayList<>();
   @Override
   public void onApplicationEvent(JobExecutionEvent event) {
     this.executions.add(event.getJobExecution());
   }
   @Override
   public int getExitCode() {
     //判断 Job 执行结果，如果有异常，则返回对应的 exit code
     for (JobExecution execution : this.executions) {
       if (execution.getStatus().ordinal() > 0) {
         return execution.getStatus().ordinal();
       }
     }
     return 0;
   }
}
```

最后进行数据源初始化配置，注入的 BatchDataSourceInitializer 会完成 Spring Batch 相关表的初始化，代码清单如下：

```java
public class BatchDataSourceInitializer extends AbstractDataSource
Initializer {
   private final BatchProperties properties;
   public BatchDataSourceInitializer(DataSource dataSource, ResourceLoader
resourceLoader,
       BatchProperties properties) {
     super(dataSource, resourceLoader);
     Assert.notNull(properties, "BatchProperties must not be null");
     this.properties = properties;
   }
   @Override
   protected DataSourceInitializationMode getMode() {
     return this.properties.getInitializeSchema();
   }
   @Override
   protected String getSchemaLocation() {
     return this.properties.getSchema();
   }
   @Override
   protected String getDatabaseName() {
     String databaseName = super.getDatabaseName();
     if ("oracle".equals(databaseName)) {
       return "oracle10g";
     }
     return databaseName;
   }
}
```

以上代码主要通过读取配置文件中的 spring.batch.initialize-schema 属性值来指定数据库并完成初始化操作。

在 spring-boot-autoconfigure-2.2.6.RELEASE.jar 包中提供了基于 BatchConfigurer 接口的实现类 BasicBatchConfigurer。虽然在 spring-batch-core 项目中有 DefaultBatchConfigurer 的默认实现，但实际上还是使用 BasicBatchConfigurer 的实例。代码清单如下：

```
public class BasicBatchConfigurer implements BatchConfigurer {
    private final BatchProperties properties;
    private final DataSource dataSource;                    //数据源
    private PlatformTransactionManager transactionManager;  //事务管理器
    //自定义事务管理器
    private final TransactionManagerCustomizers transactionManager
Customizers;
    private JobRepository jobRepository;        //Job 持久化组件
    private JobLauncher jobLauncher;            //Job 启动组件
    private JobExplorer jobExplorer;            //Job 浏览组件
    @PostConstruct
    public void initialize() {
        try {
            this.transactionManager = buildTransactionManager();
            this.jobRepository = createJobRepository();
            this.jobLauncher = createJobLauncher();
            this.jobExplorer = createJobExplorer();
        } catch (Exception ex) {
            throw new IllegalStateException("Unable to initialize Spring
Batch", ex);
        }
    }
}
```

Spring Boot 的基础配置就基本完成了，10.4 节将介绍如何配置并开发批处理功能。

10.4　Spring Batch 应用案例

本案例将使用 Spring Batch 框架读取 CSV 文件中的数据，然后通过 JPA 将数据保存到数据库中，从而实现先读取文件中的数据，然后以批处理的方式将这些数据插入数据库中的目的。

通过 Idea 新建 Spring Boot 项目，修改 pom.xml 文件，在其中添加 JPA、Web 和 Batch 等依赖，并使用 MySQL 数据库进行存储，还需要添加 mysql-connector-java 驱动包。示例代码如下：

```
<dependency>
    <groupId>org.springframework.boot</groupId>
    <artifactId>spring-boot-starter-web</artifactId>
</dependency>
<!--引入batch-->
```

```xml
<dependency>
    <groupId>org.springframework.boot</groupId>
    <artifactId>spring-boot-starter-batch</artifactId>
</dependency>
<!--引入 jpa-->
<dependency>
    <groupId>org.springframework.boot</groupId>
    <artifactId>spring-boot-starter-data-jpa</artifactId>
</dependency>
<!--引入 MySQL 驱动-->
<dependency>
    <groupId>mysql</groupId>
    <artifactId>mysql-connector-java</artifactId>
    <scope>runtime</scope>
</dependency>
```

由于我们创建的是 Spring Boot 项目，只需要引入 spring-boot-starter-web 依赖即可，不引入 hibernate-validator 依赖的情况下，照样可以使用数据校验功能。

向 application.properties 配置文件中添加数据源配置，以及 JPA 和 Batch 的相关配置，示例代码如下：

```properties
#配置数据源
spring.datasource.driver-class-name=com.mysql.cj.jdbc.Driver
spring.datasource.url=jdbc:mysql://127.0.0.1:3306/mohai_three?useUnicode=true&characterEncoding=UTF-8&autoReconnect=true&useSSL=true&serverTimezone=Asia/Shanghai&zeroDateTimeBehavior=convertToNull
spring.datasource.username=root
spring.datasource.password=123456
#JPA 配置，自动创建数据表
spring.jpa.hibernate.ddl-auto=update
spring.jpa.show-sql=true
#启动时要执行的 Job，默认执行全部的 Job
#spring.batch.job.names=importUserJob
#是否自动执行定义的 Job，默认情况下为 true，项目启动时会自动执行配置好的 Job
#这里将其设置为不自动执行，后面通过手动的方式触发执行批处理
spring.batch.job.enabled=false
#是否初始化 Spring Batch 的数据库，默认为 true
spring.batch.initializer.enabled=true
#当项目启动时执行默认的建表 sql，如果不是 always，则会提示相关表不存在
spring.batch.initialize-schema=always
#设置 Spring Batch 相关表的前缀，默认为 batch_
#spring.batch.table-prefix=batch_
#项目启动时创建数据表（用于记录批处理的执行状态）的 SQL 脚本，该脚本由 Spring Batch
 提供
spring.datasource.schema=classpath:/org/springframework/batch/core/schema-mysql.sql
```

在 src/main/resources/user.csv 文件中添加测试数据。这里创造了一些数据，这些数据很简单，有 3 个字段，分别是 id、name 和 age，在文件解析时可以对其修改和配置，过滤掉第一行标题，具体内容如下：

```
id,name,age
1,zhangsan,20
2,lisi,22
3,wangwu,24
4,zhaoliu,26
5,maqi,28
```

根据 user.csv 文件中的数据格式来定义领域模型的实体类。在项目中创建 domain 包，新建 UserDTO 类，添加对应的 user.csv 文件属性，且额外添加 createTime 和 status 属性，另外还配置 JSR-303 注解来校验数据，通过@Table(name = "user")来标注在数据库中创建的表名，示例代码如下：

```java
@Entity
@Table(name = "user")
public class UserDTO {
    @Id                                          // 表名实体的唯一标识
    @GeneratedValue(strategy = GenerationType.IDENTITY) //主键自动生成策略
    private int id;
    @Column
    @Size(max = 10)
    @NotBlank(message = "姓名不能为空")
    private String name;
    @Column
    private int age;
    @Column
    private Date createTime;
    private byte status;
    // 省略 Get 和 Set
}
```

创建一个 listener 包，并新建一个 Job 监听器 JobRunListener 类，实现 JobExecutionListener 接口，重写 beforeJob()和 afterJob()方法，示例代码如下：

```java
public class JobRunListener implements JobExecutionListener {
    //批处理开始前执行
    @Override
    public void beforeJob(JobExecution jobExecution) {
        System.out.println(String.format("任务 id 为【%s】 开始执行时间：%s",
jobExecution.getJobId(), jobExecution.getStartTime())));
    }
    //批处理结束后执行
    @Override
    public void afterJob(JobExecution jobExecution) {
        if (jobExecution.getStatus() == BatchStatus.COMPLETED) {
            System.out.println(String.format("任务 id 为【%s】执行结束时间:%s",
jobExecution.getJobId(), jobExecution.getEndTime())));
        } else {
            System.out.println(String.format("任务 id 为【%s】执行异常状态:%s",
jobExecution.getJobId(), jobExecution.getStatus())));
        }
    }
}
```

再创建一个config包，新建数据处理类UserItemProcessor和校验逻辑处理类UserBean-Validator。

自定义 UserItemProcessor 数据处理类的代码如下：

```
public class UserItemProcessor extends ValidatingItemProcessor<UserDTO> {
    @Override
    public UserDTO process(UserDTO item) {
        super.process(item);  //需执行super.process(item)才会调用自定义校验器
        item.setStatus((byte) 1);    // 设置默认值
        item.setCreateTime(new Date());
        return item;
    }
}
```

自定义 UserBeanValidator 数据校验类的代码如下：

```
public class UserBeanValidator<T> implements Validator<T>, Initializing
Bean {
    private javax.validation.Validator validator;
    @Override
    public void validate(T value) throws ValidationException {
        // 使用 Validator 的 validate 方法校验数据
        Set<ConstraintViolation<T>> constraintViolations =
                validator.validate(value);
        if (constraintViolations.size() > 0) {
            StringBuilder message = new StringBuilder();
            for (ConstraintViolation<T> constraintViolation : constraint
Violations) {
                message.append(constraintViolation.getMessage() + "\n");
            }
            throw new ValidationException(message.toString());
        }
    }
    //使用 JSR-303 的 Validator 校验数据，通过 afterPropertiesSet()方法初始化
    @Override
    public void afterPropertiesSet() throws Exception {
        ValidatorFactory validatorFactory =
                Validation.buildDefaultValidatorFactory();
        validator = validatorFactory.usingContext().getValidator();
    }
}
```

这里主要演示通过 JPA 实现数据入库的逻辑，创建 dao 包，新建 UserRepository 接口，继承 JpaRepository 接口，示例代码如下：

```
@Repository
public interface UserRepository extends JpaRepository<UserDTO,Integer> {
}
```

接下来新建批处理配置类，需要依次注入 Job、Step、ItemReader、ItemProcessor、ItemWriter、Validator 和 JobExecutionListener 等相关 Bean。还要注意，在配置类上使用 @EnableBatchProcessing 注解来开启对批处理的支持，示例代码如下：

```
@Configuration
//实现多个 Job，需要配置 modular = true
@EnableBatchProcessing(modular = true)
public class BatchConfig {
    @Bean                                        // 配置一个 Job
    public Job importUserJob(JobBuilderFactory jobBuilderFactory, Step
step) {

        // 为 job 起名为 importUserJob
        return jobBuilderFactory.get("importUserJob")
                .incrementer(new RunIdIncrementer())
                .start(step)
                .listener(listener())
                .build();
    }
    @Bean                                        // 配置一个 Step
    public Step importUserStep(
            StepBuilderFactory stepBuilderFactory,
            ItemReader<UserDTO> reader,
            ItemProcessor<UserDTO,UserDTO> processor,
            ItemWriter<UserDTO> writer) {
        return stepBuilderFactory.get("importUserStep")
                // 批处理每次提交 10 条数据
                .<UserDTO, UserDTO>chunk(10)
                // 给 Step 绑定 reader
                .reader(reader)
                // 给 Step 绑定 processor
                .processor(processor)
                // 给 Step 绑定 writer
                .writer(writer)
                .faultTolerant()
                // 设定一个允许这个 Step 可以跳过的异常数量，这里设定为 3，表示当 Step
                //    运行时只要出现的异常数目不超过 3 条，整个 Step 都不会失败。注意，若
                //    不设定 skipLimit，其默认值是 0
                .skipLimit(3)
                // 指定可以跳过的异常，因为有些异常是可以忽略的
                .skip(Exception.class)
                // 指定不想跳过的异常，因此这种异常出现一次，计数器就会加 1，直到达到上限
                .noSkip(FileNotFoundException.class)
                .build();
    }
    @Bean                                        // 配置从文件中读取数据
    public ItemReader<UserDTO> reader() {
        // FlatFileItemReader 是一个用来加载文件的 itemReader
        FlatFileItemReader<UserDTO> reader = new FlatFileItemReader<>();
        reader.setLinesToSkip(1);                 // 跳过第一行的标题
        // 设置 CSV 的位置
        reader.setResource(new ClassPathResource("user.csv"));
        // 设置每一行的数据信息
        reader.setLineMapper(new DefaultLineMapper<UserDTO>(){{
            setLineTokenizer(new DelimitedLineTokenizer(){{
                setNames(new String[]{"id","name","age"});   // 配置属性解析
```

```
            // 配置列与列之间的间隔符，通过间隔符对每一行进行切分
            setDelimiter(",");
        }});
        // 设置要映射的实体类属性
        setFieldSetMapper(new BeanWrapperFieldSetMapper<UserDTO>(){{
            setTargetType(UserDTO.class);
        }});
    }});
    return reader;
}
@Bean                                   // 用来处理数据
public ItemProcessor<UserDTO,UserDTO> processor(){
    // 使用自定义的 ItemProcessor 实现 UserItemProcessor
    UserItemProcessor processor = new UserItemProcessor();
    // 为 processor 指定校验器为 UserBeanValidator
    processor.setValidator(validator());
    return processor;
}
@Bean                                   // 向数据库中写数据
public ItemWriter<UserDTO> writer(@Qualifier("userRepository") User
Repository userRepository) {
    // 通过 JPA 写入数据库中
    RepositoryItemWriterBuilder  repositoryItemWriterBuilder  =  new
RepositoryItemWriterBuilder();
    repositoryItemWriterBuilder.repository(userRepository);
    repositoryItemWriterBuilder.methodName("save");
    RepositoryItemWriter writer = repositoryItemWriterBuilder.build();
    return writer;
}
@Bean
public Validator<UserDTO> validator(){
    return new UserBeanValidator<>();
}
@Bean
public JobExecutionListener listener() {
    return new JobRunListener();
}
}
```

如果想自己编写 SQL 语句实现入库逻辑，可以使用 JDBC 来实现，只要替换上面的
writer()方法即可，示例代码如下：

```
@Bean
public  ItemWriter<UserDTO>  writer(@Qualifier("dataSource")  DataSource
dataSource) {
    // 通过 JDBC 写入数据库中
    JdbcBatchItemWriter writer = new JdbcBatchItemWriter();
    writer.setDataSource(dataSource);
    // setItemSqlParameterSourceProvider 表示将实体类中的属性和占位符一一映射
    writer.setItemSqlParameterSourceProvider(
            new BeanPropertyItemSqlParameterSourceProvider<>());
    // 设置要执行批处理的 SQL 语句，其中占位符的写法是":属性名"
    writer.setSql("insert into user(id, name, age, status, create_time) " +
            "values(:id, :name, :age, :status, :createTime)");
```

```
        return writer;
    }
```

为了能够手动测试，我们创建一个 controller 包，新建 UserJobController 类，注入 JobLauncher 和 Job，以方便运行定义好的 Job，示例代码如下：

```
@RestController
@RequestMapping("/user")
public class UserJobController {
    @Autowired
    JobLauncher jobLauncher;
    @Autowired
    Job importJob;
    @RequestMapping("/start")
    public String runJob() throws Exception{
        // 通过使用 JobParameters 绑定设置参数
        JobParameters jobParameters = new JobParametersBuilder()
                .addLong("time", System.currentTimMillis())
                .addDate("date",new Date())
                .toJobParameters();
        jobLauncher.run(importJob, jobParameters);
        return "SUCCESS";
    }
}
```

至此，所有的配置及准备工作都完成了。运行主函数启动项目，默认会在数据库中创建相关的数据表信息。在浏览器中访问 http://localhost:8080/user/start，不管 Job 执行成功还是失败，都会在浏览器中看到 SUCCESS 字样，说明 JobLauncher#run()方法在运行时是异步调用的，查看源码可以看到是通过 TaskExecutor（任务执行器）实现任务的异步调用的。

10.5　小　　结

随着互联网企业的迅速发展，海量数据的处理需求日渐迫切。使用 Spring Batch 批处理框架可以让我们在开发批处理应用时更加高效和便捷。希望通过本章的学习，读者能够对海量数据的处理及批处理框架有一定的了解。

第 11 章　Spring Boot 整合定时任务

上一章我们学习了批处理开发，本章我们就来学习如何定时拉起批处理任务。定时任务，顾名思义就是提前设定好时间，等时间一到，程序自动执行作业任务。在实际生产过程中，批处理任务不可能通过人为干预去触发，那怎么办呢？这时就可以利用定时任务来实现。批处理和定时任务这对黄金搭档可以完美处理具有周期性的业务。

本章主要内容如下：
- 定时任务的实现方式；
- Quartz 框架的使用配置；
- Cron 表达式的用法；
- 定时任务的应用场景。

11.1　Spring Boot 默认的定时任务

在 Spring 框架中，既可以通过 XML 配置的形式开启定时任务，又可以通过注解的形式开启定时任务。为了能更好地在 Spring Boot 项目中使用定时任务，就要以注解形式为主。在启动类或配置类中添加@EnableScheduling 注解就可以开启定时任务，然后在需要执行的方法中添加@Scheduled 注解设置定时器，这样任务就会按照设定的时间去触发了。这两个注解都是在 spring-context-5.2.5.RELEASE.jar 包中定义。

11.1.1　注解@EnableScheduling：定时任务总开关

对于注解@EnableScheduling 来讲，它的功能至关重要，没有它就会导致所有的定时任务失效。既然它的功能这么强大，我们就来看下具体的源码实现，揭开它的神秘面纱。注解@EnableScheduling 的代码清单如下：

```
@Target(ElementType.TYPE)
@Retention(RetentionPolicy.RUNTIME)
@Import(SchedulingConfiguration.class)
@Documented
public @interface EnableScheduling {
}
```

@EnableScheduling 注解的核心功能是导入 SchedulingConfiguration 配置类，通过该注解自动注入 SchedulingConfiguration 配置类后巧妙地将实现逻辑转移到了配置类中，我们来看下具体实现，代码清单如下：

```
@Configuration
@Role(BeanDefinition.ROLE_INFRASTRUCTURE)
public class SchedulingConfiguration {
  @Bean(name=
TaskManagementConfigUtils.SCHEDULED_ANNOTATION_PROCESSOR_BEAN_NAME)
  @Role(BeanDefinition.ROLE_INFRASTRUCTURE)
  public ScheduledAnnotationBeanPostProcessor scheduledAnnotationProcessor() {
     return new ScheduledAnnotationBeanPostProcessor();
  }
}
```

通过代码可以看到，在 SchedulingConfiguration 配置类中通过@Bean 注解向 Spring 容器中注入了 org.springframework.scheduling.annotation.ScheduledAnnotationBeanPostProcessor 类型的 Bean，并通过注解@Role 将 Bean 标注为后台角色，与最终用户无关，仅供框架内部使用，不允许被重写。

在初始化 ScheduledAnnotationBeanPostProcessor 时通过调用默认的构造器对实例属性 registrar 进行初始化，创建一个 ScheduledTaskRegistrar 类型的实例对象，代码如下：

```
public ScheduledAnnotationBeanPostProcessor() {
   this.registrar = new ScheduledTaskRegistrar();
}
```

我们先来回忆一下 Spring 实例化 Bean 的整个过程。Spring IoC 容器提供的扩展接口 BeanPostProcessor 的主要功能就是在初始化方法前（和后）添加处理逻辑，在 Spring IoC 容器实例化 Bean 的时候，会在其 InitializingBean#afterPropertiesSet()方法或自定义的 init 方法前（和后）分别调用 BeanPostProcessor#postProcessBeforeInitialization()方法和 Bean-PostProcessor #postProcessAfterInitialization()方法。总的来说就是，在 BeanPostProcessor 中最先执行的方法是 postProcessBeforeInitialization()，然后是 afterPropertiesSet()，接着是 init-method，最后是 postProcessAfterInitialization()。另外，Spring 提供的 Aware 接口可以用来设置 Bean 中的属性。

ScheduledAnnotationBeanPostProcessor 类是很多接口的实现类，它首先实现了 Merged-BeanDefinitionPostProcessor 和 DestructionAwareBeanPostProcessor 这两个接口，分别重写 postProcessMergedBeanDefinition()和 postProcessBeforeDestruction()、requiresDestruction() 方法，其中，postProcessMergedBeanDefinition()只是一个空实现，而 postProcessBefore-Destruction()方法会在处理对象销毁之前回调，requiresDestruction()方法是确定当前 Bean 是否需要 post-processor 处理器。实现逻辑的代码清单如下：

```
//在 Bean 实例化之后并且在初始化方法之前调用，可修改 BeanDefinition 的属性
@Override
public void postProcessMergedBeanDefinition(RootBeanDefinition beanDefinition,
Class<?> beanType, String beanName) {
}
```

```
//实现销毁对象的逻辑
@Override
public void postProcessBeforeDestruction(Object bean, String beanName) {
    Set<ScheduledTask> tasks;
    //设置同步锁，移除当前 Bean 中的定时任务
    synchronized (this.scheduledTasks) {
        tasks = this.scheduledTasks.remove(bean);
    }
    if (tasks != null) {
        for (ScheduledTask task : tasks) {
            //遍历定时任务
            task.cancel();
        }
    }
}
//判断是否销毁该对象
@Override
public boolean requiresDestruction(Object bean) {
    //设置同步锁，判断当前 Bean 是否包含在内
    synchronized (this.scheduledTasks) {
        return this.scheduledTasks.containsKey(bean);
    }
}
```

另外，在 ScheduledAnnotationBeanPostProcessor 类中也对 postProcessBeforeInitialization()
和 postProcessAfterInitialization() 方法进行了重写，代码清单如下：

```
//在初始化方法之前调用
@Override
public Object postProcessBeforeInitialization(Object bean, String beanName) {
    return bean;
}
//在初始化方法之后调用
@Override
public Object postProcessAfterInitialization(Object bean, String beanName) {
    //如果当前的 Bean 是 AopInfrastructureBean、TaskScheduler 和 ScheduledExecutor
        Service 类型，则直接返回当前 Bean 而忽略 AOP 代理的 Bean
    if (bean instanceof AopInfrastructureBean || bean instanceof Task
Scheduler ||
            bean instanceof ScheduledExecutorService) {
        return bean;
    }
    //通过 AOP 工具获取最终目标类
    Class<?> targetClass = AopProxyUtils.ultimateTargetClass(bean);
    //判断 nonAnnotatedClasses 缓存集合中是否存在 targetClass，如果不存在且目标类
        中存在@Scheduled 和@Schedules 注解，则执行里面的逻辑
    if (!this.nonAnnotatedClasses.contains(targetClass) && AnnotationUtils.
isCandidateClass(targetClass, Arrays.asList(Scheduled.class, Schedules.
class))) {
        //获取当前方法中@Scheduled 注解的集合
        Map<Method, Set<Scheduled>> annotatedMethods = MethodIntrospector.select
Methods(targetClass,(MethodIntrospector.MetadataLookup<Set<Scheduled>>)
method -> {
```

```
          Set<Scheduled> scheduledMethods = AnnotatedElementUtils.getMerged
RepeatableAnnotations( method, Scheduled.class, Schedules.class);
              return (!scheduledMethods.isEmpty() ? scheduledMethods : null);
          });
      //如果返回的集合为空，则添加到 nonAnnotatedClasses 缓存中，可以避免重复加载判断
      if (annotatedMethods.isEmpty()) {
          this.nonAnnotatedClasses.add(targetClass);
          if (logger.isTraceEnabled()) {
          logger.trace("No @Scheduled annotations found on bean class: "
+ targetClass);
          }
      } else {
          //如果集合不为空，则调用 processScheduled()方法处理@Scheduled 注解属性，
            并根据属性值创建相应的 ScheduledTask，再将其添加到 scheduledTasks 集合中
          annotatedMethods.forEach((method, scheduledMethods) ->
          scheduledMethods.forEach(scheduled -> processScheduled(scheduled,
method, bean)));
          if (logger.isTraceEnabled()) {
              logger.trace(annotatedMethods.size()  +  "  @Scheduled  methods
processed on bean '" + beanName +  "': " + annotatedMethods);
          }
      }
   }
   return bean;
}
```

在 Spring IoC 容器中，每初始化一个 Bean 的前后都要执行上面的 postProcessBefore-Initialization()方法和 postProcessAfterInitialization()方法，由此可以推断出 nonAnnotated-Classes 集合中会存放大量未包含@Scheduled 注解的 Bean 对象。或许读者会有疑问：这样加载的 Bean 过多，是不是有些浪费内存呢？别担心，最后都会回调 ScheduledAnnotation-BeanPostProcessor#afterSingletonsInstantiated()方法将缓存清除的。

接着实现 EmbeddedValueResolverAware、BeanNameAware、BeanFactoryAware 和 ApplicationContextAware 这几个接口，分别用于获取内置的 StringValueResolver，获取当前 Bean 在容器的名字，获取创建该 Bean 的 BeanFactory 实例，以及获取 Spring 的上下文对象。每个接口的实现方法的代码清单如下：

```
//接口 EmbeddedValueResolverAware 的回调方法
@Override
public void setEmbeddedValueResolver(StringValueResolver resolver) {
   this.embeddedValueResolver = resolver;
}
//接口 BeanNameAware 的回调方法
@Override
public void setBeanName(String beanName) {
   this.beanName = beanName;
}
//接口 BeanFactoryAware 的回调方法
@Override
public void setBeanFactory(BeanFactory beanFactory) {
   this.beanFactory = beanFactory;
}
```

```
//接口 ApplicationContextAware 的回调方法
@Override
public void setApplicationContext(ApplicationContext applicationContext)
{
    this.applicationContext = applicationContext;
    if (this.beanFactory == null) {
        this.beanFactory = applicationContext;
    }
}
```

然后是实现 SmartInitializingSingleton 和 DisposableBean 接口，在 Spring IoC 容器中，这两个接口会在 Bean 初始化完成后回调 SmartInitializingSingleton#afterSingletonsInstantiated() 方法，以及在 Bean 销毁的时候回调 DisposableBean#destroy() 方法，代码清单如下：

```
//接口 SmartInitializingSingleton 的回调方法
@Override
public void afterSingletonsInstantiated() {
    this.nonAnnotatedClasses.clear();
    if (this.applicationContext == null) {
        finishRegistration();
    }
}
//接口 DisposableBean 的回调方法
@Override
public void destroy() {
    //删除所有的 ScheduledTask，并触发删除定时任务
    synchronized (this.scheduledTasks) {
        Collection<Set<ScheduledTask>> allTasks = this.scheduledTasks.values();
        for (Set<ScheduledTask> tasks : allTasks) {
            for (ScheduledTask task : tasks) {
                task.cancel();
            }
        }
        this.scheduledTasks.clear();                //清空集合
    }
    this.registrar.destroy();
}
```

在执行 fterSingletonsInstantiated() 方法时，不仅会清除 nonAnnotatedClasses 缓存集合，还会判断 applicationContext 是否为 null，如果是 null，则调用 ScheduledAnnotationBean-PostProcessor#finishRegistration() 方法。调用 finishRegistration() 方法让定时任务能够在 ApplicationContext 中运行，并在所有的 Bean 都处理完之后开启注册任务，如可以支持 Spring Batch 的 Job 注册。考虑到这一点 ScheduledAnnotationBeanPostProcessor 也实现了 ApplicationListener 接口，然后重写了 onApplicationEvent() 方法，代码清单如下：

```
@Override
public void onApplicationEvent(ContextRefreshedEvent event) {
    //为避免重复调用，判断当前的上下文和引发事件的上下文是否为同一个
    if (event.getApplicationContext() == this.applicationContext) {
        finishRegistration();
    }
}
```

最后实现 ScheduledTaskHolder 接口，重写 getScheduledTasks()方法，在 Scheduled-AnnotationBeanPostProcessor 类中对该方法重写的代码清单如下：

```
@Override
public Set<ScheduledTask> getScheduledTasks() {
    Set<ScheduledTask> result = new LinkedHashSet<>();
    //设置同步锁，遍历返回的所有计划任务
    synchronized (this.scheduledTasks) {
        Collection<Set<ScheduledTask>> allTasks = this.scheduledTasks.values();
        for (Set<ScheduledTask> tasks : allTasks) {
            result.addAll(tasks);
        }
    }
    result.addAll(this.registrar.getScheduledTasks());
    return result;
}
```

在 ScheduledAnnotationBeanPostProcessor 类中，processScheduled()和 finishRegistration()方法最重要，其中，processScheduled()方法会在 postProcessAfterInitialization()方法内被调用，用于处理被@Scheduled 注解标注的方法。利用 ScheduledTaskRegistrar 类可以完成 ScheduledTask 定时任务的创建和注册。在 processScheduled()方法中会先创建 Scheduled-MethodRunnable 对象，其逻辑被封装在 ScheduledAnnotationBeanPostProcessor#createRunnable()方法中，代码清单如下：

```
protected Runnable createRunnable(Object target, Method method) {
    Assert.isTrue(method.getParameterCount() == 0, "Only no-arg methods may be
    annotated with @Scheduled");
    //获取 Target 对象中含有@Scheduled 的 Method 实例
    Method invocableMethod = AopUtils.selectInvocableMethod(method, target.
    getClass());
    return new ScheduledMethodRunnable(target, invocableMethod);
}
```

紧接着根据@Scheduled 注解中定义的参数进行不同的定时任务的注册。如果配置了 cron 参数，则调用 ScheduledTaskRegistrar#scheduleCronTask()方法注册 CronTask 任务；如果配置了 fixedDelay 或 fixedDelayString 参数，则调用 ScheduledTaskRegistrar#scheduleFixedDelayTask()方法注册 FixedDelayTask 任务；如果配置了 fixedRate 或 fixedRateString 参数，则调用 ScheduledTaskRegistrar#scheduleFixedRateTask()方法注册 FixedRateTask 任务。注意这几种类型的定时任务不能同时配置，否则会抛出异常，提示信息为 Exactly one of the 'cron', 'fixedDelay(String)', or 'fixedRate(String)' attributes is required。

分析到这里，我们应该想到 ScheduledAnnotationBeanPostProcessor 的核心逻辑就是处理被@Scheduled 注解标注的方法，将解析到的信息通过 ScheduledTaskRegistrar 类注册到 ScheduledTask 中，最终通过 TaskScheduler 的实例来定时触发创建的 Runnable 任务。

然后看下 finishRegistration()方法中的代码逻辑，该方法会在 afterSingletonsInstantiated()方法内被调用，先去遍历容器中所有 SchedulingConfigurer 类型的 Bean，调用 configure-

Tasks()方法实现定时任务的动态添加,然后处理 ScheduledTaskRegistrar 注册器中已注册了
任务但未设置 TaskScheduler 的情况,分别从容器中查找 TaskScheduler 或 ScheduledExecutor-
Service 类型的 Bean 并为 ScheduledTaskRegistrar 的内部属性 taskScheduler 赋值。

分析完 ScheduledAnnotationBeanPostProcessor 中的实现逻辑,我们来看下该类在
Spring 控制的生命周期中的方法调用顺序,如图 11.1 所示。

```
ScheduledAnnotationBeanPostProcessor.setBeanName()
 => setBeanFactory()
   => setEmbeddedValueResolver()
     => setApplicationContext()
       => postProcessMergedBeanDefinition()
         => requiresDestruction()
           => postProcessBeforeInitialization()
             => postProcessAfterInitialization()
               => afterSingletonsInstantiated()
                 => onApplicationEvent()
```

图 11.1　执行顺序

在构建 CronTask、FixedDelayTask 和 FixedRateTask 任务时会传入 Runnable 对象,该
对象由目标类实例(target)和该类中被@Scheduled 注解标注的方法(method)组成,然
后再由 TaskScheduler 调用 schedule()、scheduleWithFixedDelay()和 scheduleAtFixedRate()
等方法开启定时任务。我们来看下 org.springframework.scheduling.support 包提供的
ScheduledMethodRunnable 实现,代码清单如下:

```
public class ScheduledMethodRunnable implements Runnable {
  private final Object target;
  private final Method method;
  //传入 Bean 实例(target)和在 Bean 中使用@Scheduled 注解的方法(method)
  public ScheduledMethodRunnable(Object target, Method method) {
    this.target = target;
    this.method = method;
  }
  //taskScheduler 会调用此处
  @Override
  public void run() {
    try {
      ReflectionUtils.makeAccessible(this.method);
      this.method.invoke(this.target);
    }catch (InvocationTargetException ex) {

ReflectionUtils.rethrowRuntimeException(ex.getTargetException());
    }catch (IllegalAccessException ex) {
      throw new UndeclaredThrowableException(ex);
    }
  }
}
```

前面多次提到了 org.springframework.scheduling.config.ScheduledTaskRegistrar 注册类,
而且也分析了注解@Scheduled 的解析过程。下面我们来分析在 ScheduledTaskRegistrar 类

中是如何完成定时任务注册的，先来看该类中所有变量的描述，代码清单如下：

```java
public class ScheduledTaskRegistrar implements ScheduledTaskHolder,
InitializingBean, DisposableBean {
    //一个特殊的 cron 表达式值，指示禁用的触发器
    public static final String CRON_DISABLED = "-";
    //任务调度器，可实现固定的时间或者是间隔一定的时间周期性地执行重复任务
    @Nullable
    private TaskScheduler taskScheduler;
    @Nullable
    //JDK 1.5 提供的定时任务执行线程池
    private ScheduledExecutorService localExecutor;
    @Nullable
    private List<TriggerTask> triggerTasks;          //任务触发器集合
    @Nullable
    private List<CronTask> cronTasks;                 //Cron 表达式执行任务集合
    @Nullable
    private List<IntervalTask> fixedRateTasks;        //固定频率执行任务集合
    @Nullable
    private List<IntervalTask> fixedDelayTasks;       //固定延迟执行任务集合
    //还没有执行的任务集合
    private final Map<Task, ScheduledTask> unresolvedTasks = new HashMap
<>(16);
    //调度任务集合
    private final Set<ScheduledTask> scheduledTasks = new LinkedHashSet
<>(16);
}
```

ScheduledTaskRegistrar 类同 ScheduledAnnotationBeanPostProcessor 一样也实现了
ScheduledTaskHolder 接口，重写 getScheduledTasks()方法，其逻辑很简单就是返回一个不
可编辑的调度任务集合，代码清单如下：

```java
@Override
public Set<ScheduledTask> getScheduledTasks() {
    return Collections.unmodifiableSet(this.scheduledTasks);
}
```

由于 ScheduledTaskRegistrar 类也实现了 InitializingBean 和 DisposableBean 接口，所以
会在对象初始化和销毁时执行。重写的方法逻辑代码如下：

```java
//初始化调用
@Override
public void afterPropertiesSet() {
    scheduleTasks();
}
//销毁时调用
@Override
public void destroy() {
  //遍历 this.scheduledTasks 集合
  for (ScheduledTask task : this.scheduledTasks) {
    //删除定时任务计划
      task.cancel();
  }
```

```
    if (this.localExecutor != null) {
        //尝试停止所有正在执行的任务
        this.localExecutor.shutdownNow();
    }
}
```

其中，销毁方法的逻辑比较简单，仅仅是删除任务并停止正在执行任务的线程。而在初始化方法中的逻辑就较为复杂了，首先判断 taskScheduler 是否已被初始化，如果没有则通过 ConcurrentTaskScheduler 构建一个，然后遍历每种类型的任务封装成 ScheduledTask 并添加到集合中，代码清单如下：

```
protected void scheduleTasks() {
    //判断任务调度是否为 null1
    if (this.taskScheduler == null) {
        //如果为 null，则默认初始化，此处是一个单线程的线程池
        this.localExecutor = Executors.newSingleThreadScheduledExecutor();
        //通过 localExecutor 创建 ConcurrentTaskScheduler
        this.taskScheduler = new ConcurrentTaskScheduler(this.localExecutor);
    }
    if (this.triggerTasks != null) {
        //如果 this.triggerTasks 任务集合不为 null，则遍历构建 ScheduledTask 并将其
            添加到 scheduledTasks 集合中
        for (TriggerTask task : this.triggerTasks) {
            addScheduledTask(scheduleTriggerTask(task));
        }
    }
    if (this.cronTasks != null) {
        //如果 this.cronTasks 任务集合不为 null，则遍历构建 ScheduledTask 并将其添加
            到 scheduledTasks 集合中
        for (CronTask task : this.cronTasks) {
            addScheduledTask(scheduleCronTask(task));
        }
    }
    if (this.fixedRateTasks != null) {
        //如果 this.fixedRateTasks 任务集合不为 null，则遍历构建 ScheduledTask 并将
            其添加到 scheduledTasks 集合中
        for (IntervalTask task : this.fixedRateTasks) {
            addScheduledTask(scheduleFixedRateTask(task));
        }
    }
    if (this.fixedDelayTasks != null) {
        //如果 this.fixedDelayTasks 任务集合不为 null，则遍历构建 ScheduledTask 并
            将其添加到 scheduledTasks 集合中
        for (IntervalTask task : this.fixedDelayTasks) {
            addScheduledTask(scheduleFixedDelayTask(task));
        }
    }
}
//将当前调度任务添加到 scheduledTasks 集合中
private void addScheduledTask(@Nullable ScheduledTask task) {
    if (task != null) {
        this.scheduledTasks.add(task);
```

```
    }
}
```

再来看下上面代码中 4 种类型的 ScheduledTask 调度任务是如何在 ScheduledTask-Registrar 中被构建的，代码清单如下：

```java
//调度指定的触发器任务，如果可能则在调度程序初始化时调度
@Nullable
public ScheduledTask scheduleTriggerTask(TriggerTask task) {
    //从 unresolvedTasks 集合中移除当前的 task
    ScheduledTask scheduledTask = this.unresolvedTasks.remove(task);
    boolean newTask = false;              //是否为新任务标识
    if (scheduledTask == null) {
        //如果为 null，则创建一个 ScheduledTask，并设置 newTask 为 true
        scheduledTask = new ScheduledTask(task);
        newTask = true;
    }
    //如果 taskScheduler 不为 null
    if (this.taskScheduler != null) {
    //通过 taskScheduler 任务调度器执行 schedule()方法，调度定时任务
     scheduledTask.future = this.taskScheduler.schedule(task.getRunnable(),
task.getTrigger());
    }else {
        //如果 taskScheduler 为 null，则将当前的 task 添加到 triggerTasks 集合中
        addTriggerTask(task);
        //将 ScheduledTask 添加到 unresolvedTasks 集合中
        this.unresolvedTasks.put(task, scheduledTask);
    }
    //如果为新任务，则返回 scheduledTask，否则返回 null
    return (newTask ? scheduledTask : null);
}
//调度指定的 cron 任务，在调度程序初始化时调度
@Nullable
public ScheduledTask scheduleCronTask(CronTask task) {
    //从 unresolvedTasks 集合中移除当前的 task
    ScheduledTask scheduledTask = this.unresolvedTasks.remove(task);
    boolean newTask = false;  //是否为新任务标识
    if (scheduledTask == null) {
        //如果为 null，则创建一个 ScheduledTask，并设置 newTask 为 true
        scheduledTask = new ScheduledTask(task);
        newTask = true;
    }
    //如果 taskScheduler 不为 null
    if (this.taskScheduler != null) {
    //通过 taskScheduler 任务调度器执行 schedule()方法，调度定时任务
    scheduledTask.future = this.taskScheduler.schedule(task.getRunnable(),
task.getTrigger());
    }else {
        //如果 taskScheduler 为 null，则将当前的 task 添加到 cronTasks 集合中
        addCronTask(task);
        //将 ScheduledTask 添加到 unresolvedTasks 集合中
        this.unresolvedTasks.put(task, scheduledTask);
    }
```

```
            //如果为新任务，则返回 scheduledTask，否则返回 null
            return (newTask ? scheduledTask : null);
    }
    //调度固定速率任务，在调度程序初始化时调度
    @Nullable
    public ScheduledTask scheduleFixedRateTask(FixedRateTask task) {
            //从 unresolvedTasks 集合中移除当前的 task
            ScheduledTask scheduledTask = this.unresolvedTasks.remove(task);
            //是否为新任务标识
            boolean newTask = false;
            if (scheduledTask == null) {
                //如果为 null，则创建一个 ScheduledTask，并设置 newTask 为 true
                scheduledTask = new ScheduledTask(task);
                newTask = true;
            }
            //如果 taskScheduler 不为 null
            if (this.taskScheduler != null) {
                //当前任务设置了初始延迟时间并且时间大于 0
                if (task.getInitialDelay() > 0) {
                    //计算开始执行时间，为当前系统时间+initialDelay 时间
                    Date startTime = new Date(System.currentTimeMillis() + task.get
InitialDelay());
                    //通过 taskScheduler 任务调度器执行 scheduleAtFixedRate()方法，调度
                        定时任务
                    scheduledTask.future =
    this.taskScheduler.scheduleAtFixedRate(task.getRunnable(), startTime,
task.getInterval());
                }else {
                    //如果未设置或初始延迟时间小于等于 0，则立即调度定时任务
                    scheduledTask.future =
                    this.taskScheduler.scheduleAtFixedRate(task.getRunnable(),
task.getInterval());
                }
            }else {
                //如果 taskScheduler 为 null，则将当前的 task 添加到 fixedRateTasks 集合中
                addFixedRateTask(task);
                //将 ScheduledTask 添加到 unresolvedTasks 集合中
                this.unresolvedTasks.put(task, scheduledTask);
            }
            //如果为新任务，则返回 scheduledTask，否则返回 null
            return (newTask ? scheduledTask : null);
    }
    //调度固定延迟任务，在调度程序初始化时调度
    @Nullable
    public ScheduledTask scheduleFixedDelayTask(FixedDelayTask task) {
            //从 unresolvedTasks 集合中移除当前的 task
            ScheduledTask scheduledTask = this.unresolvedTasks.remove(task);
            boolean newTask = false;  //是否为新任务标识
            if (scheduledTask == null) {
            //如果为 null，则创建一个 ScheduledTask，并设置 newTask 为 true
                scheduledTask = new ScheduledTask(task);
                newTask = true;
```

```
    }
    //如果 taskScheduler 不为 null
    if (this.taskScheduler != null) {
        //当前任务设置了初始延迟时间并大于 0
        if (task.getInitialDelay() > 0) {
            //计算开始执行时间，为当前系统时间+initialDelay 时间
            Date startTime = new Date(System.currentTimeMillis() + task.
getInitialDelay());
            //通过 taskScheduler 任务调度器执行 scheduleWithFixedDelay 方法,调
                度定时任务
        scheduledTask.future=this.taskScheduler.scheduleWithFixedDelay
(task.getRunnable(), startTime, task.getInterval());
        }else {
            //如果未设置或初始延迟时间小于等于 0，则立即调度定时任务
            scheduledTask.future = this.taskScheduler.scheduleWithFixedDelay
(task.getRunnable(), task.getInterval());
        }
    }else {
        //如果 taskScheduler 为 null，则将当前的 task 添加到 fixedDelayTasks 集
            合中
        addFixedDelayTask(task);
        //将 ScheduledTask 添加到 unresolvedTasks 集合中
        this.unresolvedTasks.put(task, scheduledTask);
    }
    //如果为新任务，则返回 scheduledTask，否则返回 null
    return (newTask ? scheduledTask : null);
}
```

在 ScheduledTaskRegistrar 类中支持了自定义动态添加定时任务的方法，针对上述 4 种类型的定时任务集合提供了相应的方法实现，代码清单如下：

```
//添加一个可运行的任务，通过 Trigger 触发
public void addTriggerTask(Runnable task, Trigger trigger) {
    addTriggerTask(new TriggerTask(task, trigger));
}
//添加一个 TriggerTask 任务
public void addTriggerTask(TriggerTask task) {
    if (this.triggerTasks == null) {
        this.triggerTasks = new ArrayList<>();
    }
    this.triggerTasks.add(task);
}
//添加一个可运行的任务，通过 cron 表达式触发
public void addCronTask(Runnable task, String expression) {
    if (!CRON_DISABLED.equals(expression)) {
        addCronTask(new CronTask(task, expression));
    }
}
//添加一个 CronTask 任务
public void addCronTask(CronTask task) {
    if (this.cronTasks == null) {
        this.cronTasks = new ArrayList<>();
    }
```

```
    this.cronTasks.add(task);
}
//添加一个可运行的任务，通过给定的固定频率间隔触发
public void addFixedRateTask(Runnable task, long interval) {
    addFixedRateTask(new IntervalTask(task, interval, 0));
}
//添加固定频率
public void addFixedRateTask(IntervalTask task) {
    if (this.fixedRateTasks == null) {
        this.fixedRateTasks = new ArrayList<>();
    }
    this.fixedRateTasks.add(task);
}
//添加一个可运行的任务，通过给定的固定时间延时触发
public void addFixedDelayTask(Runnable task, long delay) {
    addFixedDelayTask(new IntervalTask(task, delay, 0));
}
//添加固定延迟
public void addFixedDelayTask(IntervalTask task) {
    if (this.fixedDelayTasks == null) {
        this.fixedDelayTasks = new ArrayList<>();
    }
    this.fixedDelayTasks.add(task);
}
```

看到这里不知道读者是否将 ScheduledTask 和 TaskScheduler 这两个类混淆了呢？这样实现的目的是什么？

ScheduledTask 类表示定时任务，它维护了一个 Task 任务和一个能够取消任务执行的 ScheduledFuture。在该类中我们可以通过 ScheduledTask#getTask()方法获取当前任务，也可以通过 ScheduledTask#cancel()方法删除任务。该类的代码清单如下：

```
public final class ScheduledTask {
    private final Task task;
    @Nullable
    volatile ScheduledFuture<?> future;
    ScheduledTask(Task task) {
        this.task = task;
    }
    //返回下层任务
    public Task getTask() {
        return this.task;
    }
    //触发取消此计划任务
    public void cancel() {
        ScheduledFuture<?> future = this.future;
        if (future != null) {
            future.cancel(true);
        }
    }
}
```

基于 Task 实现的任务类型大致有 TriggerTask、CronTask、FixedDelayTask 和 FixedRate-ask 几种，也是在 ScheduledTaskRegistrar 中注册的几种类型。TriggerTask 和 CronTask 都可以实现动态定时任务，前者通过 Trigger#nextExecutionTime 给定的触发上下文（TriggerContext）确定下一个执行时间，后者是由 TriggerTask 子类通过 cron 表达式确定下一个执行时间。FixedDelayTask 和 FixedRateTask 都是 IntervalTask 的子类，用于在给定固定的延迟时间后周期性地执行任务。

当各种类型的任务定义好之后，下一步就是如何调用这些任务了，而这项工作是通过 TaskScheduler 来完成的。TaskScheduler 是一个接口，其内部提供了 11 个待重写的方法，这些方法足以应对现有的定时任务触发场景。让我们来看下接口中每个方法的定义，代码清单如下：

```
public interface TaskScheduler {
    //指定触发器执行定时任务，通过 Trigger 指定触发时间
    @Nullable
    ScheduledFuture<?> schedule(Runnable task, Trigger trigger);
    //指定明确的调度执行时间，注意任务只执行一次，使用 startTime 指定其启动时间
    default ScheduledFuture<?> schedule(Runnable task, Instant startTime) {
        return schedule(task, Date.from(startTime));
    }
    //指定明确的调度执行时间，注意任务只执行一次，使用 startTime 指定其启动时间
    ScheduledFuture<?> schedule(Runnable task, Date startTime);
    //通过使用 fixedRate 方式指定执行间隔时间,任务首次启动时间由 startTime 参数指定
    default ScheduledFuture<?> scheduleAtFixedRate(Runnable task, Instant
startTime, Duration period) {
        return scheduleAtFixedRate(task, Date.from(startTime), period.
toMillis());
    }
    //通过使用 fixedRate 方式指定执行间隔时间,任务首次启动时间由 startTime 参数指定
    ScheduledFuture<?> scheduleAtFixedRate(Runnable task, Date startTime,
long period);
    /**
     * 通过使用 fixedRate 方式指定执行间隔时间，因未设置任务首次启动时间，故任务池将
     *   会根据 period 尽可能早地启动任务
     */
    default ScheduledFuture<?> scheduleAtFixedRate(Runnable task, Duration
period) {
        return scheduleAtFixedRate(task, period.toMillis());
    }
    /**
     * 通过使用 fixedRate 方式指定执行间隔时间，因未设置任务首次启动时间，故任务池将
     *   会根据 period 尽可能早地启动任务
     */
    ScheduledFuture<?> scheduleAtFixedRate(Runnable task, long period);
    //通过使用 fixedDelay 方式指定执行间隔时间,任务首次启动时间由 startTime 参数指定
    default    ScheduledFuture<?>    scheduleWithFixedDelay(Runnable    task,
Instant startTime, Duration delay) {
        return scheduleWithFixedDelay(task, Date.from(startTime), delay.
toMillis());
    }
```

```
//通过使用 fixedDelay 方式指定执行间隔时间, 任务首次启动时间由 startTime 参数指定
    ScheduledFuture<?> scheduleWithFixedDelay(Runnable task, Date startTime,
long delay);
    /**
     * 通过使用 fixedDelay 的方式指定执行间隔时间, 因未设置任务首次启动时间, 故任务
       池将会根据 period 尽可能早地启动任务
     */
    default ScheduledFuture<?> scheduleWithFixedDelay(Runnable task,
Duration delay) {
        return scheduleWithFixedDelay(task, delay.toMillis());
    }
    /**
     * 通过使用 fixedDelay 方式指定执行间隔时间, 因未设置任务首次启动时间, 故任务池将
       会根据 period 尽可能早地启动任务
     */
    ScheduledFuture<?> scheduleWithFixedDelay(Runnable task, long delay);
}
```

在 ScheduledTaskRegistrar#afterPropertiesSet()方法中我们分析过，如果 TaskScheduler 未进行初始化，则会采用 org.springframework.scheduling.concurrent.ConcurrentTaskScheduler 任务定时器。首先通过 Executors 的静态方法 newSingleThreadScheduledExecutor()获取一个类型为 ScheduledExecutorService 的对象，其核心线程只有一个，其次将获取的 Scheduled-ExecutorService 作为参数传入 ConcurrentTaskScheduler 的构造器中，最后创建一个实现 TaskScheduler 接口的 ConcurrentTaskScheduler 对象。

另外，在 TaskScheduler 接口的实现类中还有一个 ThreadPoolTaskScheduler 类，在该类内部也维护了一个 ScheduledExecutorService 接口。查看源码会发现，在 java.util.concurrent 包中有一个 ScheduledExecutorService 接口的实现类，java.util.concurrent.ScheduledThread-PoolExecutor，后续我们会在 JDK 定时任务的实现方式中再进行深入分析。

11.1.2　注解@Scheduled 和@Schedules 详解

@Scheduled 注解可以被添加到方法或者其他注解中，@Schedules 注解只是用来组合多种调度设置，其内部可以包含多个@Scheduled 注解。我们来看下@Scheduled 注解，其源码清单如下：

```
@Target({ElementType.METHOD, ElementType.ANNOTATION_TYPE})
@Retention(RetentionPolicy.RUNTIME)
@Documented
@Repeatable(Schedules.class)
public @interface Scheduled {
    //默认禁用 cron 表达式
    String CRON_DISABLED = ScheduledTaskRegistrar.CRON_DISABLED;
    String cron() default "";               //配置 cron 表达式
    //设置 cron 表达式时区, 默认为当前时区, 一般很少用到
    String zone() default "";
    //设置两次任务调用之间固定间隔的毫秒数, 参数类型为 long, 单位为 ms
```

```
   // 间隔时间是前一次任务的结束时间与下次任务的开始时间
   long fixedDelay() default -1;
   //设置两次任务调用之间固定间隔的毫秒数，参数类型为 String，可以使用占位符
   String fixedDelayString() default "";
   //设置两次任务调用之间固定频率的毫秒数，参数类型为 long，单位为 ms
   long fixedRate() default -1;
   /**
    * 设置两次任务调用之间固定频率的毫秒数，参数类型为 String，可以使用占位符。
    * 执行时间间隔是两个任务的开始时间，执行时间间隔不确定，由任务执行时间确定。
    */
   String fixedRateString() default "";
   //在第一次执行之前要延迟的毫秒数，参数类型为 long，单位为 ms
   long initialDelay() default -1;
   //在第一次执行之前要延迟的毫秒数，参数类型为 String，可以使用占位符
   String initialDelayString() default "";
}
```

注解@Schedules 中的逻辑实现比较简单，只有一个包含@Scheduled 注解的数组，代码清单如下：

```
@Target({ElementType.METHOD, ElementType.ANNOTATION_TYPE})
@Retention(RetentionPolicy.RUNTIME)
@Documented
public @interface Schedules {
   Scheduled[] value();
}
```

🔔**注意**：定时任务调度的方法没有返回值，并且不期望有任何参数。如果该方法需要与应用程序上下文中的其他对象进行交互，则通常使用依赖注入的方式来获取这些对象。任务默认是单线程执行。

下面请看一个简单的示例。我们新建一个 Spring Boot 项目，修改 pom.xml 文件，在其中添加相关依赖。我们要用到的注解都在 spring-context-5.2.5.RELEASE.jar 包中。

创建一个 service 包，新建调度任务 StaticScheduleTask 类，使用@Scheduled 注解进行标注，定义不同的定时任务，分别演示几种类型的调度任务，示例代码如下：

```
@Component                                    //基于注解实现定时任务
public class StaticScheduleTask {
   private Logger log = LoggerFactory.getLogger(StaticScheduleTask.class);
   @Scheduled(cron = "0/5 * * * * ?")          //cron 表达式，表示每 5s 执行一次
   private void testTasks() {
      log.info("testTasks===》执行定时任务时间: " + LocalDateTime.now());
   }
   //或者是指定时间间隔，如 5s，但实际间隔时间为 6s
   @Scheduled(fixedRate = 5000)
   private void testTasks2() {
      try {
         Thread.sleep(6000);
      } catch (InterruptedException e) {
         e.printStackTrace();
      }
```

```
        log.info("testTasks2===》执行定时任务时间: " + LocalDateTime.now());
    }
    //或者是指定固定时间间隔，此处执行时间间隔为 5000+6000
    @Scheduled(fixedDelay = 5000)
    private void testTasks3() {
        try {
            Thread.sleep(6000);
        } catch (InterruptedException e) {
            e.printStackTrace();
        }
        log.info("testTasks3===》执行定时任务时间: " + LocalDateTime.now());
    }
    //或者是使用组合形式，此处会开启两个定时任务来执行 testTasks4()方法
    @Schedules({
            @Scheduled(fixedDelay = 5000),
            @Scheduled(fixedRate = 6000)}
    )
    private void testTasks4() {
        log.info("testTasks4===》执行定时任务时间: " + LocalDateTime.now());
    }
}
```

在启动类中添加@EnableScheduling 注解，示例代码如下：

```
@SpringBootApplication
@EnableScheduling
public class SpringbootScheduledApplication {
  public static void main(String[] args) {
      SpringApplication.run(SpringbootScheduledApplication.class, args);
  }
}
```

运行 main()方法启动程序，我们会发现定时任务并不像分析的那样按照给定的时间间隔执行，它们的执行时间完全被打乱了。这也印证了所有的定时任务都是在同一个线程池中用同一个线程来处理的逻辑。因此当单线程执行任务的时候，任务都是同步的，需要按照顺序执行。我们来看执行结果，如图 11.2 所示。

```
[  scheduling-1] c.m.o.s.service.StaticScheduleTask       : testTasks3===》执行定时任务时间: 2020-08-30T14:21:58.560
[  scheduling-1] c.m.o.s.service.StaticScheduleTask       : testTasks4===》执行定时任务时间: 2020-08-30T14:21:58.560
[  scheduling-1] c.m.o.s.service.StaticScheduleTask       : testTasks4===》执行定时任务时间: 2020-08-30T14:21:58.561
[  scheduling-1] c.m.o.s.service.StaticScheduleTask       : testTasks2===》执行定时任务时间: 2020-08-30T14:22:04.561
[  scheduling-1] c.m.o.s.service.StaticScheduleTask       : testTasks4===》执行定时任务时间: 2020-08-30T14:22:04.562
[  scheduling-1] c.m.o.s.service.StaticScheduleTask       : testTasks4===》执行定时任务时间: 2020-08-30T14:22:10.563
[  scheduling-1] c.m.o.s.service.StaticScheduleTask       : testTasks===》执行定时任务时间: 2020-08-30T14:22:10.563
[  scheduling-1] c.m.o.s.service.StaticScheduleTask       : testTasks2===》执行定时任务时间: 2020-08-30T14:22:16.564
[  scheduling-1] c.m.o.s.service.StaticScheduleTask       : testTasks4===》执行定时任务时间: 2020-08-30T14:22:16.565
[  scheduling-1] c.m.o.s.service.StaticScheduleTask       : testTasks2===》执行定时任务时间: 2020-08-30T14:22:22.566
[  scheduling-1] c.m.o.s.service.StaticScheduleTask       : testTasks4===》执行定时任务时间: 2020-08-30T14:22:22.567
[  scheduling-1] c.m.o.s.service.StaticScheduleTask       : testTasks2===》执行定时任务时间: 2020-08-30T14:22:28.568
[  scheduling-1] c.m.o.s.service.StaticScheduleTask       : testTasks3===》执行定时任务时间: 2020-08-30T14:22:34.569
[  scheduling-1] c.m.o.s.service.StaticScheduleTask       : testTasks4===》执行定时任务时间: 2020-08-30T14:22:34.571
[  scheduling-1] c.m.o.s.service.StaticScheduleTask       : testTasks4===》执行定时任务时间: 2020-08-30T14:22:34.573
[  scheduling-1] c.m.o.s.service.StaticScheduleTask       : testTasks2===》执行定时任务时间: 2020-08-30T14:22:40.575
```

图 11.2　单线程运行多任务

那么如何实现并发处理呢？这就是另外一种实现方式，通过实现 org.springframework. scheduling.annotation.SchedulingConfigurer 接口注册定时任务，重写 configureTasks()方法，可以显式地调用 ScheduledTaskRegistrar#setScheduler()方法来覆盖默认的线程池配置。我们创建一个 config 包，新建调度任务配置 SchedulingConfig 类，示例代码如下：

```java
@Configuration
public class SchedulingConfig implements SchedulingConfigurer {
    @Override
    public void configureTasks(ScheduledTaskRegistrar taskRegistrar) {
        taskRegistrar.setScheduler(taskExecutor());    //自定义线程池
    }
    //注入一个长度为 5 的定时任务线程池
    @Bean(destroyMethod="shutdown")
    public Executor taskExecutor() {
        return Executors.newScheduledThreadPool(5 ,new ThreadFactory() {
            private final AtomicLong counter = new AtomicLong();
            @Override
            public Thread newThread(Runnable r) {
                Thread thread = new Thread(r);
                thread.setName("my-scheduler-" + counter.incrementAndGet());
                return thread;
            }
        });
    }
}
```

再次运行 main()方法启动应用程序，这时我们就能看到定时任务是按照给定的时间间隔运行的，每个定时任务都是通过不同的线程来处理的。控制台日志如图 11.3 所示。

```
[ my-scheduler-5] c.m.o.s.service.StaticScheduleTask      : testTasks===》执行定时任务时间: 2020-08-30T14:27:30.002
[ my-scheduler-1] c.m.o.s.service.StaticScheduleTask      : testTasks2===》执行定时任务时间: 2020-08-30T14:27:30.496
[ my-scheduler-3] c.m.o.s.service.StaticScheduleTask      : testTasks===》执行定时任务时间: 2020-08-30T14:27:30.496
[ my-scheduler-2] c.m.o.s.service.StaticScheduleTask      : testTasks3===》执行定时任务时间: 2020-08-30T14:27:30.511
[ my-scheduler-4] c.m.o.s.service.StaticScheduleTask      : testTasks===》执行定时任务时间: 2020-08-30T14:27:34.514
[ my-scheduler-3] c.m.o.s.service.StaticScheduleTask      : testTasks===》执行定时任务时间: 2020-08-30T14:27:35.001
[ my-scheduler-2] c.m.o.s.service.StaticScheduleTask      : testTasks4===》执行定时任务时间: 2020-08-30T14:27:36.496
[ my-scheduler-5] c.m.o.s.service.StaticScheduleTask      : testTasks2===》执行定时任务时间: 2020-08-30T14:27:36.497
[ my-scheduler-3] c.m.o.s.service.StaticScheduleTask      : testTasks4===》执行定时任务时间: 2020-08-30T14:27:39.516
[ my-scheduler-2] c.m.o.s.service.StaticScheduleTask      : testTasks===》执行定时任务时间: 2020-08-30T14:27:40.001
[ my-scheduler-1] c.m.o.s.service.StaticScheduleTask      : testTasks3===》执行定时任务时间: 2020-08-30T14:27:41.513
[ my-scheduler-4] c.m.o.s.service.StaticScheduleTask      : testTasks4===》执行定时任务时间: 2020-08-30T14:27:42.497
[ my-scheduler-2] c.m.o.s.service.StaticScheduleTask      : testTasks2===》执行定时任务时间: 2020-08-30T14:27:42.498
[ my-scheduler-5] c.m.o.s.service.StaticScheduleTask      : testTasks4===》执行定时任务时间: 2020-08-30T14:27:44.517
[ my-scheduler-3] c.m.o.s.service.StaticScheduleTask      : testTasks===》执行定时任务时间: 2020-08-30T14:27:45.001
```

图 11.3　多线程运行定时任务

除了使用 SchedulingConfigurer 接口设置定时任务线程池以外，还可以通过直接注入 ThreadPoolTaskScheduler 的方式创建定时任务线程池，或者在配置文件中修改默认提供的线程池数量。我们在新建的 SchedulingConfig 配置类中添加如下代码：

```java
@Bean
public ThreadPoolTaskScheduler threadPoolTaskScheduler() {
    // 创建定时任务线程池
```

```
ThreadPoolTaskScheduler executor = new ThreadPoolTaskScheduler();
// 核心数为 10
executor.setPoolSize(10);
// 线程名前缀为"taskExecutor-"
executor.setThreadNamePrefix("taskExecutor-");
// 当调度器 shutdown 被调用时等待当前被调度的任务完成
executor.setWaitForTasksToCompleteOnShutdown(true);
// 等待时长
executor.setAwaitTerminationSeconds(60);
// 设置当任务被取消的同时从当前调度器移除的策略
executor.setRemoveOnCancelPolicy(true);
return executor;
}
```

在 spring-boot-autoconfigure-2.2.6.RELEASE.jar 包中，我们可以找到 org.springframework. boot.autoconfigure.task.TaskExecutionAutoConfiguration 和 org.springframework.boot.autoconfigure. task.TaskSchedulingAutoConfiguration 这两个自动配置类。这两个自动配置类初始化了两个线程池，一个是 org.springframework.scheduling.concurrent.ThreadPoolTaskExecutor，用于异步线程执行任务，对应的 ThreadPoolTaskExecutor 的源码清单如下：

```
public class ThreadPoolTaskExecutor extends ExecutorConfigurationSupport
        implements AsyncListenableTaskExecutor, SchedulingTaskExecutor {
    //线程池监控
    private final Object poolSizeMonitor = new Object();
    //线程池的核心线程数，核心线程会一直存活，尽管没有任务需要执行
    private int corePoolSize = 1;
    //线程池允许的最大线程数
    private int maxPoolSize = Integer.MAX_VALUE;
    //线程活动保持时间
    private int keepAliveSeconds = 60;
    //线程池阻塞队列容量
    private int queueCapacity = Integer.MAX_VALUE;
    //允许核心线程超时，默认为 false。如果为 true，则核心线程会超时关闭
    private boolean allowCoreThreadTimeOut = false;
    //用于线程间传递数据
    @Nullable
    private TaskDecorator taskDecorator;
    //使用 JDK 的线程池实现类
    @Nullable
    private ThreadPoolExecutor threadPoolExecutor;
    private final Map<Runnable, Object> decoratedTaskMap = new Concurrent
ReferenceHashMap<>(16, ConcurrentReferenceHashMap.ReferenceType.WEAK);
```

另一个被初始化的线程池是 org.springframework.scheduling.concurrent.ThreadPool-TaskScheduler，用于多线程定时执行调度任务，对应的 ThreadPoolTaskScheduler 的源码清单如下：

```
public class ThreadPoolTaskScheduler extends ExecutorConfigurationSupport
        implements AsyncListenableTaskExecutor, SchedulingTaskExecutor, Task
Scheduler {
    //线程池大小，默认为 1
```

```
    private volatile int poolSize = 1;
    //是否启用当任务被取消的同时从当前调度任务中移除的策略
    private volatile boolean removeOnCancelPolicy = false;
    //错误处理器
    @Nullable
    private volatile ErrorHandler errorHandler;
    //调度任务执行器
    @Nullable
    private ScheduledExecutorService scheduledExecutor;
    private final Map<Object, ListenableFuture<?>> listenableFutureMap = new
ConcurrentReferenceHashMap<>(16,
ConcurrentReferenceHashMap.ReferenceType.WEAK);
```

在 Spring-boot-autoconfigure 自动配置包中默认提供了 org.springframework.boot.
autoconfigure.task.TaskExecutionProperties 和 org.springframework.boot.autoconfigure.task.
TaskSchedulingProperties 属性配置类，为线程池的初始化提供了默认值。

```
@ConfigurationProperties("spring.task.execution")
public class TaskExecutionProperties {
    private final Pool pool = new Pool();           //默认的线程池大小为 8
    private final Shutdown shutdown = new Shutdown();
    private String threadNamePrefix = "task-";
}
@ConfigurationProperties("spring.task.scheduling")
public class TaskSchedulingProperties {
    private final Pool pool = new Pool();           //默认的线程池大小为 1
    private final Shutdown shutdown = new Shutdown();
    private String threadNamePrefix = "scheduling-";    //定时任务前缀
}
```

我们通过以 spring.task.execution 或 spring.task.scheduling 为前缀的参数来配置线程池
大小。在配置文件 application.properties 中的参数配置示例如下：

```
# 定时任务线程名前缀，默认为 "scheduling-"
spring.task.scheduling.thread-name-prefix=app-schedule-
# 定时任务线程池大小，默认值为 1
spring.task.scheduling.pool.size=4
# 任务执行的线程池大小，默认值为 8
spring.task.execution.pool.core-size=8
# 任务执行的线程名前缀，默认为 "task-"
spring.task.execution.thread-name-prefix=app-task-
```

11.2　Spring Boot 集成 JDK 定时任务

在不用任何框架的情况下，我们还可以使用 JDK 自带的定时任务。虽然 JDK 提供的
任务调度工具相对简单，但是也足以应对那些不复杂的业务场景了。另外，JDK 还提供了
以线程池的方式来完成任务调度。

11.2.1　Timer 方式

Timer 是 JDK 提供的 java.util 包中的一个定时器工具，其内部维护着 TimerThread 和 TaskQueue 两个对象，当程序启动后会在主线程之外另起一个线程来执行计划任务。我们可以指定一次性执行任务，也可以定期重复执行任务。在 Timer 定时任务中，主要用的两个类是 Timer 和 TimerTask，我们可以把它们看成是定时器和可以被定时器重复执行的任务。

在开发的时候，我们只需要继承 TimerTask 类，重写 run()方法实现业务逻辑，然后通过 Timer 设置时间执行 TimerTask 任务即可。请看一个简单的示例：

```
public class MyTriggerTask {
    public static void main(String[] args) {
        MyTask myTask = new MyTask();
        Timer timer = new Timer();
        //延迟 3s 之后第一次执行，以后每隔 1s 执行一次
        timer.schedule(myTask,3000,1000);
    }
    static class MyTask extends TimerTask {
        @Override
        public void run() {
            log.info("MyTask 正在执行的时间 {}", LocalDateTime.now().toLocal
Time());
        }
    }
}
```

通过示例可以看出，主要是对 timer#schedule()方法的调用。在 Timer 中提供了多种定时执行方式，下面我们对 Timer 源码进行深入分析。先来看 Timer 的内部属性，了解它们的具体作用，代码清单如下：

```
//定时器任务队列
private final TaskQueue queue = new TaskQueue();
//定时器线程
private final TimerThread thread = new TimerThread(queue);
```

其中，TaskQueue 类表示计时器任务队列，用来存放 TimerTask 和管理任务队列。其核心原理就是封装一个以平衡二叉堆为数据结构的优先级队列，该队列按照 nextExecutionTime 字段的大小进行排序，其 nextExecutionTime 值越小，那么在堆中的位置越靠近堆顶（根节点），越有可能先被执行。这里的 nextExecutionTime 是 TimerTask 中的属性，表示下一次开始执行的时间。我们具体来看下 TaskQueue 的源码实现，弄清楚队列的增、删、改、查及重新排序的逻辑，代码清单如下：

```
class TaskQueue {
    // TimerTask 数组，默认为 128 个
    private TimerTask[] queue = new TimerTask[128];
    private int size = 0;                    //表示优先级队列中的任务数
```

```
int size() {
    return size;              //返回当前队列的任务数
}
//添加一个新的任务到优先队列中
void add(TimerTask task) {
    if (size + 1 == queue.length)
        queue = Arrays.copyOf(queue, 2*queue.length);
    queue[++size] = task;
    fixUp(size);              //队列排序的方法，向上"提升"新增元素在队列中的位置
}
TimerTask getMin() {
    return queue[1];          //返回优先队列中的头部任务（根节点），最小元素
}
TimerTask get(int i) {
    return queue[i];          //返回第 i 个任务
}
//从优先队列中移除头部任务（根节点），然后从根节点向下"降级"
void removeMin() {
    queue[1] = queue[size];
    queue[size--] = null;  // Drop extra reference to prevent memory leak
    fixDown(1);
}
//快速移除第 i 个元素，不考虑保持堆不变，不用调整队列
void quickRemove(int i) {
    assert i <= size;
    queue[i] = queue[size];
    queue[size--] = null;  // Drop extra ref to prevent memory leak
}
//设置与头部任务（根节点）关联的 nextExecutionTime 为指定值，并调整优先队列
void rescheduleMin(long newTime) {
    queue[1].nextExecutionTime = newTime;
    fixDown(1);
}
boolean isEmpty() {
    return size==0;           //判断当前队列是否为空
}
//从优先队列中移除所有的元素
void clear() {
    for (int i=1; i<=size; i++)
        queue[i] = null;
    size = 0;
}
//将 queue[k]向上"提升"，直到 queue[k]的 nextExecutionTime 大于或等于其父级
  的执行时间
private void fixUp(int k) {
    while (k > 1) {
        int j = k >> 1;
        if (queue[j].nextExecutionTime <= queue[k].nextExecutionTime)
            break;
        TimerTask tmp = queue[j];  queue[j] = queue[k]; queue[k] = tmp;
        k = j;
    }
}
```

```
//将 queue[k]向下"降级"，直到 queue[k]的 nextExecutionTime 小于或等于其子级
  的执行时间
private void fixDown(int k) {
    int j;
    while ((j = k << 1) <= size && j > 0) {
        if (j < size &&
            queue[j].nextExecutionTime > queue[j+1].nextExecutionTime)
            j++; // j indexes smallest kid
        if (queue[k].nextExecutionTime <= queue[j].nextExecutionTime)
            break;
        TimerTask tmp = queue[j];  queue[j] = queue[k]; queue[k] = tmp;
        k = j;
    }
}
//将整个堆重新排序，并将最小元素排在堆顶
void heapify() {
    for (int i = size/2; i >= 1; i--)
        fixDown(i);
}
}
```

然后来看 TimerThread 类，它是一个用于执行 TimerTask 的线程，不仅可以启动定时任务并重复执行，而且可以从队列中删除取消的任务及只允许执行一次的非重复任务。TimerThread 类的实现逻辑就是通过一个死循环来断判断当前队列中最小的 nextExecution-Time 任务是否可运行。代码清单如下：

```
class TimerThread extends Thread {
    //用于标识当前 Timer 实例中是否还有任务需要调度
    boolean newTasksMayBeScheduled = true;
    //定时任务队列，避免被循环依赖
    private TaskQueue queue;
    //带参构造器
    TimerThread(TaskQueue queue) {
        this.queue = queue;
    }
    //重写 run()方法
    public void run() {
        try {
            mainLoop();            //主循环调用
        } finally {                //如果该线程被杀死或退出循环，则清空任务队列
            synchronized(queue) {
                //设置 newTasksMayBeScheduled 为 false
                newTasksMayBeScheduled = false;
                queue.clear();  // Eliminate obsolete references
            }
        }
    }
    //主定时器循环
    private void mainLoop() {
        while (true) {
            try {
                TimerTask task;
```

```
        boolean taskFired;
        //设置同步锁，锁定当前 queue 对象
        synchronized(queue) {
            //while 循环用于判断当前队列是否为空，如果为空且没有新的调度任务，
              则线程进入等待状态
            while (queue.isEmpty() && newTasksMayBeScheduled)
                queue.wait();
            if (queue.isEmpty())
                break;              //如果队列为空，则跳出死循环
            long currentTime, executionTime;
            task = queue.getMin();
            //设置同步锁，锁定当前待执行的任务
            synchronized(task.lock) {
                //判断当前任务如果为删除状态，则从队列中移除
                if (task.state == TimerTask.CANCELLED) {
                    queue.removeMin();
                    continue;    // 无任何操作，再次轮询队列
                }
                //获取当前时间戳，单位为 ms
                currentTime = System.currentTimeMillis();
                //获取当前任务的执行时间，单位为 ms
                executionTime = task.nextExecutionTime;
                //判断当前任务执行时间是否小于等于当前时间
                if (taskFired = (executionTime<=currentTime)) {
                    //如果当前任务只执行一次，则从队列中移除
                    if (task.period == 0) { // Non-repeating, remove
                        queue.removeMin();
                        //设置状态为已执行
                        task.state = TimerTask.EXECUTED;
                    } else { // Repeating task, reschedule
                        //如果是重复任务，则重新设置 nextExecutionTime
                        queue.rescheduleMin(
                          task.period<0 ? currentTime  - task.period
                                        : executionTime + task.period);
                    }
                }
            }
            //如果还未到执行时间，则设置队列等待时间为(executionTime -
              currentTime)
            if (!taskFired) // Task hasn't yet fired; wait
                queue.wait(executionTime - currentTime);
        }
        //如果任务执行时间已到，则在当前线程中运行该任务，不需要持有锁
        if (taskFired)
            task.run();
    } catch(InterruptedException e) {
    }
  }
 }
}
```

经过对源码的分析，不难看出 Timer 方式的定时任务在调度设计方面的不足之处了。

第一点，在线程中捕获的异常只是任务中断异常（InterruptedException），如果在执行任务时内部抛出其他异常，当前线程就会被终止，而且其他任务也无法执行，Timer 定时器也会被终止并清空任务队列；第二点，在 Timer 定时器中只有一个线程执行所有的任务，这样就存在一个任务正在执行或执行过长，其他任务执行时间即使到了也不会立刻执行的情况；第三点，绝对时间较依赖于系统时间的设置，一旦系统时间调整了，则调度任务也会发生变化。

接着来看几个构造器，代码清单如下：

```java
//默认的构造器
public Timer() {
    //以 Timer+序列号为该线程的名字
    this("Timer-" + serialNumber());
}
//在构造器中指定是否是守护线程
public Timer(boolean isDaemon) {
    this("Timer-" + serialNumber(), isDaemon);
}
//带有名字的构造器，可设置线程名
public Timer(String name) {
    thread.setName(name);
    thread.start();
}
//不仅可以设置线程名，还可以指定是否是守护线程
public Timer(String name, boolean isDaemon) {
    thread.setName(name);
    thread.setDaemon(isDaemon);
    thread.start();
}
```

最后我们来看下 Timer 类中提供的几种执行方法，代码清单如下：

```java
//调度指定的任务在给定的延迟时间之后执行，只执行一次
public void schedule(TimerTask task, long delay) {
    if (delay < 0)
        throw new IllegalArgumentException("Negative delay.");
    sched(task, System.currentTimeMillis()+delay, 0);
}
//调度指定的任务在指定的时间内执行，如果指定的是当前时间，则调度任务立即执行
public void schedule(TimerTask task, Date time) {
    sched(task, time.getTime(), 0);
}
/**
 * 在指定的延迟时间之后执行，将重复延迟执行。
 * 在 fixed-delay 方式的执行中，每次执行都是相对于上一次执行的实际执行时间来计算的。
 * 如果执行过程中因任何原因（如垃圾回收或其他后台活动）而延迟，则后续任务的执行也将延迟。
 */
public void schedule(TimerTask task, long delay, long period) {
    if (delay < 0)
        throw new IllegalArgumentException("Negative delay.");
    if (period <= 0)
        throw new IllegalArgumentException("Non-positive period.");
```

```
        sched(task, System.currentTimeMillis()+delay, -period);
}
//指定第一次执行时间，将重复延迟执行
public void schedule(TimerTask task, Date firstTime, long period) {
    if (period <= 0)
        throw new IllegalArgumentException("Non-positive period.");
    sched(task, firstTime.getTime(), -period);
}
/**
 * 在指定的延迟时间之后执行，将重复地以固定速率执行。
 * 在 fixed-rate 执行方式中，每次执行都是相对于初始执行的时间来计算的。
 * 如果任务执行过程中因任何原因（如垃圾收集或其他后台活动）而延迟，则两个或多个执行任
 *   务将快速、连续地发生，以"追赶"延迟的计划。
 * 固定速率的方式适用于对时间绝对敏感的重复性活动，例如每小时响一次钟声或每隔 10s 响一次。
 */
public void scheduleAtFixedRate(TimerTask task, long delay, long period)
{
    if (delay < 0)
        throw new IllegalArgumentException("Negative delay.");
    if (period <= 0)
        throw new IllegalArgumentException("Non-positive period.");
    sched(task, System.currentTimeMillis()+delay, period);
}

//指定第一次执行时间，将以固定速率重复执行
public void scheduleAtFixedRate(TimerTask task, Date firstTime,long
period) {
    if (period <= 0)
        throw new IllegalArgumentException("Non-positive period.");
    sched(task, firstTime.getTime(), period);
}
/**
 * 在指定时间段的指定时间执行指定的定时任务，以 ms 为单位。
 * 如果 period 为非零，则重复调度任务；如果 period 为 0，则只调度一次任务。
 */
private void sched(TimerTask task, long time, long period) {
    if (time < 0)
        throw new IllegalArgumentException("Illegal execution time.");
    if (Math.abs(period) > (Long.MAX_VALUE >> 1))
        period >>= 1;
    synchronized(queue) {                     //设置同步锁，锁定当前的 queue 对象
        if (!thread.newTasksMayBeScheduled)
            throw new IllegalStateException("Timer already cancelled.");
        synchronized(task.lock) {             //设置同步锁，锁定当前的任务
            //判断任务是否被调用
            if (task.state != TimerTask.VIRGIN)
                throw new IllegalStateException("Task already scheduled or
cancelled");
            task.nextExecutionTime = time;
            task.period = period;
            task.state = TimerTask.SCHEDULED;
        }
        queue.add(task);                      //将任务添加到队列中
```

```
            //如果该任务在堆顶则触发
            if (queue.getMin() == task)
                queue.notify();
        }
    }
```

分析完 Timer 类中的主要实现逻辑后，我们继续来看 TimerTask 类中的实现逻辑。TimerTask 是一个抽象类，实现了 Runnable 接口，在其内部定义了几种任务状态，分别是未执行、已调度（非重复任务还未调度）、已执行（或正在执行）和已删除等，而且还提供了运行（run）、删除（cancel）、获取执行时间（scheduledExecutionTime）的方法，具体的代码清单如下：

```
public abstract class TimerTask implements Runnable {

    //对象锁，此对象用于控制对 TimerTask 内部的访问
    final Object lock = new Object();
    int state = VIRGIN;                      //当前任务状态，默认为 VIRGIN
    static final int VIRGIN = 0;             //当前任务还未被执行
    //当前任务已被调度，如果是非重复任务，则还未被调度
    static final int SCHEDULED = 1;
    //当前非重复任务已经执行或者正在执行，并且未被删除
    static final int EXECUTED = 2;
    static final int CANCELLED = 3;          //当前任务已被删除
    /**
     * 当前任务的下一次执行时间，格式为 System.currentTimeMillis 方法返回的毫秒数。
     * 如果是重复任务，则会在任务执行之前更新。
     */
    long nextExecutionTime;
    /**
     * 指定重复任务的间隔毫秒数，重复任务的周期（毫秒），其正值表示执行固定速率，负值表
     *   示固定延迟执行，值为 0 表示非重复任务。
     */
    long period = 0;
    //构造器
    protected TimerTask() {
    }
    public abstract void run();              //该任务要实现的操作逻辑
    /**
     * 取消此计时器任务，可重复调用。取消场景如下：
     * 当前任务为非重复任务，而且尚未运行或者还未被调度，则它将永远不会再次运行。
     * 当前任务为重复任务，则它正在进行，则将等到任务执行完成后永远不会再次运行。
     * @return true 如果该方法阻止一个或多个计划的执行发生，则返回 true。
     */
    public boolean cancel() {
        synchronized(lock) {
            boolean result = (state == SCHEDULED);
            state = CANCELLED;
            return result;
        }
    }
    //返回此任务最近一次实际执行的调度执行时间
```

```
public long scheduledExecutionTime() {
    synchronized(lock) {
        return (period < 0 ? nextExecutionTime + period : nextExecution
Time - period);
    }
}
}
```

本节对 Timer 方式的分析到此就结束了，下节我们将分析 ScheduledExecutorService
方式的实现原理。

11.2.2　ScheduledExecutorService 方式

从 Java SE 5 开始，java.util.concurrent 包中新增了 ScheduledExecutorService 接口，该
接口继承于 ExecutorService，因此支持线程池的所有功能。我们可以采用线程池的方式实
现任务调度，其默认的实现类是 java.util.concurrent.ScheduledThreadPoolExecutor。

先来看 ScheduledThreadPoolExecutor 的 4 个构造器，代码清单如下：

```
//给定核心线程池大小，创建 ScheduledThreadPoolExecutor
public ScheduledThreadPoolExecutor(int corePoolSize) {
    super(corePoolSize, Integer.MAX_VALUE, 0, NANOSECONDS, new Delayed
WorkQueue());
}
//给定初始参数，创建 ScheduledThreadPoolExecutor
public ScheduledThreadPoolExecutor(int corePoolSize, ThreadFactory thread
Factory) {
    super(corePoolSize, Integer.MAX_VALUE, 0, NANOSECONDS,  new Delayed
WorkQueue(), threadFactory);
}
//给定初始参数，创建 ScheduledThreadPoolExecutor
public ScheduledThreadPoolExecutor(int corePoolSize, RejectedExecution
Handler handler) {
    super(corePoolSize, Integer.MAX_VALUE, 0, NANOSECONDS,  new Delayed
WorkQueue(), handler);
}
//给定初始参数，创建 ScheduledThreadPoolExecutor
public ScheduledThreadPoolExecutor(int corePoolSize,
   ThreadFactory threadFactory,  RejectedExecutionHandler handler) {
    super(corePoolSize, Integer.MAX_VALUE, 0, NANOSECONDS,  new Delayed
WorkQueue(), threadFactory, handler);
}
```

ScheduledExecutorService 接口中提供了 4 个方法，分别是延迟执行、延迟执行并返回
执行结果，以固定的频率循环执行和以固定的延迟时间循环执行，代码清单如下：

```
public interface ScheduledExecutorService extends ExecutorService {
    //设置延迟时间的调度，只执行一次，调度之后可通过 Future.get()阻塞直至任务执行完毕
    public  ScheduledFuture<?>  schedule(Runnable  command,  long  delay,
TimeUnit unit);
    //设置延迟时间的调度，只执行一次，调度之后阻塞直至任务执行完毕，并且可以返回执行结果
    public <V> ScheduledFuture<V> schedule(Callable<V> callable, long delay,
```

```
TimeUnit unit);
    /**
     * 设置延迟时间的调度，以固定频率循环执行，即在 initialDelay 初始延迟后，
       initialDelay + period 执行第一次，initialDelay + 2 * period 执行第二次，
       依此类推。如果执行时间大于延迟时间，则间隔时间为任务执行时间，否则以上面的公式
       计算间隔时间。
     */
    public ScheduledFuture<?> scheduleAtFixedRate(Runnable command,
                                     long    initialDelay,    long    period,
TimeUnit unit);
    /**
     * 设置延迟时间的调度，以固定的延迟时间循环执行任务。
      * 不管任务执行多长时间，都是以上一个执行任务的终止时间和下一个执行任务的开始时间
        之间的间隔时间再加上固定的延迟时间为任务的执行时间。
     */
    public ScheduledFuture<?> scheduleWithFixedDelay(Runnable command,
                             long initialDelay, long delay, TimeUnit
unit);
}
```

JDK 提供的默认实现类 ScheduledThreadPoolExecutor 同时继承了 ThreadPoolExecutor 类，因此 ScheduledThreadPoolExecutor 不仅可以延迟执行和周期性循环执行任务，还具有提交异步任务的功能。在 ScheduledThreadPoolExecutor 类中有两个重要的内部类，即 ScheduledFutureTask 和 DelayedWorkQueue。DelayedWorkQueue 类，继承自 AbstractQueue 并实现了 BlockingQueue 接口，该类是基于最小堆结构的优先队列，而且是一个阻塞队列，在该类内部包含的成员变量中有一个 RunnableScheduledFuture 类型的队列，初始数量为 16。ScheduledFutureTask 类继承了 FutureTask 并实现了 RunnableScheduledFuture 接口，表示返回异步任务的结果。DelayedWorkQueue 类的部分代码清单如下：

```
// 特有的延迟队列，也是一个有序队列，通过每个任务按照距离下次执行时间的间隔长短来排序
static class DelayedWorkQueue extends AbstractQueue<Runnable>
    implements BlockingQueue<Runnable> {
    // 基于堆的数据结构，注意所有的堆操作必须记录索引更改
    private static final int INITIAL_CAPACITY = 16;
    private RunnableScheduledFuture<?>[] queue =
    new RunnableScheduledFuture<?>[INITIAL_CAPACITY];
    private final ReentrantLock lock = new ReentrantLock();
    private int size = 0;
    // 主从线程设计，避免了不必要的等待时间，当线程池中的一个线程变成主线程时，它只等
        待下一个延迟时间，但是其他线程将无限期等待
    private Thread leader = null;
    //当队列顶部的新任务变为可用时，发出信号状态
    private final Condition available = lock.newCondition();
    // 调整堆数组的大小
    private void grow() {
        int oldCapacity = queue.length;
        int newCapacity = oldCapacity + (oldCapacity >> 1); // grow 50%
        if (newCapacity < 0) // overflow
            newCapacity = Integer.MAX_VALUE;
        queue = Arrays.copyOf(queue, newCapacity);
```

```
    }
    // 将某元素从队列中移除
    public boolean remove(Object x) {
        final ReentrantLock lock = this.lock;
        lock.lock();
        try {
            int i = indexOf(x);
            if (i < 0)
                return false;
            setIndex(queue[i], -1);
            int s = --size;
            RunnableScheduledFuture<?> replacement = queue[s];
            queue[s] = null;
            if (s != i) {
                siftDown(i, replacement);
                if (queue[i] == replacement)
                    siftUp(i, replacement);
            }
            return true;
        } finally {
            lock.unlock();
        }
    }
// 返回堆顶的第一个元素
public RunnableScheduledFuture<?> peek() {
        final ReentrantLock lock = this.lock;
        lock.lock();
        try {
            return queue[0];
        } finally {
            lock.unlock();
        }
    }
    // 将第一个元素从队列中弹出，如果队列是空的就返回 null
    public RunnableScheduledFuture<?> poll() {
        final ReentrantLock lock = this.lock;
        lock.lock();
        try {
            RunnableScheduledFuture<?> first = queue[0];
            if (first == null || first.getDelay(NANOSECONDS) > 0)
                return null;
            else
                return finishPoll(first);
        } finally {
            lock.unlock();
        }
    }
}
```

ScheduledFutureTask 类继承自 FutureTask 并实现了 RunnableScheduledFuture 接口，其中的部分示例代码如下：

```
/**
 * 将任务封装成 ScheduledFutureTask 对象，基于相对时间，不因系统时间改变而受到影响，
```

```
 * 可以通过返回 FutureTask 对象来获取执行的结果。
 */
private class ScheduledFutureTask<V>
        extends FutureTask<V> implements RunnableScheduledFuture<V> {
    // 记录任务被添加到 ScheduledThreadPoolExecutor 中的序号
    private final long sequenceNumber;
    // 以 ns 为单位指定下次任务的执行时间
    private long time;
    /**
     * 以 ns 为单位指定重复执行任务的周期。
     * 正值表示执行固定速率，负值表示固定延迟执行，0 表示非重复任务及非周期性。
     */
    private final long period;
    // 由 reExecutePeriodic 重新排队的实际任务
    RunnableScheduledFuture<V> outerTask = this;
    // 延迟队列中的索引，支持快速取消任务
    int heapIndex;
    ScheduledFutureTask(Runnable r, V result, long ns) {
        super(r, result);
        this.time = ns;
        this.period = 0;
        this.sequenceNumber = sequencer.getAndIncrement();
    }
}
```

RunnableScheduledFuture 间接地实现了 RunnableFuture 和 ScheduledFuture 接口，其中，RunnableFuture 接口需要实现 run()方法，ScheduledFuture 接口是 Delayed 的子类，同时 Delayed 继承自 Comparable，因此需要实现 getDelay()和 compareTo()方法。下面来看下这 3 个重要的方法，代码清单如下：

```
//返回距离下次任务执行时间的间隔
public long getDelay(TimeUnit unit) {
    //计算距下次执行时间与当前系统时间的差值
    return unit.convert(time - now(), NANOSECONDS);
}
//比较任务之间的优先级，如果距离下次执行的时间间隔较短，则表示优先级为高级
public int compareTo(Delayed other) {
    if (other == this)                    // 如果是同一个对象，则返回 0
        return 0;
    // 如果是 ScheduledFutureTask 类型，则强制转换后判断其变量 time 的差值
    if (other instanceof ScheduledFutureTask) {
        ScheduledFutureTask<?> x = (ScheduledFutureTask<?>)other;
        long diff = time - x.time;
        //如果差值小于 0，则返回-1
        if (diff < 0)
            return -1;
        // 如果差值大于 0，则返回 1
        else if (diff > 0)
            return 1;
        // 如果当前对象的 sequenceNumber 值小于传入对象的 sequenceNumber 值，则返
            回-1，否则返回 1
```

```
            else if (sequenceNumber < x.sequenceNumber)
                return -1;
            else
                return 1;
        }
        //如果不是 ScheduledFutureTask 类型，则比较 getDelay 的返回值
        long diff = getDelay(NANOSECONDS) - other.getDelay(NANOSECONDS);
        return (diff < 0) ? -1 : (diff > 0) ? 1 : 0;
    }
    //覆盖 FutureTask 的 run()方法
    public void run() {
        //判断是否为周期性任务，如果是，则返回 true
        boolean periodic = isPeriodic();
        //根据当前任务运行状态判断是否删除
        if (!canRunInCurrentRunState(periodic))
            cancel(false);
        else if (!periodic)
        //如果是非周期性任务，则调用父类的 FutureTask#run 方法
            ScheduledFutureTask.super.run();
        else if (ScheduledFutureTask.super.runAndReset()) {
        //如果任务执行结束，则重置任务以备下次执行
            setNextRunTime();
            reExecutePeriodic(outerTask);
        }
    }
    //重新执行周期性任务
    void reExecutePeriodic(RunnableScheduledFuture<?> task) {
        if (canRunInCurrentRunState(true)) {
            super.getQueue().add(task);
            if (!canRunInCurrentRunState(true) && remove(task))
                task.cancel(false);
            else
                ensurePrestart();
        }
    }
```

接下来分析 ScheduledThreadPoolExecutor 类包含的 4 个方法的实现逻辑，源代码清单如下：

```
//延迟 delay 时长执行，单位由 TimeUnit 控制
public ScheduledFuture<?> schedule(Runnable command, long delay, TimeUnit
unit) {
    if (command == null || unit == null)
        throw new NullPointerException();
    //将任务转换成 ScheduledFutureTask
    RunnableScheduledFuture<?> t = decorateTask(command,
        new ScheduledFutureTask<Void>(command, null, triggerTime(delay,
unit)));
    //延迟执行任务 ScheduledFutureTask
    delayedExecute(t);
    return t;
```

```
}
//延迟执行任务的返回结果
public <V> ScheduledFuture<V> schedule(Callable<V> callable, long delay,
TimeUnit unit) {
    if (callable == null || unit == null)
        throw new NullPointerException();
    //将任务转换成 ScheduledFutureTask
    RunnableScheduledFuture<V> t = decorateTask(callable,
        new ScheduledFutureTask<V>(callable,  triggerTime(delay, unit)));
    //延迟执行任务 ScheduledFutureTask
    delayedExecute(t);
    return t;
}
//延迟 initialDelay 时长之后，以固定频率执行任务
public ScheduledFuture<?>  scheduleAtFixedRate(Runnable  command,   long
initialDelay,  long period,  TimeUnit unit) {
    if (command == null || unit == null)
        throw new NullPointerException();
    if (period <= 0)
        throw new IllegalArgumentException();
    //构建 ScheduledFutureTask
    ScheduledFutureTask<Void> sft =
        new ScheduledFutureTask<Void>(command, null, triggerTime(initial
Delay, unit),  unit.toNanos(period));
    //将任务转换成 ScheduledFutureTask
    RunnableScheduledFuture<Void> t = decorateTask(command, sft);
    sft.outerTask = t;
    //延迟执行任务 ScheduledFutureTask
    delayedExecute(t);
    return t;
}
//延迟 initialDelay 时长之后，以固定间隔时间执行任务
public ScheduledFuture<?> scheduleWithFixedDelay(Runnable command,
                long initialDelay,long delay,TimeUnit unit) {
    if (command == null || unit == null)
        throw new NullPointerException();
    if (delay <= 0)
        throw new IllegalArgumentException();
    //构建 ScheduledFutureTask
    ScheduledFutureTask<Void> sft =
        new ScheduledFutureTask<Void>(command, null, triggerTime(initial
Delay, unit),  unit.toNanos(-delay));
    //将任务转换成 ScheduledFutureTask
    RunnableScheduledFuture<Void> t = decorateTask(command, sft);
    sft.outerTask = t;
    //延迟执行任务 ScheduledFutureTask
    delayedExecute(t);
    return t;
}
```

对比以上 4 个方法的实现逻辑可知，decorateTask()方法和 delayedExecute()方法为主要

的处理逻辑，我们来具体分析这两方法，代码清单如下：

```
//可用于修改或替换可运行的任务 Runnable，可重写的方法用于管理内部任务
protected <V> RunnableScheduledFuture<V> decorateTask(
    Runnable runnable, RunnableScheduledFuture<V> task) {
    return task;                    //默认实现只返回给定的任务
}
//可用于修改或替换可运行的任务 Callable，可重写的方法用于管理内部任务
protected <V> RunnableScheduledFuture<V> decorateTask(
    Callable<V> callable, RunnableScheduledFuture<V> task) {
    return task;                    //默认实现只返回给定的任务
}
/**
 * 延迟或周期性任务的主要执行方法。如果线程池已关闭，则拒绝该任务。
 * 否则，将任务添加到队列中并启动线程（如果需要）来运行它。
 */
private void delayedExecute(RunnableScheduledFuture<?> task) {
    //如果线程池已经关闭，则使用拒绝策略拒绝任务
    if (isShutdown())
        reject(task);
    else {
    // 添加到阻塞队列中
        super.getQueue().add(task);
        if (isShutdown() &&
            !canRunInCurrentRunState(task.isPeriodic()) &&
            remove(task))
            task.cancel(false);
        else
            // 即使 corePoolSize 为 0，也要确保线程池中至少有一个线程已启动
            // 该方法在 ThreadPoolExecutor#ensurePrestart
            ensurePrestart();
    }
}
```

我们再来看 ThreadPoolExecutor#ensurePrestart()方法的实现逻辑，代码清单如下：

```
void ensurePrestart() {
    int wc = workerCountOf(ctl.get());
    if (wc < corePoolSize)
        addWorker(null, true);
    else if (wc == 0)
        addWorker(null, false);
}
```

通过分析可以看出，在 ScheduledThreadPoolExecutor 类中，当线程池中的核心线程个数达到 corePoolSize 后，就会将任务添加到有界阻塞队列 DelayedWorkQueue 中，但是该队列可以自动扩容，而且线程池中允许的最大线程个数为 Integer.MAX_VALUE，因此理论上这是一个大小无界的线程池。我们发现，ScheduledExecutorService 同 Timer 一样都是通过优先队列的数据结构实现定时执行任务，然后计算下次执行时间，将队列根据延迟时

间的先后顺序进行排序后，总是执行出现在堆顶的任务。因此，如果理解了优先队列以及出队、入队和删除的过程，那么就理解了定时任务的核心逻辑了。

相较于 Timer 实现方式，ScheduledExecutorService 实现方式则弥补了 Timer 使用的几点缺陷。第一点，通过多线程调用，单个任务抛出异常不会对其他任务产生影响；第二点，由于是多线程执行，所以某个任务执行过长也不会影响其他任务的执行时间；第三点，ScheduledExecutorService 方式是基于相对时间，不因系统时间的变化而受到影响。

下面举个简单的例子，采用 ScheduledExecutorService 方式写一个每 3s 执行一次的定时任务，示例代码如下：

```
public class MyExecutorTask {
    public static void main(String[] args) {
        ScheduledExecutorService executorService = Executors.newSingleThread
ScheduledExecutor();
        //立即执行,任务执行结束后每隔 3s 重复执行一次,真正的执行时间是任务执行时间+间隔时间
        executorService.scheduleWithFixedDelay(()-> {
            System.out.println("["+LocalDateTime.now().toLocalTime()+"] 任
务执行在执行...");
        }, 0,3, TimeUnit.SECONDS);
        System.out.println("任务执行结束!!! ");
    }
}
```

总之，JDK 提供的定时任务调度工具只能满足简单的任务调用，无法满足复杂的任务调度要求，比如对 cron 表达式的支持、服务器意外中止任务无法恢复等问题，以及时间延迟误差问题，因此市场上出现了许多开源的任务调度框架，下节我们将会介绍 Quartz 任务调度框架的使用。

11.3　Spring Boot 集成 Quartz 任务调度

Quartz 作为一款由 Java 开源的作业调度框架，发展迅速，在 Java 应用领域具有举足轻重的地位，几乎是定时任务的规范标准。通过 Quartz 可以简单地实现作业调度，还能够基于数据库实现作业的高可用。

11.3.1　Quartz 简介

Quartz 是 OpenSymphony 开源组织在 Job scheduling 领域的一个开源项目，用 Java 开发，既可以单独使用，又可以与 J2EE 或 J2SE 应用程序结合使用。Quartz 的使用类似于 java.util.Timer，但 Quartz 增加了很多功能，如作业持久化、作业管理、集群、插件、支持 cron-like 表达式等。Quartz 在 2009 年被 Terracotta 收购，目前是 Terracotta 旗下的一个项目，其对分布式和集群的能力进行了优化。

11.3.2　定义 Quartz 的 Job

Quartz 任务调度中的核心元素是 org.quartz.Scheduler、org.quartz.Trigger 和 org.quartz.Job，其中，Scheduler 是用于执行任务的调度器，Trigger 是用于定义调度任务的触发器，Job 表示作业，主要通过 Scheduler 执行作业任务。另外还有一个类 org.quartz.JobDetail，用来描述 Job 及其他相关信息，在每次执行的时候都会重新创建一个 Job 实例。下面详细介绍各个元素组件。

Scheduler 是 Quartz 的主要接口，一般通过 org.quartz.SchedulerFactory 工厂类创建，常用的是 org.quartz.impl.StdSchedulerFactory 实现类。通过 SchedulerFactory#getScheduler() 获取 Schedulter 对象，然后调用 Scheduler#scheduleJob() 方法把 Trigger 和 JobDetail 注册到 Scheduler 任务调度器中。一旦注册成功，就会将 Trigger 触发器和 Job 任务进行关联，触发时间一到就会立即执行。Trigger 触发器和 JobDetail（Job 实例）都会拥有各自的组（group）及名称（name），组合后可作为唯一标识，提供查找获取 Scheduler 容器中某一作业或触发器的依据，因此 Trigger 的组和名称的组合 TriggerKey 必须唯一，JobDetail 的组和名称的组合 JobKey 也必须唯一。我们可以通过 Scheduler#scheduleJob() 方法将 Trigger 绑定到某一个 JobDetail 中，或者通过 Scheduler#addJob() 方法将 JobDetail 添加到 Schedulter 任务调度器中，然后调用 Scheduler#start() 方法启动调度器，当 Trigger 触发器判断时间已到时，对应的 Job 任务就会被执行。另外需要注意的是，可以为一个 Job 关联多个 Trigger 触发器，但是一个 Trigger 触发器只能对应唯一一个 Job 任务。

在 Scheduler 接口中维护着一个 org.quartz.SchedulerContext，SchedulerContext 的作用类似于 ServletContext，用于保存 Scheduler 容器的上下文信息，因此在 Job 和 Trigger 中都可以访问 SchedulerContext 内的信息。其实，SchedulerContext 继承自 StringKeyDirtyFlag-Map，通过内部维护的 Map，以键值对的方式存储上下文数据，而且 SchedulerContext 为存储和获取数据提供了多个 put() 和 getXxx() 的方法。

StdSchedulerFactory 实现了 org.quartz.SchedulerFactory 接口，主要用于 Scheduler 的创建和管理。可以利用工厂方法创建 Scheduler 对象，当 Scheduler 对象被实例化后就会存储到一个仓库中（org.quartz.impl.SchedulerRepository），该仓库还提供了在类加载器空间中查询实例的机制。SchedulerFactory 接口的源码清单如下：

```
public interface SchedulerFactory {
    //返回一个客户端可用的 Scheduler
    Scheduler getScheduler() throws SchedulerException;
    //返回一个给定名称的 Scheduler（如果存在）
    Scheduler getScheduler(String schedName) throws SchedulerException;
    //返回所有已知的 Scheduler（在当前 JVM 中由任何 SchedulerFactory 生成）
    Collection<Scheduler> getAllSchedulers() throws SchedulerException;
}
```

除了实现类 org.quartz.impl.StdSchedulerFactory 之外，其实还有一个实现类 org.quartz.

impl.DirectSchedulerFactory，其主要提供了几种通过 create 方式来初始化 Scheduler 对象的方法。例如，通过 DirectSchedulerFactory.getInstance().createVolatileScheduler(10);方法创建一个基于内存存储的调度器，指定 SimpleThreadPool 线程池中包含 10 条工作线程。实例创建好后还需要执行 DirectSchedulerFactory.getInstance().getScheduler().start();这段代码来启动调度器。

　　创建好 Scheduler 后就可以注册 JobDetail 和 Trigger 了。先来看 Trigger 触发器，其用于描述 Job 被触发执行的时间规则，控制 Job 何时去执行。在 org.quartz.Trigger 接口中定义了触发状态的枚举类 TriggerState，用于标识触发状态，还定义了 CompletedExecution-Instruction 枚举类，表示执行完成时的任务状态。继续查看源码，可以找到几个重要的公共属性，主要有 priority（优先级，充当一个 tiebreaker，当触发时间相同时会比较优先级）、startTime（首次触发时间）、endTime（触发截止时间）、nextFireTime（下一次触发时间）、previousFireTime（上一次触发时间）等，具体看源码中的定义，代码清单如下：

```
public interface Trigger extends Serializable, Cloneable, Comparable<Trigger> {
    public static final long serialVersionUID = -3904243490805975570L;
    /**
     * NONE：无
     * NORMAL：正常状态
     * PAUSED：暂停状态
     * COMPLETE：完成
     * ERROR：错误
     * BLOCKED：堵塞
     */
    public enum TriggerState { NONE, NORMAL, PAUSED, COMPLETE, ERROR,
BLOCKED }
    public enum CompletedExecutionInstruction {
        NOOP,                                    //无
        RE_EXECUTE_JOB,                          //重复执行作业
        SET_TRIGGER_COMPLETE,                    //设置当前任务的触发器
        DELETE_TRIGGER,                          //删除触发器
        SET_ALL_JOB_TRIGGERS_COMPLETE,           //设置当前任务的所有触发器
        SET_TRIGGER_ERROR,                       //设置触发器被错误触发
        SET_ALL_JOB_TRIGGERS_ERROR               //设置所有任务的触发器被错误触发
    }
    //通知 Scheduler 调度器在错误触发的情况下，调用 AbstractTrigger#updateAfter
      Misfire()方法
    public static final int MISFIRE_INSTRUCTION_SMART_POLICY = 0;
    //假如错过了几次预定的触发，那么当触发器试图恢复原来的状态时，可能会发生多次快速触发
    public static final int MISFIRE_INSTRUCTION_IGNORE_MISFIRE_POLICY = -1;
    //优先级，默认值为 5
    public static final int DEFAULT_PRIORITY = 5;
    //触发器 key
    public TriggerKey getKey();
    //任务 key
    public JobKey getJobKey();
    //对触发器实例的描述
```

```
public String getDescription();
//获取与此触发器关联的 Calendar 名称
public String getCalendarName();
//获取与此触发器关联的 JobDataMap
public JobDataMap getJobDataMap();
//优先级，如果未设置值，则默认值为 5
public int getPriority();
//当前触发器是否可再次执行，如果返回 false，则有可能是触发器被删除了
public boolean mayFireAgain();
//首次触发时间
public Date getStartTime();
//触发截止时间，即使指定的触发任务没有执行完指定的次数也会立即结束
public Date getEndTime();
//返回下一次触发时间，只有将触发器添加到调度程序中之后，返回的值才有效
public Date getNextFireTime();
//返回上一次触发时间
public Date getPreviousFireTime();
//返回指定时间之后的触发时间，如果触发器在给定时间内不触发，则返回 null
public Date getFireTimeAfter(Date afterTime);
//返回上次触发时间，如果触发器无限期重复执行，则返回 null。注意，返回的时间可能是
    过去的时间
public Date getFinalFireTime();
//获取激活失败的指令，如果未设置，则取默认值为 0
public int getMisfireInstruction();
//获取 TriggerBuilder
public TriggerBuilder<? extends Trigger> getTriggerBuilder();
//获取 ScheduleBuilder
public ScheduleBuilder<? extends Trigger> getScheduleBuilder();
//判断触发器的 TriggerKey 是否相等
public boolean equals(Object other);
//比较触发器的下一次触发时间
public int compareTo(Trigger other);
}
```

　　基于 org.quartz.Trigger 接口的实现方式，在 org.quartz.impl.triggers 包中默认提供了 CalendarIntervalTriggerImpl、CronTriggerImpl、DailyTimeIntervalTriggerImpl、SimpleTrigger-Impl 等几个实现类。其中比较常用的是 SimpleTrigger（简单的触发器）和 CronTrigger（基于 cron 表达式的触发器）。下面就以这两种方式进行分析。

　　简单触发器实现类 SimpleTriggerImpl 继承自 org.quartz.impl.triggers.AbstractTrigger 并实现了 org.quartz.SimpleTrigger 和 org.quartz.impl.triggers.CoreTrigger 两个接口，通过 Abstract-Trigger 间接实现了 OperableTrigger 和 MutableTrigger 接口。SimpleTriggerImpl 类中的主要成员变量有如下几个，请看代码清单：

```
public class SimpleTriggerImpl extends AbstractTrigger<SimpleTrigger>
implements SimpleTrigger, CoreTrigger {
private Date startTime = null;              // 首次触发时间
// 触发截止时间，即使指定的触发任务没有执行完指定的次数也会立即结束
private Date endTime = null;
private Date nextFireTime = null;           // 下一次触发时间
```

```
private Date previousFireTime = null;        // 上一次触发时间
private int repeatCount = 0;                  // 重复执行的次数（不包含首次执行）
private long repeatInterval = 0;             // 重复执行的时间间隔，单位为 ms
private int timesTriggered = 0;             // 总触发次数
private boolean complete = false;           // 是否完成
}
```

下面来看 SimpleTriggerImpl 类的几个重要的方法，通过其实现逻辑了解 Quartz 调度的 misfire 机制，理解其在任务启动和恢复中是如何使用的，具体的代码清单如下：

```
/**
*根据创建时选择的 MISFIRE_INSTRUCTION_XXX 更新 SimpleTrigger 的状态。
*如果 misfire 机制设置了智能策略 MISFIRE_INSTRUCTION_SMART_POLICY，则将使用以下
  方案：
*1.如果重复触发的次数为 0，则采用 MISFIRE_INSTRUCTION_FIRE_NOW 立即触发的策略；
*2.如果重复触发的次数不确定，则采用 MISFIRE_INSTRUCTION_RESCHEDULE_NEXT_WITH_
  REMAINING_COUNT 不触发立即执行，而在下一个计划执行，并将 repeat count 设置为没有
  错过任何触发的策略；
*3.如果重复触发的次数大于 0，则采用 MISFIRE_INSTRUCTION_RESCHEDULE_NOW_WITH_
  EXISTING_REPEAT_COUNT
*立即触发执行，但保持 repeat count 不变的策略。
*/
@Override
public void updateAfterMisfire(Calendar cal) {
    int instr = getMisfireInstruction();     //获取 misfire 的值，默认为 0
    //判断 instr == -1
    if(instr == Trigger.MISFIRE_INSTRUCTION_IGNORE_MISFIRE_POLICY)
        return;
    //判断 instr == 0
    if (instr == Trigger.MISFIRE_INSTRUCTION_SMART_POLICY) {
        if (getRepeatCount() == 0) {
            //如果 repeatCount 为 0，则赋值 instr = 1
            instr = MISFIRE_INSTRUCTION_FIRE_NOW;
        } else if (getRepeatCount() == REPEAT_INDEFINITELY) {
            //如果 repeatCount 为-1，则赋值 instr = 4
            instr = MISFIRE_INSTRUCTION_RESCHEDULE_NEXT_WITH_REMAINING_COUNT;
        } else {
  //如果 repeatCount 大于 0，则赋值 instr = 2
  instr = MISFIRE_INSTRUCTION_RESCHEDULE_NOW_WITH_EXISTING_REPEAT_COUNT;
        }
    } else if (instr == MISFIRE_INSTRUCTION_FIRE_NOW && getRepeatCount() != 0) {
//如果 instr == 1 且 repeatCount 不等于 0，则赋值 instr = 3
instr = MISFIRE_INSTRUCTION_RESCHEDULE_NOW_WITH_REMAINING_REPEAT_COUNT;
    }
    if (instr == MISFIRE_INSTRUCTION_FIRE_NOW) {
        //如果 instr == 1，则将当前时间设置为下一次触发时间
        setNextFireTime(new Date());
    } else if (instr == MISFIRE_INSTRUCTION_RESCHEDULE_NEXT_WITH_EXISTING_
COUNT) {
        //如果 instr == 5，则获取以当前时间为准的下一次触发时间
        Date newFireTime = getFireTimeAfter(new Date());
        while (newFireTime != null && cal != null
```

```
                && !cal.isTimeIncluded(newFireTime.getTime())) {
            newFireTime = getFireTimeAfter(newFireTime);
            if(newFireTime == null)
                break;
            java.util.Calendar c = java.util.Calendar.getInstance();
            c.setTime(newFireTime);
            if (c.get(java.util.Calendar.YEAR) > YEAR_TO_GIVEUP_SCHEDULING_
AT) {
                newFireTime = null;
            }
        }
        //设置下一次触发时间
        setNextFireTime(newFireTime);
    } else if (instr == MISFIRE_INSTRUCTION_RESCHEDULE_NEXT_WITH_REMAINING_
COUNT) {
        //如果 instr == 4，则获取以当前时间为准的下一次触发时间
        Date newFireTime = getFireTimeAfter(new Date());
        while (newFireTime != null && cal != null
                && !cal.isTimeIncluded(newFireTime.getTime())) {
            newFireTime = getFireTimeAfter(newFireTime);
            if(newFireTime == null)
                break;
            java.util.Calendar c = java.util.Calendar.getInstance();
            c.setTime(newFireTime);
            if (c.get(java.util.Calendar.YEAR) > YEAR_TO_GIVEUP_SCHEDULING_
AT) {
                newFireTime = null;
            }
        }
        //判断 newFireTime 是否为 null
        if (newFireTime != null) {
            int timesMissed = computeNumTimesFiredBetween(nextFireTime,
                    newFireTime);
            setTimesTriggered(getTimesTriggered() + timesMissed);
        }
        setNextFireTime(newFireTime);
    } else if (instr == MISFIRE_INSTRUCTION_RESCHEDULE_NOW_WITH_EXISTING_
REPEAT_COUNT) {
        //如果 instr == 2，则创建一个 newFireTime
        Date newFireTime = new Date();
        //判断重复执行次数不等于 0 且不等于-1
        if (repeatCount != 0 && repeatCount != REPEAT_INDEFINITELY) {
            setRepeatCount(getRepeatCount() - getTimesTriggered());
            setTimesTriggered(0);
        }
        //判断结束时间是否在 newFireTime 之前
        if (getEndTime() != null && getEndTime().before(newFireTime)) {
            //如果已经过了结束时间，则将 nextFireTime 赋值为 null
            setNextFireTime(null);        // We are past the end time
        } else {
            //设置开始时间和下一次触发时间
            setStartTime(newFireTime);
            setNextFireTime(newFireTime);
        }
```

```
        } else if (instr == MISFIRE_INSTRUCTION_RESCHEDULE_NOW_WITH_REMAINING_
REPEAT_COUNT) {
            //如果 instr == 3
            Date newFireTime = new Date();
            //计算错过触发的平均时间
            int timesMissed = computeNumTimesFiredBetween(nextFireTime,new
FireTime);
            //判断重复执行次数不等于 0 且不等于-1
            if (repeatCount != 0 && repeatCount != REPEAT_INDEFINITELY) {
                int remainingCount = getRepeatCount()- (getTimesTriggered() +
timesMissed);
                if (remainingCount <= 0) {
                    remainingCount = 0;
                }
                //更新重复执行次数
                setRepeatCount(remainingCount);
                //更新总触发次数为 0
                setTimesTriggered(0);
            }
            //判断结束时间是否在 newFireTime 之前
            if (getEndTime() != null && getEndTime().before(newFireTime)) {
                //如果已经过了结束时间，则将 nextFireTime 赋值为 null
                setNextFireTime(null);
            } else {
                //设置开始时间和下一次触发时间
                setStartTime(newFireTime);
                setNextFireTime(newFireTime);
            }
        }
    }
}
```

继续来看在接口 SimpleTrigger 中定义的几种应对 misfire 机制的处理策略，源码清单如下：

```
public interface SimpleTrigger extends Trigger {
    public static final long serialVersionUID = -3735980074222850397L;
    /**
     * 指示 Scheduler 在错失触发的情况下立即启动调度。
     * 注意，该策略仅用于非重复的调度任务。
     */
    public static final int MISFIRE_INSTRUCTION_FIRE_NOW = 1;
    /**
     * 指示 Scheduler 在错失触发的情况下立即被重新调度，并保留重复计数 repeatCount
       的值。
     * 注意，该策略会忽略初始化时设置的 start-time 和 repeat-count。
     *
     */
    public static final int MISFIRE_INSTRUCTION_RESCHEDULE_NOW_WITH_EXISTING_
REPEAT_COUNT = 2;
    /**
     * 指示 Scheduler 在错失触发的情况下立即被重新调度，并将 repeatCount 设置为没有
       错过任何触发的值。
     * 注意，该策略会丢失所有的重复触发次数 repeat-fire-times。
```

```
    */
    public  static  final  int  MISFIRE_INSTRUCTION_RESCHEDULE_NOW_WITH_
REMAINING_REPEAT_COUNT = 3;
    /**
     * 指示 Scheduler 如果在错失触发的情况下，指定在下一个计划时间内重新调度，并将
        repeatCount 设置为没有错过任何触发的值。
     * 注意，如果错过所有触发时间的话，该策略会导致触发器直接进入 COMPLETE 状态。
     */
    public  static  final  int  MISFIRE_INSTRUCTION_RESCHEDULE_NEXT_WITH_
REMAINING_COUNT = 4;
    /**
     * 指示 Scheduler 在错失触发的情况下，指定在下一个计划时间内重新调度，并保留重复
        计数 repeatCount 的值。
     * 注意，如果触发器的结束时间已到的话，该策略会导致触发器直接进入 COMPLETE 状态。
     */
    public  static  final  int  MISFIRE_INSTRUCTION_RESCHEDULE_NEXT_WITH_
EXISTING_COUNT = 5;
    //标识当前触发器是否会不断地重复执行，直到触发器结束
    public static final int REPEAT_INDEFINITELY = -1;
}
```

在 Quartz 中，大多数对象的创建都是通过建造者模式来实现的，org.quartz.Simple-ScheduleBuilder 类就是用来构建 SimpleTriggerImpl 的，构建代码清单如下：

```
public class SimpleScheduleBuilder extends ScheduleBuilder<SimpleTrigger>
{
    private long interval = 0;
    private int repeatCount = 0;
    private int misfireInstruction = SimpleTrigger.MISFIRE_INSTRUCTION_
SMART_POLICY;
    protected SimpleScheduleBuilder() {
    }
    //构建实际的触发器，不打算由最终用户调用，而是由一个 TriggerBuilder 来调用
    @Override
    public MutableTrigger build() {
        SimpleTriggerImpl st = new SimpleTriggerImpl();
        st.setRepeatInterval(interval);
        st.setRepeatCount(repeatCount);
        st.setMisfireInstruction(misfireInstruction);
        return st;
    }
}
```

下面请看基于 cron 表达式的触发器，该触发器可以解决 SimpleTriggerImpl 不能处理的复杂时间表，其具体实现类 CronTriggerImpl 继承自 org.quartz.impl.triggers.Abstract-Trigger 类，并实现了 org.quartz.CronTrigger 和 org.quartz.impl.triggers.CoreTrigger 两个接口。先来看 GronTriggerImpl 类中的主要成员变量，代码清单如下：

```
public class CronTriggerImpl extends AbstractTrigger<CronTrigger> implements
CronTrigger, CoreTrigger {
private CronExpression cronEx = null;      // cron 表达式解析器
private Date startTime = null;
private Date endTime = null;
```

```
private Date nextFireTime = null;
private Date previousFireTime = null;
private transient TimeZone timeZone = null;
}
```

再来看被重写的几个方法在 CronTriggerImpl 类中的实现逻辑，代码清单如下：

```
/**
*根据创建时选择的触发策略更新 CronTrigger 的状态。
*如果 misfire 机制设置了智能策略 MISFIRE_INSTRUCTION_SMART_POLICY,则采用 MISFIRE_
 INSTRUCTION_FIRE_NOW 立即触发的策略。
*/
@Override
public void updateAfterMisfire(org.quartz.Calendar cal) {
    int instr = getMisfireInstruction();          //获取错过触发策略
    //如果 instr == -1，则直接返回
    if(instr == Trigger.MISFIRE_INSTRUCTION_IGNORE_MISFIRE_POLICY)
        return;
    if (instr == MISFIRE_INSTRUCTION_SMART_POLICY) {
        //如果 instr == 0，则赋值 instr = 1
        instr = MISFIRE_INSTRUCTION_FIRE_ONCE_NOW;
    }
    if (instr == MISFIRE_INSTRUCTION_DO_NOTHING) {
        // 如果 instr == 2，则先获取 newFireTime
        Date newFireTime = getFireTimeAfter(new Date());
        while (newFireTime != null && cal != null
                && !cal.isTimeIncluded(newFireTime.getTime())) {
            newFireTime = getFireTimeAfter(newFireTime);
        }
        setNextFireTime(newFireTime);              //更新下次触发时间
    } else if (instr == MISFIRE_INSTRUCTION_FIRE_ONCE_NOW) {
        setNextFireTime(new Date());  // 如果 instr == 1，则更新下次触发时间
    }
}
```

然后再看在 org.quartz.CronTrigger 中定义了哪些策略，代码清单如下：

```
public interface CronTrigger extends Trigger {
    public static final long serialVersionUID = -8644953146451592766L;
    //指示 Scheduler 在错失触发的情况下立即启动一次调度
    public static final int MISFIRE_INSTRUCTION_FIRE_ONCE_NOW = 1;
    /**
    * 指示 Scheduler 在错失触发的情况下，只将下次触发时间更新为离当前时间最近的下次
      触发时间，但不希望现在就触发。
    */
    public static final int MISFIRE_INSTRUCTION_DO_NOTHING = 2;
    public String getCronExpression();
    public TimeZone getTimeZone();
    public String getExpressionSummary();
    TriggerBuilder<CronTrigger> getTriggerBuilder();
}
```

对于 CronTriggerImpl 的创建，也由一个 org.quartz.CronScheduleBuilder 类来实现，具体的方法逻辑代码如下：

```
public class CronScheduleBuilder extends ScheduleBuilder<CronTrigger> {
    private CronExpression cronExpression;
    private int misfireInstruction = CronTrigger.MISFIRE_INSTRUCTION_
SMART_POLICY;
    //必须传入 CronExpression 表达式
    protected CronScheduleBuilder(CronExpression cronExpression) {
        if (cronExpression == null) {
            throw new NullPointerException("cronExpression cannot be null");
        }
        this.cronExpression = cronExpression;
    }
    //构建实际的触发器,不打算由最终用户调用,而是由一个 TriggerBuilder 来调用
    @Override
    public MutableTrigger build() {
        CronTriggerImpl ct = new CronTriggerImpl();
        ct.setCronExpression(cronExpression);
        ct.setTimeZone(cronExpression.getTimeZone());
        ct.setMisfireInstruction(misfireInstruction);
        return ct;
    }
}
```

org.quartz.Job 接口用于实现具体的业务逻辑,在该接口中只有一个方法需要重写,如果想要监视 Job 的执行状态,可使用 org.quart.JobListener 或 org.quart.TriggerListener 接口,代码清单如下:

```
public interface Job {
    /**
     * 由 Scheduler 调度,通过 Trigger 触发的 Job 作业任务。另外,可以定义 JobListener
     *   和 TriggerListener 来监视 Job 的执行情况。
     */
    void execute(JobExecutionContext context) throws JobExecutionException;
}
```

对于 Job 的存储方式,在 Quartz 框架中默认提供了基于 JVM 内存的 RAMJobStore 存储方式,除此之外还有基于数据库的 JobStoreSupport 存储方式,其实现方式有 JobStoreTX 和 JobStoreCMT。在集群应用中必须使用基于数据库的存储方式。

下面通过一个简单的案例演示 Quartz 框架的用法。首先创建一个项目,在 pom.xml 文件中引入 Quartz 依赖,示例代码如下:

```
<!--引入 Quartz 依赖-->
<dependency>
    <groupId>org.springframework.boot</groupId>
    <artifactId>spring-boot-starter-quartz</artifactId>
</dependency>
```

然后创建一个 service 包,新建一个 MyJob 类并实现 Job 接口,重写 execute()方法,该方法的逻辑只是简单地输出一句话,示例代码如下:

```
public class MyJob implements Job {
    @Override
```

```
    public void execute(JobExecutionContext jobExecutionContext) throws
JobExecutionException {
        System.err.println("任务正在执行... " + LocalDateTime.now());
    }
}
```

接着是主要的功能实现，还是在 service 包中新建一个 MyScheduler 类，示例代码如下：

```
@Component                                          //任务调度器
public class MyScheduler {
    public void execute() throws InterruptedException,SchedulerException{
        // 创建调度器 Scheduler
        SchedulerFactory schedulerFactory = new StdSchedulerFactory();
        Scheduler scheduler = schedulerFactory.getScheduler();
        // 创建 JobDetail 实例，并与 MyJob 类绑定（Job 执行内容）
        JobDetail jobDetail = JobBuilder.newJob(MyJob.class).withIdentity
("job", "group").build();
        // 构建 Trigger 实例，每隔 5s 执行一次
        Trigger trigger = TriggerBuilder.newTrigger().withIdentity
("trigger", "triggerGroup")
                .startNow()                         //立即生效
                .withSchedule(SimpleScheduleBuilder.simpleSchedule()
                    .withIntervalInSeconds(5)        //每隔 5s 执行一次
                    .repeatForever()).build();       //循环执行
        // 给 jobDetail 任务添加 Trigger 触发器
        scheduler.scheduleJob(jobDetail, trigger);
        System.out.println("--------myJob scheduler start！------------");
scheduler.start();                                  // 开启定时任务
        TimeUnit.MINUTES.sleep(1);                  // 睡眠 1min
        scheduler.shutdown();                       // 执行 1min 后停止
        System.out.println("-------myJob scheduler shutdown！-------");
    }
}
```

最后通过 ApplicationRunner 方式启动任务，创建 config 包，新建 QuartzScheduling-Config 配置类，示例代码如下：

```
@Configuration
public class QuartzSchedulingConfig implements ApplicationRunner {
    @Autowired
    private MyScheduler myScheduler;
    @Override
    public void run(ApplicationArguments args) throws Exception {
        myScheduler.execute();
    }
}
```

运行 main()方法启动程序，控制台输出的日志如图 11.4 所示。

```
--------myJob scheduler start ! ------------
2020-08-31 23:43:23.341  INFO 2372 --- [ restartedMain] org.quartz.core.QuartzScheduler
任务正在执行... 2020-08-31T23:43:23.362
任务正在执行... 2020-08-31T23:43:28.337
任务正在执行... 2020-08-31T23:43:33.335
任务正在执行... 2020-08-31T23:43:38.336
任务正在执行... 2020-08-31T23:43:43.336
任务正在执行... 2020-08-31T23:43:48.335
任务正在执行... 2020-08-31T23:43:53.336
任务正在执行... 2020-08-31T23:43:58.335
任务正在执行... 2020-08-31T23:44:03.336
任务正在执行... 2020-08-31T23:44:08.336
任务正在执行... 2020-08-31T23:44:13.335
任务正在执行... 2020-08-31T23:44:18.336
任务正在执行... 2020-08-31T23:44:23.335
2020-08-31 23:44:23.342  INFO 2372 --- [ restartedMain] org.quartz.core.QuartzScheduler
2020-08-31 23:44:23.342  INFO 2372 --- [ restartedMain] org.quartz.core.QuartzScheduler
2020-08-31 23:44:23.344  INFO 2372 --- [ restartedMain] org.quartz.core.QuartzScheduler
--------myJob scheduler shutdown ! ------------
```

图 11.4　Job 运行记录

通过分析运行记录可知，结果还是符合预期的，对于实现原理，感兴趣的读者可查阅相关资料自行学习。

11.3.3　Quartz 使用 Cron 表达式

Cron 表达式就是一个字符串，由 6 个或 7 个子表达式组成，子表达式之间用空格隔开。其中，每个子表达式都对应一个数值域，具体格式如下：

```
[秒] [分] [小时] [日] [月] [周] [年]
Seconds Minutes Hours DayofMonth Month DayofWeek Year
[秒] [分] [小时] [日] [月] [周]
Seconds Minutes Hours DayofMonth Month DayofWeek
```

如表 11.1 所示为每个子表达式的具体含义。

表 11.1　Cron表达式及其说明

字 段 名	允 许 的 值	允许的特殊字符
秒（Seconds）	0～59的整数	, - * /
分（Minutes）	0～59的整数	, - * /
小时（Hours）	0～23的整数	, - * /
日期（DayofMonth）	1～31的整数（注意部分月份的天数）	, - * / ? L W C
月份（Month）	0～11的整数或者英文缩写（JAN-DEC）	, - * /
星期（DayofWeek）	1～7的整数或者英文缩写（SUN-SAT）其中1表示星期日	, - * / ? L # C
年份（Year，可选）	1970～2099	, - * /

其中，特殊字符的使用说明如下：

- 字符"，"：表示枚举，可以指定多个数值。假如从左往右将该字符定义在第二位，即在 Minutes 域中使用"2,10"，则表达式"* 2,10 * * * ?"表示在第 2 和第 10min 时执行，执行频率为每秒钟执行一次，时间为 1min。

- 字符"-"：表示范围，可指定多个数值。假如还在 Minutes 域中使用"2-10"，表达式"0 2-10 * * * ? *"表示每小时的第 2～10min 触发一次。
- 字符"*"：表示匹配该域的任意值，包含可以出现的所有值。假如从左往右将该字符定义在第一位，即在 Seconds 域中使用，表达式"* * * * * ? *"表示每秒触发一次。
- 字符"/"：表示从某一时间开始，之后每隔多长时间触发一次。例如，表达式"2/10 * * * * ?"表示从第 2s 开始执行之后每 10s 执行一次。
- 字符"?"：只能用在日期（DayofMonth）和星期（DayofWeek）这两个域中，表示匹配该域的任意值，一般不指定值。由于日期和星期相互影响，如果日期域设置了值，为避免冲突，则需要将星期域设置为"?"。通常情况下默认将星期对应的域设为"?"。
- 字符 L：只能用在日期（DayofMonth）和星期（DayofWeek）这两个域中，取英文单词 Last 的首字母，表示最后。假如在 DayofMonth 域中指定为"5L"，则表示指定月的倒数第 5 天。如果用在 DayofWeek 域中，则表示最后一个星期四。注意其在使用时只能配合单独的数值使用，不要指定列表或范围值。
- 字符 C：只能用在日期（DayofMonth）和星期（DayofWeek）这两个域中，取英文单词 Calendar 的首字母，表示其值依赖于相关的"日历"的计算结果。使用时需要指定依赖的"日历"，如果没有"日历"关联，则表示所有包含的"日历"。例如，"5C"在 DayofMonth 域中相当于日历 5 日以后的第一天；"1C"在 DayofWeek 域中相当于星期日后的第一天。
- 字符 W：只能用在日期（DayofMonth）域中，表示有效的工作日（周一到周五）。程序默认会判断在离指定日期最近的工作日那一天触发作业。例如，在 DayofMonth 域中指定"5W"，假如本月的 5 号是星期六，则会选择最近的工作日即 4 号星期五触发。如果 5 号是星期天，则会在 6 号星期一触发。如果 5 号就是有效的工作日（星期一到星期五中的某一天），则会在 5 号触发。但要注意一点，选择最近工作日的规则不会跨月份。
- 字符 LW：L 和 W 在日期域中可以一起使用，表示在某个月的最后一个工作日，即某月最后一个星期五。
- 字符"#"：只能出现在星期（DayofWeek）域中，表示每个月第几个星期几。例如，5#2，表示某个月的第 2 个星期四。

在月份域中，不仅可以使用 0～11 的数值，还可以使用月份的英文缩写如 Jan、Feb、Mar、Apr、May、Jun、Jul、Aug、Sep、Oct、Nov、Dec，并且大小写不敏感。

在星期域中，除了使用 1～7 之间的数值外，还可以使用星期的英文缩写，如 Sun、Mon、Tue、Wed、Thu、Fri、Sat，并且大小写不敏感。

在 org.quartz.CronExpression 类中有相应的解析逻辑，这里就不做过多的分析了。另外，在默认的情况下可以使用 org.quartz.SimpleScheduleBuilder 来定义简单的触发时间，如果需要复杂的触发时间，通常会通过 org.quartz.CronScheduleBuilder 来创建以 Cron 表达式计算时间的触发器。

11.3.4　消息定点推送案例

第 10 章我们学习了 Spring Batch 批处理的开发与使用，前面的内容主要讲了定时调度的几种实现方式，本节将通过一个案例将学的知识进行一次整合。

假设有这样的业务场景，需要每天早上 9 点定时触发批量任务，任务逻辑是读取今天的热点信息，然后向列表中的用户发送这些信息。

下面我们就以 Spring Batch 来模拟开发消息推送的逻辑，不管是定时发邮件还是定时发短信，都通过批量任务来执行，然后再用 Quartz 框架实现定点触发推送的功能。

在 IDEA 中创建一个 Spring Boot 工程，修改 pom.xml 文件，在其中添加 batch、quartz、mail 等相关依赖，示例代码如下：

```xml
<!--mysql-connector-java 驱动包-->
<dependency>
    <groupId>mysql</groupId>
    <artifactId>mysql-connector-java</artifactId>
    <scope>runtime</scope>
</dependency>
<!--引入 Batch 依赖-->
<dependency>
    <groupId>org.springframework.boot</groupId>
    <artifactId>spring-boot-starter-batch</artifactId>
</dependency>
<!--引入 Quartz 依赖-->
<dependency>
    <groupId>org.springframework.boot</groupId>
    <artifactId>spring-boot-starter-quartz</artifactId>
</dependency>
<!--发送邮件-->
<dependency>
    <groupId>javax.mail</groupId>
    <artifactId>mail</artifactId>
    <version>1.4.7</version>
</dependency>
```

由于设定的场景是读取数据库中的数据然后向用户发送消息，所以就提前创建库表，准备一些数据。在数据库中新建 message 表，添加字段 id、title、content 和 user，分别表示数据主键 id、消息标题、消息内容和接收的用户，下面给出 SQL 脚本如下：

```sql
CREATE TABLE message (
  id int(11) NOT NULL COMMENT '编号',
  title varchar(255) DEFAULT NULL COMMENT '主题',
```

```
content varchar(255) DEFAULT NULL COMMENT '内容',
user varchar(255) DEFAULT NULL COMMENT '接收用户',
PRIMARY KEY (id)
)
```

为了集成使用 Quartz 框架，我们创建一个 quartz.properties 文件，用于灵活配置 Quartz 的相关参数。在 src/main/resources 文件中新建 quartz.properties 配置文件，文件内容如下：

```
#scheduler 实例的标志 ID，必须是全局唯一的，默认值为 QuartzScheduler
org.quartz.scheduler.instanceName=MH-QuartzBatch
org.quartz.scheduler.instanceId=AUTO
#=======Configure ThreadPool=======
org.quartz.threadPool.class=org.quartz.simpl.SimpleThreadPool
#执行最大并发线程数量
org.quartz.threadPool.threadCount=5
#线程优先级
org.quartz.threadPool.threadPriority = 5
#=======Configure JobStore=======
org.quartz.jobStore.misfireThreshold=60000
#配置任务为持久化实现类
org.quartz.jobStore.class=org.quartz.impl.jdbcjobstore.JobStoreTX
#配置任务为持久化数据驱动
org.quartz.jobStore.driverDelegateClass=org.quartz.impl.jdbcjobstore.St
dJDBCDelegate
#quartz 相关的数据表前缀名
org.quartz.jobStore.tablePrefix=QRTZ_
#开启分布式部署
org.quartz.jobStore.isClustered=false
#分布式节点有效性检查时间间隔，单位为 ms
org.quartz.jobStore.clusterCheckinInterval=20000
```

还有一些公共的配置属性，我们可以配置在 application.properties 文件中，内容如下：

```
# 配置数据源
spring.datasource.driver-class-name=com.mysql.cj.jdbc.Driver
spring.datasource.url=jdbc:mysql://127.0.0.1:3306/mohai_four?useUnicode
=true&characterEncoding=UTF-8&autoReconnect=true&useSSL=true&serverTime
zone=Asia/Shanghai&zeroDateTimeBehavior=convertToNull
spring.datasource.username=root
spring.datasource.password=123456
# 初始化 Batch 的相关表
spring.batch.initialize-schema=always
# Job 启动时不执行
spring.batch.job.enabled=false
# 初始化 Quartz 的相关表
spring.quartz.jdbc.initialize-schema=always
# Quartz 数据持久化方式，默认是内存方式
spring.quartz.job-store-type=jdbc
# 使用自己的邮箱及 SMTP 服务密码
spring.mail.host=smtp.163.com
# 邮箱服务用户名需要改成自己设置的用户名
spring.mail.username=XXXX@163.com
# 邮箱服务密码需要改成自己设置的密码
```

```
spring.mail.password=*****
spring.mail.default-encoding=UTF-8
```

对于定时推送消息功能，我们可以分成两步来实现。

（1）我们先完成批处理任务的开发，该 Job 任务的实现逻辑是通过 JdbcCursor-ItemReader 从数据库中读取数据，再通过 ItemProcessor 处理数据转换成 SimpleMailMessage 返回，最后通过 SimpleMailMessageItemWriter 实现发送邮件。

在工程中创建 config 包，并在该包中新建 BatchConfig 类，在类中标注@EnableBatch-Processing 注解开启 Batch 功能，然后配置 Job 和 Step 等相关属性。我们来看下整个 Batch-Config 配置类的代码逻辑，示例代码如下：

```java
@Configuration
@EnableBatchProcessing
public class BatchConfig {
    @Autowired
    private JobBuilderFactory jobBuilderFactory;
    @Autowired
    private StepBuilderFactory stepBuilderFactory;
    @Autowired
    private DataSource dataSource;
    @Value("${spring.mail.username}")
    private String from;
    @Value("${spring.mail.host}")
    private String host;
    @Value("${spring.mail.password}")
    private String password;
    @Bean
    public Job sendMessageJob() {
        return jobBuilderFactory.get("sendMessageJob")
                .incrementer(new RunIdIncrementer())
                .start(sendStep()).build();
    }
    @Bean
    @JobScope
    public Step sendStep() {
        return stepBuilderFactory.get("sendStep")
                //每次执行的次数
                .chunk(100)
                //设置读处理器
                .reader(reader())
                //设置处理器
                .processor(processor())
                //设置写处理器
                .writer(writer()).build();
    }
    public JdbcCursorItemReader<Map<String, Object>> reader() {
        JdbcCursorItemReader<Map<String, Object>> reader = new JdbcCursor
ItemReader<>();
        reader.setDataSource(dataSource);
        //查询message表中的数据
        reader.setSql("select * from message");
        reader.setRowMapper(new ColumnMapRowMapper());
```

```
        return reader;
    }
    public ItemProcessor processor() {
        // 处理数据将其封装成 SimpleMailMessage
        ItemProcessor itemProcessor = new ItemProcessor() {
            @Override
            public Object process(Object item) throws Exception {
                Map<String, Object> map = (Map<String, Object>) item;
                SimpleMailMessage message = new SimpleMailMessage();
                //设置邮件发送者
                message.setFrom(from);
                //设置邮件接收用户
                message.setTo(map.get("user").toString());
                //设置邮件主题
                message.setSubject(map.get("title").toString());
                //设置邮件内容
                message.setText(map.get("content").toString());
                message.setSentDate(new Date());
                return message;
            }
        };
        return itemProcessor;
    }
    public SimpleMailMessageItemWriter writer() {
        SimpleMailMessageItemWriter  simpleMailMessageItemWriter  =  new
SimpleMailMessageItemWriter();
        JavaMailSenderImpl javaMailSender = new JavaMailSenderImpl();
        //设置邮件服务器地址
        javaMailSender.setHost(host);
        //设置邮件服务密码
        javaMailSender.setPassword(password);
        //设置用户名称
        javaMailSender.setUsername(from);
        simpleMailMessageItemWriter.setMailSender(javaMailSender);
        return simpleMailMessageItemWriter;
    }
}
```

📢注意：这里的邮箱服务设置有点复杂，需要在 163 邮箱中开启 SMTP 服务功能，然后设定服务密码，读者可以登录邮箱客户端在设置功能里查看，这里不再赘述。

（2）配置 Quartz 定时任务。在 config 包中新建 SchedulerConfig 配置类，分别完成 SchedulerFactoryBean、JobDetailFactoryBean 和 CronTriggerFactoryBean 的注入，示例代码如下：

```
@Configuration
public class SchedulerConfig {
    @Bean
    public JobFactory jobFactory() {
        return new QuartzSpringBeanJobFactory();
    }
    //调度工厂类，指定单个或多个触发器
```

```java
@Bean
public SchedulerFactoryBean schedulerFactoryBean(DataSource dataSource,
CronTriggerFactoryBean cronTriggerFactoryBean) throws Exception {
    SchedulerFactoryBean factory = new SchedulerFactoryBean();
    //允许覆盖已存在的任务
    factory.setOverwriteExistingJobs(true);
    //设置数据源
    factory.setDataSource(dataSource);
    //设置 JobFactory
    factory.setJobFactory(jobFactory());
    //设置属性
    factory.setQuartzProperties(quartzProperties());
    factory.setTriggers(cronTriggerFactoryBean.getObject());
    return factory;
}
@Bean
public JobDetailFactoryBean jobDetailFactoryBean() {
    //设置定时调度批量任务，jobName 参见 BatchConfig 中的配置
    JobDetailFactoryBean jobDetailFactoryBean = createJobDetail
("sendMessageJob");
    return jobDetailFactoryBean;
}
@Bean
public CronTriggerFactoryBean cronTriggerFactoryBean(JobDetailFactoryBean
jobDetailFactoryBean) {
    //定义触发器，每天 9 点整触发一次
    return createTrigger(jobDetailFactoryBean.getObject(), "0 0 9 *
* ?");
}
//调度触发器
private CronTriggerFactoryBean createTrigger(JobDetail detail, String
expression) {
    CronTriggerFactoryBean cron = new CronTriggerFactoryBean();
    cron.setJobDetail(detail);
    cron.setCronExpression(expression);
    return cron;
}
//调度工作类 通过 jobClass 属性指定调度工作类
private JobDetailFactoryBean createJobDetail(String jobName) {
    JobDetailFactoryBean factory = new JobDetailFactoryBean();
    //设置 QuartzJobBean 任务的实现方式
    factory.setJobClass(SpringQuartzJobLauncher.class);
    //任务的参数配置
    Map<String, Object> map = new HashMap<>();
    //spring batch 的任务名称，参见 BatchConfig 中的配置
    map.put("jobName", jobName);
    factory.setJobDataAsMap(map);
    return factory;
}
@Bean
public Properties quartzProperties() throws IOException {
    PropertiesFactoryBean propertiesFactoryBean = new PropertiesFactory
Bean();
```

```
        propertiesFactoryBean.setLocation(new
ClassPathResource("/quartz.properties"));
        propertiesFactoryBean.afterPropertiesSet();
        return propertiesFactoryBean.getObject();
    }
}
```

下面就是 Spring Batch 和 Quartz 整合的核心逻辑了。在工程中创建 core 包并新建 SpringQuartzJobLauncher 类，示例代码如下：

```
/**
 * QuartzJobBean 类起着连接 Quartz 和 Spring Batch 的作用
 * 由于该类是直接在 Quartz 中实例化出来的，不受 Spring 的管理
 * 所以利用 SpringBeanJobFactory 将其注入 Spring 中
 */
public class SpringQuartzJobLauncher extends QuartzJobBean {
    @Autowired
    private JobLauncher jobLauncher;
    @Autowired
    private Job job;
    @Override
    protected void executeInternal(JobExecutionContext context) throws
JobExecutionException {
        JobDataMap map = context.getMergedJobDataMap();
        String jobName = map.getString("jobName");
        System.out.println("当前任务[" + jobName + "]正常被调起");
        JobParameters jobParameters = new JobParametersBuilder()
                .addLong("time",
System.currentTimeMillis()).toJobParameters();
        try {
            jobLauncher.run(job, jobParameters);
        } catch (JobExecutionAlreadyRunningException e) {
          e.printStackTrace();
        } catch (JobRestartException e) {
          e.printStackTrace();
        } catch (JobInstanceAlreadyCompleteException e) {
          e.printStackTrace();
        } catch (JobParametersInvalidException e) {
          e.printStackTrace();
        }
    }
}
```

由于 SpringQuatrzJobLauncher 类是直接在 Quartz 中实例化出来的，并不受 Spring 的管理，所以需要利用 SpringBeanJobFactory 将其注入 Spring 中。创建 bean 包在当前包中新建 QuartzSpringBeanJobFactory 类继承 SpringBeanJobFactory 并实现 ApplicationContext-Aware 接口，重写 createJobInstance()方法，示例代码如下：

```
//自定义 JobFactory，手动将 Job 实例注入 Spring 容器中
public class QuartzSpringBeanJobFactory extends SpringBeanJobFactory
implements ApplicationContextAware {
    private transient AutowireCapableBeanFactory beanFactory;
    @Override
    public void setApplicationContext(final ApplicationContext context) {
```

```
        beanFactory = context.getAutowireCapableBeanFactory();
    }
    @Override
    protected Object createJobInstance(final TriggerFiredBundle bundle)
throws Exception {
        //创建 jobInstance
        final Object job = super.createJobInstance(bundle);
        //向 Spring 中注入这个 Bean
        beanFactory.autowireBean(job);
        return job;
    }
}
```

至此，我们完成了所有的代码编写，运行 main()方法启动程序，如果在控制台中看到
Starting Quartz Scheduler now 字样，说明定时任务已经启动成功，定点消息推送功能就实
现了。

11.4　小　　结

定时任务的使用大大提升了批处理作业的能力，解决了业务场景中的一些实际问题。
除了前面讲的 Quartz 调度框架之外，目前市面上也出现了众多分布式批处理调度框架，可
以实现多节点部署、任务编排、断点续跑、任务运行监控等功能。这些优秀的开源框架大
多数也是基于 Quartz 实现的，可以方便地使用。

第3篇
项目案例实战

▶▶ 第 12 章　Spring Boot 开发案例

第 12 章　Spring Boot 开发案例

正所谓学以致用，当我们看了很多书，学了很多华丽的"招式"，但如果没有用到实际的项目中，那也是白费功夫，浪费时间。现如今互联网行业都比较喜欢敏捷开发，快速迭代，只有这样才能抓住市场，抢占先机。对于 Java 程序员来说，需要时刻保持不断学习的态度，多学新知识和新技术，并能够将所学知识灵活地应用到项目开发中。

本章将通过一个网上商城案例，展现如何通过 Spring Boot 搭建项目框架，并详细介绍项目开发的过程。希望通过对本章的学习，读者能够掌握 Spring Boot 框架的开发技巧。

12.1　网上商城项目

网上商城是一个综合性的 B2C（Business to Customer）平台，会员可以在商城浏览商品、添加商品到购物车、支付订单及查询物流等，管理员和运营人员可以在后台管理系统中管理商品、查询订单、添加会员和统计报表等。

12.1.1　架构设计

作为一个综合性的项目案例，从整体考虑，可将商城项目分为后台管理系统和前台商城系统，简称为前台和后台。

前台的主要有商城首页、商品推荐、商品搜索、商品列表、商品详情页、购物车、订单流程、用户信息和帮助中心等一系列业务功能。

后台主要有商品管理、商品上架和发布、商品分类管理、会员管理、订单管理、物流管理、营销管理、权限管理、报表管理等常规的管理功能。

以上功能都是根据商城所需业务从整体分析的，仅仅有这些功能还不能指导人们进行开发，还需要开发人员整理出相应的软件需求文档，然后由软件架构师通过软件需求文档进行系统架构设计，通过分析用例、明确架构模式、运用鲁棒图等方法分析、整理出需求中产生的对象和对象属性，包括这些对象所能执行的动作，最后进行领域建模。

其实，架构师的主要职责是确认需求，进行系统分解和技术选型，然后评估需求并给出开发规范，甚至还需要搭建基础框架。

　　一个架构师在整个开发团队中属于技术路线的指导者，对整个项目起着决定性的作用，他的工作决定着整个软件开发项目的成败。就像盖房子一样，只有打好基础，才能建成摩天大楼。一个好的架构设计，必须是在前期准备过程中做了充分调研或者经过了很多次的讨论所形成的，最终在利弊与取舍之间做出合理的决策。

　　首先思考一下，架构是什么？这个问题较为抽象，没有明确的定义。一般来讲，软件架构（Software Architecture）用来指导软件系统的开发设计，是对软件的整体描述，是人们通过思考分析出需求的本质，所提出的解决问题的方案。整个过程是先对目标系统按照某一原则进行切分，然后进行合并，再将其组装构成一个整体，通过协作完成目标系统所需要的功能。其中，模块和组件就是系统切分后的统称，从不同的角度拆分会有不同的名称。如果从逻辑角度来拆分的话，得到的单元称为模块；如果从物理角度来拆分的话，得到的单元称为组件。按逻辑拆分成模块为的是职责分离，而拆分成组件则是为了实现复用。

　　架构师不仅要懂编程，还要熟悉业务。那些脱离实际业务场景，只注重技术的架构设计往往会给系统带来灾难。技术和业务相比，业务占主导作用，毕竟软件的功能就是为了实现业务功能。如果将架构设计细分的话可以分为业务架构、应用架构、数据架构、技术架构及部署架构。

- 业务架构：包括业务规划、业务模块和业务流程，它将业务进行拆分并通过领域模型设计，把现实的业务逻辑转化成抽象的对象。
- 应用架构：明确各子系统的职责划分，将复杂的业务进行逻辑分层，其纵向按照业务类型划分，横向按照功能处理顺序划分，利用聚合服务实现应用之间的分工合作。
- 数据架构：用于指导数据库的设计，需要考虑领域模型与数据库表的转换，以及实体模型的设计。
- 技术架构：考虑将要使用的框架及类库，然后确定编码规范、模块划分及依赖关系，同时在技术选型时需要考虑团队的整体水平，可以说是对公司的开发人员所掌握的技术栈的综合考量。
- 部署架构：确定应用系统将要运行的组件，以及部署到硬件的策略，完全抛开了业务的范畴，较为有针对性地考虑系统如何实现高可用、高性能和可伸缩等特性。

　　下面的架构设计就是从不同角度进行分解的。

　　从业务逻辑角度分解，网上商城系统的架构如图 12.1 所示。从物理部署角度分解，网上商城系统的架构如图 12.2 所示。从开发规范角度分解，网上商城系统采用标准的 MVC 框架开发，如图 12.3 所示。

　　在完成系统分解与方案设计之后，需要考虑选择使用什么技术来实现。本案例在技术框架选型上主要以 Spring Boot 为主，采用 Spring Security 作为认证和授权框架，同时使用 JWT 实现认证和授权，ORM 框架选用 MyBatis，缓存方面使用 Redis 进行中间数据的存储。使用 MySQL 数据库，用于保存业务数据。另外，项目中还引入了常用的工具包，如 commons-lang3 和 hutool-all 等。

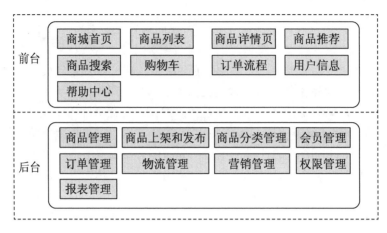

图 12.1 业务架构

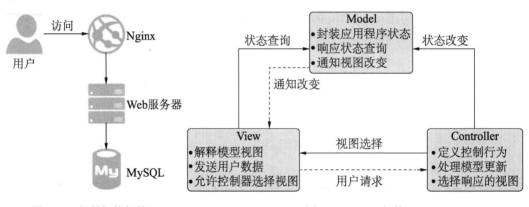

图 12.2 部署拓扑架构　　　　　　　　　图 12.3 MVC 架构

12.1.2 项目搭建

项目搭建其实就是将选用的框架进行整合的过程，就像堆积木一样将各个模块组装在一起的过程。当然，每个互联网企业在筹备项目时都不会从头搭建，它们都有自主研发的开发工具及封装好的应用框架，开发者可以借助工具实现快速创建项目、生成代码、编排可视化等功能，这些都大大加快了应用开发的速度。

我们继续用免费版的 IDEA 开发工具来构建本案例。首先打开 IDEA 工具，选择 File |
New | Project 命令，在弹出的对话框中填写项目名称、包名称及 Java 版本等信息。然后选择相关依赖，完成项目的创建。我们可以在不做任何修改的情况下启动应用程序，让程序能 "跑" 起来，但是缺少必要的框架配置，还需要在当前工程中新建模块，同时在 yml 配置文件中添加数据源配置、Redis 配置和 MyBatis 配置等。为了方便管理，在工程中分别新建 3 个模块。

- 启动模块：模块名称为 app-starter，负责全局参数配置、聚合业务模块和启动应用。
- 核心模块：模块名称为 app-core，主要功能是整合 Spring Security 框架，提供用户登录认证和访问授权，另外还实现 Swagger 接口文档工具等功能。
- 业务模块：模块名称根据业务场景自定义，其功能是实现业务逻辑，向外暴露访问接口。

一般情况下，项目中的启动模块和核心模块很少改动，而业务模块可以不断地添加，最后统一在启动模块中依赖即可。在工程的根目录下通过 pom.xml 文件进行版本控制并聚合各个子模块，如 spring boot、mybatis、hikaricp、redis、swagger 等依赖信息，示例代码如下：

```xml
<?xml version="1.0" encoding="UTF-8"?>
<project xmlns="http://maven.apache.org/POM/4.0.0" xmlns:xsi="http://www.
w3.org/2001/XMLSchema-instance"
  xsi:schemaLocation="http://maven.apache.org/POM/4.0.0
https://maven.apache.org/xsd/maven-4.0.0.xsd">
  <modelVersion>4.0.0</modelVersion>
  <parent>
    <groupId>org.springframework.boot</groupId>
    <artifactId>spring-boot-starter-parent</artifactId>
    <version>2.2.6.RELEASE</version>
    <relativePath/> <!-- lookup parent from repository -->
  </parent>
  <groupId>com.mohai.one</groupId>
  <artifactId>com-shopping</artifactId>
  <version>0.0.1-SNAPSHOT</version>
  <name>com-shopping</name>
  <packaging>pom</packaging>
  <description>网上商城</description>
  <properties>
    <java.version>1.8</java.version>
    <project.build.sourceEncoding>UTF-8</project.build.sourceEncoding>
    <project.reporting.outputEncoding>UTF-8</project.reporting.output
Encoding>
  </properties>
  <!--子模块-->
  <modules>
    <module>app-starter</module>
    <module>app-core</module>
    <module>app-wares</module>
  </modules>
  <dependencies>
    <dependency>
      <groupId>org.springframework.boot</groupId>
      <artifactId>spring-boot-starter</artifactId>
    </dependency>
    <!-- 健康监控 -->
    <dependency>
      <groupId>org.springframework.boot</groupId>
      <artifactId>spring-boot-starter-actuator</artifactId>
    </dependency>
```

```xml
<!-- Web 容器 -->
<dependency>
    <groupId>org.springframework.boot</groupId>
    <artifactId>spring-boot-starter-web</artifactId>
</dependency>
<!-- Redis 依赖 -->
<dependency>
    <groupId>org.springframework.boot</groupId>
    <artifactId>spring-boot-starter-data-redis</artifactId>
</dependency>
<!--mysql-connector-java 驱动包-->
<dependency>
    <groupId>mysql</groupId>
    <artifactId>mysql-connector-java</artifactId>
    <scope>runtime</scope>
</dependency>
<!-- HikariCP 连接池依赖 -->
<dependency>
    <groupId>org.hibernate</groupId>
    <artifactId>hibernate-hikaricp</artifactId>
</dependency>
<!-- mybatis-spring-boot-starter -->
<dependency>
    <groupId>org.mybatis.spring.boot</groupId>
    <artifactId>mybatis-spring-boot-starter</artifactId>
    <version>2.1.3</version>
</dependency>
<!-- MyBatis 分页插件 -->
<dependency>
    <groupId>com.github.pagehelper</groupId>
    <artifactId>pagehelper-spring-boot-starter</artifactId>
    <version>1.2.5</version>
</dependency>
<!-- Fastjson 依赖 -->
<dependency>
    <groupId>com.alibaba</groupId>
    <artifactId>fastjson</artifactId>
    <version>1.2.73</version>
</dependency>
<!--添加 Swagger 依赖 -->
<dependency>
    <groupId>io.springfox</groupId>
    <artifactId>springfox-swagger2</artifactId>
    <version>2.9.2</version>
</dependency>
<!--添加 Swagger-UI 依赖 -->
<dependency>
    <groupId>io.springfox</groupId>
    <artifactId>springfox-swagger-ui</artifactId>
    <version>2.9.2</version>
</dependency>
<!--解决 Swagger 2.9.2 版本 NumberFormatException-->
<dependency>
    <groupId>io.swagger</groupId>
```

```xml
                <artifactId>swagger-models</artifactId>
                <version>1.5.21</version>
            </dependency>
            <dependency>
                <groupId>io.swagger</groupId>
                <artifactId>swagger-annotations</artifactId>
                <version>1.5.21</version>
            </dependency>
            <!-- Hutool 工具包 -->
            <dependency>
                <groupId>cn.hutool</groupId>
                <artifactId>hutool-all</artifactId>
                <version>5.2.5</version>
            </dependency>
            <!--commons-lang3 工具包-->
            <dependency>
                <groupId>org.apache.commons</groupId>
                <artifactId>commons-lang3</artifactId>
            </dependency>
            <dependency>
                <groupId>org.springframework.boot</groupId>
                <artifactId>spring-boot-devtools</artifactId>
                <scope>runtime</scope>
                <optional>true</optional>
            </dependency>
            <dependency>
                <groupId>org.springframework.boot</groupId>
                <artifactId>spring-boot-starter-test</artifactId>
                <scope>test</scope>
                <exclusions>
                    <exclusion>
                        <groupId>org.junit.vintage</groupId>
                        <artifactId>junit-vintage-engine</artifactId>
                    </exclusion>
                </exclusions>
            </dependency>
        </dependencies>
        <build>
            <finalName>com-shopping</finalName>
            <plugins>
                <plugin>
                    <groupId>org.mybatis.generator</groupId>
                    <artifactId>mybatis-generator-maven-plugin</artifactId>
                    <version>1.3.7</version>
                    <dependencies>
                        <dependency>
                            <groupId>mysql</groupId>
                            <artifactId>mysql-connector-java</artifactId>
                            <version>8.0.20</version>
                        </dependency>
                    </dependencies>
                </plugin>
            </plugins>
        </build>
</project>
```

注意，在 pom.xml 文件中 packaging 标签设置的打包类型为 pom，表示父模块，用来聚合子模块。可以通过 modules 标签将所有的子模块引用进来，在 Maven 项目中构建父模

块时可以根据子模块的相互依赖关系整理出加载顺序，然后依次加载和构建。因为是父模块，所以可以将根目录下的 src 等文件删除，这样再看目录结构就一目了然。虽然我们可以执行 mvn clean compile 命令编译项目，但时常会因为子模块的依赖关系而导致编译失败，这时可以直接在父模块上执行编译命令。还有一种方式就是在 IDEA 工具中使用快捷键 Ctrl+F9 进行代码编译，这两种操作都会在 target 文件中生成字节码文件。

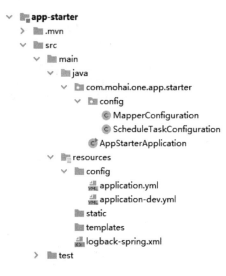

图 12.4 启动模块

接着在当前工程中新建启动模块，具体的目录结构如图 12.4 所示。可以看出，该模块只包含一个启动类和几个配置类。在 resources 目录下创建 config 文件夹，然后在该文件夹下创建 application.yml、application-dev.yml 和 logback-spring.xml 等配置文件。

我们还是先从 pom.xml 文件说起，各个模块的加载都是在该文件中配置的。示例代码如下：

```xml
<?xml version="1.0" encoding="UTF-8"?>
<project xmlns="http://maven.apache.org/POM/4.0.0" xmlns:xsi="http://www.
w3.org/2001/XMLSchema-instance"
  xsi:schemaLocation="http://maven.apache.org/POM/4.0.0  https://maven.
apache.org/xsd/maven-4.0.0.xsd">
  <modelVersion>4.0.0</modelVersion>
  <parent>
    <groupId>com.mohai.one</groupId>
    <artifactId>com-shopping</artifactId>
    <version>0.0.1-SNAPSHOT</version>
  </parent>
  <groupId>com.mohai.one</groupId>
  <artifactId>app-starter</artifactId>
  <version>0.0.1-SNAPSHOT</version>
  <name>app-starter</name>
  <description>应用启动模块</description>
   <packaging>jar</packaging>
  <dependencies>
    <dependency>
      <groupId>com.mohai.one</groupId>
      <artifactId>app-wares</artifactId>
      <version>0.0.1-SNAPSHOT</version>
    </dependency>
  </dependencies>
  <build>
```

```xml
        <plugins>
          <plugin>
            <groupId>org.springframework.boot</groupId>
            <artifactId>spring-boot-maven-plugin</artifactId>
          </plugin>
          <plugin>
            <groupId>com.spotify</groupId>
            <artifactId>docker-maven-plugin</artifactId>
          </plugin>
        </plugins>
      </build>
    </project>
```

在 pom.xml 文件中主要依赖 app-wares 模块，指定的打包类型为 jar。如果在控制台执行 mvn package 命令，则会被打包成可运行的 jar 文件。对于后续新增的模块，只需要在 pom 文件中添加相应的依赖即可。

虽然在新建模块时 IDEA 工具会自动生成一个启动类，但是比较简单，我们可以进行一些小改动，通过实现 CommandLineRunner 接口，在重写的 run()方法中打印服务地址、端口及接口文档访问地址。示例代码如下：

```java
package com.mohai.one.app.starter;
@ComponentScan(value = {"com.mohai.one"})
@SpringBootApplication
public class AppStarterApplication implements CommandLineRunner {
    // 定义成静态和终态，可以节省空间，提高读取速度
    private static final Logger LOG = LoggerFactory.getLogger(AppStarter
Application.class);
    @Value("${server.port:8080}")
    private int port;
    public static void main(String[] args) {
        SpringApplication.run(AppStarterApplication.class, args);
    }
    @Override
    public void run(String... args) throws Exception {
        InetAddress address = InetAddress.getLocalHost();
     LOG.debug("\n==================================================="
            + "\n The server is started successfully!\t"
            + "\n Access address: http://{}:{}\t"
            + "\n API address: http://{}:{}/{}\t"
           +"\n===================================================",
             address.getHostAddress(),port,
             address.getHostAddress(),port,"swagger-ui.html");
    }
}
```

在当前包下新建 config 目录，并在 config 包下创建两个配置类，这两个配置类分别实现 MyBatis 和 Scheduling 的相关功能配置。在 MapperConfiguration 配置类中通过 @MapperScan(value = "com.mohai.one.**.mapper")注解实现 MyBatis 映射器接口的扫描注册，同时通过@EnableTransactionManagement 注解开启事务支持。示例代码如下：

```java
package com.mohai.one.app.starter.config;
```

```
@Configuration
@MapperScan(value = {"com.mohai.one.**.dao"})
@EnableTransactionManagement
public class MapperConfiguration {
}
```

考虑到可能会使用定时任务功能，通过 ScheduleTaskConfiguration 配置类开启@Scheduled
注解的扫描，示例代码如下：

```
package com.mohai.one.app.starter.config;
@Configuration
@EnableScheduling
public class ScheduleTaskConfiguration {
}
```

我们再来看 resources/config 目录下的配置文件。对于 Spring Boot 项目来说，application.yml
文件是必不可少的，在设计时考虑到每个环境都会存在相同的配置，因此将一些公共的配
置参数放在该文件中。application.yml 文件的详细配置如下：

```
# 服务端口配置
server:
  port: 8088
# spring properties
spring:
  profiles:
    active: dev
  application:
    name: MH-SHOP
  servlet:
    multipart:
      enabled: true
      file-size-threshold: 0
      max-file-size: 100MB
      max-request-size: 100MB
  jackson:
    serialization:
      WRITE_DATES_AS_TIMESTAMPS: false
      INDENT_OUTPUT: true
  messages:
    basename: i18n/messages                   #指定国际化
  thymeleaf:
    mode: HTML
  mvc:
    favicon:
      enabled: false
# MyBatis 属性配置
mybatis:
  mapper-locations: classpath*:mappers/**/*.xml
  configuration:
    map-underscore-to-camel-case: true
    cache-enabled: false                  # 是否开启二级缓存，默认为 false
pagehelper:
  helperDialect: mysql
  reasonable: true                        # 分页合理化
```

```
# Swagger 属性配置
swagger:
  enabled: true
  base-package: com.mohai.one.app
  title: ${spring.application.name}
  version: 1.0.0-SNAPSHOT
  description: ${spring.application.name}
  # 全局统一鉴权配置
  authorization:
    key-name: SwaggerSessionID
# JWT 属性配置
jwt:
  token:
    # JWT 存储的请求头
    header: Authorization
    # JWT 令牌前缀
    token-start-with: Bearer
    # 必须使用至少 88 位的 Base64 对令牌进行编码
    base64-secret:
NDdjN2ZiOGJkNWJiNDYwNjhlMTZkYjY2YzZkODM5NmYwMzEzNDlmOTRiZGU0MjAzYTkyMTl
jZGFjNmJmNzMwNmEyOTBhMmY4NTYyNzRiMTBiZWVlYmI2OTc5YThmNTMxMTJiY2ZkMGU5Nz
hhNGNhZDkzNjRkZDRmZDUxZDc2NWI=
    # JWT 令牌过期时间，单位为 ms，默认为 4h(4×60×60×1000)
    expiration: 14400000
    # 在线用户
    online-key: 'MH:ONLINE:USER:'
    # 验证码 key
    code-key: 'MH:CAPTCHA:'
# app properties
app:
  crosfilter:
    enable: true                          #跨域配置
  access:
    ignore-urls: /favicon.ico,/index, /swagger-resources/**
```

如果在开发过程中有很多环境需要配置，可以通过 spring.profiles.active 属性指定加载哪个环境的配置文件。在启动模块中仅配置了 Dev 环境对应的 YML。我们在 application-dev.yml 文件中看到的配置信息主要有数据源、数据库连接池、Redis 配置和缓存等。

```
#配置数据源
spring:
  devtools:
    restart:
      enabled: true                       #设置热部署是否生效
      additional-paths: src/main/java     #重启目录
    livereload:
      enabled: true                       #是否出现浏览器刷新
  datasource:
    type: com.zaxxer.hikari.HikariDataSource
    driver-class-name: com.mysql.cj.jdbc.Driver
    url: jdbc:mysql://127.0.0.1:3306/mohai_shopping?useUnicode=true&character
Encoding=UTF-8&autoReconnect=true&useSSL=true&serverTimezone=Asia/Shang
hai&zeroDateBehavior=convertToNull
```

```
          username: root
          password: 123456
          hikari:
            minimum-idle: 10              # 连接池中的最小空闲连接数
            maximum-pool-size: 100        # 连接池中的最大连接数
            idle-timeout: 600000          # 空闲连接数最大存活时间，默认为 10min
            max-lifetime: 1800000         # 一个连接在连接池中的存活时间，默认为 30 min
            connection-timeout: 30000     # 数据库连接超时时间，默认为 30s
            data-source-properties:
              cachePrepStmts: true
              prepStmtCacheSize: 250
              prepStmtCacheSqlLimit: 2048
      # Redis 配置
      redis:
        database: 0
        host: 127.0.0.1
        port: 6379
        password:
        timeout: 60000                    # 连接超时时间，单位为 ms
        ssl: false
    # 缓存配置
      cache:
        type: redis
        redis:
          cache-null-values: true
      session:
        store-type: redis
    # System properties
    single:
      login: false
    # 日志级别
    logback:
      loglevel: DEBUG
```

在 resources 目录下创建 logback-spring.xml 文件，可以查看 logback-spring.xml 日志文件的具体配置。其实这里的配置比较简单，主要包括控制台日志输出和输出格式，以及指定具体包路径下的日志级别。

```xml
<?xml version="1.0" encoding="UTF-8" ?>
<configuration scan="true" scanPeriod="60 seconds" debug="false">
    <!-- 日志级别从低到高为 TRACE < DEBUG < INFO < WARN < ERROR < FATAL，假如
级别设置为 WARN，则低于 WARN 的信息都不会输出 -->
    <!--定义日志文件的存储路径，请勿在 logback 的配置中使用相对路径-->
    <property name="LOG_HOME" value="/home/logs" />
    <springProperty scope="context" name="logbackLogLevel" source="logback.
loglevel"/>
    <!--Mybatis log configure-->
    <logger name="org.apache.ibatis" level="WARN"/>
    <logger name="org.mybatis" level="WARN"/>
    <logger name="java.sql.Connection" level="DEBUG"/>
    <logger name="java.sql.Statement" level="DEBUG"/>
    <logger name="java.sql.PreparedStatement" level="DEBUG"/>
    <!--Spring log configure-->
```

```
<logger name="org.springframework" level="WARN"/>
<logger name="org.hibernate.validator" level="WARN"/>
<logger name="com.sun" level="WARN"/>
<logger name="com.zaxxer" level="WARN"/>
<logger name="springfox.documentation" level="WARN"/>
<logger name="io.netty" level="WARN"/>
<logger name="io.lettuce.core" level="WARN"/>
<appender name="STDOUT" class="ch.qos.logback.core.ConsoleAppender">
  <encoder>
    <!--格式化输出：%d 表示日期，%thread 表示线程名，%-5level 表示级别从左显示 5
个字符宽度，%msg 表示日志消息，%n 表示换行符-->
        <pattern>%d{yyyy-MM-dd HH:mm:ss.SSS} [%thread] %-5level %logger{50}
- %msg%n</pattern>
            <!-- 设置字符集 -->
            <charset>UTF-8</charset>
    </encoder>
  </appender>
  <!-- 日志输出级别 -->
  <root level="${logbackLogLevel}">
   <appender-ref ref="STDOUT" />
  </root>
</configuration>
```

至此，启动模块的搭建与配置基本就完成了。这里没有对配置文件并详细说明，因为大多数属性参数很容易理解。我们可以运行程序检验一下配置是否正确。程序启动正常后，在核心模块中可以进行与 Spring Security 和 Swagger 框架的整合，并进行 Redis 序列化配置和全局异常处理配置等工作。

对于核心模块，我们可以将它看作是公共的非业务逻辑模块，它也是项目搭建过程中最重要的模块。在当前工程中新建核心模块，继续打开 pom.xml 文件，在其中分别添加spring-security、oauth2 和 JWT 等依赖，示例代码如下：

```
<?xml version="1.0" encoding="UTF-8"?>
<project xmlns="http://maven.apache.org/POM/4.0.0" xmlns:xsi="http://www.
w3.org/2001/XMLSchema-instance"
  xsi:schemaLocation="http://maven.apache.org/POM/4.0.0
https://maven.apache.org/xsd/maven-4.0.0.xsd">
  <modelVersion>4.0.0</modelVersion>
  <parent>
      <groupId>com.mohai.one</groupId>
      <artifactId>com-shopping</artifactId>
      <version>0.0.1-SNAPSHOT</version>
  </parent>
  <groupId>com.mohai.one</groupId>
  <artifactId>app-core</artifactId>
  <version>0.0.1-SNAPSHOT</version>
  <name>app-core</name>
  <description>核心配置</description>
  <packaging>jar</packaging>
  <dependencies>
      <!-- Spring Security 依赖 -->
      <dependency>
          <groupId>org.springframework.boot</groupId>
```

```
            <artifactId>spring-boot-starter-security</artifactId>
        </dependency>
        <dependency>
            <groupId>org.springframework.security</groupId>
            <artifactId>spring-security-jwt</artifactId>
            <version>1.1.1.RELEASE</version>
        </dependency>
        <!--支持 OAuth 2.0 授权框架-->
        <!--如果是 Spring Boot 项目则需要单独依赖，而且必不可少-->
        <dependency>
            <groupId>org.springframework.security.oauth.boot</groupId>
            <artifactId>spring-security-oauth2-autoconfigure</artifactId>
            <version>2.3.5.RELEASE</version>
        </dependency>
        <!--注意，spring-security-oauth2<2.3.4 中检测到已知的高严重性安全漏洞-->
        <dependency>
            <groupId>org.springframework.security.oauth</groupId>
            <artifactId>spring-security-oauth2</artifactId>
            <version>2.3.5.RELEASE</version>
        </dependency>
        <!-- JWT Token 登录支持 -->
        <dependency>
            <groupId>io.jsonwebtoken</groupId>
            <artifactId>jjwt-api</artifactId>
            <version>0.11.1</version>
        </dependency>
        <dependency>
            <groupId>io.jsonwebtoken</groupId>
            <artifactId>jjwt-impl</artifactId>
            <version>0.11.1</version>
            <scope>runtime</scope>
        </dependency>
        <dependency>
            <groupId>io.jsonwebtoken</groupId>
            <artifactId>jjwt-jackson</artifactId>
            <version>0.11.1</version>
            <scope>runtime</scope>
        </dependency>
    </dependencies>
</project>
```

JWT 的依赖声明中只有 jjwt-api 是编译时的依赖项，jjwt-impl 和 jjwt-jackson 则声明为运行时的依赖项。这是因为 JWT 在应用程序中有明确设计好的 API，这让它的其他内部实现细节降级为运行时的依赖项。

通过依赖项就可以清楚地知道在核心模块中主要实现的是基于 Token 的认证鉴权，同时实现用户登录认证、访问授权等公共功能。后台用户的权限管理控制基于 RBAC 模型设计，用户认证授权所涉及的相关表信息如图 12.5 所示，包括用户表（admin_user）、角色表（admin_role）、用户权限表（admin_permission）、用户和角色关系表（admin_user_role）、角色和权限关系表（admin_role_permission）。通常情况下表结构设计好后就可以进行开发了。

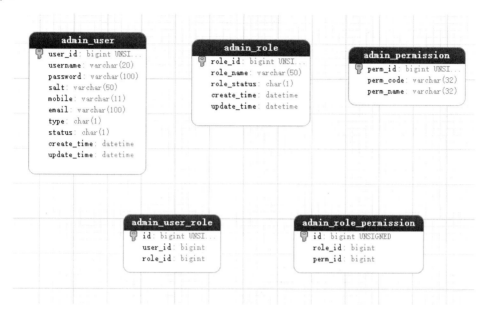

图 12.5　用户认证授权涉及的相关表信息

在 app-core 模块中创建 config 包，新建 SwaggerConfig 配置类，实现 Swagger 接口文档工具与统一认证的集成。示例代码如下：

```
package com.mohai.one.app.core.config;
@Configuration                        //Swagger 文档配置
@EnableSwagger2                       //声明启动 Swagger 2
//声明属性是否可用
@ConditionalOnProperty(name = "swagger.enable", havingValue = "true",
matchIfMissing=true)
public class SwaggerConfig {
    @Value("${swagger.base-package}")
    private String basePackage;
    @Value("${swagger.title}")
    private String title;
    @Value("${swagger.description}")
    private String description;
    @Value("${swagger.version}")
    private String version;
    //注入 Docket，添加扫描的包路径
    @Bean
    public Docket createRestApi() {
        return new Docket(DocumentationType.SWAGGER_2)
                //ApiInfo 用于描述 API 文件的基础信息
                .apiInfo(new ApiInfoBuilder()
                        //标题
                        .title(title)
                        //描述
```

```
                          .description(description)
                          //版本号
                          .version(version)
                          .build())
                  .select()
                  //定义扫描的 Swagger 接口包路径
                  .apis(RequestHandlerSelectors.basePackage(basePackage))
                  //所有路径都满足这个条件
                  .paths(PathSelectors.any())
                  .build()
                  //添加登录认证
                  .securitySchemes(securitySchemes())
                  .securityContexts(securityContexts());
    }
    /**
     * Swagger 的 3 种认证方式，即 SecurityScheme 的 3 种实现：
     * ApiKey：支持 Header 和 Query 两种认证方式。
     * BasicAuth：简单认证。
     * OAuth：基于 OAuth 2 的认证方式。
     */
    private List<ApiKey> securitySchemes() {
        //设置请求头信息
        List<ApiKey> list = new ArrayList<>();
        list.add(new ApiKey("Authorization", "Authorization", "header"));
        return list;
    }
    private List<SecurityContext> securityContexts() {
        //设置需要登录认证的路径
        List<SecurityContext> result = new ArrayList<>();
        result.add(securityContext());
        return result;
    }
    private SecurityContext securityContext() {
        return SecurityContext.builder()
                .securityReferences(Collections.singletonList(new
SecurityReference("Authorization", scopes())))
                .forPaths(PathSelectors.any()).build();
    }
    private AuthorizationScope[] scopes() {
        return new AuthorizationScope[]{
                new AuthorizationScope("all", "All scope is trusted!")
        };
    }
}
```

　　Swagger 提供的 SecurityScheme 抽象类在配置类中主要以 ApiKey 的 header 认证方式来实现。我们在 Swagger 页面中单击 Authorize 按钮，设置全局的 Token 完成登录。在接口测试时会自动在请求的 header 中添加登录凭证 Token。

　　配置完 Swagger 的统一认证方式后，我们来看 Redis 的整合配置。默认提供的 RedisTemplate 模板类在序列化 Java 对象时采用的是 JDK 序列化策略,比较容易出现乱码,因此需要自行更改序列化方式。本案例采用 FastJson 序列化方式，自定义工具类 FastJson-

RedisSerializer 实现 RedisSerializer 接口。在当前模块中创建 redis 包，在 redis 包中继续创建 serializer 包，新建 FastJsonRedisSerializer 类，代码的实现逻辑如下：

```
package com.mohai.one.app.core.redis.serializer;
public class FastJsonRedisSerializer<T> implements RedisSerializer<T> {
    static {
        //添加白名单
        ParserConfig.getGlobalInstance().addAccept("com.mohai.one.app.");
    }
    private Class<T> clazz;
    public FastJsonRedisSerializer(Class<T> clazz) {
        super();
        this.clazz = clazz;
    }
    //序列化
    @Override
    public byte[] serialize(T t) throws SerializationException {
        if (t == null) {
            return new byte[0];
        }
        return JSON.toJSONString(t, SerializerFeature.WriteClassName).getBytes
(IOUtils.UTF8);
    }
    //反序列化
    @Override
    public T deserialize(byte[] bytes) throws SerializationException {
        if (bytes == null || bytes.length <= 0) {
            return null;
        }
        String str = new String(bytes, IOUtils.UTF8);
        return JSON.parseObject(str, clazz);
    }
}
```

然后看 config 包中 RedisConfig 配置类的代码，在其中设置 key 值采用 StringRedis-Serializer 序列化，value 采用 FastJsonRedisSerializer 序列化。具体代码如下：

```
package com.mohai.one.app.core.config;
@Configuration                                  // Redis 配置
public class RedisConfig {
    @Bean
    public RedisTemplate<Object, Object> redisTemplate(RedisConnection
Factory redisConnectionFactory) {
        RedisTemplate<Object, Object> template = new RedisTemplate<>();
        //序列化
        FastJsonRedisSerializer<Object> fastJsonRedisSerializer = new
FastJsonRedisSerializer<>(Object.class);
        //value 值的序列化采用 fastJsonRedisSerializer
        template.setValueSerializer(fastJsonRedisSerializer);
        template.setHashValueSerializer(fastJsonRedisSerializer);
        //key 的序列化采用 StringRedisSerializer
        template.setKeySerializer(new StringRedisSerializer());
        template.setHashKeySerializer(new StringRedisSerializer());
        //不建议开启全局的 AutoType，存在高危漏洞(FastJson <= 1.2.60)
```

```
//ParserConfig.getGlobalInstance().setAutoTypeSupport(true);
//建议使用这种方式，指定白名单缩小范围
ParserConfig.getGlobalInstance().addAccept("com.mohai.one.app.");
template.setConnectionFactory(redisConnectionFactory);
return template;
    }
}
```

值得注意的是，如果使用 com.alibaba.fastjson.support.spring.FastJsonRedisSerializer 类对存储的值进行序列化，向 Redis 存储 Java 对象，那么取得的是 JSONObject 对象，此时就需要调用 JSONObject#parseObject()方法将其转换成想要的对象。另外，官方还提供了 com.alibaba.fastjson.support.spring.GenericFastJsonRedisSerializer 工具，用于序列化存储对象，不过 GenericFastJsonRedisSerializer 类提供的反序列化返回的是 Object 对象，因此需要仿照 GenericFastJsonRedisSerializer 类自定义一个扩展工具类，在反序列化时可以自动转化为指定的 Java 对象。如果出现 autoType is not support 异常，则可以在自定义序列化工具类中添加序列化白名单。代码如下：

```
ParserConfig.getGlobalInstance().addAccept("com.mohai.one.app.");
```

如果还是报错的话，可以选择继续打开 Autotype 功能，虽然 Fastjson 在新版本中内置了多重防护，但是还会存在一定的风险。

```
ParserConfig.getGlobalInstance().setAutoTypeSupport(true);
```

打开启动模块的 application.yml 配置文件，该文件中定义的 app.crosfilter.enable 参数用于控制是否允许跨域请求。在 config 包的 WebCorsConfig 配置类中引用这个参数，通过注解@ConditionalOnProperty 实现条件加载，示例代码如下：

```
package com.mohai.one.app.core.config;
@Configuration                          //解决跨域
@ConditionalOnProperty(name = "app.crosfilter.enable", havingValue = "true", matchIfMissing=true)
public class WebCorsConfig implements WebMvcConfigurer {
    @Override
    public void addCorsMappings(CorsRegistry registry) {
        registry.addMapping("/**")          //指定可以被跨域的路径
                .allowedHeaders("*")         //服务器允许的请求头
                //服务器允许的请求方法
                .allowedMethods("POST", "PUT", "GET", "OPTIONS", "DELETE")
                //允许带 Cookie 的跨域请求 Access-Control-Allow-Credentials
                .allowCredentials(true)
                .allowedOrigins("*")         //服务端允许哪些域请求来源
                .maxAge(3600);       //预检请求的客户端缓存时间,单位为 s,默认为 1800s
    }
}
```

配置完跨域资源共享后再来看一个 POJO 类。还是在 config 包下新建 TokenProperties 类，通过注解@ConfigurationProperties 实现配置与 POJO 类的属性绑定。该注解有一个 prefix 属性，可以通过指定的前缀绑定配置文件中的配置参数。需要注意的是，在 POJO

类中的属性要和 prefix 的后缀名一致，否则无法绑定到值。根据 Spring Boot 宽松的绑定规则（relaxed binding），类的属性名称必须与外部属性的名称匹配，对于特殊的后缀名，如横杠或下划线，其属性命名规则就是按照驼峰形式。例如，driver-class-name 需要转成 driverClassName 进行绑定。请看 JWT 相关的属性配置，示例代码如下：

```
package com.mohai.one.app.core.config;
// JWT 属性
@ConfigurationProperties(prefix = "jwt.token")
public class TokenProperties {
    //Request Headers: Authorization
    private String header;
    // The token prefix 'Bearer '
    private String tokenStartWith;
    // The token expiration time
    private Long expiration;
    // The token must be encoded with a minimum of 88 bits Base64
    private String base64Secret;
    private String onlineKey;
    private String codeKey;
    // 省略 get 和 set
}
```

以上代码中的几个属性值已经在启动模块的 application.yml 配置文件中进行了设置。其中，base64Secret 属性可以通过 UUID#randomUUID()#toString()方法获取长度为 36 的随机字符串，去掉固定的 "-" 字符后可以得到一个长度为 32 的字符串，然后调用 Base64#getEncoder()#encodeToString()方法获取加密字符串，该字符串可作为 JWT 的安全密钥。

下面来看如何构建和解析 JWT。我们新建一个 token 包，接着创建 JwtTokenProvider 类，实现 InitializingBean 接口重写 afterPropertiesSet 方法，该方法会在 JwtTokenProvider 初始化的时候执行，根据指定的密钥字节数组，采用 HMAC-SHA 算法创建新的 SecretKey 实例，在生成 JWT 签名时采用的就是基于 SHA-512 的 HMAC 算法。示例代码如下：

```
package com.mohai.one.app.core.token;
/**
 *  JwtToken 生成的工具类
 *  token 的格式：header.payload.signature
 *  header 的格式（算法和 token 的类型）：
 *  {"alg": "HS512","typ": "JWT"}
 */
@Component
public class JwtTokenProvider implements InitializingBean {
    private static final Logger LOG = LoggerFactory.getLogger(JwtToken
Provider.class);
    //用户 ID
    private static final String CLAIM_KEY_USER_ID = "jti";
    //用户名
    private static final String CLAIM_KEY_USERNAME = "sub";
    //用户登录授权信息
    private static final String AUTHORITY_USER_DETAIL = "auth";
```

```java
    private Key key;
    private final TokenProperties tokenProperties;
    public JwtTokenProvider(TokenProperties tokenProperties) {
        this.tokenProperties = tokenProperties;
    }
    @Override
    public void afterPropertiesSet() throws Exception {
        byte[] keyBytes = Decoders.BASE64.decode(tokenProperties.getBase
64Secret());
        this.key = Keys.hmacShaKeyFor(keyBytes);
    }
    private Claims getClaimsFromToken(String token){
        try {
            Claims claims = Jwts.parserBuilder()      // 创建解析对象
                .setSigningKey(key)                    // 设置安全密钥
                .build()
                .parseClaimsJws(token)                 // 解析 Token
                .getBody();                            // 获取 Payload 的部分内容
            return claims;
        } catch (Exception e) {
            LOG.error("JWT 格式验证失败:{}",token);
            throw new BadRequestException("登录超时，请重新登录。");
        }
    }
    private String generateToken(Map<String, Object> claims) {
        return Jwts.builder()
                .compressWith(CompressionCodecs.DEFLATE) //采用默认的压缩方式
                .setClaims(claims)
                .signWith(key, SignatureAlgorithm.HS512)
                .setIssuedAt(new Date())               //签发时间
                .setExpiration(generateExpirationDate())
                .compact();
    }
    private Date generateExpirationDate() {
        return new Date(System.currentTimeMillis() + tokenProperties.get
Expiration());
    }
    //创建 Token
    public String createToken(Authentication authentication,String userId) {
        String authorities = authentication.getAuthorities().stream()
                .map(GrantedAuthority::getAuthority)
                .collect(Collectors.joining(","));
        Map<String,Object> claims = new HashMap<>();
        claims.put(CLAIM_KEY_USERNAME,authentication.getName());
        claims.put(AUTHORITY_USER_DETAIL,authorities);
        claims.put(CLAIM_KEY_USER_ID,userId);
        return generateToken(claims);
    }
    //校验 Token 是否正常
    public boolean validateToken(String authToken) {
        try {
            LOG.debug("正在解析 Token [{}]",authToken);
            Jwts.parserBuilder().setSigningKey(key).build().parseClaimsJws
```

```
(authToken);
            return true;
        } catch (io.jsonwebtoken.security.SecurityException | MalformedJwt
Exception e) {
            LOG.error("Invalid JWT signature.");
        } catch (ExpiredJwtException e) {
            LOG.error("Expired JWT token.");
        } catch (UnsupportedJwtException e) {
            LOG.error("Unsupported JWT token.");
        } catch (JwtException e){
            LOG.error("Can't use the JWT as intended by its creator.");
        } catch (IllegalArgumentException e) {
            LOG.error("JWT token compact of handler are invalid.");
        }
        return false;
    }
    //从请求头中获取 Token
    public String getToken(HttpServletRequest request){
        String requestHeader = request.getHeader(tokenProperties.getHeader());
        if (requestHeader != null && requestHeader.startsWith(tokenProperties.
getTokenStartWith()) && requestHeader.length() > tokenProperties.getToken
StartWith().length() + 1) {
            return requestHeader.substring(tokenProperties.getTokenStartWith().
length() + 1);
        }
        return null;
    }
    //从 Token 中获取登录用户名
    public String getUserNameFromToken(String token) {
        String username;
        try {
            final Claims claims = getClaimsFromToken(token);
            username = claims.getSubject();
        } catch (Exception e) {
            LOG.error("JWT 获取用户名失败:{}",token);
            username = null;
        }
        return username;
    }
    //获取 Token 创建时间
    public Date getCreatedDateFromToken(String token) {
        Date created;
        try {
            final Claims claims = getClaimsFromToken(token);
            created = claims.getIssuedAt();
        } catch (Exception e) {
            LOG.error("JWT 获取创建时间失败:{}",token);
            created = null;
        }
        return created;
    }
    //获取当前 Token 的失效时间
    public Date getExpirationDateFromToken(String token){
        Date expiration;
```

```
        try {
            final Claims claims = getClaimsFromToken(token);
            expiration = claims.getExpiration();
        } catch (Exception e) {
            LOG.error("JWT 获取过期时间失败:{}",token);
            expiration = null;
        }
        return expiration;
    }
    //判断 Token 是否已经失效
    private boolean isTokenExpired(String token) {
        final Date expiredDate = getExpirationDateFromToken(token);
        return expiredDate.before(new Date());
    }
    //如果原来的 Token 没过期，则可以刷新
    public String refreshHeadToken(String oldToken) {
        String refreshedToken;
        try{
            if(StringUtils.isEmpty(oldToken)){
                refreshedToken = null;
            }
            //如果 Token 已经过期，则不支持刷新
            if(isTokenExpired(oldToken)){
                refreshedToken = null;
            }
            //如果 Token 在 30min 之内刚刷新过，则返回原 Token
            if(tokenRefreshJustBefore(oldToken,30*60)){
                refreshedToken = oldToken;
            }else{
                //否则新生成一个 Token
                final Claims claims = getClaimsFromToken(oldToken);
                refreshedToken = generateToken(claims);
            }
        }catch (Exception e){
            LOG.error("刷新 token 失败:{}",oldToken);
            refreshedToken = null;
        }
        return refreshedToken;
    }
    //判断 Token 在指定的时间内是否刚刚刷新过
    private boolean tokenRefreshJustBefore(String token, int time) {
        Date created = getCreatedDateFromToken(token);
        Date refreshDate = new Date();
        //刷新时间在指定的时间内
if(refreshDate.after(created)&&refreshDate.before(DateUtil.offsetSecond
(created,time))){
            return true;
        }
        return false;
    }
}
```

在定义 jti 和 sub 键值时并不是随意定义的，而是为了覆盖 Claims 类中的属性，分别

在调用 Claims#getId()和 Claims#getSubject()方法时获取相应的值。

解析 Token 时调用如下方法，如果出现异常，就说明 Token 格式有问题或 Token 已经失效，我们可以根据不同的异常进行判断。

```
Jwts.parserBuilder().setSigningKey(key).build().parseClaimsJws(authToken);
```

生成 Token 时调用的方法如下，采用默认的压缩方式设置签发时间和过期时间。

```
Jwts.builder()
    .compressWith(CompressionCodecs.DEFLATE)      //采用默认的压缩方式
    .setClaims(claims)
    .signWith(key, SignatureAlgorithm.HS512)
    .setIssuedAt(new Date())                       //签发时间
    .setExpiration(generateExpirationDate())
    .compact();
```

接下来编写过滤器，对每次访问请求进行拦截检查和授权。其主要过程是从请求头中取出 Authorization 信息，判断当前的 Token 是否有效，再根据 Token 解析出用户名，通过调用 userDetailsService#loadUserByUsername()方法从数据库中读取用户信息和权限信息，并将获取的 UsernamePasswordAuthenticationToken 放到 SecurityContext 的上下文中。

新建 filter 包，创建 JwtTokenAuthenticationFilter 类，继承 OncePerRequestFilter 重写 doFilterInternal()方法，注入 JwtTokenProvider 和 UserDetailsService。按照上述逻辑进行实现，示例代码如下：

```
package com.mohai.one.app.core.filter;
// JWT 登录授权过滤器
public class JwtTokenAuthenticationFilter extends OncePerRequestFilter {
    private static final Logger LOGGER = LoggerFactory.getLogger(JwtToken
AuthenticationFilter.class);
    private AntPathMatcher antPathMatcher = new AntPathMatcher();
    @Autowired
    private JwtTokenProvider jwtTokenProvider;
    @Autowired
    private UserDetailsService userDetailsService;
    @Value("${app.access.ignore-urls}")
    private String ignoreUrls;
    private List<String> urlList;
    @Override
    protected void initFilterBean() throws ServletException {
        if(!StringUtils.isBlank(ignoreUrls))
            urlList = Arrays.asList(ignoreUrls.split(",")).stream().map(s
-> s.trim()).collect(Collectors.toList());
    }
    //检查请求中的 Token 数据，然后将授权信息放入 SecurityContext 中
    @Override
    protected void doFilterInternal(HttpServletRequest request, HttpServlet
Response response, FilterChain filterChain) throws ServletException,
IOException {
        String requestUri = request.getRequestURI();
        // 过滤忽略的 URI
        boolean result = false;
```

```
            if(urlList != null){
                result = urlList.stream().anyMatch(url -> antPathMatcher.match
(url,requestUri));
            }
            if(!result){
                LOGGER.debug("processing authentication for '{}'", request.get
RequestURL());
                final String authToken = jwtTokenProvider.getToken(request);
                if (authToken != null && !"".equals(authToken)) {
                    // The part after "Bearer "
                    if (jwtTokenProvider.validateToken(authToken)) {
                        String username = jwtTokenProvider.getUserNameFromToken
(authToken);
                        LOGGER.debug("checking authentication,get username:{}",
username);
                        // 校验 Token 是否合法和过期
                        if (username != null && SecurityContextHolder.getContext().
getAuthentication() == null) {
                            UserDetails userDetails = userDetailsService.load
UserByUsername(username);
                            UsernamePasswordAuthenticationToken authentication =
new UsernamePasswordAuthenticationToken(userDetails, null, userDetails.
getAuthorities());
                            authentication.setDetails(new WebAuthenticationDetails
Source().buildDetails(request));
                            SecurityContextHolder.getContext().setAuthentication
(authentication);
                            LOGGER.debug("authenticated user " + username + ",
setting security context");
                        } else {
                            LOGGER.error("token 失效，无法获取用户信息，token:{}",
authToken);
                        }
                    }else {
                        LOGGER.error("token 已过期，需要重新登录,token:{}", authToken);
                    }
                }else{
                    LOGGER.debug("no valid JWT token found '{}'",authToken);
                }
            } else {
                LOGGER.debug("ignore the url '{}'", request.getRequestURL());
            }
            filterChain.doFilter(request, response);
        }
    }
```

另外，代码中还重写了 initFilterBean()方法，初始化需要忽略过滤的请求 URL，对于不需要授权的接口资源，无须经过该过滤进行 Token 校验。如果需要忽略拦截请求，则可以在 application.yml 配置文件中通过 app.access.ignore-urls 参数进行设置。

接着打开 config 包，创建 TokenConfig 配置类，注入 TokenProperties 和 JwtToken-AuthenticationFilter，示例代码如下：

```
package com.mohai.one.app.core.config;
//配置登录授权过滤器并注入 TokenProperties
@Configuration
@EnableConfigurationProperties(TokenProperties.class)
public class TokenConfig {
    private final TokenProperties tokenProperties;
    public TokenConfig(TokenProperties tokenProperties) {
        this.tokenProperties = tokenProperties;
    }
    @Bean
    public JwtTokenAuthenticationFilter jwtTokenAuthenticationFilter() {
        return new JwtTokenAuthenticationFilter();
    }
}
```

接下来配置 Spring Security 框架。JwtTokenAuthenticationFilter 过滤器需要放在 Username-PasswordAuthenticationFilter 过滤器之前，在用户名和密码校验之前先过滤判断请求中的 Token，如果请求中存在 Token 并且有效，就直接取出 Token 中的用户名和授权信息并放入 SecurityContext 的上下文中。在 config 包中创建 WebSecurityConfig 配置类，其继承自 WebSecurityConfigurerAdapter 类，通过构造器注入 JwtTokenAuthenticationFilter、JwtAuthenticationEntryPoint 和 JwtAccessDeniedHandler 对应的 Bean。示例代码如下：

```
package com.mohai.one.app.core.config;
// Spring Security 配置
@Configuration
@EnableWebSecurity
@EnableGlobalMethodSecurity(prePostEnabled = true, securedEnabled = true)
public class WebSecurityConfig extends WebSecurityConfigurerAdapter {
    private final JwtAuthenticationEntryPoint jwtAuthenticationEntryPoint;
    private final JwtAccessDeniedHandler jwtAccessDeniedHandler;
    private final JwtTokenAuthenticationFilter jwtTokenAuthenticationFilter;
    @Value("${app.access.ignore-urls}")
    private String ignoreUrls;
    public WebSecurityConfig(JwtAuthenticationEntryPoint jwtAuthentication
EntryPoint, JwtAccessDeniedHandler jwtAccessDeniedHandler, JwtToken
AuthenticationFilter jwtTokenAuthenticationFilter) {
        this.jwtAuthenticationEntryPoint = jwtAuthenticationEntryPoint;
        this.jwtAccessDeniedHandler = jwtAccessDeniedHandler;
        this.jwtTokenAuthenticationFilter = jwtTokenAuthenticationFilter;
    }
    @Bean
    public PasswordEncoder passwordEncoder() {
        return new BCryptPasswordEncoder();
    }
    @Override
    protected void configure(AuthenticationManagerBuilder auth) throws
Exception {
        auth.userDetailsService(userDetailsService())
                .passwordEncoder(passwordEncoder());
    }
    @Override
    protected void configure(HttpSecurity httpSecurity) throws Exception {
    List<String> urlList = new ArrayList<>();
```

```
        if(!StringUtils.isBlank(ignoreUrls)){
            urlList = Arrays.asList(ignoreUrls.split(",")).stream().map(s
-> s.trim()).collect(Collectors.toList());
        }
        httpSecurity.cors()                              // 添加 Cors 过滤器
                .and()
                // 由于使用的是 JWT，因此禁用 CSRF 跨域
                .csrf().disable()
                //设置响应头
                .headers()
                // 禁用缓存
                .cacheControl().disable()
                //防止 iframe 造成跨域
                .frameOptions().disable()
                .and()
                // 添加 JWT filter
        .addFilterBefore(jwtTokenAuthenticationFilter,UsernamePasswordAuthe
nticationFilter.class)
                // 授权异常
                .exceptionHandling()
                // 通常会被全局异常处理类拦截
                .accessDeniedHandler(jwtAccessDeniedHandler)
                // 匿名用户访问无权限资源时进行异常处理
                .authenticationEntryPoint(jwtAuthenticationEntryPoint)
                .and()
                // 不创建会话，会从前端将 Token 传入后台过滤器中，以验证是否存在访问权限
                .sessionManagement()
                .sessionCreationPolicy(SessionCreationPolicy.STATELESS)
                .sessionFixation().none()
                .and()
                // 对请求授权进行配置
                .authorizeRequests()
                // 允许 OPTIONS 请求，预检请求
                .antMatchers(HttpMethod.OPTIONS, "/**").permitAll()
                // 允许对网站静态资源无授权访问
                .antMatchers(HttpMethod.GET,
                    "/*.html",
                    "/favicon.ico",
                    "/**/*.html",
                    "/**/*.css",
                    "/**/*.js",
                    "/swagger-resources/**",
                    "/v2/api-docs/**",
                    "/webjars/**",
                    "/druid/**"
                ).permitAll()
                // 对登录注册的情况要允许匿名访问
                .antMatchers("/api/auth/login","/api/auth/code","/api/auth
/logout").permitAll()
                // 自定义
                .antMatchers(urlList.toArray(new String[0])).permitAll()
// Actuator 监控权限配置
.requestMatchers(EndpointRequest.to(ShutdownEndpoint.class)).hasRole("A
```

```
CTUATOR_ADMIN")
                .requestMatchers(EndpointRequest.toAnyEndpoint()).permitAll()
            .requestMatchers(PathRequest.toStaticResources().atCommonLocations()).
permitAll()
                // 剩余的所有请求都需要鉴权
                .anyRequest().authenticated()
                .and()
                .formLogin().permitAll()              //允许所有用户登录
                .and()
                .logout().permitAll();                //允许所有用户退出
    }
}
```

在配置类中同样引入了忽略 URL 的参数,这样就可以保证匿名请求的接口既不做 Token 认证又不需要授权。在配置类中标注的注解@EnableWebSecurity 用于激活 WebSecurity-Configuration 和 AuthenticationConfiguration 配置类,注解@EnableGlobalMethodSecurity (prePostEnabled = true, securedEnabled = true)表示开启全局的安全认证机制,可以使用 @PreAuthorize 和@Secured 注解在 controller 类中进行标注,以实现基于角色控制权限的安全认证机制。

除了 JwtTokenAuthenticationFilter 注入之外,JwtAuthenticationEntryPoint 和 JwtAccess-DeniedHandler 类也需要注入容器中。在核心模块中新建 component 包,创建这两个类,其中,JwtAccessDeniedHandler 类用于处理用户不具备访问权限的情况,示例代码如下:

```
package com.mohai.one.app.core.component;
/**
 * 当访问接口没有权限时,返回 403,拒绝访问,该类将不生效,AccessDeniedException
   异常会被自定义的全局异常处理类拦截。
 */
@Component
public class JwtAccessDeniedHandler implements AccessDeniedHandler {
    private static final Logger LOGGER = LoggerFactory.getLogger(JwtAccess
DeniedHandler.class);
    @Override
    public void handle(HttpServletRequest request,
                    HttpServletResponse response,
                    AccessDeniedException accessDeniedException) throws
IOException {
      LOGGER.debug("'{}'请求已授权但无访问权限",request.getRequestURL());
    //当用户在没有授权的情况下访问受保护的 REST 资源时,将调用此方法返回 403 Forbidden
      响应
        response.sendError(HttpServletResponse.SC_FORBIDDEN,
            accessDeniedException.getMessage());
    }
}
```

由于设置了全局异常处理会将抛出的 AccessDeniedException 异常先于 JwtAccess-DeniedHandler 捕获,所以当用户访问的资源没有权限时就会执行 SystemExceptionHandler# accessDeniedException()方法,返回 "不允许访问!" 的提示。JwtAuthenticationEntryPoint 类主要用于处理用户未登录或 Token 已失效的情况,示例代码如下:

```
package com.mohai.one.app.core.component;
//当未登录或者 Token 失效的用户访问资源时抛出异常处理,返回 401
@Component
public class JwtAuthenticationEntryPoint implements AuthenticationEntry
Point {
    private static final Logger LOGGER = LoggerFactory.getLogger(Jwt
AuthenticationEntryPoint.class);
    @Override
    public void commence(HttpServletRequest request,
                    HttpServletResponse response,
                    AuthenticationException authException) throws
IOException {
        LOGGER.debug("'{}' 请求未授权",request.getRequestURL());
    // 当用户在没有任何凭据的情况下尝试访问受保护的 REST 资源时,将调用此方法发送 401
        响应
        response.sendError(HttpServletResponse.SC_UNAUTHORIZED," 暂 未 登 录 或
token 已过期");
    }
}
```

　　然后注入 BCryptPasswordEncoder 密码加密、验证策略类,需要注意的是,使用 BCryptPasswordEncoder 进行加密生成的密文在数据库设计时其对应的字段长度必须大于 60 个字符。

　　在 Spring Security 中进行身份验证的是 AuthenticationManager 接口,其默认的实现类是 ProviderManager,该类并不处理身份验证事宜,而是通过实现 AuthenticationProvider 接口的 DaoAuthenticationProvider 类完成的。该类利用 UserDetailsService 来验证用户名、密码和权限,然后将获取的 UserDetails 用户信息再封装到认证对象 Authentication 中。

　　由于 Spring Security 框架已经提供了 UserDetailsService 接口和 UserDetails 接口来加载用户和权限信息,所以直接实现即可。新建 model 包,创建 AdminSUser 类继承 org.spring-framework.security.core.userdetails.User,扩展一些用户信息,例如用户 ID、用户昵称、用户的真实姓名、用户的手机号、用户的邮箱等信息,示例代码如下:

```
package com.mohai.one.app.core.model;
//安全用户模型
public class AdminSUser extends User {
    //用户 ID
    private String userId;
    //用户昵称
    private String nickName;
    //用户的真实姓名
    private String realName;
    //用户的手机号
    private String mobile;
    //用户的邮箱
    private String email;
    public AdminSUser(String username, String password, Collection<?
extends GrantedAuthority> authorities) {
        super(username, password, true,true,true,true,authorities);
    }
```

```
    public AdminSUser(String username, String password, boolean enabled,
boolean accountNonExpired, boolean credentialsNonExpired, boolean
accountNonLocked, Collection<? extends GrantedAuthority> authorities) {
        super(username, password, enabled, accountNonExpired, credentials
NonExpired, accountNonLocked, authorities);
    }
    // 省略 get 和 set 方法
}
```

在当前模块中新建 service 包，创建 AdminSUserDetailService 类实现 UserDetailsService 接口，重写 loadUserByUsername() 方法，并向其中注入 AdminUserInfoMapper 和 AdminPermission-Mapper 两个 Mapper 接口用于加载数据库。具体代码实现如下：

```
package com.mohai.one.app.core.service;
//基于数据库加载用户信息
@Service("userDetailsService")
public class AdminSUserDetailService implements UserDetailsService {
    private static final Logger LOG = LoggerFactory.getLogger(AdminSUser
DetailService.class);
    @Autowired
    private AdminUserInfoMapper adminUserInfoMapper;
    @Autowired
    private AdminPermissionMapper adminPermissionMapper;
    @Override
    public UserDetails loadUserByUsername(String username) throws Username
NotFoundException {
        LOG.debug("正在加载[{}]用户信息",username);
        if(StringUtils.isBlank(username)){
            throw new BadRequestException("用户名不能为空");
        }
        AdminUserInfo adminUserInfo = adminUserInfoMapper.findByName(username);
        if(adminUserInfo == null){
            throw new UsernameNotFoundException("用户不存在");
        }
        if (!adminUserInfo.isEnable()) {
            throw new DisabledException("账号状态异常");
        }
        Collection<? extends GrantedAuthority> authorities = Authority
Utils.createAuthorityList(getUserPermissions(adminUserInfo).toArray(new
String[0]));
        AdminSUser user = new AdminSUser(adminUserInfo.getUsername(), admin
UserInfo.getPassword(),authorities);
        user.setUserId(String.valueOf(adminUserInfo.getUserId()));
        user.setMobile(adminUserInfo.getMobile());
        user.setEmail(adminUserInfo.getEmail());
        return user;
    }
    private Set<String> getUserPermissions(AdminUserInfo adminUserInfo) {
        List<AdminPermission> permsList = adminPermissionMapper.select
PermListByUserId(adminUserInfo.getUserId());
        Set<String> permsSet = permsList.stream().flatMap((perms)->{
                if (perms == null)
                    return null;
                return Arrays.stream(perms.getPermCode().trim().split(","));
```

```
        }
    ).collect(Collectors.toSet());
    return permsSet;
    }
}
```

　　然后在 WebSecurityConfig 配置类中注入 UserDetailsService 接口的实现类 AdminS-
UserDetailService。AdminSUserDetailService 类的实现逻辑是通过用户名获取 Admin-
UserInfo 和 AdminPermission 信息, 然后构造出 AdminSUser 用户信息。

　　前台和后台面向的是不同的用户群体, 因此用户登录鉴权的逻辑不同。前台面向的主
要是用户, 允许用户注册登录, 只需要手机号即可登录, 并且可以从不同渠道进行登录,
比如第三方登录; 后台面向的是管理员用户, 一般不提供用户注册功能, 可以通过用户名
和密码登录, 也可以直接由系统管理员添加。下面来看后台用户登录授权的实现代码。

　　在核心模块中新建 user 包, 与用户相关的操作都放到该包中。先在 user 包中新建
domain 包, 用其存放与数据库表相对应的 JavaBean, 然后在该包中创建两个类, 这两个
类分别是 AdminUserInfo 和 AdminPermission, 表示用户信息和权限信息。

　　用户信息实体类 AdminUserInfo 的示例代码如下:

```java
package com.mohai.one.app.core.user.domain;
//用户信息
@Table(name = "admin_user")
public class AdminUserInfo implements Serializable {
    private static final long serialVersionUID = 1L;
    @Column(name= "user_id")
    private long userId;
    @Column(name= "username")
    private String username;
    @JsonProperty(access = JsonProperty.Access.WRITE_ONLY)
    @Column(name= "password")
    private String password;
    @JsonIgnore
    @Column(name= "salt")
    private String salt;
    @Column(name= "mobile")
    private String mobile;
    @Column(name= "email")
    private String email;
    // 用户类型: 0 为普通用户, 1 为管理员
    @Column(name= "type")
    private String type;
    // 用户状态: 0 为正常, 1 为冻结
    @Column(name= "status")
    private String status;
    @Column(name= "create_time")
    @JsonFormat(pattern = "yyyy-MM-dd HH:mm:ss", timezone = "GMT+8")
    private Date createTime;
    @Column(name= "update_time")
    @JsonFormat(pattern = "yyyy-MM-dd HH:mm:ss", timezone = "GMT+8")
    private Date updateTime;
    //省略 get 和 set 方法
```

```
public boolean isEnable(){
    return ComConstants.STATUS_0.equals(status);
}
}
```

用户权限信息实体类 AdminPermission 的示例代码如下：

```
package com.mohai.one.app.core.user.domain;
//权限信息
@Table(name = "admin_permission")
public class AdminPermission implements Serializable {
    private static final long serialVersionUID = 1L;
    @Column(name= "perm_id")
    private long permId;
    @Column(name= "perm_code")
    private String permCode;
    @Column(name= "perm_name")
    private String permName;
     //省略 get 和 set 方法
}
```

然后在 user 包中新建 dao 包，创建 AdminUserInfoMapper 接口，在该接口中定义 findBy-Name()方法，用于根据用户名查询用户信息，示例代码如下：

```
package com.mohai.one.app.core.user.dao;
//用户信息查询接口
public interface AdminUserInfoMapper {
    AdminUserInfo findByName(String username);
}
```

然后在 resources/mappers 目录下创建与 AdminUserInfoMapper 接口对应的映射文件 AdminUserInfoMapper.xml，实现查询用户的 SQL 语句如下：

```xml
<?xml version="1.0" encoding="UTF-8"?>
<!DOCTYPE mapper PUBLIC "-//mybatis.org//DTD Mapper 3.0//EN" "http://
mybatis.org/dtd/mybatis-3-mapper.dtd">
<mapper namespace="com.mohai.one.app.core.user.dao.AdminUserInfoMapper">
    <resultMap id="BaseResultMap" type="com.mohai.one.app.core.user.domain.
AdminUserInfo">
        <id property="userId" column="user_id" jdbcType="BIGINT"/>
        <result property="username" column="username" jdbcType="VARCHAR"/>
        <result property="password" column="password" jdbcType="VARCHAR"/>
        <result property="salt" column="salt" jdbcType="VARCHAR"/>
        <result property="mobile" column="mobile" jdbcType="VARCHAR"/>
        <result property="email" column="email" jdbcType="VARCHAR"/>
        <result property="type" column="type" jdbcType="CHAR"/>
        <result property="status"  column="status"  jdbcType="BIT"/>
        <result property="updateTime" column="update_time" jdbcType=
"TIMESTAMP"/>
        <result property="createTime" column="create_time" jdbcType="TIMESTAMP" />
    </resultMap>
    <sql id="Base_Column_List">
        user_id, username, password, salt, mobile, email, type, status,
create_time, update_time
    </sql>
    <select id="findByName" parameterType="java.lang.String" resultMap=
```

```
"BaseResultMap">
        select
        <include refid="Base_Column_List" />
        from admin_user
        where username = #{username,jdbcType=VARCHAR}
    </select>
</mapper>
```

继续创建 AdminPermissionMapper 接口，在该接口中定义 selectPermListByUserId()方法，用于根据用户的唯一 ID 查询用户权限，示例代码如下：

```
package com.mohai.one.app.core.user.dao;
//查询用户权限接口
public interface AdminPermissionMapper {
    List<AdminPermission> selectPermListByUserId(long userId);
}
```

同样，在 resources/mappers 目录下创建 AdminPermissionMapper 接口映射文件 Admin-PermissionMapper.xml，实现查询用户权限的 SQL 语句如下：

```
<?xml version="1.0" encoding="UTF-8"?>
<!DOCTYPE mapper PUBLIC "-//mybatis.org//DTD Mapper 3.0//EN" "http://
mybatis.org/dtd/mybatis-3-mapper.dtd">
<mapper namespace="com.mohai.one.app.core.user.dao.AdminPermissionMapper">
    <resultMap id="BaseResultMap" type="com.mohai.one.app.core.user.domain.
AdminPermission">
        <id property="permId" column="perm_id" jdbcType="BIGINT"/>
        <result property="permCode" column="perm_code" jdbcType="VARCHAR"/>
        <result property="permName" column="perm_name" jdbcType="VARCHAR"/>
    </resultMap>
    <sql id="Base_Column_List">
        perm_id, perm_code, perm_name
    </sql>
    <select id="selectPermListByUserId" resultMap="BaseResultMap">
        select
        ap.perm_id, ap.perm_code, ap.perm_name
        from admin_permission ap
        left join admin_role_permission rp on rp.perm_id = ap.perm_id
        left join admin_user_role ur on ur.role_id = rp.role_id
        where ur.user_id = #{userId,jdbcType=BIGINT}
    </select>
</mapper>
```

继续在 user 包中新建 service 包，然后创建 AuthUserService 类，用于处理用户登录和退出逻辑，获取验证码，以及查看当前登录用户的信息。

```
package com.mohai.one.app.core.user.service;
//用户登录和退出逻辑实现
@Service
public class AuthUserService {
    private static final Logger LOG = LoggerFactory.getLogger(AuthUser
Service.class);
    @Value("${single.login:false}")
    private Boolean singleLogin;
    @Autowired
```

```java
    private RedisUtil redisUtil;
    @Autowired
    private AuthenticationManagerBuilder authenticationManagerBuilder;
    @Autowired
    private JwtTokenProvider jwtTokenProvider;
    @Autowired
    private TokenProperties tokenProperties;
    @Autowired
    private PasswordEncoder passwordEncoder;
    //登录
    public Map<String,Object> login(AuthUserVo authUserVo, HttpServlet
Request request){
        try{
            // 查询验证码
            if(!StringUtils.isBlank(authUserVo.getUuId())){
                String code = (String) redisUtil.get(tokenProperties.getCodeKey()
+ authUserVo.getUuId());
                // 清除验证码
                redisUtil.del(tokenProperties.getCodeKey() + authUserVo.
getUuId());
                if (StringUtils.isBlank(code)) {
                    throw new BadRequestException("验证码不存在或已过期");
                }
                //校验验证码
                MathGenerator mathGenerator = new MathGenerator();
                boolean flag = mathGenerator.verify(code,authUserVo.getCode());
                if (StringUtils.isBlank(authUserVo.getCode()) || !flag) {
                    throw new BadRequestException("验证码错误");
                }
            }
            // 构造 UsernamePasswordAuthenticationToken
            UsernamePasswordAuthenticationToken authenticationToken =
                    new UsernamePasswordAuthenticationToken(authUserVo.get
Username(), authUserVo.getPassword());
            Authentication authentication = authenticationManagerBuilder.
getObject().authenticate(authenticationToken);
            SecurityContextHolder.getContext().setAuthentication(authentication);
            final AdminSUser adminSUser = (AdminSUser) authentication.
getPrincipal();
            // 生成令牌
            String token = jwtTokenProvider.createToken(authentication,
adminSUser.getUserId());
            // 登录成功后将信息保存到 Redis 中
            OnlineUserVo onlineUserVo = saveOnlineUser(adminSUser,token,
request);
            // 返回 Token 与用户信息
            Map<String,Object> authInfo = new HashMap<String,Object>(2){{
                put("token", tokenProperties.getTokenStartWithSpace() + token);
                put("user", onlineUserVo);
            }};
            return authInfo;
        }catch (AuthenticationException e) {
```

```java
            LOG.error("登录异常:{}", e.getMessage());
            throw new BadRequestException(e.getMessage());
        }
    }
    //向 Redis 中保存在线用户信息
    private OnlineUserVo saveOnlineUser(AdminSUser adminSUser, String
token, HttpServletRequest request) {
        // 获取 IP 地址
        String ip = UserAgentUtils.getIp(request);
        // 获取浏览器类型
        String browser = UserAgentUtils.getBrowser(request);
        // 构造 OnlineUserVo 对象
        OnlineUserVo onlineUserVo = new OnlineUserVo(token,adminSUser.
getUsername(),adminSUser.getNickName(),browser,ip,new Date());
        // 保存到 Redis 中
        redisUtil.set(tokenProperties.getOnlineKey() + token, onlineUserVo,
tokenProperties.getExpiration()/1000);
        return onlineUserVo;
    }
    // 用户退出
    public void logout(HttpServletRequest request) {
        // 从请求中获取 Token
        String token = jwtTokenProvider.getToken(request);
        // 判断 Token 是否为空
        if(!StringUtils.isBlank(token)){
            String key = tokenProperties.getOnlineKey() + token;
            // 删除 Redis 中保存的用户信息
            redisUtil.del(key);
        }
        // 清除 SecurityContext 上下文
        SecurityContextHolder.clearContext();
    }
    // 获取验证码
    public Map<String, Object> createCode() {
        // 定义生成验证码图片的长和宽，并添加圆圈作为干扰
        CircleCaptcha circleCaptcha = CaptchaUtil.createCircleCaptcha(111,36);
        // 算术类型
        MathGenerator mathGenerator = new MathGenerator();
        circleCaptcha.setGenerator(mathGenerator);
        // 生成验证码
        circleCaptcha.createCode();
        // 获取验证码
        String code = circleCaptcha.getCode();
        System.out.println(code);
        String uuid = IdUtil.simpleUUID();
        // 保存到 Redis 中，保留 2min
        redisUtil.set(tokenProperties.getCodeKey() + uuid,code,2,TimeUnit.
MINUTES);
        Map<String,Object> imgResult = new HashMap<String,Object>(2){{
            put("img","data:image/png;base64,"+circleCaptcha.getImage
Base64());
            put("uuid", uuid);
```

```
        }};
        return imgResult;
    }
    //通过 Token 获取用户信息
    public OnlineUserVo getUserInfo(HttpServletRequest request) {
        String token = jwtTokenProvider.getToken(request);
        Object obj = redisUtil.get(tokenProperties.getOnlineKey() + token);
        return (OnlineUserVo) obj;
    }
}
```

在 user 包中新建 web 包，并在 web 包中新建 vo 包，在 vo 包中创建 AuthUserVo 类，用于在前端封装登录表单信息，主要属性有用户名、手机号、密码、验证码等属性，并用注解@ApiModel 和@ApiModelProperty 进行字段说明，使用注解@NotBlank 对必须输入的字段进行约束，示例代码如下：

```
package com.mohai.one.app.core.user.web.vo;
//登录用户所需信息
@ApiModel(value= "用户信息")
public class AuthUserVo implements Serializable {
    private static final long serialVersionUID = 1L;
    @ApiModelProperty(value = "用户账号")
    private String username;
    @ApiModelProperty(value = "手机号")
    private String mobile;
    @ApiModelProperty(value = "用户密码",required = true)
    @NotBlank(message="密码不能为空")
    private String password;
    @ApiModelProperty(value = "uuid",notes = "取后端返回值上送")
    private String uuId;
    @ApiModelProperty(value = "验证码")
    private String code;
    //省略 get 和 set 方法
}
```

还是在 vo 包中创建 OnlineUserVo 类，表示在线用户对象，用于查询当前登录用户的信息。示例代码如下：

```
package com.mohai.one.app.core.user.web.vo;
//登录后的用户信息
public class OnlineUserVo implements Serializable {
    private static final long serialVersionUID = 1L;
    @JsonIgnore
    private String token;
    private String userName;
    private String nickName;
    private String browser;
    private String ip;
    @JsonFormat(pattern = "yyyy-MM-dd HH:mm:ss", timezone = "GMT+8")
    private Date loginTime;
    //省略 get 和 set 方法
}
```

在 web 包中新建 rest 包，创建 AuthUserController 类，定义用户登录授权接口，包括 api/auth/login 登录接口、api/auth/code 获取验证码接口、api/auth/logout 登出接口、api/auth/info 获取在线用户信息接口。其中，获取在线用户信息接口需要登录授权后才可以访问。示例代码如下：

```java
package com.mohai.one.app.core.user.web.rest;
//系统登录授权
@Api(tags = "系统登录授权接口")
@RestController
@RequestMapping("/api/auth")
public class AuthUserController {
    @Autowired
    private AuthUserService authUserService;
    //用户登录
    @ApiOperation("用户登录授权")
    @PostMapping(value = "/login")
    public ResponseEntity<Object> login(@Validated @RequestBody AuthUserVo
authUser,HttpServletRequest request){
        Map<String,Object> authInfo = authUserService.login(authUser,
request);
        return ResponseEntity.ok(authInfo);
    }
    //获取验证码
    @ApiOperation("获取验证码")
    @GetMapping(value = "/code")
    public ResponseEntity<Object> getCode(){
        Map<String,Object> imgResult = authUserService.createCode();
        return ResponseEntity.ok(imgResult);
    }
    //获取当前的用户信息
    @ApiOperation("获取当前用户信息")
    @GetMapping(value = "/info")
    public  ResponseEntity<OnlineUserVo>  getUserInfo(HttpServletRequest
request){
        OnlineUserVo onlineUserVo = authUserService.getUserInfo(request);
        return ResponseEntity.ok(onlineUserVo);
    }
    //用户退出
    @ApiOperation("用户退出登录")
    @DeleteMapping(value = "/logout")
    public ResponseEntity<Object> logout(HttpServletRequest request){
        authUserService.logout(request);
        return ResponseEntity.ok().build();
    }
}
```

在核心模块中还提供了对于异常的全局处理器，新建 exception 包，接着在该包中新建 handler 包，创建 SystemExceptionHandler 系统异常处理类对指定的异常信息进行拦截，然后统一返回错误信息。具体的示例代码如下：

```java
package com.mohai.one.app.core.exception.handler;
// 异常处理器
@RestControllerAdvice
public class SystemExceptionHandler {
    private static final Logger LOG = LoggerFactory.getLogger(System
ExceptionHandler.class);
    // 处理自定义异常 多用于登录请求异常
    @ExceptionHandler(value = {BadRequestException.class})
    public ResponseEntity<BaseError> badRequestException(BadRequest
Exception e) {
        // 打印堆栈信息
        LOG.error(ExceptionUtil.getStackTrace(e));
        return buildResponseEntity(BaseError.error(e.getMessage()));
    }
    // 处理自定义异常 多用于业务异常
    @ExceptionHandler(value = {BusinessException.class})
    public ResponseEntity<BaseError> businessException(BusinessException e) {
        // 打印堆栈信息
        LOG.error(ExceptionUtil.getStackTrace(e));
        BaseError baseError = BaseError.error(e.getMessage());
        baseError.setStatus(500);
        return buildResponseEntity(baseError);
    }
    // 处理 BadCredentialsException 异常
    @ExceptionHandler(BadCredentialsException.class)
    public ResponseEntity<BaseError> badCredentialsException(BadCredentials
Exception e){
        // 打印堆栈信息
        String message = "Bad credentials".equals(e.getMessage()) ? "用户
名或密码错误" : e.getMessage();
        LOG.error(message);
        return buildResponseEntity(BaseError.error(message));
    }
    /**
     *  由于全局异常处理类先拦截到 AccessDeniedException，因此自定义的 Access-
        DeniedHandler 就失效了。
     */
    @ExceptionHandler(AccessDeniedException.class)
    public ResponseEntity<BaseError> accessDeniedException(AccessDenied
Exception e){
        // 打印堆栈信息
        LOG.error(e.getMessage());
        BaseError baseError = BaseError.error("不允许访问！");
        baseError.setStatus(403);
        return buildResponseEntity(baseError);
    }
    //处理参数校验异常
    @ExceptionHandler(MethodArgumentNotValidException.class)
    public ResponseEntity<BaseError> handleMethodArgumentNotValidException
(MethodArgumentNotValidException e){
        // 打印堆栈信息
        LOG.error(ExceptionUtil.getStackTrace(e));
        String[] str = Objects.requireNonNull(e.getBindingResult().getAllErrors().
```

```
get(0).getCodes())[1].split("\\.");
        String message = e.getBindingResult().getAllErrors().get(0).get
DefaultMessage();
        String msg = "不能为空";
        if(msg.equals(message)){
            message = str[1] + ":" + message;
        }
        return buildResponseEntity(BaseError.error(message));
    }
    // 处理所有未知异常
    @ExceptionHandler(Throwable.class)
    public ResponseEntity<BaseError> handleException(Throwable e){
        // 打印堆栈信息
        LOG.error(ExceptionUtil.getStackTrace(e));
        BaseError baseError = BaseError.error("系统异常，请联系管理员！");
        baseError.setStatus(500);
        return buildResponseEntity(baseError);
    }
    // 构建响应体信息
    private ResponseEntity<BaseError> buildResponseEntity(BaseError
baseError) {
        return new ResponseEntity<BaseError>(baseError, HttpStatus.valueOf
(baseError.getStatus()));
    }
    static class BaseError {
        private Integer status = 400;
        private String message;
        @JsonFormat(pattern = "yyyy-MM-dd HH:mm:ss", timezone = "GMT+8")
        private final LocalDateTime timestamp;
        private BaseError() {
            timestamp = LocalDateTime.now();
        }
        public static BaseError error(String message){
            BaseError baseError = new BaseError();
            baseError.setMessage(message);
            return baseError;
        }
        // 省略 get 和 set 方法
    }
}
```

在 SystemExceptionHandler 类内部定义了一个静态内部类 BaseError，其中包含 3 个属性，分别是 status、message 和 timestamp，当拦截到异常时需要设置 status 和 message 值，这样在构建 ResponseEntity 响应体时就可以获取状态值从而设置 HttpStatus 状态码和响应体内容。

从代码中可以看到有两个类是我们自定义的，在 exception 包中创建这两个异常类 BadRequestException 和 BusinessException，示例代码如下：

```
package com.mohai.one.app.core.exception;
// 请求异常
public class BadRequestException extends RuntimeException{
    private Integer status = BAD_REQUEST.value();
```

```
public BadRequestException(String msg){
    super(msg);
}
public BadRequestException(HttpStatus status, String msg){
    super(msg);
    this.status = status.value();
}
public Integer getStatus() {
    return status;
}
public void setStatus(Integer status) {
    this.status = status;
}
}
```

另一个异常类是业务异常需要抛出的，在判断业务逻辑有问题的情况下就可以使用该异常类了。

```
package com.mohai.one.app.core.exception;
// 业务异常
public class BusinessException extends RuntimeException{
    public BusinessException(String msg){
        super(msg);
    }
    public BusinessException(String msg,Throwable cause) {
        super(msg,cause);
    }
}
```

为了方便打印异常栈信息，这里提供了一个工具类用于提取异常栈信息。在核心模块中新建 utils 包，创建 ExceptionUtil 类，示例代码如下：

```
package com.mohai.one.app.core.utils;
// 异常工具
public class ExceptionUtil {
    // 获取堆栈信息
    public static String getStackTrace(Throwable throwable){
        StringWriter sw = new StringWriter();
        try (PrintWriter pw = new PrintWriter(sw)) {
            throwable.printStackTrace(pw);
            return sw.toString();
        }
    }
}
```

当用户登录时需要记录用户登录的 IP 地址和客户端浏览器信息，可以将它们封装成工具类，以方便使用。在 utils 包中创建 UserAgentUtils 类，从请求对象中获取客户端的 IP 地址和客户端浏览器信息，示例代码如下：

```
package com.mohai.one.app.core.utils;
// 获取客户端的 IP 地址和浏览器信息
public class UserAgentUtils {
    private static final String UNKNOWN = "unknown";
    // 获取 IP 地址
```

```java
public static String getIp(HttpServletRequest request) {
    String ip = request.getHeader("x-forwarded-for");
    if (ip == null || ip.length() == 0 || UNKNOWN.equalsIgnoreCase(ip)) {
        ip = request.getHeader("Proxy-Client-IP");
    }
    if (ip == null || ip.length() == 0 || UNKNOWN.equalsIgnoreCase(ip)) {
        ip = request.getHeader("WL-Proxy-Client-IP");
    }
    if (ip == null || ip.length() == 0 || UNKNOWN.equalsIgnoreCase(ip)) {
        ip = request.getRemoteAddr();
    }
    String comma = ",";
    String localhost = "127.0.0.1";
    if (ip.contains(comma)) {
        ip = ip.split(",")[0];
    }
    if (localhost.equals(ip)) {
        // 获取本机真正的 IP 地址
        try {
            ip = InetAddress.getLocalHost().getHostAddress();
        } catch (UnknownHostException e) {
            e.printStackTrace();
        }
    }
    return ip;
}
// 获取浏览器类型
public static String getBrowser(HttpServletRequest request){
    UserAgent userAgent = UserAgentUtil.parse(request.getHeader("User-Agent"));
    Browser browser = userAgent.getBrowser();
    return browser.getName();
}
}
```

如果想要获取用户授权信息，可以通过 SecurityContextHolder 类获取 SecurityContext 上下文然后得到 Authentication。还是在 utils 包中创建 SecurityUserUtil 工具类，示例代码如下：

```java
package com.mohai.one.app.core.utils;
// 获取用户授权信息
public class SecurityUserUtil {
    // 获取用户信息
    public static UserDetails getUserDetails() {
        UserDetails userDetails;
        try {
            userDetails = (UserDetails) SecurityContextHolder.getContext().
getAuthentication().getPrincipal();
        } catch (Exception e) {
            throw new BadRequestException(HttpStatus.UNAUTHORIZED, "登录状态过期");
        }
        return userDetails;
    }
```

```
    // 获取 Authentication
    public static Authentication getAuthentication() {
        return SecurityContextHolder.getContext().getAuthentication();
    }
}
```

在项目中常常会用到对象复制功能，尤其是在 domain 实体向 dto 实体转换的场景中，在 utils 包中创建对象复制工具 BeanUtil 类，利用 BeanCopier 实现原始对象和目标对象的相同属性名称之间的复制。如果属性名称一样但是类型不同，可能会抛出类型转换异常，具体的示例代码如下：

```
package com.mohai.one.app.core.utils;
// 对象复制工具
public class BeanUtil {
    // 缓存
    private static final Map<String, BeanCopier> BEAN_COPIER_CACHE = new
ConcurrentHashMap<>();
    // 使用 BeanCopier 工具复制对象
    public static void copyBean(Object source, Object target){
        String baseKey = generateKey(source.getClass(), target.getClass());
        BeanCopier beanCopier;
        if (!BEAN_COPIER_CACHE.containsKey(baseKey)) {
            beanCopier = BeanCopier.create(source.getClass(), target.getClass(),
false);
            BEAN_COPIER_CACHE.put(baseKey, beanCopier);
        } else {
            beanCopier = BEAN_COPIER_CACHE.get(baseKey);
        }
        beanCopier.copy(source, target, null);
    }
    private static String generateKey(Class<?> sourceClass, Class<?>
targetClass) {
        return sourceClass.toString() + targetClass.toString();
    }
    // 直接复制后传入对象
    public static <T> T copyProperties(Object source, Class<T> targetClass) {
        if(source == null){
            return null;
        }
        T t = null;
        try {
            t = targetClass.newInstance();
        } catch (InstantiationException | IllegalAccessException e) {
            throw new RuntimeException(String.format("Create new instance of
%s failed: %s", targetClass, e.getMessage())));
        }
        copyBean(source, t);
        return t;
    }
    // 复制集合
    public static <T> List<T> copyPropertiesOfList(List<?> sourceList,
Class<T> targetClass) {
        if (sourceList == null || sourceList.isEmpty()) {
```

```
                return Collections.emptyList();
            }
        List<T> resultList = new ArrayList<>(sourceList.size());
        for (Object o : sourceList) {
            T t = null;
            try {
              t = targetClass.newInstance();
            } catch (Exception e) {
                throw new RuntimeException(String.format("Create new
instance of %s failed: %s", targetClass, e.getMessage()));
            }
            copyBean(o, t);
            resultList.add(t);
        }
        return resultList;
    }
    //分页集合的复制
    public static <T> Page<T> copyPropertiesOfPage(Page<?> sourcePage,
Class<T> targetClass) {
        if (sourcePage == null || sourcePage.isEmpty()) {
            return new Page<>();
        }
        Page<T> resultList = (Page<T>) sourcePage.clone();
        resultList.clear();
        for (Object o : sourcePage) {
            T t = null;
            try {
                t = targetClass.newInstance();
            } catch (Exception e) {
                throw new RuntimeException(String.format("Create new instance
of %s failed: %s", targetClass, e.getMessage()));
            }
            copyBean(o, t);
            resultList.add(t);
        }
        return resultList;
    }
}
```

为了使业务模块接口中有统一的返回值，以及可以统一分页查询，分别定义 ResultDto
和 PageParam 类进行封装。在核心模块中新建 dto 包，然后创建 ResultDto，同时对分页的
集合数据进行处理并计算出数据总量，示例代码如下：

```
package com.mohai.one.app.core.dto;
//统一返回对象
public class ResultDto<T> {
    //状态码
    private int code;
    //错误信息
    private String message;
    //数据对象
    private T data;
    //数据总数
    private long total;
```

```java
public ResultDto(){
    this.code=0;
    this.message="SUCCESS";
}
public ResultDto(int code,String message){
    this.code=code;
    this.message=message;
}
public ResultDto(T data){
    if(data instanceof Page) {
        Page<T> page = (Page<T>) data;
        this.total = page.getTotal();
    }
    this.data = data;
}
public static ResultDto ok(){
    return new ResultDto();
}
public static ResultDto ok(Object data){
    return new ResultDto(data);
}
//省略 get 和 set 方法
}
```

在 dto 包中创建 PageParam 类，主要包含当前页码、每页显示条数和查询条件等属性，前端需要按照 PageParam 对象拼装参数并传送给后端，示例代码如下：

```java
package com.mohai.one.app.core.dto;
//分页参数
@ApiModel(value= "分页参数")
public class PageParam{
    //当前页
    @ApiParam(value = "当前页，默认 1",required = false,defaultValue = "1")
    private int current = 1;
    //每页显示条数，默认为 10 条
    @ApiParam(value = "每页大小，默认为 10",required = false, defaultValue = "10")
    private int size = 10;
    //是否进行 count 查询
    @ApiParam(hidden = true)
    private boolean isSearchCount = true;
    @ApiParam(required = true)
    private Map<String,Object> data;
    //省略 get 和 set 方法
}
```

在项目中还需要定义一些静态常量，在核心模块中新建 constant 包，创建 ComConstants 接口并定义常量值，示例代码如下：

```java
package com.mohai.one.app.core.constant;
//公共常量
public interface ComConstants {
    //正常
    String STATUS_0 = "0";
```

```
        // 冻结
        String STATUS_1 = "1";
        // 删除
        String STATUS_2 = "2";
        // 是
        String STATUS_Y = "Y";
        // 否
        String STATUS_N = "N";
}
```

至此，项目的基础框架就搭建完成了，只是现在还是一个空架子，需要我们用业务代码为其赋予"灵魂"。

12.1.3　模块实现

一般情况下，当项目搭建好后就需要按照需求文档分模块进行功能开发了，这部分工作对于一般的程序员来说都是可以胜任的。

下面我们就从简单的业务逻辑着手。系统中最常见的功能无非是"增、删、改、查"，向外暴露这 4 个接口即可。不过却不能小看这几个功能，比如，查询功能包括分页查询、模糊查询、缓存查询，新增、修改、删除功能又分为单条操作、批量操作及事务操作。

在开发之前，需要先设计使用的表。本项目一共需要两张表，分别是商品信息表和商品分类表。我们通过 MySQL 的可视化数据库管理工具进行建库和建表，将商品信息表名定义为 app_prod，主要字段属性有商品名称、商品类型、商品缩略图、商品价格、商品销量、商品库存、商品状态和商品发布时间等。商品分类表名定义为 app_category，主要字段属性有商品分类名称、商品分类状态、商品分类缩略图和排序等。对应的创建表的语句如下：

```
DROP TABLE IF EXISTS app_prod;
CREATE TABLE app_prod (
  pro_id bigint(20) unsigned NOT NULL AUTO_INCREMENT COMMENT '商品ID',
  pro_name varchar(50) NOT NULL COMMENT '商品名称',
  pro_type char(2)  DEFAULT NULL COMMENT '商品类型',
  pro_oriprice decimal(15,2) DEFAULT NULL COMMENT '商品原价格',
  pro_price decimal(15,2) DEFAULT NULL COMMENT '商品现价格',
  pro_brief varchar(500)  DEFAULT NULL COMMENT '商品简介',
  pro_content text COMMENT '商品详情',
  pro_pic varchar(300) DEFAULT NULL COMMENT '商品缩略图',
  pro_sold_num int(11) DEFAULT NULL COMMENT '销售量',
  pro_total_stocks int(11) DEFAULT NULL COMMENT '库存量',
  pro_status char(2) DEFAULT NULL COMMENT '状态',
  pro_putaway_time datetime DEFAULT NULL COMMENT '发布时间',
  category_id bigint(20) DEFAULT NULL COMMENT '分类ID',
  create_time datetime DEFAULT NULL COMMENT '创建时间',
  create_user varchar(20) DEFAULT NULL COMMENT '创建用户',
  update_time datetime DEFAULT NULL COMMENT '更新时间',
```

```
  update_user varchar(20) DEFAULT NULL COMMENT '更新用户',
  PRIMARY KEY (pro_id),
  KEY pro_name (pro_name)
) ENGINE=InnoDB AUTO_INCREMENT=4 DEFAULT CHARSET=utf8mb4 COLLATE=utf8mb4_
0900_ai_ci;

DROP TABLE IF EXISTS app_category;
CREATE TABLE app_category (
  cat_id bigint(20) unsigned NOT NULL AUTO_INCREMENT COMMENT '商品分类 ID',
  parent_id bigint(20) NOT NULL COMMENT '父级 ID',
  cat_name varchar(30) NOT NULL COMMENT '商品分类名称',
  cat_status char(2) DEFAULT NULL COMMENT '商品分类状态',
  cat_sort int(4) DEFAULT NULL COMMENT '商品分类排序',
  cat_icon varchar(100) DEFAULT NULL COMMENT '分类图标',
  cat_pic varchar(300) DEFAULT NULL COMMENT '商品分类缩略图',
  cat_level int(2) DEFAULT NULL COMMENT '商品分类级别',
  create_time datetime DEFAULT NULL COMMENT '创建时间',
  create_user varchar(20) DEFAULT NULL COMMENT '创建用户',
  update_time datetime DEFAULT NULL COMMENT '更新时间',
  update_user varchar(20) DEFAULT NULL COMMENT '更新用户',
  PRIMARY KEY (cat_id)
) ENGINE=InnoDB AUTO_INCREMENT=5 DEFAULT CHARSET=utf8mb4 COLLATE=utf8mb4_
0900_ai_ci;
```

　　表创建完之后，可以通过 MyBatis Generator 代码生成器自动生成实体类、mapper 和 XML 文件。在项目中新建一个 app-wares 模块，然后配置好 mybatis-generator 插件，修改 generatorConfig.xml 配置文件，运行 mybatis-generator:generate –e 命令。命令执行成功后，打开 mapper 文件可以看到默认生成了 6 个基本的增、删、改、查接口，因此不需要再编写实体 Bean、DAO 层接口和 XML 映射文件了。读者如果不会配置代码生成器，也可以手动编写 XML 映射文件，具体的语法可以回顾第 4 章的内容。

　　在 app-wares 模块中分别创建 domain 包（域模型层）、dao 包（数据库访问层）、service 包（业务逻辑层）、dto 包（数据传输层）和 controller 包（业务控制层）。在 com.mohai.one.app. wares.domain 包中新建两个实体类 AppCategory 和 AppProd，分别对应 app_category 表和 app_prod 表。商品分类表对应的实体类的代码如下：

```
package com.mohai.one.app.wares.domain;
public class AppCategory implements Serializable {
    private static final long serialVersionUID = 1L;
     private Long catId;
    private Long parentId;
    private String catName;
    private String catStatus;
    private Integer catSort;
    private String catIcon;
    private String catPic;
    private Integer catLevel;
    private Date createTime;
    private Date updateTime;
    private String createUser;
```

```
    private String updateUser;
    // 省略 get 和 set 方法
}
```

商品信息表对应的实体类的代码如下：

```
package com.mohai.one.app.wares.domain;
public class AppProd implements Serializable {
    private static final long serialVersionUID = 1L;
    private Long proId;
    private String proName;
    private String proType;
    private BigDecimal proOriprice;
    private BigDecimal proPrice;
    private String proBrief;
    private String proPic;
    private Integer proSoldNum;
    private Integer proTotalStocks;
    private String proStatus;
    private Date proPutawayTime;
    private Long categoryId;
    private Date createTime;
    private String createUser;
    private Date updateTime;
    private String updateUser;
    private String proContent;
    // 省略 get 和 set 方法
}
```

然后在 com.mohai.one.app.wares.dao 包中新建 mapper 接口，该接口也无须编写实现类，可以完全利用框架通过代理映射到 resources/mappers 目录的 XML 映射文件中。一般情况下，接口名字和 XML 映射文件名必须保持一致，对应的示例代码如下：

```
package com.mohai.one.app.wares.dao;
public interface AppCategoryMapper {
    int insert(AppCategory record);
    AppCategory selectByPrimaryKey(Long catId);
    int updateByPrimaryKey(AppCategory record);
    List<AppCategory> selectListByParentId(Long parentId);
    int updateCategoryStatus(AppCategory record);
}
```

对应的 resources/mappers/AppCategoryMapper.xml 映射文件的示例代码如下：

```
<?xml version="1.0" encoding="UTF-8"?>
<!DOCTYPE mapper PUBLIC "-//mybatis.org//DTD Mapper 3.0//EN" "http://
mybatis.org/dtd/mybatis-3-mapper.dtd">
<mapper namespace="com.mohai.one.app.wares.dao.AppCategoryMapper">
  <resultMap id="BaseResultMap" type="com.mohai.one.app.wares.domain.
AppCategory">
    <constructor>
      <idArg column="cat_id" javaType="java.lang.Long" jdbcType="BIGINT" />
      <arg column="parent_id" javaType="java.lang.Long" jdbcType="BIGINT" />
      <arg column="cat_name" javaType="java.lang.String" jdbcType="VARCHAR" />
      <arg column="cat_status" javaType="java.lang.String" jdbcType="CHAR" />
      <arg column="cat_sort" javaType="java.lang.Integer" jdbcType="INTEGER" />
```

```xml
        <arg column="cat_icon" javaType="java.lang.String" jdbcType="VARCHAR" />
        <arg column="cat_pic" javaType="java.lang.String" jdbcType="VARCHAR" />
        <arg column="cat_level" javaType="java.lang.Integer" jdbcType="INTEGER" />
        <arg column="create_time" javaType="java.util.Date" jdbcType="TIMESTAMP" />
        <arg column="update_time" javaType="java.util.Date" jdbcType="TIMESTAMP" />
        <arg column="create_user" javaType="java.lang.String" jdbcType="VARCHAR" />
        <arg column="update_user" javaType="java.lang.String" jdbcType="VARCHAR" />
    </constructor>
  </resultMap>
  <sql id="Base_Column_List">
    cat_id, parent_id, cat_name, cat_status, cat_sort, cat_icon, cat_pic,
cat_level,
    create_time, update_time, create_user, update_user
  </sql>
  <select id="selectByPrimaryKey" parameterType="java.lang.Long" resultMap=
"BaseResultMap">
    select
    <include refid="Base_Column_List" />
    from app_category
    where cat_id = #{catId,jdbcType=BIGINT}
  </select>
  <insert id="insert" parameterType="com.mohai.one.app.wares.domain.AppCategory">
    insert into app_category (cat_id, parent_id, cat_name,
    cat_status, cat_sort, cat_icon,
    cat_pic, cat_level, create_time,
    update_time, create_user, update_user
    )
    values (#{catId,jdbcType=BIGINT}, #{parentId,jdbcType=BIGINT}, #{catName,
jdbcType=VARCHAR},
    #{catStatus,jdbcType=CHAR}, #{catSort,jdbcType=INTEGER}, #{catIcon,
jdbcType=VARCHAR},
    #{catPic,jdbcType=VARCHAR}, #{catLevel,jdbcType=INTEGER}, #{createTime,
jdbcType=TIMESTAMP},
    #{updateTime,jdbcType=TIMESTAMP}, #{createUser,jdbcType=VARCHAR},
#{updateUser,jdbcType=VARCHAR}
    )
  </insert>
  <update id="updateByPrimaryKey" parameterType="com.mohai.one.app.wares.
domain.AppCategory">
    update app_category
    set parent_id = #{parentId,jdbcType=BIGINT},
    cat_name = #{catName,jdbcType=VARCHAR},
    cat_status = #{catStatus,jdbcType=CHAR},
    cat_sort = #{catSort,jdbcType=INTEGER},
    cat_icon = #{catIcon,jdbcType=VARCHAR},
    cat_pic = #{catPic,jdbcType=VARCHAR},
    cat_level = #{catLevel,jdbcType=INTEGER},
    create_time = #{createTime,jdbcType=TIMESTAMP},
    update_time = #{updateTime,jdbcType=TIMESTAMP},
    create_user = #{createUser,jdbcType=VARCHAR},
    update_user = #{updateUser,jdbcType=VARCHAR}
    where cat_id = #{catId,jdbcType=BIGINT}
  </update>
  <select id="selectListByParentId" resultMap="BaseResultMap">
    select
```

```
    <include refid="Base_Column_List" />
    from app_category
    where parent_id = #{parentId} and cat_status = 1 order by cat_sort
  </select>
  <update id="updateCategoryStatus" parameterType="com.mohai.one.app.wares.
domain.AppCategory">
    update app_category
    set cat_status = #{catStatus,jdbcType=CHAR},
    update_time = #{updateTime,jdbcType=DATE},
    update_user = #{updateUser,jdbcType=VARCHAR}
    where cat_id = #{catId,jdbcType=BIGINT}
  </update>
</mapper>
```

接着看商品信息表对应的操作接口，示例代码如下：

```
package com.mohai.one.app.wares.dao;
public interface AppProdMapper {
    int insert(AppProd record);
    AppProd selectByPrimaryKey(Long proId);
    int updateByPrimaryKey(AppProd record);
    int updateProdStatus(AppProd record);
    List<AppProd> selectPageProd(AppProd appProd);
}
```

resources/mappers/AppProdMapper.xml 映射文件的示例代码如下：

```
<?xml version="1.0" encoding="UTF-8"?>
<!DOCTYPE mapper PUBLIC "-//mybatis.org//DTD Mapper 3.0//EN" "http://
mybatis.org/dtd/mybatis-3-mapper.dtd">
<mapper namespace="com.mohai.one.app.wares.dao.AppProdMapper">
  <resultMap id="BaseResultMap" type="com.mohai.one.app.wares.domain.AppProd">
    <constructor>
      <idArg column="pro_id" javaType="java.lang.Long" jdbcType="BIGINT" />
      <arg column="pro_name" javaType="java.lang.String" jdbcType="VARCHAR" />
      <arg column="pro_type" javaType="java.lang.String" jdbcType="CHAR" />
      <arg column="pro_oriprice" javaType="java.math.BigDecimal" jdbcType=
"DECIMAL" />
      <arg column="pro_price" javaType="java.math.BigDecimal" jdbcType=
"DECIMAL" />
      <arg  column="pro_brief"  javaType="java.lang.String"  jdbcType=
"VARCHAR" />
      <arg column="pro_pic" javaType="java.lang.String" jdbcType="VARCHAR" />
      <arg column="pro_sold_num" javaType="java.lang.Integer" jdbcType=
"INTEGER" />
      <arg column="pro_total_stocks" javaType="java.lang.Integer" jdbcType=
"INTEGER" />
      <arg column="pro_status" javaType="java.lang.String" jdbcType="CHAR" />
      <arg column="pro_putaway_time" javaType="java.util.Date" jdbcType=
"TIMESTAMP" />
      <arg column="category_id" javaType="java.lang.Long" jdbcType="BIGINT" />
      <arg column="create_time" javaType="java.util.Date" jdbcType="TIMESTAMP" />
      <arg column="create_user" javaType="java.lang.String" jdbcType="VARCHAR" />
      <arg column="update_time" javaType="java.util.Date" jdbcType="TIMESTAMP" />
      <arg column="update_user" javaType="java.lang.String" jdbcType="VARCHAR" />
<arg column="pro_content" javaType="java.lang.String" jdbcType="LONGVARCHAR" />
```

```xml
      </constructor>
   </resultMap>
   <sql id="Base_Column_List">
      pro_id, pro_name, pro_type, pro_oriprice, pro_price, pro_brief, pro_
pic, pro_sold_num,
      pro_total_stocks, pro_status, pro_putaway_time, category_id, create_
time, create_user,
      update_time, update_user, pro_content
   </sql>
   <select id="selectByPrimaryKey" parameterType="java.lang.Long" resultMap=
"BaseResultMap">
      select
      <include refid="Base_Column_List" />
      from app_prod
      where pro_id = #{proId,jdbcType=BIGINT}
   </select>
   <insert id="insert" parameterType="com.mohai.one.app.wares.domain.AppProd">
      insert into app_prod (pro_id, pro_name, pro_type,
      pro_oriprice, pro_price, pro_brief,
      pro_pic, pro_sold_num, pro_total_stocks,
      pro_status, pro_putaway_time, category_id,
      create_time, create_user, update_time,
      update_user, pro_content)
      values (#{proId,jdbcType=BIGINT}, #{proName,jdbcType=VARCHAR}, #{proType,
jdbcType=CHAR},
      #{proOriprice,jdbcType=DECIMAL}, #{proPrice,jdbcType=DECIMAL}, #{proBrief,
jdbcType=VARCHAR},
      #{proPic,jdbcType=VARCHAR}, #{proSoldNum,jdbcType=INTEGER}, #{proTotal
Stocks,jdbcType=INTEGER},
      #{proStatus,jdbcType=CHAR}, #{proPutawayTime,jdbcType=TIMESTAMP},
#{categoryId,jdbcType=BIGINT},
      #{createTime,jdbcType=TIMESTAMP}, #{createUser,jdbcType=VARCHAR},
#{updateTime,jdbcType=TIMESTAMP},
      #{updateUser,jdbcType=VARCHAR}, #{proContent,jdbcType=LONGVARCHAR})
   </insert>
  <update id="updateByPrimaryKey" parameterType="com.mohai.one.app.wares.
domain.AppProd">
      update app_prod
      set pro_name = #{proName,jdbcType=VARCHAR},
      pro_type = #{proType,jdbcType=CHAR},
      pro_oriprice = #{proOriprice,jdbcType=DECIMAL},
      pro_price = #{proPrice,jdbcType=DECIMAL},
      pro_brief = #{proBrief,jdbcType=VARCHAR},
      pro_pic = #{proPic,jdbcType=VARCHAR},
      pro_sold_num = #{proSoldNum,jdbcType=INTEGER},
      pro_total_stocks = #{proTotalStocks,jdbcType=INTEGER},
      pro_status = #{proStatus,jdbcType=CHAR},
      pro_putaway_time = #{proPutawayTime,jdbcType=TIMESTAMP},
      category_id = #{categoryId,jdbcType=BIGINT},
      create_time = #{createTime,jdbcType=TIMESTAMP},
      create_user = #{createUser,jdbcType=VARCHAR},
      update_time = #{updateTime,jdbcType=TIMESTAMP},
      update_user = #{updateUser,jdbcType=VARCHAR},
      pro_content = #{proContent,jdbcType=LONGVARCHAR}
      where pro_id = #{proId,jdbcType=BIGINT}
```

```
  </update>
  <update id="updateProdStatus" parameterType="com.mohai.one.app.wares.
domain.AppProd">
    update app_prod
    set pro_status = #{proStatus,jdbcType=CHAR},
    update_time = #{updateTime,jdbcType=DATE},
    update_user = #{updateUser,jdbcType=VARCHAR}
    where pro_id = #{proId,jdbcType=BIGINT}
  </update>
  <select id="selectPageProd" parameterType="com.mohai.one.app.wares.
domain.AppProd" resultMap="BaseResultMap">
    select
    <include refid="Base_Column_List" />
    from app_prod
    <where>
       <if test="proName != null">
         and pro_name = #{proName,jdbcType=VARCHAR}
       </if>
       <if test="proBrief != null">
         and pro_brief like  concat('%',#{proBrief,jdbcType=VARCHAR},'%')
       </if>
       <if test="proStatus != null">
         and pro_status = #{proStatus,jdbcType=VARCHAR}
       </if>
       <if test="proType != null">
         and pro_type = #{proType,jdbcType=VARCHAR}
       </if>
    </where>
  </select>
</mapper>
```

完成以上代码的编写之后，下一步就是接口开发和业务逻辑实现了。在动手之前需要特别说明一点，从数据库中读取的数据和向前端展示的数据往往不同，为了保障信息的安全性，有些数据是不会在用户页面中显示的，这种情况下就需要定义一个 DTO 对象来表示网络传输的数据。换句话说就是一组数据在系统中可能存在多种不同的表现形式，有可能包含的数据是一样的但表示的含义却不同。这里直接创建 com.mohai.one.app.wares.dto 包，新建 **AppCategoryDTO** 类和 **AppProdDTO** 类，其中的属性字段保持不变。它们是作为与前端交互的传输对象，自然需要进行字段校验，这里就用到了 Hibernate Validator 校验框架，在不允许为空的属性中添加@NotBlank 注解，如果校验不通过，就会提示相应的错误信息，具体的示例代码如下：

```
// 商品信息分类对象
package com.mohai.one.app.wares.dto;
@ApiModel(value= "商品分类信息")
public class AppCategoryDTO implements Serializable {
    private static final long serialVersionUID = 1L;
    private Long catId;
    @ApiModelProperty(value = "父级分类ID",notes = "如果为空，默认为0")
    private Long parentId;
    @ApiModelProperty(value = "分类名称")
    @NotBlank(message = "分类名称不能为空")
```

```java
    private String catName;
    @ApiModelProperty(value = "分类状态")
    private String catStatus;
    @ApiModelProperty(value = "排序")
    private Integer catSort;
    @ApiModelProperty(value = "分类图标")
    private String catIcon;
    @ApiModelProperty(value = "分类缩略图")
    private String catPic;
    @ApiModelProperty(value = "分类级别")
    private Integer catLevel;
    @DateTimeFormat(pattern = "yyyy-MM-dd HH:mm:ss")
    @JsonFormat(pattern = "yyyy-MM-dd HH:mm:ss", timezone = "GMT+8")
    private Date createTime;
    @DateTimeFormat(pattern = "yyyy-MM-dd HH:mm:ss")
    @JsonFormat(pattern = "yyyy-MM-dd HH:mm:ss", timezone = "GMT+8")
    private Date updateTime;
    private String createUser;
    private String updateUser;
    //省略 get 和 set 方法
}
// 商品信息对象
package com.mohai.one.app.wares.dto;
@ApiModel(value= "商品信息")
public class AppProdDTO implements Serializable {
    private static final long serialVersionUID = 1L;
    private Long proId;
    @ApiModelProperty(value = "商品名称")
    @NotBlank(message = "商品名称不能为空")
    private String proName;
    @ApiModelProperty(value = "商品类型")
    private String proType;
    @ApiModelProperty(value = "商品原价")
    @NotNull(message = "原价必填")
    private BigDecimal proOriprice;
    @ApiModelProperty(value = "商品现价")
    @NotNull(message = "商品价格必填")
    private BigDecimal proPrice;
    @ApiModelProperty(value = "商品简介")
    private String proBrief;
    @ApiModelProperty(value = "商品缩略图")
    private String proPic;
    @ApiModelProperty(value = "商品销量")
    @NotNull(message = "销量必填")
    @Min(value = 0)
    private Integer proSoldNum;
    @ApiModelProperty(value = "商品库存")
    @NotNull(message = "库存必填")
    @Min(value = 0)
    private Integer proTotalStocks;
    @ApiModelProperty(value = "商品状态")
    private String proStatus;
```

```
@ApiModelProperty(value = "商品发布时间")
@DateTimeFormat(pattern = "yyyy-MM-dd HH:mm:ss")
@JsonFormat(pattern = "yyyy-MM-dd HH:mm:ss", timezone = "GMT+8")
private Date proPutawayTime;
@ApiModelProperty(value = "商品分类 ID")
private Long categoryId;
@DateTimeFormat(pattern = "yyyy-MM-dd HH:mm:ss")
@JsonFormat(pattern = "yyyy-MM-dd HH:mm:ss", timezone = "GMT+8")
private Date createTime;
private String createUser;
@DateTimeFormat(pattern = "yyyy-MM-dd HH:mm:ss")
@JsonFormat(pattern = "yyyy-MM-dd HH:mm:ss", timezone = "GMT+8")
private Date updateTime;
private String updateUser;
private String proContent;
//省略 get 和 set 方法
}
```

由于后续会用到对象转换工具类 BeanUtil，所以需要修改 app-wares 模块的 pom.xml 文件，在其中引入 app-core 依赖如下：

```
<dependency>
    <groupId>com.mohai.one</groupId>
    <artifactId>app-core</artifactId>
    <version>0.0.1-SNAPSHOT</version>
</dependency>
```

下面就是业务逻辑层的代码开发了，我们在当前模块下新建 com.mohai.one.app. wares.service 包，然后新建 AppCategoryService 类和 AppProdService 类，在两个类中都使用@Service 和@Transactional 注解进行标注，功能是将 service 类注入容器中，同时开启事务功能。然后在类中定义方法逻辑，对于简单的业务逻辑，只需要引入 dao 包中的 mapper 接口然后直接调用即可。由于在本项目中使用了 DTO 的概念，所以对于从数据库查询的数据还需要进行一次转换。在 AppCategoryService 类中注入 AppCategoryMapper 接口，完成商品分类信息的查询、添加和修改功能，然后利用 BeanUtil#copyProperties()方法实现对象的转换，还可以使用 BeanUtil#copyPropertiesOfList()方法实现集合中的对象转换。另外，在删除商品分类信息功能的实现方式上采用了 MyBatis 批量操作方法，向其中注入 SqlSession-Template 模板类，开启批量模式。代码如下：

```
package com.mohai.one.app.wares.service;
@Service
@Transactional
public class AppCategoryService {
    @Autowired
    private AppCategoryMapper appCategoryMapper;
    @Autowired
    private SqlSessionTemplate sqlSessionTemplate;
    //根据主键 ID 查询分类信息
    public AppCategoryDTO selectByPrimaryKey(Long catId){
        AppCategory appCategory = appCategoryMapper.selectByPrimaryKey(catId);
        return BeanUtil.copyProperties(appCategory,AppCategoryDTO.class);
```

```
    }
    //根据父级 ID 查询子分类信息
    public List<AppCategoryDTO> selectListByParentId(Long parentId) {
        List<AppCategory> appCategories = appCategoryMapper.selectListBy
ParentId(parentId);
        return BeanUtil.copyPropertiesOfList(appCategories,AppCategoryDTO.
class);
    }
    //保存商品分类信息
    public void save(AppCategoryDTO appCategoryDTO) {
        appCategoryDTO.setCreateTime(new Date());
        appCategoryDTO.setCreateUser(SecurityUserUtil.getUserDetails().
getUsername());
appCategoryMapper.insert(BeanUtil.copyProperties(appCategoryDTO,AppCate
gory.class));
    }
    //更新商品分类信息
    public void updateById(AppCategoryDTO appCategoryDTO) {
        appCategoryDTO.setUpdateTime(new Date());
        appCategoryDTO.setUpdateUser(SecurityUserUtil.getUserDetails().
getUsername());
appCategoryMapper.updateByPrimaryKey(BeanUtil.copyProperties(appCategor
yDTO,AppCategory.class));
    }
    //根据父级 ID 查询子分类信息的 ID 集合
    public List<Long> queryCategoryIdList(Long id) {
        List<AppCategory> appCategories = appCategoryMapper.selectListBy
ParentId(id);
        List<Long> ids = appCategories.stream().filter(Objects::nonNull).
map(p -> p.getCatId()).collect(Collectors.toList());
        return ids;
    }
    //MyBatis 批量操作示例
    public void deleteBatchIds(List<Long> asList) {
         String username = SecurityUserUtil.getUserDetails().getUsername();
        //当前会话开启批量模式
        SqlSession sqlSession = sqlSessionTemplate.getSqlSessionFactory().
openSession(ExecutorType.BATCH, false);
        //从会话中获取 Mapper
        AppCategoryMapper appCategoryMapper = sqlSession.getMapper(AppCategory
Mapper.class);
        try {
            for (Long id : asList) {
                AppCategory appCategory = new AppCategory();
                appCategory.setCatId(id);
                appCategory.setCatStatus(ComConstants.STATUS_2);
                appCategory.setUpdateTime(new Date());
                appCategory.setUpdateUser(username);
                appCategoryMapper.updateCategoryStatus(appCategory);
            }
            //提交
            sqlSession.commit();
            sqlSession.flushStatements();
        }catch (Exception e) {
```

```
        sqlSession.rollback();
        throw new BusinessException("批量删除商品分类信息失败！");
    }finally {
        sqlSession.close();
    }
    }
}
```

在 AppProdService 实现类中，分页查询是重点学习对象，其运用 PageHelper 插件在
不修改 SQL 语句的情况下进行分页，具体的示例代码如下：

```
package com.mohai.one.app.wares.service;
@Service
@Transactional
public class AppProdService {
    @Autowired
    private AppProdMapper appProdMapper;
    //根据主键 ID 查询商品信息
    public AppProdDTO selectByPrimaryKey(Long prodId){
        AppProd appProd = appProdMapper.selectByPrimaryKey(prodId);
        return BeanUtil.copyProperties(appProd,AppProdDTO.class);
    }
    //保存商品信息
    public void save(AppProdDTO appProdDTO) {
        appProdDTO.setCreateTime(new Date());
        appProdDTO.setCreateUser(SecurityUserUtil.getUserDetails().get
Username());
        appProdMapper.insert(BeanUtil.copyProperties(appProdDTO,AppProd.
class));
    }
    //修改商品信息
    public void updateByProdId(AppProdDTO appProdDTO) {
        appProdDTO.setUpdateTime(new Date());
        appProdDTO.setUpdateUser(SecurityUserUtil.getUserDetails().get
Username());
appProdMapper.updateByPrimaryKey(BeanUtil.copyProperties(appProdDTO,App
Prod.class));
    }
    //更新商品信息状态为 2
    public void updateProdStatus(Long prodId) {
        AppProd appProd = new AppProd();
        appProd.setProId(prodId);
        appProd.setProStatus(ComConstants.STATUS_2);
        appProd.setUpdateTime(new Date());
        appProd.setUpdateUser(SecurityUserUtil.getUserDetails().getUser
name());
        appProdMapper.updateProdStatus(appProd);
    }
    //分页查询
    public List<AppProdDTO> findProdPage(PageParam pageParam) {
        //开始分页，pageNum 为当前页码，pageSize 为每页显示条数
        PageHelper.startPage(pageParam.getCurrent(),pageParam.getSize());
        //利用 Fastjson 转换
        AppProd appProd = JSON.parseObject(JSON.toJSONString(pageParam.
```

```
getData()), AppProd.class);
    List<AppProd> appProds = appProdMapper.selectPageProd(appProd);
    List<AppProdDTO> appProdDTOS = BeanUtil.copyPropertiesOfPage((Page<?>)
appProds,AppProdDTO.class);
    PageHelper.clearPage();
    return appProdDTOS;
    }
}
```

在使用 PageHelper 插件时需要注意几点：只对紧跟在 PageHelper.startPage()方法后的第一个 MyBatis 的查询方法才起作用；对于 select…for update 这样的 SQL 语句是不支持分页的，程序会抛出运行时异常；分页查询执行完后要及时调用 PageHelper.clearPage()方法清理缓存数据。

然后新建 com.mohai.one.app.wares.controller 包，分别针对商品信息管理和商品分类管理这两个功能新增实现接口。新建 AppCategoryController 类，依照接口命名规范定义请求映射 URL。示例代码如下：

```
package com.mohai.one.app.wares.controller;
@Api(tags = "商品分类管理")
@RestController
@RequestMapping("/wares/appCategory")
public class AppCategoryController {
    @Autowired
    private AppCategoryService appCategoryService;
}
```

在 AppCategoryController 类中添加查询方法 AppCategoryController#getCategoryInfo()，根据父级分类编号查询该分类向下的所有子分类。AppCategoryController#get()方法根据主键 ID 获取当前的商品分类信息。保存、修改、删除接口分别对应 save()、update()、delete()方法，同时通过注解@Validated 实现接口入参校验，并且对这 3 个接口添加@PreAuthorize 注解，标注需要授权访问的角色类型。示例代码如下：

```
    //查询商品分类列表
    @ApiOperation(value = "查询商品分类列表", notes = "获取所有商品的分类信息,
顶级分类的 parentId 为 0, 默认为返回顶级分类")
    @ApiImplicitParam(name = "parentId", value = "父级分类 ID", required =
false, dataType = "Long")
    @GetMapping(value = "/getCategoryInfo")
    public ResultDto<List<AppCategoryDTO>> getCategoryInfo(@RequestParam
(value = "parentId", defaultValue = "0") Long parentId){
        List<AppCategoryDTO> appCategoryDTOS = appCategoryService.select
ListByParentId(parentId);
        return ResultDto.ok(appCategoryDTOS);
    }
    //根据 ID 查询商品分类
    @ApiOperation(value = "查询商品分类")
    @ApiImplicitParam(name = "catId", value = "商品分类 ID", required = false,
dataType = "Long")
    @GetMapping(value = "/get/{catId}")
    public ResultDto<AppCategoryDTO> get(@PathVariable("catId") Long catId){
```

```
        AppCategoryDTO appCategoryDTO=appCategoryService.selectByPrimaryKey
    (catId);
        return ResultDto.ok(appCategoryDTO);
    }
    //保存分类信息
    @PreAuthorize("hasRole('ROLE_CATE_SAVE')")
    @ApiOperation(value = "保存分类信息")
    @PostMapping("/save")
    public ResultDto save(@Validated @RequestBody AppCategoryDTO app
CategoryDTO){
        appCategoryService.save(appCategoryDTO);
        return ResultDto.ok();
    }
    //修改分类信息
    @PreAuthorize("hasRole('ROLE_CATE_EDIT')")
    @ApiOperation(value = "修改分类信息")
    @PutMapping("/update")
    public ResultDto update(@Validated @RequestBody AppCategoryDTO app
CategoryDTO){
        appCategoryService.updateById(appCategoryDTO);
        return ResultDto.ok();
    }
    //删除分类信息
    @PreAuthorize("hasRole('ROLE_CATE_DEL')")
    @ApiOperation(value = "删除分类信息")
    @DeleteMapping("/delete")
    public ResultDto delete(@RequestBody Long[] categoryIds){
        for(Long id :categoryIds){
            List<Long> categoryList = appCategoryService.queryCategoryId
List(id);
            if(categoryList.size() > 0){
                throw new BusinessException("请先删除子栏目");
            }
        }
        appCategoryService.deleteBatchIds(Arrays.asList(categoryIds));
        return ResultDto.ok();
    }
```

下面继续开发商品信息管理功能，新建 AppProdController 类，定义请求映射 URL，示例代码如下：

```
package com.mohai.one.app.wares.controller;
@Api(tags = "商品管理")
@RestController
@RequestMapping("/wares/appProd")
public class AppProdController {
    @Autowired
    private AppProdService appProdService;
}
```

在整个商城系统中，商品信息的数据最多，为了方便展示，通常会使用分页技术，甚至还会加上缓存功能以提高查询效率。其中，分页参数由前端传送并将其封装成 PageParam 分页对象，后端再对参数进行处理与转换，示例代码如下：

```
//分页查询
@ApiOperation(value = "分页查询商品")
@PostMapping(value = "/list")
public ResultDto<List<AppProdDTO>> list(@RequestBody PageParam pageParam){
    List<AppProdDTO> appProdDTOS = appProdService.findProdPage(pageParam);
    return ResultDto.ok(appProdDTOS);
}
//根据主键查询单条商品信息
@ApiOperation(value = "查询商品")
@ApiImplicitParam(name = "proId", value = "商品 ID", required = false,
dataType = "Long")
@GetMapping(value = "/get/{proId}")
public ResultDto<AppProdDTO> get(@PathVariable("proId") Long proId){
    AppProdDTO appProdDTO = appProdService.selectByPrimaryKey(proId);
    return ResultDto.ok(appProdDTO);
}
//保存
@PreAuthorize("hasRole('ROLE_PRO_SAVE')")
@ApiOperation(value = "保存商品信息")
@PostMapping("/save")
public ResultDto save(@Validated @RequestBody AppProdDTO appProdDTO){
    appProdService.save(appProdDTO);
    return ResultDto.ok();
}
//修改
@PreAuthorize("hasRole('ROLE_PRO_EDIT')")
@ApiOperation(value = "修改商品信息")
@PutMapping("/update")
public ResultDto update(@Validated @RequestBody AppProdDTO appProdDTO){
    appProdService.updateByProdId(appProdDTO);
    return ResultDto.ok();
}
//删除
@PreAuthorize("hasRole('ROLE_PRO_DEL')")
@ApiOperation(value = "删除商品信息")
@ApiImplicitParam(name = "proId", value = "商品 ID", required = false,
dataType = "Long")
@DeleteMapping("/delete/{proId}")
public ResultDto delete(@PathVariable("proId") Long proId){
    appProdService.updateProdStatus(proId);
    return ResultDto.ok();
}
```

完成接口开发之后，我们就可以通过 Postman 进行接口测试了，在测试之前还需要在数据库中配置权限信息，并将用户角色和权限进行关联，权限表中的数据如图 12.6 所示。

ROLE_PRO_SAVE	保存商品信息
ROLE_PRO_DEL	删除商品信息
ROLE_PRO_EDIT	修改商品信息
ROLE_CATE_SAVE	保存分类信息
ROLE_CATE_EDIT	编辑分类信息
ROLE_CATE_DEL	删除分类信息

图 12.6　权限信息

另外，由于集成了 Swagger 接口文档工具，我们可以访问 http://127.0.0.1:8088/swagger-ui.html 地址查看接口信息，如图 12.7 所示。

图 12.7　Swagger 文档界面

使用 Swagger 还有一个很方便的功能是进行接口测试犹如操作 Postman 一样，这对于前后端分离的项目而言非常便捷。

12.2　小　　结

本章的主要目的是融合前面所学的技术和知识，从无到有地搭建一款应用系统，通过实例演示，使读者掌握开发要领，最终能够在工作中得心应手。虽然技术在不断变化，但是最终目的是让开发工作变得更简单，希望读者平时能够多学习、多吸取别人的经验，让自己的工作变得简单起来。